卓越工程师培养计划系列教材
高等学校自动化专业教材

现场总线控制网络技术

（第2版）

雷 霖 主 编
唐毅谦 副主编

電子工業出版社
Publishing House of Electronics Industry
北京 · BEIJING

内 容 简 介

现场总线技术是计算机数字通信技术向工业自动化的延伸。现场总线控制系统既是工业设备自动控制的一种开放的计算机局域网络系统，又是一种全分布式控制网络系统。本书从实际应用角度出发，将目前控制领域中三大技术热点——现场总线、物联网和网络技术有机结合，形成现场总线控制网络。本书重点介绍计算机网络与通信、企业网及建网、现场总线、控制网络集成等相关技术内容、技术要点、应用设计等知识。

本书技术新，应用实例多、图文并茂，系统性和实用性较强。并继续保持了上版内容全面系统、简明易懂、循序渐进、原理与应用紧密结合的特色，修改了部分章节 ，增加了一些新内容，如第 2 章增加物联网的相关知识及应用，第 4、5、6、7 章增加相关技术的应用实例及设计方案等。

本书可供高等院校的相关专业的本科生、研究生作为教材或教学参考书，也可以供有关工程技术人员参考。

图书在版编目（CIP）数据

现场总线控制网络技术/雷霖主编. —2 版. —北京：电子工业出版社，2015.1.
ISBN 978-7-121-23933-5

Ⅰ. ① 现… Ⅱ. ① 雷… Ⅲ. ① 总线－自动控制系统－高等学校－教材 Ⅳ. ① TP273

中国版本图书馆 CIP 数据核字（2014）第 173069 号

策划编辑：章海涛
责任编辑：郝黎明
印　　刷：北京捷迅佳彩印刷有限公司
装　　订：北京捷迅佳彩印刷有限公司
出版发行：电子工业出版社
　　　　　北京市海淀区万寿路 173 信箱　邮编　100036
开　　本：787×1092　1/16　印张：27.25　字数：697.6 千字
版　　次：2014 年 4 月第 1 版
　　　　　2015 年 1 月第 2 版
印　　次：2024 年 1 月第 8 次印刷
定　　价：49.00 元

凡所购买电子工业出版社图书有缺损问题，请向购买书店调换。若书店售缺，请与本社发行部联系，联系及邮购电话：（010）88254888。

质量投诉请发邮件至 zlts@phei.com.cn，盗版侵权举报请发邮件至 dbqq@phei.com.cn。

服务热线：（010）88258888。

前　言

本书第一版自2004年由电子工业出版社出版以来，受到国内多所高校教师、同行、同学及读者的关心和支持。为了适应新技术的发展，我们在追踪国际上工业企业网、物联网及现场总线技术发展和从事相关技术研发、研究工作的过程中，收集整理了一些技术资料，并加以总结、整理和修订。

本次修订是在第一版的基础上并结合教育部卓越工程师培养计划的要求，对内容重新进行的梳理，共分为 7 章，继续保持了上版内容全面系统、简明易懂、循序渐进、原理与应用紧密结合的特色，修改了部分章节 ，并增加了一些新内容。比如，第 2 章增加物联网的相关知识及应用等，第 4、5、6、7 章增加相关技术的应用实例及设计方案等。

第 1 章介绍企业有关的技术；第 2 章介绍物联网与控制网络相关知识；第 3 章介绍现场总线、现场总线控制网络及其相关技术，给读者一个现场总线控制网络的总体概貌；第 4 章至第 7 章分别介绍 4 种具有一定市场占有率和良好应用前景的现场总线技术及应用实例——控制器局域网总线（CAN）、过程现场总线（Profibus）、基金会现场总线（FF）和 LonWorks 总线技术，并介绍了总线技术在汽车电子领域相关技术的应用实例及设计方案。

本书由雷霖博士、教授担任主编，负责整个教材编写的统筹安排，并负责第 1 章、第 4 章内容编撰；唐毅谦博士、教授担任副主编，并负责第 2 章、第 3 章编写；喻晓红副教授负责第 6 章；陈二阳负责内容简介、前言、第 5 章及最后的校正工作等；罗竣溢博士负责第 7 章编写。

作者对学习、编作过程中参考过的文献资料的作者深表谢意。

由于现场总线技术内容十分丰富，技术应用发展也日新月异，因此书中内容难以反映这一技术领域的全貌，不妥之处在所难免，诚请指正。

作　者

2014 年 6 月于成都

目　　录

第 1 章　企业信息网络技术

企业的管理者，总是希望把企业的生产过程、环境、安全、保卫、告警过程、动力分配、给水控制、资产、库房、人力资源、原材料等所有管理功能都监视并控制起来。为此，企业的组织和管理模式经过长时间的演变，从“分层递阶式”向“分布化”、“扁平化”的发展过程，并进一步向“网络化”、“动态重构化”和“柔性化”的方向发展。企业的组织模式和管理模式发生具体的变化，体现在“虚拟企业”、“敏捷制造”、“分散网络化制造”、“企业集成”等概念出现及实现，而企业信息网络是这些新的企业组织模式的基础。如今，管理者更希望能用一个“通用的控制网络”把企业有关的资源网连接在一起，并尽可能降低成本。这就要依靠企业信息网络来实现。目前，企业信息网络一般包含处理企业管理与决策信息的信息网络和处理企业现场实时测控信息的控制网络两部分。信息网络一般处于企业中上层，处理大量的、变化的、多样的信息，具有高速、综合的特征。控制网络主要位于企业中下层，处理实时的、现场的信息，具有协议简单、容错性强、安全可靠、成本低廉等特征。

1.1　企业信息网络

企业网（Enterprise Network），一般是指在一个企业范围内将信号检测、数据传输、处理、存储、计算、控制等设备或系统连接在一起，以实现企业内部的资源共享、信息管理、过程控制、经营决策，并能够访问企业外部的信息资源，使得企业的各项事务协调运作，从而实现企业集成管理和控制的一种网络环境。

企业网是一个企业的信息基础设施。企业网涉及局域网、广域网、现场总线以及网络互联等技术，是计算机技术、信息技术、分布式计算和控制技术在企业管理与控制中的有机的统一。网络技术与应用的热点和重心向企业网技术的转移，是网络技术发展及应用的一个重要方向。企业网作为一种网络技术，其特点就是要适应各行各业企业的不同应用需求，并确定相应的技术实现方案。

人类进入信息社会后，意识到信息已经成为一项重要的生产力要素，而且信息已成了一项至关重要的资源要素，在社会各行各业的生存和发展中发挥着越来越大的作用。特别是在市场经济条件下，企业要实现管理现代化，要在激烈的市场竞争中求得生存和发展，就必须善于收集信息、处理信息、利用信息，并开发信息资源。全球各国的大企业都把加强信息基础设施建设放在了企业经营发展战略的重要位置，以加快企业自身的信息化建设步伐。信息经济是以信息为主导的全面经济活动，而企业信息化就是企业用信息化的功能去推动企业的管理、生产、销售和决策。因此，企业信息化是企业在 21 世纪取得信息经济成功的必由之路。

企业网是指将企业范围内的网络、计算、存储等资源链接在一起，提供企业内的信息共享、员工间的便捷通信、企业外部的信息访问，提供面向客户的企业信息查询及业务伙伴间的信息交流等多方面能力的一个计算机网络。企业网应该具有如下几个基本特性。

（1）企业网中的“企业”是一个广义的概念，泛指制造业、服务业、行政机关、社会团体等社会单位。因此，不同领域的企业网既有共性，又有特性。

（2）企业网是指在企业和与企业相关的范围内通过系统集成的途径建立的网络环境，它不仅涵盖企业本部，而且连通其合作伙伴、贸易渠道等。

（3）企业网的建立要以实现企业资源共享、优化调度以及辅助管理决策为目的，是企业的信息基础设施。它要有利于员工间的便利通信，保证数据的一致性和完整性。

（4）企业网的目标是实现企业各项事务运作的协同（Collaboration）、协作（Cooperation）和协调（Coordination）——3Co，是网络化企业组织的管理理念的体现。

（5）企业网是多种学科（如计算机、控制、通信和管理等）的交叉，是多种技术（如计算机技术、数据库技术、系统集成技术、网络通信技术、多媒体技术、现场总线技术和 CSCW 技术等）的融合，体现了系统集成的多重含义。

（6）企业网具有高度的安全性。企业网是作为相对独立的某个企业的网络环境，是相对开放的系统，即在高度安全性措施保障下的开放的系统，这对企业网的安全提出了更高的要求，确保企业既能通过企业网获取外部信息和发布内部公开信息，又能相对独立和安全地处理内部事务而不受外部干涉。

（7）企业网应用需求的多样性决定了相应技术实现方案的多样性。不同的应用　表现为在结构、组成和实现等方面的差异上。在工业自动化应用环境中，企业网技术将集成信息技术和控制技术，支持企业从决策、管理、经营、设计、调度到控制等各种功能和行为。

企业网应该具有高效率、高效益、高柔性的特点，高效率是指从产品的市场预测、设计开发、制造加工到市场销售的各个环节是高效的；高效益是指产出投入比要高；高柔性是指能针对市场变化灵活迅捷地调整经营战略和产品设计，确保跟踪市场的前沿需求。

相应地，现代企业系统构成及运行机制可抽象为图 1-1 所示的模型。

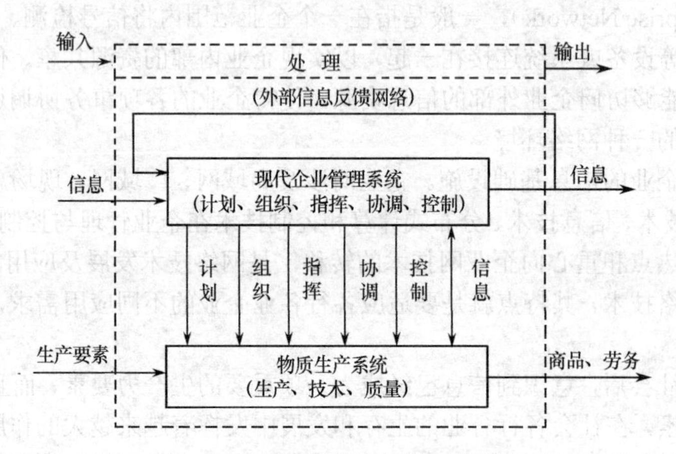

图 1-1　现代企业系统构成及运行机制

企业网是适应 21 世纪企业的新特点、现代企业系统构成及运行机制的形象化体现，它既具备企业网的基本特性，又有适合于工业领域的特点。

（1）企业除了具有管理和办公系统外，还有物质生产系统，相应地，企业网在体系结构上可分为信息网和控制网两个层次。其中，信息网位于上层，是企业级数据共享和传输的载体；控制网位于下层，与信息网紧密地集成在一起，服从信息网络的操作，同时又具有独立性和完整性。

（2）集中管理、分散控制是工业企业网的指导思想。

（3）管理—控制一体化（或称为信息—控制一体化）是企业网要达到的目标，也是它的发展方向。

在企业中，控制技术和控制系统应该与企业的商业战略相联系，不仅需要将控制系统的各部分集成到一起，而且需要将控制系统（硬件和软件）集成到整个企业系统之中，其中包括商业集成、垂直集成和水平集成 3 种类型的集成。

（1）商业集成：把技术用于商业战略的制定之中，相当于信息系统间的集成。

（2）垂直集成：控制系统和信息系统的集成。

（3）水平集成：控制系统各部分之间的集成。

企业网逻辑集成框架的结构如图 1-2 所示。

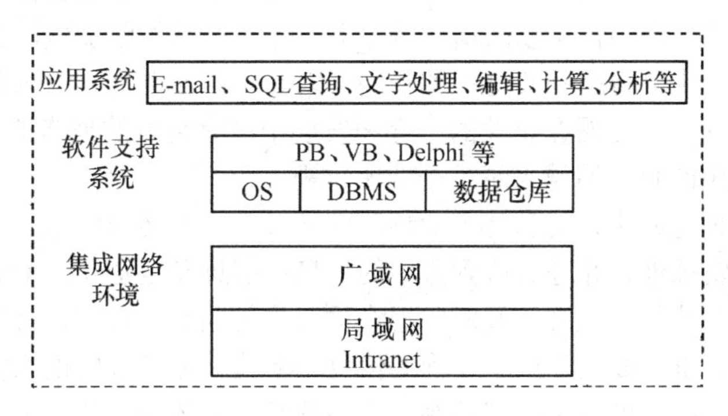

图 1-2　企业网逻辑集成框架的结构

企业网是众多新技术的综合应用的结果。企业网在技术上涉及其组成和实现，在应用上要考虑企业网本身，而且要考虑企业网周围的环境。企业网组成技术和企业网实现技术是支撑构成企业网应用的基础。企业网的框架如图 1-3 所示。

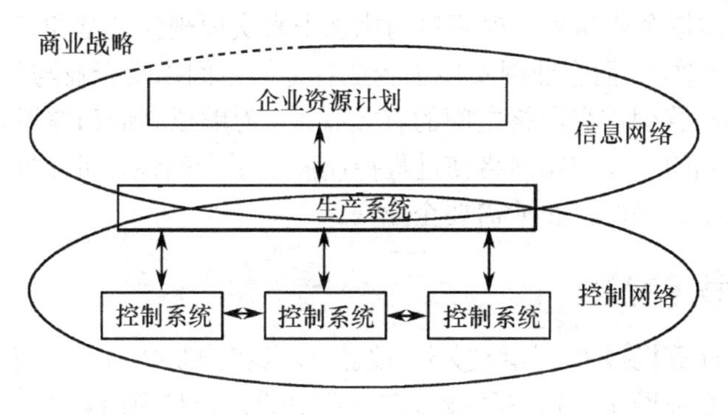

图 1-3　企业网框架

企业网组成技术包括计算机技术、数据库技术、网络与通信技术、控制技术、现场总线技术、多媒体技术和管理技术。

企业网实现技术包括局域网、广域网、网络互联、系统集成、Internet、Intranet 和 Extranet。

企业网支持下的应用包括管理信息系统 MIS（基于 Web 的现代管理信息系统 WMIS）、办公自动化（OA）系统、计算机支持的协同工作 CSCW 系统、计算机集成制造系统 CIMS、制造资源计划 MRP-Ⅱ、客户关系管理系统 CRM。

其中，企业网支持下的应用具有如图 1-2 所示的逻辑框架。

由于企业网技术是多种学科的交叉、多种技术的融合，因此对企业网的研究要采取分解整合的方法；另外，企业网又是一个动态的概念，其原理、组成技术和实现技术是随着相关技术的发展而不断发展变化的，在对企业网的研究的过程中，还需要分清其支撑技术、核心技术和相关技术。

1.2 企业网技术

1.2.1 企业网技术的需求背景

目前，企业网已渗透到国民经济的各个领域，它的发展和应用，对企业的产业结构、产品结构、经营管理和服务方式带来了革命性的影响，并成为衡量一个企业科技水平和综合力量的重要标志。企业网络的应用不仅可以改造传统产业，提高产品的附加值，而且对推动企业的发展，促进产业经济信息化也将起到关键性的作用。因此，在各类企业中应用企业网技术将是我国应该长期坚持的方针，企业网在企业的生存和发展中占有重要的战略地位。从需求上来说，作为企业信息基础设施的企业网越来越被企业所重视。

在一个企业的管理过程中，信息是企业预测的基础，预测必须以信息为起点和终点，才能进行分析、演绎和逻辑推理，并进而得到有用的信息；信息又是企业决策的前提，要使决策者做出正确并切实可行的决策，就必须及时掌握全面可靠的信息，否则，将导致决策的失误。可以说，在现代经济社会里，谁先掌握了正确的信息，谁就有可能做出正确的决策，谁就掌握了经营的主动权。同时，信息也是指挥和控制生产经营活动的依据，从一定意义上说，企业生产经营活动的好坏在于管理者驾驭信息能力的强弱。可见，信息是一项重要的资源，在现代社会，充分有效地利用信息资源是一个组织取得成功的重要条件。而企业网作为企业的信息基础设施恰恰适应了这种需要，能够满足企业对信息的获取、分析和决策的要求。

此外，企业要想在激烈的市场竞争中求得生存和发展，必须改善其过程控制和产品制造模式，依靠虚拟制造、虚拟企业和大大提高自动化水平来实现规模经营和灵活经营，从而降低产品成本，提高企业经营效益。而企业网实现了企业各部门之间以及企业与外界之间的有效联系，实现了现场控制网络与管理信息网络之间的有效联系，为虚拟制造和虚拟企业的建立创造了条件。以现场总线为基础的现场控制网络使过程控制满足了准确性、可靠性、开放性的要求，大大提高了其自动化水平。因此，企业需要企业网。

1.2.2 企业网技术背景

从技术上来说，计算机技术、网络技术与通信技术和控制技术的飞速发展，推动着企业网技术的产生和发展。企业网正是这三种技术在企业中的融合和应用。

（1）计算机技术。计算机技术特别是微型计算机技术在最近几年获得了突飞猛进的发展，其运算速度越来越快，存储容量越来越大，软件资源越来越丰富，应用领域越来越广泛，同时伴随着多媒体技术的发展，它已被用于教育、科研、生产、商业、娱乐等各个领域，走进了人们生活的每个角落。同时，计算机作为信息处理的工具，它不是孤立存在的，按照某种规则和要求建立起来的计算机网络更显示了其强大的功能。

（2）网络与通信技术。高速宽带网的出现大大提高了通信效率，交换以太网、快速以太网、千兆位以太网、FDDI 和 ATM 等网络技术逐渐成熟和完善，使得人们可以传输数据、文本、声音、图像、视频等多媒体信息。更重要的是，飞速发展的 Internet 对人们的生活观念、生活方式、工作方式产生了革命性的影响，人们已经越来越离不开网络。

（3）控制技术。20 世纪 80 年代问世的现场总线是过程控制技术、仪表技术和计算机网络技术结合的产物。由于通信协议参照了 ISO/OSI 七层参考模型，使得现场总线可以与上层办公信息网络集成到一起，从而使过程自动化、楼宇自动化、家庭自动化等成为可能。现场总线作为 21 世纪现场控制系统的基础，代表着今后测量与控制领域技术发展的方向，它将产生的影响和将发挥的作用是难以估计的。目前，国际上有关现场总线的争议已经演变为一场无形的市场争夺战。现场总线技术的研究、开发和应用成为一个十分复杂的课题。

因此，企业网的产生和发展是需求拉动与技术推动的结果。随着企业对企业网需求的产生，对企业网技术的研究已经成为一个时代的课题，其研究的成功对企业的生存和发展，对国民经济发展都具有重大意义。

1.2.3 企业网的特性

企业网具有如下特性。

（1）范围确定性。企业网是在有关企业范围内为了实现企业的集成管理和控制而建成的网络环境，具有特定的地域和服务范围，并能实现从现场实时控制到管理决策支持的功能。

（2）集成性。企业网通过对计算机技术、信息与通信技术和控制技术等技术的集成达到了现场信号监测、数据处理、实时控制到信息管理、经营决策等功能上的集成，从而构成了企业信息基础设施的基本骨架。

（3）安全性。区别于 Internet 和其他网络，企业网是作为相对独立单位的某个企业的内部网络，在企业信息保密和防止外部入侵方面要求高度的安全性，要确保企业能通过企业网获取外部信息和发布内部公开信息，但又相对独立和安全地处理内部事务不受外部干涉。

（4）相对开放性。企业网是连接企业各部门的桥梁和纽带，它是一个广域网，并与 Internet 连通，以实现企业对外联系的职能，也就是说，企业网是作为 Internet 的一个组成部分出现的，它具有开放性，但这种开放性是在高度安全措施保障下的相对的开放性。

1.2.4 企业网的发展历程

企业网的发展大体可分为以下三个阶段。

第一阶段从 20 世纪 70 年代中期开始，那时的企业网是指企业中传统的分时共享中心主机及其各终端所构成的网络，基本上只限于作业处理，其功能和应用是有限的。

企业网发展的第二阶段：随着局域网技术的发展，企业内各种类型的计算机都能接入网络共享信息与资源，其功能有了很大的扩展，而且由于工业以太网、集散控制系统（DCS）以及可编程控制器 PLC 的产生和发展，工业企业内的现场控制设备也被集成到一起。

第三阶段从 20 世纪 90 年代开始，由于 Internet 技术的成熟和迅速推广，出现了 Intranet 的概念，进而在 Intranet 的基础上又出现了 Extranet 和 Infranet 的概念，而且现场总线技术也越来越为人们所接受，并被普遍用于过程自动化、制造自动化、楼宇自动化等系统之中，于是便分别以 Intranet/Extranet 技术和现场总线技术（或工业以太网）为信息网和控制网的依托，形成了当前意义上的企业网概念。

1.2.5 企业信息化与自动化的层次模型

企业信息化与自动化的层次模型如图 1-4 所示。

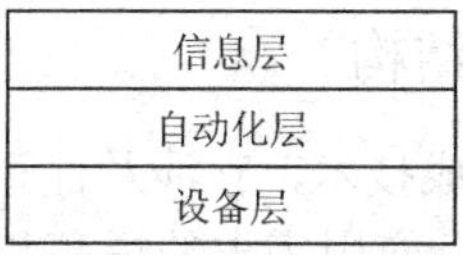

信息层
自动化层
设备层

图 1-4 企业信息化与自动化的层次模型

1. 设备层

设备层中的设备种类繁多，有传感器、启动器、驱动器、I / O 部件、变送器、执行机构、变换器、阀门等。设备的多样性要求设备层满足开放性要求，各厂商遵循公认的标准，保证产品满足标准化；来自不同厂家的设备在功能上可以用相同功能的同类设备互换，实现可互换性；不同厂家的设备可以相互通信，在多厂家的环境中完成功能，实现可互操作性。

2. 自动化层

自动化层实现控制系统的网络化，控制网络遵循开放的体系结构与协议。对设备层的开放性，允许符合开放标准的设备方便地接入。对信息层的开放性，允许与信息化层互联、互通、互操作。

控制网络的出现与发展为实现自动化层开放性策略打下了良好的基础。

3. 信息层

信息层已较好地实现开放性策略，各类局域网满足 IEEE 802 标准，信息网络的互联遵循 TCP / IP 协议。

1.3 企业网的体系结构

根据计算机集成制造系统 CIM-OSA 模型和 PUDU 模型，企业的控制管理层次大致可分为 5 层，如图 1-5 所示。其中，底层的单元层和设备层是企业信息流和物流的起点，以控制为主，能否实现柔性、高效、低成本的控制管理，直接关系到产品的质量、成本和市场前景，而传统的 DCS、PLC 控制系统由于其控制的相对集中，导致了可靠性的下降和成本的增加，且无法实现真正的互操作性。另外，由于其自身系统的相对封闭，与上层管理信息系统的信息交换也存在一定困难。因此，进入 20 世纪 90 年代以来，现场总线控制系统正逐渐成为该控制领域的主流。

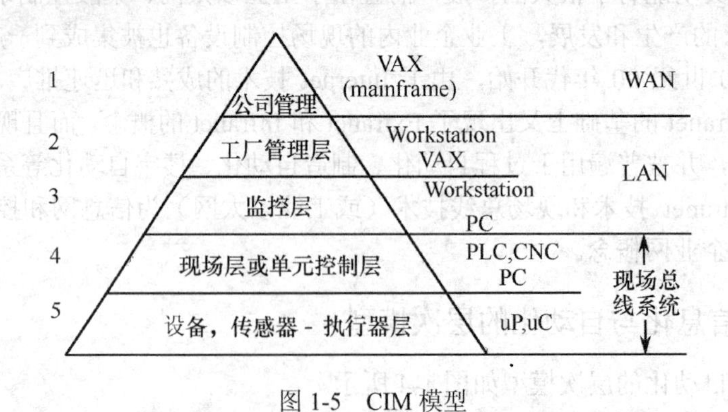

图 1-5 CIM 模型

1.3.1 IT 企业网的功能体系结构

企业网技术是一种综合的系统集成技术，它涉及计算机技术、通信技术、多媒体技术、管理技术、控制技术和现场总线技术等。应用需求的提高和相关技术的发展，要求企业网能同时处理数据、声音、图像、视频等多媒体信息，满足企业从管理决策到现场控制自上而下的应用需求，实现对多种媒体、多种功能的集成。

在功能上，企业网的结构可分为信息网络和控制网络上下两层，其体系结构如图 1-6 所示。

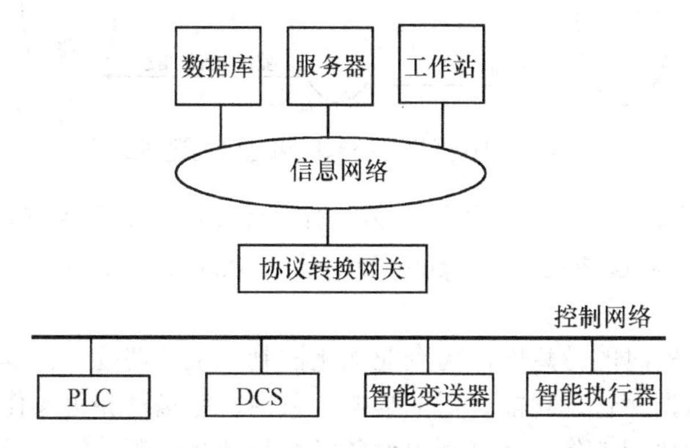

图 1-6　工业企业网的功能体系结构

（1）信息网络位于企业网的上层，是企业数据共享和传输的载体，它需满足如下要求。

① 信息网是高速通信网络。

② 能够实现多媒体的传输。

③ 与 Internet 互联。

④ 是一个开放系统。

⑤ 满足数据安全性要求。

⑥ 易于技术扩展和升级/更新。

（2）控制网络位于企业网的下层，与信息网络紧密地集成在一起，服从信息网络的操作，同时又具有独立性和完整性，它的实现既可以用工业以太网，也可以采用自动化领域的新技术——现场总线技术，或者工业以太网与现场总线技术的结合混用。

（3）信息网络与控制网络互联的意义及逻辑结构。

传统的企业模型具有分层递阶结构，然而随着信息网络技术的不断发展，企业为适应日益激烈的市场竞争的需要，已提出分布化、扁平化和智能化的要求，即一是要求企业减少中间层次，使得上层管理与底层控制的信息直接联系；二是扩大企业集团内不同企业之间的信息联系；三是根据市场变化，动态调整决策、管理和制造的功能分配。将信息网络和控制网络互联主要出于以下几点考虑。

① 将测控网络连接到更大的网络系统中，如 Intranet、Extranet 和 Internet。

② 提高生产效率和控制质量，减少停机维护和维修的时间。

③ 实现集中管理和高层监控。

④ 实现远程异地诊断和维护。

⑤ 利用更为及时的信息提高控制管理及决策的水平。

信息网络与控制网络互联的逻辑结构如图 1-7 所示。连接层为提供在控制网络和信息网络应用程序之间进行一致性连接起着关键作用，它负责将控制网络的信息表达成应用程序可以理解的格式，并将用户应用程序向下传递的监控和配置信息变为控制设备可以理解的格式。在解决实际互联问题时，为了最大限度地利用现有的工具和标准，用户希望采用开放策略解决互联问题，各种标准化工作的展开和进展对控制网络的发展是极为有利的。连接层具有协议简单、容错性强、安全可靠、成本低廉等特征。

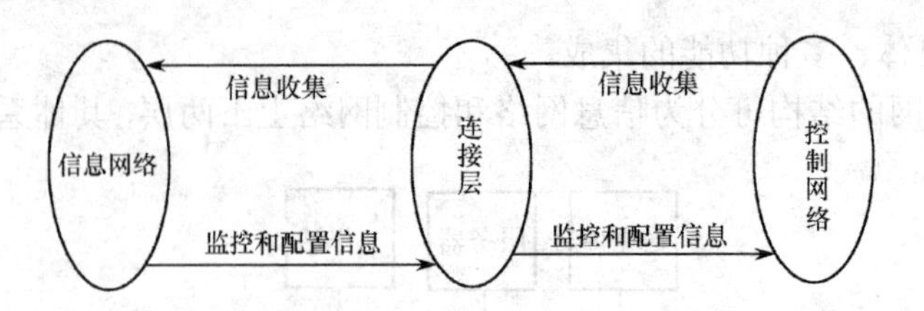

图 1-7　信息网络与控制网络互联的逻辑结构

企业要实现高效率、高效益、高柔性，必须有一体化的企业网支持。建立控制与管理一体化的企业网将为企业综合自动化（Computer Integrated Plant Automation，CIPA）与信息化创造有利的条件：

① 建立综合的、实时的信息库，为企业优化控制、生产调度、计划决策提供依据；

② 建立分布式数据库管理功能，保证数据一致性、完整性和可操作性。

③ 实现企业网的协同工作，充分利用设备资源与网络资源，提高网络服务质量。

④ 实现对控制网络工作的统一管理与优化调度。

⑤ 实现对控制网络工作的远程监控、诊断、软件维护与更新。

1.3.2　网络控制系统与企业网的关系

企业网是指在企业和与企业相关的范围内为了实现资源共享、优化调度和辅助管理决策，通过系统集成的途径建立的网络环境，是一个企业的信息基础设施。企业网是网络化企业组织的管理理念的体现。目前，企业网的主流实现形式基本上是以 Intranet 为中心，以 Extranet 为补充，依托 Internet 建立的。

工业企业网是企业网中的一个重要分支，是指应用于工业领域的企业网，是工业企业的管理和信息基础设施，它在体系结构上包括信息管理系统和网络控制系统，体现了工业企业管理—控制一体化（或称为信息—控制一体化）的发展方向和组织模式。网络控制系统作为工业企业网中一个不可或缺的组成部分，除了完成现场生产系统的监控以外，还实时地收集现场信息与数据，并向信息管理系统传送。网络控制系统便是在控制网络的基础上实现的控制系统。信息管理系统与网络控制系统的关系如图 1-8 所示。

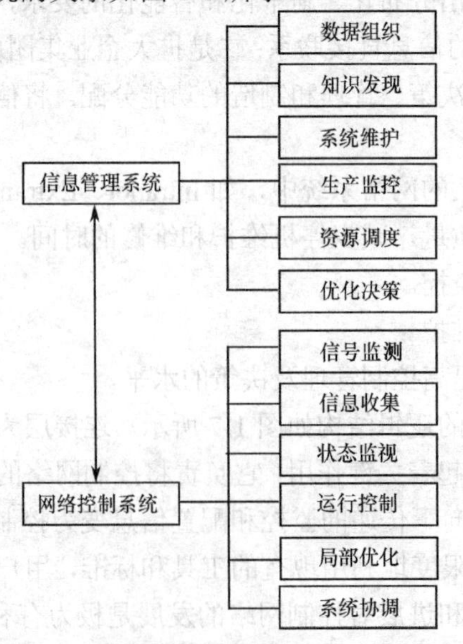

图 1-8　信息管理系统与网络控制系统关系

1.3.3 企业网的一般实现结构

一个完整的企业网包括本地信息处理网络和本地实时控制网络、企业驻外机构以及与企业有关的其他网络，其实现结构如图 1-9 所示。

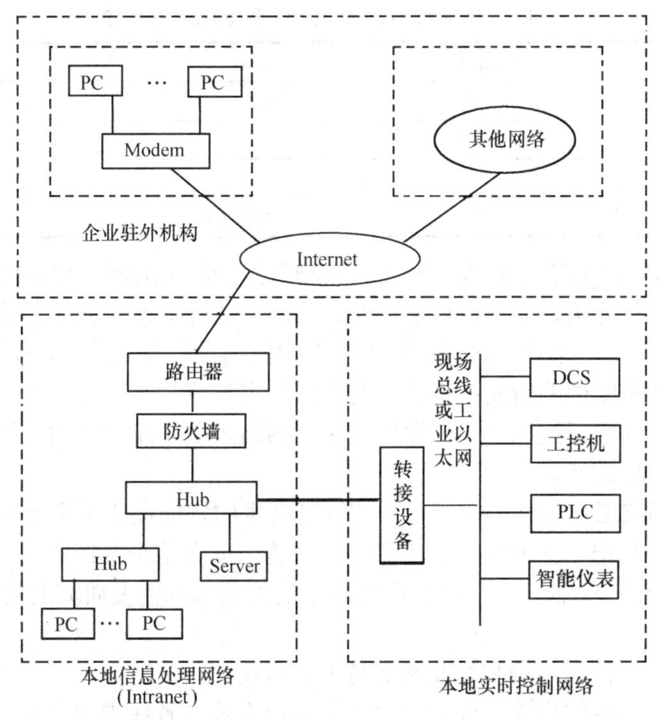

图 1-9 企业网的实现原理

在物理实现上，企业本地网、驻外机构网和其他网络之间通过路由器、Modem 等连接设备经由 Internet 互联起来。对信息网，异步传输方式（Asynchronous Transfer Mode，ATM）技术是一种支持多媒体应用的高速通信网络，并逐步走向成熟和被推广应用，特别当被用于主干网时，ATM 交换机既具有技术先进性，又具有较高的性能价格比。此外，视企业与产品情况，交换以太网、快速以太网、千兆位以太网也是很好的选择。

在应用实现上，现代工业企业网可以描述为以主企业 Intranet 为主体，以公用数据网或其他通信手段为依托，借用 Internet 技术与相关企业的 Intranet 或单机组成的网络，主企业 Intranet 解决企业内部共享与兼顾 Internet 公共资源问题；由相关企业的 Intranet 和单机与主企业 Intranet 借用公共通信手段组成多个虚拟 Extranet。

Intranet（通常被称为企业内部网或企业内联网）是采用以 TCP/IP 为核心的 Internet 技术实现的企业内部网，它代表了当今企业网信息处理技术发展的主流和动向，并将对企业的管理信息系统（MIS）的实现技术产生革命性的影响。由于 Intranet 系统的设计和开发基于成熟和主流的 Internet 技术，软件开发周期短，系统生命周期长，Intranet 所有的应用系统的性能和可靠性已经在 Internet 的实际运行过程中经受了考验，因此，Intranet 避免了许多软硬件投资，最大限度地降低了系统的开发和运营成本。

Extranet（通常被称为企业外延网或企业外联网）往往被看成是现有 Intranet 向外的延伸，一般来说，Intranet 的着眼点在于企业内部，是一种与外部世界相对隔离的内部网络，以大幅度地提高生产能力，扩展信息的传播，降低成本，提高效率为目的。而 Extranet 是一个使用

Internet 技术使企业与其客户和其他相关企业相连，以完成共同目标的交互式合作网络。Extranet 中的信息交流着眼于企业外部，即企业与外部，企业与贸易伙伴之间的信息交流。Internet、Intranet、Extranet 的比较如表 1-l 所示。

表 1-1　Interanet、Intranet、Extranet 的比较

	Internet	Intranet	Extranet
网络类型	物理	物理、虚拟	虚拟
访问方式	强调外部	强调内部	有限制的外部访问
用户	所有人	企业员工	企业员工+商业伙伴
信息类型	公开	内部共享	选择性共享

企业网是企业中用于经营、管理、调度、监测与控制的全局通信控制网络，在学科发展方面，工业企业网涉及计算机、通信、自动控制、信息、系统工程、管理等学科与技术，是一个多学科的交叉点。作为一种新型的网络，在工业企业网的设计与实施中，有许多问题值得研究。它们包括：企业网体系结构的研究；信息控制网络与实时控制网络的集成；企业网环境下的管理模式研究；企业网环境下控制科学的发展及企业网络控制系统的结构、技术与研究方法；企业网环境下的调度问题的研究。

计算机技术、网络通信技术、控制技术和管理技术的发展促成了企业网的产生和发展，现在许多企业已经或计划把企业网作为其信息基础设施而放在了企业经营发展战略的重要位置，作为一个多学科的交叉点，企业网及企业网环境下的控制系统需要研究的问题很多，具体来说，主要有以下几个方面。

（1）关于企业网的体系结构和企业网支持下的应用

近年来，针对企业模型出现了许多概念，如虚拟企业、敏捷虚拟企业、分散网络化制造、虚拟工厂网络等，而对企业网的实现又出现了如 Intranet、Extranet、Infranet 的概念。面对如此众多的概念，有必要寻求一种统一的模型来对企业网进行较确切的描述。

对于企业用于控制和管理的应用系统，如 MIS 系统（基于 Web 的 MIS）、办公自动化系统（OA）、MRP-Ⅱ系统、CIMS 系统、CSCW 系统等，在企业网出现以后正在发生着深刻的变革，探求企业网环境下企业的经营管理之路已经提到了日程上。

研究一个问题，一定要确定它的支撑技术、核心技术和相关技术，对于企业网这个融合了多种技术和多种学科的交叉课题，更有必要弄清这个问题，只有在此基础上，研究工作才能有的放矢。

（2）企业网络控制系统的体系结构、研究方法与技术

面对世界上各大公司推出的企业自动化解决方案，有必要从体系结构和描述模型上来对企业网环境下的控制系统进行统一。例如，可以按层次结构将其划分为设备级、车间级和工厂级；按功能结构将其划分为不同的模块，分别完成数据采集、设备驱动、调度与协调、管理与决策等功能；从实现上来分，可以按硬件结构（物理结构）和软件结构（逻辑结构）来分别对其进行描述，不同的描述方法中有不同的侧重点。

（3）企业网下的协调控制/调度/分布式计算/网络计算研究

企业网络出现以后，原来的协调控制和调度算法会受到什么影响，应该如何修改，是不是有更好的解决途径，如分布式计算/网络计算。Java 的出现和推广也已引起一场新的计算革命，有人提出企业中的 Java 计算的概念。最近，又推出了基于 Java 的控制系统，说明 Java 已经走进企业并充当重要角色。

从算法的研究到软件实现，其中如软件模型、软件的评价标准、软件设计过程中应遵循的

标准、软件实现方法等都是很有意义的研究课题。例如，软件设计要符合客户/服务器结构；遵循 COMIDCOM 原则；采用面向对象的技术等。

（4）企业网对企业集成自动化系统各层次（控制、监控、优化、管理决策等）的影响

企业网出现以后，有人将企业网支持的企业管理系统抽象为如图 1-10 所示的模型，其中，企业管理的五项职能：计划、组织、指挥、协调和控制都可以用该模型描述。在该模型中，便需要考虑评价标准、信息的分析与过滤以及算法（处理手段和措施）等问题。

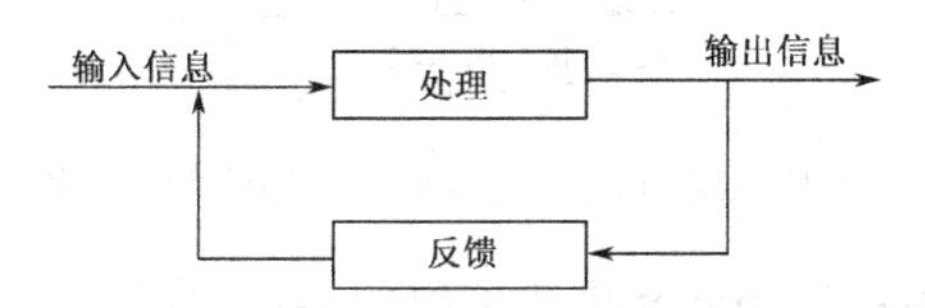

图 1-10　企业网支持的企业管理系统抽象模型

1.3.4　以现场总线与企业内部网为基础的企业网结构

现场总线产生以后，世界各大公司纷纷推出自己的以现场总线与企业内部网为基础的工业企业网解决方案。典型的方案有以下几种。

（1）西门子公司提出了基于 Profibus 的全集成自动化 TIA（Totally Integrated Automation）的概念，它是一种开放式的利用 SIMATIC 系列产品实现的工厂控制网络的全面解决方案。

（2）罗克韦尔自动化公司推出了将信息网（Ethernet）、控制网（ControlNet）、设备网（DeviceNet）集成到一起的系列产品，并在世界各地迅速推广。

（3）美国 Honeywell 公司也推出了 TPS（Total Plant Solution System）。

（4）Fisher-Rosemount 公司提出了利用 FF 总线实现的 PlantWeb 的概念。

以上四者的共同之处在于实现了数据管理、组态和编程、通信的集成，消除了计算机与 PLC 之间的壁垒、操作员与控制系统之间的壁垒以及集中式与分布式自动化组态之间的壁垒和工厂自动化与过程自动化之间的壁垒。

1.4　企业网的实现

1.4.1　建立企业网的策略

建立企业网有如下几种方式。

（1）将信息网络与自动化层的控制网络统一组网，融为一体，然后通过路由器与设备层的现场总线控制网络进行互联，从而形成一体化的工业企业网，如图 1-11 所示。

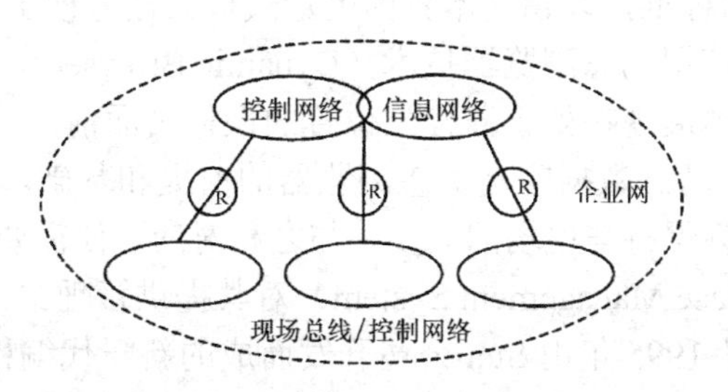

图 1-11　通过互联构建一体化的企业网

（2）各现场设备的控制功能由嵌入式系统实现，嵌入式系统通过网络接口接入控制网络。该控制网络与信息网络统一构建，从而形成一体化的工业企业网，如图 1-12 所示。

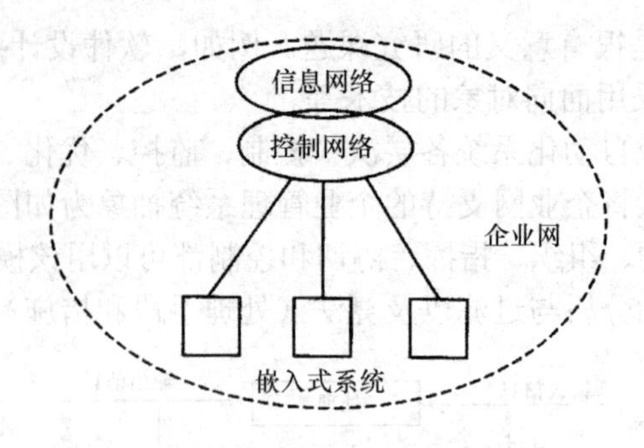

图 1-12　通过控制网络构建一体化的企业网

（3）将现场总线控制网络与 Intranet 集成，如图 1-13 所示。在该方案中，动态数据库处于核心位置，它一方面根据现场信息动态地修改自身数据，并通过动态浏览器的方式为监控站提供服务；另一方面接收监控站的控制信息对其进行处理并送往现场。此外，为了保证控制的实时性，控制信息也可不经过动态数据库而直接下发到现场。其中主要涉及以下技术。

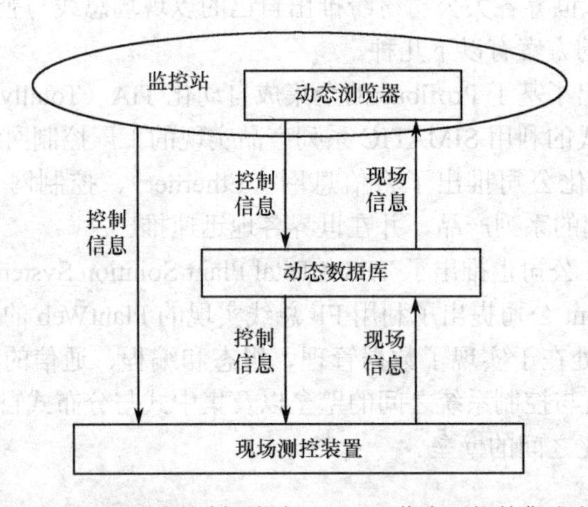

图 1-13　现场总线控制网络与 Intranet 信息网络的集成方案

① 客户/服务器模式。客户/服务器模式作为分布式应用程序之间通信的一种有效方式得到了广泛应用，通常服务器和客户运行于通过某种网络互联的不同平台之上，运行在服务器上的进程为发出请求的客户进程提供所需信息。在企业网中，现场总线与信息网在物理上的连接使其可作为整个网络的一个节点加入到客户/服务器模式之中，并服从客户/服务器模式的技术规范。

② 动态浏览器技术。浏览器是 Internet 和 Intranet 中最有代表性的应用之一，它以 HTTP 协议和 HTML 语言为通用标准，以超文本界面的形式极大地方便了人们在 Internet 和 Intranet 上查找和提取有用信息。使用动态浏览器技术（Dynamic Browser），可以把现场设备的运行状况通过浏览器的方式动态地展现在处于监控站位置的操作员面前。

③ 动态数据库技术。动态数据库是动态浏览器的前提和基础，动态数据库根据现场信息动态地修改自身数据，时刻保持与现场的同步，与之相对应，便需要一个动态数据库管理系统 DDBMS（Dynamic Data Base Management System）对其提供管理。

④ Java 技术。Java 是 1995 年由 Sun 公司开发而成的新一代编程语言，经过几年的发展，随着 JavaOS、Java 芯片、Java 卡和嵌入式 Java 等新概念的出现，Java 将以一种平台、一种计算模式影响诸多领域。就控制领域而言，因 Java 起初就是为控制电视、烤面包箱等家用电器开发的，这注定它在控制领域会得到一定程度的应用。

1.4.2 分布式控制网络平台

1. 分布式控制网络技术的目标

分布式控制网络技术的目标如下。

（1）屏蔽各种现场总线控制网络之间的差异，实现各现场总线控制网络透明地互联，使现场总线之间的通信及其现场设备之间的通信畅通无阻。

（2）实现分布式控制网络接入系统与设备的协同工作，构筑一个开放式的控制网络。

（3）实现控制网络与信息网络的无缝集成，建立一体化的企业网。

2. 分布式控制网络的结构

主从式结构控制网络的不足之处是：增加了系统的复杂性与额外的资源开销；通信控制器一般为专用控制器，不具备开放性系统的基本条件；控制网络的层次结构使网络间通信受到限制。为了克服主从式控制网络结构的不足，可采用一种分布式控制网络结构，如图 1-14 所示。

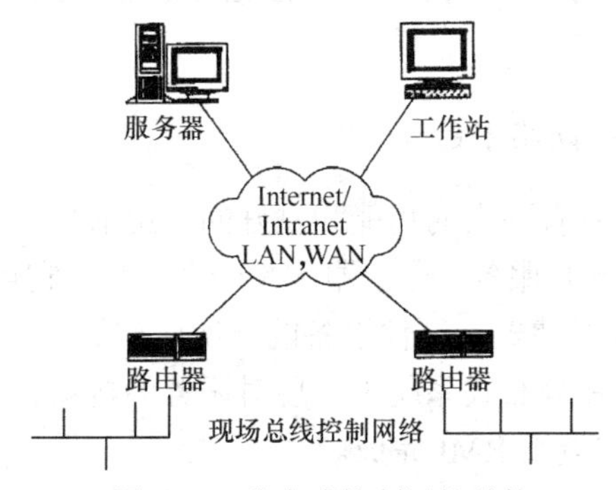

图 1-14 分布式控制网络结构

该分布式控制网络的上层为一般的 WAN、LAN、Internet/Intranet，下层现场总线/以太控制网络通过 IP 路由器与上层网络连接。

分布式控制网络的软件分层结构如图 1-15 所示。

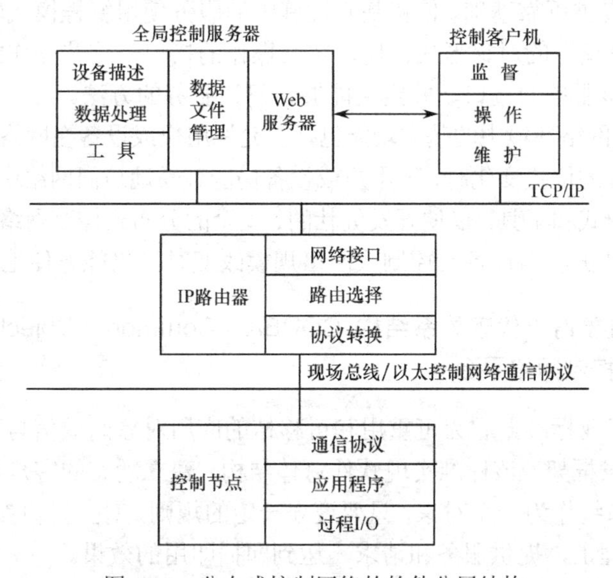

图 1-15 分布式控制网络的软件分层结构

分布式控制网络软件分三层。上层为全局控制服务器和控制客户机。全局控制服务器的功能包括 Web 服务器、数据文件管理、对局域控制器的管理等。控制客户机实现控制网络的监控、操作和维护等功能。中层 IP 路由器在逻辑上起网关作用。其功能是网络连接、路由选择、协议转换等。下层是现场总线/以太网络控制节点，其功能是实现现场设备的控制功能和过程 I/O、控制节点接入网络的通信协议。

分布式控制网络上层全局控制网络与中层 IP 路由器的连接遵循 TCP/IP 协议，下层现场总线/以太网络控制节点的接入遵循现场总线/以太网络通信协议。

1.4.3 分布式控制网络平台

分布式网络计算平台是一种全新的分布式计算概念，便可在任何时间任何地点将任何计算设施加入网络，并且能和网络中已有的各种软硬件一起协调工作，完成分布式网络系统的功能，包括网络访问、网络管理与网络资源共享等。同样，分布式控制网络平台对一体化的企业网实现其通信功能、控制功能及控制网络与信息网络的集成功能。分布式控制网络平台有以下两种方式。

1．增强型 Jini 分布式控制网络平台

Jini 分布式网络计算系统具有强大的功能和良好的应用前景，已广泛应用于分布式控制网络。Jini 体系结构最重要的概念是服务。一个服务是一个实体，它可能是一次计算、存储过程，或一个用户交流的通道、软件过滤器、硬件设备的一次运作等。

Jini 系统提供一种机制，在分布式系统中实现对服务的构造、查找、通信与使用。服务间的通信通过使用 Java 远程方法调用 RMI 完成。

Jini 的基本构件分为三类：基础设施、编程模式和服务。基础设施指构建 Jini 的构件集，该设施实现分布式系统中服务的联合，包括发现 / 加入服务、查找服务以及将 Java 平台的安全模式扩展到分布式系统等。编程模式指构造出可靠服务的接口集，包括租用接口、事件和通知接口、事务两个阶段的提交接口。服务指 Jini 结构中的实体。一般来说，Jini 基础设施和编程模式为分布式计算提供可靠基础，使在基础设施中的服务使用编程模式较好地完成分布式服务。服务以 Java 语言编写的对象形式体现，定义操作的接口，这些操作能被其他服务访问。服务的类型决定组成该服务的接口，并定义能够访问该服务的方法。

Jini 系统在分布式网络环境中的基本功能包括：允许用户或设备在网络上共享服务和资源；当用户或设备在网络中的位置变化时，该用户或设备仍能容易地访问网络中任何地方的资源；为编程者提供一个编程模式和工具，以便开发健壮的、安全的分布式控制网络应用系统；简化分布式控制网络的建造与维护。当设备、控制或网络规模改变时，仍能方便地组建分布式网络。

2．增强型公用对象请求代理体系结构 CORBA（Common Object Request Broker Architecture）分布式控制网络平台

CORBA 是一个工业标准，它为可重用和可移植的应用对象间通信与互操作提供公共基础性框架结构和应用开发框架。该标准实现软件总体结构，建立动态的客户程序和服务器程序之间的调用关系。任何系统作为一个对象，只要遵守一定的规则，对主接口参数进行定义和说明，就可接到对象请求代理上，提供服务和请求，达到即插即用的效果。

CORBA 的对象管理结构（Object Management Architecture，OMA）如图 1-16 所示。

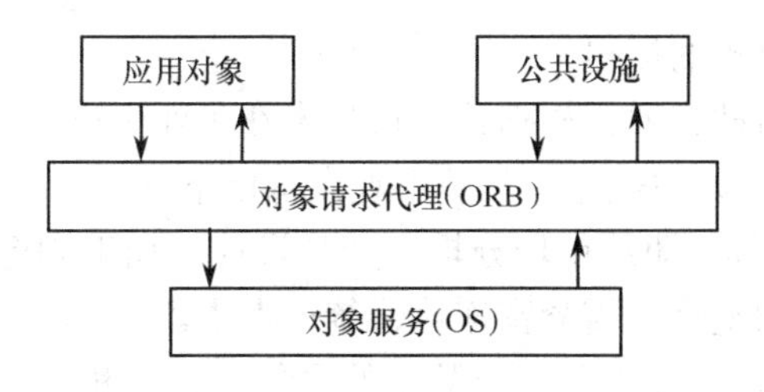

图 1-16　CORBA 的对象管理结构

对象请求代理（Object Request Broker，ORB）是 OMA 的基础，负责部件间的通信，使不同对象在分布环境中实现平台之间的交互。对象服务（Object Services，OS）可以不考虑具体应用领域的对象服务程序。对象服务面向服务构件，如方法调用处理过程、对象的永久性存储、安全机制、名字服务等。应用对象通过应用接口与对象请求代理连接。公共设施（Common Facilities）为应用提供共享服务的集合。

CORBA 的实时应用系统建立在实时网络协议和实时操作系统之上。实时网络协议支持满足服务质量 QoS 要求的通信，要求有足够的网络带宽。实时操作系统提供多线程的同步机制。CORBA 应用程序实现分布对象中远程方法的实时激活，将上层定义的 QoS 映射到对象请求代理 ORB 层。高性能和实时的 ORB 包括 CORBA 中介、网络适配器、I/O 子系统、通信协议、公共对象服务等。

1.5　企业网的应用

当工业企业网平台建成以后，就可以进行企业网的相关应用建设，企业网的应用很多，包括管理信息系统（MIS）、办公自动化系统（OA）、电子商务、计算机集成制造系统（CIMS）、制造资源计划与企业资源计划、决策支持系统（DSS）、客户关系管理（CRM）、供应链管理（SCM）等。限于篇幅，这里以计算机集成制造系统（CIMS）为例进行简略介绍。

1.5.1　CIMS 的产生与发展

计算机集成制造系统的产生与当代科技的发展和市场的需求是分不开的。第三次科技革命出现的机器，不仅是人类手臂的科学延长，而且是人类智慧的科学延伸。

（1）当代高新技术的特点

从技术方面看有以下三个突出的特点。

① 人类的活动领域大大扩展。

② 工业产品日益趋向复杂、精密、高可靠性、高安全性和高度自动控制。

③ 工业生产日益向高速、高精度、高质量加工方向发展，生产条件也越来越严格和严峻。

（2）当代市场的特点

① 产品的生命周期越来越短、更新换代越来越快。

② 加剧了缩短从科学发展到技术应用的周期竞争。

③ 产品的型号和规格日益增多，即使汽车，也成了一种多品种、小批量生产的行业。

④ 市场五要素——品种、质量、价格、交货、售后服务的竞争激烈。

（3）问题的提出

整个工业特别是离散型制造工业（约占全部工业的 50%），必须寻求一种技术与管理高度结合，又能快速反应的新的生产方式，才能实现可持续性发展。

（4）计算机集成制造思想的提出

1974 年美国约瑟夫·哈林顿博士根据计算机技术在工业生产中的应用及其发展趋势，首先提出了计算机集成制造即 CIM 的概念。其基本观点有以下两个。

① 企业生产的各个环节，即从市场分析、产品设计、加工制造、经营管理到售后服务的全部活动是一个不可分割的整体。需紧密连接、统一考虑。

② 整个制造生产过程，实际上是一个数据的采集、传递和加工处理的过程。最终形成的产品，可以看做是数据的物质表现。

1.5.2 CIMS 的概念

根据美国约瑟夫·哈林顿博士提出的一种组织企业生产的新思想：一是制造业中的各个部分，即从市场分析、经营决策、工程设计、制造过程、质量控制、生产指挥到售后服务的各个生产环节互相之间是紧密联系的、是不可分割的；二是整个制造过程本质上可抽象成一个数据的采集、传递、加工和利用的过程。这两个紧密联系的基本观点构成了 CIM 的概念。

综合诸种定义，可以把 CIM 定义归结为：利用计算机通过信息集成，把企业的生产经营活动管理起来，以提高企业对激烈多变的竞争环境的适应能力，求得企业的总体效益，使企业能够持续稳定地发展。

CIM 是一种组织现代化生产的哲理，863 / CIMS 主题专家组通过近十年来对这种哲理的具体实践，根据中国国情，把 CIM 及 CIMS 定义为：CIM 是一种组织、管理与运行企业生产的哲理，它借助计算机硬件及软件，综合运用现代管理技术、制造技术、信息技术、自动化技术、系统工程技术，将企业生产全过程（市场分析、经营管理、工程设计、加工制造、装配、物料管理、售前售后服务、产品报废处理）中有关的人/组织、技术、经营管理三要素与其信息流、物流有机地集成并优化运行，实现企业整体优化，以达到产品高质、低耗、上市快、服务好，从而使企业赢得市场。CIMS 是基于 CIM 哲理构成的系统。

在这里，CIMS 主题专家组强调了以改善产品的 T（Time，指产品上市时间）、Q（Quality，产品的质量）、C（Cost，产品的价格）、S（Service，服务）赢得竞争为目标。在系统全过程中，人是三要素和两种流集成优化、多种技术综合运用的核心。对于 CIMS 中的 M，不仅仅是针对制造业，还应扩展到管理等领域。

CIMS 的提出，引起了各国的重视，许多国家纷纷列入国家重点计划，并取得显著成效。目前，世界上的 CIM 产业已达数十亿美元 / 年，与 CIM 有关的系统集成、企业管理、工程设计及制造等相关技术都取得长足的进展。

20 世纪 80 年代至 90 年代，CIM 进入了一个迅速发展的阶段，在其内涵与概念上都有了许多新的内容，并与许多新概念相结合，形成互补。例如，人工智能（IA）、准时制造（JIT）。精良生产（Lean Production）、敏捷制造（Agile Manufacturing）、并行工程（Concurrent Engineering）等，研究这些方法及技术对应用 CIM 技术求得企业经营活动的总体优化有着不可低估的意义。

1.5.3 CIMS 的构成

CIMS 通常由管理信息子系统、工程设计自动化子系统、制造自动化子系统、质量保证子系统、计算机网络子系统和数据库子系统，共六个部分组成，即 CIMS 由四个功能子系统和两个支撑子系统组成。系统的组成框图如图 1-17 所示。

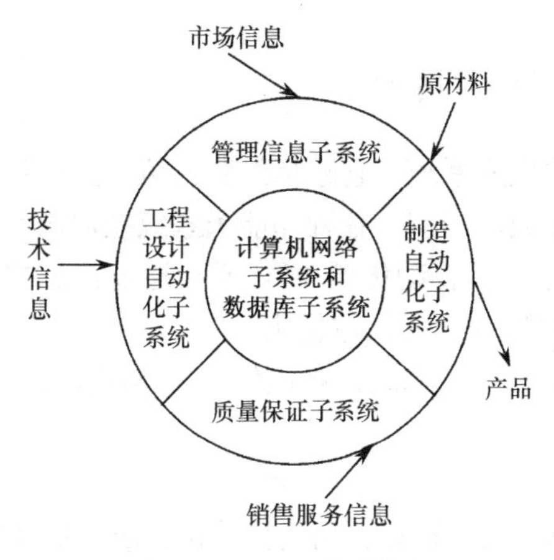

图 1-17　CIMS 构成框图

（1）管理信息子系统的功能包括预测、经营决策、生产计划、生产技术准备、销售、供应、财务、成本、设备、工具和人力资源等管理信息功能，通过信息集成，达到缩短产品生产周期、降低流动资金占用、提高企业应变能力的目的。

（2）工程设计自动化子系统用计算机辅助产品设计、工艺设计、制造准备及产品性能测试等工作，即 CAD / CAPP / CAM 系统，目的是使产品开发活动更高效、更优质地进行。

（3）制造自动化子系统是 CIMS 中信息流和物流的结合点。对于离散型制造业，可以由数控机床、加工中心、清洗机、测量机、运输小车、立体仓库、多级分布式控制（管理）计算机等设备及相应的支持软件组成。对于连续型生产过程，可以由 DCS 控制下的制造装备组成，通过管理与控制，达到提高生产率、优化生产过程、降低成本和能耗的目的。

（4）质量保证子系统的功能包括质量决策、质量检测与数据采集、质量评价、控制与跟踪等功能。该子系统保证从产品设计、制造、检测到后勤服务的整个过程的质量，以实现产品高质量、低成本，以及提高企业竞争力的目的。

（5）计算机网络子系统采用国际标准和工业规定的网络协议，实现异种机互联、异构局域网络及多种网络互联。它以分布为手段，满足各应用分系统对网络支持的不同需求，支持资源共享、分布处理、分布数据库、分层递阶和实时控制。

（6）数据库子系统是逻辑上统一、物理上分布的全局数据管理系统，通过该系统可以实现企业数据共享和信息集成。

需要指出，上述 CIMS 构成是最一般的最基本的构成。

（1）对于不同的行业，由于其产品、工艺过程、生产方式、管理模式的不同，其各个子系统的作用、具体内容也是各不相同，所用的软件也有一定的区别。

（2）由于企业规模不同，分散程度不同，也会影响 CIMS 的构成结构和内容。

（3）对于每个具体的企业，CIMS 的组成不必求全。应该按照企业的经营、发展目标及企业在经营、生产中的瓶颈选择相应的功能子系统。对多数企业而言，CIMS 应用是一个逐步实施的过程。

（4）随着市场竞争的加剧和信息技术的飞速发展，企业的 CIMS 已经从内部的 CIMS 发展到更开放、范围更大的企业间的集成。例如，设计自动化子系统，可以在因特网或其他广域网上的异地联合设计；企业的经营、销售及服务也可以是基于 Internet 的电子商务、供需链管理（Supply Chain Management）；产品的加工、制造也可实现基于因特网的异地制造。这样，企业内、外部资源得到更充分的利用，有利于以更大的竞争优势响应市场。

1.5.4　CIMS 中的数据集成技术

CIMS 是一个十分复杂的集成系统，它包括经营决策、生产计划、制造和控制等功能子系统。CIMS 技术的核心在于集成，当前，各种功能子系统在局部都有相应的计算机系统支持，但都是在独立环境下开发出来的“自动化孤岛”，必须通过信息共享，使它们协调工作，它把各种功能有机地集成起来，实现企业的整体优化。

作为 CIMS 核心技术的数据库技术就是实现信息共享的重要途径。

1. 数据集成的要求

CIMS 一般包含管理信息、工程设计、制造自动化和质量保证子系统，如图 1-18 所示。各个子系统间存在大量的信息交换，要及时地传递到相应部门。数据内容多样，涉及有关产品设计、工艺生产、计划、资源、组织和管理等各方面，数据结构和数据载体复杂，数据间的语义联系复杂，对数据的操作要求特殊，并且数据载体为多种媒体。把这样复杂的数据集成起来是相当困难的。

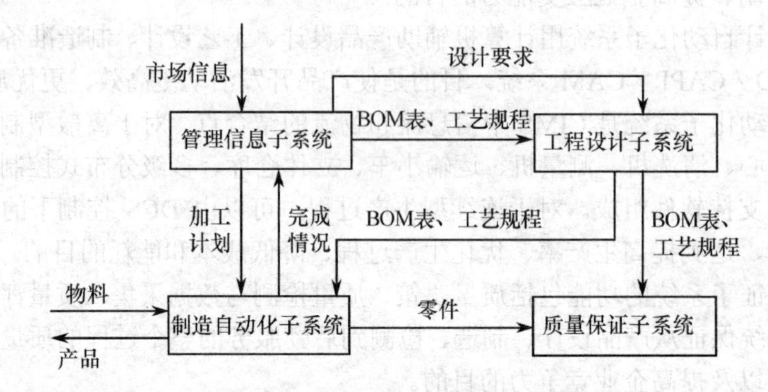

图 1-18　各子系统之间的关系

2. 数据集成的目标

数据集成的理想目标是要给最终用户提供一个单一系统映像，使各个子系统之间的相互作用以透明的方式进行，包括位置透明和存取透明。实现数据集成的主要技术包括数据共享的存储机制、数据分布技术、分布环境下的多库集成技术和工程数据的管理技术。

3. 共享数据的存储机制

随着计算机技术和网络技术的发展，计算机系统结构和共享机制也迅速发展。计算机的系统结构从早期的主机/多终端模式，发展为计算机网络、客户/服务器模式。分布式数据系统使得数据库系统的扩充性、可用性和自治性都有了很大改善。当前各种计算机系统配置了许多软件，构成了适合需要的各种平台，在 CIMS 环境下可利用下列存储机制支持数据共享。

（1）文件。由操作系统直接管理并对其进行存取。

（2）数据库。在 CIMS 环境下用数据库的方法实现对管理信息系统（MIS）的处理。

（3）工程数据库。工程数据库针对 CAD/CAPP/CAM 中的工程数据的管理。

（4）实时数据库。实时数据库管理系统支持制造自动化所需的数据及时采集和处理。

4．分布式数据库的数据分布技术

分布式数据库有以下 6 种不同的基本形式。

（1）复制的数据。相同的数据在不同的地方存储几个相同的副本。

（2）子集数据。存储在外围计算机中的数据是某大型计算机中数据的子集。

（3）重新组织的数据。把数据采用倒排表、辅助索引等多种结构形式组织起来，使信息检索更容易实现。

（4）分区数据。指同一模式在两个或更多的机器中使用。尽管每台机器存取不同的数据，保存不同的记录，但它们的构造形式完全不同。

（5）独立模式数据。适用于独立模式数据。不同的计算机的数据和程序的模式不同，但这些独立数据系统是公共的自顶向下规划的一部分。

（6）不相容数据。指由不同的机构建立的独立数据系统。

对于这些不同类型的数据，采取人工抽取、自动快照。复制、分割和数据分布分析来进行数据分布。这些技术适用于各种不同的环境和要求，其中自动快照限于只读访问，复制可在处理整个表的部分数据时对数据进行的多点更新的情况，分割可处理整个表。

5．分布环境下的多库集成

在 CIMS 环境下，要对多数据源进行集成，要求系统对数据载体、数据持续性用户接口、结构、分布环境和功能具有开放性。

在异构数据源的集成技术中，开放性和结构的数据集成技术较适合于从应用的角度来解决当前的包括 CIMS 在内的大量的数据集成问题，从当前的技术发展趋势来看，客户/服务器结构是一种典型的开放结构，这种结构中采用的一些技术（如中间件、开放式的分布式事务管理等）非常有利于异构数据源透明地集成。

（1）支持数据集成的 Client / Server 的分布式计算

在一个分布的、复杂的、多层次的、多供销商、多操作系统、多数据库的异构环境中，要实现所有应用成分的协作，做到异种数据数据源互相透明地访问，必须采用一些通信技术，包括管道（Pipe）、远程过程调用（RPC）和 Client/Server SQL 中间件，其中 Client/Server SQL 中间件是把 SQL（请求）语句及数据从一个进程（Client）传送到另一个进程（Server）的一种机制。Client/Server SQL 是一种特殊的 Client/Server 接口，是实现异构数据源透明性的重要手段。

（2）支持数据集成的接口技术

中间件（Middle Ware）是把全部 Client 和全部 Server“无缝”地集成在一起并实现“单一系统映像 SSI”的重要手段。在这里，中间件是指从 Client 部分的 API 开始，调用服务并通过网络传输请求及随后的响应过程中的所有软件部分。中间件是大多数交互作用的基础，主要由两部分组成，即网络操作系统（NOS）和网络传输协议中间件。

网络操作系统（NOS）可扩展本地操作系统的势力范围，可提供分布计算基础，帮助分布在网络上的各种资源建立一个“单一系统映像”；支持跨 Client/Server 应用的协调。网络传输协议中间件是由一系列协议组成的，包括 TCP/IP、NETBIOS、IPX/SPX、DECNET。OSI 和 SNA 提供 LAN/WAN 上可靠的点到点通信，这些协议使用 LAN/WAN 互联技术，如路由器（Router）、网桥（Bridge）和网关（Gateway），可采用集成分布，在校园网或广域网上传输多种协议，由主干网收集这些协议并通过网络发送。

另外，还有一些专有中间件，如数据库中间件，允许客户在异构数据库上提供调用基于

SQL 的服务；事务处理中间件，允许客户在多个事务服务器上调用服务；对象中间件，允许客户调用驻留在远程服务器上的方法；分布式系统管理中间件，允许执行管理的工作站和被管理和服务进行对话。使用中间件，几乎可以把数据置于任何地方而不需要考虑应用平台。

（3）Windows 环境下的 DDE-OLE 技术

OLE（Object Linked ＆Embedded，对象链接和嵌入）是一种用于不同应用程序之间数据共享的技术，在其后又提出的复合文本是这样一种数据载体，能包括来自不同数据源的数据元素，并调用这些元素相应的处理程序对其进行处理。它不仅包括文字信息，还有条形图、表格和插图，甚至还有声音和动画。

DDE（Dynamic Data Exchange，动态数据交换）是一种进程之间的通信形式，它用共享内存在应用程序之间交换数据，应用程序可以用 DDE 进行一次性的数据传输，也可以进行现场的数据交换，DDE 采用 Client/Server 模型，提供数据的是 Server，接收数据的是 Client。

6. 工程数据管理

工程数据通常是指产品的设计和加工过程中产生的大量数据，工程数据的管理包括两个方面：一个是用于 CAD/CAPP / CAM 系统内部的工程数据管理，另一个是用于 CAD/CAPP/CAM 系统和 MRP Ⅱ系统集成的工程数据管理。

（1）CAD / CAPP/CAM 系统集成的工程数据管理

在产品设计、制造、使用、维护和报废的整个生命周期中，产品信息往往由不同的软件供应商提供的多种软件系统生产和利用，为了使产品信息保持完整性和一致性，ISO 开发了国际标准 STEP。

STEP 完成全局数据的描述语言和数据库 DDL 描述语言之间的转换。工程数据库作为产品模型数据库，具有数据库的基本功能及使用和管理产品数据的功能，目前普遍认为，工程数据库宜采用面向对象的数据库。

CAD/CAPP/CAM 集成系统的系统结构具有开放性和可集成性，通过 STEP 中性文件和面向对象的数据库，该系统可与 CIMS 环境下的其他系统（如 MRP、FMS）进行数据交换，集成系统提供符合 STEP 标准的数据接口，可以用于与其他的 CAD、CAPP、CAM 系统进行数据交换。

（2）产品数据库管理系统

产品数据库管理系统 PDMS 有如图 1-19 所示的几种体系结构。

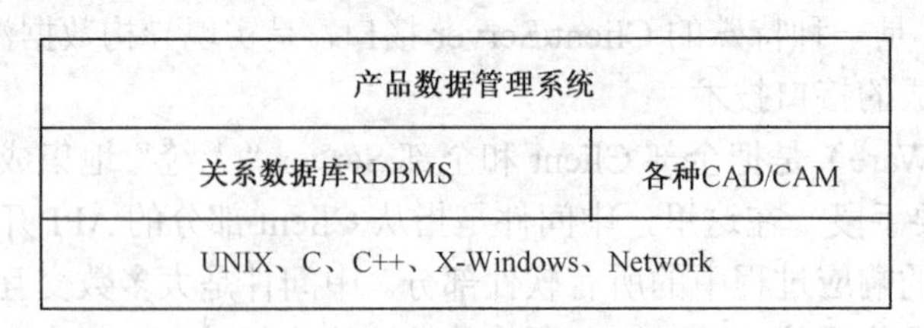

图 1-19　产品数据库管理系统 PDMS 的体系结构

在这种体系结构中，PDMS 是基于各种 CAD/CAM 软件和 RDBMS 实现的，不涉及 RDBMS 的核心，PDMS 的用户仍像以前一样使用数据库及相应的开发工具，用户通过 PDMS 提供的接口（User Interface Layer，UIL）操纵存放在 RDBMS 中的工程管理数据。PDMS 由基于 RDBMS 的一个窗口界面、一组应用程序和一个集成工具箱组成，支持建立、存储、检索和管理在产品生产过程中使用的各种数据。为产品设计数据、产品工程数据、产品开发数据以及相关的组织信息提供集成的、可控制的、安全的多种访问工具。

1.5.5 CIMS 的实施与经济效益

CIMS 系统是企业经营过程、人的作用发挥和新技术的应用三方面集成的产物。因此，CIMS 的实施要点也要从这几方面来考虑。

（1）首先要改造原有的经营模式、体制和组织，以适应市场竞争的需要。因为 CIMS 是多技术支持条件下的一种新的经营模式。

（2）其次，在企业经营模式、体制和组织的改造过程中，对于人的因素要给予充分的重视，并妥善处理，因为其中涉及了人的知识水平、技能和观念。

（3）最后，CIMS 的实施是一个复杂的系统工程，整个的实施过程必须有正确的方法论指导和规范化的实施步骤，以减少盲目性和不必要的疏漏。

1.6 企业内联网（Intranet）技术

随着企业间的竞争越来越激烈，企业必须进行全面的策划，加强扩大企业内部、企业合作伙伴以及企业与市场间的信息通信。企业内联网 Intranet 的出现保证了按需要及时发送信息，保证信息最新并正确有效，而且便于企业对内部信息进行管理维护，从而使跨地区协同工作成为现实。

1.6.1 Intranet 的基本概念

1. Intranet 的定义

由于 Internet 的普及，许多公司纷纷建立 Web 服务器，把公司的简介、新闻稿、产品发布、文件档案等都放在主页上，并公开予以发布；还有一些公司利用 Internet 进行客户服务、接收订单等业务，并将 Internet 视为重要的对外联系窗口。随着应用 Internet 技术的成熟，企业逐渐认识到其优越性，并将之引用到企业内部作业环境，建立企业内部使用的 Web 服务器。

Intranet 是 Internal Internet 的缩写，称为企业内联网，它是应用 Internet 中的 Web 浏览器、Web 服务器、超文本标记语言（HTML）、超文本传送协议（HTTP）、TCP/IP 网络协议和防火墙等先进技术，建立供企业内部进行信息访问的独立网络。

Intranet 基本上分为两种：一种是广义上的，即在公司内部使用的 Internet 技术，亦即建立在 TCP/IP 网络协议及使用诸如 Web 浏览器等技术基础上的应用；另一种是狭义上的，即指公司内部所使用的万维网。

2. Intranet 的特性

Intranet 是一种内部网络，它采用 Internet 和万维网的标准和基础设施，并通过防火墙（Firewall）与 Internet 相隔离。Intranet 只是进一步扩展企业现有的网络设施，而不是抛弃原有系统，各公司只要在基于 TCP/IP 协议的网络基础上，加上 Web 服务器软件、浏览器软件、公共网关接口（CGI）和防火墙等，就能建立起 Intranet，并同时与 Internet 相连。它具有如下特性。

（1）采用 TCP/IP 通信协议

因为 IP 能够妥善处理局域网与广域网的通信，它得到了 Macintosh/Windows NT 以及大型机系统的支持，具有性能良好的管理工具和积极参与开发的队伍，同时它又是 Internet 的通用语。

（2）采用 HTML/SMTP 及其他公开标准

与 IP 对于 Internet 一样，HTML 是 Web 的通用语。Web 服务器能存放文字和非文字信息，包括声音、图形和视频等；不论个人、部门或整个公司，都可以建立自己的主页和 Web 页。Web 服务器内的信息可以转发给其他服务器，而不管这些服务器设置在何处。

Web 并不是 Intranet 内的唯一设置，Intranet 还需要采用其他一些公开标准，如用于电子邮件的 SMTP（简单邮件传送协议）及 FTP（文件传送协议）服务器等。

（3）仅供单位内部使用

Intranet 极大部分只供单位内部使用，不对外开放。为了使单位内部能从 Internet 上检索信息，又不让外界非法进入，通常都采用防火墙，将 Intranet 与 Internet 隔离开来。

（4）安全性

内联网最大的特征就是安全性，另外，还具有开放性、跨平台兼容性、可连机共享多媒体信息、投资少、回收快等特点，因而受到世界上许多企业的重视。Intranet 与 Internet 在许多技术方面都相同，但在应用范围与管理方式上存在差异。两者都采用 TCP/IP 通信协议和 HTML 及其他公开标准，但 Intranet 仅仅供单位内部使用，并采用了新的管理工具等。目前，Internet 领域的管理者已经制定出 SHTTP、SSL 和 SET 等安全协议，并逐步完善包括加密、身份识别、IC 卡、认证机构连接和防火墙等安全性技术，使网络的安全性不断提高。但在处理机密信息方面，Intranet 也像 Internet 一样，存在一些尚未解决的安全问题。

3．Intranet 的优点

企业采用 Intranet 作为内部信息网络，可带来如下好处。

（1）便捷的信息传递。通过 Web 平台和电子邮件功能，可以快速地在企业的员工之间、企业与客户之间、企业与企业之间发布和获取信息。

（2）提高工作效率。各种联机文献、产品手册、白皮书和产品发布等，可用电子文件取代书面文件，大大提高了工作效率。

（3）节省人力物力。采用基于 Intranet 的协作与交流，简化了行政手续，减少了机关行政人员，对员工进行联机培训，提高了培训效率，并可自由安排培训与考核时间。

（4）节省费用。可节省传统办公费用，如纸张、复印、传真、手册、开会、用书、情况资料查询等费用。

4．Intranet 的功能

除了上述优点，Intranet 迅速发展的另一个原因是经过多年的实践，已证明 TCP/IP、FTP、HTML 一类标准是可靠的。将 Internet 技术用于内部网络，使 Internet 技术得到进一步发挥，在 Intranet 上可以避免 Internet 由于频带窄、安全性低引起的许多问题。

目前，企业 Intranet 的应用主要包括以下几个功能。

（1）Web 信息发布。基于 Intranet 的企业信息管理系统是一种主要的 Web 的 HTML 文档组成的系统，可以把信息系统分成许多不同的类别，如人力资源、产品信息、季度或每月报表等。通过浏览器查阅，这些信息是 Intranet 最基本的应用。

（2）电子邮件。E-mial 是 Intranet 必不可少的重要功能。利用多媒体电子邮件传递可以取代传统的信函、传真等业务。

（3）目录服务。Intranet 的信息管理系统可以使网络信息资源、企业数据库、文档数据库等综合为一个单一集成的目录，用户通过浏览器可以迅速访问所需信息。

（4）协同工作。Intranet 从单纯的制作和展示信息迈向内容丰富的协同工作和信息交流。

1.6.2 Intranet 在企业中的应用

1. Intranet 对企业管理的影响

Intranet 既具备传统企业内部网络的安全性，又具有 Internet 的开放性和灵活性，即在对企业内部应用提供有效管理的同时，又能与外界进行信息交流。企业可通过 Intranet 向世界范围提供形象招贴广告，建立电子橱窗展示产品，提供技术咨询，进行售后服务和市场开拓。

在安全有保障的条件下，还可以实现产品的报价、商品交易、提供订单、签署合同、交换商业文件和支付账单。这样可以降低通信成本，更可与国外企业同时共享同样的信息，提高企业的市场竞争能力。Intranet 改善了 MIS 的信息共享方式，使得企业与客户，企业内部人员之间，企业与合作伙伴之间可以更加方便、快捷地共享信息，并集成了多种信息源。

2. 企业网的应用

Intranet 的应用遍及各行各业，几乎是无限的。目前 Intranet 主要应用于以下几个方面。

（1）内部信息交流

针对部门或整个企业一对多的信息交流，通过 Web 界面公布信息，减少大量的过时的文件。Intranet 应用于企业信息发布可以迅速地给企业以回报，减少生产印刷和传送企业信息的成本。Intranet 增强了信息的交互性，当职员在提交报告分析数据或了解客户信息时，使用 Web 技术可以直接链接到所需的数据上，从而比过去打印的文本或电话要有利得多。多对多的相互交流增强了企业内部的合作。例如，在成员之间直接交流信息的新闻组通过向其他人提供信息在企业内部形成的信息库，人们可以订阅新闻组，通过主题、作者和文章号码来浏览信息，每一个条目都可以是一个线索，当有人发表一篇文章或邮件时，这一线索就被牵出，读者可以按着自己的意愿顺着这些线索深入这些 Intranet 的应用，在企业的各个方面提高了交流和生产的效率。企业正在应用 Intranet 解决部门间的交流。

（2）销售和市场

销售和市场部的基本难题是发送及时的参考信息给分散在各地的人员，在适当的时候获得适当的信息将使业务达成，而缺少信息则可能将一笔生意落入竞争者手中。Intranet 可以及时地传送以下信息：产品种类、价目表、业务线索的提要、竞争信息、关键客户名单及胜负分析、日程表。记录营销活动和业务预测，及时反馈业务及顾客信息。管理者可以得到最新的动态生成的业务分析、在线培训及技术参考资料、业务及产品展示。应用 Web 浏览器和标准的数据库可以帮助企业的市场营销部门建立维护关键客户信息数据库并充分应用它。业务员可以利用这个系统随时随地发出订单，检查订购情况，完成围绕一项业务的书面工作。通过在 Intranet 上发布多媒体的文件，公司可节约大笔视盘制作复制以及将营销策略资料向数百名业务代表分送的费用。Intranet 避免了分发资料的时间和人力物力，而且能够使任何地点的销售力量及时获取这些信息。运用 Intranet 技术建立一套基于动态数据库的销售和营销管理系统，这一系统使每一步销售环节与相应的业务支持资源相连，它大大促进了业务员与总部的信息沟通。通过 Web 使全球的销售队伍都可以安全地分享信息，获得不同形式的销售工具查询参考资料库，而且与相关的 Internet 站点相连，获得和发送最新的相关信息，应用新闻组销售和市场队伍可以共享专业知识，以提高他们在特殊业务环境中的获胜概率，讨论组可以集中于围绕一些成功的业务，帮助销售代表针对某一环节或客户难题交流信息。

（3）产品开发

产品开发部需要依靠最新的信息有效地完成工作。产品开发应用通常集中于项目管理上，工作人员事先确定项目计划，共享有关项目进展和用户反馈的信息，当然对敏感信息的获取要严格控制在组织内部的工作人员内。通过 Intranet 获取的信息类型包括产品种类设计、阶段性计划和变更、组织内部成员和责任、客户问题、主要竞争产品的特征。例如，多媒体娱乐公司工作人员利用讨论组讨论项目并利用 Web 进行合作，这种方式使他们迅速组织了真正的工作组来进行一个项目，职员可以获取他们所需要的信息，检查过去的讨论。一旦他们着手进行，已经在进行中的项目就会迅速完成。基于 Web 的客户/服务器方式使工作人员能够随时要求或提交特定的信息，通过与数据库相连，Intranet 使公司的工作人员方便地记录查询产品的测试结果。这种应用也可以用来处理最近提交的开发专利申请，并直接给企业的法律部门发送适当的表格和信息，合作应用推动了人们认识的交流，这对开发部门非常重要。

（4）客户服务和技术支持

客户服务与技术支持的目标就是在最优的成本效率下，以最有效的方式提供最好的服务，无论是发布信息还是处理业务。这种 Intranet 的应用能够使工作人员共享有关问题的最新状态，并及时对客户需求做出反映，获取有关客户指令的最新信息并迅速应变，如提供特别服务，针对客户的要求和抱怨进行在线培训。公司可利用 Web 向其客户提供更有效的服务并与他们沟通信息，过去客户对于产品服务或环境问题的要求和疑问总是通过写信或电话的方式进行联系，针对那些打来电话和写信的客户反馈，通常必须寻找合适解决问题的人进行解决；而利用 Intranet 就可以通过 Web 来解决客户的问题，应用新闻组使客户服务与技术支持能够更深入地钻研某些特殊的问题，讨论组的线索为经常发生的一些客户问题提供了具体讨论其潜在根源的论坛，并能够针对各种解决方式的成败之处交流看法，而且讨论组使某些员工能够及时应变或是抓住重要信息。

（5）人力资源管理

利用 Intranet 发布企业信息以及传送个人信息，人力资源的工作人员将从填写履历等基础的程序化工作中解放出来，人力资源部可以发布和传送如下信息：雇员在册人数和津贴、企业政策、公司的目标和任务、发布工作机会和内部调动表格、可查询的电话地址簿、年度报告、职员的个人发展、部门和个人的主页、分类布告栏、医疗安排等。基于 Intranet 的客户服务器应用减少了人力资源部通常所做的有关员工个人信息的大量书面工作，信息的取得也可以限制在特定的部门和用户当中安全地应用，可以做到在线的雇员津贴计划、雇员的度假计划查询和选择。讨论组在大企业内特别有价值，因为它们提供了快捷有效地与特定人员如高级管理者的交流方式，从而为共同利益者提供了直接的常在的不依赖时间和地点的讨论环境，同时也大大简化了向员工解释政策变化的工作。

（6）财务应用

认真监督财务指标有助于企业建立一套清晰的管理目标，以简单易行的在线方式安全地提供企业财务信息。利用 Intranet 财务部门可将信息容易地发送给关键的管理者，安全地公布企业财务数据或针对疑问提供简单的报表，电子交易的财务处理已经成为现实。企业可以通过一个基于 Web 的商场提供企业的产品，完成软件分销，支付账单和购买产品，再进一步的资产管理公司可以通过基于 Web 的表格与相关的数据库找出内部买主，并再循环内部的旧设备。

（7）其他应用

在从利用纸张进行信息交流到利用 Intranet 的转变中，企业的许多其他部门如法律或 MMI 部门都可以提高效率。

1.6.3 Intranet 与 Internet 的关系

Internet 是一组全球范围内信息资源的名字，Internet 的起源是一个计算机网络的集合。计算机网络只是运输信息的介质，Internet 的美妙和实用性在于信息本身。Internet 允许世界上数以亿计的人们进行通信和共享信息。通过发送和接收电子邮件，或者与其他人的计算机建立连接，来回输入信息进行通信。通过参加讨论组以及通过免费使用许多程序和信息源达到信息共享。

Intranet 是利用各项技术建立起来的企业内部信息网络。这个概念包含以下两方面的含义：一是 Intranet 是一种企业内部的计算机信息网络，这是它与 Internet 的重要区别之一；二是 Intranet 继承和发展了 Internet 的许多技术，主要有 WWW、电子邮件、数据库和网络操作系统等各项技术。

Intranet 的核心技术是 WWW（World Wide Web）。WWW 是以图形界面和超文本链接方式来组织信息的先进技术；WWW 也是一个以这种技术为基础的世界范围的计算机网络，在这个网络中，允许用户从一台计算机访问另一台计算机中存储的信息。

Intranet 与 Internet 既有联系又有区别。Internet 是存储在计算机上的信息的集合，这些计算机物理地分布在全世界，因此 Internet 被称为因特网，是一个跨越全球的“网络的网络”；而 Intranet 则是公司内部的信息网，依靠“防火墙”（指用软件和硬件的方式将两个计算机网络分隔开来的一种“障碍”，保障用户正常访问并阻挡未授权用户的非法访问）与 Internet 进行连接，同时也进行安全性的分隔。

Intranet 与 Internet 的区别主要有以下三方面。

（1）Internet 是公众网，任何人都可以从任意节点登录上去并访问整个网络的信息；而 Intranet 则是内部网，不仅被防火墙与 Internet 分隔开来，而且内部通常还有严密的安全体系，未授权的用户无法访问其中的信息。

（2）Internet 的信息主要是公众性的，大部分都是广告、新闻、免费软件等；而 Intranet 中的信息是公司内部的，不用于对外公布，主要是公司人事信息、技术信息和财务信息等。

（3）Internet 十分庞大，管理非常复杂，各个节点的通信线路也各式各样，运行效率难以保障；而 Intranet 相对来说规模小得多，管理比较严格，网络线路一般都比较好，因此运行性能较高。

1.6.4 企业 Intranet 计算模式及其相关技术

1．浏览器/服务器（B/S）计算模式

随着 Internet / Intranet 技术和应用的发展，WWW 服务成为核心服务，用户可通过浏览器（Browser）的统一界面完成网络上各种服务和应用功能。这种在 20 世纪 90 年代中期发展的，基于浏览器、WWW 服务器和应用服务器的计算结构称为 Browser / Server（B / S，浏览器/服务器）模式，B/S 模式继承传统的 C / S（客户/服务器）模式中的网络软、硬件平台和应用，但更加开放，与软、硬件平台无关，开发与维护都更方便，已成为企业网上的首选模式。

B / S 模式本身也在不断发展，在进入新世纪之际，电子商务、全球市场和实时分布式系统的发展促使 B/S 在实时性、可伸缩性、可扩展性方面，向更可靠与更安全、更好的集成性方向发展。

目前各大厂商推出的 Internet / Intranet 应用系统平台都具有一些共同点，如跨平台兼容性

（浏览器 Web Server、HTTP、HTML 及 Java 等网上使用的软件和应用开发接口均与硬件和操作系统无关）、分布式（即分散应用与集中管理）、更好的交互性与实时性、更强地支持协同工作，以及系统较易维护。

2．HTML 与 HTTP

WWW 技术进入 Internet，使 Internet 的结构、服务和应用上了一个新台阶。

超文本标记语言 HTML 是 Web Server 的基本编程语言，超文本即与检索项共存的一种文件表示，在文本中已实现了相关信息的链接——超链接，超链接就是一个多媒体文档中存在着指向相关文档的指针。而具有这种超链接功能的多媒体文档称“超媒体”。用 HTML 可编写好文本页面，用户可采用浏览器和超文本传输协议 HTTP，访问并显示超文本页面。

浏览器是一个网络客户机，其基本功能是 HTML 的解释器，用户可通过鼠标选择检索项，浏览页面，并能通过通用资源定位器（URL），在浏览器上实现 E-mail、FTP、Gopher、WAIS 等服务。

HTML 编写的是静态文本，Web Server 中的公共网关接口 CGI 可提供与网上数据库等资源的连接功能。设计一个中间件就可以实现 Web Server 与数据库资源的连接。

超文本传输协议 HTTP 是从客户/服务器模型上发展起来的，客户与服务器必须共同遵守一种协议，即 HTTP，HTTP 处在应用层，建立在 TCP/IP 上面，具有面向对象的特性和丰富的操作功能，适用于分布式系统，可作为中间协议与其他应用层协议的联系。

HTTP 的基本工作模式是这样的，客户方向服务器方发一个请求（Request），服务器方接受请求建立连接（Connection）并进行处理，然后返回一个响应（Response），其中的连接是传输层虚电路，用以传递双方以一定语法格式的信息（称为消息）。基于请求/响应工作模式，HTTP 有三种具体结构：简单结构，具有中介（如代理服务器 proxy、隧道 tunnel、网关 gateway）的结构和具有缓冲器（cache）的结构。

HTTP 有以下几个特点：采用客户/服务器模型；比 FTP 等协议简单、开销少；可扩展性好，是无连接的：协议不记忆事务，无须每次保留维护状态表，即无状态性；客户方提出请求时可以指明能接收的响应类型，即具有可协商性。

SGML 是一种标记语言，它可提供信息共享的特殊便利，因此在 Internet 和 WWW 的发展中得到重视。与 WWW 相关的语言还有 SGML、XML、VRML 等。

SGML（Standard Generalized Markup Language）即标准通用标记语言，1986 年定为国际标准 ISO8879：SGML 是一种描述语言（标记语言）的语言，称为无语言（Meta Language），它定义了以电子形式表示文本的与设备无关、系统无关的方法。SGML 是结构化的，能处理复杂的文档；能验证文档的正确性；可扩充，能支持大型信息的存储管理。SGML 规格说明十分麻烦，将 HTML 演变成一个 SGML 应用，使 HTML 有一个理论基础，也使 SGML 走向 WWW。

XML（eXtensible Markup Language）即扩展标记语言，是特别为 Web 应用设计的，是 SGML 的一个简单化而又定义严格的子集。它需要建立一个信息理解标准，以更好地检索、移动和操纵隐含在上下文之中的信息。XML 和 HTML 是相互补充的，目前 XML 已开始广泛应用。

VRML（虚拟现实造型语言）是一种用于对三维虚拟场景进行建模的描述性语言。以 VRML 为基础的第二代 WWW 可以看做是 Internet+多媒体+虚拟现实，VRML 在远程教育、科学计算、电子商务、计算机支持协同工作（CSCW）、人机工程技术、艺术、建筑及娱乐等领域都有广阔的应用前景。

3. Intranet 的计算模型

Intranet 计算模型主要指企业 Intranet 系统的软件逻辑结构及其运作模型。

（1）企业 Intranet 系统逻辑模型

同 Internet 一样，企业 Intranet 采用了 TCP/IP 协议，以及 Internet 服务系统。从前端机用户角度来看，他们所面对着的并非一台特定的硬件服务器及其内部加载的服务程序，而只是整个计算机系统网络及其服务。网络中的服务由哪台服务器提供及几台服务器在何处提供，都与前端用户无关，用户也无必要知晓，他们只要知道哪个网址提供何种服务就足够了。企业 Intranet 服务由一系列服务程序完成，这些程序可以运行于一台计算机也可以分布在若干台服务器上。Internet 的典型服务，如 WWW、FTP、E-mail 等，一般对任何企业 Intranet 系统都是必不可少的。企业 Intranet 系统不同于 Internet 应用的根本点之一在于 Intranet 的安全特征，即 Intranet 系统需要与 Internet 隔离，不允许其他人非法进入企业的 Intranet 系统。企业 Intranet 系统软件逻辑结构如图 1-20 所示。

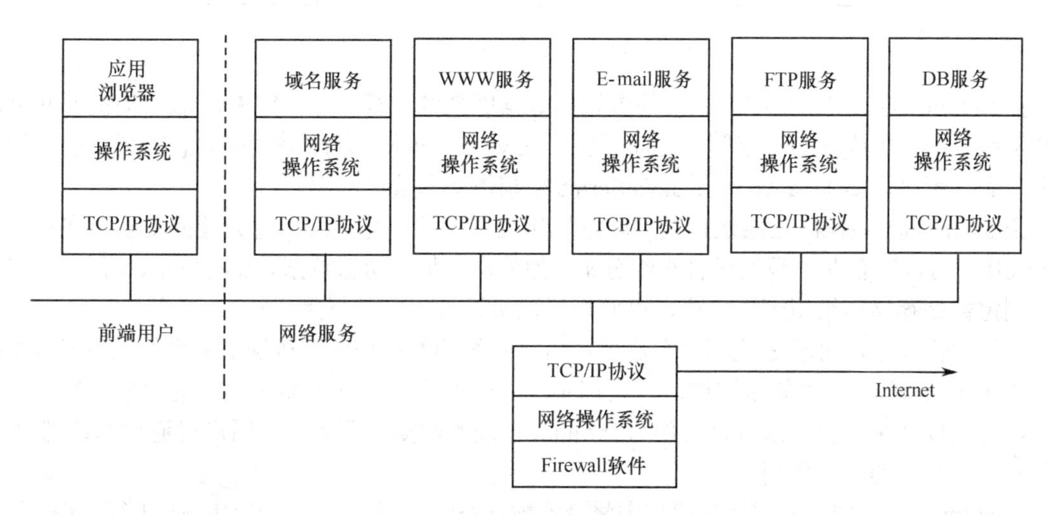

图 1-20　企业 Intranet 系统的软件逻辑结构

在企业 Intranet 系统中，前端计算机上的浏览器和 Intranet 系统应用程序是一种集成应用，即浏览器可视为应用系统用户界面的一部分。网络服务端的防火墙软件一般要求运行于独立硬件，它控制外部用户对 Intranet 内部计算机的存取或服务的请求。当企业利用 Internet 建立自己的 VPN（Virtual Private Network，虚拟专用网）时，防火墙软件可用来允许合法用户获取企业 Intranet 的服务以及数据加密传输。

（2）企业 Intranet 运作模型

早期的 Internet 应用经常是利用网络服务端提供服务的服务器操作系统来管理应用文档和文件，也即它们没有对数据进行管理的数据库系统，所有的数据都是以文件形式存储于特定的 URL 下。这种服务器运作模式称为两层结构模型，如图 1-21 所示。

如果 Intranet 采用上述构形及运行机制，称为 Intranet 的两层运作模型。很显然，Intranet 两层工作模型一般不适合具有大量信息服务以及大量动态数据处理要求的信息系统。对企业 Intranet 而言，一般推荐采用三层模型，如图 1-22 所示。

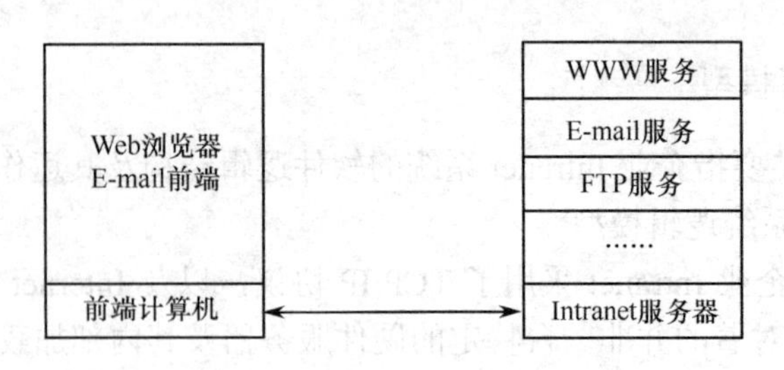

图 1-21 Internet 的两层应用模型

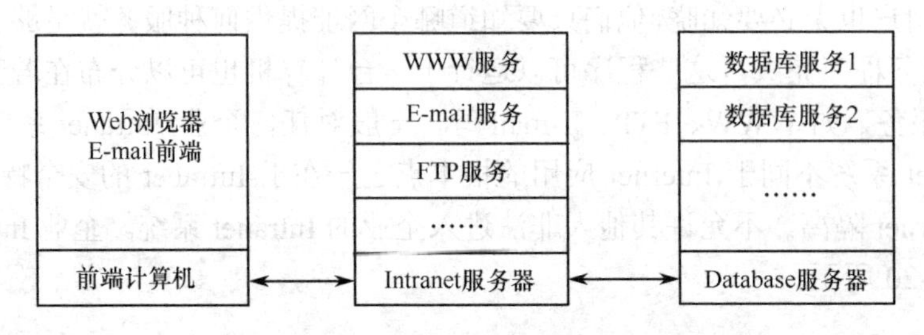

图 1-22 Intranet 系统的三层运作模型

在 Intranet 的三层模型中，企业的数据由数据库系统进行管理，WWW 服务提供的网页通常利用程序动态生成，如可以利用 CGI 程序、Java Servlet 等程序来生成动态网页，也可利用网页中嵌入程序，如 Java Applet、Java Script 来制作动态数据界面。

企业 Intranet 系统的三层运作模型较好地满足了企业信息系统信息处理的要求。在实际系统开发中，可以对企业的数据进行组织分析，如静态数据、动态数据、及时数据、历史数据等，然后制定数据存储与组织管理策略，以此指导网页设计以及数据库设计。

三层运作模型还可较好地利用企业现在信息系统的数据资源。传统信息系统，不管是主机/终端结构还是客户机/服务器结构，一般都实现了数据库系统并积累了大量的数据。在三层模型中，这些数据库系统大都可直接作为 Intranet 系统的数据库服务器，用户可通过 Web 服务器实现对这些数据的存取使用。

企业 Intranet 系统的三层运作模型中将企业数据资源分离出来，利用 DBMS 进行管理，除了其他优点外，还可以增加数据的安全性，利用数据库系统的安全机制可以大大加强数据安全。另外，对于有些企业信息系统，可能需要多种系统结构共存的情况，如企业中既有传统的 C / S 结构系统（如以群件技术开发的 OA 系统），又有 Intranet 系统。采用三层模型可使这些系统结构“和平共处”，各有侧重，互为补充，保证企业信息系统的有用性及满足需求。

1.6.5 企业 Intranet 系统的安全技术

Intranet 系统的安全问题，即如何防止其他人非法访问企业内部的服务器，以及保证数据传输的安全，是建立企业 Intranet 系统所必须加以重视与解决的关键问题。

1. Intranet 系统的防火墙技术

为了防止与控制外部人员对企业内部 Intranet 服务器的访问，一种有效的办法就是建立 Intranet 的防火墙（Firewall）。通过防火墙将外部 Internet 与企业内部 Intranet 隔离开来，并在防火墙计算机上对外部人员对内部的访问以及内部人员对外部 Internet 的访问进行有效的控制与监督。

防火墙技术分为包过滤（Packet Filtering）与代理服务（Proxy）机制。

（1）包过滤

包过滤是利用 UDP 包所携的 IP 地址对其进行控制。包过滤通常可在 Intranet 与 Internet 连接的路由器中实现，即设置路由器的存取控制表（ACL）。也可以利用一些网络操作系统的 TCP / IP 协议提供的防火墙功能实现，如 IBM AIX 操作系统和 OS / 2 Warp TCP/IP4．1版中提供的防火墙功能，或利用 Linux 内核中提供的包过滤机制。

包过滤简单易行，效率较高；其缺点是一般无法生成存取或过滤操作的日志，过滤机制的设置不够灵活。

（2）代理服务

代理服务是防火墙技术中常用的一种方式。根据代理服务的特征，一般又分为 Socks 代理服务与应用级 Proxy 代理服务。

① Socks 代理服务。采用 Socks 服务器是一种较常用的防火墙技术，它的最大特点是简单易行，配置方便。Socks 服务器可以代理常用的 TCP / IP 服务，如 HTTP、FIP、SMTP 等，它对所有的代理服务都依据同样的控制策略，即存取控制表。对于 Socks 服务器只有一个配置文件，不能依服务器不同而设置不同的配置策略。

② Proxy 代理服务。

Proxy 服务器可灵活地控制用户对服务器的存取，对于不同的服务可采取不同的存取控制策略，如 Lotus Go Webserver 作为代理服务器时，可以对 HTTP、FTP、HTTPS 和 Gopher 服务协议提供的服务分别进行控制，即设置其数据库存取控制表（Access Control List，ACL）来完成。

一些专用的代理服务软件，如 Internet Gate、WinGate 等，可以提供多种代理服务，如 HTTP、FTP、SMTP、POP3、DNS 等。在设置控制策略时，需要分别加以设置，它比 Socks 服务器设置要复杂，但它提供更多的灵活性，可以实施较为精细的控制策略。

应用代理服务型防火墙软件可以使用户根据需求很方便地设置日志文件及记录内容。这对于存取控制监督、分析跟踪存取用户地址、分析服务出现问题的原因具有重要的意义。

2．企业 Intranet 系统网络安全结构

企业 Intranet 系统应用防火墙技术，可以将企业网络分成两部分，即供内部使用的计算机及系统和供外部 Internet 用户访问的服务器及系统。供外部访问的服务器及系统一般称为 DMZ（De-Militarized Zone，外军事区），DMZ 是 Internet 的组成部分。内部 Intranet 系统与 DMZ 采用防火墙隔离，对内部网络服务器的访问由防火墙软件加以控制。

若企业采用专线与 Internet 连接（如 DDN 线路），防火墙计算机可直接接入路由器，或插入一块 WAN 网卡，此卡与 DTU 的 COM 端口相连。防火墙计算机利用所采用的网络操作系统的 Routed 软件进行路由服务。防火墙中的包过滤由路由器完成，在防火墙上加载代理服务型防火墙软件，这样内部网络计算机对 Internet 的访问（包括 DMZ 部分）可利用防火墙计算机的代理服务完成，而外部对企业 DMZ 部分的访问可设置防火墙的代理服务器使其直接旁路到达 DMZ。例如，可以设置内部网络计算机代理服务器使用端口 80 代理 HTTP 服务，而外部 Internet 用户使用默认端口 80 的 HTTP 请求，可直接通过防火墙计算机操作系统的软件路由到达 DMZ 中的一台服务器。

若路由器直接连接 DMZ 网络中的集线器（Hub），而不是连接防火墙计算机，也是企业 Intranet 较常用的安全结构。两种结构相比较，第一种结构控制要更灵活些，因为在防火墙计算机上可以为安全策略做更多的事情。

3. 数据传输安全技术

数据传输安全普遍采用的技术就是数据加密技术，如对称加密钥技术以及非对称加密钥技术。在 Internet Web 服务上采用较多的是 SSL（Secure Socket Layer，安全套接字层加密技术），它采用了 RSA 的非对称密钥加密机制以及密钥技术，使数据加密后再进行传输。

SSL 数据传输简述如下。

（1）当支持 SSL 的浏览器使用协议 HTTPS 发出请求，即使用的网络协议为 HTTPS 时，安全 Web 服务器即与浏览器协商准备数据加密传输。

（2）当用户允许传输数据，浏览器将自己的公共密钥（Public Key）发送至 Web 服务器。

（3）Web 服务器利用从浏览器接收到的公共密钥，加密即时产生的密钥传送至浏览器，浏览器利用自己的私有密钥（Private Key）将其解密获得密钥。

浏览器与 Web 服务器从此以后均利用密钥加密进行数据传输。因为密钥在 Internet 传输中使用了浏览器方的公共密钥加密，因此传输是安全的，因为只有浏览器方的私有密钥才可将其解密。

Internet Web 浏览器大部分均支持 SSL 协议，如 Netscape Commnlcator、MS Internet Explorer。对于这些浏览器的国际版本，由于美国政府对加密产品的限制，一般密钥长度只有 40 位。对于现代高速计算机或网路，破解 40 位长度的密钥已不再是困难的事了，对于北美版浏览器则可支持 128 位加密钥，要破解 128 位密钥现今手段还力所不及。Web 服务器情况也是如此。当然，可以下载或在美国购买北美版的浏览器以及 Web 服务器，以实现 128 位密钥数据加密传输的目的。

1.6.6 企业 Intranet 的建立

1. 企业 Intranet 的建立步骤

Intranet 的规模无论有多大，最终也是一个软件工程，设计一个复杂软件应用的所有规则对于建立 Intranet 同样适用。

（1）需求分析：包括对通信业务类型、通信信息量需求、企业网可靠性、网络安全性及经济性等方面进行合理分析。若企业已建立 LAN/WAN 网络结构，还有网络升级问题。

（2）系统设计：根据第一步需求分析结果，进行系统总体规划。主要内容包括采用何种主干网框架，网络设备、服务器、网管软件、网络操作系统、工作站的选取等。

（3）建立系统原型：建立一个系统原型来测试实施方案是十分必要的。原型选择时，应充分利用企业原有的信息系统资源。确定好网络后，即可以做一些小的实验，如利用关键数据源建立页面等。

（4）进一步实施：这一阶段主要是对现有网络升级，进行 IP 地址分配和网络配置。分配 Web 服务器、FTP 服务器等。同时，还要配置客户机，考虑软件的安装和升级，以及对信息维护人员进行技术培训。

（5）维护：这是一项长期的任务，包括信息的更新、硬件的监护、数据的备份与恢复等。另外，还要跟踪网络技术的最新进展，不断提高系统性能。

2. 企业 Intranet 的设计

Intranet 是采用 Internet 技术建立的企业内部网络，以基于 Web 的计算作为其核心技术，是 Web、Firewall 等技术的集成。Intranet 既可以自成体系，又可以非常方便地接入 Internet。

而且 Intranet 采用的网络协议是 TCP/IP，因此它支持多种机型，适用于不同的操作系统平台。

（1）选择网络操作系统和网络传输协议

目前流行的网络操作系统有 UNIX、Windows NT、NetWare 等。Windows NT 以 Client / Server 模型作为它的主要特征，同时采取当今流行的面向对象的设计方法，可扩充性、可移植性、可靠性、兼容性高，还采用了对称式多处理模式，Windows NT 中也提供 TCP/IP 上的分布式应用系统，所以采用 Windows NT 对一般的中小企业是比较适宜的。

目前几乎所有流行的操作系统都支持 TCP/IP 协议，因此，传输协议主干可以选用 TCP/IP 协议，提供 Internet/Intranet 的标准通信协议。

（2）高速低层联网技术

高速低层联网技术是 Intranet 的基础。几种常用的局域网络结构有 FDDI、100Mbps 以太网、1000Mbps 以太网、ATM 等。

FDDI 使用通信介质为光纤，通道共享占用，技术成熟，可扩展性差，价格便宜。100Mbps 以太网使用 5 类双绞线，通道共享，技术成熟，价格便宜。ATM 通信介质为光纤或 5 类双绞线，通道占用为交换式，可扩展性好，价格昂贵，非常适合于实时、宽带多媒体的通信要求。目前，Ethernet 在 Intranet 联网中非常流行，所以不论在硬件产品还是软件包方面都充分支持 Intranet 联网，是成熟安全的技术。

（3）Web、FTP、域名和电子邮件服务的建立

Intranet 包括 Web Server、Mail Server 以及 FTP Server 等，应用最广泛的是 Web Serve 和 Mail Server。Web 服务器技术是 Intranet 的关键技术，所以安装好的 Web 服务器是建设 Intranet 的基础。Intranet 优势在于利用 Web 技术，所有信息都通过 WWW 方式来发布，这就需要在提供 WWW 服务的主机上安装 Web Server 服务器软件。可选用 Microsoft 公司的 Internet Information Server 或选用集网络操作系统和 Web 于一体的 Novell 公司 Intrant Ware。

FTP 服务是 Intranet 网络中不可缺少的一项重要服务项目。利用 FTP 服务，可提供应用软件的下载功能，为网络管理和服务提供方便。

在 Intranet 网络中，电子邮件服务，应用 Netscape Mail Server 或 Windows NT 组件中的 Mail Server 建立电子邮件服务。Mail Server 具有邮件存储待发和存储转发功能，这种邮件不仅可发送文本文件，同时也可采用附加方式实现各种文件传递。

因 IP 地址很难记忆，在 Internet 中需用域名代替，因此需要建立域名服务器 DNS。

（4）防火墙的建立

通过“防火墙”技术，可以对企业的信息进行严格的控制，保证信息在有控制、有监督的状态下，为企业有关部门人士提供相应的服务。常用的软件有 Netscape 公司的 Proxy Server 或 Microsoft 公司的 Proxy Server，网络计费软件也应在其中一并解决。

（5）客户浏览的实现

要实现 Intranet 网络提供的 Web、FTP、E-mail 等服务，需要在客户端安装下列软件：Windows 2000 或 Windows NT Work Station、Windows Me 中文操作系统、Netscape Navigator 或 Windows Internet Explroer 浏览器。

3. Intranet 的实现方案

建设企业 Intranet 网络，首先要根据本企业的地理分布、业务类型和流量等实际情况选择适当的网络结构、连接方式、软件系统以及地址分配策略。

（1）网络结构

Intranet 可以采用任何一种局域网。目前应用较多的局域网有以太网、高速以太网、令牌环网、FDDI（光纤分布数据接口）、ATM（异步转移模式）等。企业要根据自己的规模、业务流量的大小来选择既能满足运行需求又能节省投资的网络。

从地理分布看，以太网、高速以太网和令牌环网只能局限于小范围内，通常是一座办公楼，而且联网的计算机不宜过多，否则影响网络的性能；FDDI 和 ATM 则可覆盖较大的范围，如一个工厂园区或大学校园。从网络带宽来看，以太网和令牌环网带宽较小，分别为 4Mbps、10Mbps 或 16Mbps，所以用于一些低速数据业务；而高速以太网和 FDDI 的带宽为 100Mbps，可以传输部分高速业务（如图像业务）；ATM 局域网的带宽可达 155Mbps 或更高，可以开展会议电视、点播电视等多媒体业务。从技术的成熟性看，以太网、高速以太网、令牌环网、FDDI 等已经完全标准化，技术已十分成熟；ATM 的技术虽然没有标准化，但大多数人认为 ATM 将是下一代的网络平台。

从价格方面看，以太网、高速以太网、令牌环网采用电缆作为传输介质，价格便宜；FDDI 和 ATM 的设备和传输介质（光缆）都较昂贵。

（2）连接方式

指 Intranet 与因特网的连接途径。企业 Intranet 可以通过 DDN（数字数据网）。FR（帧中继）、X.25 网以及拨号方式与外部的因特网互联。其中，通过 DDN 和 FR 接入因特网的数据传输速率较高，但是费用也高；通过 X.25 网和拨号方式接入因特网的数据传输速率较低，费用也低。

如果通过 DDN、FR、X. 25 接入因特网，就需要在本地配置路由器，由本地局域网通过路由器接入；如果采用拨号方式，则无须配置路由器，但是要求远端有拨号服务器，本地局域网通过该拨号服务器访问因特网。

（3）软件系统

Intranet 软件包括服务器、客户端软件以及各种应用开发工具。服务器操作系统通常采用 Windows NT Server、Windows 2000、Net Ware 或 UNIX。每一种操作系统都有与之相配套的软件系统。客户端可选用平台 Windows 2000 或 Windows NT Workstation、Windows Me；浏览器软件可以是 Internet Explorer，也可以是 Netscape Navigator。

应用开发工具选择：编写 HTML 文档或使用 Front Page 制作静态网页；用 Java、VC++和 VFP 实现交互式和动画式的 Web 页面；通过 CGI、ISAPI 或 NSAPI 编程，实现 Web 服务器与数据库服务器的连接。

（4）地址分配策略

如果 Intranet 运行的是 TCP / IP 协议，那么网络设备的地址就是 IP 地址。外部 IP 地址是 ISP（因特网服务提供商）授权的 IP 地址，有访问因特网的权力。而企业内部 IP 地址是未经 ISP 授权的，因此不能直接访问因特网，只有通过代理服务器（Proxy Server）来访问，或者根本无权访问。

如果 Intranet 内部运行的是其他的局域网协议，那么网络设备的地址不再是 IP 地址，在这种情况下，访问因特网就需要地址转换的网关，将网络设备的地址转换成 IP 地址。实际上，网关应用程序具有很多优点，如加强安全防护、简化地址管理和集中控制对因特网的访问等。

4．Intranet 建设步骤

Intranet 的建设覆盖面广，建设周期长，应该遵循总体规划、分步实施的原则。一般来说，Intranet 建设大体上要经过以下几步。

（1）设计

在建网以前，要对企业的地理分布、信息流量，以及网络设备的性能、价格进行必要的基本分析，选择适合本企业的网络建设方案。

（2）联网

根据设计方案采用结构化综合布线系统（PDS）连接各种网络设备，组建 Intranet。然后向因特网服务提供商（ISP）申请 IP 地址和域名，接入因特网。

（3）软件安装与调试

安装好服务器和客户端的各类软件，设计所有用户的账号、口令与权限，调试各种参数，保证网络连通。

（4）应用系统开发

应用系统开发包括建立各种服务器系统，如 Web、FTP、E-mail 服务器、数据库服务器以及用于安全管理的 Proxy 服务器；Web 页面制作；企业管理信息系统（MIS）的开发。其中关键是 Web 服务器与数据库服务器的连接。

Intranet 的建设是一项复杂的系统工程，需要根据实际情况进行网络建设。

如果企业原来就有自己的局域网，那么 Intranet 的建设步骤就变得十分简单。

（1）申请 IP 地址域名，连入 Internet。

（2）在原来操作系统上运行 TCP/IP 软件，或对原有系统进行升级，选用带有 TCP / IP 软件包的操作系统。

（3）应用系统开发，无须对数据库服务器进行改动。

5．企业 Intranet 开发技术

（1）Intranet 网页开发

Intranet 网页开发一般大量应用动态网页技术，其方法可以用网页嵌入程序或自行动态生成。目前已有很多的网页开发软件来实现网页开发。

（2）数据库的访问

如果在网页开发中采用了 Java，则对数据库的存取必须由在 Java 下的数据库驱动程序进行。Java 的数据库驱动程序可分为 4 种类型，在 JDK1.1 中提供了第一种类型驱动程序，即 JDBC-ODBC 桥接程序。使用此桥接软件在 Applet 中存取数据库，前端计算机系统需安装该数据库的 ODBC 驱动程序，使用 Servlet 应用程序时服务器系统中也应有 ODBC 程序。

Javasoft 公司不推荐使用第一、二类 JDBC 驱动程序，而推荐使用第三、四类 JDBC 驱动程序，即 JDBC 服务器和纯 Java 数据库存取驱动程序。在应用第四种 JDBC 驱动程序时，若在 Java Applet 中访问数据库，则所有客户端计算机要安装此种类型 JDBC 驱动程序，而使用第三种 JDBC 驱动程序，前端无须安装 JDBC 驱动程序软件。

（3）企业 Intranet 中客户机资源的使用

由于浏览器与 Java 的安全机制，在 Java Applet 中不能使用本机资源，可以用对 Java Applet 数字签名并对其授予特权的技术加以解决。

1.6.7 Intranet 管理

1. Intranet 管理内容

Intranet 计算和通信 Intranet 的任何错误将直接影响到整个企业，因此对 Intranet 进行正确的通信是企业的首要任务，只有这样才能发挥出其技术优势，获取应有的利益。故对 Intranet 各组成要素必须加以充分的管理，即通信管理、服务管理和应用程序管理。

（1）通信管理

Intranet 主要在企业的 LAN 或在由城域网（MAN）/ WAN 互联的分布式子网上进行通信。其通信基础和其他大多数计算机网络下的基础基本相同，仅仅对某些 Intranet 特定技术需要相应的特殊要求。简单地说，通信管理需要某些特殊的功能和技术，如监控和事件管理，它涉及监控服务器和其他网络设备。简单网络管理协议（SNMP）被广泛地应用于基于 TCP/IP 网络，它被用来设定和修复网络连接，使更复杂和更高层的服务成为可能。

（2）服务管理

信息共享和管理服务通过 Intranet 提供了无缝和透明的内容发布，允许授权用户拥有最新信息，允许信息从 Intranet 上任意位置获取；浏览服务允许 Intranet 上任意信息或资源的检索，通过访问控制保证授权用户共享机密文档，通过支持一条或多条查询语句、支持创建索引和有组织的查询结果来提高信息和资源检索的效率；通信和协作服务提供 E-mail 和讨论组服务，利用身份验证机制保证信息的安全传输，先进的 E-mail 和讨论组已经开始支持多媒体来增强信息交流；应用程序访问服务允许统一和方便地访问现存数据库和应用程序，用 Java 开发新的应用程序可以在任意平台上通过单一的界面迅速下载；目录服务跟踪和管理用户信息、访问控制信息、服务器配置信息及特殊应用程序需求信息，该服务必须克服操作环境和应用程序的差异，通过信息复制，能从某中心位置对该服务进行管理：安全服务通过加密通信、身份和信息的完整性验证。防止未授权用户获取被保护信息；复制服务负责 Intranet 上数据传输。通过复制繁重的请求信息来减轻系统资源负载：管理服务负责保证底层网络的正常功能，此服务应当提供一个一致、友好的管理界面保证可以在 Intranet 上任意位置对所有服务器和资源进行管理。

服务管理活动可以简述为协调服务、激活服务和保证服务，处理与服务相关的问题，如提供服务、保证服务质量（QoS）、设置服务访问权限、提供统一的服务视图、处理所支持的服务之间的交互作用等。服务管理的范围比网络管理更广，上述所有服务只有通过公共的和综合的平台才能得到充分的管理。

（3）应用程序管理

应用程序管理的目标是保证程序正确地运行和有效地利用资源，甚至当系统出现部分错误时，用最小的代价提供最佳的服务，其主要目标可归纳如下。

① 维护适当的服务质量，通过完全提供所期望的服务获得投资和软件花销的回报。

② 对用户立即需求进行应用程序调整以获得程序的有效利用。应用程序能被调整用来提供近似服务，如可以利用 E-mail 服务提供站点之间的文件传输服务。

③ 资源利用的最优化，如最优化文件、文档、通信链接和外围设备。

现流行的管理方法有 SNMP、公共管理信息协议（CMIP）和桌面管理接口 DMI。SNMP 是在 Internet 标准网络管理框架指导下定义的，通常用其进行设备管理，很少采用其来管理系统和应用程序。CMIP 采用了复杂的策略，在 CMIP 中，ISO 引入了复杂的视窗和过滤机制来间接识别和选择管理对象，一次可以提取一个对象的所有实例，具有强大的功能；但是由于该协议比较复杂并且实现比较困难，并未得到广泛的应用。DMI 定义了一种管理模型，该模型由管理应用程序、服务层、管理信息文件（MIF）数据库及被管理软件和硬件组成，新版本的 DMI 支持远程过程调用（RPCS）来支持远程管理。

2. 基于 Web 的 Intranet 管理

Web 浏览器提供了统一的界面，允许 Intranet 上的任何信息的透明存取；可以在企业任一位置获得 Intranet 上任意设备的信息；网络管理员不再需要使用不同工具来监视网络和服务；利用 Java 技术能够迅速对软件进行升级。由于这些原因，许多管理软件开发商正在进行管理专用协议向基于 Web 的管理协议的转变，下面就对两种基于 Web 的管理方案及其发展进行深入地讨论。

(1) 基于 Web 的企业管理（WBEM）

WBEM（Web Based Enterprise Management）方案的目标是通过制定企业标准来允许管理者使用 Web 浏览器对不同网络、系统和应用程序进行管理，WBEM 仍然支持现存的管理标准和协议。WBEM 提出了一种结构，允许管理解决方案处理传统管理的功能域，如配置管理、故障管理、性能管理、安全管理和记账管理；在传输、安全领域对现存的 Internet 标准进行扩建；提供一种数据模型，允许系统、网络和应用程序的统一建模和管理；提供了一种可升级的解决方案对分布式单元进行管理。该方案采用 HTML 和其他 Internet 数据格式以及 HTTP 来描述和传递管理信息，图 1-23 给出了 WBEM 结构的示意图。

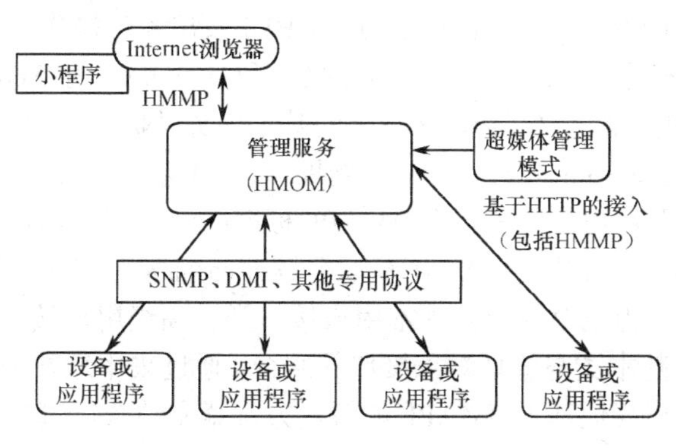

图 1-23　WBEM 结构方案

① 超媒体管理模式 HMMS（Hypermedia Management Schema）。HMMS 定义了一种可扩展的、独立实现的数据描述/模式，可以表述、实例化和存取来自多种不同资源的数据，HMMS 提供了许多具有属性和关联的类，描述用来定义管理环境的管理对象，可以更好地组织数据。

HMMS 结构上分为两层：第一层为核心模式，包括高级类及其属性和关联；第二层为指定域模式，包括 Windows NT 系统、UNIX 系统、网络和应用程序模式，由核心模式派生并在各自域中使用核心模式创建的基本语义。核心模式将管理环境分为管理系统元素、应用程序部件、资源部件和网络部件，管理系统元素又可细分为物理元素、逻辑元素和其他系统。

② 超媒体管理协议（HMMP）。HMMP 是一种标准协议，管理数据能通过 HMMP 进行发布和存取，它使得管理解决方案具有平台独立性并能在物理上覆盖整个企业。HMMS 部件可以通过 HMMP 进行存取和操作，HMMP 实体之间通过 HMMP 来进行管理信息交换。HMMP 是采用请求—响应方式的独立传输协议，HMMP 客户为了完成管理任务发出管理请求，HMMP 服务器发出适当的响应来满足客户端的请求。HMMP 服务器通过多层来实现，在高层次，HMMP 服务器可以运行于存储有复杂对象的工作站上并可充当许多管理设备的代理；在低层次，它们

可以是不具备对象存储的简单网络设备，仅仅完成 HMMP 协议的子集。客户和服务器两种角色结合起来形成了分层结构 / 分布式的管理，如 HMMP 客户向 IIMMP 服务器发出请求，服务器可以转变为另一 HMMP 服务器的客户来完成管理操作。

③ 超媒体对象管理者与提供者(Hypermedia Object Manager and Providers)。当一个 HMMP 服务器实现了协议的很大部分子集并转换自己角色充当代理，我们称其为超媒体对象管理者(HMOM)，HMOM 收集管理数据并采用一种或多种协议实现统一数据表现形式，HMOM 可以由现有开发平台如 Java、AchveX、CGI、CORBA 或 COM 来实现。当 HMMP 服务器仅仅完成协议的一小部分子集时并且不切换自己的角色，我们称其为提供者。通常 HMMP 客户通过与 HMOM 会话直接获得请求响应，这样省去了定位和直接管理大量的网络设备的负担，HMMP 客户仅向指定的 HMOM 发出请求，HMOM 通过向适当的对象提供者发出请求隐藏了管理复杂性，供应者采用专门协议如 DMI、SNMP、CMIP 等收集数据并返回给指定的 HMOM。

（2）Java 管理应用程序接口（JMAPI）

Java 是一种跨平台的面向对象的编程语言，特别适合于分布式计算环境，为了完全利用 Java 计算环境来进行网络管理，Sun 开发出 Java 扩展类 JMAPI 来专门解决管理问题，采用 JMAPI 来开发集成管理工具存在以下优点：平台无关、高度集成化、消除代理程序版本分发问题、安全性和协议无关性。下面就对 JMAPI 结构进行进一步的讨论。

① JMAPI 结构综述。就高层而言，JMAPI 结构包括浏览器用户界面、管理运行模块和管理设备三部分，图 1-24 给出了最常见的 JMAPI 结构分解图。

② 浏览器用户界面（BUI）。系统管理员通过 BUI 发出管理操作命令完成对各种资源的管理，BUI 包括管理视图模型（AVM）、管理对象接口和支持 Java 的 Web 浏览器。AVM 包括开发基于 JMAPI 小程序的基本客户端类，这些类的基本任务是提供用户界面和应用程序级功能，AVM 类可以分为三个封装（Package）：AVM 帮助、AVM 基本类和 AVM 综合类。AVM 帮助的目的是提供公共的帮助环境，凡是符合 JMAPI 标准的应用程序均可从帮助系统中获得帮助信息，帮助系统由应用程序所共享。AVM 基本类是 Java 抽象窗口工具包的扩展，专门用来提供集成的解决方案，它分为三个封装：基本用户接口类、高级用户接口类和管理用户接口类。AVM 综合类完成 AVM 基本类与管理对象接口的结合，通过采用这些类，应用程序开发者创建出的管理解决方案可以与其他基于 JMAPI 的解决方案紧密结合。管理对象接口采用远程方法调用（IUNI）执行远程管理方法，管理对象由管理对象类派生，用来提供企业资源提取信息。

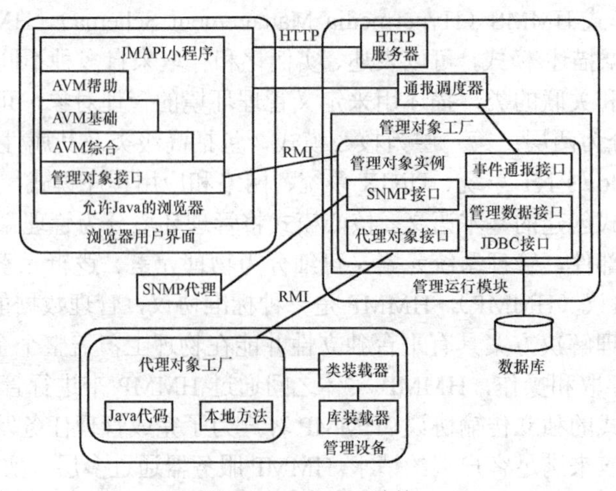

图 1-24　JMAPI 结构

许多商用 Web 浏览器支持 Java 技术，如 Hot Java、Netscape、Internet EXplorer，Java 小程序在浏览器内部运行时利用 AVM 类和管理对象接口执行管理操作。

③ 管理运行模块（ARM）。ARM 向应用程序提供活动的管理对象实例，是 JMAPI 管理结构的核心，ARM 包括代理对象接口、事件通报接口和管理数据接口。ARM 提供以下三种基本服务：HTTP 服务器、管理对象工厂和数据库接口。

HTTP 服务器允许 Java 初始化小程序和 JMAPI 对象的安全下载，小程序被执行后利用管理对象接口与 ARM 进行通信。管理对象工厂（MOF）是管理服务器上长期运行的服务进程，MOF 通过与代理对象接口和管理数据接口的交互作用完成实际管理操作，JMAPI 小程序采用管理对象接口访问 MOF，完成对象创建、删除和执行动作。管理数据接口将基本对象接口扩展属性映射到关系数据库，通过 Java 数据库互联（JDBC）接口访问关系数据库，采用数据库技术具有实现数据安全存取、地址透明和性能最优化等优点。代理对象接口用来联系驻留在管理设备上的代理对象，代理对象是 RMI 远程对象，它们的方法调用看上去正如本地 Java 实例的调用。

事件通报接口提供事件管理机制，允许进行复杂的事件管理，接收由 ARM 管理的管理设备发出的 JMAPI 事件通报，通报调度器（Notification Dispatcher）完成事件的过滤和分发。

SNMP 是当今最流行的管理协议，JMAPI 提供了一组 Java 类和接口实现 SNMP，提供了一组 JMAPI 管理对象更便利地使用 Java 类实现 SNMP，JMAPI 管理对象对 SNMP 陷阱（Trap）进行处理，将收集到的陷阱转变为 JMAP 事件实例，从而 JMAP 结构能够很好地与 SNMP 协议兼容。

④ 管理设备（Appliances）。简单地说，管理设备代表被管理的系统，构成管理设备的基本元素是代理对象工厂（AOF），AOF 创建并维护代理对象的实例，它运行于由 JMAPI 管理的任何一台机器上。代理对象实例是 RMI 的远程对象，这些对象通过调用 Java 代码或本地方法实现管理操作，必要时类装载器和库装载器将分别下载 Java 代码和本地方法。

WBEM 和 JMAPI 两种方案并不是完全对立的，它们在某些方面具有相互重叠的地方。WBEM 方案是基于一种概念，即通过 Web 与管理设备通信需要对某些协议进行修订，而 JMAPI 是建立在现存基础之上，提供了中介应用程序接口将 Web 浏览器的请求转换为管理设备（特别是其管理协议）能够理解的形式，管理数据的存取和操作通过 Web 浏览器中运行的 Java 小程序完成。许多软件开发商已经开始提供 Intranet 基于 Web 的管理产品，如 Sun 公司的 Solstice（基于 JMAPI 结构）、Tivoli 公司的 TME10 等，基于 Web 的 Intranet 管理已经在许多方面显示出其优越性。

使用基于浏览器的管理员还相当有限，Java 的内嵌安全机制具有一定的副作用，将 SNMP（或其他格式）报告转换成 HTML 页面有延时。尽管基于 Web 的管理方法还存在一些技术缺陷，但相信将完全通过统一的基于 Web 的平台来完成。

1.6.8 基于现场总线的 Intranet 体系

1. 体系结构

基于现场总线的 Intranet 体系可分为四层：现场总线检测层、现场总线控制层、现场总线管理层和现场总线信息层，如图 1-25 所示。具体各层的功能如下。

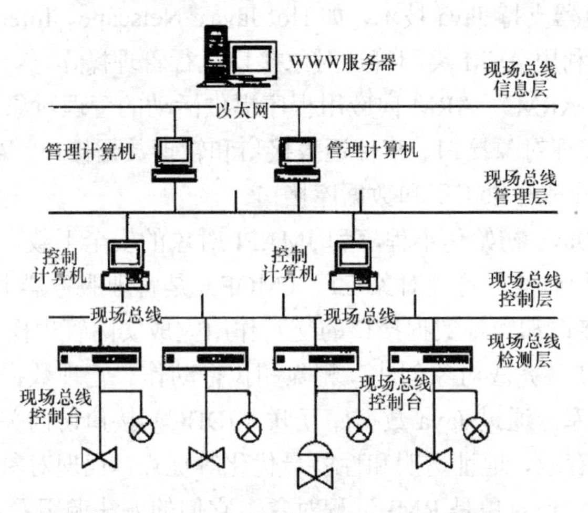

图 1-25　基于现场总线的 Intranet 体系

（1）现场总线检测层

采用现场总线功能模块结构，完成检测、A/D 转换、数字滤波、累积、计数、温度压力补偿、阀位补偿等功能，可进行组态设计；智能转换器对传统检测仪表的 15V、4～20mA 信号以及热电偶、热电阻信号进行数字转换并输出到智能仪表；用于传感器、传动装置与现场总线控制层相连。

（2）现场总线控制层

通过控制软件完成对过程的各种运行参数的实时监测、报警、趋势分析，并完成连续控制、顺序控制、梯形图逻辑、执行设定点程序等，以及生成传输动态数据库、生产计划接受和各种优化处理。

（3）现场总线管理层

将现场总线控制层的实时通用数据集成到 Web 服务器。

（4）现场总线信息层

将控制过程、信息管理、通信网络融为一体，数据共享，实现主体优化；采用开放操作，采用基于 ISO 开放系统互联标准的全数字化通信体系结构。有关人员登录到 Web 服务器上，即可根据各自的权限监控到生产现场每个传感器、执行器的运行状况。

以上这种基于现场总线的 Intranet 全数字控制系统的出现，将充分发挥上层系统的调度、优化、决策功能，构成的 Intranet 系统能更有效地发挥其作用，有利于企业实施综合自动化策略。

2．系统实现及主要问题

（1）现场总线模块的互操作性

目前现场总线的协议尚未取得完全一致，不同厂家的总线模块产品，采用的是不同的通信协议，为了实现在 Intranet 下的集成，需要解决相互间的直接通信，即互操作性，基本方法是：利用网关对协议进行转换识别，增加硬件投入和网络延迟。

（2）现场数据与 Web 服务器之间的双向传输

将现场数据经由控制软件动态、实时地加入到 Web 服务器浏览主页 HTML 中；反之，使控制信息也从 Web 服务器经由控制软件动态、实时地加载到现场模块，实现这种双向传递 Web 信息的服务，其框架如图 1-26 所示。

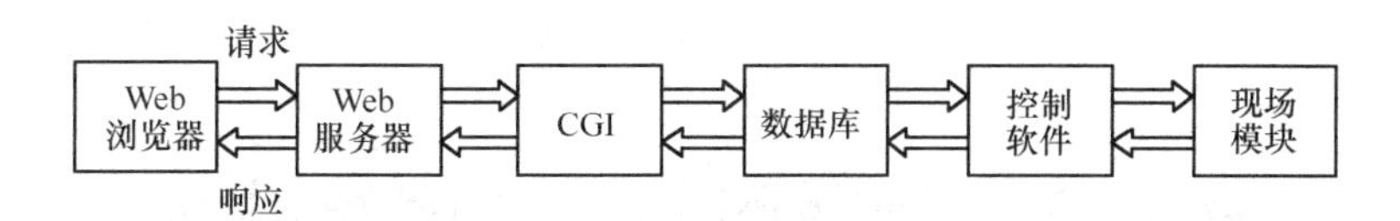

图 1-26　Web 信息服务的框架

现场数据与 Web 服务器之间双向传输的主要工作流程如下。

（1）客户端一侧的控制者通过 Web 浏览器浏览到需要的主页后，利用一定的方式提交控制信息，并通过 HTTP 协议（超文本传输协议）向 Web 服务器发出请求。

（2）服务器端的守护进程（HTTP Daemon）将请求的参数通过标准输入和环境变量传递给主页指定的 CGI（Common Gateway Inerface），CGI 是外部应用程序与 Web 服务器交互的一个标准接口，这些环境变量包括服务器的名字、CGI 和服务器使用协议的版本号、客户端的 IP 地址和域名地址、客户端的请求方式、请求内容及编码方式、访问信息的合法性以及用户的输入信息等。

（3）CGI 将交互主页中用户输入的信息提取出来，负责调用相应的处理程序，并启动此应用程序进行处理。

（4）处理程序将处理信息输入到控制软件，控制软件根据要求，控制相应的现场模块。

（5）现场模块的反馈信息，经控制软件通过 HTML 文件返回并显示给用户。

（6）现场数据与 Web 服务器之间双向传输进程结束。

Intranet 的应用能显著地提高内部协作和支持，提高企业整体工作水平，使企业全面获益。今后的工业自动控制系统向开放型体系结构发展是大势所趋，将现场总线与 Intranet 系统相连，成为 I/O 器件彻底分散的控制系统，将会改变自动控制系统的结构，实现现场通信网络与控制系统的集成。

第 2 章　物联网与控制网络技术

物联网是新一代信息技术的重要组成部分，物联网的英文名称称为“The Internet of things”，即“物物相连的互联网”。这其中包含两层意思：第一，物联网的核心和基础仍然是互联网，是在互联网基础上的延伸和扩展的网络；第二，其用户端延伸和扩展到了任何物体与物体之间，进行信息交换和通信。物联网是把所有物品通过无线射频识别（RFID）等信息传感设备与互联网连接起来，实现智能化识别和管理。物联网通过智能感知、识别技术与普适计算、泛在网络融合应用，被称为继计算机、互联网之后世界信息产业发展的第三次浪潮。同时物联网也被视为互联网的应用拓展，因此应用创新是物联网发展的核心。物联网把新一代 IT 技术充分运用在各行业中，如能源、交通、建筑、家庭、市政系统等，然后与现有通信网结合，实现人类社会与物理系统的整合。人类可以更加精细和动态的方式管理生产和生活，达到“智慧”状态，提高资源利用率和生产力水平，改善人与自然间的关系。

2.1　物联网基础

2.1.1　物联网的本质

物联网是在计算机互联网的基础上，利用 RFID、无线数据通信等技术，构造一个覆盖世界上万事万物的“物物相连的互联网”。在这个网络中，物品能够彼此进行“交流”，而无须人的干预。其实质是通过各类传感装置、RFID 技术、视频识别技术、红外感应、全球定位系统、激光扫描器等信息自动采集设备，按约定的协议，根据需要实现物品互联互通的网络连接，进行信息交换和通信，以实现智能化识别、定位、跟踪、监控和管理的智能网络系统。

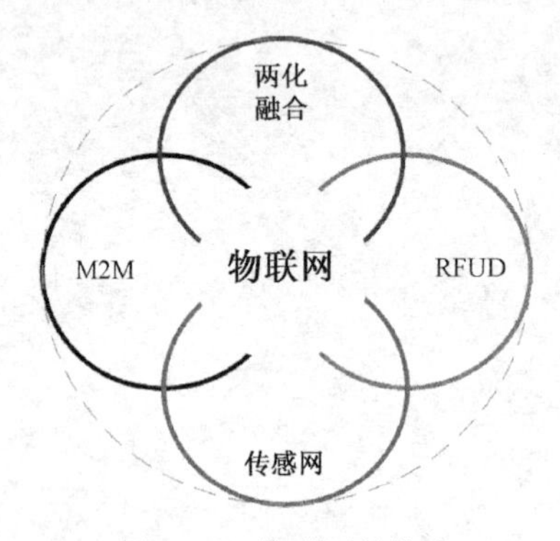

图 2-1　物联网的构成

物联网中非常重要的技术是射频识别（RFID）技术。RFID 是射频识别（Radio Frequency Identification）技术英文缩写，是 20 世纪 90 年代开始兴起的一种自动识别技术，是目前比较先进的一种非接触识别技术。以简单 RFID 系统为基础，结合已有的网络技术、数据库技术、中间件技术等，构筑一个由大量联网的阅读器和无数移动的标签组成的，比 Internet 更为庞大的物联网成为 RFID 技术发展的趋势。

而 RFID，正是能够让物品“开口说话”的一种技术。在“物联网”的构想中，RFID 标签中存储着规范而具有互用性的信息，通过无线数据通信网络把它们自动采集到中央信息系统，实现物品的识别，进而通过开放性的计算机网络实现信息交换和共享，实现对物品的“透明”管理。

信息化革命的浪潮，物联网被称为信息技术移动泛在化的一个具体应用。物联网通过智能感知、识别技术与普适计算、泛在网络的融合应用，打破了之前的传统思维，人类可以实现无所不在的计算和网络连接。传统的思路一直是将物理基础设施和 IT 基础设施分开：一方面是机场、公路、建筑物，而另一方面是数据中心，个人计算机、宽带等。而在“物联网”时代，钢筋混凝土、电缆将与芯片、宽带整合为统一的基础设施，在此意义上，基础设施更像是一块新的地球工地，世界的运转就在它上面进行，其中包括经济管理、生产运行、社会管理乃至个人生活。“物联网”使得人们可以更加精细和动态的方式管理生产和生活，管理未来的城市，达到“智慧”状态，提高资源利用率和生产力水平，改善人与自然间的关系。

从本质上看，物联网是现代信息技术发展到一定阶段后出现的一种聚合性应用与技术提升，将各种感知技术、现代网络技术和人工智能与自动化技术聚合与集成应用，使人与物智慧对话，创造一个智慧的世界。物联网的本质概括起来主要体现在三个方面：一是互联网特征，即对需要联网的物一定要能够实现互联互通的互联网络；二是识别与通信特征，即纳入物联网的“物”一定要具备自动识别与物物通信（M2M）的功能；三是智能化特征，即网络系统应具有自动化、自我反馈与智能控制的特点。

2.1.2 物联网的概念

目前，物联网还没有一个精确且公认的定义。这主要是因为：第一，物联网的理论体系没有完全建立，对其认识还不够深入；第二，由于物联网与互联网、移动通信网、无线传感网络等都有密切关系，不同领域的学者对物联网所做的思考出发点不同，短期内还不能达成共识。

目前，比较常见的定义如下。

物联网（Internet of things）的定义：通过射频识别（RFID）、红外感应器、全球定位系统（GPS）、激光扫描器等信息传感设备，按约定的协议，把任何物体与互联网相连接，进行信息交换和通信，以实现对物体的智能化识别、定位、跟踪、监控和管理的一种网络。

1.“中国式”定义

物联网（Internet of Things）是指将无处不在（Ubiquitous）的末端设备（Devices）和设施（Facilities），包括具备“内在智能”的传感器、移动终端、工业系统、楼控系统、家庭智能设施、视频监控系统等，和“外在使能”（Enabled）的，如贴上 RFID 的各种资产（Assets）、携带无线终端的个人与车辆等“智能化物件或动物”或“智能尘埃”（Mote），通过各种无线和/或有线的长距离和/或短距离通信网络实现互联互通（M2M）、应用大集成（Grand Integration）以及基于云计算的 SaaS 营运等模式，在内联网（Intranet）、专用网（Extranet）和/或互联网（Internet）环境下，采用适当的信息安全保障机制，提供安全可控乃至个性化的实时在线监测、定位追溯、报警联动、调度指挥、预案管理、远程控制、安全防范、远程维保、在线升级、统计报表、决策支持、领导桌面（集中展示的 Cockpit Dashboard）等管理和服务功能，实现对“万物”的“高效、节能、安全、环保”的“管、控、营”一体化。

2. 欧盟的定义

2009 年 9 月，在北京举办的物联网与企业环境中欧研讨会上，欧盟委员会信息和社会媒体司 RFID 部门负责人 Lorent Ferderix 博士给出了欧盟对物联网的定义：物联网是一个动态的全球网络基础设施，它具有基于标准和互操作通信协议的自组织能力，其中物理的和虚拟的“物”具有身份标识、物理属性、虚拟的特性和智能的接口，并与信息网络无缝整合。物联网将与媒体互联网、服务互联网和企业互联网一道，构成未来互联网。

3．对物联网认识的误区

目前关于物联网的认识还有很多误区，这也直接影响人们理解物联网对物流业发展的影响。

误区之一：把传感网或 RFID 网等同于物联网。

事实上传感技术也好、RFID 技术也好，都仅仅是信息采集技术之一。除传感技术和 RFID 技术外，GPS、视频识别、红外、激光、扫描等所有能够实现自动识别与物物通信的技术都可以成为物联网的信息采集技术。因此，传感网或者 RFID 网只是物联网的一种应用，但绝不是物联网的全部。

误区之二：把物联网当成互联网向物无限延伸，实现全部物互联与共享信息的“物物互联平台”。

实际上物联网绝不是简单全球共享互联网的无限延伸。现实中没必要也不可能使全部物品联网；现实中也没必要使专业物联网、局域物联网都必须连接到全球互联网共享平台；今后的物联网与互联网会有很大不同，类似智慧物流、智能交通、智能电网等专业网；智能小区等局域网才是最大的应用空间。

误区之三：是认为物联网是空中楼阁，是目前很难实现的技术。

事实上物联网是实实在在的，很多初级的物联网应用早就在为人们服务着。物联网理念就是在很多现实应用基础上推出的聚合型集成的创新，是对早就存在的具有物物互联的网络化、智能化、自动化系统的概括与提升，它从更高的角度升级了人们的认识。

误区之四：是把物联网当成个筐，什么都往里装，基于自身认识，把仅仅能够互动、通信的产品都当成物联网应用。例如，仅仅嵌入了传感器，就成为了所谓的物联网家电；贴上了 RFID 标签，就成了物联网应用等。

2.1.3 物联网应用

特联网丰富的内涵使它具有非常丰富的外延应用。物联网以“物”为中心，涵盖物品追踪、环境感知、智能物流、智能电网等。目前，物联网处于快速增长期，具有多样化、规模化、行业化等特点。物联网应用框架图，如图 2-2 所示。

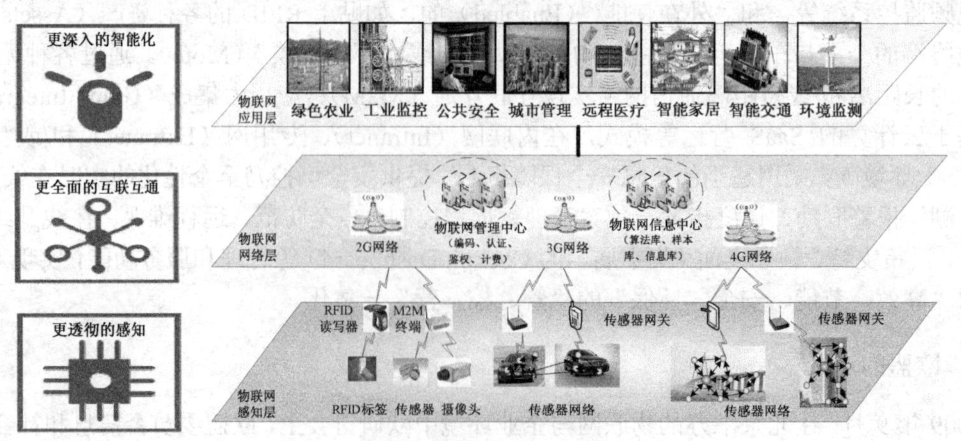

图 2-2 物联网应用框架图

1．物联网技术在家庭中的应用

数字化家庭是城市信息化的一个重要部分。物联网技术是实现未来家庭数字化的关键技术。在互联网迅猛发展的今天，家庭网络已经体现出越来越系统化的要求。对于家庭网络中的信息、通信、娱乐和生活四类子网中所包含的各类消费电子产品、通信产品、信息家电、智能煤水电表及智能家居等设备，需要通过不同的互联方式进行通信及数据交换，以实现互联互通。互联网技术与物联网技术的结合，将很好地解决家庭网络系统化建设的需求，使原本分散的各个子系统互联互通，信息共享。家庭网络的系统化是通过一个汇集网关将各个子系统通过有线或无线的方式实现互通互联，再以统一的 IP 方式，实现家庭网络与外部网络的互联。该网关可提供集成的语音、数据、多媒体、传感控制和管理等功能，达到信息在家庭内部终端之间以及与外部公网的充分流通和共享的目的。

2．物联网技术在物流产业中的应用

物联网技术将提供一种在全球范围内对每个物品进行跟踪监控的全新的技术手段，它将从根本上提高人们对物品生产、配送、仓储、销售等各个环节的监控水平，改变供应链的流程和管理手段。对流动的物品进行监控和管理，也是城市信息化的一个组成部分。传统的条码编码体系是对每一种商品项目进行编码，对传统的商品包装和物流管理产生了巨大的作用，但由于条码非唯一标识的属性，使对物品的自动化管理只能够停留在类级别的层面上。物联网的 EPC 技术（Electronic Product Code），则是能够对单品而不是一类物品进行编码，它通过对物品的唯一标识，并借助计算机网络系统，完成对单个物体的访问，突破了条码所不能完成的对单品的跟踪和管理。EPC 沿袭了原有的按不同类型容器进行编码的特点，将物流过程中不同的货品、集装箱、托盘和仓库等进行分层级编码，解决在同一时间进行多种标签识别的问题。物联网是在互联网的基础上对物流信息进行跟踪、监控的实时网络，任何一个安装有读写器的终端，都可以通过射频扫描技术读取物品的相关信息，并通过互联网的信息传输作用，实现对物品物流信息的实时监控。EPC 系统的一个核心元素就是 RFID 技术，这种自动非接触式处理的特点，可以实现对动态供应链信息的高效管理，有效降低物流成本。在供应链中的任何一个物品都被贴上唯一标识自己的电子标签，通过互联网和射频技术，可以在供应链中任何一个环节将该物品的信息自动记录下来并实现共享。

3．物联网技术在城市管理方面的应用

物联网技术在城市信息化中的应用非常广泛，可以说在城市信息化中每一个角落都可以找到物联网技术的身影。例如，在车辆管理中物联网技术的使用，通过使用电子标签和电子标签读卡器、计算机软硬件等设备，构架车辆管理综合信息系统，解决车辆管理和收费的问题，解决车辆拼装、套牌和盗用问题等；在药品的生产物流环节和销售物流环节使用射频识别电子标签，能够在药品到达病人手中之前对其进行验证，可以减少假冒伪劣药品对人们身体健康的危害。类似的方法可以用于跟踪一般消费产品，将提高抵制伪造和防止不安全产品的能力。随着我国城市人口老龄化趋势的加剧，如何实时、动态地对老年人的身体状况进行监控，是目前医疗界面临的一项重要课题。国外已经开始利用物联网技术开发用于患者或老年人使用且可随身携带的身体监控设备，并通过与现在的移动网相连，实时监控患者或老年人的身体状态，以便及时治疗。

智能三表也是物联网城市管理应用的一个热门。智能三表，既智能水表、智能暖气表和智

能电表。以智能电表为例，就实现方案来说，计量部分需要考量的因素包括精度、可靠性、防窃电、有功/无功功率测量等因素，可通过最新的半导体技术得以改善。而传输标准和运营体系方面涉及的技术更加复杂，也就是在物联网的“管”和“云”部分，需要企业和国家相关机构加快研发进度，对产品生命周期、改造成本、可升级性等多方面进行综合考虑。目前国家电网已经采用双向传输的电力线标准，第一批智能电表的招标工作也在近期结束。而就智能水表和智能暖气表来说，可通过 GPRS、CDMA 等无线通信标准进行无线抄表，甚至也可以采用 ZigBee、蓝牙、Wi-Fi 等标准进行人工无线抄表。由于中国区域发展的不平衡性，居住密度差异也很大，相关研究机构应该考虑采用何种方案更加合理。

2.1.4 物联网应用的发展

通过固定电话网络，互联网用户群和 CDMA 移动通信网络多业务的融合，目前电信运营商在物联网开发的产品和应用已有数十项之多，包括 M2M 平台、智能城市产品、智能家居、智能校园、智能医疗系统、智能环保产品、智能交通系统、智能司法、智能农业产品、智能物流产品、智能文博系统等。

1. 智能交通的发展应用

解决交通拥堵的传统方式是增加容量。但在当今的环境中，人们需要其他解决办法。将智能技术运用到道路和汽车中无疑是可以实现的。例如，增设路边传感器、射频标记和全球定位系统。这可改变人们固有的思维和习惯，还可以丰富驾驶者的经验，而不再仅仅关心出行时间及路线选择。同时，它还可以改进汽车、道路以及公共交通，使之更具便利性。新的交通系统可以是乘坐公共交通的人可以通过手机查看下一班的市郊火车或地铁上有多少空座位。集成服务和信息对未来的公共交通至关重要。例如，为均衡供求，未来的交通系统将可以定位乘客位置，并为他们提供所需的智慧的交通工具。许多交通规划者已经开始努力促成多个系统的集成，并在各种交通类型、多个城市甚至国家或地区之间整合费用和服务。智慧的交通系统可以缩短人们的空间距离，提高生产效率、降低旅程时间和加速突发事件交通工具的响应速度，也可保护环境。

智能交通系统需要多领域技术协同构建，从最基本的交通管理系统（如车辆导航、交通信号控制、集装箱货运管理、自动车牌号码识别、测速相机），到各种交通监控系统如安全闭路电视系统，再到更具前瞻性的应用技术，这些应用通过整合来自多维数据源的实时数据及反馈信息为人们提供泛在的信息服务，如停车向导信息系统和天气报告。智能交通系统建模和流量观测技术也将为优化交通调度、增大交通网络流量、确保车辆行驶安全和改善人们出行体验的重要支撑。

物联网技术的发展为智能交通提供了更透彻的感知，道路基础设施中的传感器和车载传感设备能够实时监控交通流量和车辆状态，通过泛在移动通信网络将信息传送至管理中心；更全面的互联互通，遍布于道路基础设施和车辆中的无线和有线通信有机融合为移动用户提供了泛在的网络服务，使人们在旅途中能够随时获得实时的道路和周边环境咨询甚至在线收看电视节目；物联网技术为智能交通提供了更深入的智能化，通过智能的交通管理和调度机制充分发挥道路基础设施的效能，最大化效能网络流量并提高安全性，优化人们的出行体验。展望未来的交通，所有的车辆都能够预先知道并避开交通堵塞，沿最快捷的路线到达目的地，减少二氧化碳的排放，拥有实时的交通和天气信息，能够随时找到最近的停车位，甚至在大部分的时间内车辆可以自动驾驶而乘客们可以在旅途中欣赏在线电视节目。

2．智能家居发展应用

物联网中的智能家居产品将自动化控制系统、计算机网络系统和网络通信技术融合于一体，将各种家庭设备（如音视频设备、照明系统、窗帘控制、空调控制、安防系统、家电等）通过智能家庭网络联网实现自动化，通过固话、有线宽带和3G无线网络，实现对家庭设备的远程操控以及居家安防。

例如，基于3G网络的“平安e家”智能化手机监控综合系统是一种典型的物联网应用。通过部署在家居内的各种温度感应器、红外感应器或RFID设备，借助移动网络在手机视频监控基础上叠加多种报警与远程家居设备控制的家居综合安防系统。

系统架构分为前端、平台、客户端三部分。前端包括摄像机（枪形、球形摄像机）、多种传感器（门磁、窗磁、红外、烟雾、煤气等传感器）、受控家电设备（灯具、冰箱、热水器等）、视频存储服务器与家电远程控制器；平台则需利用视频转发与信令控制服务器实现视频与控制信号的转发；客户端实现远程查看与控制目的。该系统的功能包括但不限于以下几个方面。

（1）家庭安防摄像机实时视频查看

在客厅、厨房等房间安装球形、枪形摄像机后，住户可通过手机客户端随时查看自家实时视频状况。同时，住户能够授权给亲属及朋友，使他们也具有视频观看权利。此外，利用任何可接入Internet的PC住户及授权用户也可实时视频查看。该系统前端还具有专用大容量视频存储设备，用于摄像机视频存储。

（2）家居状况实时报警

在客厅、厨房、门口等可安装门磁、窗磁、红外、烟雾、煤气等多种传感器。当传感器发现门窗遭破坏、有人闯入、家内起火、煤气泄漏以及摄像机通过移动侦测功能发现可疑人员等，则立即通过平台发送警报给住户手机（警报可为预录制语音、短信、彩信等），住户能够立即了解具体报警类型信息，并可通过客户端观看摄像机拍摄的实时视频状况。

3．智能电网的发展应用

智能电网能够将具备智能判断与自适应能力的能源统一接入到网络之中，并对其进行分布式管理。这正是物联网概念在实际中的代表性应用。通过物联网技术，可以对电网和用户的信息进行实时监控和采集，并可将已嵌入智能模块的各供电、输电和用电设备连接为一体，从而实现各设备的物理实体入网，通过智能化、信息化、网络化的管理来实现能源替代以及对电能的最优配置和利用。在智能电网时代，家庭太阳板、风电设备、电动汽车等设备均可接入网络，利用网络信息共享和最优化计算，用户可以将富裕的电能通过电力网络系统卖给电力系统中的其他用户。为尽快开展物联网技术在电力系统应用的研究，目前中国国家电网信息通信有限公司从2009年9月就开始全面部署物联网技术的研发，组建了专门从事物联网在电力系统应用的研发团队，探讨物联网在智能电网中的应用。基于先进的通信技术，传感技术和信息处理技术以实现电力网络的智能识别、定位、跟踪、监控和管理。智能电网依托包括智能电表、实时的电力调度、电网安全、环境感知、信息互通以及智能电网建设等，建立一个基于物联网技术的智能电网体系。智能电网作为从互联网走向物联网的重要平台，它的成功建设正在为人类带来巨大的经济效应，大幅提高资源利用效率和生产力水平，改善人与自然的关系。

4．智能物流的发展应用

根据2004年世界银行报告的数据，美国的物流消费点GDP的9%，而中国的物流消费占GDP的23%。目前全球零售订货时间为6～10个月，在供应链上的商品库存积压价值为1.2万亿美元，零售商每年因错失交易遭受的损失高达930亿美元，其主要原因是没有合适的库存商品来满足消费者的需求。基于物联网的智能供应链技术是对现有信息网和物流网技术的有力补充，应用到整个零售系统，零售商、制造商和供应商可以提高供应链各个步骤的效率，同时还可以减少浪费。该技术充分利用互联网和无线射频识别（RFID）网络设施支撑整个物流体系，从而使物流行业发生颠覆性的变化，可以使客户在任何地方、任何时间以最便捷、最高效、最可靠、成本最低的方式享受到物流服务。

物联网的概念脱胎于物流行业，随着物联网的发展，物流行业也迎来了新的发展契机。为克服电子物流的缺点，现代物流系统希望利用信息生成设备，如无线射频识别设备、传感器或全球定位系统等装置与互联网结合起来而形成一个巨大的网络，并能在这个物联化的物流网络中实现智能化的物流管理。智能物流的发展呈现精准化、智能化、协同化的特点。在未来的智能物流系统中，由于物联化智能信息处理系统和智能设备的普遍运用，物流企业的管理者希望实现采购、入库、出库、调拨、装配、运输等环节的精确管理。除实现减少成本和降低浪费的基本目标之外，未来物流系统需要智能化地采集实时信息，并利用物联网进行系统处理，为最终用户提供优质的信息和咨询服务，为物流企业提供最佳策略支持。物联网为智能物流的智能处理提供了多层面的支持，除了利用已有的 ERP 等商业软件进行集成式的规划、管理和决策支持外，未来的智能物流更应该注重利用物联设备和网络本身进行更多的智能采集功能，同时也能承担更为广泛的处理功能。有了智能物流，物流企业可以优化资源配置，业务流程，并为最终用户提供增值性物流服务，拓宽业务范围，最终实现利润的最大化。

5. 物联网发展趋势

（1）电子与建筑行业是切入点，产业链合力做多

得益于之前的积累，无论是独立程序化操作的自动化洗衣机、空调、电视机，还是各种智能化建筑，电子行业及建筑行业都将是未来物联网发展应该切入的起点和重点。对电信运营商来说是产业融合带来的信息化应用；对科技界来说，是第三次信息革命；对企业来说是上千亿元的“蛋糕”；对商家来说是无所不在的电子商务。社会各界对物联网“理解”不一，说明其应用范围之广，要挖掘物联网的价值，产业链合力做多是未来的发展趋势。

（2）应用将由分散走向统一

虽然物联网发展仍处于各自为战的状态，但技术的成熟度，为物联网的快速发展提供了物质基础。目前电子元器件技术作为传感网发展的基础，工艺已经成熟，且价格便宜，已经普及开来。另外，物联网的产业分工也非常明确，有专门做电子标签和射频识别的企业，也有专门做各种传感元器件的企业等。随着物联网发展的推动，诸多产业链上的企业，其生产的产品将越来越多地被凝聚在一起，应用将由分散走向统一。电信运营商作为产业链中的重要参与者，将为应用的推广和整合起到关键作用。

（3）物联网的终极目标

物联网的终极目标是形成覆盖全球物互联的理想状态，在这个目标实现的过程中，物联网的各个局部网应用可先各自发展，最后形成一个事实的标准，从小网联成中网，再由中网联成大网，在此过程中逐渐解决遇到的技术、标准等各种问题。届时，物联网的产业链几乎可以包容现在信息技术和信息产业相关的各个领域。

2.2 物联网与下一代网络

2.2.1 物联网与 CPS

机器人属于一种称为 CPS（Cyber Physical System，可翻译成“信息物理融合系统”）的系统，有时也称为“物理计算”（Physical Computing）理念或课题，是 2004 年美国 NSF（国家自然科学基金）的研讨会上提出来的，从 2006 年开始被 NSF 列为重点支持的研究课题，2007 年被美国总统科学技术顾问委员会的一个报告列为 8 大关键的信息技术之首，CPS 成为近几年美国高校和科研机构的研究热点课题。

CPS 和物联网一样，有很多不同的定义。其中一个定义是：CPS 是一个以通信和计算为核心的集成的监控和协调行动的工程化物理系统，是计算、通信和控制的融合，具备很高的可靠性、安全性和执行效率，是一个从纳米世界到基于大规模广域网的系统。

大家最熟知的典型 CPS 系统就是机器人，主要应用范围包括汽车、飞机、医疗和军事领域。例如，中国目前在世界领先的高速列车就可以说是一个 CPS 系统，德国 Siemens 公司的 Achatz 在 2007 年曾指出，BMW 汽车就是“一个计算机的网络”。CPS 包含了基于嵌入式系统和网络通信和控制的人工智能、泛在计算、环境感知等功能，它是集通信与控制和集成计算于一体的下一代智能系统，通过人机交互接口实现和物理世界的交互的一个紧凑的物理实体。CPS 是一个具有控制属性的网络，但它又有别于现有的控制系统。

CPS 实际上是一种智能系统（Smart System），在欧盟 2008 年发布的 IoT 2020 报告中，已经具体的把物联网的事“落地”到智能系统（Smart Systems），尤其是智能集成系统和平台的建设上。

咨询机构 Harbor Research 在 2010 年的研究报告中，对智能系统市场进行了深入的分析，指出了智能系统和 ICT 产业类似，存在价值链由基于产品的模式到基于网络化产品和服务的模式的转变的趋势。智能系统的发展将从新定位人和设备与业务系统的关系，智能系统将是跨业务（即 IT 和控制的融合）领域的系统，实现无人干预的自我感知、自我控制和自我优化。

同时提出了传统的 ICT（Information and Communications Technology）产业从业人员是否能真正理解智能系统的精髓，做好物联网产业的问题，认为传统的专注于控制系统的产商，由于掌握了从底层感知的数据和基础设施，在智能系统建设中有独特的优势，这些产商将成为“两化融合“物联网建设中的主要力量。这也是笔者本人涉足物联网产业的主要切入点之一。

软件在 CPS 中起到非常重要的作用。CPS 更注重人工智能、自适应、自组织、自调节等自主计算方面的功能，CPS 一般是一个相对紧凑的系统，如机器人、汽车、战斗机、高速列车、火星探测器等。由于强调人工智能和自适应，CPS 和计算机视觉、人工智能等领域一样，从研究的角度来说是一个“无底洞”，在相当长的时间内将主要是高校和科研机构的研究课题，离大规模民用化、产业化总是“差最后那一小步”，例如，尽管计算机视觉的研究近 30 年来取得了很大的进展，但目前在广泛的实际应用中仍然难以产业化，和 20 多年前的状况几乎一样。物联网更关注产业化和可推广的实际应用，不以攻克尖端的技术突破为首要目标，物联网和 CPS 的关系好比云计算和网格计算的关系，后者主要是一些研究课题的研究对象，而前者是后者的产业化、商业化延伸。人们可以认为，CPS 是物联网产业的科学前沿，和物联网四大技术中的传感网和两化融合密切相关，是传感网和两化融合的进一步融合，CPS 的研究是物联网产业发展的基础和后盾，它的研究成果将推动物联网产业取得长足的进展，尤其是一些关键应用领域的突破性发展。

2.2.2 物联网与无线传感器网络

无线传感器网络（WSN）是一个比较新的技术领域，近年来，世界一些国家加大投入，研究开发新技术，积极攻克标准、技术和应用的制高点。我国也把这项技术发展列入国家中长期科技发展规划。由于目前对物联网研究尚未深入，对物联网的内涵缺乏专业的研究，有些专业的或非专业的报道通常会把无线传感器网络作为物联网。微机电系统（Micro-Electro-Mechanism System，MEMS）、片上系统（System on Chip，SoC）、无线通信和低功耗嵌入式技术的飞速发展，孕育出无线传感网络（WSN），并以其低功耗、低成本、分布式和自组织的特点带来了信息感知的一场变革。

WSN 就是由部署在监测区域内大量的廉价微型传感器节点组成的，通过无线通信方式形成的一个多跳自组织网络，是一种全新的信息获取平台，能够实时监测和采集网络分布区域内的各种检测对象的信息，并将这些信息发送到网关节点，以实现复杂的指定范围内目标检测与跟踪，具有快速展开、抗毁性强等特点，有着广阔的应用前景。无线传感器网络是应用相关性网络，是一种应用中产生和发展的技术，所以不同的应用领域使用不同的网络技术实现，目前实现 WSN 的主要技术有 ZigBee、Wi-Fi、BlueTooth、UWB 等。

WSN 与"物联网"两者虽然都有网络的概念，但有很大区别。WSN 不可能做得太大，只能在局部的地方使用，如战场、地震监测、建筑工程、保安、智能家居等。但是"物联网"，（Internet of things）就大得多。物联网可以把世界上任何物品通过电子标签和网络联系起来。是一种"无处不在"的概念。按照国内权威学术期刊的定义，WSN 是一种"随机分布的集成有传感器、数据处理单元和通信模块的微小节点通过自组织方式构成网络"，它可以"借助于节点中内置的形式多样的传感器测量所在周边环境中的热、红外、声纳、雷达和地震波信号"，并且"传感器网络有着与传统网络明显不同的技术要求，前者以数据为中心，后者以传输数据为目的"，因此无线传感器网络并没有赋予 T2T 的连接能力，更不具备与物理系统连接并且控制物理系统的能力。WSN 仅仅是采集和传递数据，并没有涉及物联网中的核心控制技术，也不具备 CPS 要求的高可靠性。因此从 CPS 角度来看，WSN 并不是物联网，更不是网络化物理系统。但是，WSN 的相关技术在一定程度上可能支撑物联网的开发与应用。

2.3 物联网与现场控制网络

2.3.1 物联网与现场控制网络的关系

物联网涉及通信技术、控制技术以及 IT 技术的融合。在当前技术阶段，可将物联网理解为通过多种有线、无线通信技术，连接各种末端设备或子系统，并采用 XML/Web Services/SOA 等开放式、标准化的数据表达技术，将终端设备或子系统汇总到一个统一的管理平台，实现远程监视以及自动报警、控制、诊断和维护，为用户提供对设备的全局化管理和综合化、智能化的信息服务。

在网络架构上，可以将物联网系统由下而上抽象为 4 个层面：感知层、通信层、管理层和应用层。其中感知层是物联网的神经末梢，其主要任务是实现可靠感知，即对现场环境物理参数（温度、湿度、气体浓度等）的采集和汇聚。感知层由各种具备感知、计算、执行能力的末端设备，如 RFID 标签和读写器、摄像头、GPS、各类传感器与执行器、2.5G/3G/4G 终端等，以及这些设备互联构成的现场网络组成。

物联网现场网络制式繁多，既有各种短距离无线网络，如 ZigBee、蓝牙、Wi-Fi、无线 HART

等，又有以有线方式连接的多达十几种的现场总线网络，如 Modbus、Foundation Fieldbus、CAN、Profinet 等。这些网络各有适用场景，难说孰优孰劣。由于物联网跨越的行业及用户需求千差万别，预计上述网络标准将在物联网的现有网络层面长期共存。

另外，由于现场总线种类繁多，已存在巨大的部署量，难以通过一个统一的通用网络协议标准化，在工业信息化、楼宇自控等行业应用中，一般需要物联网软件、中间件（如同方的 ezM2M 物联网业务基础中间件）通过软件总线（如 MQ、ESB 等）加适配器（Adaptor）的方式实现高效率的互联互通。

2.3.2 物联网与无线传感器网络的连接

要真正建立一个有效的物联网，有两个重要因素：一是规模性，只有具备了规模，才能使物品的智能发挥作用；二是流动性，物品通常都不是静止的，而是处于运动的状态，必须保持物品在运动状态，甚至高速运动状态下都能随时实现对话。我国的无线通信网络已经覆盖了城乡，从繁华的城市到偏僻的农村，从海南岛到珠穆朗玛峰，到处都有无线网络的覆盖。无线网络是实现物联网必不可少的基础设施，安置在动物、植物、机器和物品上的电子介质产生的数字信号可随时随地通过无处不在的无线网络传送出去。"云计算"技术的运用，使数以亿计的各类物品的实时动态管理变得可能，使整个网络真正成了一台计算机。

物联网涉及的关键技术分为三个层次。其一为感知层，包括感知物资信息的传感器技术、对物品能进行智能识别的 RFID 技术、进行信息采集的微机电系统（MEMS），以及可进行全球定位/地理信息的 GPS/GIS 技术等。其二为网络通信层，包括无线传感器网络（Wireless Sensor Network，WSN）技术、Wi-Fi（Wireless Fidelity，无线保真技术）、通信网、互联网、3G 网络、IPv6（让世界的每一粒都拥有一个 IP 地址）、GPRS 网络（基于 GSM 系统的无线分组交换技术，提供端到端的、广域的无线 IP 连接）、广电网络、NGB（下一代广播电视网）等。其三为管理及应用层，包括企业资源计划（Enterprise Resource Planning，ERP）、专家系统（Expert System）、云计算（Cloud Computing）、系统集成（System Integrate）、行业应用（Industry Application）、资源打包（Resource Package）。物联网分层架构图，如图 2-3 所示 。

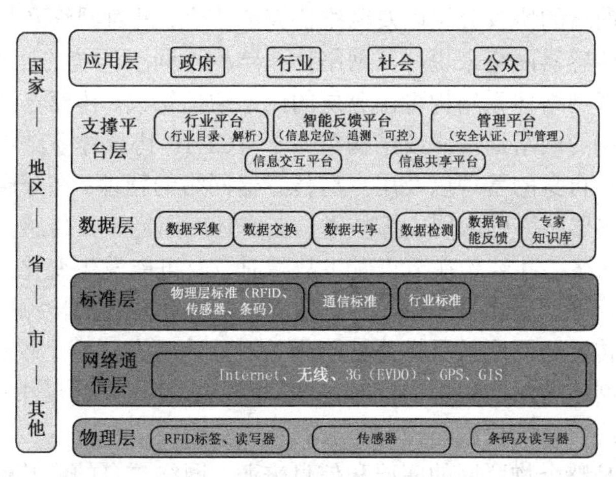

图 2-3 物联网分层架构图

WSN 是集分布式信息采集、信息传输和信息处理技术于一体的网络信息系统，以其低成本、微型化、低功耗和灵活的组网方式、铺设方式以及适合移动目标等特点受到广泛重视，是关系国民经济发展和国家安全的重要技术。物联网正是通过遍布在各个角落和物体上的形形色色的传感器以及由它们组成的无线传感器网络，来最终感知整个物质世界的。WSN 技术贯穿物联网的全部三个层次，是其他层面技术的整合应用，对物联网的发展有提纲挈领的作用。因此 WSN 技术是物联网的关键核心技术，它的发展，能为其他层面的技术提供更明确的发展方向。

无线传感器网络节点的基本组成包括传感单元（由传感器和模/数转换功能模块组成）、处理单元（包括 CPU、存储器、嵌入式操作系统等）、通信单元（由无线通信模块组成）以及电源。此外，可以选择的其他功能单元包括定位系统、移动系统以及电源自供电系统等。在传感器网络中，节点可以通过飞机布撒或人工布置等方式，大量部署在被感知对象内部或者附近。这些节点通过自组织方式构成无线网络，以协作的方式实时感知、采集和处理网络覆盖区域中的信息，并通过多跳网络将数据经由 Sink 节点（接收发送器）链路将整个区域内的信息传送到远程控制管理中心。另一方面，远程管理中心也可以对网络节点进行实时控制和操纵。

目前，面向物联网的传感器网络技术研究包括以下一些方面。

（1）先进测试技术及网络化测控

综合传感器技术、嵌入式计算机技术、分布式信息处理技术等，协作地实时监测、感知和采集各种环境或监测对象的信息，并对其进行处理、传送。研究分布式测量技术与测量算法，应对日益提高的测试和测量需求。

（2）智能化传感器网络节点研究

传感器网络节点为一个微型化的嵌入式系统，构成了无线传感器网络的基础层支持平台。感知物质世界及其变化过程中，需要检测的对象很多，如温度、压力、湿度、应变等，微型化、低功耗对于传感器网络的应用意义重大，研究采用 MEMS 加工技术，并结合新材料的研究，设计符合未来要求的微型传感器；其次，需要研究智能传感器网络节点的设计理论，使之可识别和配接多种敏感元件，并适用于主被动各种检测方法；第三，各节点必须具备足够的抗干扰能力、适应恶劣环境的能力，并能够适合应用场合、尺寸的要求；第四，研究利用传感器网络节点具有的局域信号处理功能，在传感器节点附近局部完成很多信号信息处理工作，将原来由中央处理器实现的串行处理、集中决策的系统，改变为一种并行的分布式信息处理系统。

（3）传感器网络组织结构及底层协议研究

网络体系结构是网络的协议分层以及网络协议的集合，是对网络及其部件所应完成功能的定义和描述。对无线传感器网络来说，其网络体系结构不同于传统的计算机网络和通信网络。有学者提出无线传感器网络体系结构可由分层的网络通信协议、传感器网络管理以及应用支撑技术三部分组成。分层的网络通信协议结构类似于 TCP/IP 协议体系结构；传感器网络管理技术主要是对传感器节点自身的管理以及用户对传感器网络的管理；在分层协议和网络管理技术的基础上，支持了传感器网络的应用支撑技术。在实际应用当中，传感器网络中存在大量传感器节点，密度较高，网络拓扑结构在节点发生故障时，有可能发生变化，应考虑网络的自组织能力、自动配置能力及可扩展能力；在某些条件下，为保证有效的检测时间，传感器节点要保持良好的低功耗性；传感器网络的目标是检测相关对象的状态，而不仅是实现节点间的通信。因此，在研究传感器网络的网络底层协议时，要针对以上特点，开展相关工作。

（4）对传感器网络自身的检测与控制

由于传感器网络是整个物联网的底层和信息来源，网络自身的完整性、完好性和效率等参数性能至关重要。对传感器网络的运行状态及信号传输通畅性进行监测，研究开发硬件节点和设备的诊断技术，实现对网络的控制。

（5）传感器网络的安全

传感器网络除了具有一般无线网络所面临的信息泄露、信息篡改、重放攻击、拒绝服务等多种威胁外，还面临传感节点容易被攻击者物理操纵，并获取存储在传感节点中的所有信息，从而控制部分网络的威胁。必须通过其他的技术方案来提高传感器网络的安全性能。如在通信前进行节点与节点的身份认证；设计新的密钥协商方案，使得即使有一小部分节点被操纵后，攻击者也不能或很难从获取的节点信息推导出其他节点的密钥信息；对传输信息加密解决窃听问题；保证网络中的传感信息只有可信实体才可以访问，保证网络私有性问题；采用一些跳频和扩频技术减轻网络堵塞问题。

2.4 网络的信息通信基础

2.4.1 数据传输技术

数据在计算机中用二进制数表示，而 1 或 0 以电压的高低或电流的有无来反映。传输媒体是网络中数据传输的物理通路。要通过传输媒体传输数据，必须把数据转换成能在传输媒体中传输的信号。

1. 信号与信号传输

信号是指数据的电磁或电子编码。传输媒体依靠电磁波、光波等形式实现传输。要通过传输媒体传输数据，就必须把数据转换成特定的编码形式，这种编码即信号。

信号分为数字信号和模拟信号。数字信号是一系列的脉冲，而模拟信号则是一个连续变化的量。信号传输也可分为数字信号传输和模拟信号传输。

2. 数据编码

数字信号和模拟信号都能表示计算机中的二进制数据。怎样表示取决于使用的编码方法。

（1）用数字信号表示数据

通信系统中经常使用以下方法对数据进行编码。

① 不归零制（NRZ）——用电压的高或低来表示二进制数，通过对电压的变化进行检测，就可以确定其所表示的二进制数据。这种方法的缺点是，无法区别一位的结束和另一位的开始。

② 曼彻斯特编码——局域网中广泛使用的编码。编码方法：每个二进制数位的中间都有一个跳变，从低到高跳变表示 0，从高到低跳变表示 1。利用这个跳变可以容易地区别不同的二进制位，同时可以容易地实现发送方和接收方的同步。

③ 差分曼彻斯特编码——曼彻斯特编码方法的一种变形。曼彻斯特编码是依靠判断每一个周期的中间有无跳变来决定二进制数据 0 或 1 的，有跳变为 0，无跳变为 1。在每一位的中间也有一个跳变，但这个跳变仅作为同步时钟使用。

这三种数字信号编码方式如图 2-4 所示。

（2）用模拟信号表示数据

模拟信号实质上是连续变化的电磁波，它可以用不同的频率在各种传输媒体上传输。模拟信号通常用正弦波来表示，通常采用以下方法来表示二进制数据。

① 幅移键控法（ASK）——利用载波的不同振幅来表示二进制数的 0 或 1。例如，有振幅表示 1，没有振幅表示 0。该方法效率低，且易受到干扰。

② 频移键控法（FSK）——利用载波频率附近的两个不同频率来表示二进制数据的 0 或 1。例如，频率较低时表示 0，频率较高时表示 1。这种方法不易受干扰，因此广泛用于高频（3MHz～30MHz）的无线电传输。

③ 相移键控法（PSK）——利用载波信号的相位移动表示二进制数 0 或 1。若相位有变化表示 1，相位无变化则表示 0。这种方法具有较强的抗干扰能力，效率较高。

这三种模拟信号的编码方式如图 2-5 所示。这三种技术可以组合使用，常见的组合是 PSK+ASK，组合后在两个振幅上均可以出现部分相移或整体相移。

数字信号技术在价格、性能、传输质量等方面比模拟信号传输都要好得多。

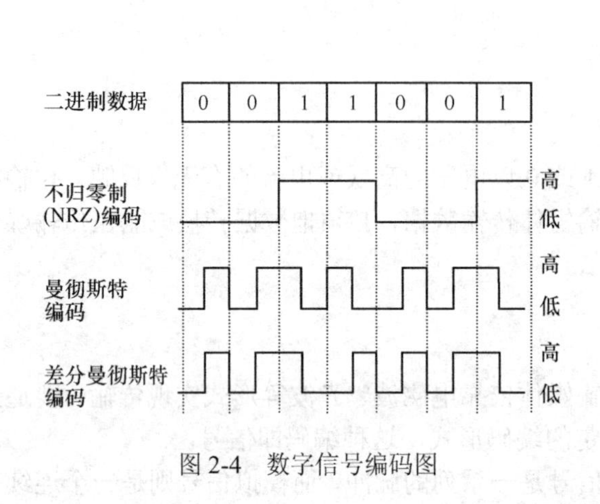

图 2-4　数字信号编码图

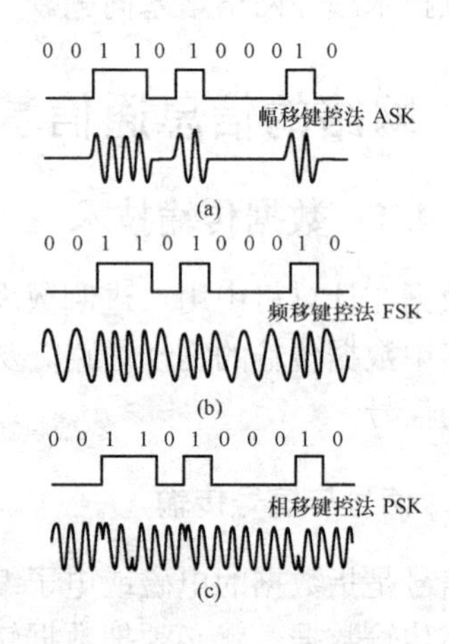

图 2-5　模拟信号编码

3．数据传输速度

数据在通信线路上的传输速率可以从数据信号速率、数据传输速率和调制速率三个方面来衡量。

数据传输速率是指每秒内传输的二进制位数（即比特数），用位每秒表示（bps，bits per second）。当在模拟线路上传输数字信号时，需要对数据信号进行调制，可以采用振幅调制（AM）、频率调制（FM）和相位调制（PM）三种方式。每秒内线路状态变化的最大次数称为调制速率，用波特率（Baud Rate）表示。调制速率不同于数据信号速率，但它们之间存在一定的关系，变换公式如下：

数据信号速率=调制速率×k（k 为 1 次调制可能传送的位数）

2.4.2　两台相邻设备之间的数据通信

两台相邻设备之间的数据通信可采用 2 种方法：异步数据传输和同步数据传输。

1．异步数据传输

异步数据传输是最早、使用最广泛、最简单的数据传输方法。例如，通过串行接口 RS232 实现的数据通信采用的就是这种通信方式。具体方法是：以字符为单位发送，一次传输一个字符，每个字符用 5～8 位二进制数表示，在每个字符前加一个起始码，以指明字符的开始，每个字符的后面加一个停止码，指明字符的结束；每个字符的发送是相互独立的，当没有字符发送时，发送方就一直发送停止码。接收方根据起始码和停止码判断字符的开始和结束，并以字符为单位接收，如图 2-6 所示。

2. 同步数据传输

由于异步数据传输以字符为单位进行发送和接收，因此数据的传输速度和效率是比较低的。一组数据可能只包含一个字符，也可能包含多个字符，如果能将组成该数据的一批字符一次就发送出去，传输速度和效率不就能提高吗？

同步数据传输就是以数据块为单位发送的。每一个数据块内包含多个字符，每个字符可用5～8位二进制数据表示。在每个数据块的前面加一个起始标志指明数据块的开始，在数据块的后面加一个结束标志指明数据块的结束。接收方根据起始标志和结束标志成块地接收数据。通常，将起始标志、数据块、结束标志合在一起称为帧（frame），起始标志称为帧头，结束标志称为帧尾。同步数据传输方式如图2-7所示。

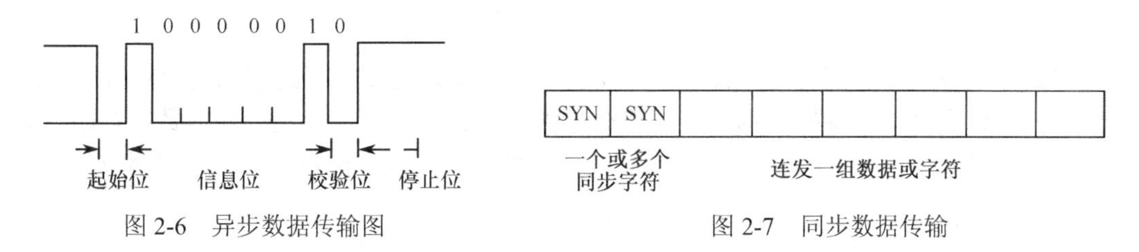

图2-6　异步数据传输图　　　图2-7　同步数据传输

实现同步数据传输可采用两种方案：一种是面向字符的方案，即以字符为单位组成数据帧，其中最著名的是IBM的二进制同步规程BISYNC；另一种是面向位的方案，即以二进制位为单位组成帧，其中应用最普遍的是IBM提出的SDLC和HDLC。

2.4.3　多台相邻设备之间的数据通信

多路复用就是一种允许多台设备共用一条传输媒体的技术。多路复用技术就是通过一条传输媒体同时传输多路信号，从而提高传输媒体使用效率的技术。普遍使用的多路复用技术有4种：频分多路复用（FDM），时分多路复用（TDM），统计时分多路复用（STDM）和波分多路复用（WDM）。实现多路复用的设备称为多路复用器（MUX）。

1. 频分多路复用

频分多路复用通过使用不同的频率，实现在一条传输媒体上（如宽带同轴电缆即电视电缆、微波等）同时传输多路数据信号的技术。只要通信的设备使用不同的频率，而且这些频率不重叠，那么每个频率都可以被看成一个独立的通信通道，这些设备就可以同时进行通信。频分多路复用工作原理如图2-8所示，一条传输媒体按频率划分为多个通道，每个通道都有一定的带宽，可支持两台设备之间的数据传输，各通道之间没有重叠。若传输媒体的频率宽度超过信号传输所需要的频率宽度，则考虑采用这种办法。频分多路复用常用于宽带网络。

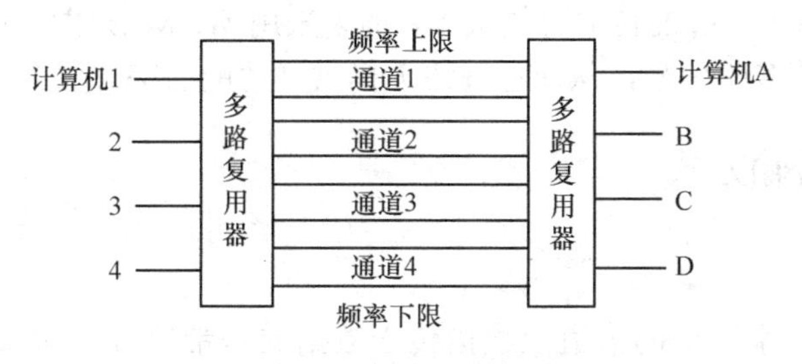

图2-8　频分多路复用

2．时分多路复用

时分多路复用是将传输媒体的传输能力或传输速率按时间划分成时间片（即一小段时间），把每个时间片固定地分配给需要通信的每台设备，这样利用信号在时间上的交叉，就可以在一条传输媒体上传输多路数据信号了，如图 2-9 所示。

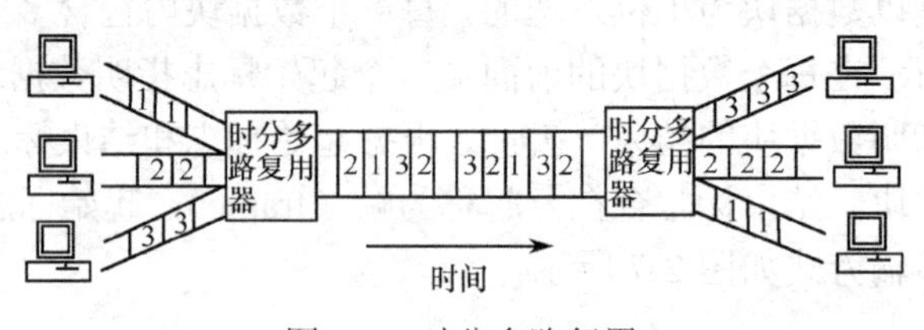

图 2-9　时分多路复用

通道被分割成三个时间片 1、2、3，计算机 1、2、3 只能在分配给它们的时间片上发送数据，若没有数据或没有准备好数据发送，那么分配给它的时间片上就没有任何数据，即时间片是空的。由于时间片是预先按次序分配给每一台设备的，而且固定不变，所以这种 TDM 又被称为同步 TDM。

3．统计时分多路复用

时分多路复用把时间片固定地分配给某一台设备。这样就会产生一个问题：即使该设备没有数据要发送，但仍然不断有时间片给它用，而另一台有大量数据需要传输的设备只能等待分配给它的时间片到来才行。显然，这是一种浪费。

统计时分多路复用是对时分多路复用的一种改进，采用智能分配时间片的方法，即根据发送方的要求动态地分配时间片。统计时分多路复用原理如图 2-10 所示。

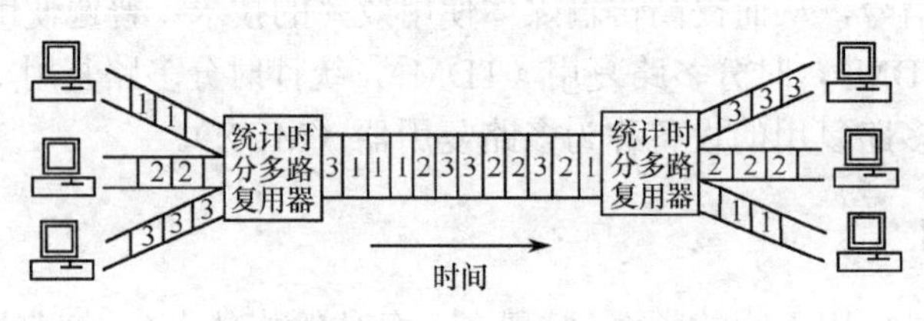

图 2-10　统计时分多路复用

4．波分多路复用

波分多路复用技术主要用于光纤传输媒体。该方法与频分多路复用相似，只不过它是利用不同波长的光在一条光纤上传输多路信号。波分多路复用的起步较晚，直到有了合适的光源以后才得到了发展。该方法采用两种分光技术，可在一条光纤上发送、传输多路信号，每路信号使用不同波长的光。由于光纤的传输容量很大，如果采用 WDM 技术就可在一条光纤中同时传输数据、语音、图像等多路信号，从而在网络上提供高性能的综合服务。

2.4.4　信号的传输方式

1．基带传输

基带传输就是在数字通信的信道上直接传送数据的基带信号，即按数据波的原样进行传输，不包含有任何调制，它是最基本的数据传输方式。目前大部分局域网，包括控制局域网，都是采用基带传输方式的基带网。基带网的特点如下：信号按位流形式传输，整个系统不用调制解调器，这使得系统价格低廉。它可采用双绞线或同轴电缆作为传输媒体，也可采用光缆作为传输媒体。与宽带网相比，基带网的传输媒体比较便宜，可以达到较高的数据传输速率（一般为 1Mbps～10Mbps），但其传输距离一般不超过 25km，传输距离越长，质量越低。基带网中线路工作方式只能为半双工方式或单工方式。

2. 载波传输

载波传输采用数字信号对载波进行调制后实行传输。最基本的调制方式有上述的幅移键控（ASK）、频移键控（FSK）、相移键控（PSK）三种。

3. 宽带网

由于基带网不适于传输语言、图像等信息，随着多媒体技术的发展，计算机网络传输数据、文字、语音、图像等多种信号的任务越来越重，于是提出了宽带传输的要求。

4. 异步传输模式

ATM（Asynchronous Transfer Mode）是一种新的传输与交换数字信息技术，也是实现高速网络的主要技术。它支持多媒体通信，包括数据、语音和视频信号，按需分配频带，具有低延迟特性，速率可达 155Mbps～2.4Gbps，也有 25Mbps 和 50Mbps 的 ATM 技术，适用于局域网和广域网。

2.4.5 网络中不同计算机之间的数据交换

网络中不同计算机之间的数据交换技术有以下几种。

1. 线路交换方式

采用线路交换方式（Circuit Switching）在两台计算机之间通过网络进行数据交换之前，首先在网络中建立一个实际的物理线路连接。

例如，主机 A 要向主机 B 传输数据，线路交换方式的通信过程分为以下 3 个阶段。

（1）线路建立阶段：通过网络在 A 与 B 之间建立线路连接，首先发送“连接请求包”。“连接请求包”内含有需要建立线路连接的源地址与目的地址。

（2）数据传输阶段：通过该连接，实时、双向交换报文（或报文分组）。

（3）线路释放阶段：数据传输完成后，进入线路释放阶段，结束此次通信。

线路交换方式的特点是：节点是电子或机电结合的交换设备，完成输入线路与输出线路的物理连接。线路连接过程完成后，在两台主机之间建立起直接的物理线路连接，是此次通信所专用的。节点交换设备不存储数据，不能改变数据内容，不具备差错控制能力。

线路交换方式的优点是：通信实时性强，适用于交互式通信；缺点是：对突发性通信不适应，系统效率低；系统不具有存储数据的能力，也不具备差错控制能力。

2. 存储转发交换方式

存储转发交换（Store and Forward Exchanging）方式与线路交换方式的主要区别表现在：发送的数据与目的地址、源地址、控制信息按一定格式组成一个数据单元，即报文或报文分组；通信站点的通信控制处理器要完成数据单元的接收、差错校验、存储、路选和转发功能。

存储转发方式的优点主要有以下几点。

（1）由于通信控制可以存储报文（或报文分组），因此多个报文（或报文分组）可以分时共享一条节点到节点的通信信道，线路利用率高。

（2）控制具有路选功能，可以动态选择报文（或报文分组）通过通信网络的最佳路径，同时可以平滑通信量，提高系统效率。

（3）报文（或报文分组）在通过每个通信控制时均要进行差错检查与纠错处理，因此可以减少传输错误，提高系统可靠性。

（4）通过通信控制处理器，可以对不同通信速率的线路进行速率转换，也可以对不同数据代码格式进行交换。

存储转发交换方式可以分为两类：报文交换（Message Switching）和报文分组交换（Packet Switching），其结构如图 2-11 所示。如果发送数据时，可以不管发送数据的长度是多少，都把它作为一个逻辑单元，在发送的数据上加上目的地址、源地址与控制信息，按一定的格式打包后组成一个报文。而报文分组方法是限制数据的最大长度（典型的最大长度是一千或几千比特）。在发送站将一个长报文分成多个报文分组，在接收站再将多个报文分组按顺序重新组织成一个新报文。

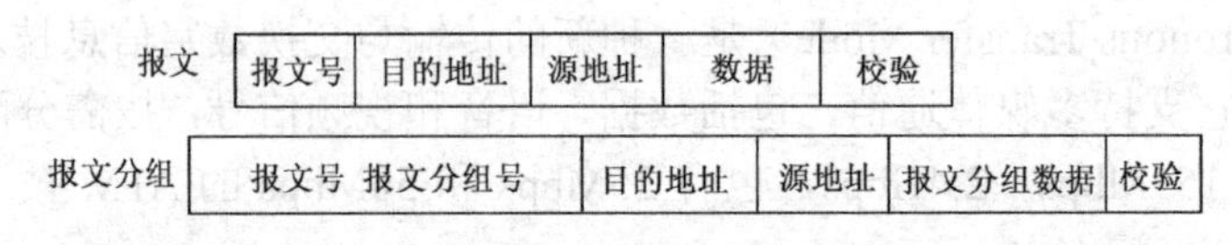

图 2-11　报文和报文分组结构

由于报文分组长度较短，传输差错检错容易，出错重发花费时间较少，有利于提高存储转发节点存储空间利用率和传输效率，因此成为公用数据交换网中主要的交换技术。采用报文分组交换技术的通信子网称为分组交换网。

报文分组交换技术在实际应用中又分为两类：数据报（Data Gram，DG）方式和虚电路（Virtual Circuit，VC）方式。

3. 数据报方式

数据报方式的数据交换过程如图 2-12 所示。其报文分组交换过程如下：

（1）源主机 H_A 将报文 M 分成多个报文分组 P_1，P_2，…，依次发送到与其直接连接的通信控制处理器 A（即节点 A）上。

（2）节点 A 每接收一个报文分组均要进行差错检测，以保证 H_A 与节点 A 的数据传输正确性；节点 A 接收到报文分组 P_1，P_2…后，要为每个报文分组进入通信网络的下一节点启动路选算法。由于网络通信状态是不断变化的，报文分组 P_1 的下一个节点可能选择为 C，而报文分组 P_2 的下一个节点可能选择为 D，因此同一报文的不同分组通过子网的路径可能是不相同的。

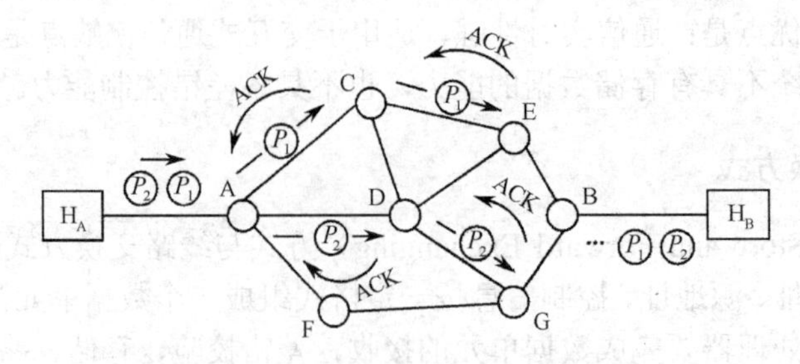

图 2-12　数据报方式工作原理示意图

（3）节点 A 向节点 C 发送报文分组 P_1 时，节点 C 要对 P_1 传输的正确性进行检测。如果传输正确，节点 C 向节点 A 发送正确传输的确认信息 ACK；节点 A 接收节点 C 的 ACK 信息后，确认 P_1 已正确传输，则废弃 P_1 的副本。其他节点的工作过程与节点 C 的工作过程相同。报文分组 P_2 通过通信子网中多个节点存储转发，最终正确到达目的节点 B。

数据报工作方式具有以下特点。

① 同一报文的不同报文分组可以由不同的传输路径通过通信网络。

② 同一报文的不同报文分组到达目的节点时可能出现乱序、重复和丢失现象。

③ 每一个报文分组在传输过程中都必须带有目的地址和源地址。

④ 数据报方式的报文传输延迟较大，适于突发性通信，不适用于长报文、会话式通信。

4．虚电路方式

虚电路方式试图将数据报方式与线路交换方式结合起来，发挥这两种方式的优点，达到最佳数据交换效果。虚电路交换方式的工作过程如图 2-13 所示。

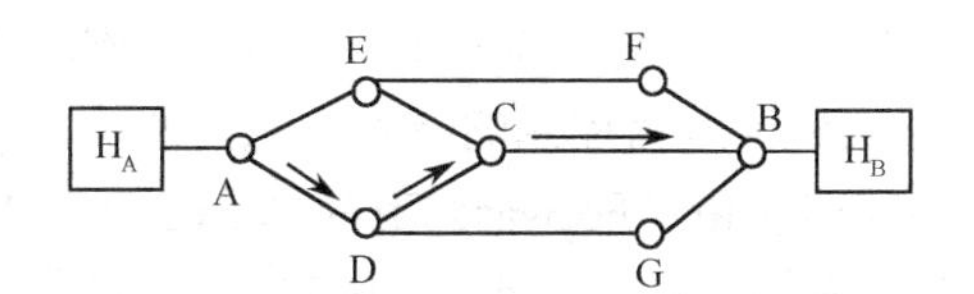

图 2-13　虚电路方式工作原理示意图

在数据报工作方式中，报文分组发送之前，发送方与接收方之间不需要预先建立连接。虚电路方式在报文分组发送之前，需要在发送方和接收方建立一条逻辑连接的虚电路。在这一点上，虚电路方式与线路交换方式相同，整个通信过程分为 3 个阶段：虚电路建立阶段，数据传输阶段和虚电路拆除阶段。

在虚电路建立阶段，节点 A 启动路选算法，选择下一个节点（如 D），向节点 D 发送“连接请求分组”；同样，节点 D 也要启动路选算法选择下一个节点。以此类推，“连接请求分组”经过 A→D→C，送到目的节点 B。目的节点 B 向源节点 A 发送“连接接收”，至此虚电路建立。在数据传输阶段，虚电路方式利用已建立的虚电路逐站以存储转发方式顺序传送报文分组。传输结束后进入虚电路拆除阶段。

虚电路方式的特点如下。

（1）在每次报文发送之前，必须在发送方与接收方之间建立一条逻辑连接。

（2）一次通信中所有报文分组都从这条逻辑连接的虚电路上通过，因此报文分组不带目的地址、源地址等辅助信息，报文分组到达目的节点不会出现丢失、重复和乱序的现象。

（3）报文分组通过每个虚电路的节点时，节点需要做差错检测，而不需要做路径选择。

（4）通信网络中每个节点可以和任何节点建立多条虚电路连接。

由于虚电路方式保留了报文分组交换与线路交换这两种方式的优点，因此在计算机网络中得到了广泛的应用。

不同的交换方式适合于不同的应用场合。线路交换方式适合于高负荷的持续通信要求，尤其是会话式通信与语音、图像通信，不适合于突发性通信；报文交换方式适合于长报文、无实时要求的通信，不适合会话式通信；数据报方式适合于灵活的突发性短报文传输，不适合会话式和有实时性要求的通信；虚电路方式既适合于定时、定对象、长报文通信，也适合会话式通信和语音、动态图像和图形通信要求。

2.4.6 差错检测与控制

在通信线路上传输信息时，因干扰等使接收端收到的信息出现概率性错码。为了提高通信系统的传输质量而提出的有效检测错误，并进行纠正的方法叫做差错检测和校正，简称为差错控制。差错控制的主要目的是减少通信信道的传输错误，目前还不可能做到检测和校正所有的错误。设计差错控制的具体方法有两种策略：①让每个传输的报文分组带上足够的冗余信息，以便在接收端能发现并自动纠正传输错误，即纠错码方案；②让报文分组仅包含足以使接收端发现差错的冗余信息，但不能确定哪一比特是错的，并且自己不能纠正传输差错，即检错码方案。纠错码方法虽然有优越之处，但实现复杂，造价高，费时间，一般的通信场合不宜采用。检错码虽然需要通过重传机制达到纠错，但原理简单，实现容易，编码与解码速度快，目前正得到广泛的使用。

常用的检错码有两类：奇偶校验码和循环冗余编码（Cyclic Redundancy Code，CRC）。奇偶校验码是一种最常见的检错码，它分为垂直奇（偶）校验、水平奇（偶）校验和水平垂直奇（偶）校验（即方阵码）。奇偶校验方法简单，但检测能力差，一般只用于通信要求比较低的环境。CRC 码检错能力较强，实现容易，是目前应用最广泛的检错纠错方法之一。

数据通信中，利用编码方法进行差错控制的基本方法为两类：自动请求重发（Automation Request for Repeat，ARQ）和前向纠错（Forward Error Correction，FEC）。

ARQ 方式中，接收端发现差错，以某种形式通知发送端重发，直到接收正确为止。FEC 方式中，接收端不仅能发现差错，而且能确定二进制码元发生错误的位置，从而得以纠正。

2.5 开放式系统互联参考模型

国际标准化组织（ISO）提出的开放式系统互联（OSI）参考模型，是网络系统遵循的国际标准。OSI 参考模型采用了将异构系统互联的一种标准分层的结构，是一个概念上和功能上的框架标准，如图 2-14 所示。OSI 参考模型是研究如何把开放式系统与其他系统通信，且将相互开放的系统连接起来的标准。其根本目的就是，允许任意支持某种可用标准的计算机的应用进程，自由地与任何支持同一标准的计算机的应用进程进行通信。

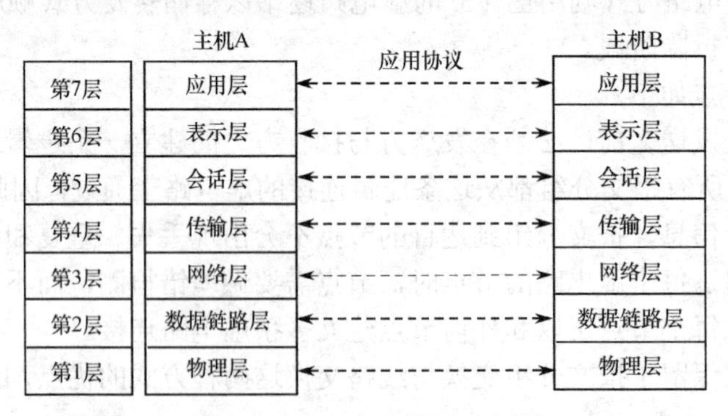

图 2-14 OSI 参考模型示意图

2.5.1 OSI 参考模型

OSI 参考模型分为七层:

- 第 1 层，物理层（Physical Layer）。
- 第 2 层，数据链路层（Data Link Layer）。

- 第 3 层，网络层（Network Layer）。
- 第 4 层，传输层（Transport Layer）。
- 第 5 层，会话层（Session Layer）。
- 第 6 层，表示层（Presentation Layer）。
- 第 7 层，应用层（Application Layer）。

在七层模型的层相应有 3 种不同的操作环境。

（1）网络环境——在这种环境下涉及与不同类型的下层数据通信网络有关的协议和标准。

（2）OSI 环境——包含网络环境和面向应用的协议和标准，计算机终端可以以开放的方式相互通信。

（3）现实系统环境——这是建立在 OSI 环境之上的系统环境，面向厂商自己开发的专用软件和服务，并通过这种软件和服务来实现特定的分布式信息处理任务。

在总体通信策略的框架下，OSI 参考模型的每一层都执行一种明确定义的功能。它根据某种定义的协议运行。OSI 参考模型的每一层都覆盖下一层的处理过程，并有效地将其与高层功能隔离。每一层在它自己和紧挨着的上层和下层之间都有明确定义的接口，从而使一个特别协议层的实现独立于其他层。每一层向相邻上层提供一组确定的服务，并使用由相邻提供的服务向远方对应层传输与该层协议相关的信息数据，即用户数据和附加的控制信息以报文形式在本地层与远方系统的对应层之间进行数据交换。

OSI 参考模型的数据链路层和物理层是由硬件和软件实现的，其他层仅由软件实现。

2.5.2 OSI 参考模型各层的基本功能

1. 物理层

物理层是 OSI 参考模型的最低层，其主要功能是利用物理传输媒体为数据链路层提供物理连接，保证比特流的透明传输。物理层传输的基本单位是比特，也称为位。物理层典型的协议有 RS232 系列、RS449、V.24、V.28、X.20 和 X.21 等。物理层的功能如表 2-1 所示。

表 2-1 物理层的作用与功能

解决的问题	具体方法
连接类型	点对点连接、多点连接
网络拓扑结构	总线型结构、环型结构、树型结构、网状结构等
信号传输	数字信号传输、模拟信号传输
复用技术	频分多路复用、时分多路复用和统计时分多路复用
接口方式	RS232
位同步	同步传输、异步传输

连接类型是网络系统中多台设备的连接方式。点对点连接是独享物理链路带宽的两台网络设备之间的直接连接，而多点连接共享同一物理链路带宽的多台设备之间的连接。多点共享物理链路，需要考虑整个物理链路的容量分配问题。解决方案是媒体访问控制协议。

2. 数据链路层

数据链路层在物理层之上，它在通信实体之间建立数据链路连接，数据传送以帧为单位。数据帧是存放数据的有组织的逻辑结构，由报头、数据段和报文尾组成。报头包括目的地址，发送信息的主机地址、帧的类型、路由和分段信息等。报文尾一般是循环冗余校验码，通过差错控制和流量控制的方法，使有差错的物理线路变成无差错的数据链路。

发送方把输入数据分装在数据帧（Data Frame）里，依次顺序地传送每个数据帧，还有可能要处理接收方回传的确认帧。

它依赖数据链路层来产生和识别数据帧边界，而数据链路层通过在数据帧的前面和后面附加特殊的二进制编码模式来达到这一目的。为了保证数据帧的可靠传输，数据链路层具有差错控制功能。在传送数据帧时，若接收方检测到所接收数据中存在差错，就要求发送方重新发送，直到该数据帧正确接收为止。同时，数据链路层还具有简单流量控制功能，以防止高速发送方发送的数据“淹没”低速接收方，即防止接收缓存容量不够而产生溢出。因此，需要数据链路层的某种流量控制机制，使发送方能够知道接收方当前还有多少缓存空间可以利用。

常见的数据链路层协议有面向字符的传输控制规范和面向比特流的传输控制规范。基本型传输控制规范 BSC 和高级数据链路控制规范 HDLC 是上述协议的实例。

3. 网络层

网络层在 OSI 参考模型中是最复杂的一层，主要任务是完成网络中主机之间的报文传输，通过执行路由算法，为报文分组通过通信子网选择最佳路径。网络层将从高层传送下来的数据打包，然后进行路由选择、差错控制、流量控制和顺序检测等处理过程。使发送方传输层所传下来的数据能够正确无误地按照地址传输到接收方，并交付给接收方的传输层。

网络层所传送数据的基本单位称为包。网络层采用的协议为 IP、IPX 和 X.25 分组等协议。网络层的主要功能如下。

（1）路由选择与中继。网络层的关键是路由选择。

（2）流量控制。

（3）网络连接与管理。

（4）网络层地址管理。网络层的地址有两种：逻辑地址和服务地址。

4. 传输层

传输层是整个 OSI 参考模型中最为核心的一层，提供通信实体之间一种可靠的透明数据传输。传输层的所有协议具有端到端的意义，完成端到端的错误恢复和流量控制，以及对分散到达的包顺序进行复原等任务。传输层是衔接由物理层、数据链路层及网络层组成的通信子网和包含会话层、表示层及应用层的资源子网的桥梁，起到承上启下的作用。传输层向高层屏蔽了下层数据通信的细节，对会话层而言，传输层像是一条没有差错的网络连接。

传输层所传输数据的基本单位是会话报文。

传输层采用近年来标准化的 ISO 8072/8073，如 TCP、UDP 和 SPX 等协议。

5. 会话层

会话层提供一种有效的办法，组织、协商两个表示层进程之间的会话，并管理它们之间的数据交换。会话层允许进行类似传输层的普通数据传输，并提供一些有用的增强型服务，允许用户用于远程登录到分时系统或在两台计算机之间传递文件。会话层提供管理对话控制，会话层允许数据双向传输，或者任意时刻只能单向传输。会话层将记录此时该轮到哪一方，这是建立在对话控制上的管理，称为令牌管理（Token Management），只有持有令牌的一方可以执行某种操作。会话层的协议是 ISO 8326/8327。

会话层传输数据的基本单位也称为会话报文，但它与传输层中的报文有根本的区别。

6．表示层

表示层主要用于处理两个网络系统中交换数据的表示方式，即包括数据格式变换、数据加密与解密、数据压缩与解压缩等功能。表示层关心所传输数据的语法和语义。表示层服务的主要内容是用人们能够一致同意的标准方法进行数据编码。为了使不同表示法的计算机之间能够进行通信，有必要把它们的信息转换成彼此能够理解的形式，即交换中使用的数据结构可以用抽象的方式来表达，并且使用标准的编码方式。这就是表示层的主要任务。

表示层使用的规则是 ISO 8822/8823/8824/8825，其传输数据的基本单位是会话报文。

7．应用层

应用层是 OSI 参考模型中的最高层。它是直接面向用户以满足用户不同需求的层次，是运用网络资源向应用程序直接提供服务的层次。应用层传输的基本单位是用户数据报文。

OSI 标准的应用协议有：文件传送、访问与管理协议（FTAM），公共管理信息协议（CMIP），虚拟终端协议（VTP），远程数据库访问（RDA）协议等。

层次结构将数据传输与数据处理区别开来这一主旨，第 1～4 层是面向通信的协议，而第 5～7 层是面向处理的协议。

值得注意的是，OSI 参考模型本身不是网络体系结构的全部内容，这是因为它并没有确切地描述出用于各层的协议和实现方法，仅仅告诉用户每层应用完成的功能。

OSI 参考模型不仅适用于数据网，同样也适用于局域网、城域网和因特网。

2.5.3 OSI 参考模型的数据传输

当发送进程需要把数据传送给接收进程时，发送方应用程序产生的数据经过处理，在数据前面加上应用层报头（即应用层的协议控制信息），然后传输给表示层。表示层对传送过来的数据流并不区分报头、报尾和真正的数据，而只是把应用程序传来的数据当成一个整体来处理。表示层可能以各种方式对应用层的报文进行格式转换，并且可能也要在报文前面加上一个协议控制信息（报文头），在经过对数据的某些处理后，把它传送给会话层。在会话层，把所有数据当成一个整体来处理。这一过程重复进行下去，亦即当报文通过发送方节点的各个网络层次时，每一层的协议实体都给它加上控制信息。直至到达发送方节点的物理层。这时的数据可能与开始应用层产生的数据完全不同，分成了很多的数据帧。

报文到达发送方的物理层后，数据以物理信号的形式通过物理链路发送出去。报文通过物理链路到达网络中的第一个中继节点，在第一个中继节点向上依次通过三个层次到达网络层，然后返回到第一个中继节点的物理层。接着又在第二条物理链路上送往下一个中继节点。这个过程在网络中沿数据传输路径进行，直到报文到达接收方节点。在接收方设备中，数据开始按照发送方操作的过程向上传输，各种协议控制信息被一层一层地剥去，一直到达应用层，这时数据被还原成发送方的数据形式到达接收进程。数据在 OSI 参考模型中传输的整个过程是一个垂直的流动过程，如图 2-15 中实线箭头及其所指向的方向。

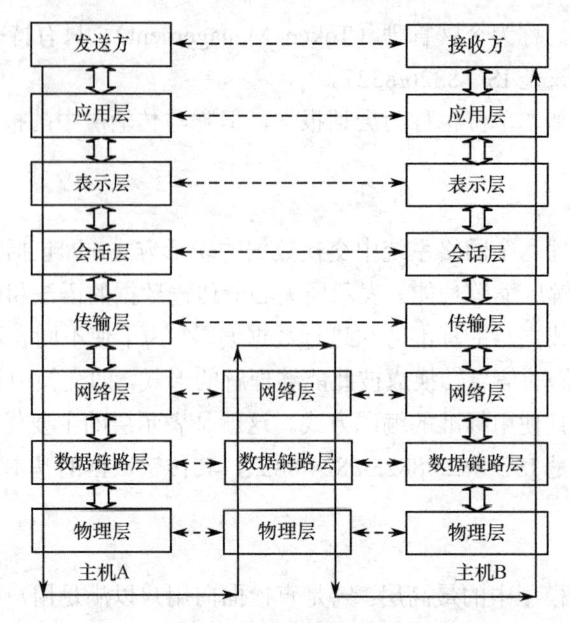

图 2-15　数据流在 OSI 参考模型中的传输

但从每一层看，数据就像水平传输一样，如图 2-15 中的虚线和虚线箭头所表示的方向。理解这一点的意义在于建立虚拟通信与实际通信之间的关系。实际通信是层与层之间并通过接口实现的通信；虚拟通信则是根据某些协议，在不同的计算机之间的对等层中间的通信，不用考虑实现的技术细节，只需要考虑对方的数据到达本地后的复原。

2.6　网络协议

前面介绍了 OSI 的层次结构及各层功能的分工。若想在两个系统之间进行通信，要求两个系统都必须具有相同的层次功能，通信是在系统间的对应层同等的层次之间进行的。同等层间又必须遵守一系列规则或约定，这些规则或约定称为协议。

协议由语义、语法和变换规则三部分组成。语义规定通信双方准备“讲什么”，即确定协议元素的种类；语法规定通信双方“如何讲”，确定数据的格式、信号电平；变换规则规定通信双方彼此的“应答关系”。

为减少协议设计的复杂性，方便各层软件的设计与开发，将协议分为多层。每层协议完成本层的功能，每层功能都为其上一层提供服务。也就是说，较高层的协议需要较低层的服务支持。对较高层，它不需要知道，也没必要知道提供给它的那些服务是如何实现的。如果想要让一台机器的第几层与另一台机器中的第几层通信，此时通信中使用的规则和约定统称为第几层协议。接口指两相邻层之间的连接，它定义了低层提供高层的原始操作和服务。

TCP/IP 协议是在互联网产生之后，在网络互联的工作实践和经验中经过抽象提取出来的。由于 TCP/IP 技术，互联网的应用才得到很大的发展，也使 Internet 成为可能。TCP/IP 协议模型如图 2-16 所示，该模型由 5 个层次构成，它们从下至上是物理层、网络接口层、网际层、传输层和应用层。

物理层对应于网络基本硬件，功能同 OSI 参考模型的物理层。

应用层	与用户接口
传输层	面向连接地确保可靠传输
网际层	无连接的网际数据包传送
网络接口层	提供与物理层硬件的接口
物理层	定义通信媒体的物理特性

图 2-16　TCP/IP 协议模型

网络接口层上端负责通过网络接收并发送 IP 数据报，下端负责从网络上接收物理帧，并从中提出 IP 数据报送给网际层。网络接口有两种：一种是设备驱动程序（如局域网网络接口），另一种是含有数据链路协议的复杂子系统（如 X.25 中的网络接口）。

网际层（IP）规定了互联网中传输的包格式和从一台计算机通过一个或多个路由器达到最终目标的包转发机器。其功能包括三方面：①处理来自传输层的分组发送请求，即收到请求后，将分组装入 IP 数据报，填充报头，并选择好去往目的地的路径，最后将报文段发往适当的网络接口；②处理输入数据报，即判断接收到的报文段的目的地是否为本机，若是，则去掉报头，将用户数据交给适当的传输协议；否则，再次寻址并转发数据报；③负责路由选择、流量控制、拥塞控制等。

传输层（TCP）负责终端应用程序之间的可靠的数据传输。其功能包括格式化信息流和提供可靠传输。为了实现可靠传输，TCP 规定接收端必须发回确认，如果报文段发生冲突则必须重发。

应用层负责处理用户访问网络的接口问题，即向用户提供一套常用的应用程序，如 WWW 浏览、FTP 和终端仿真等。

2.6.1　IP 协议

IP 是 TCP/IP 体系中的互联网协议，又称为“Internet 协议”，它负责提供网络中的无连接的数据报传输服务。IP 与 TCP 两大协议是目前计算机互联网软件基础。可以说，没有 TCP/IP，就没有 Internet，而 IP 协议是迈向网络互联的第一步。

1．IP 提供的服务

IP 提供的服务有以下两个主要特征。

（1）无连接的服务——这是 IP 最重要的特征。IP 协议采用无连接的数据报机制，IP 只负责将报文段发往相应的目的地，而不管它是否真的能正确到达，因此 IP 协议机制无须进行验证、确认和重传，也无须保证报文段传送的正确顺序。而可靠性则是由 TCP 来负责的。

（2）点对点的传送——点对点通信的一个最大的问题是路由选择。

2．IP 数据报格式

IP 数据报格式如图 2-17 所示，一个 IP 报文分为首部和数据两部分。首部的前 20 个字节是固定的。为了保证 IP 报文段不过大，IP 定义了一套可选项。当一个 IP 报文段没有可选项时，报文段首部的长度为 20 个字节；当有可选项时，首部的长度为 24 个字节。首部后面字节承载的是用户数据，长度为 4 个字节的整数倍，是可有可无的选项，因此，IP 报文的最小长度为 20 个字节。

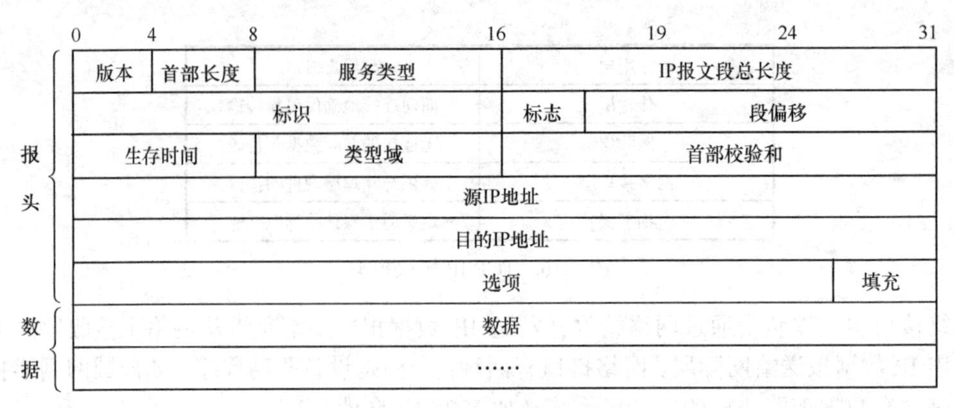

图 2-17　P 数据报格式

首部各个字段的意义如下。

- 版本——表示与数据报对应的 IP 协议版本号，占 4 比特。版本号规定了数据报的格式，不同的 IP 协议版本，其数据报格式有所不同。所有的 IP 软件在处理数据之前都必须首先检查版本号，以保证版本正确。
- 首部长度——该值为以 32 个比特为单位的报头长度，占 4 比特。如图 2-14 所示，IP 数据报报头中除选项和填充域外，其他域都是定长域。
- 服务类型——指出本数据报所希望的处理方式，即定义了此报文段的优先级、可靠性和网络时延等要求，占 8 比特。
- IP 报文段总长度——表示以字节为单位的 IP 数据报的长度，包括报头和数据部分，占 16 比特。因为该域长度的限制 IP 数据报最大长度为 64MB，当初设计 IP 协议时，这样的长度是足够了。但有它的不足，它的改进在 IPv5 和 IPv6 中已发布。

报头中其他各域的意义如下：

- 标识——信源机赋予 IP 数据报的标识符，用于标识被分段的各个 IP 数据报，以便到达目的地后重组，占 3 比特。信宿机利用该域和信源地址判断收到的分组属于哪个数据报，以便数据报重组。分段时，该域必须不加修改地复制到新的段头中。数据报标识实现的原则是，对于同一信源机各标识符必须是唯一的。例如，可以在信源机内存中保持一个全局计数器，每生成一个新的数据报，计数器加 1，将该值赋给新数据报的标识符域。
- 标志——标志中第 0 位留给将来使用，现在必须为 0；第 1 位表示是否允许分段，为 0 表示可以分段，为 1 表示不可以分段；第 2 位表示该段是否为原数据报的最后一段，0 表示是最后一段，1 表示不是。它占 3 比特。
- 段偏移——指出本数据段在初始数据报数据部分的以 8 字节为单位的偏移量。由于各段按独立数据报的方式传输，因此到达信宿机的顺序是无法保证的，而网关也不向信宿机提供附加的段顺序信息。利用该域，信宿机得以正确重组各段。它占 13 个比特。
- 生存时间——该域指明数据报可以在互联网中生存的时间（秒数），占 8 个比特。一般而言，数据报在网络间传输时，每遇到一个网关，TTL 值至少减 1；若该数据报在网关中因等待服务而延迟，则从 TTL 中再减去等待的时间。当该域域值减为 0 时，系统便丢失该数据报。引入该域是避免因网关路由表出错的数据报在循环路径上无休止流动的情况。
- 类型域——类型域表示 IP 报文段数据部分所对应的高层协议的名字，占 8 个比特。

- 首部校验和——该域用于保证报文段首部的完整性，占 16 个比特。校验算法：设校验和初值为 0，然后对头标数据每 16 位求异或，所得结果取反值即为校验和，将来可能采用较为复杂但可靠的 CRC 校验代替当前的异或校验。注意：IP 数据报只包含头校验和，没有对数据部分的校验。
- 源 IP 地址——指发送方主机的 IP 地址，占 32 个比特。
- 目的 IP 地址——指接收方的 IP 地址，占 32 个比特。

3．IP 地址

互联网是通过路由器将异构物理网连接在一起的虚拟网。IP 地址提供了一种在互联网中可以通用的地址格式，并在统一的管理下进行地址分配，以保证这种地址与互联网中的主机一一对应，从而屏蔽了各个物理地址的差异。IP 地址是一种层次性的地址，所有的地址都可以放在一棵地址树上，如图 2-18 所示。为了反映这种层次关系 IP 地址的格式为“网络地址+主机地址”的形式。

实际应用中，各种网络的规模大小不相同，小的仅有几台主机，而大的却可能由上万台主机互联而成，所以根据网络规模的大小将 IP 地址划分为 3 类：A 类、B 类和 C 类，如图 2-19 所示。

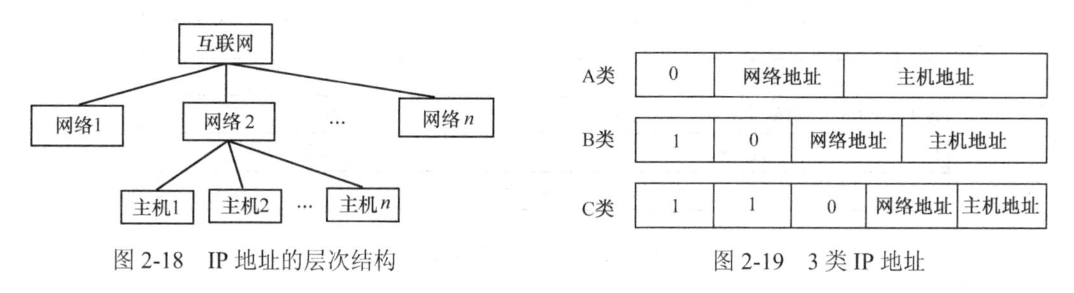

图 2-18　IP 地址的层次结构

图 2-19　3 类 IP 地址

各类地址的容量和适用范围如下。

（1）A 类地址用于主机数超过 2^{16} 台的大型网络，每个 A 类网络最多能容纳 2^{24} 台主机。

（2）B 类地址用于主机数在 2^8~2^{16} 之间的中型网络，每个 B 类网络最多能容纳 2^{16} 台主机。

（3）C 类地址用于主机数在 2^8 以下的小型网络。Internet 中存在着大量这种小型网络，C 类网络最多能有 2^{21} 台主机。

除了以上 3 种 IP 地址外，还规定了如图 2-20 所示的另外两类 IP 地址。

D 类地址用于广播传送方式，弥补了点到点通信的弱点；E 类地址留作以后扩展之用。

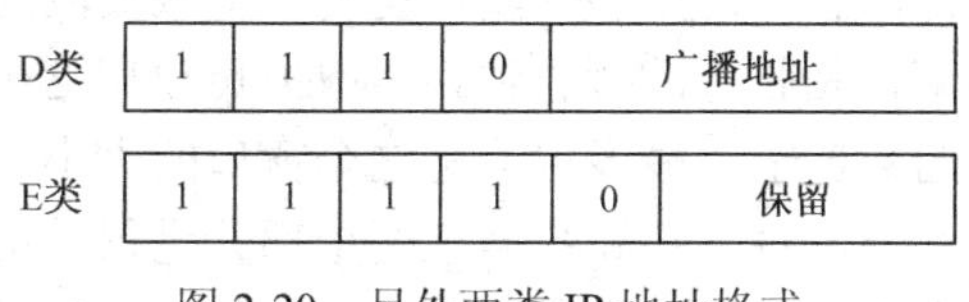

图 2-20　另外两类 IP 地址格式

4．IPv6 简介

IPv6 最明显的改善是增加了地址容量，将 IP 地址长度从原来的 32 位增加到 128 位，可支持更多的 IP 地址层次、更多的 IP 节点和更简单的 IP 地址自动配置。IPv6 通过增加范围域，改善了多目路由的可缩放性。IPv6 还增加了一种称为“anycast address”的地址类型，用于将数据报发送给某一组节点中的任一节点。

IPv6 简化数据报报头格式，取消了一些 IPv4 数据报头中的域，而将它们改为可选的，以便减少大多数情况下的数据报处理开销。IPv6 改进了 IP 报头的编码方式，提高了转发效率，减少了任选域的长度限制，还给将来可能引入的其他选项提供了更多的灵活性。IPv6 还增加了对数据完整性、数据来源认证及数据可靠性的支持。

2.6.2 传输控制协议

TCP 是 TCP/IP 体系中的传输层协议，称为“传输控制协议”，它负责提供端到端可靠的传输服务。TCP 是目前计算机互联网中应用最广泛的传输层协议，大部分互联网应用都是建立在 TCP 基础之上的。

1. TCP 的报文格式

如图 2-21 所示，一个 TCP 报文分为首部和数据两部分。首部的 20 个字节是固定的，后面字节承载的是用户数据，长度为 4 个字节的整数倍，是可有可无的选项。因此，TCP 报文的最小长度为 20 字节。

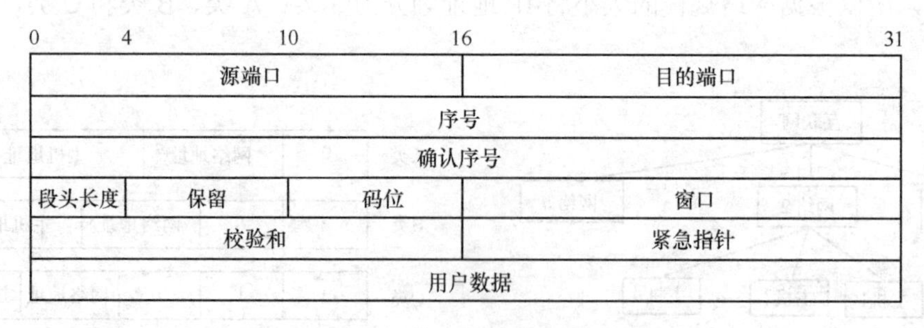

图 2-21 IP 报文段格式

首部固定部分各个字段的意义如下：

- 源端口和目的端口——各占 2 个字节，这里显然是指源端口和目的端口的地址，端口是指传输层与其服务的上层的接口。
- 序号——占 4 个字节，指发送的报文段的序号。
- 确认序号——占 4 个字节，指收方希望收到的下一个报文段的序号。
- 段头长度——占 4 个比特，它指出用户数据开始的地方离 TCP 报文段的起始有多远，也就是指出了 TCP 报文段的段头长度。
- 码位——占 6 个比特，它作为控制字段，说明了本报文段的性质。
- 窗口——占 2 个字节，指收方的接收窗口。收方可以用这个字段通知发方，在没有收到确认时，能发送的数据字节最多只能是这个窗口的大小。
- 校验和——占 2 个字节，对首部和数据这两个部分进行差错校验。
- 紧急指针——占 2 个字节，指出本报文段中紧急数据的最后一个字节的序号。

2. TCP 的主要机制

（1）编号与确认

TCP 将所传送的整个报文看成字节组成的数据流。TCP 对每个字节进行编号，接收方利用 TCP 报文首部中的“确认序号”字段进行确认。如果发送方在规定的时间内没有收到确认报文，就要将未被确认的报文重新发送。接收方若接收到有差错的报文段，则丢弃此报文但并不返回否认信息；若接收到重复的报文，也要将其丢弃，这种情况要返回确认信息；若接收到的报文并无差错，而只是顺序颠倒了，TCP 可以将此报文丢弃，也可把这些报文段暂存于缓冲区中，等到所缺序号的报文都到齐了以后再一起交到上层。

（2）适应性重发

重发机制是 TCP 中最重要也是最复杂的问题。TCP 每当发送一个报文时，都要设置一次定时器，当到了定时器所设置的时间而未收到确认报文时，就将此报文段重发。在 TCP 产生之前，传输协议都使用一个固定的重发延迟时间，即协议的设计者或管理者为可能的延迟选择了一个足够大的数值。但 TCP 工作在一个互联网的环境中，一个报文段从发送方到达接收方，可能会经过许多路径，而各条路径上的延时又各不相同，有时会有很大的时间差，在这种情况下，固定的重发时间就不太合适。TCP 采用自适应重发机制来解决这个问题。

（3）用窗口进行流量控制

TCP 采用一种窗口机制来进行流量控制。位于发送方的窗口称为发送窗口，接收方的窗口称为接收窗口，接收窗口的大小也就是收端缓冲区的大小。

（4）拥塞控制

由于拥塞造成数据包丢失，再利用重发机制向网络中增加丢失数据的副本，这种方法会给本来拥挤的网络增加负担，极易造成网络的进一步拥挤，以至崩溃。

为此，TCP 采用了一种新的思路，即总是假定网络中的大部分包丢失都是由于拥塞造成的。

因此一旦发生拥塞，TCP 并不向网络中重发数据包。而恰恰相反，它对于每个选择，TCP 都记录下接收方的通告窗口，然后将发送窗口调整到与通告窗口一样的大小。通信中一旦发生报文丢失，便使用加速递减策略；立即将发送窗口的大小减半，如果继续丢失，就再减半，直到发送窗口减小到 1 为止。同时对于保留再发送窗口中的报文段，将其重发时间加倍。这样，就使得发送窗口在继续出现报文段丢失时按指数规律递减。最终 TCP 限制到发送方每次仅发送 1 个数据包为止。这个策略的目的即在网络拥塞时迅速而又显著地减少流量，使路由器有足够的时间来处理其发送队列中已有的数据包。

（5）“三次握手”

TCP 采用“三次握手”来达到使一个 TCP 连接的建立和释放是可靠的。

2.6.3 TCP/IP 之上的网络服务和高层协议

TCP/IP 协议集中的高层协议包含了 OSI 模型中的会话层、表示层和应用层的功能。这些协议能提供如终端仿真、文件传输、电子邮件、网络管理、域名服务等功能。

1. 域名服务（DNS）

为了让冗长而无特征的 IP 地址便于记忆，可以对每个 IP 地址再取一个容易记忆的由英文字母组成的名字，叫做主机名，如“www.china.com”。域名服务就是实现 IP 地址域主机名间的对应，这个对应的过程叫做名字解析。名字解析有多种实现方法，其中主要有主机表和分布式数据库。

输入主机名后，解析器向名字服务器发出一个请求。该名字服务器检查其数据库中是否有该主机名，若有，则返回对应的 IP 地址；若没有，则向服务器发出请求。由根服务器按层次向下面的子域发出请求，最后返回对应的 IP 地址。

正确地配置 DNS 服务器，会使网络上的用户之间以及与 Internet 的通信更加容易。

2. HTTP

WWW 是一个大规模、再现式的信息存储所，可以通过被称为浏览器的交互式应用程序来对其进行访问。许多浏览器都具有一个界面，浏览器在计算机屏幕上显示信息并提供鼠标或键盘操作接口。浏览界面上所显示的信息叫做“超文本”。也就是说，它可以显示文本，也可以显示静态或动态的图片、动画声音等。

HTTP 是与 WWW 关系最密切的协议。使用浏览器在 Internet 上浏览时，HTTP 的任务就是负责浏览器与服务器之间的通信，就是将用户输入的请求通过一定的形式传送给服务器，将服务器返回的结果传送给用户，即在用户浏览器界面上显示 Web 页面。

Web 浏览器用统一资源定位地址（URL）请求资源。URL 用于标识协议、网络主机名、文件路径及文件名。Web 浏览器用这个公共标识请求文档。Web 文档使用 HTML 格式。HTML 是一种与平台无关的语言，它用来定义超文本文档的外观。

3. 终端仿真协议（TELNET）

使用 Internet，可以使一台计算机像终端一样登录到远程主机上，从而访问远程主机上的信息。用 TELNET 作为公共语言，PC 用户能登录到大型机上，访问通常只有与该大型机有硬件连接的终端才能访问的资源。

TELNET 的客户端应用软件有很多种，如 Telnet、Netterm 等。要建立 Telnet 会话，首先应输入主机名或 IP 地址，然后在系统提示下输入账号和口令。Telnet 是面向连接的，所以它使用 TCP 作为其传输层，Telnet 使用端口 23。

4. 文件传送协议（FTP）

FTP 是 TCP/IP 中最广泛的应用之一，用于计算机之间共享或传送文件。使用时，它们先与 FTP 服务器建立连接，然后让服务器与客户端用户进入交互状态。这样就可以选择服务器上所需要的文件下传到本地，或将本地的文件上传到服务器上。除了提供文件传送的基本功能外，FTP 还提供了一些附加的功能，如可以指定文件传送的格式，是文本文件还是二进制文件。对 FTP 服务器的访问必须通过账号和口令的验证等。

5. 简单邮件传送协议（SMTP）

SMTP 负责在 Internet 上发送 E-mail。SMTP 协议规定了邮件传送代理之间的通信规则，它也使用 TCP 作为其传输层。在 TCP 端口 25 上建立起 SMTP 连接后，发送方 SMTP 主机先发送一个 Hello 信息；当接收方返回确认后，发送方就开始发送邮件，等发送完所有的信息后拆除连接。

6. POP3 协议和 Internet 邮局访问协议（IMAP）

POP3 和 IMAP 是用于发送或接收邮件的协议。它们被应用于并不是所有时间都连接在网络上的主机，方法是利用 SMTP 接收邮件，然后存放在一个随时都连接在网络上的邮件服务器中；当用户计算机连接在网上时，就可以与邮件服务器建立 TCP 连接，发送或取回自己的邮件。

POP3 或 IMAP 的不同之处是：前者只能下载邮件全文，而后者则可以只下载一部分邮件。另外，使用 IMAP 时，可以对存放在邮件服务器上的邮件进行分类和保存，这是它比 POP3 更先进的地方。

7. 简单网络管理协议（SNMP）

网络管理员通过网络管理软件进行管理。网络管理软件能使管理员监视和控制网络的每个组成部分，从而控制网络的运行和优化网络的性能。管理互联网的标准协议是SNMP。它将管理员计算机上运行的客户程序看成“管理员”，将网络设备上的服务器应用程序看成“代理”（agent）。管理员通过“代理”来管理网络。SNMP定义了“管理员”与“代理”进行通信的具体规程，如它规定了“管理员”传送给“代理”的请求格式以及代理响应的格式等，还定义了所有请求响应的具体含义。

SNMP 对每个被管对象给定一个名字，并将被管对象集合在一个被称为“管理信息库”（MIB）的数据库中。管理员的工作就是对管理信息库中的数据进行提取或处理，以达到对网络中的设备进行管理和维护的目的。

2.6.4 NetBEUI/NetBIOS 协议

1. 网络输入输出系统（NetBIOS）

NetBIOS是会话层与表示层之间的窗口。NetBIOS接口向使用它的应用程序提供了一个访问网络服务的标准方法，而向上层隐藏了有关通信的具体建立和管理的各种细节。NetBIOS接口独立于网络低层结构，可以在很多不同的局域网系统上实现，因此它可以建立在任意体系结构的高层上而完全不考虑低层标准。为了访问NetBIOS，应用程序需要调用一个软件中断，同时给出参数描述其想要进行的操作，这些参数被称为网络控制块（NCB）。

NetBIOS可以提供以下几组服务功能。

（1）名字支持。为了方便操作，NetBIOS提供了网络地址一一对应的主机名字来进行网络寻址，这种原理类似于IP地址的域名。

（2）数据报支持使用NetBIOS，可以方便地在网络中发送、接收数据报，NetBIOS还有广播功能。

（3）会话支持。会话支持是NetBIOS中最复杂的功能。其中的呼叫功能用于建立一条与被呼叫的主机之间的连接。一旦建立了连接，就有了一条虚链路，双方就可以在这条虚链路上进行通信。还有一些其他的服务提供了各种不同类型报文的发送和接收，以及结束一个会话等功能。

（4）一般服务，如允许对网络接口适配器进行复位，以及获得其状态等其他功能。

2. NetBIOS 下的扩展用户接口 NetBEUI

NetBEUI是NetBIOS的扩展用户接口，它是由IBM公司提出的一种局域网协议标准，现在被Windows NT作为网络默认通信协议。它的一大特点是小巧高效，特别适用于局域网内部的通信。

将网卡安装到运行Windows NT操作系统的计算机上，NetBEUI就会自动与网卡连接，连接在网络上的计算机即能自动适用其功能与其他计算机进行通信。为什么 Windows NT 要将NetBEUI作为默认通信协议呢？这是因为它工作时占用的内存少，而且速度很快，因此将它作为小型网络的通信协议是最合适的。但如果将其用在跨越多个局域网网段的大型网络上就不能很好地发挥效能，因为 NetBEUI 将计算机名作为通信所使用的地址，这样网络中的计算机就不能同名，因此在大型网络中，它的效率会大大降低。而且 NetBEUI 也不支持路由选择，因而在跨越路由器的网络中就不能使用了。

在网络中设置通信协议时的一个策略就是同时使用 NetBEUI 和另外一种协议（如 TCP/IP），并将 NetBEUI 作为主协议。当在局域网内部进行通信时，使用 NetBEUI，而要与网段外面的计算机进行通信时，则使用 TCP/IP 协议。

2.6.5 IPX/SPX 协议

IPX/SPX 是 Novel 网络操作系统 NetWare 协议体系中的重要部分。IPX 是网络层协议，它提供无连接的服务，类似于 TCP/IP 中的 IP。SPX 是传输层协议，提供面向连接的可靠数据报传输，相当于 TCP/IP 中的 TCP。

互联网分组交换协议 IPX 提供的是一种无连接的数据传送功能，相当于数据报功能。它进行分组寻址和路由选择，但并不保证数据的可靠到达。IPX 是 NetWare 体系结构中的关键部分，是工作站和文件服务器之间通信的协议，也是其高层的 SPX 和 NetBIOS 的基础。有序的分组交换协议 SPX 是 NetWare 体系结构中传输层协议，它以面向连接的方式工作，向上提供简单却功能强大的服务。它可以保证信息流按顺序、可靠地传送。

2.6.6 ATM 协议

ATM 是一种使用异步时分复用的面向分组的特定转移模式。在 ATM 中，信息传送的基本单元称为信元（cell）。ATM 网络将所发送的信息先分解成一定长度的信息块，并在各数据块前装配地址、丢失优先级等控制信息（称为信元头），形成信元。各信元以统计时分复用的方式传输。由于只要形成了信元，随时可以插入信道发送出去，插入的位置并无周期性，故称这种传送方式为异步传送。在传送的过程中，各信元要存储、排队，故 ATM 是一种以信元为单位的存储交换方式。CCITT 已经将其定为将来宽带 ISDN 的核心技术。

1. ATM 的特点

ATM 最核心的特点就是它能传送任何业务，而不管这些业务有什么样的特征，如宽带、质量要求、时延要求、突发要求等。

这种以同业务无关的传递技术为基础而建立的网络有很大的独立性，再也不会受到诸如电路交换、分组交换等针对特定业务的传输方式中种种难题的困扰，如业务依赖性、资源利用的低效性、安全性的缺点和对突发源的不适应性等。ATM 网络的优点如下。

① 有效利用资源——在 ATM 网络中不存在任何资源专门化的问题，网络中的所有资源都可以被任何业务使用，故能达到最佳的统计共享资源状态。

② 灵活性——现代编码算法和 VLSI 技术的发展可进一步降低现有业务的带宽要求，再加上许多未知特性的新业务不断涌现，所有这些变化在 ATM 网络中都能得到有力的支持而无须改动 ATM 网络。即使改动网络的传输、交换、复用等，不会降低网络传输效率。

③ 最通用的网络——由于只有一个网络需要设计、控制、生产和维护，因此从规模上讲较为经济，可以降低总的系统成本。

ATM 的特性如下。

（1）ATM 运用的是面向连接的工作方式

ATM 中有一个很重要的机制称为“资源预留”，即在信息从终端传向网络之前，必须预先在网络中建立一个虚连接，而建立虚连接的目的就是在这个连接沿途的节点和线路上预留足够的资源供即将传输的业务使用。如果没有足够的资源，网络就会向终端拒绝这个连接。当信息传输结束后，所用资源即被释放。这种面向连接的工作方式使网络在任何情况下都能保证最小的分组丢失率，即最高的质量。这里所指的“虚连接”，不同于传统的电路交换中的物理上的连接，这里是指看起来好像传输过程中有一个连接，以保证业务的服务质量，而实际上这个连接在物理上是不存在的。

（2）ATM 是一种分组交换

虽然是面向连接的，但 ATM 是一种不折不扣的分组交换方式，所以也称为快速分组交换。之所以采用分组交换的方式，是因为分组交换摒弃了电路交换中最大的缺点——资源利用率低。它可以使线路资源达到统计复用，从而提高了效率。

（3）ATM 机制中没有逐段链路基础上的差错保护和流量控制

由于宽带网络多以光纤为网络媒体，因此网络中的链路质量很高，差错保护端到端地进行。ATM 网络不支持流量控制，网络中适当的资源预留和队列容量设计可以使导致分组丢失的队列溢出得到控制。

（4）ATM 有效地将分组头的功能降低

为了保证网络的高速处理，ATM 将分组头的功能设计得非常有限。其主要功能就是根据分组头中的标志来识别一个虚连接，这个标志在呼叫建立时产生，用来使每个分组在网络中找到合适的路由。ATM 分组头的长度只有 5 个字节。

（5）定长而短小的分组也是 ATM 的一个明显优势

ATM 使用短而定长的分组，对于交换机的处理速度、队列容量的设计以及提高网络效率、降低网络时延都是非常有利的。

2. ATM 的协议结构

图 2-22 描绘了 ATM 协议的具体结构，包含了 3 个平面：用户平面，用于传递用户信息；控制平面，用于传递控制信息；管理平面，用于维护网络和执行操作等功能。管理平面又分为两个子平面，其中层管理负责对相应的层进行管理，而面管理是负责对不同的面进行管理。

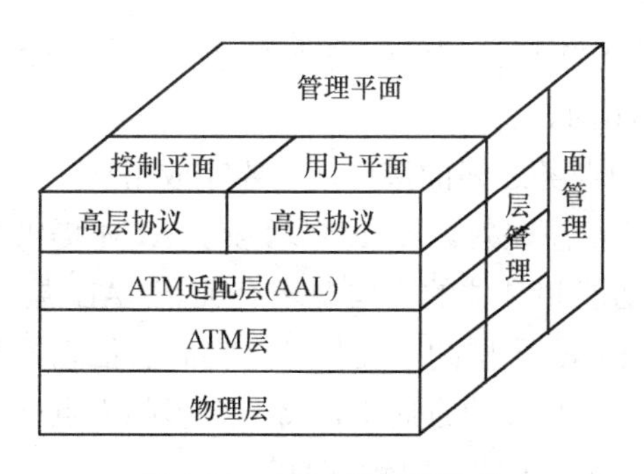

图 2-22　ATM 的协议结构

（1）物理层

物理层主要提供 ATM 信元的传输通道，在 ATM 层传来的信元上加上其传输开销后形成连接的比特流。接收端收到从物理媒体上传来的连续比特流后，取出有效的信元送给上面的 ATM 层。其主要功能有：提供与传输媒体有关的机械、电气接口；从接收波形中恢复出定时；提供 ATM 层信元流和物理传输流之间的映射关系，包括传输结构的生成/恢复及传输结构的适配；从比特流中找出信元的定界；来自 ATM 层信元流的速率通常低于物理层提供用于传输信元流净荷的速率。此时为使两速率适配，物理层要插入空闲的信元，在接收端，还要扣去这些空闲信元。

物理层进一步被分为两层：物理媒体（PM）子层和传输汇集（TC）子层。前者支持只和媒体有关的比特功能，后者负责将 ATM 信元（即 ATM 分组）转换成可以在物理媒体上传输的比特。

（2）ATM 层

ATM 层利用物理层提供的服务，与对等层间进行以信元为单位的通信。它同时向其上层 AAL 层提供服务，它与 AAL 层之间的服务数据单元（ATM_SDU）是 48 个字节长的信息块（即信元的信息字段部分）。

ATM 层和物理媒体无关，它的主要功能有交换信元、复用信元用服务质量（QoS）支持、管理功能、流量控制、信元头的拆装。

交换信元是指当信元到达交换机时，交换机首先读取信元头中的虚连接标志，再对其进行翻译，在信元头中填上翻译后的虚连接标志，并将其交换到翻译后的虚连接上。

复用信元是指为了保证传输效率，充分利用传输线路的带宽，在传输之前需要将不同虚连接的信元复用成物理层的单一信元流，并在相反的方向上进行分路处理。ATM 层能向虚连接用户提供一系列网络能支持的 QoS 级别。某些特别的业务可能为连接的一部分信元流要求某个 QoS，而其余信元可以有较低的 QoS。ATM 可以利用其信元头中的 CLP 比特区分这些不同要求的信元，从而满足业务的 QoS 要求。

ATM 层还能利用信元头中的相应字段提供在网络中对信元流的优先级、拥塞等管理。但它不在网络中进行流量控制，而是在用户与网络的接口上实现流量控制，这样大大减轻了网络负担。

与其他协议一样，ATM 同样要进行信元头的拆装，在将信元递交给适配层（AAL）之前去掉信元头，而在相反的方向加上信元头。

（3）ATM 适配层（AAL）

ATM 层与物理层实现的方法与具体传送的业务均不相关。AAL 层则是与业务相关的，不同的业务，其处理方法也不相同。

AAL 层是 ATM 层和用户业务之间的接口，主要完成用户、控制和管理平面的功能，并支持 ATM 层和邻接高层之间的信息映射。AAL 层增强了 ATM 提供的业务，使其能适合邻接高层的需要。AAL 层执行的功能和具体的高层要求有关。AAL 层可分为两个子层：拆装子层（SAR）和汇集子层（CS）。SAR 子层的主要任务是将高层信息拆开，并装到有关适当的虚连接上的连续 ATM 信元中去；在相反的方向上，将一个虚临界点全部信元内容组装成数据单元交给高层。CS 子层负责执行信息识别、时钟恢复等。

目前 CCITT 已经建议用 5 种 AAL 协议，即 AAL1、AAL2、AAL3、AAL、AAL5。各自的功能主要有：AAL1 提供的是面向连接的恒定比特率的实时业务，如话音业务，AAL1 因此也叫做“电路模拟”；AAL2 提供面向连接的可变比特率的实时业务，典型的例子是可变比特率图像；AAL3 提供面向连接的可变比特率的非实时业务，如面向连接的数据传送和信令；AAL4 提供无连接的可变比特率的非实时业务，如交换的多兆比特数据业务（AMDS）；AAL5 只支持面向连接的数据业务。

（4）高层协议

高层协议与 OSI 层协议模型中的应用层、表示层和会话层相对应。

3. ATM 的信元格式

如图 2-23 所示，ATM 的信元由 5 个字节的信元头和 48 个字节的业务数据组成。信元结构非常短小，这正是 ATM 传送方式比一般的分组交换的优异之处。

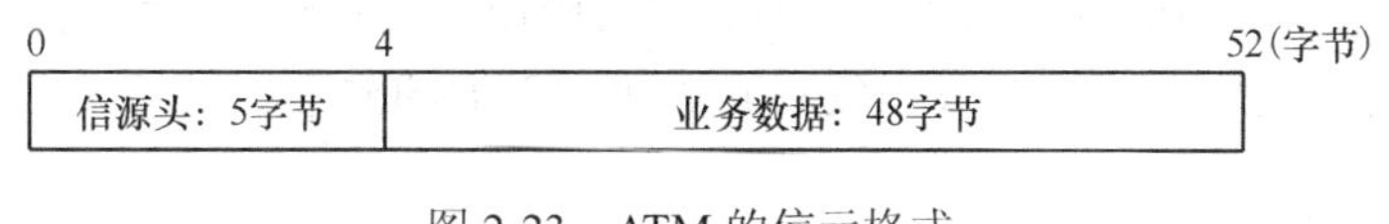

图 2-23　ATM 的信元格式

定长分组对于交换机的处理速度要求适中，使交换机队列容量的设计变得简单，可以大大提高网络效率。只有 53 个字节的短信元可以降低网络时延，保证业务的实时性。关于 ATM 网络技术详见 2.8.4 节的内容。

2.7　局域网技术

2.7.1　局域网的特点与基本组成

局域网在较小的区域内将许多数据通信设备互相连接起来，使用户共享计算机资源。局域网通常建立在集中的工业区、商业区、政府部门、大学、住宅区以及各种公司和企业中。局域网应用范围很广泛，从简单的分时服务到复杂的数据库系统、管理信息系统、事务处理、递阶控制与管理、集成自动化系统等都有应用，而且应用领域日益扩大。

局域网的主要特点有以下几点。

（1）地理范围有限。通常网络分布在一座办公大楼或集中的建筑群内，为一个部门所有，涉及范围一般只有几千米。

（2）通信速率高，误码率低。一般为基带传输，传输速率为 10Mbps～100Mbps，误码率为 10-9～10-12，能支持计算机间高速通信。

（3）可采用多种通信媒体，如非屏蔽双绞线、同轴电缆或光纤等。

（4）多采用分布式控制和广播式通信，可靠性较高。节点的增删比较容易。

与远程网相比，在体系结构、通信规程和设计方法等方面，局域网有其自身特点。远程网由于涉及范围广且通信线路长，如何充分有效地利用信道和通信设计是网络设计中的重要问题。远程网多采用分布式不规则的网络拓扑结构，低层协议比较复杂。局域网由于距离短、延时小、成本低和信息传输速率快，信道利用率已不是考虑的主要因素。它的低层协议较简单，报文格式允许有较大的报头，网络拓扑结构多采用总线型、环型或星型，流量控制、路由选择等问题大大简化或不存在，网上通信多采用广播方式，与现场的通信较多，从而形成了局域网本身的特色。

局域网基本组成包括以下几部分。

① 服务器（Server）——局域网的核心。根据它在网络中所担任的任务和作用，又可分为文件服务器、打印服务器、通信服务器和浏览服务器等。

② 客户机（Client）——又称工作站，是用户与网络的接口设备，用户通过它管理本站资源并与网络交换信息，共享网络资源。工作站通过网络接口卡、通信媒体、通信设备连接到网

络服务器上。客户机可选用一般的微机承担，服务器则需选用比客户机性能高的微机或工作站承担。

③ 网络硬件设备——主要有网络接口卡、收发器、中继器、集线器、网桥、交换器、路由器等。其中的某些硬件，如网络接口卡、网桥、路由器上均有固化的软件，对其工作进行控制。

④ 通信媒体。

⑤ 网络操作系统和局域网络协议等软件。网络操作系统对整个网络的资源运行进行管理。局域网协议则实现局域网内实体间或局域网间的相互理解的通信。

2.7.2 局域网协议

OSI 参考模型对局域网来说大体适用。局域网络协议，从低层向上看，物理层是必需的，且与 OSI 定义的功能类似。

为使数据帧的传送不受物理媒体和媒体访问控制方法的影响，IEEE 802 标准将数据链路层分为逻辑链路控制（LLC）子层和媒体访问控制（MAC）子层。LLC 子层与媒体无关，MAC 子层则依赖于物理媒体和拓扑结构。这种安排，使 IEEE 802 标准具有可扩充性，利于继续完善和补充新的媒体存取方法，而不影响更高层的协议。其中 LLC 子层主要提供寻址/排序、差错控制和流量控制等功能，MAC 子层提供媒体访问控制功能。

IEEE 802 系列标准已被国际标准化组织（ISO）采纳，作为局域网的国际标准系列，又称为 ISO 8802 系列标准。IEEE 802 系列标准的内容如下。

- IEEE 802.1 标准包括局域网体系结构、网络互联，以及网络管理与性能测量。
- IEEE 802.2 标准定义了逻辑链路控制层功能与服务。
- IEEE 802.3 标准定义了 CSMA/CD 总线媒体访问控制方法与物理层规范。
- IEEE 802.4 标准定义了令牌总线媒体访问控制方法与物理层规范。
- IEEE 802.5 标准定义了令牌环（Token Ring）媒体访问控制方法与物理层规范。
- IEEE 802.6 标准定义了城域网媒体访问控制方法与物理层规范。
- IEEE 802.7 标准定义了宽带技术。
- IEEE 802.8 标准定义了光纤技术。
- IEEE 802.9 标准定义了语音与数据综合局域网技术。
- IEEE 802.10 标准定义了可互操作的局域网安全性规范。
- IEEE 802.11 标准定义了无线局域网技术。
- IEEE 802.12 标准定义了 100VG-AnyLan 技术。
- IEEE 802.13 标准定义了快速以太网 5B/6B 编码技术。

IEEE 802.1～IEEE 802.6 已经成为 ISO 的国际标准 ISO 8802-1～ISO 8802-6。

802.7 与 802.8 分别定义了关于用宽带同轴电缆与光纤作为传输媒体的通信标准，供 802.3、802.4、802.5 等标准的物理层选用。

2.7.3 媒体访问控制方法

媒体访问控制方法对网络的响应时间、吞吐量和效率有着重要的影响。将传输媒体的频带有效地分配给网上各站点的用户的方法称为媒体访问控制方法或协议。一个好的媒体访问控制协议标准是简单、有效地获得通道利用率，对网上各站点用户公平合理。

图 2-24 表示各种媒体访问控制方案，可以采用时分或频分的方案共享传输媒体。在时分

的方案中，可以选用同步的技术，更为普遍的是用异步的技术。异步技术有 3 种：

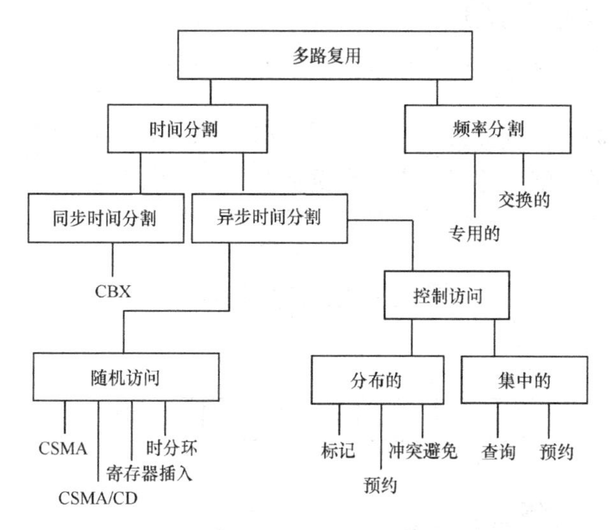

图 2-24　局域网访问控制方法

（1）轮转——每个站轮流获得发送机会，这种技术适合于交互式的终端对主机通信。

（2）预约——介质上的时间被分割成时间片，网上的站点要发送，必须事先预约能占用的时间片，这种技术适用于数据流的通信。

（3）争用——所有各站都能争用介质，这种技术实现起来简单，对轻负载或中等负载的系统比较有效，适合于突发式的通信。

争用法是属于随机访问技术，轮转法和预约法属于控制访问技术。后者又可分为分布式控制和集中式控制两种。

争用协议一般用于总线网，每个站都能独立地决定帧的发送。如两个站或多个站同时发送，即产生冲突，同时发送的所有帧都会出错。每个站必须有能力判断冲突是否发生，如冲突发生，则应等待随机时间间隔后重发，以避免再次发生冲突。Aloha 网通道的最大利用率大约为 18%。为了提高通道利用率，有一种改进的 Aloha 网，称为开槽 Aloha 网（Slotted Aloha）。它的原理是将通道上的时间分割成固定的槽，其大小等于帧传输时间。各个站点要发送数据，只能在时间槽边界点上开始。这样，只有当两个站要发送的帧在时间上全部覆盖才会发生冲突，从而提高了通道利用率，最大利用率达 37%。

1．带冲突检测的载波监听多路访问（CSMA/CD）

网络站点监听载波是否存在，即信道是否被占用，并采取相应的措施是载波监听协议的重要特点。CSMA/CD（Carrier Sense Multiple Access With Collision Detection）已广泛应用于局域网，其国际标准版本 IEEE 802.3 就是以太网标准。

1）载波监听多路访问（CSMA）

（1）CSMA 控制方案。

一个站要发送，首先需监听总线，以决定介质上是否有其他站的发送信息存在。如果介质是空闲的，则可以发送。如果介质是忙的，则等待一定间隔后重试。

介质的最大利用率取决于帧的长度。帧长越长，传播时间越短，介质利用率越高。

（2）坚持退避算法。

如图 2-25 所示，有 3 种 CSMA 坚持退避算法。

① 不坚持 CSMA：

· 假如介质是空闲的，则发送。

· 假如介质是忙的，等待一段随机时间，重复上一步。

② 坚持 CSMA：

· 假如介质是空闲的，则发送。

· 假如介质是忙的，继续监听，直到介质空闲，立即发送。

· 假如冲突发生，则等待一段随机时间，重复第一步。

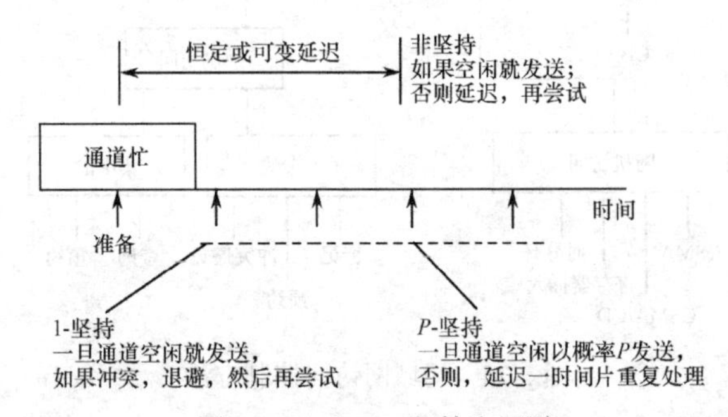

图 2-25　CSMA 坚持和退避

③ *P*-坚持 CSMA：

· 假如介质是空闲的，则以 *P*-概率发送，而以（1-*P*）概率延迟一个时间单位，时间单位等于最大的传播延迟。

· 假如介质是忙的，继续监听直到介质空闲，重复第一步。

· 假如发送被延迟一个时间单位，则重复第一步。

不坚持算法利用随机的重传时间来减小冲突的概率。这种算法的缺点是：即使有几个站有数据要发送，介质仍然可能处于空闲状态，介质的利用率较低。为了避免这种介质利用率的损失，可采用 1-坚持算法。当站点要发送时，只要介质空闲，就立即发送。这种算法的缺点是：假如有两个或两个以上的站点有数据要发送，冲突就不可避免。*P*-坚持算法是一种折中的算法，这种算法试图降低像 1-坚持算法的冲突概率，另一方面又减少像不坚持算法的介质浪费。

2）CSMA/CD

CSMA/CD 使用 1-坚持的 CSMA 协议，在 IEEE 802.3 标准中被使用。802.3 局域网是一种基带总线局域网。“以太网”是 Ethernet 的中文译名，Ethernet 的标准 DIX Ethernet VZ 与 IEEE 802.3 略有不同，在不涉及协议细节时常将 802.3 局域网称为以太网。

CSMA/CD 可以提高总线利用率，这种协议已广泛应用于局域网中。每个站发送帧期间，同时有检测冲突的能力。一旦检测到冲突，就立即停止发送，并向总线上发一串阻塞信号，通知总线上各站冲突已发生。对基带总线而言，冲突检测的时间，等于任意两个站之间最大的传播延迟的两倍，如图 2-26 所示。图中假定发送时间为 1，A、B 两个站点位于总线的两端，传输时间为α=0.5。由图可知，当 A 点发送后，经过 2α=1 的时间，才能检测出冲突。

3）退避算法

CSMA/CD 算法中，在检测到冲突，并发完阻塞信号后，需要等待一段随机时间，然后再用 CSMA 的算法发送。为了决定这个随机时间，一个通用的退避算法称为二进制指数退避算法。这个算法按后进先出的次序控制，即未发生冲突，或很少发生冲突的帧，具有优先发送的概率。而发生过多次冲突的帧，发送成功的概率反而小。算法的过程如下：

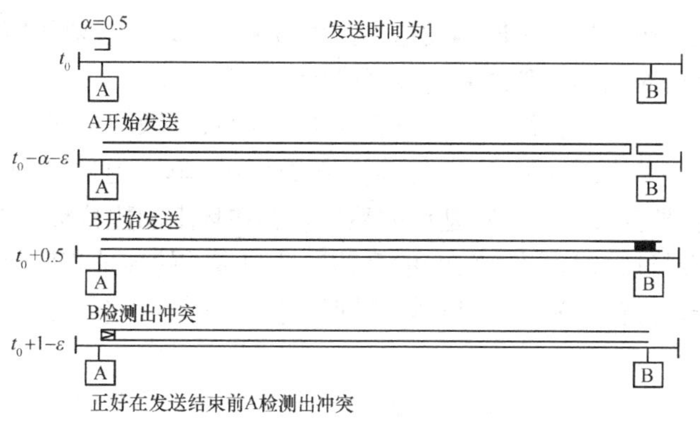

图 2-26　基带检测冲突的定时

① 对每个帧，当每一次发生冲突时，设置参量为 $L=2$。

② 退避间隔取 $1\sim L$ 个时间片中的一个随机数。1 个时间片等于 2α。

③ 当帧重复发生一次冲突，则将参量 L 加倍。

④ 设置一个最大重传次数，超过这个次数，则不再重传，并报告出错。

以太网就是采用 CSMA/CD 算法，并用二进制指数退避和 1-坚持算法。这种算法在低负载且介质空闲时，要发送帧的站点就能立即发送；在重负载时，仍能保证系统稳定。它是基带系统，使用 Manchester 编码，通过检测通道上的信号存在与否来实现载波监听。发送站的收发器检测冲突，如果发生冲突，收发器的电缆上的信号超过收发器本身发的信号幅度。由于在介质上传播的信号衰减，为了正确地检测出冲突信号，以太网限制电缆的最大长度为 500m。

2. 令牌环（Token Ring）媒体访问控制（IEEE 802.5）

使用一个令牌（Token，又称标记）沿着环循环，当各站都没有帧发送时，令牌的形式为 01111111，称空令牌。当一个站要发送帧时，需等待空令牌通过，然后将它改为忙令牌，即 01111110，紧跟着把数据帧发送到环上。由于令牌是忙状态，所以其他站不能发送帧，必须等待。图 2-27 表示令牌环的操作原理。

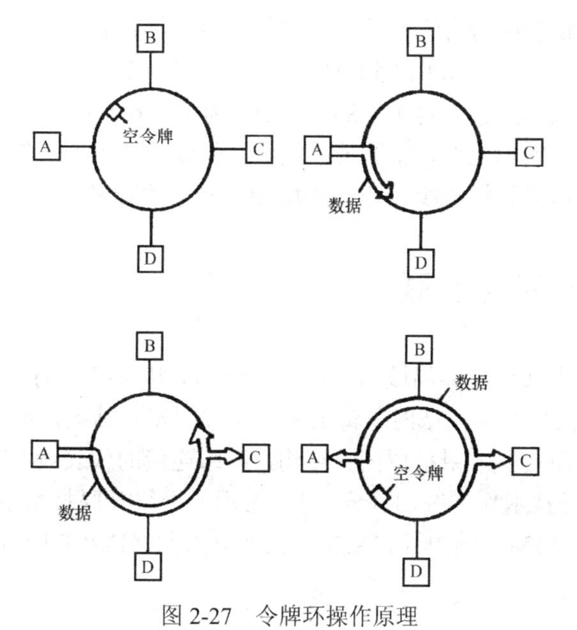

图 2-27　令牌环操作原理

发送的帧在环上循环一周后再回到发送站，校验无误后，将该帧从环上移去。同时将忙令牌改为空令牌，传至后面的站，使之获得发送帧的许可权。

环的长度用比特计算，环上每个中继器引入 1 个比特，环好似一个循环缓冲器。存在环上的比特数等于传播延迟（5μs/km）×（发送媒体长度十中继器延迟）。如 1km 长，1Mbps 速率，20 个站点，每个中继器引入 1 个比特延迟的系统。存在环上的比特数为 25，即（5×1＋20）。接收帧的过程是当帧通过站时，该站将帧的目的地址和本站的地址相比较，如地址相符合，则将帧放入接收缓冲器，再输入站。同时将帧送回至环上。如地址不符合，则简单地将数据帧重新送入环。

在轻负载时，由于等待令牌的时间，因此效率较低。在重负载时，对各站公平，且效率高。考虑到数据与令牌形式有可能相同，用位插入的办法，以区别数据和令牌。采用发送站从环上收回帧的策略具有广播特性，即有多个站接收同一数据帧。同时这种策略还具有对发送站自动应答的功能。

令牌和数据帧都需要有控制功能。数据帧可能永远在环上循环，对这种情况必须检测和消除。令牌环网上的各个站点可以设置成不同的优先级，采用分布式的算法实现。

3．令牌总线（Token Bus）访问控制（IEEE 802.4）

当负载增加时，冲突概率增加，性能明显下降。令牌环访问控制在重负载下利用率高，性能对传输距离不敏感，可公平访问。但环型网结构复杂，存在检错和可靠性等问题。令牌总线媒体访问控制是综合上面两种媒体访问控制优点而形成的。

令牌总线访问控制是在物理总线上建立一个逻辑环。从物理上看，这是一种总线型结构的局域网。与总线型网络一样，站点共享的传输媒体为总线。但是，从逻辑上看，这是一种环型结构的局域网，接在总线上的站组成一个逻辑环，每个站被赋予一个顺序的逻辑位置。与令牌环一样，站点只有取得令牌，才能发送帧，令牌在逻辑环上依次传递。

在正常运行时，当某站点完成了它的发送，就将令牌送给下一个站。从逻辑上看，令牌是按地址的递减顺序传送至下一个站点的。但从物理上看，带有目的地址的令牌帧广播到总线上所有的站点，当目的站识别出符合它的地址，即把该令牌帧接收。

收到令牌权的站点才能将信息帧送到总线上，不可能产生冲突。令牌环的信息帧长度只需根据要传送的信息长度来确定；而对于 CSMA/CD，为了使最远距离的站点也能检测到冲突，需要在实际的信息长度后加填充位，以满足最低信息长度的要求。一些用在控制方面的令牌总线帧可以设置得很短，这样开销减少，相当于增加了网络的容量。

2.8　局域网的网络互联

局域网大体可以分为共享媒体局域网（Shared LAN）和交换式局域网（Switched LAN）两类，如图 2-28 所示。共享媒体局域网逻辑上采用总线型拓扑结构，网络连接的代表设备为集线器；而交换式局域网则大多采用星型拓扑结构，网络连接的代表设备为交换机。为了便于阅读，文中将不再对这两种技术作详细的区分。目前常用的网络互联技术主要有传统以太网技术、令牌环网技术、FDDI、ATM、帧中继、X.25、快速以太网（Fast Ethernet）技术、千兆位以太网技术等。

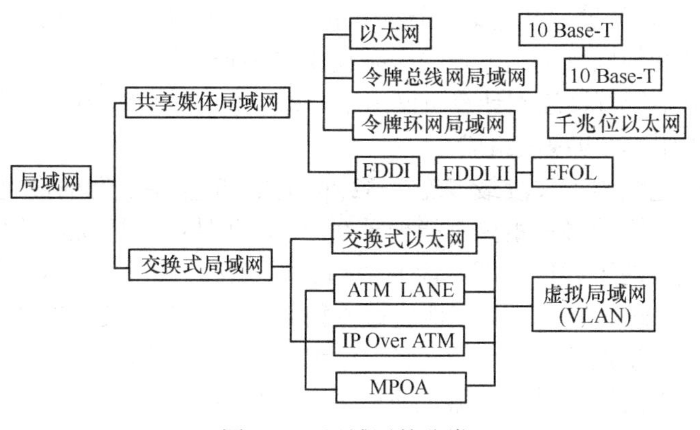

图 2-28　局域网的分类

2.8.1　传统以太网技术

以太网络技术是最基本、最早、应用最为广泛的局域网网络技术。传统以太网采用CSMA/CD 技术，使用 IEEE 802.3 标准。

以太网是公共总线型局部网络。以太网的出现曾经给当时的局部网络发展提供了可靠有效的新技术、新方法，自此以以太网技术为代表的局域网如雨后春笋般涌现出来。

采用传统以太网技术建设的局域网最大传输速率为 10Mbps，用 64 字节的以太网数据包计算，以太网一个网段的最大通信范围是 4km 左右。

以太网的主要技术指标为：物理层的数据信号采用曼彻斯特编码，基带传输，传输速率为10Mbps，传输媒体有 50Ω同轴电缆、3 类或 5 类非屏蔽双绞线，逻辑拓扑结构为总线型，物理拓扑结构为总线型（同轴电缆）、星型（双绞线或光纤）；媒体访问控制协议为 CSMA/CD，各个站点共享总线，以广播形式收发数据；数据帧长度 64 位、可变，最多为 1518 字节。下面是传统以太网应用的几种典型结构。

1．细同轴电缆总线网（10 Base2）

细同轴电缆总线网即 10 Base2 以太网就是采用 50Ω细同轴电缆连接的总线型网络，数据最大传输距离 185m，主要用在小型工作组、独立部门和相近互联的部门等，其典型的拓扑结构如图 2-29 所示。

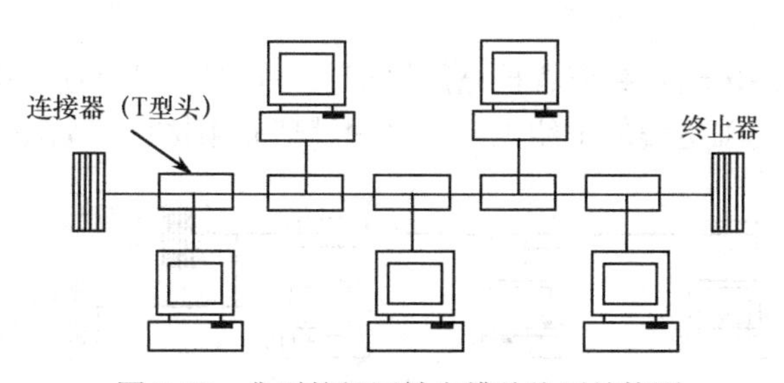

图 2-29　典型的细同轴电缆总线网结构图

细同轴电缆 10 Base2 以太网主要有以下特点：

（1）结构简单，价格便宜，但连接的站点数及传输距离有限。

（2）所有联网的计算机必须配有带 BNC 型细同轴电缆接口的网卡。

（3）连接所用电缆规格为直径 5mm 的 RG-58A/U50Ω的屏蔽电缆，电缆两端必须装上 BNC

型连接器，并通过 BNC 型连接器与装在计算机网卡上的 T 型连接器连接。

（4）计算机网卡和细同轴电缆的连接必须使用 T 型连接器（又称 T 型头）和 BNC 圆柱形连接器，细同轴电缆不能直接连到计算机网卡上。每个细同轴电缆的干线段可以由多个两端带有 BNC 型连接器的细同轴电缆段组成。

（5）每个细同轴电缆的干线段最多连接 32 个节点，T 型头之间的最短距离为 0.5m（即逻辑上相邻的两个站点之间的最短距离不能少于 0.5m），并且最好是 0.5m 的倍数。

（6）在细同轴电缆的干线段（即网段）两端必须连接终端适配器（终结器）。匹配电阻为 50Ω，其中一端接地良好，另一端不接地。每段细同轴电缆干线最大长度为 185m。为了增加传输距离或者扩充连接站点数，可以增加多端口细同轴电缆中继器，中继器必须接地，并且一个网络最多连接 4 个细同轴电缆中继器，即最多有 5 个网段。

（7）细同轴电缆以太网不能连成环状。

（8）细同轴电缆以太网电缆段不能分支，所有的 T 型头必须连接到以太网卡的 BNC 接口上。

（9）细同轴电缆以太网使用的中继器提供了内部电缆终结功能，因此细同轴电缆中继器只能安置在细同轴电缆段的末端。如果细同轴电缆连接到中继器上，中继器需接地。网络上任何两个站点之间不能有两个以上的中继器。

2．粗同轴电缆总线网（10 Base5）

粗同轴电缆总线网即 10 Base5 与 10 Base2 以太网十分相似，采用总线型的物理及逻辑拓扑结构，一般作为网络的主干，数据传输速率为 10Mbps。粗同轴电缆总线网的特点如下。

（1）传输距离比细同轴电缆总线网远（500m），成本高，要额外的收发器，安装麻烦。

（2）所有上网计算机必须配有粗同轴电缆 AUI 接口的网卡。

（3）计算机和粗同轴电缆的连接必须用专用的收发器，粗同轴电缆不能直接连接到计算机的以太网卡上。每段粗同轴电缆干线上（网段）最多可以连接 100 个收发器（即 100 个站点），收发器之间的最小距离为 2.5m。

（4）粗同轴电缆的规格为：直径 10mm，阻抗为 50Ω的屏蔽同轴电缆，每一端都装有标准的 N 系列连接器接头。

（5）粗同轴电缆以太网卡和收发器之间使用多屏蔽双绞线，即收发器电缆连接。这种电缆两端使用 15 芯的 D 型插头和插座，其长度不超过 50m，阻抗为 75Ω。

（6）在粗同轴电缆的两端必须安装 N 系列终端适配器（终止器）。每段粗同轴电缆干线的长度为 500m。

（7）当需要延长网络传输距离或者扩充网络接入站点时，可以使用中继器。中继器也必通过收发器连接到两段粗同轴电缆的干线上，并且中继器必须接地，如图 2-30 所示。

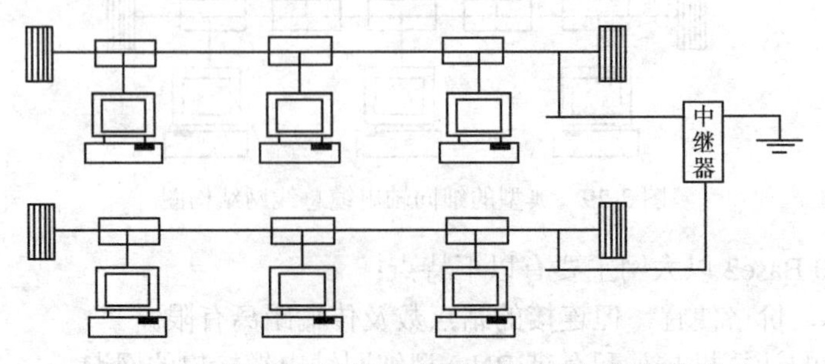

图 2-30　使用中继器扩充的粗同轴电缆网络结构图

（8）粗同轴电缆使用中继器扩充网络，每个网络最多使用 4 个中继器，即每个网络最多有

5 条粗同轴电缆干线段（网段）。

（9）网络上任何两个站点之间不能也不可能有两个以上的中继器。

在实际应用中，用户可以利用粗同轴电缆的长距离传输特性和细同轴电缆的低成本易配置的特性，将粗、细同轴电缆结合起来组建自己的企业网络，用粗同轴电缆作为网络的主干，细同轴电缆用于组建各个部门的子网络。实现粗细同轴电缆混合型以太网络（即 10 Base2 与 10 Base5 混合型）的方法主要有 3 种：

① 使用中继器——采用带有 AUI 粗同轴电缆接口和 BNC 细同轴电缆接口的多端口中继器，将粗同轴电缆干线段和细同轴电缆子干线段连接在一起，同时粗同轴电缆与中继器连接时须使用收发器。

② 使用转接头——利用粗细同轴电缆转接头将粗同轴电缆干线段与细同轴电缆子干线段连接起来。

③ 采用粗/细同轴电缆（AUI/BNC）收发器——通过 AUI/BNC 收发器可以把 AUI 粗同轴电缆接口的以太网卡直接连接到细同轴电缆上，AUI/BNC 收发器的 AUI 接口与网卡的 AUI 接口相连，BNC 接口通过 T 型头与细同轴电缆相连。

3．双绞线以太网（10 Base-T）

由双绞线作为传输媒体的 10Base-T 以太网络采用物理星型拓扑结构，提供 10Mbps 的传输速率，最长传输距离为 100m，需要借助中间设备——收发器（集线器或交换机）连接。

10 Base-T 以太网采用的双绞线与电话线相似，都是无屏蔽的，继承了 4 芯电话双绞线成熟的布线系统技术，提供了一种结构化的组网方式。这种网络的性价比和效率较高。

双绞线适用于点对点的连接方式，10 Base-T 以太网物理上是星型拓扑结构，而逻辑上仍旧是以广播形式发送数据包的总线型拓扑结构。双绞线 10 Base-T 以太网络的典型结构如图 2-31 所示。

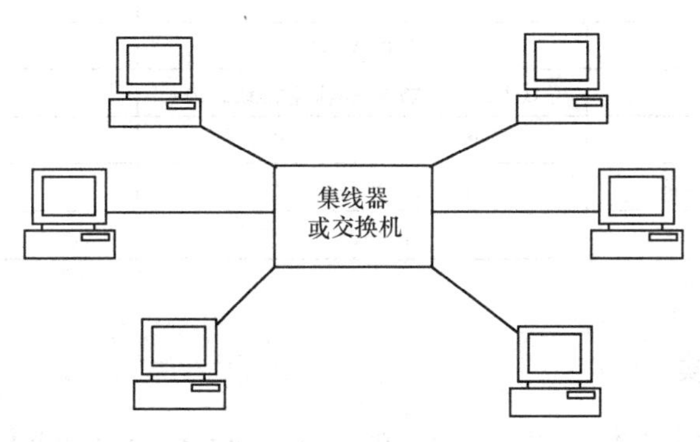

图 2-31　10 Base-T 网络结构

10 Base-T 以太网的特点如下。

（1）联网的计算机必须装有 RJ45 接口的以太网卡。

（2）所使用的双绞线必须是符合 EIA 标准的 3 类或 5 类 4 对 8 芯无屏蔽（UTP）双绞线。一般不宜使用已有的电话双绞线。一根双绞线的最大长度不超过 100m。

（3）计算机和集线器之间用两端带有 RJ45 接头（水晶头）的双绞线相连。

（4）集线器是这种以太网的核心连接部件，其内部含有中继器。在集线器上一般包括 8～24 个双绞线接口插座，1～2 个标准 BNC 接口或 AUI 接口，有的还有光纤接口，以方便网络的扩展，以及利用各种传输媒体的特性组建长距离、高可靠、低成本、多种应用的混合型网络。多个集线器可以级联（UP-Link）在一起以连接更多的计算机设备。

（5）带有 AUI 粗缆接口以太网卡的计算机连接到 10 Base-T 以太网上需要使用双绞线收发器。

根据实际需要，企业用户可以将细同轴电缆、粗同轴电缆、双绞线 3 种不同类型的传输媒体结合起来构建混合型以太网。构建这种网络最简单的方法就是利用带有 AUI、BNC 扩展接口集线器，利用粗同轴电缆的远距离传输特性，让粗同轴电缆充当网络骨干，细同轴电缆和集线器连接到子网（桌面）。

由于智能集线器的出现，可以利用智能集线器组建具有网络管理能力的以太网。建立具有网络管理功能的以太网络，只需在 10 Base-T 以太网基础上增加一个具有网络管理功能的智能集线器或智能模块，并利用一台配有相关管理软件的网管工作站即可。

2.8.2 快速以太网技术

快速以太网（Fast Ethernet）的数据传输速率为 100Mbps，快速以太网保留着传统的 10Mbps 传输速率以太网的所有特征，即相同的帧格式、相同的媒体访问控制协议，相同的接口与组网方法，只是把传统以太网每个比特的发送时间由 100μs 降低到 10μs。IEEE 802 委员会正式批准的快速以太网标准是 IEEE802.3u。

由于快速以太网是以 IEEE 802.3 的 10 Base-T 标准为基础，因此 100 Base-T 技术与 10 Base-T 技术基本相同，只是数据发送速率提高了 10 倍，如表 2-2 所示。从传统以太网升级到快速以太网只需更换相应的通信线路和通信接口设备即可。

表 2-2　传统以太网与快速以太网的比较

项　目	传统以太网	快速以太网
速度	10Mbps	100Mbps
IEEE 标准	802.3	802.3u
媒体访问控制协议	CSMA/CD	CSMA/CD
拓扑结构	总线型结构（物理星型逻辑总线结构）	星型结构
传输媒体	同轴电缆、UTP、光缆	UTP、光缆
逻辑相邻节点的最长传输距离	随不同的传输媒体而定	100 m
媒体无关方面	是（AUI）	是（MII）

1. 快速以太网的分类

100 Base-T 标准采用媒体无关接口，即 MII（Media Independent Interface），它将 MAC 子层与物理层分隔开来，使物理层在实现 100Mbps 数据传输时所使用的传输媒体和编码方式的变化不会影响 MAC 子层。100 Base-T 支持多种传输媒体，目前制定了 3 种有关的传输媒体的标准：100 Base-TX，100 Base-T4 和 100 Base-FX。100 Base-T 的结构如图 2-32 所示。

（1）100 Base-TX

100 Base-TX 是支持 2 对 5 类非屏蔽双绞线或 2 对 1 类屏蔽双绞线的快速以太网技术。1 对 5 类非屏蔽双绞线或 1 对 1 类屏蔽双绞线可以发送，而另一对双绞线可以接收，100 Base-TX 是一个全双工的网络系统，每个节点都可以支持 100Mbps 速率的发送与接收。

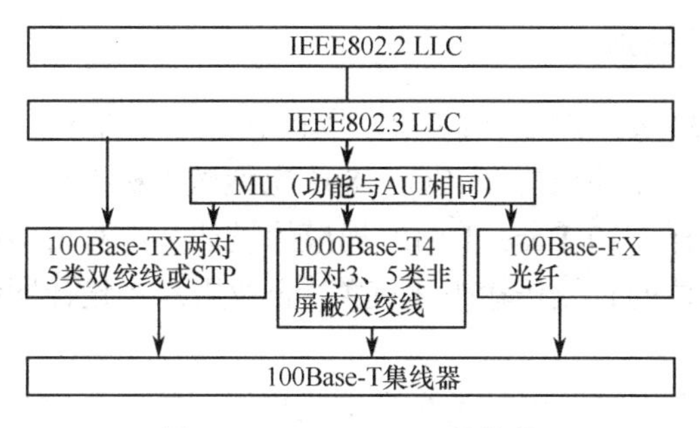

图 2-32　100 Base-T 的结构

100 Base-TX 的传输媒体在传输中使用 4B/5B 的编码方式，信号频率为 125MHz，符合 EIA586 底类布线标准和 IBM 的 SPTI 布线标准；它使用与 10 Base-T 相同的 RJ45 连接器，最大传输距离为 100m。

（2）100 Base-FX

100 Base-FX 是支持 2 芯的单模（62.5μm）或多模光纤（12μm）的快速以太网技术，在传输中使用 4B/5B 编码方式，信号频率为 125MHz。它使用 MIC/FDDI 连接器、ST 连接器、SC 连接器。它的最大网段长度可以是 150m、412m、2km，甚至是 10km，这与所使用的光纤类型和工作模式有关。100 Base-FX 支持全双工的数据传输。100 Base-FX 适合于有电气干扰的环境、较大距离的连接或高保密环境等建网环境，主要用作高速骨干网。

（3）100 Base-T4

100 Base-T4 是支持 4 对 3 类非屏蔽双绞线的快速以太网技术。其中，3 对用于数据传输，1 对用于冲突检测。在数据传输中使用 8B/6T 的编码方式，信号频率为 25MHz，符合 EIA586 结构化布线标准。它使用与 10 Base-T 相同的 RJ45 连接器，最大传输距离为 100m。

2．快速以太网技术

（1）媒体无关接口

MII 是 100 Base-T 的 MAC 层与不同物理层之间的电气接口，与传统以太网的连接单元

接口（AUI）的作用相似。MII 的信号是一种数字逻辑信号，它能够驱动 0.5m 的电缆，使用 40 针的连接器。

（2）自动协商模式

自动协商模式（Auto Negotiation Mode）即 N-WAY 技术，又被通俗地称做自适应工作模式。在 IEEE 802.3u 的快速以太网标准中有较为规范的说明。所谓自动协商模式，就是网络上的集线器、网卡在上电后，会定时发出快速链路脉冲（FLP）序列，该序列包含半双工/全双工、10/100Mbps、TX 的信息，双方自动检测相应的信息，并自动调节，使通信双方协调在双方都能够接受的最佳工作模式上。这可保证双方能以可接受的最佳速率连接。

自动协商模式可以极大地简化局域网的管理，方便网络的扩充，以及投资的保存，大大减轻了网络管理员的工作负担。

（3）中继器

中继器（Repeater）主要用于拓展网络的长度，它的功能是从一个端口接收数据信号，将这些信号整形、放大，然后将其传送到其他端口上去。中继器不检测它所传送的信号，仅仅是将不完美的信号经过处理后重现为良好信号。由于它不检测冲突，所以它不会增加网络当中的冲突域。如果需要增加网络中的冲突域则可以使用网桥。

3．快速以太网的拓扑规则

由于快速以太网是 10 Base-T 的一个扩展，因此它继承了许多 10 Base-T 的网络拓扑规则。100 Base-T 采用了星型拓扑结构和 ISO 11801 电缆敷设标准应用。

与 10 Base-T 网络一样，10 Base-T 网络规模的设计并没有太多的限制，只与交换机或集线器的端口数以及传输媒体的有效传输距离有关。企业用户在设计网络拓扑结构时应当注意以下几点拓扑规则。

（1）100 Base-T 的中央连接器可以是交换机或集线器或交换式集线器，也可以是端口数目较多的可堆叠交换机、集线器。使用可堆叠的交换机或集线器应当注意，那就是一次最多堆叠 4 个交换机或集线器。

（2）在网络传输距离受到传输媒体影响的时候，可以使用中继器来扩充网络传输长度。

（3）利用两个中继器，最大碰撞区的距离是 205m（典型的是 100m＋5m＋100m 双绞线）。如果在碰撞区内正好有单个中继器，那么利用光纤能够使距离延伸到 285m（典型的是 100m 非屏蔽双绞线＋185m 光纤下行链路）。

（4）利用半双工的 100 Base-FX 从 MAC 到 MAC（交换器到交换器，或者终结站到交换器）的连接，允许运行在 400m 的光纤上。

（5）与 10 Base-T 中一样，使用交换机或交换式集线器、可堆叠集线器的网络直径没有限制，使用共享式集线器的限制为 203m。

（6）对长距离的运行，全双工的 100 Base-FX 的变型能够在 2km 内连接两个设备。

（7）从一个共享式集线器到一个服务器或光纤交换器之间，采用光纤连接的最大长度为 250m，采用非屏蔽双绞线连接的最大长度为 100m。

（8）在两个 DTE 端口（如路由器、交换器等）之间，可以连接 2km 长的全双工光纤。

4．快速以太网技术的应用

快速以太网技术由于价格的逐渐降低，目前成为在我国中小企业网中应用最广泛的技术，已经成为大多数企业、学校、技术部门网络的主流，并渗入家庭以及小型办公网络领域。快速以太网实现容易，成本较低，它特别适合构造企业内联网并与因特网连接，并且适合网络视频、音频等多媒体技术在网络上的应用。

2.8.3 光纤分布式数据接口

光纤分布式数据接口（FDDI）标准是目前成熟的局域网技术中传输速率较高的一种。该网络具有定时令牌协议的特性，支持多种拓扑结构，传输媒体为光纤。FDDI 网络是一种环型共享网络，它融合了 IBM 令牌环网的许多特征，加上以太网和令牌环网所没有的管理、控制和可靠性设施，可选择的第 2 环路可全面提高可靠性。传输速率可达 100Mbps，可支持长达 2km 的多模光缆。为了使 FDDI 在双绞线上运行，又设计了使用 MLT-3（多层传输 3）传输方法的 TP-PMD（双绞线物理媒体相关法）标准。该标准使用 2 对 5 类数据级双绞线，支持最大 100m 距离，也被称为 CDDI（铜质分布式数据接口）。IBM 等厂商又开发了在 STP 上运行的 FDDI 产品，主要用在令牌环网上，称为 SDDI（屏蔽分布式数据接口）。目前，FDDI 网络技术广泛应用于局域网和广域网的连接，在大型园区网中承担着主干网的作用。随着综合业务数字网（ISDN）特别是宽带 ISDN 的发展，X3T9.5 委员会又开始致力于制定第 2 代 FDDI 标准，被称为 FDDI II，目的是使 FDDI 网络能够传输话音、图像、视频和高速数据。

1. FDDI 网络的工作原理

（1）FDDI 网络的组成部件

FDDI 是光纤数据在 200km 内局域网内传输的标准。FDDI 协议基于令牌环协议，支持多用户、长距离传输。通过图 2-33 所示的典型的 FDDI 网络结构可以看到，FDDI 网络包括两个令牌环，一个是主环；另一个是副环，用于备份，以备主环失败时使用。主环提供 100Mbps 的速率，如果副环不需要进行备份，那么传输速率可以达到 200Mbps。单环可以延伸到最大距离，而双环却只能延伸到 100km。整个 FDDI 网络主要由光纤电缆、FDDI 适配器、FDDI 适配器与光纤相连的连接器 3 部分组成。然而，为了使该网络具有很强的适应性，并能将作为它与部门较低速的 20Mbps 以太网相连，还需多种网络互联设备。属于这种类型的构件有 FDDI-Ethernet 网桥、FDDI 集中器、光旁路器。

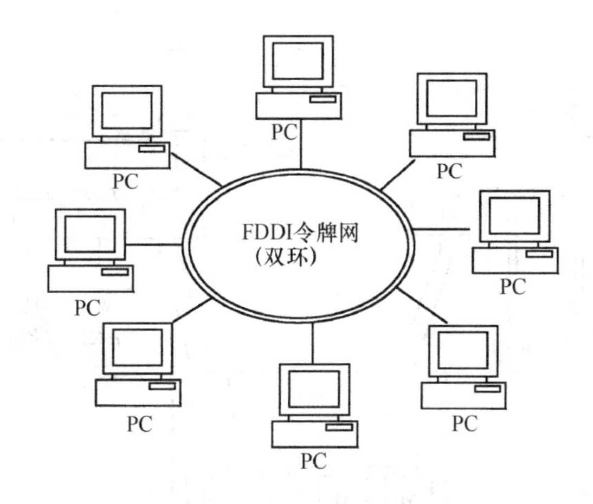

图 2-33　典型的 FDDI 网络结构（双环）

① 光纤电缆。按照光在光纤中的传播方式划分，光纤可分为多模光纤和单模光纤；单模光纤比多模光纤具有更高的传输速率和更长的传输距离。

使用光纤作为传输媒体必须具备光发送器和光接收器。光发送器将要发送的编码数据转换为一串光信号，用来携带数据。FDDI 标准 X3T9.5 规定，光发送器使用光二极管（LED）或激光二极管（LD）。LED 用于多模光纤，LD 用于单模光纤。接收器通常为光检测器，用于将外来的光信号转换为电信号。光检测器的一个重要性质是接收灵敏度，它是外来光信号使接收器工作必须具有的最小功率。

② 光纤媒体连接器。FDDI 网络节点需要连接器与光纤相连。连接器有两种：MIC 媒体接口连接器和 ST 型连接器。MIC 连接器如图 2-34 所示。MIC 的结构可确保光纤与节点中的发送/接收光学器件对准。该连接器由带锁的插头和带销的插座组成。锁的作用是保证插头安装不会出错，因为安装不正确将使 FDDI 构成的环失效。

ST 型连接器也可用于连接光纤和 FDDI 节点，但这种连接器的插座未提供带锁机构，如不小心，有可能反接。这种连接器具有较低的费用。ST 型连接器如图 2-35 所示。

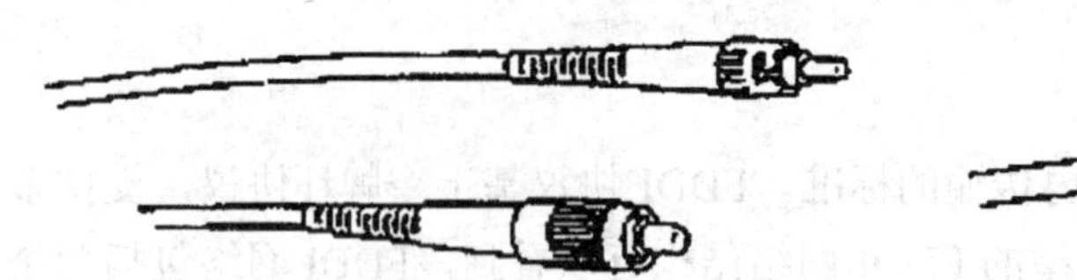
图 2-34　MIC 媒体接口连接器

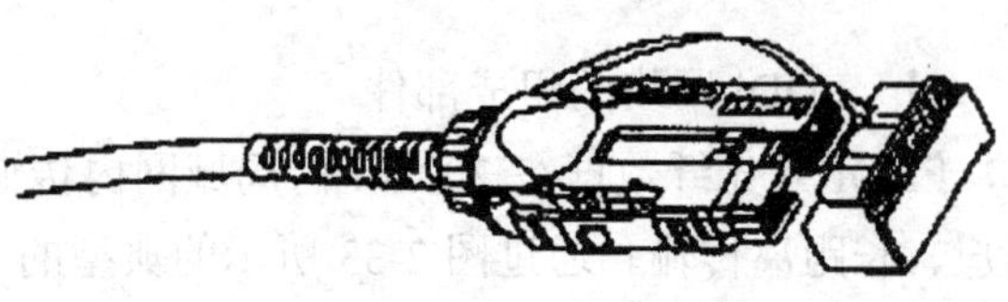
图 2-35　ST 型连接器

③ FDDI 端口类型。FDDI 标准对如何与光纤的连接规定了一些规则，旨在防止构成错误的拓扑结构。在 FDDI 标准中，规定了 4 种端口类型：端口类型 A、端口类型 B、端口类型 M、端口类型 S。同时具备这 4 种端口类型的 FDDI 设备是集中器，如图 2-36 所示。端口用于连接 FDDI 的主环入和备环出，端口 B 用于连接 FDDI 双环中主环出和备环入，端口 M 用于连接单连接站（SAS）、双连接站（DAS）或另外的集中器，端口 S 用于连接到集中器上。

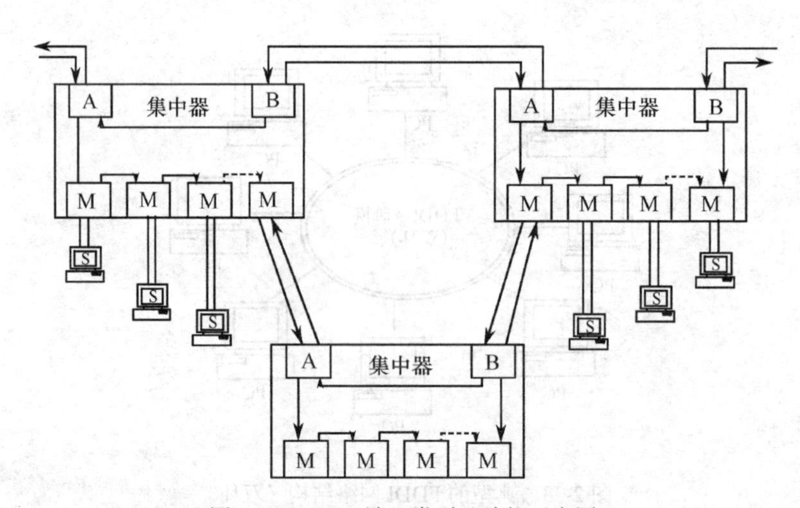

图 2-36　FDDI 端口类型及功能示意图

FDDI 标准中规定了两类站，即上述的单连接站（SAS）和双连接站（DAS）。所谓 DAS 是具有两个 FDDI 端口，因而能直接与双环相连的工作站；单连接站（SAS）只有一个 FDDI 端口，要与 FDDI 环相连必须经过集中器。

（2）FDDI 网络操作原理

FDDI 建立在小令牌帧的基础上，当所有站都空闲时，小令牌帧沿环运行。当某一站有数据要发送时，必须等待有令牌通过时才可能。一旦识别出有用的令牌，该站便将其吸收，随后便可发送一帧或多帧。环上没有令牌环后，便在环上插入一新的令牌，不必像 802.5 令牌环那样，只有收到自己发送的帧后才能释放令牌。因此，任一时刻环上可能会有来自多个站的帧运行。

FDDI 双环可以有同步和异步两种方式操作。在同步操作中，工作站可确保具有一定百分比的可用总带宽。这种情况下的带宽分配是按照目标令牌旋转时间（TTRT）来进行的。TTRT 是针对网络上期望的通信量所期望的令牌旋转时间，该时间值是在环初始化期间协商确定的。具有同步带宽分配的工作站，发送此数据的时间长度不能超过分配给它的 TTRT 的百分比。所有站完成同步传输后剩下的时间分配给剩余的节点，并以异步方式操作。异步方式又可进一步分为限制式和非限制式两种方式。

2．FDDI 技术

FDDI 在操作上传输速率为 100Mbps，网络拓扑结构为环型，采用令牌传递的媒体访问技术、冗余环可靠性措施。FDDI 技术最重要的特征之一就是采用光纤作为传输媒体，光纤媒体存在许多优越之处，其中主要包括安全性、可靠性和传输速度等方面。光纤媒体通常采用光信号而不是电信号来传输数据，光信号能够避免其他不必要的窃听，光纤媒体同时还不受电子信号的干扰。

光纤 FDDI 技术定义了单模光纤和多模光纤两种类型。单模光纤在同一时刻仅仅允许一束光进入光纤媒体，而多模光纤在同一时刻允许多束光进入光纤媒体。由于多束光进入光纤媒体的角度有所区别，它们在光纤媒体中传播经过的距离会有所不同，因而到达相同的目标所需的时间也有一定的差别，而单束光能够以更大的带宽和更大的传输速率在光纤媒体中传输数据。单模光纤通常应用于建筑物之间的连接，而多模光纤则应用于建筑物内的连接。

3．FDDI 协议的体系结构

FDDI 是一种物理层和数据链路层的标准，它规定了光纤媒体、光收发器、信号传输速率和编解码、媒体访问控制、帧格式、分布式管理协议和允许使用的网络拓扑结构等规范。在所有网络协议和接口标准中，FDDI 提供了站级网络管理功能和多级 SMT 服务能力。其协议体系结构以及与 OSI 的关系如图 2-37 所示。FDDI 与以太网和令牌环网在很多方面很相似，因此遵循 FDDI 标准的各站可以在物理层和数据链路层互相协作，但在更高层则完全可自由地使用任何通信协议，如 OSI 和 TCP/IP 等。

FDDI 标准的体系结构规范包括 4 个子层，即 MAC、PHY、PMD 和 SMT。

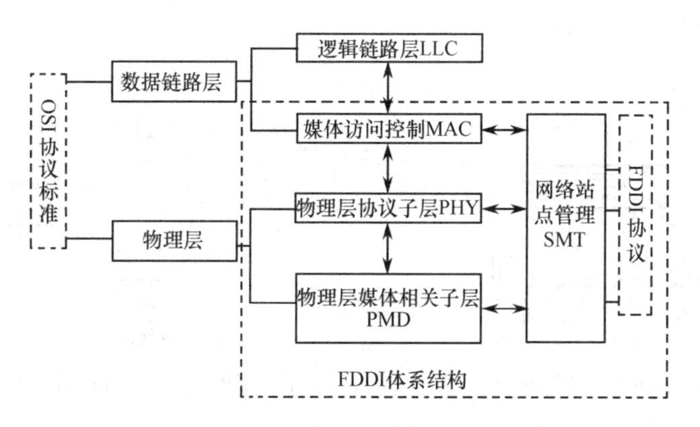

图 2-37　FDDI 协议体系结构与 OSI 的关系

（1）媒体访问控制子层（MAC）

在 FDDI 中的 MAC 子层协议，它定义访问媒体的方式，包括定义令牌协议、令牌和帧的操作方式、令牌的处理、地址的选择、计算循环冗余检测值的算法以及错误的恢复机制等一系列的规范和服务。在 ANSI 标准中，FDDI 的 MAC 层的主要功能有：构造帧和令牌；通过定时令牌协议，保证每个站点公平地对网络进行访问，有效地进行容量分配；吸收令牌并发送信息帧，对环路上的信息帧进行接收、转发和删除等处理；对环路进行初始化；进行故障检测和故障隔离等处理。

（2）物理协议子层（PHY）

FDDI 标准中，PHY 子层介于 MAC 和 PMD 之间，它规定了数据编码和解码的方法、时钟机制、局部时钟速率、组帧和解帧的过程以及其他一些功能，包括数据编码和解码的方法，符号定义说明，时钟机制，弹性缓冲，可靠性规范。

（3）物理媒体相关子层（PMD）

在 FDDI 标准中，所有的与物理传输有关的媒体工作均由 PMD 子层规定。它定义了传输媒体的有关物理特性，包括光纤链路、电源电压、光纤参数、位错误率、光纤的成分以及相关的连接装置等。

（4）网络站点管理子层（SMT）

网络站点管理子层以软件的形式在网络上或系统中实现协调 MAC、PHY、PMD 三层的活动，定义了 FDDI 站点配置、环的配置和环的控制特性，包括站点的插入与移去、站点的初始化、错误的隔离与恢复、统计数字的收集和编排等功能。SMT 定义了 3 个基本功能，即环管理（RMT 用于 MAC 实体的管理）、连接管理（CMT）和帧服务（FSS）。

4．FDDI 网络的拓扑结构

利用 FDDI 协议构成的网络系统称为 FDDI 网络。FDDI 网络的逻辑拓扑结构为环型，FDDI 网络所支持的物理拓扑结构主要有下列 4 种。

（1）独立集中器型。独立集中器由一个集中器和连接站组成，如图 2-38 所示，连接站可以是单线站（SAS）也可以是双线站（DAS），看上去像以太网中集线器所构成的结构。独立集中器型通常用来连接高性能的设备，或用来连接多个局域网。

（2）逆向双环，如图 2-39 所示。双线站（DAS）可直接连到双环上。这种结构适用于地理范围分布广的企业或其他场合。

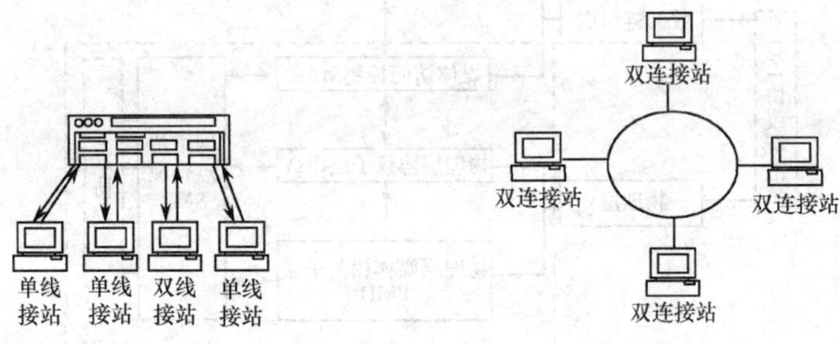

图 2-38　独立集中器型拓扑结构　　图 2-39　逆向双环拓扑结构

（3）集中器树，如图 2-40 所示。当很多用户设备需要连接在一起时，可使用这种结构。集中器按分层星型方式相连，其中一个集中器作为树的根，也就是起集线器作用。该结构的特点是，增加或去掉 FDDI 集中器、SAS 或 DAS，或改变其地理位置，都不会破坏 FDDI 的工作。

（4）树型双环。树型双环结构（图 2-41）中，集中器级联在一起，双环则处于企业或校园最重要的骨干位置。这种结构具有高度的容错特性，而且是最为灵活的拓扑形式。支干增加只需通过增加集中器便可实现，并可保证提供备份数据通路，但造价最高。

5．FDDI 网络的应用与发展

（1）FDDI 网络的应用

由于 FDDI 具有高速度、大容量、高可靠性和远距离通信等多种优良特性，同时具备了局域网和广域网这两种网络技术的处理能力，因此 FDDI 网络得到了广泛的应用。

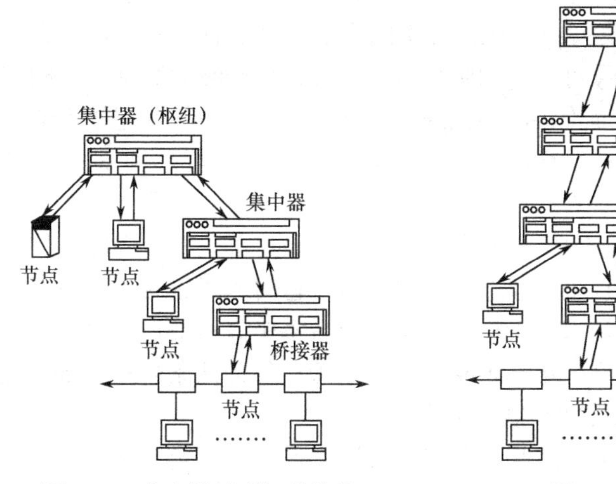

图 2-40　集中器树型拓扑结构

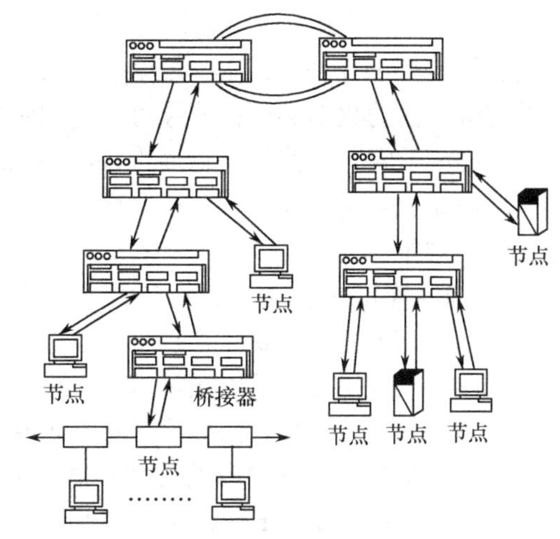

图 2-41　树型双环拓扑结构

FDDI 网络主要应用方式为前端网络、后端网络和主干网络。

所谓前端网络方式，即高性能的工作站通过 FDDI 网络与主机设备相连，以便使用主机上的公用数据库或者将大型作业传递给主机，因此 FDDI 网络最适合于高速的信息传输。所谓后端网络技术，即将各种大型主机、大容量存储设备和一些 I/O 设备连接在一起，其主要目的是解决高速度、大容量等设备之间资源共享的问题。主干网络方式是 FDDI 网络技术中最常用的，也是最能体现其优良特性的应用方式。FDDI 可连接大量的局域网，同时由于光纤传输距离远的特点，使网络的覆盖范围较大，因此 FDDI 网络常常作为校园网的主干网或者大型企业的主干网。

（2）FDDI 网络的发展

为了适应市场的需求，FDDI 网络的产品供应商们，经过多年努力将 FDDI 作为一个基本协议集，先后开发出了采用铜质电缆实现 FDDI 技术的钢缆分布式数据接口（CDDI）、为多媒体而设计的 FDDI-11，以及最新的大容量网络系统（FDDI Follow On LAN，FFOL）。

CDDI 同 FDDI 一样，只不过传输媒体使用铜质双绞线而不是光纤。CDDI 的出现使企业用户可以以比较经济的方法将原有的企业网升级。

FDDI-11 将 100Mbps 的信道分割为可动态控制的 16 个 6.144Mbps 的数据信道和 1 个 1.02Mbps 的控制信道，通过时间复用的方法实现数据、语音、图像等信息的传输。

FFOL 网络的传输速率最高可达 2.4Gbps。FFOL 的主要功能有：能作为多个 FDDI 网络和广域网互联的主干网；支持范围广泛的综合业务，包括语音、数据、视频、图像等信息；能提供更加有效的网络管理能力；能够提供更加有效的容错能力和报告机制；能够作为公共网络设施；支持单模和多模光纤；能够提供等时或异步服务。

2.8.4　ATM 网络技术

ATM 是一种集传输与交换于一体，集语音、图像和声音传输于一体的通信模式，具有传输速度快、带宽高、时延低、距离不受限制等特点，尤其适合于多媒体业务的应用。

1. ATM 技术

ATM 最初被设计用来为数字通讯传输宽带综合业务数字网，但也提供了一种将所有数据传输集成到相同构架的途径。ATM 支持：广域网并不固定于特定的物理实现，它有灵活的速度，独立于它所传输的数据类型；就像可改善的物理资源一样，可升级的数据传送构架的规定已成为可能；决定于应用和使用的物理连接的不同速率的链接；使用同一普遍技术的广域和局域网的集成；在商业领域，解释每一被发送的认证和票据的数据单元的能力；对于终结用户担保的服务质量的规定。

ATM 是一面向连接的技术，使用 53 字节的小的、固定的长度单元，允许网上的非常快速的交换。一个 ATM 网络，在数据能够在两节点之间传输前，它们之间建立了一条虚拟路径。虚拟路径，很像网上转换之间的管道。每一管道包含了一个或多个虚拟信道，每一信道仅单向地传输一独立的数据流。例如，为建立一电话通话，一条虚拟路径需两条各是 64bps 且反向的虚拟信道。每一虚拟信道有其自身的带宽和服务需求。

使用虚拟路径是因为 ATM 非常快，因此需要非常快地交换，而传统的路由器并不足够快速。没有时间来把包读入缓冲区，检查它的目的地址及查询表以找到发送包的下一个地址，然后把包发送出去。ATM 在数据传输开始之前将包按虚拟路径（VPI）和虚拟信道（VCI）编成独立的号码。数据单元仅包含简短的 VPI 和 VCI（总共 28 位），不是整个目的地址，并且当数据单元还正在进入交换时 VPI 和 VCI 已被非常快地读和处理了，数据单元在交换本身只花费很少的时间。

使用虚拟路径和虚拟信道的另一优点是一旦建立，路径是固定的，除非设备问题；因此没有数据单元混乱无序的风险。这时同步（时间依赖）通信更易于处理。在路径建立期间，服务质量也同时认定。这包括有带宽、传输时间、被传输通信量的需要的抖动、允许 ATM 网络处理通信的不同类型和保证对于终极用户所期望的连接质量。

ATM 技术将要传送的数据、视频和音频信息分成一个个长度固定的数据分组，为与传统的 X.25 分组相区别，称为信元。每个信元长度为 53 个字节，开始的 5 个字节为信头。这 5 个字节在用户与网络间传输的信元，包括了流量控制信息、虚通路径标识符、虚通道标识符、信元丢失优先级及信头的误码控制等有用信息，在网络节点与节点间传输的信元仅包含虚通路标识符、通道标识符、信元丢失优先级及信头的误码控制等有用信息。

ATM 采用了类似时分多路复用技术，一个信元占用一个时隙，但对于具体用户而言，时隙的分配并不是固定的，是异步的。若用户呼叫成功，根据其需要，在传输信道中分配一定的时隙供它使用。ATM 采用固定长度的 53 字节信元传输，在线路复用中，可以从空闲时隙中间插入，在输出端靠信元标志来识别固定 53 字节的信元。这种方式，便于利用硬件实现信元交换，大大提高传输速率，降低交换时延。

ATM 交换不同于固定时隙的电路交换，与 X.25 的分组交换有较大区别。输入信元进入交换单元，存于缓冲器等待，一旦输出端有空闲时隙，缓冲器的信元就可以在这里处理，直接占用时隙输出。可见，ATM 可以动态分配带宽，非常适合于突发性数据业务。此外，在信元的信头中，可以携带标明该信元类型的信息，网络可以根据信元类型，安排优选传送那些对时延敏感的业务。由于 ATM 通信可以以 155.52Mbps 的基本速率工作，结合高质量的光纤传输信道，ATM 技术可以解决目前通信中存在的大部分问题，适合实时性强的话音、图像、视频即多媒体业务。

以信元为信息传输、复用、交换及处理单位的异步转移传输模式（ATM）技术成为实现宽带综合业务数字网（B-ISDN）的关键。

ATM 克服了电路转移模式下的网络资源利用率低、分组转移模式信息时延大和处理复杂等缺点，可以将各种特性的信息进行统一的处理。在 ATM 中，采用了信元为信息交换和传输的单位，信元是长度固定的信息组。信元由 5 个字节的信无头和 48 字节的载荷构成，信元头主要是提供路由和载荷类型等信息。ATM 对信元进行统计复用，只要获得空信元就可以插入信息发送。统计复用提高了网络资源利用率，同时固定长度的信息分组及简化的网络协议提高了网络的通信处理能力。

ATM 网络的特点如下。

（1）灵活性。ATM 是按需要来动态地分配备电路的带宽。这种带宽分配机制可以把一条物理传输通道动态地划分成若干子信道，每个子信道都能适应不同速率变化的业务。

（2）高传输速率。ATM 简化了通信过程中的协议控制，在处理固定长度的信元时延迟时间较少，总吞吐量从 2.5kMbps～10kMbps，可以满足局域网（LAN）和广域网（WAN）中各种业务的需求。

（3）多业务。在实现宽带 ATM 通信网中，作为多业务接入平台，不同速率的数字业务，如数据、话音、高分辨图像、宽带电视均由同一个网络传送，信息被分别拆卸改装，然后进行快速分组交换，以满足不同业务传输的需求。

（4）可靠性。ATM 网络有良好的质量保证机制，保证实现视频点播等宽带实时业务。

（5）安全性。每个用户所占用的带宽相互独立，完全避免了共享带宽所带来的非法入侵等不完全因素，适用于政府、金融、证券、保险等行业用户。

（6）面向连接。ATM 网络在站点之间采用“虚连接”的概念，利用虚连接可以充分利用网内的物理链路和设备。面向连接的技术使信元的发送顺序与接收顺序相同，保证了信元序列的完整性，当然，在数据传输前必须首先建立虚连接（VC）。

（7）按照服务质量建立连接。ATM 网络定义了服务质量 QoS 的参数，它们基于速度、准确性和被发送信元所要求的可靠性。ATM 网络有不同的服务参数，因为不同类型的信息有不同的标准，例如在传送过程中某些数据可以容忍时延却不允许信元的丢失；然而有些信息，如实时的视频，不能容忍时延的信元，却可接受一定量的错误或丢失的信元，在连接建立之前服务的质量可以与网络协商。一旦配置好，网络将保证给终端用户以确认的服务质量。在建立一个 ATM 连接期间 3 个最重要的被协商的参数：峰值信元率（PCR）、可维持信元率（SCR）、最小位率（MBR）。

2. ATM 网络技术的体系结构

ATM 位于数据链路层内。ATM 软件是由实现了一运输协议家族的网络软件系统建立的，如 TCP/IP、IPX/SPX。软件负责实现与网络处理相关的高层函数。许多函数通常与网络层相关，例如，地址编码（Addressing）、路由、中继都是由 ATM 层实现的。最终节点使用整个 ATM 模型，同时交换仅使用物理和 ATM 层。如图 2-42 所示，ATM 网络的体系结构主要由 4 层组成，即 ATM 用户层、ATM 适配层、ATM 层、ATM 物理层。

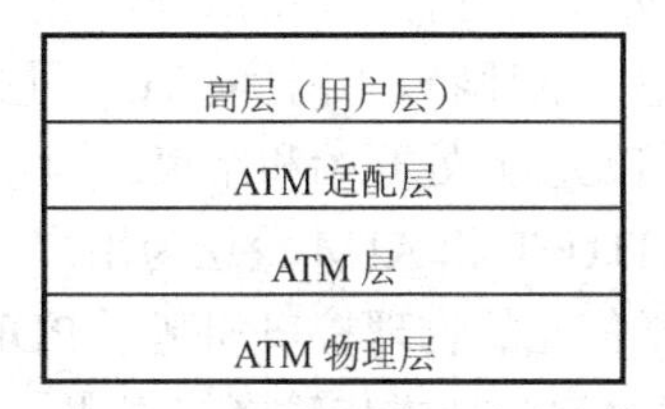

图 2-42　ATM 网络的体系结构模型

（1）用户层（User Layer）

其主要功能是支持各种用户服务，如不变比特速率（CBR）的面向连接服务，可变比特速率（VBR）的面向连接服务，可变比特到达速率的面向连接服务，可变比特到达速率非面向连接服务，用户或厂家独自定义的服务等。

（2）ATM 适配层（AAL）

其主要功能是把一特定的数据源转换成 ATM 通信量的特定类型的服务，也就是说，它处理建立用户所要求的服务质量的机制。有 4 个被定义的类：AAL1——与时间相关的固定位率数据如语音/视频，使用固定速率，面向连接服务；AAL2——与时间相关的可变位率数据如分组/视频，使用可变速率，面向连接服务；AAL3——具有时间独立性的可变位率数据，确保操作错误恢复，如 IP、X.25、SMDS 等，使用可变速率，面向连接服务；AAL4——无连接的服务。在 AAL 内又有两层：汇聚子层，这一层在用户数据的前后插入一头和尾，以定义所需的服务；分段与重装子层，这一层接收从汇聚子层来的数据单元并将它们分成用于传输的片段，它加上了重装信息的头。

（3）ATM 层

其设计目标是为网络中的用户提供一套公共的传输服务。其基本功能是负责生成信元，接收来自 AAL 的 48 字节载体，并附加上相应的 8 字节信元标头，同时负责建立连接，把同一端口不同应用的信元进行汇集和连接复用，同样也分离从输入端口到各种应用或输出端口的信元，它并不关心信元的载体内容，所以与服务无关。在 ATM 层，有两个接口是非常重要的，即用户—网络接口（User Network Interface，UNI）和网络—网络接口（Network Network Interface，NNI）。前者定义了主机和 ATM 网络之间的边界（在很多情况下是在客户和载体之间），后者应用于两台 ATM 交换机（ATM 意义上的路由器）之间。信元传输是最左边的字节优先，在一个字节内部是最左边的比特优先。ATM 的信元格式如图 2-43 所示，其中图 2-43（a）为 UNI 中的 ATM 头部；图 2-43（b）为 NNI 中的 ATM 头部。

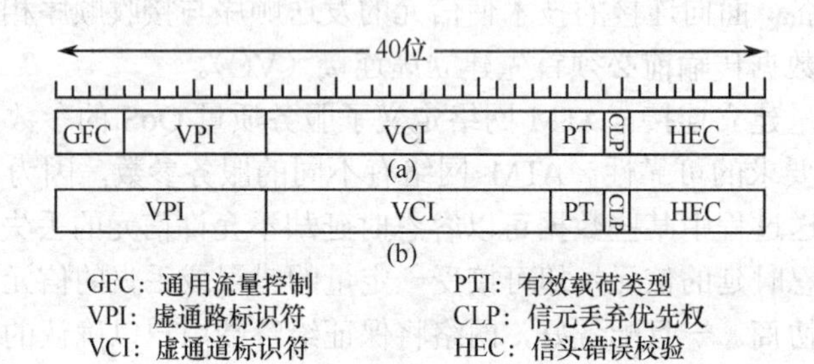

图 2-43　一个字节的 ATM 信元头部格式

（4）ATM 物理层

它是 ATM 体系结构（或称为模型）的最下面一层，它由传输汇聚子层（TC）和物理媒体相关层（PM）组成，其中物理媒体子层提供比特传输能力，对比特定时和线路编码等方面作出了规定，并针对所采用的物理媒体（如光纤、同轴电缆、双绞线等）定义其相应的特性；传输会聚子层的主要功能是实现比特流和信元流之间的转换。对于输出，ATM 层提供信元序列，PDM 子层进行必要的编码，并且以比特流的方式发送它们。对于输入，PDM 子层从网络中获得输入的比特，并且向 TC 子层提交一个比特流。信元的边界并没有标记出来 TC 子层负责找出信元在何处开始和结束。但这不仅困难，而且在理论上行不通，因此 TC 子层去掉了这一功能。ITU-T 和 ATM 论坛为用户到网络的接口定义了 3 大类物理接口，即基于 SDH 的物理接口、基于信元的物理接口和基于 PDH 物理接口。

ATM 技术传输网络克服了当今广为使用的传统以太局域网的局限性。在以太网中许多网络节点争抢一个传输路由，一个网络节点在通信时，其他终端就不能用此路由。而 ATM 局域网是以交换为中心的星型结构，传输速率又高，因而各个节点都可以占用传输路由。

ATM 技术是面向连接的技术，具有很大的灵活性。虚拟联网功能是 ATM 局域网的重要功能，目前有关 ATM 虚拟局域网的规范已经形成。ATM 规定不止一种的用户网络接口的速率，因而易提高未来网络节点的性能，在同一网上可以共存几种接口速率。用户网在与公共网 ATM 业务连接时也不需要交换数据格式。

目前，ATM 已经成为许多大公司、企业骨干网络的主流。

3．ATM 网络的基本连接

ATM 的连接有两种类型： 点对点连接和点对多点连接。

点对点连接：单向/双向连接两个 ATM 端点（ATM 交换机）系统。

点对多点连接：即将一个源端点系统（又称为根节点）与多个目的端点系统（又称为叶节点）单向连接。信元在网络的连接分支上由 ATM 交换机复制后向下传送。

4．ATM 网络互联的基本连接方法

这里主要讨论的是 ATM 网络与现有协议的网络互联。由于现在局域网和广域网的数量庞大，协议繁多，ATM 取得成功的关键因素就是具备这些技术互操作的能力。要实现 ATM 网络与其他类型的企业网络连通性，关键是使用相同的网络协议，如都使用 TCP/IP 协议，因为网络层的功能就是为高层协议和应用程序提供一致的网络视图。

要实现 ATM 网络与其他网络的互联，有两种根本不同的方法：一种称为本机模式操作，该方法使用地址改变技术将网络层地址直接映射成 ATM 地址，然后网络层的信息包就可以通过 ATM 网络传送；另一种方法称为局域网仿真，目前应用比较广泛。

5．ATM 网的应用

（1）商业应用：ATM 在商业领域的应用有两大类，即多媒体和高速数据。多媒体应用主要包括会议电视、职业教育和技术培训、电子信箱、桌面合作工作组、居家办公、远程医疗、远程勘探等；高速数据应用主要涉及局域网（LAN）互联和数据网合成。

（2）桌面应用：桌面合作工作组可以取代会议室。它主要通过声音、图像双向传输将分布于不同地点的工作小组组织起来，进行交互式工作或共享办公设施。这样不仅便于管理，而且可以节省差旅费，提高工作效率。这种应用也可扩展到家庭办公。

（3）远程医疗：通过 ATM 网络可以将全国乃至全世界的诊所、医院等机构连接起来实施远程医疗。它可即时召集最优秀的医生提出诊断方案，为病人提供及时、有效的治疗。此外，图像医疗权力机构可以在 ATM 网络中建立医疗信息库，使人们可存取有关医疗数据，如医疗记录、X 光片、CAT 扫描片等。

（4）远程教学：远程教学中心通过 ATM 网络可以向社会提供教学材料、培训和教学，学员可以得到优秀教师的授课，雇员不必离开便可接受教育。此外，研究机构、大学等可通过远程教学加强技术和科研交流与合作。

（5）居民应用：ATM 网络的初期应用主要有 VOD、电子游戏、可视电话等。

（6）网络视频点播（VOD)：网络视频点播有可能成为 ATM 应用的最大市场之一。ATM 网络将提供 VCR 的功能，客户在家里通过电视机就可以任意点播自己喜欢的节目。

（7）居家购物：购物者可以利用 ATM 网络的交互能力，像在商店里一样进行物品的挑选、采购，并用个人特有的账号进行支付。

（8）电子游戏：不同地区的多媒体工作站可以像在同一个局域网内一样，通过 ATM 网络进行交互式电子游戏。

（9）用于企业网的主干：现在几乎所有的 ATM 厂商都提供光纤 155Mbps 的百兆 ATM 产品以及 633Mbps ATM 产品，与 FDDI 的最高 100Mbps 的传输速率相比，具有诸多优良特性的 ATM 网络更适合充当企业网络的骨干网。

当然，ATM 网络的应用远不只上述这几种，ATM 网络的应用将涉及方方面面，如金融、航空、经贸、气象、政府机构、海关、广播、商业、教育、建设、医疗等。

6．ATM 网络技术的发展趋势

ATM 技术具有宽带交换、面向连接和可靠的业务质量保证。在现阶段，ATM 局域网完全取代传统局域网是不可能的，必须发展新的互联技术来实现传统网络向 ATM 局域网的平滑过渡。所以在实现与传统局域网互操作时，ATM 局域网需实现如下功能：

（1）透明支持传统局域网现有的各种协议、应用程序和网络业务。

（2）实现传统网络的无连接业务。

（3）支持组播/广播功能。

（4）提供 IP 或 MAC 地址与 ATM 地址的解析。

总之，未来需要更好、更快、更可靠的通信。从前的传统以太网络不能处理日益增长的通信量。对于服务提供商来说，提供可靠的网络连接和服务质量将变得非常重要。ATM 能够提高网络性能，也能保证网络终端用户的服务。尽管已经被广泛使用，ATM 仍是下一代网络的具有潜力的解决方案。

2.8.5　千兆位以太网

随着网络技术飞速发展，多媒体应用越来越多，对网络的需求也越来越大，尤其是在服务器端上，100Mbps 的速度已不能满足要求。于是出现了千兆位以太网（Gigabit Ethernet）技术，又叫吉比特以太网。千兆位以太网也必须能够向下相容快速以太网和以太网。目前中大型企业新一代的区域网络规划中，千兆位以太网普遍使用在区域网络的骨干上，并以光纤界面为主流。不过出于价格及投资效率方面考虑，在铜线千兆位部分，短期内还不会像 100 Base-TX 那样快速延伸至桌面。

千兆位以太网具有以太网的易移植、易管理特性，在处理新应用和新数据类型方面具有灵活性，它是在赢得了巨大成功的 10Mbps 和 100Mbps IEEE 802.3 以太网标准的基础上的延伸，提供了 1000Mbps 的数据带宽。因此，千兆位以太网成为高速、宽带的企业网络应用的战略性选择。

1. 千兆位以太网简述

千兆位以太网是 10Mbps（10 Base-T）以太网和 100Mbps（100 Base-T）快速以太网标准的一个扩展，其向后兼容 10 Base-T 及 100 Base-T。它可以提供 1000Mbps 的原始数据带宽，同时和现有的 7000 多万个以太网网点保持完全兼容。千兆位以太网提供全双工或半双工工作模式。在半双工的情况下，千兆位以太网还将保持 CSMA/CD 存取方式，最初的产品将会建立在光纤信道物理信号传输技术的基础之上，适用于在光纤导线上达到 1Gbps 的数据传输速率。随着硅芯片技术和数字信号处理技术的发展，目前的千兆位以太网产品已经能够有效地支持 5 类非屏蔽双绞线上的数据传输。

千兆位以太网支持多种不同类型的传输媒体。千兆位以太网可以利用现有的线缆设施，从而获得良好的性能价格比。因为它可以支持多种连接媒体和大范围的连接距离，所以它可以在楼层内、楼内和园区内的网络上采用。千兆位以太网可以在下列 4 种媒质上运行：单模光纤，最大连接距离至少可达 5km；多模光纤，最大连接距离至少为 550m；平衡、屏蔽钢缆，最大连接距离至少为 25m；5 类非屏蔽双绞线，最大连接距离至少为 100m。

千兆位以太网的特点如下。

（1）简易性。千兆位以太网继承了以太网、快速以太网的简易性，因此其技术原理、安装实施和管理维护都很简单。

（2）扩展性。由于千兆位以太网采用了以太网、快速以太网的基本技术，因此由 10 Base-T、100 Base-T 升级到千兆位以太网非常容易。

（3）可靠性。由于千兆位以太网保持了以太网、快速以太网的安装维护方法，采用星型网络结构，因此网络具有很高的可靠性。

（4）经济性。千兆位以太网一方面降低了研究成本，另一方面由于 10 Base-T 和 100 Base-T 的广泛应用，作为其升级产品，千兆位以太网的大量应用只是时间问题。千兆位以太网与 ATM 等宽带网络技术相比，其价格优势非常明显。

（5）可管理维护性。千兆位以太网采用基于简单网络管理协议（SNMP）和远程网络监视（RMON）等网络管理技术，许多厂商开发了大量的网络管理软件，使千兆位以太网的集中管理和维护非常简便。

（6）广泛应用性。千兆位以太网为局域主干网和城域主干网（借助单模光纤和光收发器）提供了一种高性能价格比的宽带传输交换平台，使得许多宽带应用能施展其险力。例如，在千兆位以太网上开展视频点播业务和虚拟电子商务等。

千兆位以太网使用传统的 CSMA/CD 协议、帧结构和帧长，故不需要太大的投资就可以提供超过 1Gbps 的传输速率。千兆位以太网具有互操作性以及向后兼容性。由于千兆位以太网技术是 10/100Mbps 以太网标准的扩展，它不仅支持现有的应用，而且支持现有的网络操作系统和网络管理，这样用户能够保护投资，而且风险较小。因此，千兆位以太网对需要升级企业骨干网络的用户来讲，就特别有吸引力。

2. 千兆位以太网标准

1999 年 9 月，针对应用于 5 类非屏蔽绞合线缆的千兆位以太网标准 IEEE 802.3ab 获得 IEEE 通过。

千兆位以太网有与以太网相同的帧格式、全双工操作和流量控制。在半双工模式中，千兆位以太网也采用相同的 CSMA/CD 基本原理，解决共享媒体的争用。IEEE 802.3z 和 IEEE 802.3ab 是千兆位以太网作为 802.3 委员会在 1000Mbps 传输速率扩展的两个子协议。IEEE 802.3z 和 IEEE 802.3ab 都能够实现 1000Mbps 的数据传输速率，不同的是它们定义了不同传输媒体的参数。

IEEE 802.3z 标准被定义支持应用在建筑物内垂直主干多模光纤和园区内主干单模光纤的 100 Base-LX，其链路长度分别是 550m 和 3km，支持应用在较短垂直主干和水平布线多模光纤的 1000 Base-SX，其链路长度是 260m。802.3z 同时还定义了应用在室内铜质屏蔽电缆（150）的 1000 Base-CX，其链路长度 205m。802.3 以 1.25G 波特率使用 8B/10B 编码，从而获得 1000Mbps 的数据传输速率。其中 1000 Base-SX 只支持多模光纤，可以采用直径为 62.5μm 或 50μm 的多模光纤，工作波长为 770nm～860nm，传输距离为 220nm～550m。1000 Base-LX 可以采用直径为 62.5μm 或 50μm 的多模光纤，工作波长范围为 1270nm～1355nm，传输距离为

550m。1000 Base-LX 也可以支持直径为 9μm 或 10μm 的单模光纤，工作波长范围为 1270nm～1355μm，传输距离为 5km 左右。1000 Base-CX 采用 150Ω屏蔽双绞线（STP），传输距离为 25m。

IEEE 802.3ah 标准被定义支持 4 对 5 类非屏蔽双绞线（UTP）的 1000 Base-T，其链路长度是 100 m。它提供半双工和全双工 1000Mbps 的以太网服务。1000 Base-T 的拓扑准则与 100 Base-TX 所用的相同。100 Base-TX 相同的自动协商机制（Auto-Negotioation system）。

这样不仅简化了将其与传统以太网逐步集成的任务，还为生产 100Mbps 和 1000Mbps 双速 PHY 提供可能。后者确保了 1000 Base-T 设备能够"后退到 100 Base-TX 的操作，因此为升级系统提供一种灵活方法。

3．千兆位以太网协议的体系结构

千兆位以太网规范中的技术包括 OSI 模型中最下面的两层：数据链路层，控制对物理传输媒体的访问；物理层，控制在物理媒体上的实际传输。其协议体系结构如图 2-44 所示。

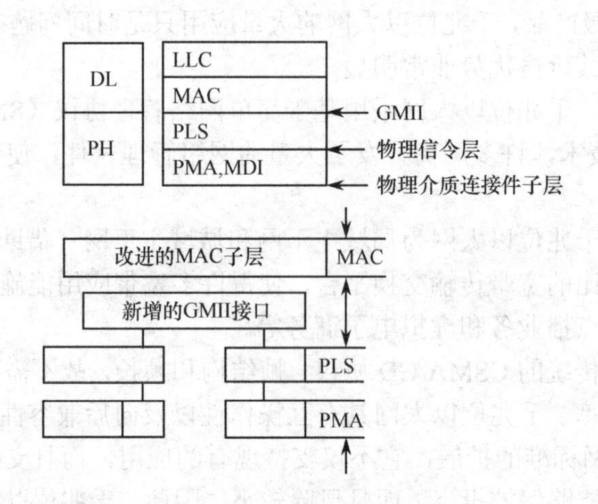

图 2-44　千兆位以太网协议的体系结构

千兆位以太网可以支持以太网 MAC 子层，从而实现了数据链路层的功能。MAC 子层将上层通信发送的数据封装到以太网的帧结构中，并决定数据的安排、发送和接收方式。千兆位以太网的 MAC 就是以太网/快速以太网的 MAC，可以保证以太网/快速以太网和千兆位以太网帧结构之间的向后兼容性。MAC 层通过千兆位媒体无关接口（GMII）发送或接收数据帧。因为 GMII 的设计允许 MAC 设备以一种标准方式测试是否存在符合千兆位以太网标准的物理层，IEEE 802.3ah 委员会可以将注意力主要集中在 5 类线上传输的千兆位以太网设计物理层上。在 IEEE 802.3z 特别工作组设计和定义千兆位以太网总体标准和在光纤与屏蔽双绞线上的物理层实现方案的同时，IEEE 802.3ab 特别工作组定义了 1000 Base-T 的标准。

物理层定义了数据传输和接收的电气信号、链路状态、时钟要求、数据编码和电路系统。为了实现这些功能，定义了如下几个子层。

（1）物理编码子层（PCS）——将 GMII 所发送的数据进行编码/解码，使其可适于在物理媒体上进行传送。

（2）物理媒体附加子层（PMA）——生成发送到线路上的信号，并接收线路上的信号。

（3）物理媒体相关子层（PMD）——提供与线缆的物理连接。

4. 千兆位以太网技术

千兆位以太网支持新的全双工模式，可以在交换机到交换机上或交换机到端点工作站上连接。半双工操作模式用于 CSMA/CD 访问方式和中继器的共享连接上。它使用光纤、非屏蔽双绞线（CATS）或同轴电缆作为传输媒体，千兆位以太网的功能部件如图 2-45 所示。

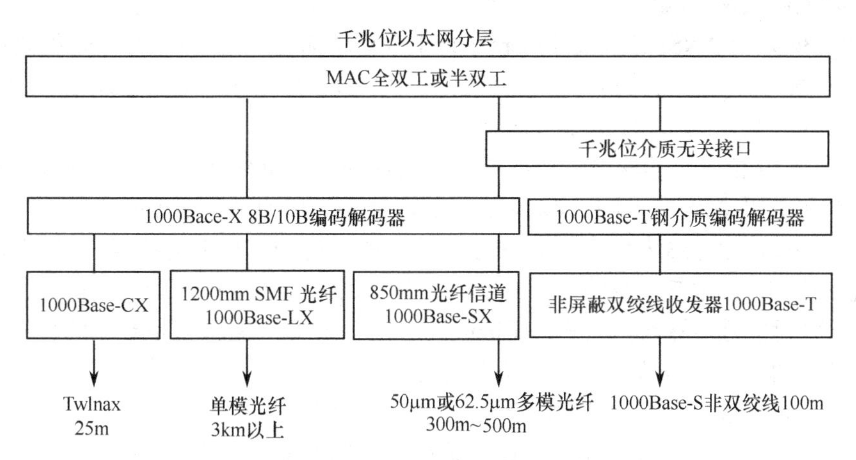

图 2-45　千兆位以太网的功能部件

千兆位以太网增强了 CDMA/CD 的功能，使千兆位以太网在保持 Gbps 级速率的条件下仍能维持 200m 的网络访问距离。如没有这种增强功能，发送工作站在传送最小的以太网包时，可能在检测到冲突之前就已完成了传输，从而疏漏了这种由冲突产生的传输差错。为了解决上述问题，CSMA/CD 的最小载波时间和以太网“时隙”都加大了，从 64 字节扩展到 512 字节（请注意，最小的 64 字节包长度未受影响）。小于 512 字节的包加上额外载波扩充，大于 512 字节的包则不作扩充。因为这些修改可能影响传输小包的性能，因此在 CSMA/CD 算法中加入了新机制以做补充。新机制称为包突发（packet bursting）机制。包突发机制允许服务器、交换机和其他网络设备发送小包，以充分利用网络带宽。

（1）1000 Base-T 对 5 类非屏蔽双绞线（UTP）性能的要求

1000 Base-T 使用 5 类 UTP，显然保护了大部分用户（约占 72%）的投资。然而，1000Base-T 在使用 5 类 UTP 中，对其安装提出了更高的施工质量要求。例如，端接硬件的 UTP 长度不得超过 13m，否则无法通过现场测试，施工质量要求的好坏是通过现场对全程链路测试其性能参数决定的：

① 回波（echo）——全双工通信的副产品，发送和接收的信号占用相同的线对。残留的发送信号是由于转移混合损耗（turns-hybrid loss）和布线的回转损耗（return loss）的组合，产生称为回波的不希望的信号。

② 回转损耗（return loss）——测量因信道元件不匹配而引起的反射回转至发送端的能量损耗，差值越大越好。

③ 远端串音数衰耗（FEXT）——信号从发送器远端电缆中的一对线对泄漏到另一对线对。FEXT 与近端串音数衰耗（NEXT）一样，它也是一种噪声信号，以分贝（dB）形式测量。在较高的频率时串音会变小，因而差值越大越好。

④ 等能量级远端串音数衰耗（EI.FEXT）——FEXT 和全程链路衰减（Ateeenuation）的差值，提高等能量级比较。

千兆位以太网的全双工通信可选择 IEEE 802.3x 的流量控制机制。如果接收站发生阻塞，它可以送回一个称为“暂停帧”给源站，请求该站在一特定的时间周期内停止发送。发送站在发送更多的数据之前等待所请求的时间。一旦阻塞解除，接收站还可以送回一个零等待时间帧给源站，请求开始再次发送数据。IEEE 802.3x 的流量控制机制是从 IEEE 802.3z 中分离出来的，但允许千兆位以太网速率的设备共享这种流量控制机制来补充千兆位以太网。

（2）千兆位以太网的编码

IEEE 802.3z 采用 ANSI X3T1L Fiberchannal FC1 层描述的同步和 8B/10B 编码模式。这种模式与 4B/5B 编码类似，只是其 DC 平衡性更好些。DC 平衡性的缺乏可能会发送比 0 多的 1 而潜在地使激光发热，从而导致较高的误码率。

通过 8 位到 10 位码字的映射进行编码。解码数据由 8 位数据和 1 位控制变量构成。编码是通过给每个传输码字提供一个用 Zxxy 表示的名字来完成的。Z 是控制变量，其提供两个值对为数据以为特殊码字；xx 标识符是解码子集构成的二进制值和十进制值；y 标识符是剩余解码位的二进制值和十进制值。这意味着数据（D 标识符）有 256 种可能性，特殊码字（K 标识符）也有 256 种可能性。然而，在 FiberChannel 中仅有 12 种 Kxxy 值是合法的传输码字。在接收数据时，传输码字就解码成 256 种 8 位的组合之一。

IEEE 802.3ab 为了高性价比使用 4 对 5 类 UTP，不采用 8B/10B 编码，而在 MAC 子层和 PHY 层定义一个逻辑接口，允许引入更高性价比的编码方案。由于可用带宽的限制，显然每对 5 类 UTP 取不超过 125MBaud（5 类 UTP 在 62.5MHz 时，其 ACR 为 30.6 dB）为宜。还考虑到能覆盖 2^8，且最大限度地减少多元制的符号位数，所以取 5 级（quinary）编码，即 8B/4Quinary。这样（1000/4）×（4/8）=125（Mbps）能够满足可用带宽的限制。若采用 4 级编码，亦可满足上述需求，且同样能覆盖 2^8，但 5 级编码中冗余的 1 级可用于对另外 4 级的纠错码。

千兆位以太网联盟最近的 1000 Base-T 白皮书建议采用 PAM-5 码，每个符号（取+2，+1，0，-1，-2 之一）对应两位二进制信息（4 级表示两位，1 级用于前向纠错码）。前向纠错码采用 4 维 8 状态的 Trellis 前向纠错码。实现这些主要依赖于先进的集成电路技术和数字信号处理（DSP）技术。

（3）千兆位以太网的服务质量（QoS）及其与 ATM 比较

千兆位以太网仅提供高速的连接，但不由其自身提供 QoS 的完备集合、自动冗错恢复或高层路由服务，这些要通过其他开放标准提供。千兆位以太网规定了 OSI 参考模型的物理层和数据链路层。千兆位以太网可以支持与 IP 共同工作的资源预留协议（RSVP），以及 IEEE 802.lp 和 IEEE 802.1q 协议。

RSVP 不是一种路由选择协议，但依赖于路由选择协议。它不是传送应用数据，而是通过路由器对通信量控制和策略控制参数的传输提供透明操作。RSVP 是面向接收方的，为单址广播（unicasting）和绝大多数组广播应用预留资源，动态地适配组成员得到变化和路由变化。主机使用 RSVP 为应用数据流向网络请求特定的 QoS。路由器也使用 RSVP 转发 QoS 请求给沿数据流路径（即衍生成树）的所有节点，并建立和维持该请求服务的状态。RSVP 请求一般导致衍生成树的每个结点预留资源。显然，欲使千兆位以太网支持 RSVP，就必须使其网络设备能够支持 RSVP。

千兆位以太网的网络管理目标与快速以太网和以太网相同。例如，SNMP 定义了收集设备级以太网信息的一种标准方法。SNMP 使用管理信息数据库（MIB）的结构记录关键统计量，如碰撞统计、发送和接收的分组、差错率和其他设备级信息。远程监视（RMON）代理通过网络管理应用汇集所报告的统计量，由此收集更多的信息。因为千兆位以太网使用标准的以太网帧，所以能够利用相同的 MIB 和 RMON 代理，以千兆位以太网速率提供网络管理。

ATM 网络与千兆位以太网都提供高速的连接，通过 OC-48 的带宽可达 2.4Mbps。ATM 规范 V4.0 明确定义了 ATM 网络的通信种类和客户所希望的服务类型。针对这样一些服务类型，ATM 规范定义了一些服务质量（QoS）参数，确保服务类型的实现。

通过上述千兆位以太网的 QoS 与 ATM 网络的 QoS 的比较，不难看出：

（1）ATM 网络的 QoS 是由其自身标准定义的，而千兆位以太网的 QoS 依赖于其他开放标准，如 RSVP、IEEE 802.1p 和 IEEE 802.1q 等。

（2）ATM 网络提供从桌面（25Mbps）到 WAN 的全套方案，换句话说，ATM 网络的 QoS 可以从桌面延伸到 WAN，而千兆位以太网只是一种局域网。

（3）在多媒体应用方面，由于目前 ATM 网络的 QoS 比千兆位以太网的更完善，所以应该根据不同的需求，选择不同的网络方案。

5. 千兆位以太网的应用

千兆位以太网在传统以太网的基础上平滑过渡，综合了现有的端点工作站、管理工具和培训基础等各种因素。对于广大的网络用户来说，意味着现有的投资可以在合理的初始开销上延续到千兆位以太网，不需要重新培训技术人员和用户，不需要另外的协议和中间件的投资。

几种常见的升级方式：

（1）交换机到交换机链路的升级。一个非常直接的升级方案是将快速以太网交换机之间或中继器之间的 100Mbps 链路提高到 1000Mbps。交换机到交换机的高带宽链路允许 100/1000Mbps 交换机支持更多的交换式或共享式快速以太网网段。

（2）交换机到服务器链路的升级。最简单的升级方案是将快速以太网交换机升级为千兆位以太网交换机，以获得从具备千兆位以太网网卡的高性能的超级服务器集群到网络的高速互联能力。

（3）交换式快速以太主干网的升级。连接多个 10/100Mbps 交换机的快速以太网主干交换机可以升级为千兆位以太网交换机，支持多台 100/1000Mbps 交换机，以及其他的设备，如路由器、带有千兆位以太网接口和上联功能的集线器，在需要时也可以是千兆位以太网中继器和数据缓冲分配器。一旦主干升级为千兆位以太网交换机，高性能的服务器可以通过千兆位以太网接口卡直接连接到主干上，为宽带用户提供更高的访问能力。同时网络可以支持更多的网段，为每个网段提供更大的带宽，使各网段支持更多的节点接入。

（4）共享式 FDDI 主干网的升级。园区或建筑 FDDI 主干网络可以利用千兆位以太网交换机或数据缓冲分配器，更换现有的 FDDI 集中器、集线器或 FDM 路由器来进行升级。升级仅要求在路由器、交换机或中继器上安装新的以太网接口。在光纤上的投资受到保护，每个网段带宽增加了至少 10 倍，总带宽增大。

（5）高性能的台式机升级。用千兆位以太网的连接能力提高高性能台式机的能力。高性能台式计算机被连接到千兆位以太网交换机或数据缓冲分配器上。

6. 千兆位以太网的未来发展

以太网的应用架构应该是一种混合式的架构，它是透过交换机的解决方案，再依实际的需要去提供 10/100/1000Mbps 的网络。这三种频宽的网络也因应用方式的不同而有所不同。一般只需收发电子邮件、传输档案的计算机，采用 10Mbps 的以太网就已足够；而需要一些 CAD/CAM 以及多媒体应用的工作站，可能就需要 100Mbps 的快速以太网；对于各类型的服务器则需要至少 100Mbps 或 1000Mbps 的千兆位以太网才够用。该采用何种网络架构，完全依照实际需求来决定。

以太网在近年来不断地发展，区域网络的骨干应当是千兆位以太网的天下。在未来的以太网交换机或路由器，具有 50Gbps 以上背板交换速率将会是很平常的事。

2.9 网络连接设备

2.9.1 网络连接的基本概念

网络互联是指将分布在不同地理位置的网络、设备相连接，以构成更大规模的网络系统，实现 Internet 资源的共享。互联的网络和设备可以是同种类型的网络、异构网络，以及运行不同网络协议的设备和系统。在 Internet 中，每个网络的资源都应成为 Internet 中的资源，对 Internet 网络资源的共享服务与物理网络结构是分离的。对网络用户来说，Internet 网络的结构对用户是透明的。Internet 应该屏蔽各子网在网络协议、服务类型与网络管理等方面的差异。

网络互联类型主要有局域网—局域网互联、局域网—远程网互联、局域网通过远程网与局域网的互联，以及远程网与远程网的互联。

在网络建设过程中，计算机联网及网络之间互联都离不开网络连接设备。网络连接设备的选择将直接影响到网络建成后的速度及扩展性。

2.9.2 网络互联设备的选择

网络连接设备通常分为网内连接设备和网间连接设备。网络连接设备除网卡外，可以分为以下 4 类。

（1）物理层的连接设备。中继器（Repeater）和集线器（Hub）就属于该类设备，它们用于连接物理特性相同的网段。集线器的端口设有物理和逻辑地址。

（2）数据链路层的连接设备。网桥（Bridge）和交换机（Switch）都属于数据链路层的连接设备，主要用于连接同一个逻辑网络中物理层规范不同的网段。这些网段的拓扑结构和数据帧格式都可以不同。网桥和交换机都有物理地址，但是没有逻辑地址。

（3）网络层的连接设备。网络层的连接设备主要有路由器（Router），用于连接不同的逻辑网络。路由器的每个端口都有唯一的物理地址和逻辑地址。

（4）应用层的连接设备。应用层的主要连接设备是网关（Gateway），它用于互联的网络上使用不同协议的应用程序之间的数据通信，如 Novell 网和 NT 网的互联。

选择网络连接设备时，用户应充分考虑到企业网络现有设备、需求、发展规划后，选择稳定可靠的、具有良好的扩展性和兼容性的产品。一般遵循以下原则：

- 尽量选择同一厂商的产品。同一厂商生产的网络连接设备，通常具有一定的延续性，维护与扩展十分方便，兼容性也十分好，并且方便进行管理，而不同厂商生产的产品就往往会出现这样那样的问题，给网络技术性不强的企业带来困难。
- 选择同一家网络系统集成商。选择同一家网络系统集成商，就能够简单、方便地获取产品、技术支持和技术服务，避免网络连通出现问题。

1. 网卡（Network Interface Card）

网卡又称为网络接口卡或网络适配器，是物理上连接计算机与网络连接媒体相连的关键设备，是计算机与局域网通信媒体间的直接接口。网卡一般插在计算机的扩展插槽内，与传输媒体配合实现网络连接，使联网计算机之间进行高速数据传输。网卡主要实现的是数据链路层的

MAC 子层的功能，但是也有一些物理层的功能。网卡的基本功能包括：数据交换（并行到串行）、数据包的装配与拆装、网络数据存取控制、数据缓存等。由于网络技术的不同，网卡的分类也有所不同，如 ATM 网卡、令牌环网卡等。

网卡的接口类型决定了网络传输媒体，随之决定了不同的网络传输协议。两台互相通信的计算机应当采用相同的协议。网卡是网络通信中一个决定因素，它的质量好坏直接影响到网络功能及在网上运行的应用软件的速度与效果。

2. 集线器（Hub）

集线器是基于星型拓扑的接线点。有许多网络都依靠集线器来连接各段线缆以及把数据包分发到各个网段中。集线器的基本功能是信息分发，它把一个端口接收的所有信号向所有端口分发出去。一些集线器在分发之前将弱信号重新生成，一些集线器整理信号的时序以提供所有端口间的同步数据通信。

集线器是网络连线中的中央连接点，局域网上的所有节点都可以通过集线器实现互联。典型的集线器有多个用户端口，用于连接计算机和服务器之类的外围设备。

3. 集线器的功能

集线器（Hub）在 OSI 层模型中处于 MAC 层。集线器的作用是按 CSMA/CD 算法，随机选出某一端口的设备独占全部带宽，与集线器的上联设备：交换机、路由器（Router）、远程访问服务器（RAS）等进行通信。

典型的集线器有多个用户端口，连接计算机和服务器之类的外围设备。每一个端口支持一个来自网络站的连接。一个以太网数据包从一个站发送到集线器上，然后它就被中继到集线器中的其他所有端口。尽管每一个站是用它自己专用的双绞线连接到集线器的，但基于集线器的网络仍然是一个共享媒体的网络。

集线器与交换机的工作方式的根本区别是当数据包从一个节点发送到集线器时，数据包会被中继（复制）到集线器上的所有端口，即同一集线器上的所有端口都能够看到其中某一端口收到或发出的数据包。所以基于集线器架构的网络属于共享型网络。

4. 集线器的基本规范

多数集线器主要的线缆接口是 RJ45 接口，这是基于双绞线的多种以太网的标准接口类型，从 10 Base-T 到 100 Base-T，局域网中的工作站、打印机等设备通常是以某种双绞线连接到集线器的，其两端为 RJ45 连接头。每种线缆从网卡接口到集线器的长度由使用的媒体决定。

集线器是电子设备需要电源，多数集线器还有指示状态的 LED 指示灯，如电源和端口状态指示灯，有的集线器还有监视端口通信状态和冲突的指示灯。

5. 集线器的分类

（1）按端口数目分类

按端口数目分类是最常用分类方法，常见的集线器有 4 口、8 口、16 口、24 口等类型。

（2）按数据共享带宽分类

目前市场上常见的集线器主要有 10、10/100Mbps 自适应两种。

（3）按工作方式分类

局域网集线器通常分为 5 种不同的类型，它将对网络交换机技术的发展产生直接影响。

① 单中继网段集线器。

② 多网段集线器。多网段集线器采用集线器背板，这种集线器带有多个中继网段。多网段集线器通常是有多个接口卡槽位的机箱系统。然而，一些非模块化叠加式集线器现在也支持多个中继网段。多网段集线器的主要技术优点是可以将用户分布于多个中继网段上，以减少每个网段的信息流量负载，网段之间的信息流量一般要求独立的网桥或路由器。

③ 端口交换式集线器。端口交换式集线器是在多网段集线器基础上将用户端口和多个背板网段之间的连接过程自动化，并通过增加端口交换矩阵（PSM）来实现的。PSM 提供一种自动工具，用于将任何外来用户端口连接到集线器背板上的任何中继网段上。这一技术的关键是“矩阵”，一个矩阵交换机是一种电缆交换机，它不能自动操作，要求用户介入。它不能代替网桥或路由器，并不提供不同 LAN 网段之间的连接性，其主要优点就是实现移动、增加和修改的自动化。

④ 网络互联集线器。端口交换式集线器注重端口交换，而网络互联集线器在背板的多个网段之间实际上提供一些类型的集成连接。这可以通过一台综合网桥、路由器或 LAN 交换机来完成。

⑤ 交换式集线器。目前，集线器和交换机之间的界限已变得模糊。交换式集线器有一个核心交换式背板，采用一个纯粹的交换系统代替传统的共享媒体中继网段。在今后的发展过程中，集线器和交换机之间的特性将几乎没有区别。

（4）其他分类

机架式集线器、层叠式（堆叠式）集线器、无管理式集线器，主要用于高端，其结构是模块化的。这类集线器可以将以太网、令牌环网以及 FDDI 集线器以电路板的方式插在其高速底板上。机架式集线器通常可以支持数百个用户的连接，并且拥有各种容错部件，例如冗余电源、散热风扇以及热（带电）交换电路板。机架式集线器通常放置在配线间内，用作楼层布线的集线器，是大中企业网络从骨干网连接到桌面的常用网络产品。机架式集线器通常支持桥接器、路由器、通信及文件服务器等的连接。

层叠式集线器主要应用于工作小组或远程工作环境，支持用户较少（少于 50 个）。通常由 4～8 个可堆叠集线器叠放在一起，只支持一种局域网连接技术，且连接容错能力有限。

6. 交换机（Switch）

与基于网桥和路由器的共享媒体的局域网拓扑结构相比，局域网交换机能显著增加带宽。交换技术的加入，就可以建立地理位置相对分散的网络，使局域网交换机的每个端口可以平行、安全、同时传输信息，而且使局域网可以高度扩充。目前，绝大部分的局域网交换机实现了 OSI 模型的下两层协议，某些局域网交换机也实现了 OSI 参考模型的第 3 层协议，实现简单的路由选择功能。本节提到的交换机指的都是局域网交换机。

局域网交换机是指拥有一定的网络连接、通信端口，每个端口都具有一定带宽的，可以连接不同网段的设备；其内部端口通信是同时的、并行的网络连接设备。

交换机的各个端口之间的通信是同时的、并行的这一特性，决定了交换机的信息吞吐容量将远远高于传统的共享型的集线器设备。为了实现交换机的互联或与其他网络附属设备（如服务器、打印机等）的高速连接，交换机通常还具有多种网络传输媒体扩展端口，如 FDDI 端口、ATM 端口或者 1000Mbps 光纤端口。

7. 交换机的特性

利用交换机就可以将一个较大型的企业共享式网络划分成几个独立的网段，减少网络客户对固定带宽的争用，缓解共享式网络常见的网络拥塞等问题。交换机发展的最终目标就是根据需要提供不同的专用带宽。由于交换机可以将信息迅速并且直接发送到目的地址，而不是全部遍历各端口需求后再传输，所以交换机的信息传输功能远远优于集线器，且有良好扩展性，是企业网络建设中连接设备的最佳选择。

交换机是一个具有简化、低价、高性能和高端口密集特点的交换产品，体现了桥接技术的复杂交换技术在 OSI 参考模型的第 2 层操作。交换机按每一个包中的 MAC 地址相对简单地决策信息转发，转发延迟很小，操作接近单个局域网性能，远远超过了普通级互联网络之间的转发性能。交换技术允许共享型和专用型的局域网段进行带宽调整，以减轻局域网之间信息流通出现的瓶颈问题。现在已有以太网、快速以太网、FDDI 和 ATM 技术的交换产品。

交换机提供了许多网络互联功能。交换机能经济地将网络分成小的冲突网域，为每个工作站提供更高的带宽。协议的透明性使得交换机在软件配置简单的情况下直接安装在多协议网络中；交换机使用现有的电缆、中继器、集线器和工作站的网卡，不必作高层的硬件升级；交换机对工作站是透明的，管理开销低廉，简化了网络节点的增加、移动和网络变化的操作。

利用 ASIC 可使交换机以线路速率在所有的端口并行转发信息，提供了很高的操作性能。ASIC 技术使得交换器在更多端口的情况下以上述性能运行，其端口造价低于传统型桥接器。

8. 交换机的工作原理

典型交换技术有端口交换技术、帧交换技术和信元交换技术。

（1）端口交换技术

端口交换技术最早出现在插槽式的集线器中，这类集线器的背板通常划分有多条以太网段（每条网段为一个广播域），不用网桥或路由连接，网络之间是互不相通的。以太主模块插入后通常被分配到某个背板的网段上，端口交换用于将以太模块的端口在背板的多个网段之间进行分配、平衡。根据支持的程度，端口交换还可细分为：模块交换，将整个模块进行网段迁移；端口组交换，通常模块上的端口被划分为若干组，每组端口允许进行网段迁移；端口级交换，支持每个端口在不同网段之间进行迁移。这种交换技术是基于 OSI 第 1 层上完成的，具有灵活性和负载平衡能力等优点。如果配置得当，那么还可以在一定程度进行容错，但没有改变共享传输媒体的特点，因而不能称为真正的交换。

（2）帧交换技术

帧交换通过对传统传输媒体进行微分段，提供并行传送的机制，以减小冲突域，获得高的带宽。一般来讲每个公司的产品的实现技术均会有差异，对网络帧的处理方式一般有以下两种。

① 直通交换：提供线速处理能力，交换机只读出网络帧的前 14 个字节，便将网络帧传送到相应的端口上。

② 存储转发： 通过对网络帧的读取进行验错和控制。

（3）信元交换技术

ATM 技术代表了网络和通信技术发展的未来方向，是解决目前网络通信中众多难题的好方案。ATM 采用固定长度 53 个字节的信元交换，便于用硬件实现。ATM 采用专用的非差别连接，并行运行，可以通过一个交换机同时建立多个节点，但并不会影响每个节点之间的通信能力。

ATM 还容许在源节点和目标节点建立多个虚拟链接，以保障足够的带宽和容错能力。ATM

采用了统计时分电路进行复用，因而能大大提高通道的利用率。ATM 的带宽可以达到 25Mbps、155Mbps、622Mbps 甚至数 Gbps 的传输能力。

9．交换机技术未来发展方向

目前作为代表先进网络发展方向的 3 种技术（第 3 层交换机、虚拟局域网、光交换技术）也开始逐渐应用于交换机中，并不断发展，成为交换机技术未来发展的方向。

（1）第 3 层交换机技术

局域网交换机是工作在 OSI 第 2 层的，可以理解为一个多端口网桥，因此传统上称为第 2 层交换。目前，交换技术已经延伸到 OSI 第 3 层的部分功能，即所谓第 3 层交换。第 3 层交换可以不将广播封包扩散，直接利用动态建立的 MAC 地址来通信，可以看懂第 3 层的信息，如 IP 地址、ARP 等。具有多路广播和虚拟网间基于 IP、IPX 等协议的路由功能，这得益于专用集成电路（ASIC）的加入。把传统的由软件处理的指令改为 ASIC 芯片的嵌入式指令，从而加速了对包的转发和过滤，使得高速路由和服务质量都有了可靠的保证。目前，如果没有接入广域网的需要，在建网方案中一般不再应用价格昂贵、带宽有限的路由器。

第 3 层交换机是带有第 3 层路由功能的第 2 层交换机，但它是二者的有机结合，并不是简单地把路由器设备的硬件和软件叠加在局域网交换机上。从硬件的实现上看，目前，第 2 层交换机的接口模块都是通过高速背板/总线，速率可高达几十吉比特每秒交换数据的。在第 3 层交换机中，与路由器有关的第 3 层路由硬件模块也插接在高速背板/总线上。这种方式使得路由模块可以与需要路由的其他模块高速交换数据，从而突破了传统的外接路由器接口速率的限制。在软件方面，第 3 层交换机也有重大的举措，具体是：对于数据封包的转发，如 IP/IPX 封包的转发，这些有规律的过程通过硬件得以高速实现；通过 ASIC 电路将这些功能集成在一个芯片上，具有设计简单、高可靠性、低电源消耗、更高的性能和成本更低等优点。

对于第 3 层路由软件，如路由信息的更新、路由表维护、路由计算、路由的确定等功能，用优化、高效的软件实现。队列管理方面：由于一个端口的流量必须在输出队列的缓存中保存，不论它的优先级多大，也必须按照先进先出的方式被处理。当队列满的时候，任何超出的部分都将被丢弃。此外，当队列变长时，延时也增加了。因此，许多第 3 层交换机厂商开发了自己的队列管理机制，以提高网络性能。流量管理方面：有些数据流比其他数据流更重要。通过自动流量分类，第 3 层交换机可以指示数据包处理流程区分用户指定的数据流，从而实现低延时、高优先级传输及避免拥塞。安全机制方面：第 3 层交换机提供多种安全机制，并使用流量分类器，管理员可以限制任何被识别的数据流，包括限制对服务器的访问及排除无用的协议广播。这一点是网络技术领域里的突破性进展，即提供线速防火墙。

目前，第 3 层交换机已在网络中得到应用，它优良的性能已经显现出来。很多厂商都推出了自己的第 3 层交换机，但是他们的做法各异且性能表现不同。此外，各厂商出于市场策略的考虑，目前的第 3 层交换机只支持 D/IPX 路由协议，还不能支持其他一些有一定应用领域的专用协议。由此不难看出，第 3 层交换机的出现大大动摇了路由器在网络中的地位。传统的路由器将逐步地退出局域网范围，而在广域网中发挥其作用。

（2）虚拟局域网

随着 ATM 交换技术的广泛应用，给交换网络的网络监视和管理带来了新的挑战。通过将企业网络划分为虚拟网段，可以强化网络管理和网络安全，控制不必要的数据广播。在共享网络中，一个物理的网段就是一个广播域。而在交换网络中，广播域可以是有一组任意选定的第 2 层网络地址（MAC 地址）组成的虚拟网段。这样，网络中工作组的划分可以突破共享网络中的地理位置限制，而完全根据管理功能来划分。这种基于工作流的分组模式，大大提高了网络规划和重组的管理功能。

在同一个 VLAN 中的工作站，不论它们实际与哪个交换机连接，它们之间的通信就好像在独立的集线器上一样。同一个 VLAN 中的广播只有 VLAN 中的成员才能听到，而不会传输到其他的 VLAN 中，这样可以很好地控制不必要的广播风暴的产生。同时，若没有路由的话，不同 VLAN 之间不能相互通信，这样增加了企业网络中不同部门之间的安全性。网络管理员可以通过配置 VLAN 之间的路由来全面管理企业内部不同管理单元之间的信息互访。交换机是根据用户工作站的 MAC 地址来划分 VLAN 的。所以，用户可以自由地在企业网络中移动办公，不论在何处接入交换网络，都能与 VLAN 内其他用户自如地通信。

VLAN 可以是由混合的网络类型设备组成，如 10Mbps 以太网、100Mbps 以太网、令牌网、FDDI、CDDI 等，可以是工作站、服务器、集线器、网络上行骨干等。VLAN 的管理需要比较复杂的专门软件，它通过对用户、MAC 地址、交换机端口号、VLAN 号等管理对象的综合管理，来满足整个网络的划分、监视等功能，以及其他扩展管理功能。现在比较通用的 VLAN 的划分方法是基于 MAC 地址。但也有一些厂商的交换机提供更多的 VLAN 划分方法，如 MAC 地址、协议地址、交换机端口、网络应用类型和用户权限等。

（3）光交换机技术

光纤通信技术的发展为解决传输容量的问题提供了极佳的方案，从理论上讲，光纤在 3.3μm 和 1.5μm 两个波长窗口能够提供几十吉赫兹的可用带宽，随着通信网络逐渐向全光平台发展，网络的优化、路由、保护和自愈功能在光通信领域中越来越重要。光交换机能够保证网络的可靠性和提供灵活的信号路由平台，发展中的全光网络却需要由纯光交换机来完成信号路由功能以实现网络的高速率和协议透明性。目前已有多种商用光电和光机械交换机，基于热学、液晶、声学、微机电技术的光交换机也在研究开发中。

① 光电交换机。光电交换机内包含带有光电晶体材料的波导。交换机通常在 I/O 端各有两个波导，波导之间有两个波导通路，构成 MachZennder 干涉结构。这种结构可实现 1×2 和 2×2 的交换配置。最近采用钡钛材料的波导交换机已开发成功，这种交换机使用了一种分子束取相附生的技术，与以往交换机相比，新的交换机使用的驱动电能少。光电交换机的主要优点就是交换速度较快，可达到 μs 级。缺点是：介入损耗、极化损耗和串音都比较严重，对电漂移较敏感，需要较高工作电压，限制了光电交换机的商用。

② 光机械交换机。光机械交换机通过移动光纤终端或棱镜束来将光线引导或反射到输出光纤，实现输入光信号的机械交换。光机械交换机交换速度为毫秒级，但它成本较低，设计简单和光性能较好，因而得到广泛应用。光机械交换机最适合应用于 1×2 和 2×2 的配置中，可以很方便地构建小规模的矩阵无阻塞 M×N 光交换机。通过使用多级的配置也可以实现大规模（如 64×64）的局部阻塞交换机。

③ 热光交换机。热光交换机采用可调节热量的聚合体波导。交换由分布于聚合体堆中的薄膜加热元素控制。当电流通过加热器时，它改变波导分支区域内的热量分布，从而改变折射率，将光从主波导引导自目的分支波导。热光交换机体积非常小，能实现微秒级的交换速度。缺点是：介入损耗较高、串音较严重、消光率较低，耗电量较大，要求散热良好。

④ 液晶光交换机。液晶光交换机内包含有液晶片、极化光束分离器（PBS）或光束调相器。液晶片的作用是旋转入射光的极化角，当电极上没有电压时，经过液晶片的光线极化角旋转 90°；当有电压加在液晶片的电极上时，入射光束将维持它的初化状态不变。PBS 或光束调相器起路由器的作用，将信号引导到目的端口。对极化敏感或不敏感的矩阵交换机都能利用

这种技术。当使用向列的液晶时，交换机的交换速度大约为100ms，当使用铁电的液晶时，交换速度为10μs。使用液晶技术可以构造多层交换机，缺点是损耗、热漂移量较大，串音较严重，驱动电路复杂。

⑤ 基于声光技术的光交换机。基于声光技术的光交换机，通过在光媒体中加入横向声波，可以将光线从一根光纤准确地引导到另一根光纤。声光交换机可以实现 μs 级的交换速度，可方便地构成端口较少的交换机。但它不适合用于矩阵交换机，因为这需要复杂的系统来改变频率控制交换机。声光交换机衰耗随波长变化，驱动电路复杂。

据预测，光子网络将是下一代光互联网的基础，需要不受限地承载数字信息，这些将促进光交换技术的不断发展。在评价一种新的光交换技术时，必须考虑以下几个关键指标：系统具有长期可靠性；低损耗；低串音，典型的隔离度要求为40dB或50dB；保持对温度的稳定性，不需精确温控电路；快速切换，切换速率必须控制在毫秒级以下；宽工作窗口，光开关需要工作在从1300nm～1650nm的整个带宽上；低的技术成本。光交换机技术代表了交换机发展的未来方向，将是未来网络互联的关键设备。

10．路由器

（1）路由器的基本概念

路由器在计算机网络中用来寻找传输数据最佳路径。路由器是一种典型的网络层设备，它在两个局域网之间按帧传输数据，在OSI参考模型中被称为中介系统，完成网络层中继或第3层中继的任务。路由器负责在两个局域网的网络层间按帧传输数据，转发帧时需要改变帧中的地址。

（2）路由器的功能

路由器用于连接多个逻辑上分开的网络。路由器具有判断网络地址和选择路径的功能，它能在多网络互联环境中建立灵活的连接，可用完全不同的数据分组和媒体访问方法连接各种子网。路由器只接受源站或其他路由器的信息，属网络层的一种互联设备。它不关心各子网使用的硬件设备，但要求运行与网络层协议相一致的软件。路由器分本地路由器和远程路由器，本地路由器是用来连接网络传输媒体。远程路由器是用来连接远程传输媒体。

路由器的主要工作就是为经过路由器的每个数据帧寻找一条最佳传输路径，并将该数据有效地传送到目的站点。因此，选择最佳路径的策略（即路由算法）是路由器的关键所在。为此，在路由器中保存着各种传输路径的相关数据——路径表（Routing Rable），供路由选择时使用。路径中保存着子网的标志信息、网上路由器的个数和下一个路由器的名字等内容。路径表可以是由系统管理员固定设置好的，也可以由系统动态修改；可以由路由器自动调整，也可以由主机控制。路径表又可分为两种：静态路径表和动态路径表。

路由器的主要优点有：适用于大规模的网络；复杂的网络拓扑结构，负载共享和最优路径；能更好地处理多媒体；安全性高；隔离不需要的通信量；节省局域网的频宽；减少主机负担。路由器的主要缺点有：不支持非路由协议；安装复杂；价格高。

路由器的功能如下。

（1）在网络间截获发送到远地网段的报文，起转发的作用。

（2）选择最合理的路由，引导通信。为此，路由器要按照某种路由通信协议，查找路由表，路由表中列出整个互联网络中包含的各个节点，以及节点间的路径情况和与它们相联系的传输费用。如果到特定的节点有一条以上路径，则基于预先确定的准则选择最优（最经济）的路径。由于各种网络段及其相互连接情况可能发生变化，因此路由情况的信息需要及时更新，这是由所使用的路由信息协议规定的定时更新或者按变化情况更新来完成。每个路由器按照这一规则动态地更新它所保持的路由表，以便保持有效的路由信息。

（3）路由器在转发报文的过程中，为了便于在网络间传送报文，按照预定的规则把大的数据包分解成适当大小的数据包，到达目的地后再把分解的数据包包装成原有形式。

（4）多协议的路由器可以连接使用不同通信协议的网络段，作为不同通信协议网络段通信连接的平台。

（5）路由器的主要任务是路由选择，是通过网络地址分解完成的。分层寻址允许路由器对有很多个节点站的网络存储寻址信息。在广域网范围内的路由器按其转发报文的性能可以分为两种类型，即中间节点路由器和边界路由器。尽管在不断改进的各种路由协议中，对这两类路由器所使用的名称可能有很大的差别，但所发挥的作用却是一样的。中间节点路由器在网络中传输时，提供报文的存储和转发。同时根据当前的路由表所保持的路由信息情况，选择最好的路径传送报文。由多个互联的LAN组成的公司或企业网络一侧和外界广域网相连接的路由器，就是这个企业网络的边界路由器。它从外部广域网收集向本企业网络寻址的信息，转发到企业网络中有关的网络段；另一方面集中企业网络中各个LAN段向外部广域网发送的报文，对相关的报文确定最好的传输路径。

路由器除路由选择功能外，还具有网络流量控制功能。

购买路由器时，需要根据自己的实际情况，选择自己需要的网络协议的路由器。近年来出现了交换路由器产品，从本质上来说它不是什么新技术，而是为了提高通信能力，把交换机的原理组合到路由器中，使数据传输更快、更好。

11．路由器的工作原理

路由器是一种主动的、智能的网络结点设备，可以参与子网络的管理及网络资源的动态管理。异种网络互联或多个子网互联一般都采用路由器。路由器与网桥的区别在于：路由器在网络层提供连接服务，用路由器连接的网络可以在数据链路层和物理层使用完全不同的协议。

由于路由器操作的OSI层次比网桥高，因此路由器提供的服务更为完善。路由器可根据传输费用、转接时延、网络拥塞或信源和终点间的距离来选择最佳路径。路由器的服务通常要由端用户设备明确地请求，它处理的仅仅是由其他端用户设备要求寻址的报文。路由器与网桥的另一个重要差别是，路由器了解整个网络，维持互联网络的拓扑，了解网络的状态，因而可使用最有效的路径发送包。路由器的原理以及关键技术就是寻址与路由选择。

12．路由器的分类

按照不同的划分方法，路由器也可以分为不同的种类。

（1）按照使用的协议分为单协议路由器和多协议路由器。单协议路由器仅支持某一种特定的协议，使用范围当然也会受到限制；多协议路由器可支持多种协议，并可提供一种管理手段来决定是否支持某种协议，但是它本身不具备多种协议间的转换功能。

（2）按照路由器使用的场所分为本地路由器和远端路由器。本地（Local）路由器用于连接网络传输媒体，如光纤、同轴电缆、双绞线等；远端（Remote）路由器主要是用于连接远程传输媒体，连接远端子网或个人网络用户进入骨干网。

（3）按照应用的性能及价格高低分为高端、中端和低端路由器。路由器的中低端产品主要用于连接骨干网设备和小规模端点的接入；高端产品主要用于骨干网之间的互联以及骨干网与互联网的连接。

根据路由器的方便管理与配置与否，价格因素，路由器产品的投资费用，路由器的运行、维护费用，以及由路由器性能引起的广域网通信费用的节约或浪费，网络的规模大小和网络数据流量的多少以及安全稳定等因素，来决定购买高档、中档还是低档路由器。

13. 中继器（Repeater）

中继器又称重发器，是最为简单但用得最多的互连设备，主要负责在两个节点的物理层上按位传递信息，完成信号的复制、调整和放大功能，以此来延长网络的长度。中继器仅适用于以太网，可将两段或两段以上以太网互联起来。中继器只对电缆上传输的数据信号放大，再重发到其他电缆段上。对链路层以上的协议来说，用中继器互联起来的若干段电缆与单根电缆并无区别（有中继器本身引起的时间延迟）。

（1）中继器的功能特点

中继器仅在所连接的网段间进行信息的简单复制，而不是进行识别（即过滤）。由于局域网的数据传输距离受到信号衰减的限制，因此，当企业用户仅仅希望扩大网络信号的传输距离时，一般使用中继器。使用中继器连接的局域网段之间没有隔离层，所以整个网络可以看成是一个被扩大的单一类型的局域网。

中继器在 OSI 的物理层上实现局域网的互联。中继器只能连接具有同样协议的局域网。通常，中继器既不能控制路由选择，也没有管理能力，只能对电气信号进行简单的放大。中继器所能增加的网络传输距离与传输媒体有关。

（2）使用中继器的注意事项

一般情况下，中继器的两端连接的是相同的媒体，但有的中继器也可以完成不同媒体的转接工作。以太网络标准中就约定了一个以太网上只允许出现 5 个网段，最多使用 4 个中继器，而且其中只有 3 个网段可以挂接计算机终端。考虑到延时及衰耗等原因，局域网中用中继器的数目不宜太多。

14. 网桥

当局域网上的用户数量和工作站数增加时，局域网上的通信量也随之增加，引起性能下降，特别是使用 IEEE 802.3 CSMA/CD 访问方法的局域网更为突出。解决办法是将网络进行分段，以减少网络上的用户数和通信量。将网络进行分段的设备便是网桥。

（1）网桥的基本概念

网桥是在数据链路层实现网络的互联，适合于结构相似的网络，特别是局域网之间的互联。在数据链路层，可实现中继器的功能，将负载过重的网络分开成两个网段，提高网络利用率。网桥可连接不同的线缆，如双绞线和同轴电缆；使用网桥可以实现不同的网段间的数据传输。网桥可以转发所有广播数据包，但是不能避免网络风暴。网桥具备过滤功能，它检查帧的目的地址、协议等信息，将需要传送的帧送出去，把属于本地网络的帧留下，从而减少网络层的信息流量。网间通信从网桥传送，而网络内部的通信被网桥隔离。网桥检查帧的源地址和目的地址，如果目的地址和源地址不在同一个网络段上，就把帧转发到另一个网络段上；若两个地址在同一个网络段上，则不转发，所以网桥能起到过滤帧的作用。

网桥的帧过滤特性很有用，当一个网络由于负载很重而性能下降时，可以用网桥把它分成两个网络段，并使得段间的通信量保持最小。

（2）网桥的功能

网桥的功能在延长网络跨度上类似于中继器，但它能提供智能化连接服务，即根据帧的终点地址处于哪一网段来进行转发和滤除。网桥对站点所处网段的了解是靠“自学习”实现的。网桥还能起到隔离作用。此外，网桥在一定条件下具有增加网络带宽的作用。

（3）网桥与中继器、路由器的比较

网桥是处于中继器与路由器之间的网络连接设备。网桥比中继器精明得多，它能将一个较大的局域网分割为多个网段，或将两个以上的局域网互联为一个逻辑局域网。

网桥主要用于数据链路层和媒体访问控制（MAC）子层的互联操作。互联设备操作层次越高，功能就越多。

网桥的存储和转发功能与中继器相比，有优点也有缺点。其优点是：使用网桥进行互联克服了物理限制，这意味着构成局域网的数据站总数和网段数很容易扩充。网桥纳入存储和转发功能可使其适应于连接使用不同 MAC 协议的两个局域网，因而构成一个不同局域网混连在一起的混合网络环境。网桥的中继功能仅仅依赖于 MAC 帧的地址，因而对高层协议完全透明。网桥将一个较大的网络分成段，有利于改善可靠性、可用性和安全性。

网桥与中继器相比，存在的主要缺点是： 由于网桥在执行转发前先接收帧并进行缓冲，与中继器相比会引入时延；由于网桥不提供流控功能，因此在流量较大时有可能使其过载，从而造成帧的丢失。

路由器与网桥的重要差别是： 路由器了解整个网络，维持互联网络的拓扑，了解网络的状态，因而可使用最有效的路径发送包。网桥与路由器的具体比较如表 2-3 所示。

表 2-3 网桥与路由器的比较

比较项目	网桥	路由器	比较项目	网桥	路由器
中继层次	数据链路层	网络层	网络地址	不支持	支持
互联网络	同种类型	同种或异种类型	通向目的路径数目	单条	可有多条
网络规模		大	协议透明性	对上层透明	转发相同网络层协议
不同速率的网络连接			时延		较大
防火墙功能			网络兼容性	较弱	强

（4）网桥的使用

网桥可以忽略上层的网络协议，而使用统一的帧格式连接 DECnet、TCP/IP 或 XNS 等网络。网桥一方面通过一致的协议连接不同的网段，使物理上相对独立的几个局域网在逻辑上看起来是一个网络。另一方面，它将局域网分成离散的网段，不但可以有效地消除拥挤，提高网络性能，还可以方便网络控制和管理。随着交换技术的发展，网桥必将被交换机所代替。这是因为网络交换机不仅结合了电话交换机和网桥的技术，而且大大提高了端口的密度。从技术上说，交换机完全可以取代网桥。

（5）网桥的种类

根据两个不同的网段所处的位置，可以将网桥分为本地网桥和远程网桥两种。网桥根据功能和实现方法划分为透明网桥、源路由网桥、转换网桥等。

15．网关（Gateway）

由网关设备连接不同类型而且通信协议不同的网络。网关是一种充当转换重任的计算机系统或设备。在使用不同的通信协议、数据格式或语言，甚至体系结构完全不同的两种系统之间，网关是一个翻译器。网关对收到的信息要重新打包，以适应目的系统的需求。网关也可以提供过滤和安全功能。大多数网关运行在 OSI 模型的应用层。

网关是一种复杂的网络连接设备，它工作在 OSI 的高 3 层（会话层、表示层和应用层），它用于连接网络层之上执行不同协议的子网，组成异构的互连网络。网关具有对不兼容的高层协议进行转换的功能。

常见的网关：IBM 主机网关；局域网网关；电子邮件网关；Internet 网关。

网关提供的服务是全方位的。网关的实现非常复杂，工作效率难以提高，一般只提供有限的几种协议的转换功能。常见的网关设备都是用于网络中心的大型计算机系统之间的连接，为访问更多类型的大型计算机系统提供帮助。当然，有些网关可以通过软件来实现协议转换操作，并能起到与硬件类似的作用。但它是以损耗机器的运行时间来实现的。

网关的功能：完成互联网络间协议的转换；完成报文的存储转发和流量控制；完成应用层的互通及互联网络间的网络管理功能；提供虚电路接口及相应的服务。

网关与网桥的区别：网关用来实现不同局域网的连接；网关建在应用层，网桥建在数据链路层；网关比网桥有一个主要的优势，即可以将具有不相容的地址格式的网络连接起来。

2.9.3　无线局域网连接产品

无线局域网（Wireless Local Area Network，WLAN），定位于无线连接、移动办公领域。国内的无线局域网主流处于 802.11b 标准时期。802.11b 标准是基于工业/科学/医学（ISM）频段的 2.4GHz（2.4GHz～2.4835GHz），使用直序扩频方式，传输速率通常为 1Mbps～11Mbps，可随信号条件在 1Mbps、2Mbps、5.5Mbps、11Mbps 之间自动调整。

1．无线局域网连接设备

（1）无线局域网设备的组成及功能

无线局域网设备由无线客户端和访问单元（Access Point，AP）组成，有时为了增加无线网络的传输（连接）距离，还包括高增益定向天线。无线网络的客户端通过微波与 AP 相连，AP 还提供以太网接口，以方便超出传统传输媒体连接范围的两个局域网互联，因此 AP 也被称为无线网桥。

无线局域网设备提供一种快速接入以太网的方式。因此，AP 的首要作用是将无线局域网快速接入以太网；其次，AP 要将每个无线网络的客户端（带有无线网卡的客户机）连接到一起。AP 的典型室内覆盖范围是 30～100m，如果配以高增益定向天线，可以使无线局域网延伸至几十千米的距离。一些厂商生产的 AP 还可以互联，以增加无线局域网的覆盖范围。

无线客户端即配有无线网卡的计算机，目前无线网卡都是 PCMCIA 卡。如果要安装到台式机中，还需要配备转接器（使用 ISA、PCI、USB 接口便于安装到计算机）。

（2）工作模式及基本原理

无线局域网的客户端通过 AP 接入以太网或者通过 AP 彼此共享资源，这就是无线局域网最典型的工作模式，通常被称为构架（Infrastructure）模式。此外，客户端还可以不通过 AP 直接相连，这种工作模式被称为对等模式，这与移动通信网络的工作模式十分相似。同时，由于 AP 的覆盖范围有限，无线网络客户端可以像手机用户一样在多个 AP 覆盖范围间漫游（此时 AP 类似于手机机站，无线客户端类似手机）。

无线局域网采用 CSMA/CA（带冲突避免的载波监听多路访问）技术，而局域网采用 CSMA/CD（带有冲突检测的载波监听多路访问）技术。在相同标称速率下，无线局域网的传输效率要远低于传统局域网。此外，无线局域网的数据帧格式也与以太网不同。由于无线局域网摆脱了线缆的束缚，所以无线局域网是传统以太网的有益补充。

无线局域网适用于在一些特殊（不方便布线或者没有布线条件）的场所，如银行监控、大型车间、装修好的家庭内部、急诊室、室外、会议现场等场所。

（3）无线局域网产品的发展趋势

基于 802.11b 标准的无线局域网产品已经十分成熟，无线局域网产品的发展趋势是多样化、集成化。无线局域网产品厂商正在努力提供面向各个领域、不同层次无线产品，包括无线局域网到以太网的接口、集成 WLAN AP 和以太网集线器的功能并支持 Internet 连接共享的家庭网关等。这样，基于 802.11b 标准的无线局域网产品可能会比蓝牙技术、HorneRF 技术更早进入家庭网络。

由于基于 802.11b 标准的无线局域网产品的无线带宽的局限（最大 11Mbps），很多厂商把发展的眼光投向了基于 802.11a 标准的无线局域网产品。基于 802.11a 标准支持最高带宽为 54Mbps，但是由于所处的频段不同，基于 802.11b 标准的无线局域网很难像以太网升级一样方便地升级到基于 802.1la 标准的无线局域网。

2. 无线局域网连接产品

目前，由于基于 802.11b 标准的无线局域网产品技术成熟，使用方便，因此市场上的无线局域网产品以 802.11b 无线局域网为主。

无线局域网产品是解决企业网络子网之间由于传输距离等问题造成的连接瓶颈的最佳方法。此外，企业网络在寻求无线局域网解决方案时，还应当考虑到各子网是否对相互之间通信的数据流量不高、是否对通信质量要求没有特殊要求。

购买无线局域网产品时，注意考虑选购、支持用户数量、安全等方面。

无线局域网产品受环境的影响比较严重。虽然天线通常是散射信号，且微波具有一定的穿透性，但是周边环境包括电磁干扰甚至建筑物结构屏蔽都会影响到传输质量及无线用户端的接入。企业用户在购买无线局域网产品时要经过实际环境的测试。

部分无线局域网产品的 AP 限定了无线用户的接入数量，但用户数多价格也相对较高。

很多企业用户使用无线局域网产品的目的是让其充当中继器或网桥，以扩充企业网络的分布范围，解决有线传输媒体因传输距离有限的限制，或者解决特殊环境无法布线的问题。通常的做法是在子网交换机上接 AP，然后在骨干网交换机上也接上 AP，使布线受到限制的子网通过无线，接入骨干网。

无线局域网是共享带宽的，所有的信息都将在开放的空间中传输，而且不需要网线连接。无线局域网有一定的覆盖范围（如果只使用 AP 自带的普通天线时，AP 的覆盖范围一般为周围 30～100m）和穿透性。从理论上讲，入侵者只要在其覆盖范围内放置微波接收装置就可以对网络进行监听，甚至只要在相关范围内的隐蔽处安放无线局域网客户端（装有同型号无线网卡的计算机）就可以接入网络，访问网络资源，这是十分危险的。不过一般的无线局域网产品厂商都采用了一定的防范措施来提高网络的安全性。常见的安全措施主要有服务区标识符（Service Set ID，SSID）、地址限制和加密传输等。

服务区标识符技术实际上是一种安全认证技术。通过对多个 AP 设置不同的 SSID，并强迫客户端在接入时必须提供 SSID，这样就可以允许不同群组用户的接入，并对资源访问的权限进行限制。

服务区标识符是较低级别的安全认证，因为任何人只要知道 SSID 就可以接入网络。地址限制就解决了这方面问题。通过在 AP 上设置允许接入的客户端网卡的 MAC 地址来杜绝非授权访问。但是由于无线网卡的 MAC 地址的获取十分容易，在理论上也比较容易伪造，因此地址限制也是较低级别的安全认证。此外，不论是服务区标识符还是地址限制都无法有效地防止网络监听。

WEP（Wired Equivalent Privacy）需要在 AP 和客户端设置同样的密匙，通常采用 40 位（有时厂商也称其为 64 位）或 128 位（非标准）长度，由于算法的加密强度限制，WEP 已经被认为是在计算上容易破解的。对于使用 WEP 加密传输的用户，为了提高无线局域网的安全性采用尽量长的密匙并经常更换。

为了满足一些对安全性要求较高用户（如军队、政府机关、银行等）的要求，一些无线局域网厂商在 AP 中加入了 RADIUS（Remote Authentication Dial-In User Service）等业界标准认证服务的支持，这样就实现了网络操作系统和无线局域网设备的认证集成，具有了较高的安全性。另外，这类用户还可以采用 VPN（虚拟专用网络）等方式来增强本网络中无线部分的安全性。

总之，对安全性的需求是由企业用户的应用需求决定的。一般的用户通过 SSID、地址限制、WEP 技术相结合，就可以满足安全需要。用户在选购过程中一定要注意。

2.10 控制网络与信息网络

2.10.1 控制网络与信息网络的区别

工业控制系统特别强调可靠性和实时性。用于测量与控制的数据通信的主要特点是：允许对实时响应的事件进行驱动通信，具有很高的数据完整性，在电磁干扰和有地电位差的情况下能正常工作，多使用专用的通信网等。

控制网络与信息网络的具体区别如下。

（1）控制网络中数据传输的及时性和系统响应的实时性是控制系统最基本的要求。一般来说，过程控制系统的响应时间要求为 0.01～0.5s，制造自动化系统的响应时间要求为 0.5～2.0s，信息网络的响应时间要求为 2.0～6.0s。在信息网络的大部分使用中实时性是忽略的。

（2）控制网络强调在恶劣环境下数据传输的完整性、可靠性。控制网络应具有在高温、潮湿、震动、腐蚀、电磁干扰等工业环境中长时间、连续、可靠、完整地传送数据的能力，并能抗工业电网的浪涌、跌落和尖峰干扰。在易燃易爆场合，控制网络还具有本质安全性能。

（3）在企业自动化系统中，由于分散的单一用户要借助控制网络进入某个系统，通信方式多使用广播或组播方式；在信息网络中某个自主系统与另一个自主系统一般都使用一对一通信方式。

（4）控制网络必须解决多家公司产品和系统在同一网络中的互操作问题。

2.10.2 控制网络与信息网络的互联

只要给智能设备进行 IP 地址编址，并安装上 Web 服务器，便可以获得测量控制设备的参数，人们也就可以通过 Internet 与智能设备进行交互。

在计算机网络技术的推动下，控制系统向开放性、智能化与网络化方向发展，产生了控制网络 Infranet。在此之前，基于 Web 的信息网络 Intranet 成为企业内部信息网的主流。相对而言，控制网络是一个新技术，其相关技术还正在发展中。

1．控制网络与信息网络互联的基础及必要性

Intranet 有简单易用的通用标准，WWW 和浏览器使用户越过复杂的技术而获得 Intranet 的益处，Infranet 只有在建立通用标准和协议之后，才能真正进入市场。LonWorks 可以实现 Intranet 与 Infranet 的互联。Infranet 在技术上依赖于 Internet，而 Infranet 对自身要求较特殊，控制网络相对较小，成本低，网络流通量的需求减少，响应时间短等；通过建立控制所需的优化、可靠的网络平台，把智能设备接入，实现将家庭、办公室和企业连成一体的分布式控制网络。企业内部控制网络与信息网络既相互独立又相互联系，为企业生产传递信息，并为生产控制、计划决策、销售管理提供全面信息服务，Infranet 与 Intranet 的互联为企业综合自动化（Computer Integrated Plant Automation，CIPA）提供了条件，它们的互联是网络未来的发展趋势。如何实现 Infranet 与 Intranet 的无缝连接以满足企业的需要，是网络技术的热点问题。

控制网络与信息网络互联具有如下重要意义。

（1）控制网络与企业网络之间互联，建立综合实时的信息库，有利于管理层的决策。

（2）现场控制信息和生产实时信息能及时在企业网内交换。

（3）建立分布式数据库管理系统，使数据保持一致性、完整性和互操作性。

（4）对控制网络进行远程监控、远程诊断、维护等，节省大量的投资和人力。

（5）为企业提供完善的信息资源，在完成内部管理的同时，加强与外部信息的交流。

2．控制网络与信息网络互联的技术特点

控制网络与信息网络，可以通过网关或路由器进行互联。由于控制网络的特殊性，其互联的网关、路由器与一般商用网络不同，它要求容易实现 IP 地址编址，能方便地实现 Infranet 与 Intranet 之间异构网的数据格式转换等，因此开发高性能、高可靠性、低成本的网关、路由器产品是目前的迫切任务。

控制网络不同于一般的信息网络，控制网络主要用于生产、生活设备的自动控制，对生产过程状态进行检测、监视与控制。它有自身的技术特点：

（1）要求节点有高度的实时性。

（2）容错能力强，具有高可靠性和安全性。

（3）控制网络协议实用、简单、可靠。

（4）控制网络结构的分散性。

（5）现场控制设备的智能化和功能自治性。

（6）网络数据传输量小和节点处理能力需要减小。

（7）性能价格比高。

2.10.3 控制网络与信息网络互联技术在控制领域的应用

1. Internet 对传统控制系统的影响

传统的控制系统以单片机、PC、PLC 为主，总线一般采用 PCI、STD、VXI 等总线。一般采用集中控制方式，需要实时操作系统和一定的图形化界面，其基本调节器是微型计算机，难以实现完全分散控制。随着局域网技术的成熟与完善，出现了基于LAN的集散控制系统(DCS)，但 DCS 还是封闭式的专用通信、集中与分散结合的控制体系；DCS 大部分为模拟数字混合的系统，并未形成从控制设备到计算机的完整网络，且 LAN 主要用于中、低速的分布式控制系统网络。

2. Infranet 和 Intranet 与现场总线的结合

现场总线将工业过程现场的智能仪表和装置作为节点，通过网络将节点连同控制室内的仪表和控制装置连成控制系统，这种基于现场总线的开放型分散控制系统（FCS）即第五代控制系统。它打破了 DCS 专用通信的局限性，采用公开、标准的通信协议，控制功能完全分散到现场的智能仪表及装置上，即使计算机出现故障，控制系统也不会瘫痪；把 DCS 系统集中与分散结合的集散结构改变成全分散式结构，基于现场总线的 FCS 和集散控制系统均是 Infranet，因此现场总线出现形成的低层网络也称为 Infranet。Infranet 和 Intranet 与现场总线的结合，使传统的、封闭的、僵化的集中式控制系统正在被开放的、灵活的、网络化控制系统替代，用 FCS 系统替代模拟数字混合的 DCS 已成为控制系统的发展方向，从而在此基础上把自动化仪表及控制系统带入“综合自动化”的更高层次。

目前，控制系统的设计用网络化、分散化、开放性等概念改造传统控制的集中模式。网络上的节点不仅有计算机、工作站，还有智能测控仪表。从信息网络与控制网络的体系结构发展来看两者相似，以 Internet 为基础的信息网络在技术上优先于控制网络，其技术上成熟的新思想、新理论已融入控制网络。当传统 DCS 系统逐渐被现场总线控制网络取代后，建立新型网络结构——现场总线控制网络便成为可能。

2.10.4 控制网络的规划设计

计算机控制网络系统的规划、实施及以后的维护和管理工作一般应由专门技术人员来进行，并按照“系统”的观点，采用系统工程的方法进行网络的规划工作，主要内容包括以下几部分。

1. 用户需求分析

用户需求分析最终应得出对网络系统的 5 个方面的调查和分析，形成用户需求报告。

（1）网络的地理分布：

- 网络需设多少站点及其各站点的位置。
- 用户间的最大距离。
- 用户群组织，即在同一楼里或同一楼层的用户。
- 特殊需求和限制。

（2）用户设备的类型：

- 终端——没有本地处理能力的设备。

- 个人计算机——具有本地处理能力的单用户或多用户个人计算机。
- 主机及服务器——具有本地处理能力的多用户设备。
- 模拟设备——电话、传感器、视频设备。

（3）网络服务与网络功能：

- 数据库和程序的共享。
- 文件的传送和存取。
- 用户设备之间的逻辑连接。
- 电子邮件。
- 网络互联。
- 虚拟终端。

（4）通信类型和通信量

- 数据——在计算机之间需要自动交换的数据。
- 视频信号——电视信号、电视会议的摄像机信号。
- 声音信号——电话信号、音响信号等。

（5）容量与性能：

- 网络容量指在任何时间间隔内，网络能承受的通信量。
- 网络规划时，只有掌握了网络上所负担的通信量以及用户对响应时间的需求，才能选择网络的类型及其配置，以满足用户的需求。

2．系统分析与设计

系统分析与设计是根据用户需求报告，提出相应的解决方案，并从技术上和经费上论证其可行性。通过可行性分析可以提出一个解决用户问题的网络体系结构，它应包括以下 4 方面内容。

（1）传输方式——确定传输方式是采用基带传输还是宽带传输，确定通信类型及通道数、通信容量及数据传输速度，从而确定网络设备。

（2）用户接口——确定用户工作站类型、容量，及其支持的协议和主机类型。

（3）服务器——选择服务器类型、容量及其支持的协议。

（4）网络管理能力——规定网络管理、网络控制、网络安全的具体要求。

3．系统的安装、培训及维护

网络系统的整个安装过程均应有用户参与，并在安装过程中对用户骨干进行培训，使用户能够了解网络安装的各个方面。做好安装的记录工作，如系统的软件安装过程、硬件安装过程以及实际布线图等，有助于今后的网络维护工作。安装一般包括以下 3 项内容。

（1）传输媒体的选择和布线——传输媒体的安排、连接，即为网络布线。网络布线是一项较为烦琐的工作，且极为重要，直接影响网路的质量，因而必须用工程的方法进行，要做好文档工作，为今后的管理和维护提供参考依据。

（2）用户工作站的安装——用户工作站要接入网络，一般应有确定的网络接口和相应的工作站软件。工作站的安装应包括网络接口的安装和工作站软件的安装。

（3）网络服务器的安装——将服务器连接到网络为用户提供各种服务，如文件服务、打印服务、电子邮件等。服务器上应安装网络操作系统及相关的网络服务软件模块。

4．控制网络的类型及其相互关系

从工业自动化与信息化层次模型来说，控制网络可分为面向设备的现场总线控制网络与面向自动化的主干控制网络。在主干控制网络中，现场总线作为主干控制网络的一个接入节点。从发展的角度看，设备层和自动化层也可以合二为一，从而形成一个统一的控制网络层。从网络的组网技术来分，控制网络通常有两类：共享式控制网络和交换式控制网络。控制网络的类型及其相互关系如图 2-46 所示。

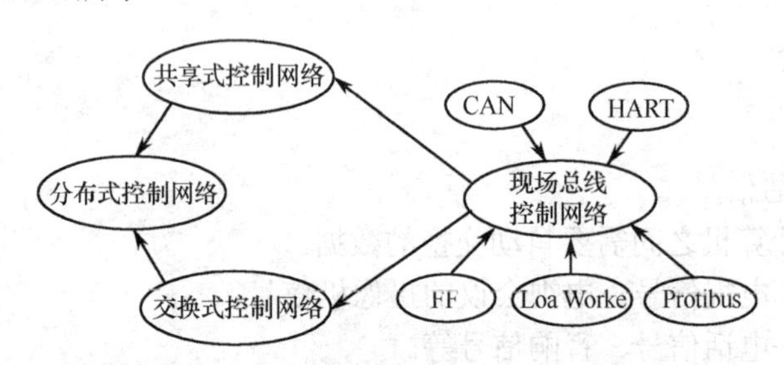

图 2-46　控制网络的类型及其相互关系

共享总线网络结构既可应用于一般控制网络，也可应用于现场总线。以太控制网络在共享总线网络结构中应用最广泛。

交换式控制网络具有组网灵活方便，性能好，便于组建虚拟控制网络等优点，已得到实际应用，并具有良好的应用前景。交换式控制网络比较适用于组建高层控制网络。交换式控制网络尽管还处于发展阶段，但它是一个具有发展潜力的控制网络。以太控制网络和分布式控制网络是控制网络发展的新技术，代表控制网络发展的方向。

2.11　控制网络与信息网络的集成

2.11.1　控制网络与信息网络集成的目标

控制网络与信息网络集成的目标是实现管理与控制一体化的、统一的、集成的企业网络。企业要实现高效率、高效益、高柔性，必须有一个高效的、统一的企业网络支持。企业网络的逻辑集成框架如图 2-47 所示。

实现控制网络与信息网络的无缝集成，形成一个统一的、集成的企业网络的策略如下。

（1）将信息网络与自动化层的控制网络统一组网，融为一体，然后通过路由器与设备层控制网络（如现场总线控制网络）进行互联，从而形成统一的企业网络，如图 2-48 所示。

（2）各现场设备的控制功能由嵌入式系统实现，嵌入式系统通过网络接口接入控制网络。该控制网络与信息网络统一构建，从而形成集成的企业网络，如图 2-49 所示。

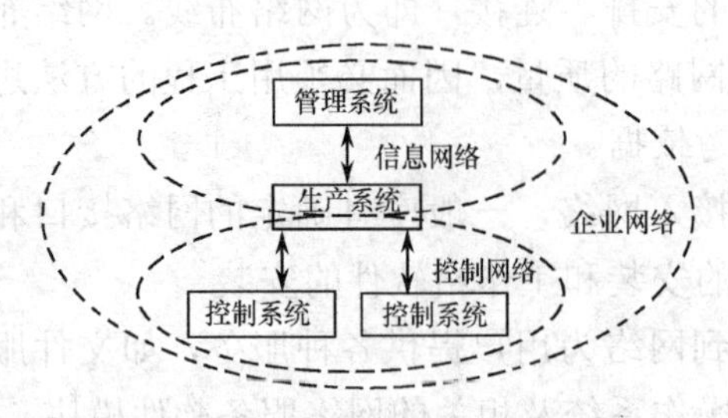

图 2-47　企业网络的逻辑集成框架

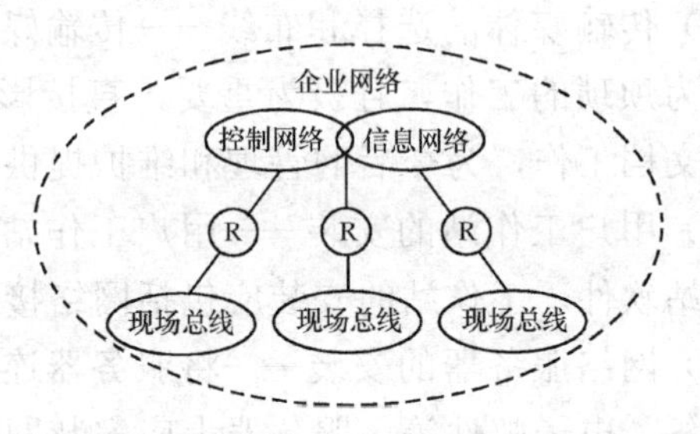

图 2-48　通过互联构建集成的企业网络

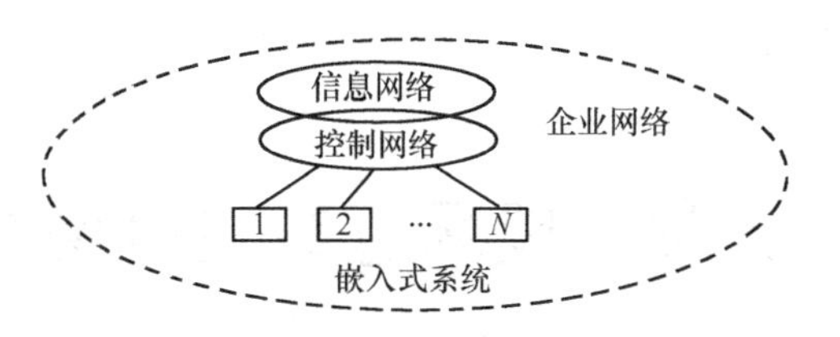

图 2-49　通过嵌入式系统构建集成的企业网络

2.11.2　控制网络与信息网络集成技术

控制网络与信息网络的集成技术主要有以下几种。

（1）控制网络与信息网络集成的互联技术。一般来说，控制网络与信息网络是两类具有不同功能、不同结构和不同形式的网络。实现控制网络与信息网络的互联是控制网络与信息网络集成的基本技术之一。通常采用的网络互联方法有网关和路由器。通常采用的网络扩展方法有网桥和中继器。Web 技术在控制网络与信息网络互联中已得到实际应用。

（2）控制网络与信息网络集成的远程通信技术。远程通信技术有利用调制解调器的数据通信、基于 TCP/IP 的远程通信，包括应用 TCP/IP 中的 FTP 协议和 PPP 协议。

（3）控制网络与信息网络集成的动态数据交换技术。当控制网络与信息网络有一共享工作站或通信处理机时，可通过动态数据交换技术实现控制网络中实时数据与信息网络中数据库数据的动态交换，从而实现控制网络与信息网络的集成。

（4）控制网络与信息网络集成的数据库访问技术。信息网络一般采用开放数据库系统，这样，通过数据库访问技术可实现控制网络与信息网络的集成。信息网络 Intranet 的一个浏览器接入控制网络，基于 Web 技术，通过该浏览器可与信息网络数据库进行动态、交互式的信息交换，实现控制网络与信息网络的集成。

2.11.3　控制网络技术的展望

为了更好地实现控制网络与信息网络的集成，为了克服现场总线的不足，除了继续研究现有的现场总线控制网络技术外，需要不断地开拓研究控制网络的新技术，如以太控制网络和分布式控制网络等。

以太控制网络进军自动化领域，并占据了一定的控制网络市场，形成与现场总线控制网络的竞争态势。

（1）以太控制网络正在工业自动化和过程控制市场迅速增长。

（2）以太网是目前应用最广泛的局域网技术，它具有开放性、低成本和广泛应用的软硬件支持等明显优势。以太网是很有发展前景的一种现场控制网络。

（3）以太控制网络最典型的应用形式是 Ethernet＋TCP/IP，即底层是 Ethernet，网络层和传输层采用 TCP/IP。

（4）随着实时嵌入式操作系统和嵌入式平台的发展，嵌入式控制器、智能现场测控仪表和传感器将方便地接入以太控制网络，直至与 Internet 相连。预计以太控制网络将最终到达所有传感器和执行器。

（5）Web 技术和 Ethernet 技术的结合，将实现生产过程的远程监控、远程设备管理、远程软件维护和远程设备诊断。

（6）以太控制网络容易与信息网络集成，组建统一的企业网络。

此外，分布式控制网络已呈快速发展的势头，迅速在各类工程应用中发展。但目前尚有一些技术问题有待解决。实现分布式控制网络的关键是研究分布式控制网络的工业标准和满足分布式控制网络技术要求的路由器、网关。

第3章　现场总线控制网络

国际电工委员会（International Electrotechnical Commission，IEC）于1999年决定：保留现场总线国际标准中的IEC技术报告，并将它作为国际标准IEC 61158的类型1，采纳Control Net、Profibus、P-Net、FF HSE、Swift Net、Word FIP、Interbus现场总线作为类型2到类型8，形成了目前多种现场总线并存的局面。

3.1　现场总线技术

3.1.1　现场总线的产生和发展

随着微处理器与计算机功能的增强和价格的降低，计算机网络得到高速发展，而处于生产过程底层的测控自动化系统仍采用一对一连线，用电压、电流的模拟信号进行测量和控制，难以实现设备与设备之间以及系统与外界之间的信息交换，使自动化系统成为“信息孤岛”。要实现整个企业的信息集成和综合自动化，就必须设计出一种能在工业现场环境运行的、性能可靠的、造价低廉的通信系统，形成现场的底层网络，完成现场自动化设备之间的多点数字通信。现场总线就是在这种实际需要的驱动下应运而生的。

现场总线（Fieldbus）是应用在生产现场的，在测量控制设备之间实现双向、串行、多点通信的数字通信系统。基于现场总线的控制系统被称为现场总线控制系统。

现场总线把通用或专用的微处理器嵌入传统的测量控制仪表，使之具有数字计算和数字通信能力，采用一定的媒体作为通信总线，如双绞线、同轴电缆、光纤、无线、红外等，按照公开、规范的通信协议，在位于现场的多个设备之间以及现场设备与远程监控计算机之间，实现数据传输和信息交换，形成适应实际需要的自动化控制系统。

现场总线控制系统（Fieldbus Control System，FCS）利用现场总线这一开放的、具有互操作性的网络，将现场各控制器及仪表设备互联，构成控制系统，同时控制功能彻底下放到现场，降低安装成本和维护费用。因此，FCS实质是一种开放的、具有互操作性的、彻底分散的分布式控制系统，已成为21世纪控制系统的主流。

基于现场总线的控制系统是一个开放的、全分布的通信网络，它作为智能设备的联系纽带，把挂接在总线上、作为网络节点的智能设备连接成网络系统，并通过组态进一步构成自动化系统，实现基本控制、补偿计算、参数修改、报警、显示、监控、优化和测量、控制一管理一体化的综合自动化功能。

由于大规模集成电路的发展，许多传感器、执行机构、驱动装置等现场设备智能化，即内嵌CPU控制器，完成诸如线性化、量程转换、数字滤波甚至四路调节等功能。因此，对于这些智能现场设备增加一个串行数据接口（如RS485/RS232）是非常方便的。有了这样的接口，控制器就可以按其规定协议，通过串行通信方式而不是I/O方式完成对现场设备的监控。如果全部或大部分现场设备都具有串行通信接口，并具有统一的通信协议，控制器只需一根通信电缆就可以把分散的现场设备连接起来，完成对所有现场设备的监控，这就是现场总线技术的思想。

现场总线技术可概括如下。

制定出国际现场总线通信及技术标准。

（1）自动化厂商按照标准生产各种自动化类产品，包括控制器、传感器、执行机构、驱动装置及控制软件。

（2）实际应用中，使用一根通信电缆，将所有现场设备连接到控制器，形成设备及车间级的数字化通信网络。

在过去的几十年中，工业过程控制仪表一直采用 4mA～20mA 标准的模拟信号。随着微电子技术和大规模集成电路以及超大规模集成电路的迅猛发展，微处理器在过程控制装置、变送器、调节阀等仪表装置中的应用不断增加，出现了智能变送器、智能调节阀等系列高新技术仪表产品，现代化的工业过程控制对仪表装置在速率、精度、成本等诸多方面都有了更高的要求，导致了用数字信号传输技术代替现行的模拟信号传输技术的需要，这种现场信号传输技术就被称为现场总线。这就是说，现场总线是过程控制技术、仪表技术和计算机网络技术三个不同领域结合的产物。当过程控制技术由分立设备发展到共享设备，仪表技术由简单仪表发展到智能仪表，就必然会走向现场总线。

1．现场总线的国际标准

1999 年底 IEC TC65（负责工业测量和控制的第 65 标准化技术委员会）通过 8 种类型的现场总线作为 IEC 61158 国际标准。

（1）类型 1：IEC 技术报告（即 FF 的 H1）。

（2）类型 2：Control Net（美国 Rockwell 公司支持）。

（3）类型 3：Profibus（德国 Siemens 公司支持）。

（4）类型 4：P-Net（丹麦 Process Data 公司支持）。

（5）类型 5：FF HSE（即原 FF 的 H2，Fisher Rosemount 等公司支持）。

（6）类型 6：Swift Net（美国波音公司支持）。

（7）类型 7：World FIP（法国 Alstom 公司支持）。

（8）类型 8：Interbus（德国 Phoenix Contact 公司支持）。

外加 IEC TC17B 通过的 3 种现场总线国际标准，即 SDS（Smart Distributed System）、ASI（Actuator Sensor Interface）和 DeviceNet，再加上 ISO 11898 的 CAN（Control Area Network），共有 12 种。

2．现场总线的发展现状

多种总线共存。现场总线国际标准 IEC 61158 中采用了 8 种协议类型，外加其他一些现场总线，每种总线都有其产生的背景和应用领域。据美国 ARC 公司的市场调查，世界市场对各种现场总线的需求的实际额为：过程自动化 15%（FF，Profibus-PA，WorldFIP），医药领域 18%（FF，Profibus-PA，WorldFIP），加工制造 15%（Profibus-DP，DeviceNet），交通运输 15%（Profibus-DP，DeviceNet），航空、国防 34%（Profibus-FMS，Lon works，Control Net，DeviceNet），农业（未统计，P-NET，CAN，Profibus-PA/DP、DeviceNet，Control Net），楼宇（未统计，LonWorks，Profibus-FMS，Device Net）。随着时间的推移，占有市场 80%左右的总线将只有六七种，而且其应用领域比较明确，如 FF 和 Profibus-PA 适用于冶金、石油、化工、医药等流程行业的过程控制，Profibus-DP、DeviceNet 适用于加工制造业，LonWorks、Profibus、FMS 和 DeviceNet 适用于楼宇、交通运输、农业。但这种划分又不是绝对的，相互之间又互有渗透。

每种总线都力图拓展其应用领域，以扩张其势力范围。在一些应用领域中已取得良好业绩的总线，往往会进一步根据需要向其他领域发展。如在 Profibus、DP 的基础上又开发出 PA，以适用于流程工业。

大多数总线都成立了相应的国际组织，力图在制造商和用户中建立影响，以取得更多方面的支持，同时也想显示出其技术是开放的，如 WorldFIP 国际用户组织 FF 基金会、Profibus 国际用户组织 P-Net 国际用户组织在 Control Net 国际用户组织等。

每种总线都以一个或几个大型跨国公司为背景，公司的利益与总线的发展息息相关，如 Profibus 以 Siemens 公司为主要支持，Control Net 以 Rockwell 公司为主要背景，WorldFIP 以 ALSTOM 公司为主要后台。

大多数设备制造商都积极参加不止一个总线组织，有些公司甚至参加 2～4 个总线组织。道理很简单，装置是要挂在系统上的。

每种总线大多将自己作为国家或地区标准，以加强自己的竞争地位。现在的情况是：P-net 已成为丹麦标准，Profibus 已成为德国标准，WorldFIP 已成为法国标准。上述 3 种总线于 1994 年成为并列的欧洲标准 EN50170，其他总线也都形成了各组织的技术规范。

在激烈的竞争中出现了协调共存的前景。这种现象在欧洲标准制定时就出现过。欧洲标准 EN50170 在制定时，将德、法、丹麦 3 个标准并列于一卷之中，形成了欧洲的多总线的标准体系，后又将 Control Net 和 FF 加入欧洲标准的体系。各重要企业除了力推自己的总线产品之外，也都力图开发接口技术，将自己的总线产品与其他总线相连接，如施耐德公司开发的设备能与多种总线相连接。国际标准中也出现了协调共存的局面。

以太网的引入成为新的技术热点。以太网正在工业自动化和过程控制市场上迅速增长，几乎所有远程 I/O 接口技术的供应商均提供一个支持 TCP/IP 协议的以太网接口，但同时提供 PLC 产品、与远程 I/O 和基于 PC 的控制系统相连接的接口。据有关调查显示，以太网的市场占有率将达到 20%以上。

3.1.2 现场总线的技术特点

按照 IEC 1158 标准，现场总线是一种互联现场自动化设备及其控制系统的双向数字通信协议。也就是说，现场总线是控制系统中底层的通信网络，具有双向数字传输功能，在控制系统中允许智能现场装置全数字化、多变量、双向、多节点，并通过一条物理媒体互相交换信息。

现场总线的设计要求：

- 利用数字通信代替 4mA～20mA 模拟信号。
- 一条总线上可以接入多台现场设备。
- 实现真正的可互操作。
- 在现场设备上实现基本的控制功能。
- 采用高速工业以太网作为 100Mbps 网络干线。

1. 现场总线的技术特点

（1）系统的开放性。开放系统是指通信协议公开，不同厂家的设备之间可进行互联并实现信息交换。现场总线开发者就是要致力于建立统一的工厂设备层网络的开放系统。这里“开放”是指对相关标准的一致性、公开性，强调对标准的共识与遵从。一个开放系统可以与任何遵守相同标准的其他设备或系统相连。

（2）互操作性和互用性。互操作性是指实现互联设备间、系统间的信息传送与沟通，可实行点对点、一点对多点的数字通信。互用性意味着对不同生产厂家的性能类似的设备可进行互换、互用。

（3）现场设备的智能化和功能自治性。将系统的传感测量、补偿计算、工程量处理与控制等功能分散到现场设备中完成，并完成自动控制的基本功能，随时诊断设备的运行状态。

（4）系统结构的高度分散性。 现场总线构成一种新的全分布式控制系统的体系结构，简化了系统结构，提高了可靠性。

（5）对现场环境的适应性。现场总线是专为在现场环境下工作而设计的，它可支持双绞线、同轴电缆、光缆、射频、红外线、电力线等，具有较强的抗干扰能力，能采用两线制实现供电与通信，并可满足本质安全防爆要求等。

2. 现场总线的优点

（1）现场总线系统结构的简化，使控制系统的设计、安装、投入到正常生产运行及其检修维护工作简便。

（2）节省硬件数量与投资。现场总线系统中分散在设备前端的智能设备能直接执行多种传感、控制、报警和计算功能，可以减少变送器的数量，不再需要单独的控制器、计算单元等，也不再需要 DCS 系统的信号调整、转换、隔离技术等功能单元及其复杂接线，节省了硬件投资。控制设备的减少，可减少控制室的占地面积。

（3）节省安装费用。现场总线系统的接线十分简单。由于一对双绞线或一条电缆上通常可挂接多个设备，因此电缆、端子、接线槽、桥架的用量大大减少，连线设计与接头校对的工作量也大大减少。当需要增加现场控制设备时，无须增设新的电缆，可就近连接在原有的电缆上，既节省了投资，也减少了设计、安装的工作量。

（4）节省维护开销。现场控制设备具有诊断与简单故障处理的能力，并将相关的诊断维护信息送往控制室。用户可以查询设备的运行情况，诊断维护信息，分析故障原因并快速排除，从而缩短了维护停工时间，减少了维护工作量。

（5）用户具有高度的系统集成主动权。用户可以自由选择不同厂商提供的设备来集成系统，系统集成的主动权掌握在用户手中。

（6）提高了系统的准确性与可靠性。与模拟信号相比，现场总线设备的智能化、数字化从根本上提高了测量与控制的准确度，减少了传送误差。因为系统结构简化，设备与连线减少，提高了系统的可靠性。

（7）设计简单，易于重构。

3.1.3 几种有影响的现场总线

国际上具有一定影响且已经占有一定市场份额的现场总线主要有如下几种。

1. 基金会现场总线

基金会现场总线（Foundation Fieldbus，FF）是目前最具发展前景，最具竞争力的现场总线之一，它的前身是以 Fisher-Rosemount 公司为首，联合 80 家公司制定的 ISP 协议和以 Honeywell 公司为首联合欧洲 150 家公司制定的 WorldFIP 协议。两大集团于 1994 年合并，成立现场总线基金会，致力于开发统一的现场总线标准，其宗旨在于开发出符合 IEC 和 ISO 标准的、唯一的国际现场总线。1997 年 5 月建立了中国现场总线专业委员会，并筹建现场总线产品认证中心。基金会现场总线目前拥有众多的成员，包括世界上最主要的自动化设备供应商，如 AB、ABB、Foxboro、Honeywell、Smart、FUJI Electric 等。基金会现场总线的通信模型以 OSI

模型为基础，采用了物理层、数据链路层、应用层，并在其上增加了用户层，各厂家的产品在用户层的基础上实现。基金会现场总线采用的是令牌总线通信方式，可分为周期通信和非周期通信。基金会现场总线包括低速总线（H1）和高速总线（H2）。

其中低速总线协议 H1 现在已应用于工作现场，高速协议原定为 H2 协议，但目前 H2 被 HSE 取代。H1 的传输速率为 31.25kbps，传输距离可达 1900m，可采用中继器延长传输距离，并可支持总线供电，支持本质安全防爆环境；HSE 目前的通信速率为 10Mbps，更高速的以太网正在研制中。FF 可采用总线型、树型、菊花链等网络拓扑结构，网络中的设备数量取决于总线带宽、通信段数、供电能力和通信媒体的规格等因素。FF 支持双绞线、同轴电缆、光缆和无线发射等传输媒体，物理传输协议符合 IEC 1158-2 标准，编码采用曼彻斯特编码。FF 拥有非常出色的互操作性，这在于它采用了功能模块和设备描述语言（Device Description Language，DDL）使得现场节点之间能准确、可靠地实现信息互通。目前 FF 有 29 个功能块，包括 10 个基本功能块和 19 个先进功能块。用户还可以开发自己的功能块，这些功能块之间通过标准的 DDL 实现互操作。德国 Fraunhofer 实验室承担一致性和互操作性测试。

目前，FF 的应用领域以过程自动化为主，如化工、电力厂实验系统、废水处理、油田等行业。

2．Profibus 总线

Profibus 1996 年 3 月被批准为欧洲标准，即 DIN50170 V.2。Profibus 产品在世界市场上已被普遍接受，市场份额占欧洲首位，年增长率为 25%。目前支持 Profibus 标准的产品超过 2000 多种，分别来自国际上 250 多个生产厂家。

1985 年组建了 Profibus 国际支持中心，1989 年 12 月建立了 Profibus 用户组织（PNO）。目前在世界各地相继组建了 20 个地区性的用户组织，企业会员近 650 家。1997 年组建了中国现场总线（Profibus）专业委员会，并筹建 Profibus 产品演示及认证的实验室。

Profibus 主要应用领域有以下几个方面。

（1）制造业自动化——汽车制造（机器人、装配线、冲压线等）、造纸、纺织。

（2）过程控制自动化——石化、制药、水泥、食品、啤酒。

（3）电力——发电、输配电。

（4）楼宇——空调、风机、照明。

（5）铁路交通——信号系统。

3．LonWorks 总线

LonWorks 全称为 LonWorks Network，即分布式智能控制网络，希望推出能够适合各种现场总线应用场合的测控网络。LonWorks 应用范围广泛，主要包括工业控制、楼宇自动化、数据采集、SCADA 系统等，国内主要应用于楼宇自动化方面。

4．CAN 总线

CAN 总线已由 ISO/TC22 技术委员会批准为国际标准 ISO 11898（通信速率小于 1Mbps）和 ISO 11519（通信速率小于 125kbps）。CAN 主要产品应用于汽车制造、公共交通车辆、机器人、液压系统、分散型 I/O，另外在电梯、医疗器械、工具机床、楼宇自动化等场合均有所应用。

5．WorldFIP 总线

1990—1991 年 WorldFIP 现场总线成为法国国家安全标准，1996 年成为欧洲标准（EN 50170V.3）。

其下一步目标是靠近 IEC 标准、在技术上已做好充分准备。WorldFIP 国际组织在北京设有办事处，即 WorldFIP 中国信息中心，负责中国的技术支持。

WorldFIP 采用单一总线结构来适应不同应用领域的需求，不同应用领域采用不同的总线速率。过程控制采用 31.25kbps，制造业为 1Mbps，驱动控制为 1Mbps～2.5Mbps。它采用总线仲裁器和优先级来管理总线上（包括各支线）的各控制站的通信。可以一对一、一对多点（组）、互对全体等多种方式进行通信。在应用系统中，它采用双总线结构，其中一条总线为备用线，增加了系统运行的安全性。

WorldFIP 适用范围广泛，在过程自动化、制造业自动化、电力及楼宇自动化方面都有很好的应用。

6．P-NET 总线

P-NET 总线筹建于 1983 年，1984 年推出采用多重主站现场总线的第一批产品。1986 年，通信协议中加入了多重网络结构和多重接口功能，1987 年推出 P-NET 的多重接口产品。1987 年 P-NET 标准成为开放式的完整标准，成为丹麦的国家标准。1996 年它成为欧洲总线标准的一部分（EN50170 V.1）。1997 年组建国际 P-NET 用户组织，现有企业会员近百家，总部设在丹麦的 Siekeborg，并在德国、葡萄牙和加拿大等地设有地区性组织分部。

P-NET 在欧洲及北美地区得到广泛应用，其中包括石油、化工、能源、交通、轻工、建材、环保工程和制造业等应用领域。

一个全数字化、全分散式、全开放、可互操作和开放式因特网的现场总线控制系统的出现，将使传统的自动控制系统产生革命性变革，变革传统的信号标准、通信标准和系统标准，变革现有自动控制系统的体系结构、设计方法、安装调试方法和产品结构。

自动化领域的这场由现场总线技术引发的变革，其深度和广度将超过历史上任何一次变革，必将开创自动控制的新纪元。

3.2　现场总线控制网络技术

20 世纪 90 年代以来，一场推动自动化仪器仪表工业“革命”和仪器仪表产品全面更新换代的技术在国际、国内引起人们广泛的注意和高度重视，其发展势头已成为世界范围内的自动化技术发展的热点，这就是被业界人士称为“自动化仪表与控制系统的一次具有深远影响的重大变革”的现场总线技术以及基于现场总线的智能自动化仪表和基于现场总线的开放自动化系统。在此基础上构成了新一代的自动化仪表与控制系统，向更高层次的“综合自动化”推进。实现“综合自动化”是当代自动化技术发展的方向。现场总线智能仪表及其基于现场总线的开放自动化系统，将成为实现综合自动化最有效的装备。

3.2.1　现场总线控制系统

计算机数字通信技术及信息技术的发展，推动了自动化技术的进步，特别是近年来兴起的现场总线技术，是计算机数字通信技术向工业自动化领域的延伸。现场总线的发展将促使自动化系统结构发生重大变革，基于 PLC 及 DCS 的传统控制系统逐步发展到广泛应用现场总线技术的现场总线控制系统。现场总线技术使得信息交换覆盖工业自动化领域的各个层面，从工厂的现场设备层到控制、管理的各个层次，从工段、车间、工厂、企业乃至世界各地的市场。现场总线技术体现了一种全新的系统集成思想。

现场总线技术的一个显著特点是其开放性，允许并鼓励不同厂家按照现场总线技术标准，自主开发具有自身特点及专有技术的产品。依照现场总线技术规范，不同厂家产品可以方便完成组态与集成，构成面向行业、适合行业特点的自主控制系统。这一特点不仅为更多的自动化产品制造商自主开发并推出自主知识产权的自动化系统提供了可能，也为自动化系统集成商开发面向行业应用的成套技术和自动化系统提供了机会。

现场总线控制系统既是工业设备自动化控制的一种开放的计算机局域通信网络，又是一种全分布控制系统。它作为智能设备的联系纽带，将挂接在总线上，作为网络节点的智能设备而连接成为网络系统，并进一步构成自动化系统。它依靠检测、控制的功能，使具有通信能力的数字化智能设备在现场实现彻底分散控制。现场总线控制系统属于最底层的网络系统，是网络集成式全分布控制系统，它将原来集散型的 DCS 系统现场控制的功能全部分散到各个网络节点处，实现基本控制、补偿计算、参数修改、报警、显示、监控、优化及管理—控制一体化的综合自动化功能。这是一项以智能传感器、控制、计算机、数字通信、网络为主要内容的综合技术。

现场总线控制系统将原来封闭、专用的系统变成开放、标准的系统，使不同制造商的产品可以互联，大大简化系统结构，降低成本，更好地满足了实时性要求，提高了系统运行的可靠性。

3.2.2　现场总线控制系统的组成

现场总线系统打破了传统控制系统的结构形式。传统控制系统采用一对一的设备连线，按控制回路分别进行连接。现场的测量变送器与控制室的控制器之间，控制器与现场的执行器、开关、电机之间，均为一对一的物理连接。

现场总线系统由于采用了智能现场设备，能够把原先 DCS 系统中处于控制室的控制模块和 I/O 模块置入现场设备，加上现场设备具有通信能力，现场的测量变送仪表可以与阀门等执行机构直接传送信号，因此控制系统功能能够不依赖控制室的计算机或控制仪表，直接在现场完成，实现彻底的分散控制。现场总线控制系统组成如图 3-1 所示。

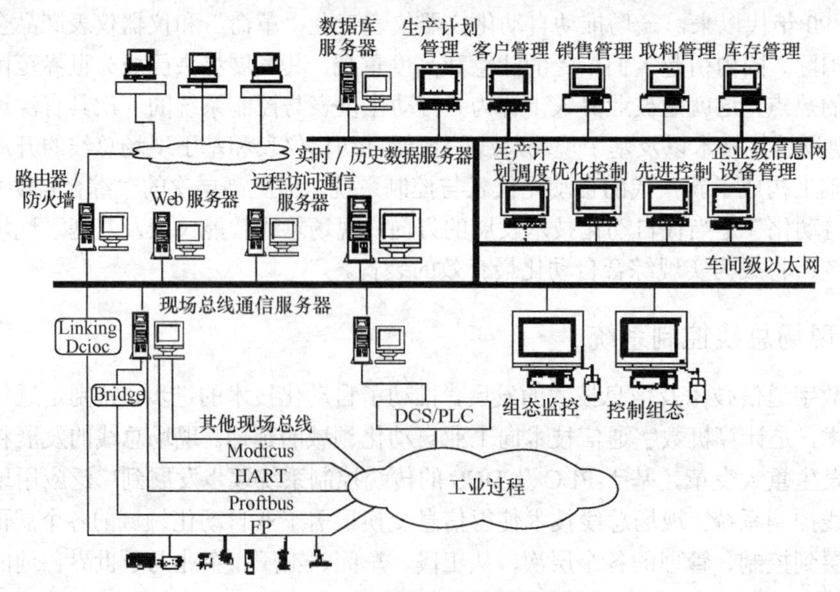

图 3-1　现场总线控制系统组成

1. 可编程序控制器控制系统

可编程序控制器（Programmable Logic Controller，PLC）以存储执行逻辑运算、顺序控制、定时、计数和运算等操作的指令，并通过数字输入和输出操作，来控制各类机械或生产过程。用户编制的控制程序表达了生产过程的工艺要求，并事先存入 PLC 的用户程序存储器，运行时按存储程序的内容逐条执行，以完成工艺流程要求的操作。

2. 集散控制系统

集散控制系统（DCS）体现了“分散控制、集中管理”的理念，降低了因集中控制带来的风险。风险分散体现在早期 DCS 的一个控制站或控制单元仅仅包含 8～16 个控制回路，往往要配置多个控制单元才能满足现场一个机组或一套生产装置整体控制要求。

一个工艺过程作为被控对象可能需要显示和控制的点很多，其中有一些还需要闭环控制或逻辑运算，工艺过程作为被控对象的各个部分有相对独立性，可以分成若干个独立的工序，再将计算机控制系统中独立的工序上需要显示和控制的输入、输出的点分配到数台计算机中，使得原来由一台小型机完成的运算任务由几台或几十台计算机（控制器）去完成。如果其中一台机器坏了也不影响全局，这就是危险分散的意思。

传统的 DCS 系统包括三部分：带 I/O 部件的控制器，通信网络和人机界面（Human Machine Interface，HMI）。人机界面包含在操作站和工程师站内。控制器 I/O 部件通过端子板直接与生产过程相连，读取传感器送来的信号；操作站与人相联系，是 DCS 的重要组成部分；工程师站给控制器和操作站组态。通信网络把这三部分联成系统。

I/O 板有几种不同的类型，包括模拟量输入、模拟量输出、开关量输入、开关量输出，以及其他专用处理板等。每一块 I/O 板都插接在控制器的 I/O 总线上。

I/O 总线和控制器相连。控制器是 DCS 的核心部件，它相当于一台 PC。有的 DCS 的控制器本身就是 PC，主要有 CPU、RAM、E^2PROM 和 ROM 等芯片，还有两个接口，一个接口向下接收 I/O 总线的信号，另一个接口是向上把信号送到网络上与人机界面相连。ROM 用来存储完成各种运算功能的控制算法（有的 DCS 称为功能块库）。通常用功能块把模拟量和开关量结合起来。功能块越多，用户编写应用程序（即组态）越方便。组态按照工艺要求把功能块连接起来形成控制方案，并存在 E^2PROM 中，组态要随工艺改变而改变。组态时，用户从功能块库中选择需要的功能块，填上参数，把功能块连接起来，形成控制方案存到 E^2 PROM 中。这时控制器在组态方式，投入运行后就成为运行方式。

通信网络把过程控制站和人机界面连成一个系统。通信网络有几种不同的结构形式，如总线型、环型和星型。总线型在逻辑上也是环型的，星型结构只适用于小系统。不论是环型还是总线型，一般都采用广播式，其他一些协议方式使用较少，通信网络的速率为 10M~100Mbps。

人机界面有操作站和工程师站两种节点。操作站安装有操作系统、监控软件和控制器的驱动软件，用于动态数据服务、存储历史数据、显示系统的标签、动态流程图和报警信息。工程师工作站给控制器组态，也可以给操作站组态（作动态流程图）。如果监控软件作图能力很强，作图工作可以由监控软件独立完成。工程师站的另外一个功能是读控制器的组态，用于控制器升级，查找故障。

3. 现场总线控制系统

现场总线控制系统（FCS）由于采用数字信号替代模拟信号，因此 FCS 可实现一对电缆上传输多个信号（包括多个运行参数值、多个设备状态、故障信息），同时又为多个设备提供电源。现场设备以外不再需要 A/D、D/A 转换部件，这样就为简化系统结构、节约硬件设备、节约连接电缆与各种安装、维护费用创造了条件。

现场总线控制系统由控制系统、测量系统、设备管理系统、计算机服务模式、数据库和网络系统的硬件与软件等组成。

（1）控制系统

控制系统软件是系统的重要组成部分，包括监控组态软件、维护软件、仿真软件和设备管理软件等。首先选择开发组态软件、控制操作人机接口软件。通过组态软件，完成功能块之间的连接，选定功能块参数，进行网络组态，在网络运行过程中对系统实时采集数据，进行数据处理、计算、优化控制及逻辑控制报警、监视、显示、报表等。

（2）测量系统

其特点为多变量高性能的测量，使测量仪表具有计算能力等更多功能。由于采用数字信号，具有分辨率高、准确性高、抗干扰和抗畸变能力强的特点，同时还具有仪表设备的状态信息，可以对处理过程进行调整。

（3）设备管理系统

它提供设备自身及过程的诊断信息、管理信息、设备运行状态信息（包括智能仪表）和厂商提供的设备制造信息。

（4）计算机服务模式

客户—服务器模式是目前较为流行的网络服务模式。服务器表示数据源（提供者），从数据源获取数据，并进一步进行处理。客户机表示数据使用者运行在 PC 或工作站上，服务器运行在小型机或大型机上，系统使用双方的计算、资源、数据来完成任务。

（5）数据库

数据库能有组织的、动态的存储大量有关数据与应用程序，实现数据的充分共享、交叉访问，具有高度独立性。工业设备在运行过程中参数连续变化，数据量大，操作与控制的实时性要求很高，因此就形成了一个可以互访操作的分布关系及实时数据库系统。市面上成熟的可供选用的关系数据库中有 Oracle、Sybase、Informix、SQL Server，实时数据库有 InfoPlus、PI 等。

（6）网络系统的硬件与软件

网络系统硬件有系统管理主机、服务器、网关、协议转换器、集线器、计算机及底层智能化仪表。网络系统软件有网络操作软件（如 Netware、LAN Manager）、服务器操作软件（如 Windows NT、Linux、OS/2）、应用软件数据库、通信协议、网络管理协议等。

3.2.3 现场总线控制系统的体系结构

传统 DCS 应用过程中，人们已经认识到由于整个工厂的网络化，可以实现工厂的网络化管理，并形成管理—控制一体化的结构体系。但实际使用中经常遇到许多问题：

- 决策层只能在最高层，对于下层很少授权，因此下层设备的主动性发挥不够，在高层设备出故障时，下层设备只能维持现状；
- 整个体系必须协调工作，但是彼此的目标利益经常冲突，不利于优化；
- 下层间的相互信息流通量非常少。

因此，人们希望将工厂管理控制体系改为展开式的结构，以解决上述问题：

- 决策自上而下地推动起来，有充分的授权，使下层有灵活性，主动决策、鼓励性决策等方法可在各层计算机上实现；
- 各部门间有相容的、相互支持的群体目标，可考虑不同部门间有交叉的功能性组织，这些原则的实现，可以在各层计算机的调度方法中安排进去；
- 各层间要改善相互间的通信联系。

现场总线与局域网连接，实现了这种新的结构体系。新的体系是两层网络结构，最底层是现场测量设备和执行机构（包括 DCS、PLC 和 I/O 设备），它们汇集的总线是现场总线。现场设备和执行机构采用单元组合式数字化智能仪表系统，设备通过现场总线连接，同层间的相互通信大大加强。控制器的概念与传统不同，常规控制可设在测量设备或执行机构内（实际上没有“控制器”了），而先进控制和监视功能仍然可在监控计算机内实现，并挂接在现场总线上，供所有挂在现场总线上的设备使用。生产管理计算机同时挂在现场总线和以太网上，一方面负责下层（现场）生产管理，另一方面与顶层的商务管理计算机相连进行信息交换。

顶层是商务管理系统，中层是生产管理层系统，下层是生产系统，也就是单元组合式的数字化测量装置和执行机构，形成三层结构、两层网络的标准化的管理—控制一体化结构体系。控制和管理相互渗透，既能分清界限又能相互沟通。世界上许多自动化厂商，如 Honeywell 和 Fisher-Rosemount 等均采用这一新的结构体系。

新的体系结构包括三层结构（即设备层、生产管理层、工厂管理层）、两层网络（即现场总线网络层、局域网层）。典型的 FCS 组成结构如图 3-2 所示。

作为一种分布式计算机应用系统，同传统的 DCS 类似，FCS 也有明显的分级递阶特性。从宏观上研究 FCS 系统的体系结构，有助于把握系统的总体和本质，对进一步的系统分析和设计起指导性作用。

从应用和信息两个角度看，FCS 构成一个二维层次结构，分别以应用视角和信息视角为坐标，构成典型的开放式 FCS 的二维体系结构关系，如图 3-3 所示。

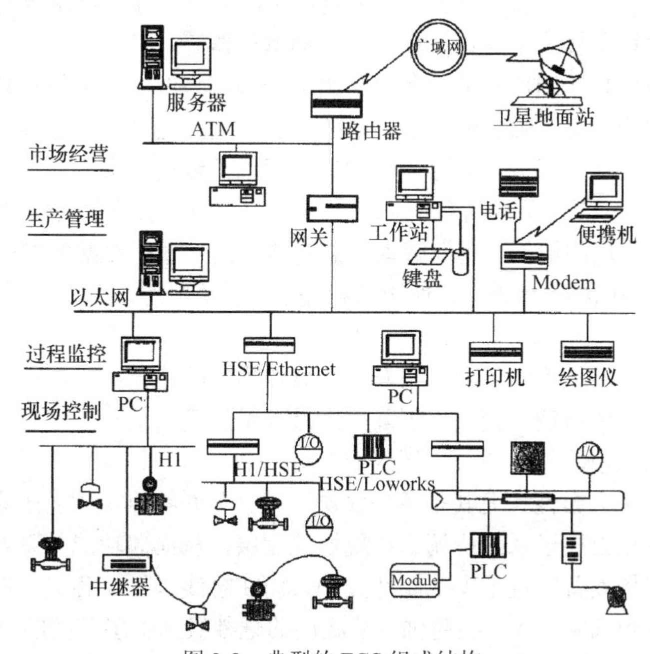

图 3-2　典型的 FCS 组成结构

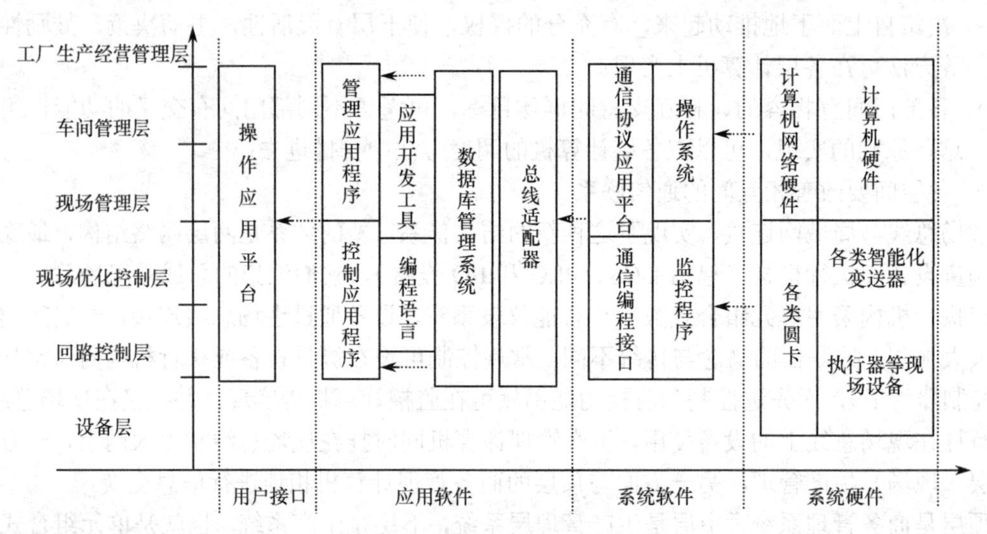

图 3-3 FCS 二维体系结构

从功能层次的纵向看，FCS 可以划分为设备层、回路控制层、现场优化控制层、现场管理层、车间管理层、工厂生产经营管理层。

设备层随行业不同其内容有很大差异。对于控制系统而言，一般按被控回路考虑，我们更关心的是被控变量的特性。

回路控制层是由数字化智能检测仪表、变送器、执行器等装置构成的本地控制系统，可以是单回路也可以是多回路控制。回路控制层向下与被控对象相接，向上通过现场总线与现场优化控制层相联系，接收现场优化控制层的控制值设定、参数优化等指令信息。

现场优化控制层主要完成装置的多参数优化与监控，为现场设备提供：控制设定值；模型与控制的自适应，通过对过程的辨识，修正控制器参数，使控制器保持对过程的最优控制；面向工程师的高级控制语言，帮助系统工程师编制控制器非内置控制算法等。承担这部分功能的设备可以是挂接到现场总线的工业计算机、可移动编程器等。

现场管理层完成由总线网段上的设备单元组成的局部系统的控制管理功能。它包括控制系统品质跟踪、控制性能评价、数据通信等。这些任务也由挂接到现场总线的工业计算机完成。

以上各层只是从功能上划分，实际上全都通过现场总线网络来完成。

车间管理层是 FCS 系统集中管理的体现。它既要完成对其下属各层的操作管理，同时也实现与全厂计划、调度层的衔接。车间管理层的功能包括：过程数据多媒体显示和记录，过程操作，数据存储和压缩归档，报警、事件诊断和处理，系统组态、维护和优化处理，数据通信，报表生成和打印。

工厂生产经营管理层从系统的观点出发，从原料到产品销售，从订货、库存到交货、生产计划，进行一系列的优化协调，使成本下降，产品质量提高。

这两层在工厂局域网，甚至通过广域网或 Internet 实现。

从横向看，FCS 呈分布性，尤其是越到底层，越呈分布特点，同层子系统之间地位平等、功能自治，相互间通过上层子系统协调。在现场控制层，从横向功能关系看，FCS 较 DCS 更具有自治性，因为现场设备实现了本地闭环控制；而在总线以上，各层子系统间的交互增多。从时间响应来看，越到低层，实时性越强，从底层的毫秒级到上层车间的分钟级或小时级。可以充分利用现场总线，不受采样速率低的限制。

在信息方面，FCS信息系统由典型的分布式计算机系统提供支持。整个信息系统支持呈明显的层次特性。

FCS 硬件由计算机硬件、网络硬件（包括各类网卡、网关、通信电缆等）、各类仪表、变送器、执行机构及其智能接口模块等构成的数字化仪表系统共同构成。

FCS系统软件在车间管理和现场管理层上由操作系统、通信协议软件平台、编程语言和数据库管理系统组成。操作系统是多用户实时操作系统，数据库采用交互式关系数据库管理系统。设备控制层表现为监控程序、通信接口API等内容。

FCS应用软件在现场管理层和车间管理层表现为管理应用程序，回路控制层和现场控制层表现为控制应用软件。

3.2.4 现场总线与网络的差异

控制网络与数据网络相比，主要有以下特点。

（1）控制网络主要用于对生产、生活设备的控制，对生产过程的状态检测、监视与控制，或实现“家庭自动化”等；数据网络则主要用于通信、办公，提供如文字、声音和图像等数据信息。

（2）控制网络信息，要求具备高度的实时性、安全性和可靠性，网络接口尽可能简单，成本尽量降低，数据传输量一般较小；数据网络则需要适应大批量数据的传输与处理。

（3）现场总线采用全数字式通信，具有开放式、全分布、互操作性等特点。

在现代生产和社会生活中，这两种网络将具有越来越紧密的联系。两者的不同特点决定了它们的需求互补以及它们之间需要信息交换。控制网络与数据网络的结合，沟通了生产过程现场控制设备之间及其与更高控制管理层网络之间的联系，可以更好地调度和优化生产过程，提高产品的产量和质量，为实现控制、管理、经营一体化创造了条件。现场总线与管理信息网络的特性比较如表3-1所示。

表3-1 现场总线与管理信息网络的特性比较

特性	现场总线	管理信息网络	特性	现场总线	管理信息网络
监视与控制能力	强	弱	体系结构与协议复杂性	低	中、高
可靠性与故障容限	高	高	抗干扰能力	强	中
实时响应	快	中	通信速率	低、中	高
信息报文长度	短	长	通信功能级别	中级	大范围
OSI相容性	低	中、高			

现场总线体系结构是一种实时开放系统，从通信角度看，一般是由OSI参考模型的物理层、数据链路层、应用层三层模式体系结构和通信媒质构成的，如CAN、WorldFIP和FF等。另外，也有采用在前层基础上再加数据传输层的四层模式体系结构，如Profibus等。但LonWorks现场总线比较独特，它是采用包括全部OSI协议在内的七层模式体系结构。

现场总线作为低带宽的底层控制网络，可与Internet及Intranet相连，它作为网络系统的最显著的特征是具有开放统一的通信协议。由于现场总线的开放性，不同设备制造商提供的遵从相同通信协议的各种测量控制设备可以互联，共同组成一个控制系统，使得信息可以在更大范围内共享。

3.3 现场总线设备

3.3.1 设备类型

现场总线物理设备的类型可以是现场总线基金会制定的几种类型中的任意一种，每种类型的物理设备都具有通信能力。

（1）临时设备

这是工作在现场总线网络上的设备，占用 4 种节点地址中的一个地址。虽然现场总线体系结构对临时设备没有单独定义，但临时设备用于对网络组态和排除设备故障。

（2）静态块现场设备

这是一种包含功能块应用进程的设备，当现场设备被连接到网络上时，它们被指定一个永久地址。静态块现场设备并不具备对功能块进行动态安装或删除的能力，所有功能块都是在静态状态下被确立的。

（3）动态块现场设备

它拥有与静态块现场设备同样的特性，但具有对功能块进行动态安装和删除的能力。动态功能块可以永久驻留在设备中，但在被安装之前或被下载到设备中并被组态之前，它并不活动。

（4）接口设备

它执行现场设备之间的接口功能（如数据显示），但不一定包含功能块应用进程。当接口设备被连接到网络上时，它们被分配一个永久性地址。

（5）监视设备

它仅用来监听网络上的数据传送，不能向网络上发送数据。监视设备被连接到网络上后，并不被分配地址，因此网络上的其他设备不能对监视设备进行识别和探测。

3.3.2 设备管理

目前的控制系统提供的信息主要是生产过程的控制信息，非控制信息很少。但随着生产管理要求的提高，除要求提供控制信息外，还要求提供现场设备的运行信息和现场设备的管理信息，如测量仪表、执行机构的性能优化和故障控制信息遵循相应要求（如 ISO 规范要求的质量管理）、设备诊断、设备预测性诊断等现场管理信息。现场总线技术则可以通过增加过程测量之外的传感器和提供现场设备的在线组态功能和自诊断能力，使得生产管理可以得到更多有用的信息，提高仪表的完备性和灵活性，并且具有远程诊断能力，从而提高设备运行效益和生产效益。

现场总线设备管理的 3 个因素如下。

（1）智能现场设备包括智能的多参数变送器和具有预测性维护和诊断能力的执行机构等先进的数字化现场设备。它们收集和发布自己的工作状态和周期的环境信息。

（2）一个开放的通信协议。利用它能够从现场发送信息到维护车间的专用计算机上而不管现场设备是谁制造的。

（3）现场总线设备管理软件能够完成设备整定、组态、诊断、预测性维护、检测和事件报告等功能的应用软件，向维护人员提供有效的和精确完成维护工作的工具。

现场设备中增加了在线组态、整定和自诊断等功能，监控主机软件必须设计成能够使用现场设备的视图功能、报警、趋势和静态事件更新等功能。现场总线设备管理软件是能够完成设备整定、组态、诊断、预测性维护、监督和事件报告等功能的应用软件。

现场设备管理系统用于有效地管理和维护工厂现场设备，其主要功能有设备管理、仪表参数读/写、监视仪表动态变化、监视仪表状态、现场仪表校正等。其系统结构图如图 3-4 所示。基于现场总线的设备管理系统实现以下功能：仪表组态、系统维护和通信接口。

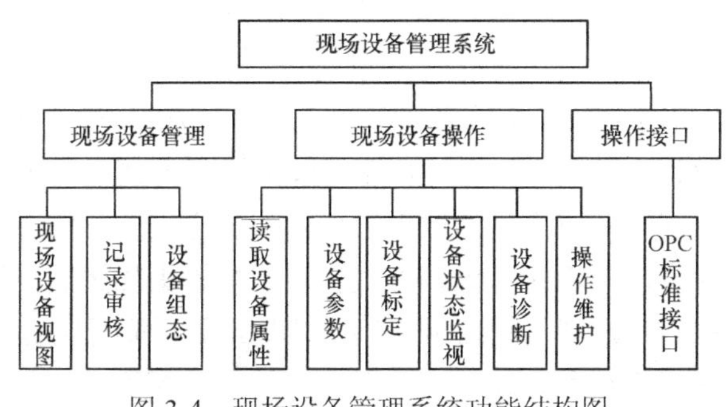

图 3-4　现场设备管理系统功能结构图

3.4　现场总线控制网络的体系结构

3.4.1　现场总线控制网络的模型

现场总线本质上是一种控制网络，因此网络技术是现场总线的重要基础。与 Internet、Intranet 等类型的信息网络不同，控制网络直接面向生产过程，因此要求有很高的实时性、可靠性、数据完整性和可用性。为满足这些特性，现场总线对标准的网络协议进行了简化，一般只包括 ISO/OSI 层模型中的三层：物理层、数据链路层和应用层。此外，现场总线还要完成与上层工厂信息系统的数据交换和传递，综合自动化是现代工业自动化的发展方向。在完整的企业网构架中，现场总线控制网络模型应涉及从底层现场设备网络到上层信息网络的数据传输过程。

基于上述考虑，统一的现场总线控制网络模型应具有 3 层结构，如图 3-5 所示，从底向上依次为：过程控制层（PCS）、制造执行层（MES）和企业资源规划层（ERP）。

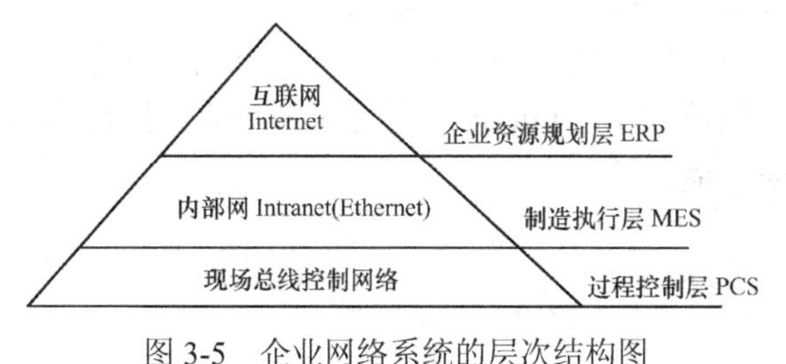

图 3-5　企业网络系统的层次结构图

1．过程控制层

现场总线是将自动化最底层的现场控制器和现场智能仪表设备互联的实时控制通信网络，遵循 OSI 参考模型的全部或部分通信协议。

依照现场总线的协议标准，智能设备采用功能块的结构，通过组态设计，完成数据采集、A/D 转换、数字滤波、温度压力补偿、PID 控制等各种功能。智能转换器对传统检测仪表、电流电压进行数字转换和补偿。此外，总线上应有 PLC 接口，便于连接原有的系统。现场设备以网络节点的形式挂接在现场总线网络上，为保证节点之间实时、可靠的数据传输，现场总线控制网络必须采用合理的拓扑结构。

过程控制层通信媒体不受限制，可用双绞线、同轴电缆、光纤、电力线、无线、红外线等各种形式。

2. 制造执行层

这一层从现场设备中获取数据，完成各种控制、运行参数的监测、报警和趋势分析等功能，另外还包括控制组态的设计。制造执行层的功能一般由计算机完成，它通过扩展槽中网络接口板与现场总线相连，协调网络节点之间的数据通信，或者通过专门的现场总线接口（转换器）实现现场总线网段与以太网段的连接，这种方式使系统配置更加灵活。这一层处于以太网中，因此其关键技术是以太网与底层现场设备网络间的接口，主要负责现场总线协议与以太网协议的转换，保证数据包的正确解释和传输。

制造执行层除上述功能外，还为实现先进控制和远程操作优化提供支撑环境，如实时数据库、工艺流程监控、先进控制以及设备管理等。

3. 企业资源规划层

其主要目的是在分布式网络环境下构建一个安全的远程监控系统。将中间监控层的数据库中的信息转入上层的关系数据库中，这样远程用户就能随时通过浏览器查询网络运行状态以及现场设备的工况，对生产过程进行实时的远程监控。赋予一定的权限后，还可以在线修改各种设备参数和运行参数，从而在广域网范围内实现底层测控信息的实时传递。这样，企业各个实体将能够不受地域的限制进行监视与控制工厂局域网的各种数据，并对这些数据进行进一步的分析和整理，为相关的各种管理、经营决策提供支持，实现管理—控制一体化。目前，远程监控实现的途径就是通过 Internet，主要方式是租用企业专线或者利用公众数据网，但是必须保证网络安全，常采用的技术包括防火墙、用户身份认证、密钥管理等。

在整个现场总线控制网络模型中，现场设备层是整个网络模型的核心，只有确保总线设备之间可靠、准确、完整的数据传输，上层网络才能获取信息以及实现监控功能。当前对现场总线的讨论大多停留在底层的现场智能设备网段，但从完整的现场总线控制网络模型出发，应更多地考虑现场设备层与中间监控层、Internet 应用层之间的数据传输与交互问题，以及实现控制网络与信息网络的紧密集成。

3.4.2 FCS 的拓扑结构

FCS 可以提供多种拓扑结构，比较灵活，它可能是以下几种拓扑结构中的一种，也可能是多种拓扑结构的综合。其中最基本的拓扑结构有以下 4 种。

1. 总线带分支拓扑结构

总线带分支拓扑结构是由一条干线和连接在干线上不同点的若干分支所组成的。干线的两端设终端器，总线到设备之间的电缆为分支，其长度可以根据需要从 1～120m 不等。这种结构适合于区域内设备密度较低的情况下，常用于新安装，如图 3-6 所示。

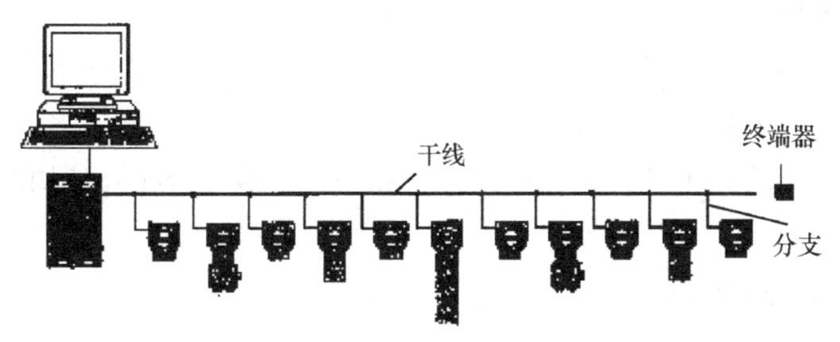

图 3-6　总线带分支拓扑结构

2．树型拓扑结构

树型拓扑结构是由一条干线和连接在干线端点上的若干分支所组成的。与总线拓扑结构相似，在干线的两端装有终端器，如图 3-7 所示。对支线电缆长度的限制将在后面讨论。这种结构适用于特定范围内现场总线设备密度较高的情况，常用于升级情况，即电缆已与接线盒和设备安装就位，为现场总线提供了一种低成本增加新电缆的方法。

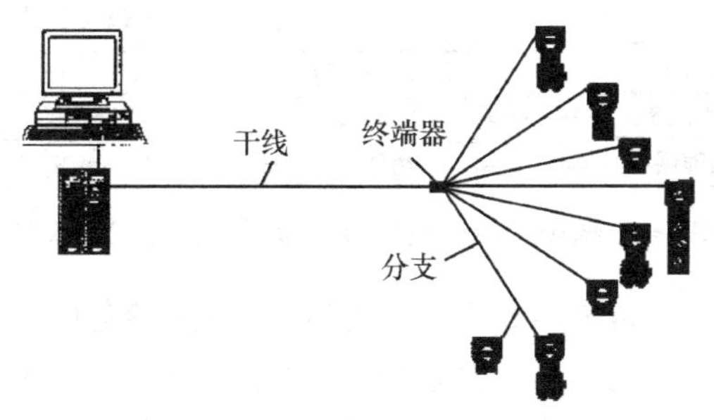

图 3-7　树型拓扑结构

3．菊花链型拓扑结构

菊花链型拓扑结构是用电缆把一台设备依次连接到下一台设备，一直到最后一台设备和终端器为止，如图 3-8 所示。这种拓扑结构也可以认为是支线长度为零的总线型拓扑结构。采用这种拓扑结构应注意，每台设备上的进线和出线应连接在一起，以免脱落时造成链路的中断。这种结构可降低总的电缆长度和设备连接费用，但实际上花费很大，其成本主要是其下游的维护性和可靠性。若采用菊花链型拓扑结构，当一台设备要从区域取下来，该设备后面区域上的所有设备都将失去连接，从而产生故障。这将导致许多设备失效和潜在的过程停运。

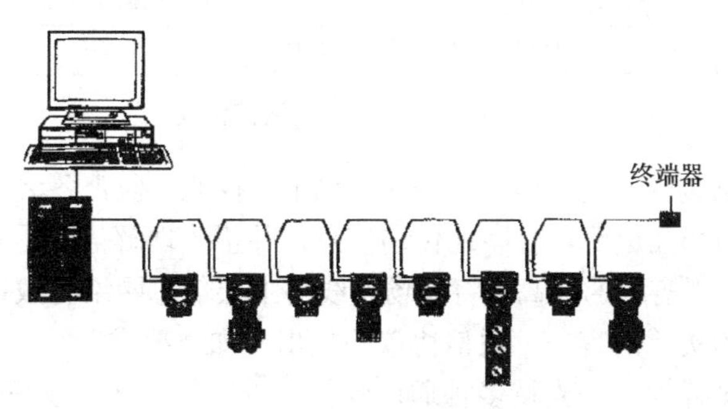

图 3-8　菊花链型拓扑结构

4．令牌环型总线网

它结合环型网和总线网的优点，即物理上是总线网，逻辑上是令牌网。网络传输时延确定无冲突，同时节点接入方便，可靠性好。

在实际应用中常常将以上几种拓扑结构结合起来，形成混合拓扑结构。

3.5 通信模型与协议

现场总线控制系统根据现场环境的要求，对 OSI 的七层参考模型进行了优化，除去了实时性不强的中间层，并增加了用户层，这样构成现场总线通信系统模型。例如，基金会现场总线模型与 ISO 参考模型的对应关系如图 3-9 所示。

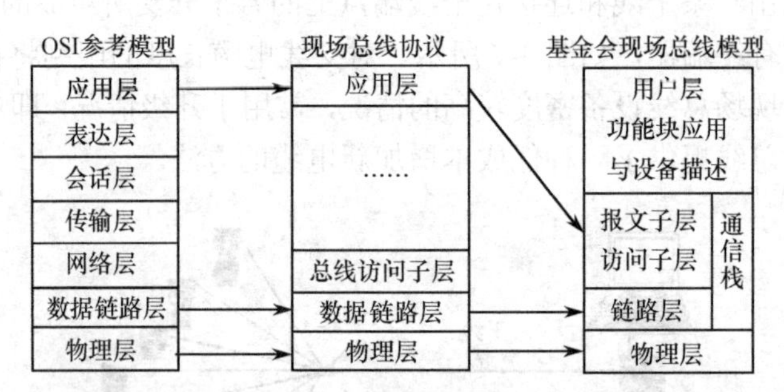

图 3-9 现场总线模型与 OSI 参考模型之间的关系

典型的现场总线协议模型如图 3-10 所示，它采用 OSI 参考模型中的 3 个对应层，即物理层、数据链路层和应用层。考虑到现场总线通信的特点，将 OSI 参考模型中的第 3~6 层简化为一个现场总线访问子层。它是 OSI 参考模型的简化形式，兼具开放性系统的要求和测控系统的特点。

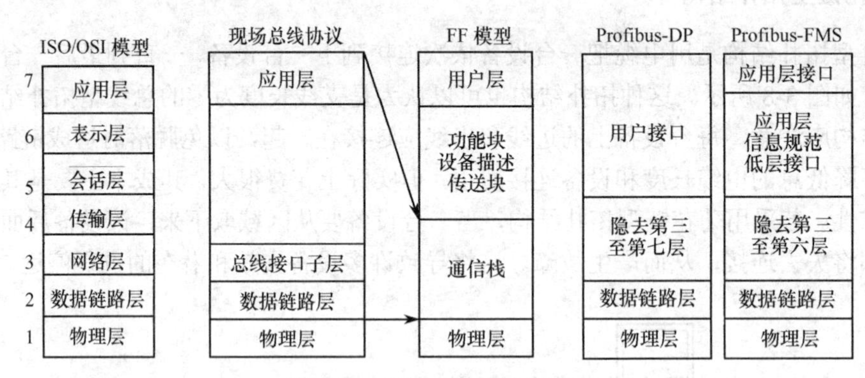

图 3-10 现场总线的通信协议

现场总线支持现场装置，实现传感、变送、调节、控制、监督各装置之间的透明通信等功能的，保证网内设备间相互透明，有序地传递信息，并正确理解信息是它的主要集成任务。此外，随着技术发展和应用需求的提高，将现场总线与上层信息网络有效地集成到一起也是必然的，于是对现场总线的实质内容——通信协议便提出了如下要求。

（1）通信媒体的多样性——支持多种通信媒体，以满足不同现场环境的要求。

（2）实时性——信息的传送不允许有较大时延或时延的不确定性。

（3）信息的完整性、精确性——要确保通信质量。

（4）可靠性——具备抗各种干扰的能力和完善的检错、纠错能力。

（5）可互操作性——不同厂商制造的现场仪表可在同一总线上互相通信和操作。

（6）开放性——基本符合 OSI 参考模型，形成一个开放系统。

现场总线通信协议是参照 ISO 制定的 OSI 参考模型并经简化建立的，目前尚无最终完整的国际标准。IEC/ISA 现场总线通信协议模型综合了多种现场总线标准，规定了现场应用进程之间的相互可互操作性、通信方式、层次化的通信服务功能划分、信息的流向和传递规则。现场总线通信协议则根据自身特点加以简化，采用了物理层、数据链路层和应用层，同时考虑到现场装置的控制功能和具体运用又增加了用户层。

其各层功能定义如下。

1. 物理层

物理层定义了网络信道上的信号与连接方式、传输媒体、传输速率、每条线路连接仪表的数量、最大传输距离、电源等。当处于数据发送状态时，该层接收数据链路层下发的数据，并将以某种电气信号进行编码并发送；当处于数据接受状态时，将相应的电气信号编码为二进制数，并送到数据链路层。

2. 数据链路层（DDL）

DLL 定义了一系列服务于应用层的功能和向下与物理层的接口，使用物理层的服务，提供了媒体存取控制功能、信息传输的差错检验。DLL 提供原语服务和相关事件、与原语服务相关的参数格式，以及这些服务及事件之间的相关关系。DLL 为用户提供了可靠且透明的数据传送服务。

数据链路层是现场总线的核心。所有连接到同一物理通道上的应用进程实际上都是通过数据链路层的实时管理来协调的。为了突出实时性，现场总线没有采用以往 IEEE 802.4 标准中所定义的分布式物理通道管理，而是采用了集中式管理方式。在这种方式下，物理通道被有效地利用起来，并可有效地减少或避免实时通信的延迟。

3. 应用层

应用层为用户提供一系列的服务，简化或实现分布式控制系统中应用进程之间的通信，同时为分布式现场总线控制系统提供了应用接口的操作标准，实现了系统的开放性。应用层与其他层的网络管理机构一起对网络数据流动、网络设备和网络服务进行管理。

4. 用户层

用户层是专门针对工业自动化领域现场装置的控制和具体应用而设计的，它定义了现场设备数据库间互相存取的统一规则。用户凭标准功能块可组态成系统，实现用户的应用程序。这是使现场总线标准超越通信标准而成为一项系统标准的关键，也是使现场总线控制系统开放与可互操作性的关键。

现场总线基金会系统还为每个设备定义了一个网络管理代理，可提供组态管理、性能管理和差错管理的功能。系统管理负责完成设备地址分配、功能块执行调度、时钟同步和标记定位等功能。

3.5.1 基金会现场总线通信模型

基金会现场总线模型结构如图 3-11 所示。它采用了 OSI 模型中的 3 层：物理层、数据链路层和应用层，隐去了第三至六层。其中物理层、数据链路层采用 IEC/ISA 标准。应用层有两个子层：现场总线访问子层（FAS）和现场总线信息规范子层（FMS），并将从数据链路层到 FAS 和 FMS 的全部功能集成为通信栈（Communication Stack）。FAS 的基本功能是确定数据访问的关系模型和规范，根据不同要求，采用不同的数据访问工作模式。FMS 的基本功能是面向应用服务，生成规范的应用协议数据。FAS 与 FMS 的任务是完成一个应用进程到另一个应用进程的描述，实现应用进程之间的通信，提供应用接口的标准操作，实现应用层的开放性。

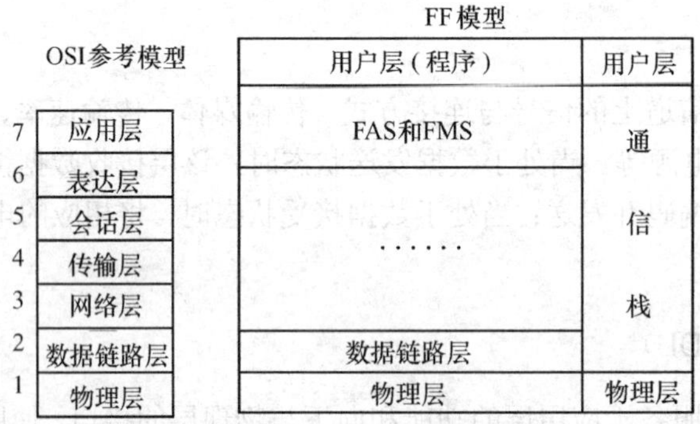

OSI参考模型		FF模型	
		用户层（程序）	用户层
7	应用层	FAS和FMS	通信栈
6	表达层	……	
5	会话层		
4	传输层		
3	网络层		
2	数据链路层	数据链路层	
1	物理层	物理层	物理层

图 3-11　FF 模型与 OSI 参考模型

用户层规定标准的功能模块、对象字典和设备描述，供用户组成所需要的应用程序，并实现网络管理和系统管理。在网络管理中，为了提供一个集成网络各层通信协议的机制，实现设备操作状态的监控与管理，设置了一个网络管理代理和一个网络管理信息库，提供组态管理、性能管理和差错管理的功能。在系统管理中，设置了系统管理内核、系统管理内核协议和系统管理信息库，实现设备管理、功能管理、时钟管理和安全管理等功能。

3.5.2 LonWorks 通信模型

LonWorks 采用了 OSI 参考模型的全部七层通信协议，被誉为通用控制网络。其各层作用和所提供的服务如图 3-12 所示。

	OSI 参考模型	作用	服务
7	应用层	网络应用程序	标准网络变量类型：组态性能；文件传送；网络服务
6	表达层	数据表示	网络变量；外部帧传送
5	会话层	远程传送控制	请求 / 响应；确认
4	传输层	端 - 端传输可靠性	单路 / 多路应答服务；重复信息服务；复制检查
3	网络层	报文传递	单路 / 多路寻址，路径
2	数据链路层	媒体访问与成帧	成帧；数据编码；CRC 校验；冲突回避 / 仲裁；优先级
1	物理层	电气连接	媒体特殊细节（如调制）；收发种类；物理连接

图 3-12　LonWorks 模型分层

3.5.3 Profibus 通信模型

Profibus 是作为德国国家标准 DIN19245 和欧洲标准 EN50170 的现场总线标准。它采用了 OSI 模型的物理层和数据链路层。外设间的高速数据传输采用 DP 型，隐去了第 3～7 层，而增加了直接数据连接拟合，作为用户接口；FMS 则只隐去第 3～6 层，采用了应用层。PA 型的标准与 IEC1158-2（H1）标准兼容。

3.5.4 CAN 通信模型

CAN 只采用了 OSI 参考模型中的两层：物理层和数据链路层。物理层又分为物理信令（Physical Sisnal Lins，PSL）、物理媒体附件（Physical Medium Attachment，PMA）和媒体接口（Medium Dependent Interface，MDI）三部分，完成电气连接、实现驱动器/接收器特性、定时、同步、位编码/解码。数据链路层分为逻辑链路控制与媒体访问控制两部分，分别完成接收滤波、超载通知、恢复管理，以及应答、帧编码、数据封装拆装、媒体访问管理、出错检测等。

3.6 现场总线控制系统的软件结构

Internet 经过近几年来的开发应用已经有很大的发展，广泛地应用于政府、企业、商业、交通，乃至人们的日常生活。然而许多企业未能很好地利用 Internet 的潜能，如远程查询、远程监控、远程诊断、远程决策等。现场总线系统（FCS）本身就是建立在网络概念上的一种系统，将现场总线和 Internet 结合起来，借助现场总线技术的优点，并通过 Internet 实现远程的监控和管理，将会给企业带来更大的经济效益，使各行业综合自动化系统的水平从 DCS、FCS 上升到一个更高的高度。考虑到各方面的因素，在设计现场总线控制系统时，应兼顾到方方面面：适应多种现场总线，遵循 OPC（OLE for Process Control）规范，利用 Internet 技术，提供网络环境应用，支持远程应用。

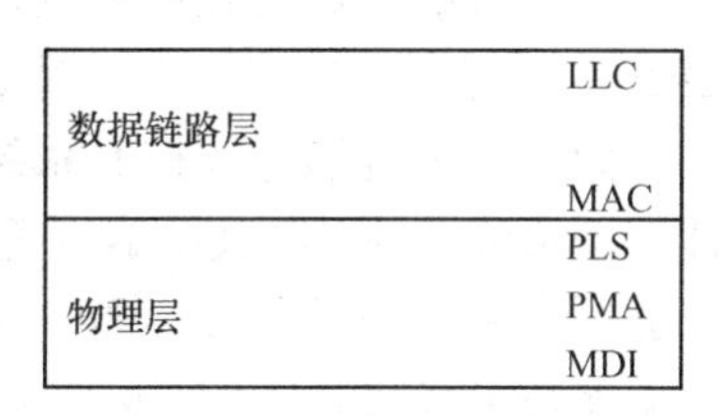

图 3-13 CAN 模型

3.6.1 软件设计的基本原则

根据系统开发的目标和设计经验，本着开放性、可扩展性、配置的灵活性、可靠性、易用性等要求，在软件系统设计上遵循了以下几个基本原则。

1. 开放性

本系统应用范围广、覆盖面大、涉及的技术和产品众多，因此保证系统的开放性是非常重要的。目前，现场总线、OPC 技术尚未大范围普及，在该前提下强调开放性需要注意：

（1）方案所选择的产品是否符合现有的国际标准。

（2）方案所选择的产品是否可升级，在新标准出现后，系统可否升级到新的标准。

（3）厂商在产品和技术领域内的地位和参与标准化的能力。

2．可扩展性和配置的灵活性

由于网络规模和信息应用正以前所未有的速度发展，因此系统扩展性应从两方面考虑：首先是随着网络规模的扩张，用户数量的增加和信息量的日益增大，要求系统有相当大的增长空间；其次是支持新应用的能力。

3．安全性

一个完善的系统必须配备一套完善的安全与权限管理机制，防止对系统（尤其是对现场的关键数据）的破坏，通过用户认证等机制加强数据库和应用软件安全。

4．一体化

方案应考虑把工业自动化系统与 APC、MIS、ERP/MRPⅡ等系统集成，为企业进行管理—控制一体化系统建设提供综合解决方案。

5．设备的先进性与技术的成熟性

设计方案应该既兼顾技术上的成熟性，也保证系统的先进性。

6．可集成性

多种智能仪器仪表和先进控制技术可以在实时数据平台上进行集成，并通过企业信息网与 ERP 系统连接，提供生产实时数据，增加企业管理、生产调度的实时性。

为了实现现场总线控制系统软件的开发，组态程序的开发大致需要以下内容：首先，将各种现场总线、DCS/PLC、各种智能仪表的实时信息集成到实时数据库，基于实时数据库，在这个运行平台上是操作员界面、现场控制组态、工程师界面以及其他的应用软件，它们通过实时数据库与现场进行通信。由于使用了 OPC 的标准接口以及统一的实时数据库对数据进行管理，上层软件不依赖于具体设备。从系统的组织结构上看，实时数据运行平台类似于软总线，从而实现了软件系统的“插件化”，有利于系统的开发与扩充。

3.6.2 数据采集工作站及现场总线通信服务器

数据采集工作站及现场总线通信服务器为解决不同制造商的部件集成问题提供了方案。在这种解决方案中，数据采集工作站和现场总线通信服务器一方面通过制造商提供的驱动或服务程序与现场各种设备实时交换数据，另一方面通过 OPC 接口规范与应用程序实时交换数据。各种 DCS、PLC 和不同控制总线上所挂接的设备是系统进行监视和控制的最底层对象。现场通信服务器提供对各种现场总线、常规通用工业串行通信总线 RS485/RS232、常用 DCS/PLC 等多种现场控制协议的支持。

3.6.3 实时数据库

在企业信息网中的信息分为两类：与生产过程直接相联系的称为实时信息，与各职能部门相联系的称为管理信息。与这两类数据相对应的数据库管理系统也分别由实时数据库和关系数据库两部分组成。特别地，实时信息在连续过程中具有基础地位，因此实时数据库也就成为企业信息系统的支撑平台之一。

实时数据库在结构和功能上是根据实时数据的性质以及实时数据在使用方式上的特点而设计的，其中一些功能是标准的关系型数据库所不具备的，因此在构建连续过程企业信息系统时，实时数据库具有无法取代的作用。

由于实时数据库主要是面向产生大量实时信息的应用领域，其主要作用是存储与获取时间序列的实时数据，大多数来自于对各仪器或设备系统接口的数据采集。针对其中数据的特点，数据点（一般代表工业现场中的“工位号”）的组织和索引分为 3 级：设备、组和数据点。数据点的类型包括整型、浮点型、布尔型、字符串、时间等。

实时数据库作为其他应用软件的运行平台和现场仪表、控制器的数据收集器，负责实时数据的读/写、管理、历史归档、维护，以及安全审核、报警生成、事件记录、时间同步等。实时数据管理平台是一个高性能、高速度、高可靠性、开放性的实时数据软件开发环境。

1. 结构特点

（1）非关系模型。实时数据库采用特殊的数据模型来处理同一数据点的两类不同性质的属性。一类是固定属性，保存位号、单位、量程等参数；另一类是时变属性，保存过程变量（PV）、操作变量（OP）和报警等实时数据。为保存实时数据，在实时数据库中引入了“重复域”的概念，使在时变属性中可以同时保存若干组不同时刻的数据。

（2）数据存储结构。实时数据库将最常用的数据（所有固定属性以及最新的实时数据等）放在内存中，硬盘上只保存历史数据。

（3）数据访问方式。实时数据库的各记录或各字段之间主要通过指针相联系，以加快访问速度。

2. 功能特点

（1）现场数据采集：实时数据库提供了与典型数据源的接口。

（2）预处理机制：可以直接在实时数据库中对原始数据进行处理。

（3）滚动存储机制：数据库容量固定，若产生新数据，数据库中最老的数据将被删除。

（4）自动更新机制：当数据库中的数据改变时，及时通知客户端程序，以更新画面。

（5）触发和定时机制：提供丰富的触发和定时机制，供各类数据处理、先进控制和优化算法使用。

（6）补偿机制：当不能保证连续运行时（如系统备份），需要提供相应的补偿机制，以保证数据不会丢失。

（7）数据检索机制：可以以类似于关系数据库的方式检索实时数据库中的数据。

（8）动态汇总机制：实时数据库提供了报警状态、操作事件等信息的动态汇总功能。

（9）进程管理机制：可以将有严格时间要求的用户进程放在服务器上，由实时数据库统一调度管理。

（10）安全机制：实时数据库一旦投入运行，就开始与生产装置之间进行双向数据传递。因此，实时数据库的设计与开发是同时进行的。在这种情况下，实时数据库在客户端、服务器端以及数据库本身三者中都提供了足够的安全机制，以保证装置的安全。

（11）数据集成接口：实时数据库实现了过程数据与管理数据的集成与共享。

实时数据库系统为全厂实时信息集成、部分装置的操作平台、过程监控、工艺分析和故障分析、先进控制和优化，以及其他系统提供数据和运行环境支持。

3.6.4 控制策略组态

以 PC 为基础的控制系统，配以成熟的监控组态软件，是目前控制领域发展的一个重要方向。FCS 组态包括硬件和软件组态，其中硬件组态包括操作员站的选择及硬件配置、控制站的选择等；软件组态包括基本配置组态和应用软件组态。基本配置组态是给系统一个配置信息；应用软件组态包括图形软件组态和控制算法软件组态两部分，控制系统软件组态的任务就是完成应用软件的组态。

控制策略图形组态系统集成了图形技术、人机界面技术、数据库技术、控制技术和网络与通信技术，使控制系统开发人员不必依靠某种具体的计算机语言，只需通过可视化的组态方式，就可完成控制策略的设计，降低了开发难度。组态软件拥有丰富的工具箱、图库和操作向导，使开发人员避免了软件设计中许多重复性的开发工作，可提高开发效率，缩短开发周期，已成为监控系统主要的软件开发工具之一。

1. 控制策略图形组态的功能

控制策略图形组态系统要提供多种控制器件库、图形控制和功能组件，可组态各种显示与控制功能，创建画面和信息并将其与输入点链接，以图形形式显示系统操作状态、当前过程值和故障的可视化，提供友好的人机界面来操作被监控的设备或系统，对输入点的实时数据进行显示、记录、存储、处理，满足各种监控要求。

在过程控制中，按偏差的比例（P）、积分（I）和微分（D）进行控制的 PID 控制器是应用最为广泛的一种自动控制器，它具有原理简单，易于实现，适用面广，控制参数相互独立，参数的选定比较简单等优点。

2. 控制算法组态的实现

（1）控制回路的组态方法

功能模块组态法是指系统把用户经常用到的一些算法，提前编成一个个模块存储在计算机中，用户根据需要从模块库中选取所需的模块和连接线，构成系统的控制回路。用功能模块法组态的一个典型的 PID 控制回路如图 3-14 所示。

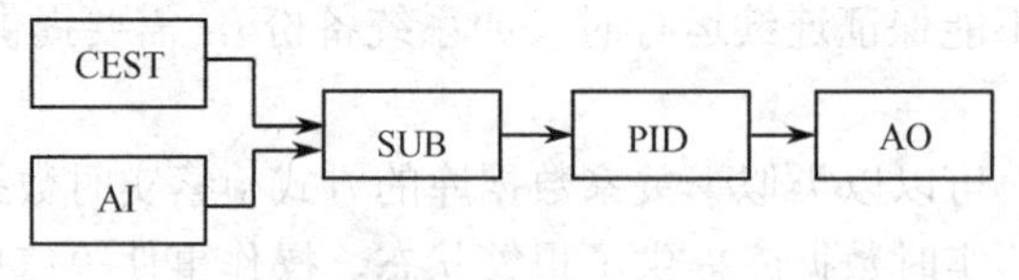

图 3-14　PID 控制回路示意图

图 3-14 中，CEST 为常数设定，AI 为模拟量输入，SUB 为减法运算器，PID 为 PID 算法，AO 为模拟量输出。输入模块（IN）把由系统的数据采集环节从外部获取的一个变量值输出给后续模块，设定值和输入值通过一个减法器进行比较，其差值送给后续的 PID 模块，PID 模块的输出模块送到外部的被控对象。实际上，输出模块的任务只是把 PID 模块的输出值送给系统内部的一个输出变量，而由系统把此变量的值送到外部被控对象。

上述过程在系统的一个采样周期对应的一个运行周期内完成运算，实际运行时，系统会由采样、运算和输出形成一个闭环并不断地进行下去。

（2）控制回路的组态原理

控制算法软件组态为用户提供了直观、准确、快速的绘图系统，便于用户完成系统控制回路的组态。实际上，这是一个图形编辑的过程，编辑的结果是生成一个组态源文件。

控制算法组态软件在用户编辑完成系统的控制回路后，必须先把它提交给编译器，由编译器检查有无编译错误，若无错误，编译器会生成相应的组态目标文件，即执行信息文件，它含有完成特定控制功能所需要的执行信息文件中的内容，从功能模块库中找到相应的功能模块，并把相应的模块参数、入口变量地址和出口变量地址提交给它，实现相应的控制功能。

控制组态所完成的工作，实际上是生成一个大的数据文件，此数据文件的内容直接反映了用户的控制思想，它包含了控制站所需要的所有信息。在控制站运行软件以前，把该数据文件读入内存即可。

控制算法软件组态，用功能模块法实现组态时，算法模块编写的是否合理，以及编译器的校验组装功能是否完善，都直接影响到系统的性能，因此它们也都是组态软件设计的重要组成部分。

（3）控制站运行软件的设计

控制站运行软件的现场控制功能的整个执行过程如图 3-15 所示。简便直观的操作和可靠稳定的运行，是控制系统组态软件设计的根本目的，而图形组态和控制算法组态所生成的数据文件，只有在一套完整的控制站运行软件支持下才能达到上述目的。

控制系统的控制站运行软件主要完成两个功能：现场控制和过程管理。现场控制直接同现场的各种控制设备打交道，如 I/O 板、PLC、单回路控制器等，它负责完成现场各点的监测和所有回路的控制。过程管理部分主要完成整个系统当前运行状况，如开关状态、阀门位置等现场模拟，以及主要被控参数的动态显示、被控变量变化趋势的曲线描述等。图 3-16 和图 3-17 分别是控制策略组态原理图和控制策略组态流程图。

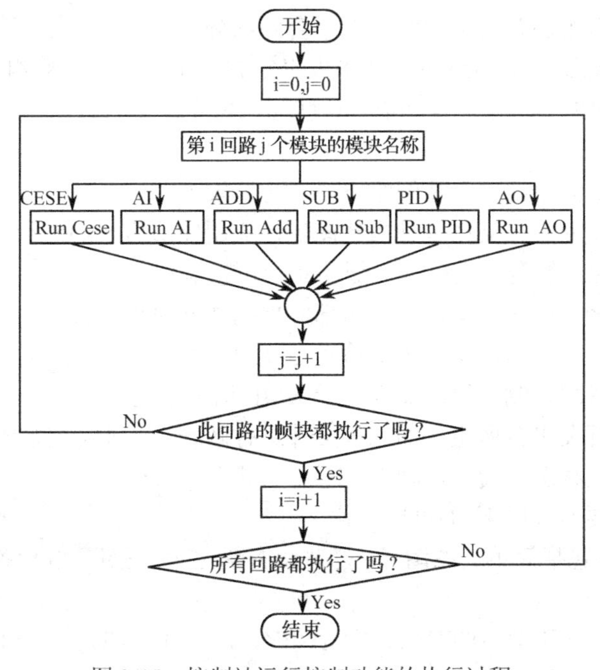

图 3-15　控制站运行控制功能的执行过程

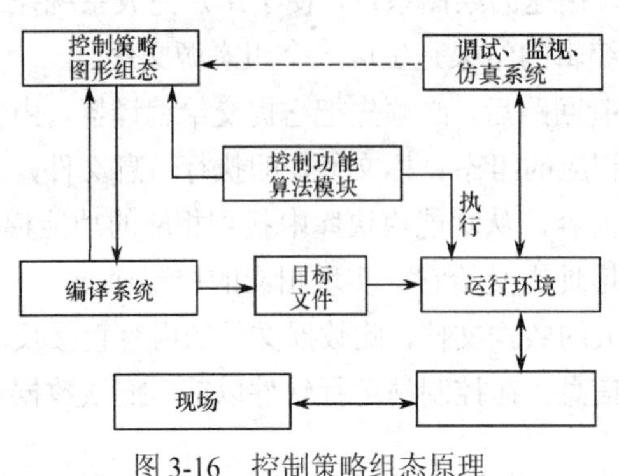

图 3-16　控制策略组态原理

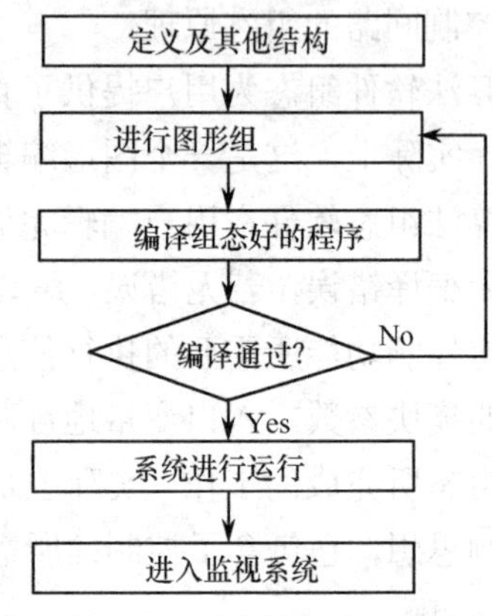

图 3-17　控制策略组态流程

3.6.5　监控组态系统

监控组态系统是用于工业自动化和过程监视与控制的应用软件，它为自动化工程提供人机接口或 SCADA 系统。通过监控组态软件的使用，可以使操作员工能够方便、直观地获取现场的实时数据，达到实时监视的目的，从而能够快速地查找到现场设备的故障，提高劳动生产率。此外，它还能够允许有安全权限的操作人员修改各种控制数据和控制信号，能在监控画面上及时地得到反馈和查看该操作的结果，并通过历史趋势和报表的信息，可以很方便地获取以前的生产状况，在出现产量或质量问题时，便于查找事故原因，给现场管理提供直观的依据。监控组态系统实现 FCS 与管理网络的互联，充分利用系统资源，完成生产过程数据的实时采集、显示、处理和通信，以及工艺流程图动态显示和生产过程数据列表显示。

实时趋势显示及事件报警等功能。通过屏幕画面及图表的配合使用，从整体和细节两个方面对生产过程进行监控，系统运行中能实时进行事件报警检测，以便及时反映各工位点的工作状态，保证装置安稳运行。

监控组态系统具有组态开发平台和运行平台两部分。

组态开发平台具有流程页面组态、动态报表组态、工艺参数报警组态、实时/历史数据趋势、动画连接定义、数据发布定义等功能。这些功能使用户可以建立满足不同需求的实时监控系统。

（1）开发工具提供完全面向对象的组态环境与开发方式。

（2）以所见即所得的方式支持多种内建图形、通用图形格式的流程页面组态。

（3）对 ActiveX 控件的全面支持，良好的系统可扩展性。

（4）功能强大的脚本语言，支持系统内部对象的面向对象编程。

（5）扩展的脚本解释能力，支持语法检查与模拟运行。

（6）完善的工程管理机制，组态文件基于 XML 语言描述。

运行平台对组态开发平台所组态的工程文件进行解释，实时监控系统底层的各种物理设备的运行状况，根据工艺状况的变化，动态显示生产状况。

监控组态系统需要实现以下的功能。

（1）绘图功能——包括简单动态图元、复杂动态图元库、按钮、滑动条、实时数据、ActiveX 控件等。

（2）编辑功能——对所编辑的对象进行 COPY、PASTE、CUT、UNDO、REDO 等。

（3）安全功能——对所组态的工艺操作进行安全设置，使不同的操作人员具有不同的操作权限。

（4）动画显示功能——根据现场实时数据动态更新显示效果，反映生产过程的变化。

（5）事件触发——根据现场的不同情况，触发不同的事件，执行相关的处理过程。

（6）实时/历史趋势——根据现场实时数据的变化，用曲线动态表示数据的变化。

（7）报警功能——当生产过程的变化超出工艺许可的范围或系统产生非预期的变化时，系统产生报警信息，提示有关操作人员做出相应的操作。

（8）报表功能——各种信息、报表和分析报告打印，为领导决策提供方便可靠的依据。

（9）实时数据发布功能——将工程的所有工艺流程动态画面发布到 Internet，供远程监视。

（10）其他功能——如开放接口、交互方式、与第三方软件的通信、其他资源利用等。

3.6.6 远程应用

随着计算机性能的提高，通信、计算机网络、ERP 等高新技术的涌现和蓬勃发展，企业信息化的范围也随之从企业内部扩展到企业供应链甚至全球范围。利用 Internet 进行数据通信，人们将可以在远程安全地获得实时的生产信息，而不必亲自到生产现场，从而及早发现问题、解决问题，节省大量的人力与物力。因此，Internet 背景下的多层应用软件体系及其应用开发的技术问题成了工业自动化领域的切入点。

在考虑远程应用时，主要基于 TCP/IP 和 HTTP，基于 Web 服务器，通过通信服务程序与实时数据库进行数据通信，实现远程访问本地的实时数据，在客户端利用浏览器监控工业现场的动态工艺流程，达到远程过程监控、远程设备管理和维护远程系统维护的目的。

1．远程监控软件结构

结合国内外工控软件中远程监控部分的多方面优点，扬长避短，在现有的网络软硬件条件下，使得该系统达到真正实用的程度。具体来说，通过通信服务程序与在本地控制系统中的实时数据库进行数据通信，用户可以在客户端利用标准网页浏览器实时监控工业现场的动态工艺流程、现场设备状况和系统运行状态，实现远程访问控制现场的数据，以及远程过程监控、远程设备管理和维护、远程系统维护的目的。因此，远程过程监控软件由运行在服务器端的通信服务器、Web 发布服务器和运行在客户端 Web 浏览器上嵌入在 Web 页面中的 Java Applet 组成，其总体结构如图 3-18 所示。

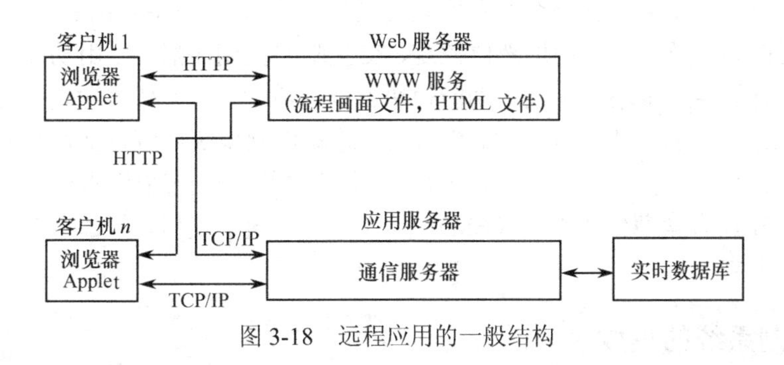

图 3-18　远程应用的一般结构

2．系统设计实现的几个关键问题

实现目标系统的关键问题在于，如何实现一个能在企业现有的各种网络上、支持多个客户机的、足够安全的监控与组态系统，将现场总线控制系统网络与企业网及 Internet 完美地连接，

实现远程查询、远程监控与组态、远程诊断、远程决策等。

（1）多客户同时监控功能

为了支持多个远程客户同时访问服务器使用本系统，可以在通信服务器设计实现多线程异步 TCP/IP 网络套接字，采用一个监听连接请求线程，监听所有来自合法远程 IP 地址的连接请求。如果 IP 地址合法，则在服务器端创建相应的客户通信套接字，并建立一个线程，专门负责与相应客户的通信，解析用户的通信数据（如登录请求信息、更改现场数据请求等）。

因此，整个通信服务对不同的用户来说是并行的，从而提高了系统的响应速度，并且使得某个客户对现场数据的更改，其他用户也能及时感知到。

（2）严格的安全性控制功能

系统的安全风险不仅是信息泄露的问题。通常情况下，只要用户的 ID 和口令，以及一些诸如指纹特征等重要信息不被窃取，就可以说满足信息保密的需求，对于现场的一些实时数据的保密要求并不是很高。但是，对于要在远程可控制与组态的远程应用来说，系统主要的安全风险在于信息被任意篡改的可能性，从而造成现场的控制系统控制失调，生产停机，甚至还会发生现场重大事故。所以要重点考虑并使系统达到以下几点。

（1）十分肯定地确定是什么人在远端控制这个系统（身份验证问题）。

（2）不同身份的客户拥有不同的明确的权限（访问控制问题）。

（3）用户当前状态和他所作的每个操作都要跟踪记录，追究其责任（系统日志）。

（4）自动报警功能，系统根据一定的规则，判断一个用户是否在恶意攻击，并做出相应的处理和报警。

总之，综合利用口令、指纹、数据加密、IP 地址过滤、操作日志、自动报警等多种技术，对远程用户的访问进行严格的安全性控制，为系统提供可靠的安全性，尽可能地让用户用得放心。

3．优化无线网络通信

网络的传输协议应使用独立于其网络层下的技术。但在实践中，上层的应用必须考虑下面网络层的实现，因为现有的多数 TCP 协议的实现是基于一些假设的优化。

3.7 现场总线控制系统的集成

现场总线协议本身不可能使整个企业实现自动化。尽管所有的控制模式，诸如串级控制、前馈控制、比例控制以及三冲量锅炉液位控制、交叉限幅控制，都可以用功能模块轻松地组态完成，但不是所有的控制策略都是仅用功能模块就能完成的，如互锁、逻辑、时序等，需使用 IEC 1131-3 标准语言组态完成。因此，完整的现场总线控制系统还应包括可编程序控制器及远程 I/O 设备，还可在操作站加入监控、批处理、产品质量统计、自适应程序等。虽然先进控制、企业资源规划（ERP）、紧急停车系统（ESD）只在特定应用中使用，但都可以完美地集成到现场总线控制系统中来。

3.7.1 控制系统的集成

1．先进控制和仿真

一些用户，特别是石化和化工行业，使用先进控制和仿真来优化生产过程。这里的先进控制指动态矩阵控制等，包含大量的 I/O 变量。有一个误解，认为现场总线控制系统（FCS）需通过 DCS 来完成类似功能。其实，DCS 本身并不能做到这一点，而必须借助第三方。通过 TCP/IP，先进控制系统同样可以连入 FCS 中。

2. 企业资源规划

企业自动化并不仅仅意味着过程自动化，与之紧密相关的还有生产计划、原材料管理、质量管理、维护计划、金融财务、人力资源等，这些由 ERP 系统完成，并与原有的 DCS 或现在的 FCS 以及 PAS 的其他部分集成起来。完整的企业自动化方案完全可以通过 FCS 来实现而无须 DCS。

3. 紧急停车系统

在 DCS 中，紧急停车系统与基本控制系统间不存在任何共同的故障模式，因此它使用特定的现场设备和控制方案，并不被其他系统所共享。紧急停车系统仅借助 DCS 的操作站进行显示。同样，采用 TCP/IP 或 Modbus 协议，可将紧急停车系统连入 FCS 以实现相同功能。

4. 与现有设备集成

作为新产品的现场总线，最适合在新建项目、全新扩建和老项目的更新中使用。当然，为保护用户现有投资，现有系统可通过一些途径迁移到现场总线，通常建立在诸如 Windows NT、OPC、OLE、TCP/IP、COM、DCOM 等开放技术之上的系统迁移。

5. 现场设备和可编程控制器

一些明智的用户在购买产品时，选择能够升级成现场总线的产品。为满足这样的要求，制造商也制订了相应措施。目前，一些用户已经把现有的智能变送器集成到 FCS 中。同时，市场也已推出了针对 4mA～20mA 电流信号和 3psi～15psi 气动信号的现场总线转换器。

这些转换设备通常包含 1～3 个通道，可将现有变送器、执行器、变频器等与 FCS 接口。现场总线阀门定位器也已推出，用户只需更换定位器就可将传统阀门转换成现场总线阀门。现场总线操作站使用基于开放系统的通用人机界面软件，使得现有可编程控制器可较为方便地集成到 FCS 中。

6. 操作站

操作站使用开放的系统，通过人机界面并安装现场总线接口卡或通过高速以太网连接现场总线链路设备。

7. 现有系统

使用 Modbus 设备作为网关，可将 DCS 与 FCS 集成，但这样会失去现场总线的很多优势。DCS、可编程控制器能否与 FCS 接口，取决于相应产品制造商是否提供这类接口。将现有系统迁移到现场总线，用户通常的做法是在不影响工厂其他系统的前提下，在一个相对独立的单元安装小规模的 FCS，从而逐渐熟悉现场总线技术。这样的小系统通常是锅炉控制、灌区控制或污水处理等。其他的控制则作为工厂维护计划的一部分，分步集成到新系统中。另外一种通常做法是建立试点工厂，对新工艺过程及现场总线技术同时进行评估。可见，升级一个旧系统到现场总线较为困难。

3.7.2 现场总线控制网络与信息网络的集成

1．现场总线控制网络与 DCS 的集成

现场总线并不是在所有的控制场合下都能发挥它的优点，如简单的小规模数字模拟混合系统，特别是当现场和控制室距离近的情况下，由于混合控制在同一集中的 CPU 中进行将比较方便，小系统所冒控制集中的风险也不大。而现场总线的控制分散的特点需要几种设备来实现，则显得烦琐。在当前和今后的一段时间内，工业控制网络将面临现场总线与 DCS 网络共存的局面，因此在工业控制网络设计时，考虑如何实现控制网络中异构网段情况下的网络集成的问题也是很现实的。

DCS 属非开放式专用网络，DCS 主机是 DCS 系统的控制、通信中心。而在新型的工业控制网络体系中，整个 DCS 系统将作为其中的一个特殊子网存在，DCS 主机则是一个普通的节点。与现场总线网络集成时有以下几种不同的方案。

（1）采用网关将 DCS 专用网络挂接在高速网络上。

（2）使用特殊网关或通信控制器，将现场总线系统挂接在 DCS 网络上。

2．现场总线控制网络与信息网络的集成

控制网络的通信技术不同于以传输信息和资源共享为目的的信息网络，其最终目标是对被控对象实现有效控制，使系统安全、稳定地运行，因此要求其具有协议简单、安全可靠、纠错性能好、成本低等特点。控制网络负载稳定，多为短帧传送，信息交换频繁。实现控制网络与信息网络的紧密集成是建立企业综合实时信息库的基础，为企业的优化控制、调度决策提供依据。控制网络与信息网络的结合，可以建立统一的分布式数据库，保证所有数据的完整性和互操作性。现场设备与信息网络实时通信，使用户通过信息网络中标准的图形界面随时随地了解生产情况。控制网络与信息网络的紧密集成也便于实现远程监控、诊断和维护功能。控制网络与信息网络的集成可以通过以下几种方式实现。

（1）在控制网络和信息网络之间加入转换接口

这种方式通过硬件来实现，即在底层网段与中间监控层之间加入中继器、网桥、路由器等专门的硬件设备，使控制网络作为信息网络的扩展与之紧密集成。硬件设备可以是一台专门的计算机，依靠其中运行的软件完成数据包的识别、解释和转换。对于多网段的应用，它还可以在不同网段之间存储、转发数据包，起到网桥的作用。此外，硬件设备还可以是一块智能接口网板，Fisher Rosemount 的 DeltaV 系统就通过 H1 接口，完成现场总线智能设备与以太网中监控计算机之间的数据通信。

转换接口的集成方式功能较强，但实时性较差。信息网络一般是采用 TCP/IP 的以太网，而 TCP/IP 没有考虑数据传输的实时性，当现场设备有大量信息上传或远程监控操作频繁时，转换接口将成为实时通信的瓶颈。

（2）在控制网络和信息网络之间采用 OPC 技术

关于 OPC 技术，可参考相关资料在此不再赘述。

（3）控制网络和信息网络采用统一的协议标准

这种方式将成为控制网络和信息网络完全集成的最终解决方案。由于控制网络和信息网络采用了面向不同应用的协议标准，因此两者集成时总需要某种数据格式的转换机制，这将使系统复杂化，也不能确保数据的完整性。如果信息网络的协议提高其实时性，而控制网络的协议

提高其传输速度，两者的兼容性就会提高，两者合二为一，这样从底层设备到远程监控系统，都可以使用统一的协议标准，不仅确保了信息准确、快速、完整的传输，还可以极大地简化系统设计。当前多种总线标准并存，信息网络协议也不尽相同，所以要实现控制网络与信息网络采用统一的协议标准，还有很多问题要解决。

3. 网络集成的一些考虑

应用现场总线要适合企业的需要，选择现场总线应考虑以下因素。

（1）控制网络的特点——适应工业控制应用环境，要求实时性强，可靠性高，安全性好；网络传输的是测控数据及其相关信息，因此多为短帧信息，传输速率低；用户从满足应用需要的角度去选择、评判。

（2）标准支持——国际、国家、地区、企业标准。

（3）网络结构——支持的介质，网络拓扑，每个网段的最大长度，本质安全，总线供电，最大电流，可寻址的最大节点数，可挂接的最大节点数和介质冗余等。

（4）网络性能——传输速率；时间同步准确度；执行同步准确度；媒体访问控制方式；发布/预定接收能力，即报文分段能力（报文大小限制，最大数据/报文段）；设备识别；位号分配；节点对节点的直接传输；支持多段网络；可寻址的最大网段数。

（5）测控系统应用考虑——功能块，应用对象，设备描述。

（6）市场因素——供应商供货的成套性、持久性、地区性、产品互换性和性能价格比。

（7）其他因素——一致性测试，互操作测试机制。

3.7.3 现场总线控制系统建立时注意的技术问题

应用现场总线技术构成一个 FCS 系统时，可遵循以下步骤：思考下列问题，给出答案或做出选择，最终得到一个应用现场总线技术的实际问题解决方案。

1. 项目是否适于使用现场总线

（1）现场被控设备是否分散。这是决定是否使用现场总线技术的关键。现场总线技术适合分散的、具有通信接口的现场被控设备的系统。现场总线节省大量的现场布线成本，使系统故障易于诊断与维护。对于具有集中 I/O 的单机控制系统，现场总线技术没有明显优势。当然，有些单机控制在设备很难留出空间布置大量的 I/O 走线时，也可考虑使用现场总线。

（2）系统对底层设备是否有信息集成要求。现场总线技术适合对数据集成有较高要求的系统，如需要建立车间监控系统，建立全场的 CIMS 系统，在底层使用现场总线技术可将大量丰富的设备及生产数据集成到管理层，为实现全厂的信息系统提供重要的底层数据。

（3）系统对底层设备是否有较高的远程操作、诊断、监控、故障报警及参数化要求。

2. 系统实时性要求

所谓系统的实时性要求，是指现场设备之间在最坏情况下完成一次数据交换，系统所能保证的最小时间，简单地说，就是现场设备的通信数据更新速度。以下实际应用可能对系统的实时性提出要求。

（1）快速互锁连锁控制、故障保护。现场设备之间需要快速互锁连锁控制，完成设备故障保护功能。

（2）闭环控制。现场设备之间构成闭环控制系统，系统的实时性影响到产品质量，如产品厚薄不均、大小不一、成分不同等。

影响系统实时性的因素主要有以下几项。

① 数据传输速率高的现场总线具有更好的实时性。

② 数据传输量小时，系统具有更好的实时性。

③ 从站数目少时，系统具有更好的实时性。

④ 主站数据处理速度快时，系统具有更好的实时性。

⑤ 单机控制 I/O 方式比现场总线控制方式具有更好的实时性。单机控制 I/O 方式指通过 I/O 连线连接同一个控制器上的两个设备；现场总线控制方式指通过现场总线连接两个设备。

⑥ 在同一条总线上的设备比经过网桥或路由器连接的设备具有更好的实时性。

⑦ 主站应用程序的大小、计算复杂程度也影响系统响应时间。

如果实际应用问题对系统响应有一定的实时性要求，可根据具体情况分析决定是否采用现场总线技术。

3．有无成功应用先例

有无成功应用先例也是决定是否采用现场总线技术的一个关键。一般来说，如在相同行业有类似应用，可以说明一些关键技术已经有所保证。

4．采用什么样的系统结构配置

用户决定采用现场总线技术后，下一个问题就是采用什么样的系统结构配置。

（1）系统结构形式。系统结构的设计主要考虑以下情况。

① 系统是否分层？分几层？现场层？车间层？是否需要车间层监控？

② 有无从站？有多少从站？分布如何？从站设备如何连接？现场设备是否具有总线接口？可否采用分散式 I/O 连接从站？哪些设备需选用智能型 I/O 控制。根据现场设备地理分布进行分组并确定从站数目以及从站功能的划分。

③ 有无主站？有多少主站？如何分布？如何连接？

（2）总线类型选择。总线类型的选择主要考虑以下情况。

① 根据系统是离散控制还是流程控制，选择相应的现场总线。

② 根据系统对实时性的要求以及传输距离，决定现场总线的数据传输速率。

③ 是否需要车间级监控和监控站。

④ 根据系统可靠性要求以及工程经费，决定主站形式及产品。

5．与车间自动化系统或全厂自动化系统连接

要实现与车间自动化系统或全厂自动化系统的连接，设备层数据需要进入车间管理层数据库。设备层数据首先进入监控层的监控站，监控站的监控软件包具有一个在线监控数据库，这个数据库的数据分为两部分：一是在线数据，如设备状态、数值数据、报警信息等；二是历史数据，是对在线数据进行了一些统计分类以后存储的数据，可作为生产数据完成日、月、年报表及设备运行记录报表。这些历史数据通常需要进入车间级管理数据库。自动化行业流行的实时监控软件，如 FLX、INTOUCH、WIZCON、WINCC 和 RSVIEW 等，都具有 MICRO 系列数据库接口。工厂管理层数据库通过车间管理层得到设备层数据。

3.8 现场总线控制系统的功能块及组态

现场总线控制系统的组态采用功能块作为描述控制策略的基本方法。

从用户层的角度来看，现场总线控制系统中有 3 种软件模块，它们是功能块、转换块和资源块。当人们用一些功能块组成了某一工厂或某一装置的控制策略时，就把这些功能块的有序集合称为一个“功能块应用”。一个功能块应用可以和另一个功能块应用连接在一起，一个功能块应用也可以包含另一个功能块应用。

功能块把为实现某种应用功能或算法、按某种方式反复执行的函数模块化，提供一个通用结构来规定输入、输出、算法和控制参数，把输入参数通过这种模块化的函数，转化为输出参数。功能块表达了功能块应用所实现的基本自动化功能。每个功能块都要根据特定的控制算法和一套控制参数对输入信号进行处理。同时，功能块的输出又可以为同一功能块应用或其他功能块应用所使用。

转换块的功能是将功能块与 I/O 设备（如传感器、执行器以及开关等）隔离开来。转换块通过与设备独立的接口来访问 I/O 设备。同时，转换块还要完成 I/O 数据的校准和线性化功能，将 I/O 数据转换为与 I/O 设备无关的表达方式。转换块与其他功能块的接口定义为一个或多个与 I/O 通道无关的输出信号。

资源块用于定义功能块应用的一些硬件特性。与转换块类似，它把功能块与实际的物理硬件隔离开，提供了一套与硬件参数无关的执行过程。

3.8.1 功能块组态概述

1. 功能块的概述

（1）功能块的定义

功能块是由它的输入参数、输出参数、控制参数，以及基于这些参数的控制算法所定义的。功能块是由一个标签和一个数字索引号来识别的。

标签是功能块的符号，它在一个现场总线系统范围内是唯一的。数字索引号是给功能块分配的编号，其目的是优化功能块的访问过程。功能块的标签与数字索引号不同，它是全局的，而数字索引号只是在包含该功能块的应用处理之中才有意义。

功能块的参数定义了输入、输出和运行时所使用的数据。这些参数是在整个网络上可观察的，并且是可访问的。

（2）功能块的连接

功能块的输出可以连接到其他功能块的输入上。每一个连接均表明具有输入参数的功能块由具有输出参数的功能块那里获得了信息。当一个功能块由它上游的功能块“拉出”信息时，哪一个功能块控制着“拉出”取决于低层的通信特性。

两个功能块之间的连接可能存在于同一功能块应用之中，也可能处于不同的功能块应用之中；可能位于同一设备中，也可能位于不同的设备中。如果要用功能块连接在不同的功能块应用处理之间传递数据，通信通道必须是已知的。

（3）功能块的信息访问

对于功能块的信息可以成组访问。用于访问的 4 组信息是：动态运行数据；静态运行数据；全部动态数据；其他静态数据。

在功能块执行期间，为了支持运行员接口信息的访问，定义了二级网络访问，一级用于运行数据传输，另一级用于后台数据传输。运行员接口的数据传输作为后台数据传输，以免影响功能块的实时运行。

（4）功能块的结构

功能块应用实际上就是一组协同工作的、完成一系列控制作用的功能块，这一系列的控制作用集成在一起，实现了一个更高层次上的控制功能。

功能块模型是一个实时算法，输入参数通过功能块的算法转换为输出参数。它的运算是由一套控制参数所控制的。

所谓功能块之间的互联，是指一个功能块的输出与另一个功能块的输入之间的连接。功能块可以在一个设备内部进行连接，也可以跨设备连接。位于同一功能块应用中的两个功能块之间的接口是局部定义的，而位于不同设备中的两个功能块之间的接口就要调用通信服务。

为了支持功能块的运行，功能块结构中还提供了转换块、资源块以及观察对象。

功能块应用处理把功能块应用表示成为与它的网络接口有关的一系列基本处理过程。

（5）功能块对象

功能块对象表示一个逻辑上的处理单元，这个处理单元是由一套输入参数、处理参数、控制参数和一个控制算法所组成的。

功能块由其标签来识别。标签在一个厂区范围之内的整个控制系统中是唯一的。块标签是一个最大长度不超过 32 个字符的字符串。

在系统工作期间，功能块的访问使用数字索引。一个功能块的数字索引仅在它所在的功能块应用之中是唯一的。

功能块的算法由它的类型和版本决定。这些信息表明控制参数如何影响算法的执行。

2. 功能块的属性

功能块的属性是功能块用于实现功能块计算或控制策略所使用的一组数据。某些属性是不可改变的；某些属性把最常用值定义为默认值，但可以由用户或者是其他的功能块修改；还有一种块属性必须在功能块执行之前由用户设置。可以改变的属性称为可写属性。

属性可以按信息的类型分为输入属性、输出属性、内合属性和方式属性。

输入属性——来自操作员、现场设备或者其他功能块输入到本功能块的值。

输出属性——由本功能块输出，或者由运行员或其他功能块设置的值。

内合属性——仅在功能块内部所使用的，实现运算、控制策略以及状态表达的一组参数。

方式属性——用于表达功能块工作方式的属性。

根据电源故障后属性的存储方式，属性还可以分为动态属性、静态属性和非易失属性。

动态属性——由功能块的算法计算出来的值具有动态属性。这类属性值在电源中断时不需要保存，因为电源恢复时该值可以重新计算。

静态属性——静态属性值具有确定的数值，在电源中断时必须保存，以便在电源恢复时重新使用。

非易失属性——非易失属性值是按一定频率改写的值。当电源中断时，必须将其最新值存储在设备之中。

某些属性是可扩充的，也就是说，用户可以增加功能块属性的个数。某些属性是可选的位串，它们含有一些二进制编码信息，这些信息用于说明控制策略的选择、I/O 处理方式状态的处理方式，以及控制逻辑的类型等。

每一个属性都可以按照一定的数据格式在用于控制、趋势、报警以及诊断的功能块之间进行传输。

3．功能块的参数

功能块的参数定义了一个功能块的输入、输出和控制数据。功能块参数之间的关系以及它们与功能块算法之间的关系如下。

（1）参数的定义

每一个参数都有一个由 4 字节无符号整数组成的参数名。在一个系统内部，参数可以通过带有块标签的参数名加以识别。这种结构即“标签.参数”（Tag.Parameter），用来获得参数索引。参数索引是识别一个参数的另一种方法。

（2）参数的使用

针对特定用途的功能块我们可以定义一系列的参数。每一个参数的定义均与输入/输出或控制参数有关。控制参数又称“内含参数”，因为它们与其他功能块的参数无关。

内含参数值可以组态，由运行员、高层设备设置或者计算出来。内含参数不能与其他功能块的输入或输出连接。例如，方式参数就是各种功能块都有的一个内含参数。

输出参数是可以连接到其他功能块输入端的参数。输出参数包含参数的状态。输出参数的状态表示参数值的质量和发出该参数状态时功能块的工作方式。输出参数值可能不是由该块外部的源获得，它可以由块的算法产生，但也可能不由块的算法产生。

某些输出参数的值与功能块的方式有关，称为受方式控制的输出参数。

某些功能块有一个输出参数，该输出参数可以送给其他功能块实现控制或者计算，我们称为主输出参数。一般来说，它们还含有第二输出参数，如报警参数或事件参数。第二输出参数是主参数的辅助性信息。

一个功能块的输入参数来自该块外部的一个信息源。输入参数可以连接到另一个功能块的输出参数上。输入参数值可以由块的控制算法使用。输入参数值带有状态。当一个输出参数与一个输入参数连接时，输入参数的状态取决于输出参数的状态。输入参数的状态会指明该值是不是由输出参数所提供的。当未收到预定的输入参数值时，输入参数的状态将会被置为故障状态。

如果输入参数未与输出参数相连，功能块应用处理会将其视为一常数值。未连接的输入参数与内含参数的区别在于输入参数具有连接功能，而内含参数不具备连接功能。

某些功能块含有一个用于控制或计算的输入参数，我们称为主输入参数。它们可能还含有第二输入参数，它们提供了与主输入参数有关的其他辅助性信息。

（3）参数之间的关系

一个功能块的执行不仅涉及输入参数、输出参数、内含参数，而且还涉及功能块的算法。功能块算法的执行时间定义为功能块的一个参数。它的数值取决于功能块是如何执行的。

4．功能块的工作方式

每一个功能块都有若干种工作方式。工作方式决定了功能块由谁来进行控制，以及进行什么样的控制。在某些功能块中，工作方式决定了信息的处理方法和信息的来源。功能块一般有 7 种工作方式：离线方式、初始化手动方式、本地超驰方式、手动方式、自动方式、串级方式和远方串级方式。

在对功能块进行组态时，需要确定功能块所希望的工作方式，这种方式称为正常方式。当功能块在执行时，由于系统中某些变量或者参数不正常，功能块所处的方式不一定是组态时所确定的正常方式，这时功能块实际所处的方式就称为实际方式。功能块在使用过程中有些方式是允许出现的方式，而另外一些方式是不允许出现的方式，允许方式即反映了这一情况。有时需要将功能块的工作方式由一种方式切换到另一种方式，我们把后一种方式称为目标方式。目标方式可以手动设置，也可以在功能块运行期间由另一个功能块设置。目标方式必须包含在允许方式之中，否则不能设置。

初始化手动方式和本地超驰方式不能选为目标方式。如果在组态时未选择目标方式，系统会把实际方式作为目标方式。

功能块或者转换块的执行是由方式参数所控制的。方式参数定义了以下 4 个属性。

（1）目标方式——指运行员所请求的方式，必须是允许方式中所规定的某一方式。

（2）实际方式——功能块当前所处的方式。应用运行状态的不同，实际方式可能会与目标方式不一致。

（3）允许方式——功能块可以请求成为目标方式的若干种方式。任何方式改变请求都要经过装置检查，以确保请求的目标方式已经定义为允许方式。

（4）正常方式——该方式为正常工作期间功能块应该具有的方式。

在某些特殊情况下，要防止功能块工作在目标方式，这时功能块的实际方式就会自动改变。

实际方式取决于以下因素。

（1）方式参数——MODE 的目标属性和允许方式参数 MODE_PER 的属性值。

（2）功能块的输入参数——如 RCAS_IN、ROUT_IN、CAS_IN、IN，以及 BKCAL_IN 的状态属性。

（3）跟踪参数——TRK_IN_AI 参数的属性。

（4）设备的状态——由 FB_STATE 参数值所表示。

一个功能块对象被组态时，它的默认方式是离线方式。当功能块组态完成之后，最终的有效目标方式将会被重新启动。各种方式的优先级次序如表 3-2 所示。

表 3-2 优先级次序

方 式	说 明	优先级
ROut	远方输出	0 最低
RCas	远方串级	1
Cas	串 级	2
Auto	自 动	3
Man	手 动	4
LO	本地超驰	5
IMan	初始化手动	6
O/S	离 线	7 最高

（1）离线（O/S）——功能块停止运算。输出保持离线前的数值或者是预先设置的安全值。现场总线上所有的功能块都支持 O/S 方式。运行员不应请求该方式。

（2）初始化手动（IMan）——在该方式下功能块的输出跟随外部跟踪信号。功能块的输出取决于反演算输入的状态。给定值可能保持不变，也可能跟踪过程变量。该方式不能作为请求方式。

（3）本地超驰（LO）——应用于控制或输出功能块，以便跟踪某一输入信号。另外，制造商可能会在设备上提供一个就地锁定开关，以便进入 LO 方式。在本地超驰方式下，功能块的输出被设置为跟踪输入参数值。该算法必须进行初始化，以便当由 LO 方式返回目标方式时，实现无扰切换。给定值可保持不变，也可选择初始化为过程变量值。

（4）手动（Man）——功能块的输出不是控制算法计算出来的，由运行员手动设置的。

（5）自动（Auto）——功能块采用本身的给定值（内给定），以及预定的控制算法来计算功能块的输出。本地给定值可以由运行员通过接口设备输入。

（6）串级（Cas）——功能块的输出按功能块的正常功能进行运算。如果该块有给定值，那么该给定值通过功能块连接来自另一个功能块。同时该块还随时保存着一个反演算值，以便当块的方式改变时，实现无扰切换。在串级方式下，运行人员不能改变给定值。

（7）远方串级（RCas）——功能块的输出按功能块的正常功能进行运算。如果该块有给定值，那么该给定值来自另一个控制设备。

5. 功能块参数的状态

功能块组态后其输入、输出以及内含参数可能会因功能块的执行情况而不同，I/O 卡件和 I/O 通道的状态不同，与该块相连接的上游/下游功能块的状态不同而处于不同的状态。

所有可连接的功能块参数都有一个状态属性，该属性是参数定义的一部分。输出参数的状态是由该参数是在串级回路之外，还是在串级回路的前向通道或反馈通道之中所决定的。

状态属性支持串级、远方串级方式、限值以及初始化的块间通信。

状态属性明确地表示了参数的 4 种质量：好的（串级），Good（Cascade）;好的（非串级），Good（Non-cascade）；不确定（Uncertain），以及坏的（Bad）。除此之外，还可以通过子状态来得知关于参数质量的更详细的信息。

（1）好的（串级）：该参数正常，可以用于控制，并组成串级系统。

（2）好的（非串级）：该参数正常，可以用于控制，但不可以用于串级系统。

（3）不确定：参数值不太正常，但仍可用。某些系统将不确定状态视为坏状态。

（4）坏的：该参数已不能用于计算或控制。

在上述每一个状态中还有许多子状态，如表 3-3 所示。在状态属性中有以下 4 种限制条件如表 3-4 所示，这 4 种限制条件是互不相容的。

表 3-3　功能块参数的状态和子状态

状态	子状态		
	序号	名称	说明
坏的	0	不明确	出现坏状态的原因不明
	1	组态错误	功能块的组态有问题
	2	未连接	输入要求连接，但没有连接
	3	设备故障	由于设备故障，造成该值不可用
	4	传感器故障	由于传感器故障，而造成该值不可用
	5	通信故障（有可用值）	由于通信故障，该值保持故障前的最新值
	6	离线（无可用值）	块停止工作，可能处于组态状态，无可以使用的值
不确定	0	不明确	出现该状态的原因不明
	1	最后可用值	写该值的源块已停止工作
	2	替换值	当块不是在离线状态下写入值时出现该状态
	3	初值	当块在离线状态下写入属性值时出现该状态
	4	传感器不准确	传感器精度下降或越限
	5	工程单位越限	工程单位值越限

续表

状态	子状态		
	序号	名称	说明
不确定	6	异常	由多个变量获得的计算值当变量数不足时出现该状态
好的（非串级）	0	不明确	该值出现坏状态的原因不明
	1	块报警	该值为好状态，但块发生报警
	2	预告报警	该值为好状态，但块发生优先级小于 8 的报警
	3	紧急报警	该值为好状态，但块发生优先级大于或等于 8 的报警
好的（串级）	0	不明确	该值出现坏状态的原因不明
	1	初始化确认	由上游块送至本块串级输入端的初始化值
	2	初始化请求	由下游块送来的值导致块重新初始化
	3	未请求	块没有设置使用该值作为输入的目标方式
	4	未选择	选择器功能块没有选中该值作为输入
	5	不选择	由于状态不对，选择器功能块不应选中该值
	6	本地超驰	输出该值的块已处于本地超驰状态

表 3-4 限制条件

值	限制条件	说 明
0	无限制	值可以自由改变
1	下限限制	功能块不能输出该值或者该值已低于下限值
2	上限限制	功能块不能输出该值或者该值已高于上限值
3	常数	该值不可改变，上、下两方向均被限制

当功能块没有获得所需要的输入时，它就保存最后一个可用值，并发出该数据停滞的信息。如果数据停滞的次数达到预先设定的次数，该数据的状态就被置为坏状态。

6．功能块参数的计算

（1）给定值计算

在控制功能块和输出功能块中都要有给定值参数 SP，以便输入控制目标。当功能块的实际方式为 CAS 时，控制目标将自动由 CAS_IN 输入参数设置。实际方式为 RCAS 时，控制目标值由 RCAS_IN 输入参数设置，而 RCAS_IN 参数来自远方控制设备。

SP 参数的变化范围由给定值上限 SP_HI_LIM 和给定值下限 SP_LO_LIM 参数所限制，有些功能块可能含有一些附加的限制，如 SP 的变化率限制。

当目标方式属性设置到手动 MAN 时，给定值可以初始化为主控制参数 PV 值。控制方式选择 CONTROL_OPTS（SP_PV Track in Man）参数可以设置给定值初始化的作用是否进行。同样，在远方控制输出方式选择 ROut CONTROL_OPTS（SP_PV Track in ROut）和本地超驰或初始化手动方式 CONTROL_OPTS（SP_PV Track in LO or IMan）下都可以设置选项，让给定值 SP 跟踪过程变量（PV）。

输出块中 SP 的计算与控制块是不同的。当检测到通信超时时，它会启动一个计时器。如果在由 FSAFE_TIME 参数所指定的时间内通信没有恢复正常，那么 SP 参数就会自动变为“故障安全值”，该值由 FSAFE_VAL 参数设置。通过选项 IO_OPTS（False to value）的参数来决定保持原有值，还是输出故障安全值 FSAFE_VAL。

（2）输出计算

功能块算法的输入参数和输出参数均是以工程单位表示的。功能块具有输入、输出参数的标度变换功能。在功能块计算中定义的主参数是 PV 参数，功能块的执行结果作为块的输出 OUT 参数。

当功能块的实际方式是 AUTO、CAS 或 RCAS 时，功能块实现其基本运算控制功能。在其他方式下，功能块要根据其方式所指出的工作状态，执行其他的算法。

（3）反馈路径中的输出计算

控制和输出功能块都可以经 CAS_IN 端输入由其他功能块所提供的给定值。另外，远方控制设备也可以通过 RCAS_IN 和 ROUT_IN 参数提供给定值或输出值。

为了让提供给定值或输出值的功能块和控制设备能够反映功能块的各种工作状态，定义了下面一些参数。

（1）RCAS_OUT——该值的属性是经过限制条件之后输出的实际给定值。其状态反映实际给定值限制状态、输出 OUT 状态、RCAS_IN 状态以及块的方式。

（2）BKCAL_OUT——该值的属性是经过限制条件之后输出的实际给定值。其状态将反映实际给定值状态、输出 OUT 状态、BRCALN 状态（如果定义了）以及块的方式。

（3）BKCAL_SEL1，2，3——该值的属性反映了所选择的参数值。其状态将反映是否选中了有关的输入、块的方式、BKCAL_IN 的状态，以及实际给定值和输出 OUT 的状态。

（4）ROUT_OUT——该值的属性为输出参数值。其状态将反映输出 OUT 的状态、BKCAL_IN 的状态以及块的方式。

3.8.2 功能块库

现场总线控制系统的组态软件中有一个功能块库，其中包括了基金会现场总线所规定的各种功能块。不同厂家生产的现场总线控制系统的功能块在表示方法和组态风格上略有差异，但其基本功能和组态参数是基本上相同的。下面以现场总线控制系统 System302 为例，介绍现场总线控制系统中所使用的各种功能块。

1. 资源块

资源块含有一些与系统硬件资源有关的数据，所有的数据均为内含数据。该功能块的数据处理方式也与其他功能块不同，因此该功能块不存在连接，没有对应的功能框图。

资源块的参数集是功能块应用所需资源的最低要求参数集中的某些参数，像标定数据和环境温度，在相关的转换块中也可以找到。

资源块的主要状态是由方式参数来控制的。资源块处于 O/S 方式时将停止所有功能块的执行。功能块的实际方式将改变为 O/S 状态，但目标模式不会改变。Auto 方式使资源正常工作。IMan 方式表明系统资源正在进行初始化，或者是正在接收下载软件。

参数 MANUFAC_D、DEV_TYPE、DEV_REV、DD_REV 和 DD_RESOURCE 用于识别和确定位设备描述 DD 的位置，以便使设备描述服务可以选择正确的 DD，使用其资源。

参数 HARD_TYPES 是一个只读字串，它表示该资源可用的硬件类型。如果组态的 I/O 功能块所需要的硬件不可用或不存在，那么就会发出组态错误报警信息。

RS_STATE 含有功能块应用的工作状态。

RS_START 参数是允许资源初始化的程度，其中：①运行；②重新启动资源；③默认重新启动；④重新启动处理机。①是参数的正常运行状态。选择②的目的是打算清除系统中存在的问题，如无用存储单元的收集。选择③的目的是打算清除组态存储器。选项④提供了复位按钮的作用，它可以使微处理机及其相关资源复位，该参数是不可观察的，因为写入其值后很快就会完成动作并返回到①。

参数 CYCLE_TYPE 是一个字串，它定义了该资源能实现的周期类型。CYCLE_SEL 允许组态者选择其中的一种周期。如果 CYCLE_SEL 超过 1 个比特，或者没有按照 CYCLE_TYPE 来设置，就会发出组态错误报警。MIN_CYCLE_T 是制造厂所指定的最小执行周期，它是资源调度周期的下限。

MEMORY_SIZE 是以千字节表示的功能块组态存储空间。NV_CYCLE 可以对非易失性存储器（NV）的速度进行组态，NV 用于定期复制系统中的动态数据。当系统重新启动时，可以由 NV 获得所需要的动态数据。如果该值为 0，就完全取消自动复制动态数据。由人机接口设备输入的 NV 参数必须在输入时复制到非易失存储器。

FREE_SPACE 表示组态存储器剩余的百分数。FREE_TIME 表示资源剩余时间的百分比，即大概还有多少时间可以用来处理新的功能块。

SHED_RCAS 和 SHED_ROUT 设置远方设备通信丢失的时限。这些常数是每一个功能块都要使用的。

MAX_NOTIFY 参数值是该资源在没有得到确认的情况下，可以发送的最大报警报告数。它主要与报警信息缓冲区的大小有关。用户可以设置的报警报告数应该小于该值，调整 LIM_NOTIFY 参数值可以控制报警的数量。如果 LIM_NOTIFY 设置为零，那么就不发出报警报告，CONFIRM_TIME 参数是资源对报告接收确认的等待时间，超过该时间系统就要重新发送报告。

字串 FEATURES 和 FEATURE_SEL 确定资源的选项功能。前者定义了可选择的特性，是只读参数。后者用于通过组态选中所选择的特性。如果在 FEATURE_SEL 中设置了 FEATURES 中未设置的选项，将会出现功能块组态错误报警。

除去标签之外，资源中所有的可组态字串变量都是 8 位字节，或者是 ASCII（ISO Latin 1），或者是 Unicode（由 DDL 定义）。如果组态设备发出的是 Unicode 8 位字节，那么它必须设置 Unicode 选择位。在设备组态时必须注意资源的字串变量要保持一致。

如果资源支持报警报告，那么必须设置报告 Reports 的特征位，如果未设置，主设备就必须查询报警。

如果故障安全支持 Failsafe Supported 特征位被置位，且故障安全 FAIL_SAFE 参数被置位，那么该资源的输出功能块会立即变为 Failsafe Type I/O 选项所选择的数值。FAIL_SAFE 参数可以由设备的物理输入来设置，也可以通过现场总线由 SETSAFE 参数来设置。用 CLR_ F SAFE 参数可以清除它。当物理输入复位时，该参数不会被清除。设置和清除参数在观察对象中不出现，因为它们都是短暂的信息。

如果在特征字串中写闭锁支持位被置位，且 WRITE_LOCK 参数被置位，那么该资源的功能块应用中的任何静态数据或非易失性数据都不允许在外部改变它。功能块的连接和计算将正常进行，但组态是不可改变的。设备上的跳线器可以设置硬件的写闭锁。如果设置了硬件写闭锁，那么它会表示在 FEATURES 上，并且 WRITE_LOCK 不应置位。如果没有设置硬件写闭锁，那么该功能就靠写 WRITE_LOCK 参数来设置和清除。清除 WRITE_LOCK 会发出一个开关量报警（WRITE_ALM），设置 WRITE_LOCK 会清除已存在的报警。

如果在特征字串中直接写输出硬件位被置位，即使资源故障时，通信栈也可以直接将一个或多个值写入硬件，所采用的方法是由厂家所规定的。因为对于该特性，没有相应的标准。

资源块有自动（AUTO）和初始化手动（IMAN）两种工作方式。

2．常见的功能块

常见的功能块有模拟量输入块（AI）、比例-积分-微分控制块（PID）、模拟量输出块（AO）、计算块（AR）、积算块（INT）、输入选择块（SIGSEL）、信号特征化块（CHAR）、分程器块（SPLT）、模拟量报警块（AALM）、多点模拟量输出块（MAO）、多点开关量输出块（MDO）、多点模拟量输入块（MAI）和多点开关量输入块（MDI）等。

3.8.3 功能块的内部结构与功能块连接

功能块应用进程提供一个通用结构，把实现控制系统所需的各种功能划分为功能模块，使其公共特征标准化，规定其各自的输入、输出、算法、事件、参数与块控制图，把按时间反复执行的函数模块化为算法，把输入参数按功能块算法转换成输出参数。反复执行意即功能块或是按周期，或是按事件发生重复作用的。图 3-19 画出了一个功能块的内部结构。

从图 3-19 中的结构可以看到，不管在一个功能块内部执行的是哪种算法，实现的是哪种功能，它们与功能块外部的连接结构是通用的。分布位于图中左、右两边的输入参数和输出参数，是本功能块与其他功能块之间要交换的数据和信息，其中输出参数是由输入参数、本功能块的内含参数、算法共同作用而产生的。图中上部的执行控制用于在某个外部事件的驱动下，触发本功能块的运行，并向外部传送本功能块执行的状态。

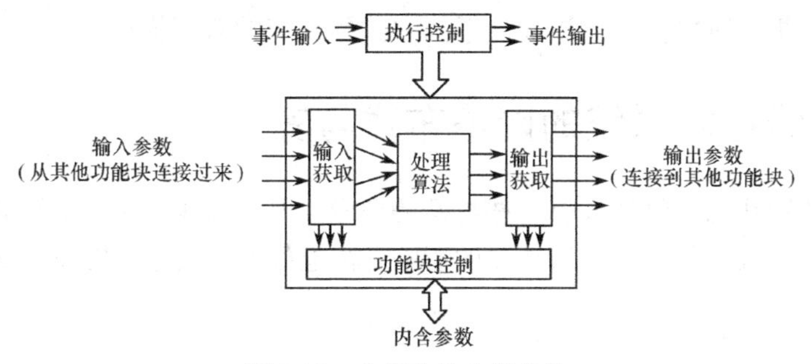

图 3-19　功能块的内部结构

采用这种功能块的通用结构，内部的处理算法与功能块的框架结构相对独立。使用者可以不必顾及功能与算法的具体实现过程。这样有助于实现不同功能块之间的连接，便于实现同种功能块算法版本的升级，也便于实现不同制造商产品的混合组态与调用。功能块的通用结构是实现开放系统构架的基础，也是实现各种网络功能与自动化功能的基础。

功能块被单个地设计和定义，并集成为功能块应用。一旦定义好某个功能块之后，可以把它用于其他功能块应用之中。功能块由其输入参数、输出参数、内含参数及操作算法所定义，并使用一个位号（Tag）和一个对象字典索引识别。

功能块连接是指把一个功能块的输入连接到另一个功能块的输出，以实现功能块之间的参数传递与功能集成。同一设备内部留驻的功能块之间的界面被规定为本地（局部）的。不同设备内功能块之间的界面利用功能块壳体服务。功能块壳体提供对 FMS（Fieldbus Message Specification）应用层服务的访问。图 3-20 表明了功块应用进程中的功能块及其与对象的连接。

3.8.4　功能块的应用进程

完整的功能块应用进程由功能块应用对象、对象字典、设备描述几部分组成。

现场总线设备的功能由它所具有的块以及块与块之间的相互连接关系所决定。图 3-21 是一个功能块对象应用的例子，它包含了功能块、资源块、变换块及附加对象。现场总线通信系统中，运用虚拟现场设备实现网络上的设备功能可视。虚拟现场设备的对象描述及其相关数据可以采用虚拟通信关系跨越现场总线远程访问。

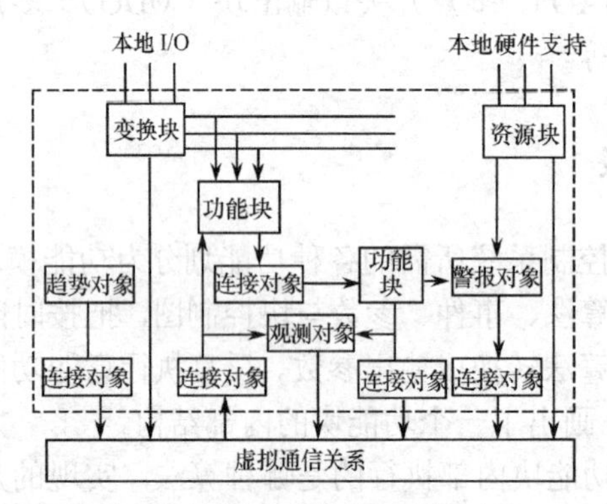

图 3-20　功能块及其与对象的连接

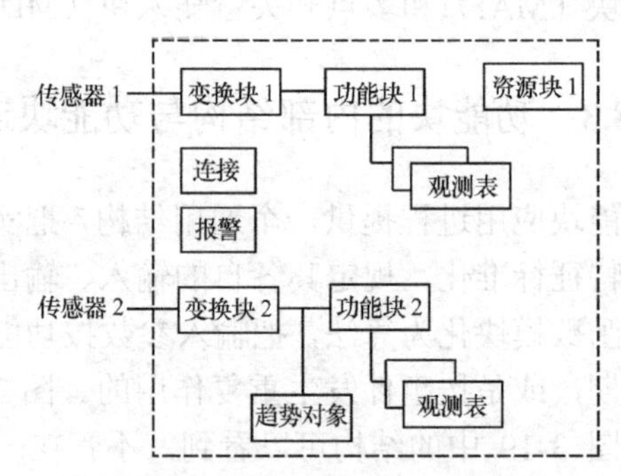

图 3-21　功能块应用对象示例

对象字典由一系列描述对象及其数据类型的条目组成。把功能块应用中所采用对象的对象描述在对象字典中的起始目录号、该对象描述的连贯条目数都收集在一起，形成应用进程索引。对象字典开头的第一个静态条目（目录 0）指向这个索引。索引中对象描述的起始目录号成为在对象字典中寻找相应对象描述的指针，根据它找到相应的对象描述。

3.9　现场总线控制系统的网络布线与安装

现场总线对传输线的电气特性有一些特殊的要求。现场总线装置是通过总线供电的，需要考虑如何避免电源对数字信号传输所造成的影响。其他如本质安全、接地与屏蔽等问题也具有一定的特殊性。

3.9.1　现场总线系统的网络部件

在现场总线网络上连接的部件除了各种各样的现场总线设备，还包括一些辅助部件，如电缆、终端器、接线盒、电源、电源阻抗器、本质安全栅、中继器等。

1. 电源

现场总线电源分为 4 种：非本安的现场总线电源（132）、电源调理器和标准电源一起使用、非本安的现场总线电源（131）外接本安栅、本质安全现场总线电源（133）。电源的容量是要根据每台现场总线设备的耗电量来选择的。各种现场总线设备的耗电量是不同的，一般为 10～

20mA，如表 3-5 所示。

表 3-5　电源类型

	独立电源	非本安总线供电	本　安
通信速率	31.25kbps	31.25kbps	31.25kbps
电源方式	电压	电压	电压
拓扑结构	总线/树型	总线/树型	总线/树型
电源供应	独立供电	总线供电	总线供电
设备数量	2～32	2～12	2～6

现场总线网段上设备的最大数量受设备之间的通信量、电源的容量、总线可分配的地址等影响。用总线供电的现场设备，应确保有足够的电压驱动。配置网段时需考虑以下情况。

（1）每个设备的功耗情况。

（2）设备在网络中的位置。

（3）电源在网络的位置。

（4）每段电缆的阻抗。

（5）电源的电压。

根据以上情况和网络结构，计算每个设备位置的电压，满足每个设备的供电要求。网段上连接的现场设备有两种：现场供电和单独供电。

电源电压的选择应该满足最坏条件下现场总线设备的供电电压，一般为 9V。

有些现场总线设备制造商提出了一种工具软件，只要输入已知条件就可以计算出每台现场总线设备的电压。

一般将电源接在现场总线接口一侧，当然也可以把它接入干线靠现场的一端。需要注意的是，电源要配有电源阻抗器，以避免电源将现场总线上的数字信号短路。可组成电源的冗余式结构，如图 3-22 所示。不能把导致数字信号短路的自关闭电源用于总线网段，一般应使用专门为现场总线设计的电源。

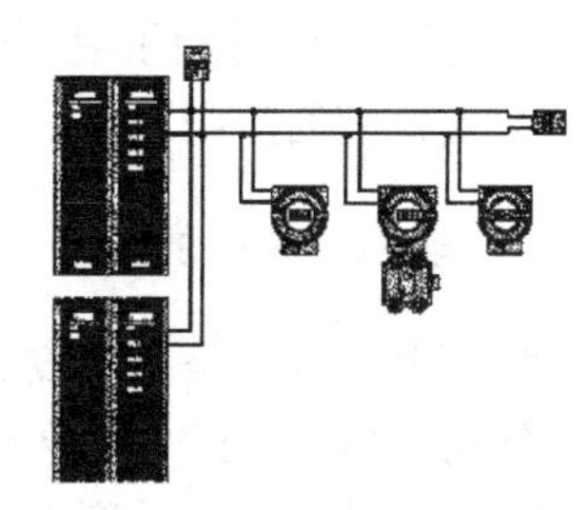

图 3-22　电源的冗余式结构

2．电源阻抗器

电源阻抗器接在现场总线与电源之间，防止电源将现场总线上的信号短路。电源阻抗器还可以调整电源电压，实现主电源与后备电源之间的自动无扰切换。

3．终端器

终端器是在现场总线传输媒体的末端或附近的阻抗匹配模块。每个网段有且只能有两个终端器，分别接在该段的两端，两个终端器一个放在电源阻抗器或安全栅之中。终端器的两个功能：一是电流/电压转换；二是防止信号反射，提高信息传输的可靠性。

4．电缆

许多类型的电缆可以用于现场总线，但一般推荐使用屏蔽双绞线。电缆的允许长度是与电缆的类型有关的，表 3-6 所列的是 IEC/ISA 物理层标准中指定的电缆类型。

表 3-6　电缆类型

电缆型号	电缆类型	规格号	最大长度
A 型	屏蔽双绞线（31.25kbps）	#18AWG	1900m
B 型	多股屏蔽双绞线 H1（31.25kbps）	#22AWG	1200m
C 型	非屏蔽双绞线（31.25kbps）	#22AWG	400m
D 型	多芯屏蔽线（31.25kbps）	#16AWG	200m

优先推荐 A 型电缆，因为它的传输性能最好，允许的传输距离最远，新建项目一般选择这种类型的电缆。

其次推荐选用 B 型电缆，这是一种多线对双绞线电缆，而且是全屏蔽的，它的传输特性略差于 A 型，主要用于多条现场总线共存于同一区域的情况下。

C 型和 D 型电缆的传输性能较差，一般不推荐使用。其中 C 型是不带屏蔽的双绞线电缆，D 型是带屏蔽的非双绞线电缆。

C 型和 D 型电缆主要用于改造项目。在这项目中，原有的电缆已经敷设完毕，现场总线将利用已有的电缆实现数字通信。注意：C 型和 D 型电缆所允许的传输距离较小。

3.9.2　网络布线和安装

为了保障信息传输的可靠性，对现场总线系统的电缆敷设长度是有限制的，这些限制主要取决于电缆的类型、网络的拓扑结构和挂接设备的数量及类型。下面分别讨论电缆总长度的限制和分支长度的限制。

1．电缆总长度的限制

所谓总长度，是指干线长度与支线长度之和。图 3-23 所示的现场总线是由 1 条干线和 3 条支线所组成的。其中干线的长度为 240m，分支 1、分支 2 和分支 3 的长度分别为 80m、120m 和 40m，因此电缆总长度为 480m。

在电缆总长度为 480m 的情况下，只选择 A 型或 B 型电缆。因此，在改造项目中已有的电缆并不是在各种情况下都可用的。也可能会需要混合使用不同类型的电缆，此时可以用下式来判断是否符合要求：

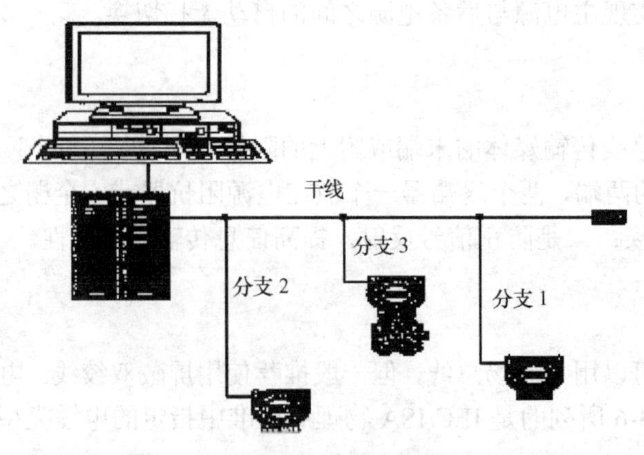

图 3-23　干线分支结构

$$\frac{L_1}{L_{1\max}}+\frac{L_2}{L_{2\max}}+\cdots+\frac{L_n}{L_{n\max}}<1$$

式中，L_1，L_2，…，L_n是每一种电缆实际使用长度；$L_{1\max}$，$L_{2\max}$，…，$L_{n\max}$是每一种电缆所允许的最大长度。

2．网络的扩充

总线网段由主干和分支构成。网络的扩充最大长度应包括主干和分支线的总和。

网络扩充分支线长度的取值，分支线越短越好，分支的总长度取决于分支数目和每个分支上的设备个数。建议值如表 3-7 所列。

表 3-7　网络扩充分支线长度表

设备总数	1 个设备/分支	2 个设备/分支	3 个设备/分支	4 个设备/分支
25～32	1	1	1	1
19～24	30	1	1	1
15～18	60	30	1	1
13～14	90	60	30	1
1～12	120	90	60	30

网络扩充中使用中继器。如果总线长度超过 1900m，可以使用中继器，在任何两个设备之间最多可使用 4 个中继器（受基金会现场总线物理层协议中前导码个数的限制），可得到 9500m 的总长，如图 3-24 所示。

网络扩充中使用混合电缆。混合电缆长度应满足总线上远端设备的供电要求。

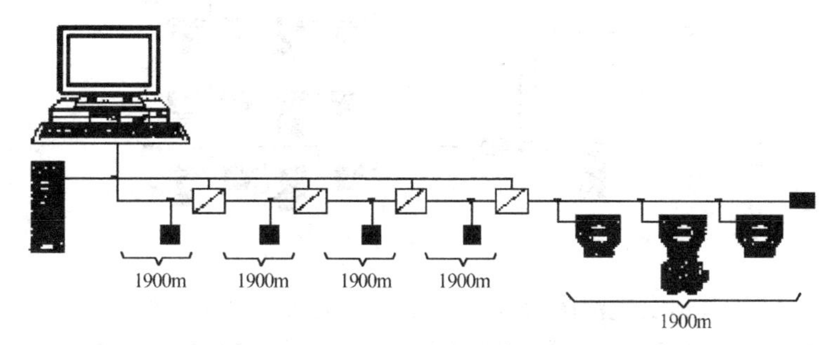

图 3-24　使用中继器扩充网络

3．屏蔽、接地与极性

前面介绍了现场总线可用的 4 种通信媒体，其中 C 型电缆是无屏蔽电缆，一般敷设在金属导管之中。金属导管自身起到屏蔽作用，不需要考虑屏蔽的连接问题。其他 3 种类型的电缆，则需要考虑屏蔽的连接问题，如图 3-25 所示。

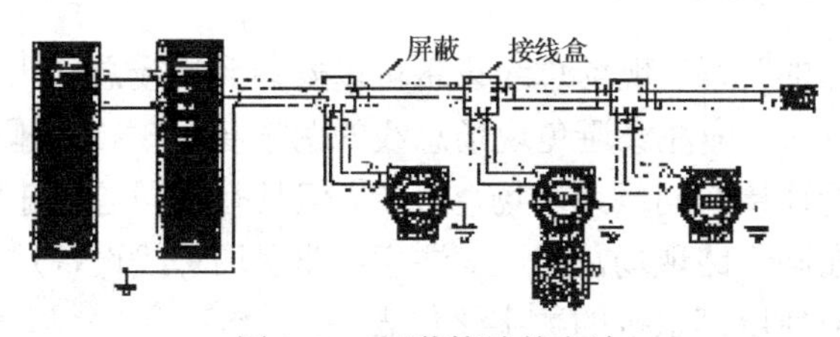

图 3-25　屏蔽接地的方法

当使用屏蔽电缆时，要将各支线的屏蔽与干线的屏蔽连接在一起，最后集中于一点进行接地。依据低速现场总线标准，整条电缆上只允许一点接地，总线任何一端都不允许接地，屏蔽层不能当做电源线。

现场总线所使用的曼彻斯特信号是双极性信号，每个位改变一次或两次极性。在非总线供电的网络中，只存在这种交变电压。但在总线供电网络中，信号电压是叠加在给设备供电的直流电压之上的。现场设备可能有极性区分（如总线供电设备），应将所有设备当做有极性的要求，双绞线和所有的连接点都应注明极性。

4. 本质安全

本质安全技术是在易燃易爆环境下使用电气设备时保证安全的一种方法。它的基本思想是限制危险场所电气设备中的能量，使其在任何故障状态下所产生的电火花或发热量不足以点燃易燃、易爆物质。对于本质安全系统（简称本安系统）的设备、电源和导线都要提出一些苛刻的要求，特别是对电压、电流、功率、电容和电感参数的限定。这就意味着对每一条现场总线所连接的设备数量和电缆长度将有更加严格的限制。因此，现场总线需要使用专用的现场总线安全栅或电流隔离器，不能使用一般的安全栅或其他网络的安全栅。

对非本质安全系统，一条现场总线上一般可以连接 16～32 台现场总线设备。对于本质安全系统，由每一个安全栅引出的现场总线却只能安装 2～6 台现场总线设备。它的安装如图 3-26 所示。

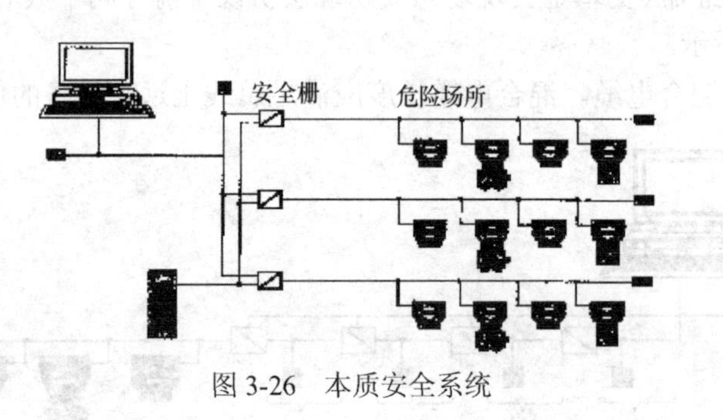

图 3-26　本质安全系统

现场总线基金会还对本安电流隔离器指定了相应的技术规范。本安电流隔离器采用了变压器或光/电隔离技术，它的显著优点是危险场所的电路与地完全隔离，增加了抗干扰能力。同时，隔离器中使用有源电路，使其在信号频率范围内具有较小的有效阻抗。

在设计和安装本质安全系统时应注意：安全栅和隔离器一般是不允许安装在危险场所的；位于危险场所的终端器必须是本质安全的，对于电缆的电气性能，如电容、电感以及电感电阻比都有一定的要求。

5. 现场总线设备的在线安装与拆除

当现场总线正在工作的时候，现场总线设备可以安装到现场总线上，或者从现场总线上拆除。在拆除现场总线设备时，应注意避免现场总线的两根导线短路、碰屏蔽或接地。通信速度不同的现场总线设备不能连接在同一路现场总线上，但具有相同通信速度的总线供电设备和非总线供电设备可以连接在同一路现场总线上。注意：非现场总线设备是不允许连接到现场总线上的。在查找故障时，应使用高阻抗的数字化仪表。

把一个现场总线设备在线连接到总线上，应按照以下步骤进行。
（1）在工作室将现场总线设备与带有系统组态软件的计算机单独连接在一起。
（2）为该现场总线设备分配一个标签。
（3）将该现场总线设备拆下并带到现场。
（4）将该现场总线设备连接到正在工作的现场总线上。
（5）把组态下载到该现场总线设备上。

6. 实际安装的一些要求

现场总线设备安装的要求如下。
（1）选择类型适当、尺寸合理的电缆。
（2）从整体确定连接箱的位置。
（3）合理地选择每网段上的电源和终端器。
（4）尽可能将同一个控制回路的设备安排在同一网段上。
（5）总线网段或各支线不宜过长。
（6）同一网段上不宜接过多设备。
（7）避免多级配线。

3.10 现场总线的发展趋势

现场总线技术由于具有许多独特的优势引起人们的广泛注意，得到了大范围的推广，引发了自动控制领域的一场革命。

3.10.1 现场总线与计算机通信技术的关系

随着商用计算机领域的局域通信逐步被以太网垄断，过程控制领域中上层的通信也逐步统一到以太网和快速以太网。由于 Internet 的快速发展，人们通过 Internet 访问控制系统，进行远程诊断、维护和服务的愿望越来越强烈，因此 TCP/IP 协议也进入过程控制领域。实际上，现在就可以看到通过 Internet 访问现场仪表的应用实例。这里有两种趋势，一是现场有越来越多的信息需要往上送，二是计算机通信技术越来越向下延伸。但是，现场总线与一般计算机通信在功能、要求和结构上有所不同，故计算机通信技术不能取代现场总线技术。

1. 功能方面

计算机通信的基本功能是可靠地传递信息。现场总线的功能是： 经济、安全、可靠地传递信息；正确使用所传信息；及时处理所传信息。

经济性要求现场总线传递信息的同时，解决现场装置的供电问题，要求传输媒体廉价。安全性要求现场总线解决防爆问题。可靠性要求现场总线具有环境适应性，包括电磁环境适应性（传输时不干扰别人，也不被别人干扰）、气候环境适应性（耐温、防水、防尘）、机械环境适应性（耐冲击、振动）。

正确使用信息，要求不同制造商生产的装置能相互理解所传信息，这就是现场总线的可互操作性要求。

及时处理信息要求现场装置不要将信息过多地在网络上往返传递，要尽可能地就地处理信息。及时处理信息的要求主要是针对高层次现场总线和智能仪表的，但是这条要求最集中地体现了现场总线技术的发展趋势——信息处理现场化。

2．不同的要求

对计算机通信的主要要求是快。对现场总线不仅要求传输速度快，在过程控制领域还要求响应快，即实时性要求。这样“快”就有3种含义。

（1）传输速度快——指单位时间内传输的信息要多，通常用波特率来衡量。这条要求与普通计算机通信是一致的。

（2）响应时间短——指突然发生意外事件时，仪表将该事件传输到网络上或执行器接收到该信息马上执行所需的时间短。这个时间是由4个方面决定的：仪表或执行器控制中断的能力；信息在通信协议的应用层与物理层之间的传输时间；等待网络空闲的时间；避免信息在网络上碰撞的时间。由于这个时间对大多数通信协议是一个随机数，因此大部分通信协议不给这个参数。过程控制系统通常并不要求这个时间达到最短，但它要求最大值是预先可知的，并小于一定值。

（3）巡回时间短——指系统与所有通信对象至少完成一次通信所需的时间。该时间一般由系统组态来调整。那些单纯靠优先级解决实时性的抢先式通信系统，当高优先级事件发生比较频繁时，低优先级事件会长时间得不到响应；对于这类通信协议，巡回时间是随机量，预先不可知。过程控制系统希望最长巡回时间是预先可知的，并小于一定值。

响应时间和巡回时间反映了实时性，而实时性与通信协议有很密切的关系。现场总线采用两种技术来实现实时性。

一种是简化技术。将网络形式简化成线型（实际上已经不成其为“网”了），将通信模型简化为只有第一、二层，将节点的信息简化到只有几比特。经过以上简化，节点的访问就非常快了。这也可以通过提高通信传递速度来缩短节点访问时间，这时虽然理论上某些现场总线的节点访问时间还有某种不确定性，但是反复发生不确定事件的概率很低，可以在一些非关键部位使用这种现场总线。节点访问快了，就可以简化系统的管理。这时采用主从方式轮询访问，只要限制网络轮询的规模，就可以将响应控制在指定的时间内。采用这种技术可大大降低总线的成本，大多数位式开关量现场总线采用这种技术。

另一种是采用网络管理和数据链路调度技术来实现实时性，这是一种很复杂的技术。一般认为，分时式实时系统的响应具有可预知性，但资源利用率低；抢先式实时系统资源利用率高，但往往响应具有不可预知性。现在的现场总线往往采用两者结合的方式进行管理和调度，以达到某种平衡。

多媒体计算机通信系统中，语音和图像的实时传输对网络的响应时间提出了新的要求。多媒体传输对实时性的要求是几十毫秒，过程控制对系统的实时性要求是几毫秒到几十秒。多媒体对实时性的要求是“软”的，即只要大部分时间满足要求就行了，偶然几次不及时响应是没关系的。过程控制对实时性的要求是“硬”的，因为它往往涉及安全，必须在任何时间都及时响应，不允许有不确定性。

改善现场总线的实时性，减少响应时间的不确定性是现场总线的重要发展趋势。

3．结构方面

计算机通信系统的结构是网状的，从一点到另一点的通信路径可以是不固定的。

大部分现场总线的结构是线型的，虽然现场总线的拓扑结构可以是总线型、星型、环型、回路型等，但在大多数现场总线中，从一点到另一点的通信路径是比较固定的。

线型结构的优点有：解决网络供电比较容易；解决本安防爆比较容易；通信协议中可以舍去与路径有关的几层，有利于改善实时性。

在线型结构中，一条现场总线支路的电源负载是确定的，沿总线电源电压的变化也是可以预料的。在网状结构中一定会出现多电源供电情况，各电源的负载平衡，以及网络中各节点处的电压下降，都较难预料。

目前的本安防爆主导理论认为，电缆的分布电感、电容是随着电缆的长度增加的，因此由于电磁感应产生的火花能量，也是随着电缆的长度而增加的。在这种情况下，要解决网状结构的本安防爆问题是很难的。

本安防爆理论的现状对现场总线的推广应用限制极大，因为它限制电缆的长度和总线上负载的数量。在这些限制下，现场总线的主要优点大部分都消失了。因此现场总线要求本安防爆理论要有所发展，目前各国都在对现场总线本质安全概念理论加强研究，争取有所突破。

对现场总线的线状结构，当一条总线支路的电缆断开，这条支路就瘫痪了。而网状结构，断开 1～2 条支路，信息还能够通过其他路径传递，系统性能会下降，但不会瘫痪。

3.10.2　国内现场总线的发展趋势

国内现场总线的发展趋势是如下。

（1）多种现场总线在国内展开激烈竞争，竞争的重点是应用工程。

（2）国内自己开发的现场总线产品开始投入市场。

（3）国内各行业的现场总线应用工程迅速发展。

从国内标准化的角度讲，应该紧跟国际标准化的潮流，加大对 IEC 标准的学习、宣传力度，使更多的人了解国际现场总线发展的趋势。

从现场总线产品的开发角度讲，应把有限的资金集中在有限的目标上，不宜用太多的现场总线。对一个企业来讲，已经投资在哪种总线上，应坚持做下去，不宜过多地变换目标。

从现场总线的应用角度讲，我们支持各种现场总线在我国的推广应用。多种总线的竞争，有利于降低产品价格，有利于加快现场总线在我国的推广。

每种现场总线有自己的适用范围，在它自己的适用范围内，它是最好的。

国内企业要推广现场总线产品，目前的主要困难是：产品尚不成熟；扩充和配齐品种规格所需的开发资金和人才不足；市场开发的投入不足。因此，国内企业应欢迎国外企业在我国开发市场和推广应用。现场总线的市场打开后，国内企业销售产品会轻松得多。

选现场总线时，原则上选确实降低系统成本的现场总线。由于目前尚无全能的现场总线，因此应在系统的不同部分选不同的现场总线，即在系统的每个部分都选最适合的现场总线。

3.10.3　现场总线应用工程的发展趋势

1. 通过应用技术发挥现场总线的优势

现场总线系统的优越性很多，但现场总线能降低系统投资成本和减少运行费用是突出的优势。在进行总线类型的选择和网络设计时，就会有明确的方向。但是，现场总线的这项优点能否发挥，与应用者是否合理地使用现场总线、充分发挥它的潜能有关。

2. 不同类型的现场总线组合更有利于降低成本

针对不同的情况选用不同的现场总线可以最大限度地降低系统成本。

位式总线（Sensor Bus or Bit-Bus）：简单开关量，I/O 模块。

字节总线（Device Bus or Byte-Bus）：开关量和模拟量 I/O 模块，适合 PLC 应用或过程控制应用。

数据流总线（Full Function Bus or Block-Bus）：具有功能块的开关量和模拟量 I/O 设备，适合过程控制。

用户可能会担心，用了多种现场总线，会使整个系统的操作、管理变得复杂。实际上，现在一些通用的人机界面软件都支持多种现场总线。

3. 现场总线的本质是信息处理现场化

现场总线系统的信息量大大增加了，而传输信息的线缆却大大减少了。这就要求：一方面要大大提高线缆传输信息的能力，减少多余信息的传递；另一方面要让大量信息在现场就地完成处理，减少现场与控制机房之间的信息往返。

4. 网络的设计

控制系统的网络设计重点是从物理形态上考虑通信网络和输入/输出线缆网络的布置。线型结构的现场总线网络，每一组网段上的节点数是有限制的。由于网段上的节点数较少，除考虑网络的物理布置之外，还要考虑减少信息在网络上的往返传递。减少信息的往返传递是现场总线系统中网络设计和系统组态的一条重要原则。减少信息往返常常可带来改善系统响应时间的好处。网络设计时应优先将相互间信息交换量大的节点，放在同一条支路里。

5. 系统组态傻瓜化

现在一些带现场总线的现场仪表本身装了许多功能块，虽然不同产品同种功能块在性能上会稍有差别，现场仪表的功能块选用，是系统组态要解决的问题。

考虑这个问题的原则是，尽量减少总线上的信息往返。一般可以选择与该功能有关的信息输出最多的那台仪表上的功能块。

目前现场总线系统的组态是比较复杂的，需要组态的参数多，各参数之间的关系比较复杂，如果不是对现场总线非常熟悉，很难将系统设置到最佳状态。显然，广大用户对这种状态不满意。现场总线系统的制造商也正在努力，以使系统组态逐步傻瓜化。

FF、LonWorks、CAN 等现场总线均有自己的协议，要构成一个控制系统，必须采用相应的开发工具、平台、软件包。这需要较昂贵的代价，往往只有开发商、研究机构才能有这类开发工具，一般用户则无能为力。这也说明现场总线的开放仍有一定的局限性。许多技术人员正致力于现场总线图形化节点软件开发工具的研究工作。

第 4 章　Profibus 总线技术

Profibus 总线是一种开放式的现场总线国际标准，目前世界上许多自动化技术生产厂家生产的设备都提供有 Profibus 接口。Profibus 总线已经广泛应用于加工制造、过程和楼宇自动化，是成熟技术，其应用范围如图 4-1 所示。

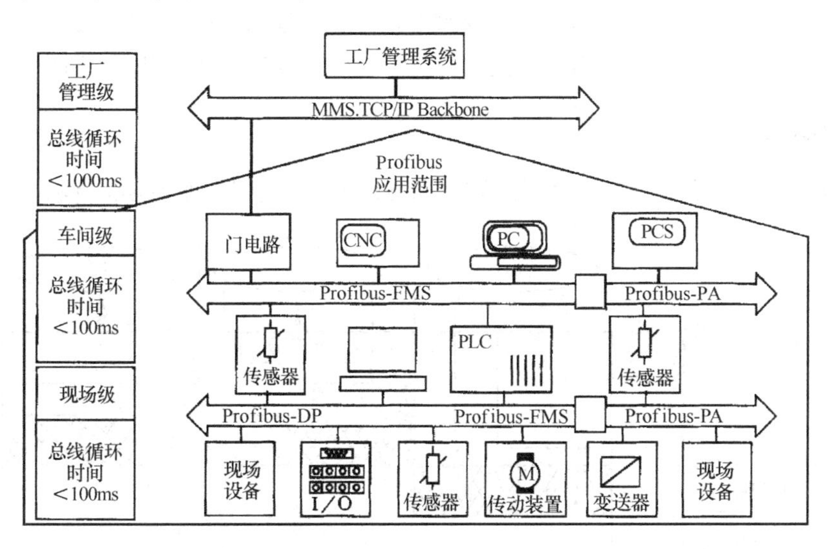

图 4-1　Profibus 应用范围

Profibus 根据应用特点分为 Profibus-DP、Profibus-FMS 和 Profibus-PA 三个兼容版本，如图 4-2 所示。

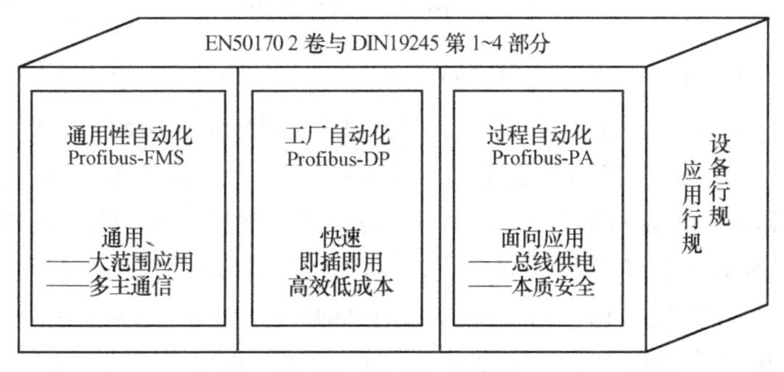

图 4-2　Profibus 系列

Profibus-DP 经过优化的高速、廉价的通信连接，专为自动控制系统和设备级分散的 I/O 之间通信设计，使用 Profibus-DP 模块可取代价格昂贵的 24V 或 0～20mA 并行信号线。Profibus-DP 用于分布式控制系统的高速数据传输。

Profibus-FMS 解决车间级通用性通信任务，提供大量的通信服务，完成中等传输速度的循环和非循环通信任务，用于纺织工业、楼宇自动化、电气传动、传感器和执行器、可编程序控制器、低压开关设备等一般自动化控制。

Profibus-PA 专为过程自动化设计，标准的本质安全的传输技术，实现了 IEC 1158-2 中规定的通信规程，用于对安全性要求高的场合及由总线供电的站点。

4.1 Profibus 基本特性

Profibus 可使分散式数字化控制器从现场底层到车间级网络化，该系统分为主站和从站。主站决定总线的数据通信，当主站得到总线控制权（令牌）时，没有外界请求也可以主动发送信息。主站从 Profibus 协议讲也称为主动站。

从站（也称为被动站）为外围设备，典型的从站包括输入/输出装置、阀门、驱动器和测量变送器。它们没有总线控制权，仅对接收到的信息给予确认或当主站发出请求时向主站发送信息。

1. 协议结构

Profibus 协议是根据 ISO 7498 国际标准以 OSI 为参考模型，如图 4-3 所示。

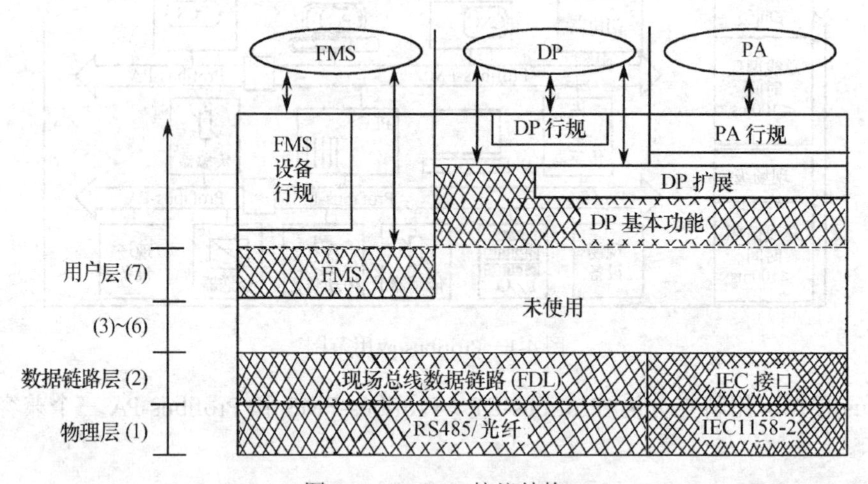

图 4-3 Profibus 协议结构

Profibus-DP 使用第 1 层、第 2 层和用户接口，第 3 层到第 7 层未加以描述，这种结构确保了数据传输的快速和有效，直接数据链路映像（Direct Data Link Mapper，DDLM）提供易于进入第 2 层的用户接口，用户接口规定了用户及系统以及不同设备可以调用的应用功能，并详细说明了各种 Profibus-DP 设备的设备行为，还提供了传输用的 RS485 传输技术或光纤。

Profibus-FMS 第 1、2 和 7 层均加以定义，应用层包括现场总线信息规范（Fieldbus Message Specification，FMS）和低层接口（Lower Layer Interface，LLI）。FMS 包括了应用协议，并向用户提供了可广泛选用的强有力的通信服务；LLI 协调了不同的通信关系，并向 FMS 提供不依赖设备访问第 2 层。第 2 层现场总线数据链路（FDL）可完成总线访问控制和数据的可靠性，它还为 Profibus-FMS 提供了 RS485 传输技术或光纤。

Profibus-PA 数据传输采用扩展的 Profibus-DP 协议，还使用了描述现场设备行为的行规。根据 IEC 1158-2 标准，这种传输技术可确保其本质安全性并使现场设备通过总线供电。使用分段式耦合器 Profibus-PA 设备能很方便地集成到 Profibus-DP 网络。

Profibus-DP 和 Profibus-FMS 系统使用了同样的传输技术和统一的总线访问协议，因此这两套系统可在同一根电缆上同时操作。

2. RS485 传输技术

现场总线系统的应用在很大程度上取决于选用的传输技术，选用依据是既要考虑一些总的要求（传输可靠性、传输距离和高速），又要考虑一些简便而又费用不大的机电因数。当涉及过程自动化时，数据和电源的传送必须在同一根电缆上。由于单一的传输技术不可能满足所有的要求，故 Profibus 提供 3 种类型的传输：Profibus-DP 和 Profibus-FMS 的 RS485 传输、PA 的 IEC 1158-2 传输和光纤。

RS485 传输是 Profibus 最常用的一种，通常称为 H2，采用屏蔽双绞铜线电缆，共用一根导线对，适用于需要高速传输和设施简单而又便宜的各个领域。RS485 传输技术的基本特性如表 4-1 所示。

表 4-1　RS485 传输技术的基本特性

网络拓扑	线性总线，两端有源的总线终端电阻。短截线的波特率≤1.5Mbps
媒体	屏蔽/非屏蔽双绞线，取决于环境条件（EMC）
站点数	每段 32 个站（无转发器）；最多 127 个站（带转发器）
插头连接器	最好为 9 针 D 副插头连接器

RS485 操作容易，总线结构允许增加或减少站点，分步投入不会影响到其他站点操作。传输速度可选用 9.6kbps～12Mbps，一旦设备投入运行，全部设备均需选用同一传输速度。电缆的最大长度取决于传输速度，如表 4-2 所示。

表 4-2　RS485 传输速度与 A 型电缆的距离

波特率（kbps）	9.6	19.2	93.75	187.5	500	1500	12 000
距离/段（m）	1200	1200	1200	1000	400	200	100

3. 用于 Profibus-PA 的 IEC1158-2 传输技术

IEC1158-2 传输技术能满足化工和石化工业的要求，它可保持其本质安全性，并使现有设备通过总线供电。此技术是一种位同步协议，可进行无电流的连续传输，通常称为 H1，用于 Profibus-PA。

IEC1158-2 传输技术原理如下。

（1）每段只有一个电源，供电装置。

（2）站发送信息时不向总线供电。

（3）每站现场设备所消耗的为常量稳态基本电流。

（4）现场设备的作用如无源的电流吸收装置。

（5）主总线两端起无源终端线的作用。

（6）允许使用线型、树型和星型网络。

（7）设计时可采用冗余的总线段，用以提高可靠性。

IEC 1158-2 传输技术特性如表 4-3 所示。

表 4-3　IEC1158-2 传输技术特性

数据传输	数字式，位同步，曼彻斯特编码	防爆型	可能进行本质或非本质安全操作
传输速度	31.25kbps，电压式	拓扑	线型或树型，或两者的结合型
数据可靠性	预兆性，避免误差采用起始和终止限定符	站数	每段最多 32 个，总数最多 126 个
电缆	双绞线（屏蔽和非屏蔽）	转发器	可扩展至最多 4 台
远程电源	可选附件，通过数据线		

Profibus-PA 的网络拓扑结构可以有多种形式（图 4-4），线型结构可使沿着现场总线电缆的连接点与供电线路的装置相似，现场总线电缆通过现场设备连接成回路，也可以对一台或多台现场设备进行分支连接。人工控制、监控设备和分段式耦合器可以将 IEC 1158-2 传输技术的总线段与 RS485 传输技术的总线段连接，耦合器可使 RS485 信号与 IEC 1158-2 信号相适配，它们为现场设备的远程电源供电，供电装置可限制 IEC 1158-2 线段的电流和电压，其相关参数如表 4-4 和表 4-5 所示。

如果外接电源设备，允许根据 EN 50170 标准，带有适当的隔离装置将总线供电设备与外接电源设备连在本质安全总线上。

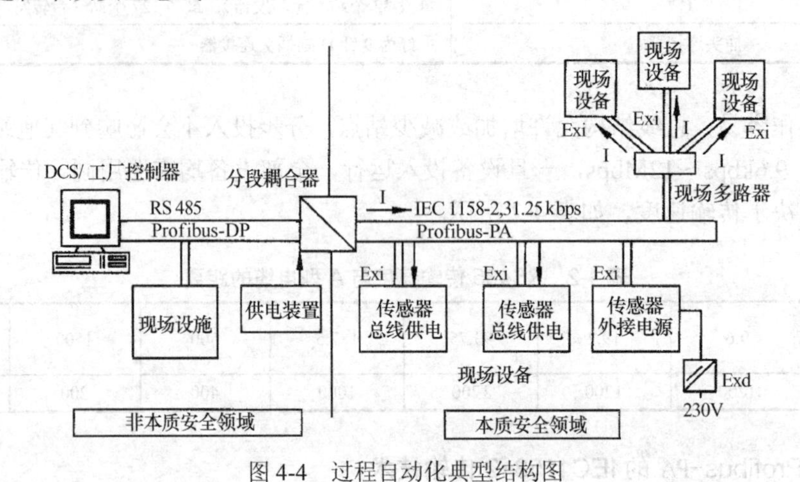

图 4-4　过程自动化典型结构图

表 4-4　标准供电装置（操作值）

型　号	应用领域	供电电压	供电最大电流	最大功率	典型站数
Ⅰ	EEXiA/iB ⅡC	13.5V	110mA	1.8W	8
Ⅱ	EEXib ⅡC	13.5V	110mA	1.8W	8
Ⅲ	EEXib ⅡB	13.5V	250mA	4.2W	22
Ⅳ	不具有本质安全	24V	500mA	12W	32

表 4-5　IEC 1158-2 传输设备的线路长度（参考）

供电装置	Ⅰ型	Ⅱ型	Ⅲ型	Ⅳ型	Ⅴ型	Ⅵ型
供电电压/V	13.5	13.5	13.5	24	24	24
电流需要/mA	≤110	110	≤250	≤110	≤250	≤500
Q=0.8mm^2 的线长度/m	≤900	≤900	≤400	≤1900	≤1300	≤650
Q=1.5mm^2 的线长度/m	≤1000	≤1500	≤500	≤1900	≤1900	≤1900

4．光纤传输技术

在电磁干扰很大的环境下应用 Profibus 系统时，可使用光纤导体以延长高速传输的最大距离。便宜的塑料光纤为距离在 50m 以内时使用，玻璃光纤为距离在 1km 内时使用。许多厂商提供专用的总线插头可将 RS485 信号转换成光纤信号，或将光纤信号转换成 RS485 信号，为在同一系统上使用 RS485 和光纤传输技术提供了一套十分方便的开关控制方法。

5．总线存取协议

Profibus 总线均使用单一的总线存取协议，通过 OSI 参考模型的第 2 层实现，包括数据的可靠性以及传输协议和报文的处理。在 Profibus 中，第 2 层称为现场总线数据链路（Fieldbus Data Link，FDL）。媒体存取控制（MAC）具体控制数据传输的程序，MAC 必须确保在任何时刻只能有一个站点发送数据。

Profibus 协议的设计旨在满足媒体存取控制的基本要求：

在复杂的自动化系统（主站）间通信，必须保证在确切限定的时间间隔中，任何一个站点要有足够的时间来完成通信任务；在复杂的程序控制器和简单的 I/O 设备（从站）间通信，应尽可能快速又简单地完成数据的实时传输。

Profibus 总线存取协议包括主站之间的令牌传递方式和主站与从站之间的主从方式，如图 4-5 所示。

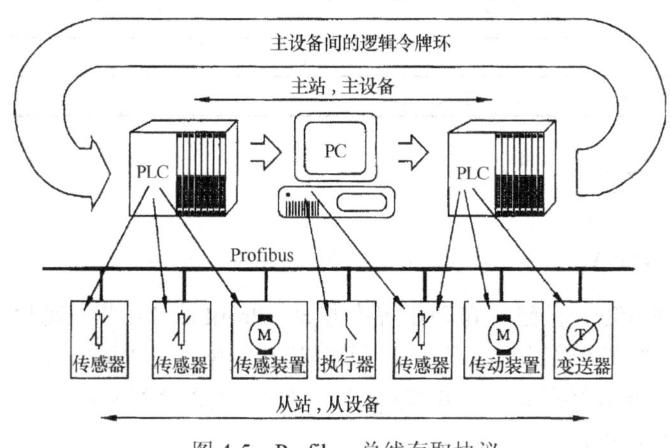

图 4-5　Profibus 总线存取协议

令牌传递程序保证了每个主站在一个确切规定的时间框内得到总线存取权（令牌），令牌是一条特殊的电文，它在所有主站中循环一周的最长时间是事先规定的。在 Profibus 中，令牌只在各主站之间通信时使用。

主从方式允许主站在得到总线存取令牌时可与从站通信，每个主站均可向从站发送或索取信息，通过这种方法有可能实现下列系统配置：纯主-从系统、纯主-主系统（带令牌传递）和混合系统。

图 4-5 中的 3 个主站构成令牌逻辑环，当某主站得到令牌电文后，该主站可在一定的时间内执行主站的工作，在这段时间内，它可依照主-从关系表与所有从站通信，也可依照主-主关系表与所有主站通信。

令牌环是所有主站的组织链，按照主站的地址构成逻辑环。在这个环中，令牌在规定的时间内按照地址的升序在各主站中依次传递。

在总线系统初建时，主站 MAC 的任务是制定总线上的站点分配并建立逻辑环。

在总线运行期间，断电或损坏的主站必须从环中排除，新上电的主站必须加入逻辑环。另外，总线存取控制保证令牌按地址升序依次在各主站间传送，各主站的令牌具体保持的时间长短取决于该令牌配置的循环时间。其 MAC 的特点是监测传输媒体和收发器是否损坏，检查站点地址是否出错（如地址重复）以及令牌错误（如多个令牌或令牌丢失）。

第 2 层的另一个重要任务是保证数据的完整性，这是依靠所有电文的海明间距 HD=4，按照国际标准 IEC 870-5-1 制定的使用特殊的起始和结束定界符、无间距的字节同步传输及每个字节的奇偶校验保证。

第 2 层按照非连接的模式操作，除提供点-点逻辑数据传输外，还提供多点通信（广播及有选择广播）功能。

在 Profibus-FMS/DP/PA 中使用了第 2 层服务的不同子集，详见表 4-6，这项服务称为上层协议通过第 2 层的服务存取点（SAPS）。在 Profibus-FMS 中，这些服务存取点用来建立逻辑通信地址的关系表；在 Profibus-DP/PA 中，每个服务存取点都赋有一个明确的功能。在各主站和从站当中，可同时存在多个服务存取点，服务存取点分为有源服务存取点和目标服务存取点。

表 4-6 Profibus 数据链路层的服务

服 务	功 能	DP	PA	FMS
SDA	发送数据要应答			√
SRD	发送和请求回答的数据	√	√	√
SDN	发送数据不需应答	√	√	√
CSRD	循环性发送和请求回答的数据			√

4.2 Profibus 总线

4.2.1 Profibus-PA

Profibus-PA 是 Profibus 的过程自动化解决方案。Profibus-PA 将自动化系统与带有现场设备（如压力、温度和液位变送器的过程控制系统）连接起来，可以取代 4mA～20mA 的模拟技术。Profibus-PA 在现场设备的规划、电缆敷设、调试、投入运行和维护方面可节省成本 40% 以上，并可提供多功能和安全性。

从现场设备到现场多路器的布线基本相同，但如果测量点很分散，Profibus-PA 所需的电缆要少得多。

使用 Profibus-PA 时，只需要一条双绞线就可传送信息并向现场设备供电。这样不仅节省了布线成本，而且减少了过程控制系统所需的 I/O 模块数量。由于总线的操作电源来自单一的供电装置，也不再需要绝缘装置和隔离装置，Profibus-PA 可通过一条简单的双绞线来进行测量、控制和调节，也允许向现场设备供电，即使在本质安全地区也如此。Profibus-PA 允许设备在操作过程中进行维修、接通或断开，即使在潜在的爆炸区也不会影响到其他站点。Profibus-PA 是在与过程工业的用户们密切合作下开发的，满足这一应用领域的特殊要求如下。

（1）过程自动化独特的应用行规以及来自不同厂商的现场设备的互换性。

（2）增加和删除总线站点，即使在本质安全地区也不会影响到其他站点。

（3）过程自动化中的 Profibus-PA 总线段和制造自动化中的 Profibus-DP 总线段之间通过段耦合器实现通信透明化。

（4）同样的两条线，基于 IEC 1158-2 技术可进行远程供电和数据传输。

（5）在潜在的爆炸区使用防爆型“本质安全”或“非本质安全”。

由于 Profibus-DP 和 Profibus-PA 使用不同的数据传输速度和方式，为使它们之间平滑地传输数据，使用 DP/PA 耦合器和 DP/PA 链路设备作为网关。Profibus-PA 现场设备可以通过 DP/PA 链路设备连接到 Profibus-DP。

DP/PA 耦合器适用于简单网络与运算时间要求不高的场合。DP/PA 耦合器用于在 Profibus-DP 与 Profibus-PA 间传递物理信号。DP/PA 耦合器有两种类型：非本质安全型和本质安全型。系统组态后，DP/PA 耦合器是可见的。

1. 传输协议

Profibus-PA 使用 Profibus-DP 的基本功能传输测量值和状态，使用 Profibus-DP 扩展功能对现场设备设置参数及操作。其传输采用基于 IEC 1158-2 的两线技术。Profibus 总线存取协议（第 2 层）和 IEC1158-2 技术（第 1 层）之间的接口已有规定。

在 IEC 1158-2 段传输时，报文被加上起始和结束界定符，图 4-6 为其原理图。

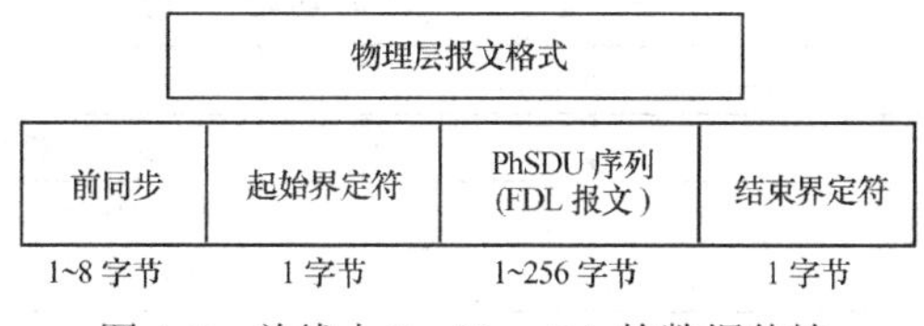

图 4-6　总线上 Profibus-PA 的数据传输

2. 行规

Profibus-PA 行规保证了不同厂商生产的现场设备的互换性和互操作性，它是 Profibus-PA 的组成部分，可从 Profibus 用户组织订购，订购号为 3.042。

Profibus-PA 行规的任务是为现场设备类型选择实际需要的通信功能，并为这些设备功能和设备行为提供所有需要的规格说明。

Profibus-PA 行规包括适用于所有设备类型的一般要求和用于各种设备类型组态信息的数据单。

Profibus-PA 行规使用功能块模型，如图 4-7 所示。该模型也符合国际标准化的考虑，目前已对所有通用的测量传送器和以下一些设备类型的设备数据单做了规定：压力、液位、温度和流量的测量传送器；数字量 I/O；模拟量 I/O；阀门和定位器。

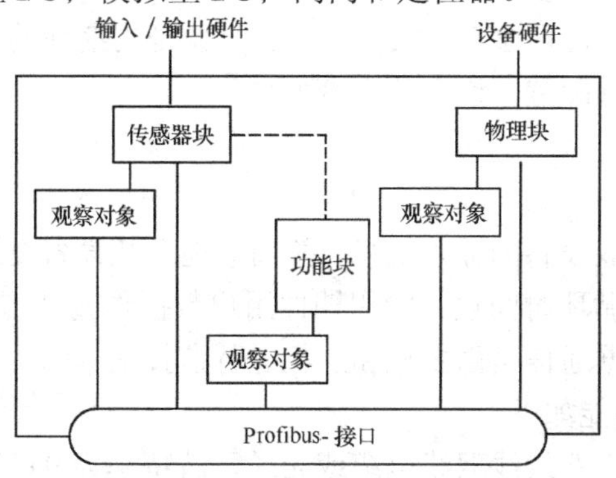

图 4-7　Profibus-PA 的功能块模型

设备行为用标准化变量描述，变量取决于各测量传送器。图 4-8 为压力变送器的原理图，以“模拟量输入”功能块描述。每个设备都提供 Profibus-PA 行规中规定的参数，如表 4-7 所示。

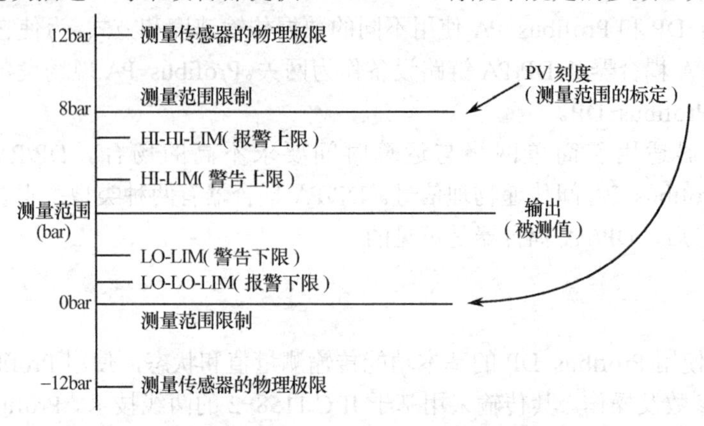

图 4-8　Profibus-PA 行规中压力变送器的参数图

表 4-7　模拟量输入（AI）功能块参数

参数	读	写	功能
OUT	√		过程变量和状态的当前测量值
PV_SCALE	√	√	测量范围上限和下限的过程变量的标定，单位编码和小数点后位数
PV_FTIME	√	√	功能块输出的上升时间，以秒表示
ALAEM_HYS	√	√	报警功能滞后以测量范围的百分比表示
H_HI_MM	√	√	上限报警，如果超出，报警和状态位置 1
HI_LIM	√	√	上限警告，如果超出，警告和状态位置 1
LO_LIM	√	√	下限警告，如果低于，警告和状态位置 1
LO_LO_LIM	√	√	下限报警，如果低于，中断和状态位置 1
HI_HI_ALM	√	√	带时间标记的上限报警状态
HI_ALM	√		带时间标记的上限警告状态
LO_ALM	√		带时间标记的下限警告状态
LO_LO_ALM	√		带时间标记的下限报警状态

4.2.2　Profibus-DP

Profibus-DP 用于设备级的高速数据传送，中央控制器通过高速串行线同分散的现场设备（如 I/O、驱动器、阀门等）进行通信，大多数数据交换是周期性的。此外，智能化现场设备还需要非周期性通信，以进行配置、诊断和报警处理。

1．基本功能

中央控制器周期地读取设备的输入信息，并周期地向从设备发送输出信息，总线循环时间必须要比中央控制的程序循环时间短。除周期性用户数据传输外，Profibus-DP 还提供了强有力的诊断和配置功能，数据通信是由主机和从机进行监控的。

Profibus-DP 的基本功能如下。

（1）传输技术：RS485 双绞线双线电缆或光缆，波特率为 9.6kbps～12Mbps。

（2）总线存取：各主站间令牌传送，主站与从站间数据传送，支持单主或多主系统，主-

从设备，总线上最多站点数为 126。

（3）功能：DP 主站和 DP 从站间的循环用户数据传送，各 DP 从站的动态激活和撤销，DP 从站组态的检查，强大的诊断功能，三级诊断信息，输入或输出的同步，通过总线给 DP 从站赋予地址，通过总线对 DP 主站（DPM1）进行配置，每个 DP 从站最大为 246 字节的输入或输出数据。

（4）设备类型：第二类 DP 主站（DPM2，可编程、可组态、可诊断的设备）；第一类 DP 主站（DPM1），中央可编程控制器，如 PLC、PC 等；DP 从站；带二进制或模拟输入/输出的驱动器、阀门等。

（5）诊断功能：经过扩展的 Profibus-DP 诊断功能是对故障进行快速定位，诊断信息在总线上传输并由主站收集，这些诊断信息分为 3 类：本站诊断操作，诊断信息表示本站设备的一般操作状态，如温度过高，电压过低；模块诊断操作，诊断信息表示一个站点的某 I/O 模块出现故障（如 8 位的输出模块）；通道诊断操作，诊断信息表示一个单独的输入/输出位的故障。

（6）系统配置：Profibus-DP 允许构成单主站或多主站系统，这就为系统配置组态提供了高度的灵活性。系统配置的描述包括：站点数目、站点地址和输入/输出数据的格式，诊断信息的格式以及所使用的总体参数。

输入和输出信息量的大小取决于设备形式，目前允许的 I/O 信息最多为 246 字节。

单主站系统中，在总线系统操作阶段，只有一个活动主站。图 4-9 为一个单主站系统的配置图，PLC 为一个中央控制部件。单主站系统可获得最短的总线循环时间。

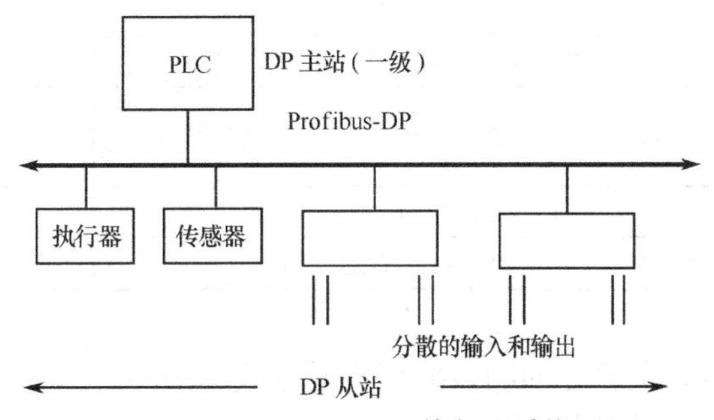

图 4-9　Profibus-DP 单主站系统

多主站配置中，总线上的主站与各自的从站构成相互独立的子系统或是作为网上的附加配置和诊断设备，如图 4-10 所示。任何一个主站均可读取 DP 从站的输入/输出映像，但只有一个主站（在系统配置时指定的 DPM1）可对 DP 从站写入输出数据，多主站系统的循环时间要比单主站系统长。

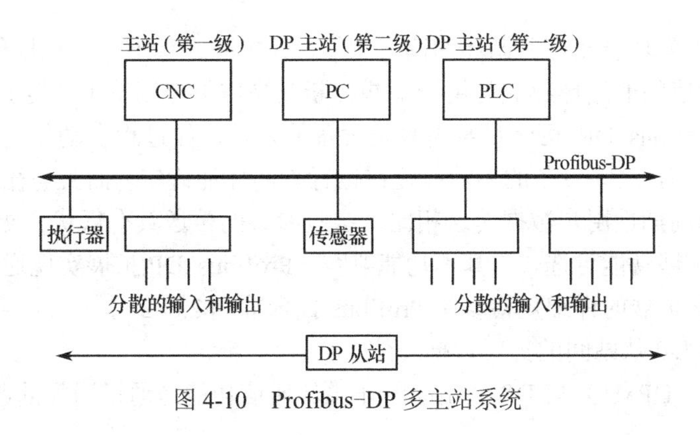

图 4-10　Profibus-DP 多主站系统

（7）运行模式：Profibus-DP 规范包括了对系统行为的详细描述，以保证设备的互换性。

系统行为主要取决于 DPM1 的操作状态，这些状态由本地或总体的配置设备所控制，主要有以下 3 种状态。

（1）运行——I/O 数据的循环传送。DPM1 由 DP 从站读取输入信息向 DP 从站写入输出信息。

（2）清除——DPM1 读取 DP 从站的输入信息并使输出信息保持为故障-安全状态。

（3）停止——只能进行主-主数据传送，DPM1 和 DP 从站之间没有数据传送。

DPM1 设备在一个预先设定的时间间隔内以有选择的广播方式，将其状态发送到每一个 DP 的有关从站。如果在数据传送阶段中发生错误，系统将做出反应。

（8）通信：点对点（用户数据传送）或广播（控制指令）；循环主-从用户数据传送和非循环主-主数据传送。

用户数据在 DPM1 和有关 DP 从站之间的传输由 DPM1 按照确定的递归顺序自动执行，在对总体系统进行配置时，用户对从站与 DPM1 的关系下定义，并确定哪些 DP 从站被纳入信息交换的循环周期，哪些 DP 从站被排除在外。

DPM1 和 DP 从站之间的数据传送分为 3 个阶段：参数设定，组态配置，数据交换。

除主-从功能外，Profibus-DP 允许主-主之间的数据通信，如表 4-8 所示。这些功能可使配置和诊断设备通过总线对系统进行配置组态。

表 4-8 Profibus-DP 的主-主功能

功 能	含 义	DPM1	DPM2
取得主站诊断数据	读取 DPM1 的诊断数据或从站的所有诊断数据	M	O
加载一卸载组合（开始，加载/卸载，结束	加载或卸载 DPM1 及有关 DP 从站的全部配置参数	O	O
激活参数（广播）	同时激活所有已编址的 DPM1 的总线参数	O	O
激活参数	激活已编址的 DPM1 的参数或改变其操作状态	O	O

注：M ——必备功能；O ——可选功能。

除加载和卸载功能外，主站之间的数据交换通过改变 DPM1 的操作状态对 DPM1 各个 DP 从站间的数据交换进行动态的使能或禁止。

（9）同步：控制指令允许输入和输出同步。同步模式：输出同步；锁定模式：输入同步。

（10）可靠性和保护机制：所有信息的传输在海明距离 HD=4 进行；DP 从站带看门狗定时器；DP 从站的输入/输出存取保护；DP 主站上带可变定时器的用户数据传送监视。

2. 扩展功能

Profibus-DP 扩展功能允许非循环的读写功能，并中断并行于循环数据传输的应答。另外，对从站参数和测量值的非循环存取可用于某些诊断或操作员控制站（二类主站，DPM2）。有了这些扩展功能，Profibus-DP 可满足某些复杂设备的要求，如过程自动化的现场设备、智能化操作设备和变频器等，这些设备的参数往往在运行期间才能确定，而且与循环性测量值相比很少有变化。与高速周期性用户数据传送相比，这些参数的传送具有低优先级。

Profibus-DP 扩展功能可选，与基本功能兼容。Profibus-DP 扩展实现通常采用软件更新的办法。Profibus-DP 扩展的详细规格参阅 Profibus 技术准则 2.082 号。

（1）DPM1 和 DP 从站间的扩展数据通信

一类 DP 主站（DPM1）与 DP 从站间的非循环通信功能是通过附加的服务存取点 51 来执

行的。在服务序列中，DPM1 与从站建立的连接称为 MSAC-C1，它与 DPM1 与从站之间的循环数据传送紧密联系在一起。连接建立成功之后，通过 MSAC-C1 连接进行非循环数据传送。

① 带DDLM读写的非循环读写功能。这些功能用来读或写访问从站中任何所希望的数据，采用第二层的 SRD 服务，在 DDLM 读/写请求传送之后，主站用 SRD 报文查询，直到 DDLM 读/写响应出现。图 4-11 为读访问示例。

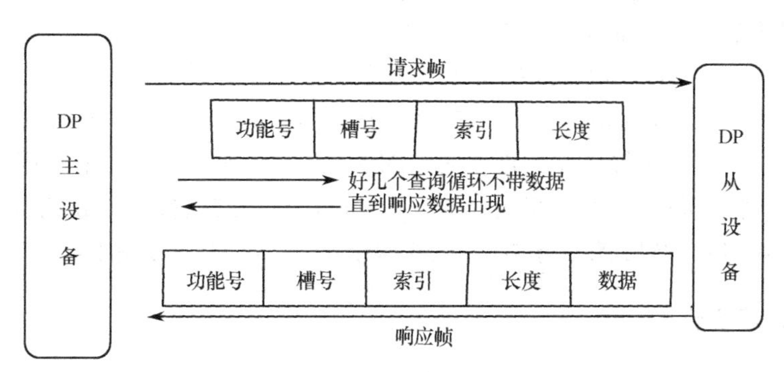

图 4-11　读服务执行过程

数据块寻址假定 DP 从站的物理设计是模块式的或在逻辑功能单元（模块）的内部构成。此模型用于数据循环传送的 DP 基本功能，其中每个模块的输入或输出、字节数是常量，并在用户数据报文中按固定位置来传送。寻址基于标识符（即输入或输出、数据字节等），从站的所有标识报文组成从站的配置，并在启动期间由 DPM1 检查。

此模型也作为新的非循环服务的基础。一切能进行读或写的数据块被认为是属于这些模块的。数据块通过槽号和索引寻址。槽号寻址、索引寻址属于模块的数据块，每个数据块包含多达 256 字节，如图 4-12 所示。

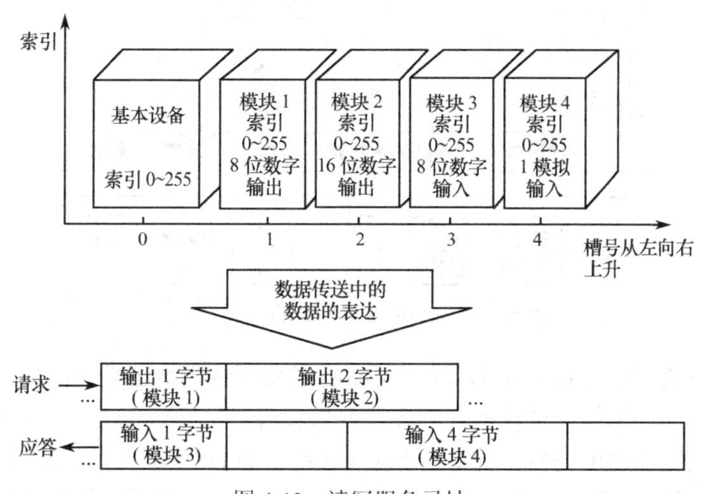

图 4-12　读写服务寻址

涉及模块时，模块的槽号是指定的，从 1 开始顺序递增，0 号留给设备本身。紧凑型设备作为虚拟模块的一个单元，也用槽号和索引寻址。

可以利用数据块中的长度信息对数据块的部分进行读/写。如果数据块存取成功，DP 从站以实际的读写响应，否则 DP 从站给出否定的应答，对问题准确分类。

② 报警响应。Profibus-DP 的基本功能允许 DP 从设备通过诊断信息向主设备自发地传送

事件，当诊断数值迅速变化时，有必要将传送频率调到 PLC 的速度。新的 DDLM_Alarm_Ack 功能提供了此种流控制，它用来显性响应从 DP 从设备上收到的报警数据。

（2）DPM2 与从站间的扩展数据传送

Profibus-DP 扩展允许一个或几个诊断或操作员控制设备（DPM2）对 DP 从站的任何数据块进行非循环读/写服务。这种通信是面向连接的，称为 MSAC-C2。新的 DDLM_Initiate 服务用于在用户数据传输开始之前建立连接，从站用确认应答确认连接成功。

通过 DDLM 读写服务，现在连接可用来为用户传送数据了，在传送用户数据的过程中，允许任何长度的间歇。需要的话，主设备在这些间歇中可以自动插入监视报文，这样 MSAC-C2 连接具有时间自动监控的连接。建立连接时 DDLM_Initiate 服务规定了监控间隔。如果连接监视器监测到故障，将自动终止主站和从站的连接，还可再建立连接或由其他伙伴使用。从站的服务访问点 40～48 和 DPM2 的服务访问点 50 保留，为 MSAC-C2 使用。

3. 设备数据库文件

Profibus 设备具有不同的性能特征，特性的不同在于现有功能（即 I/O 信号的数量和诊断信息）的不同，或可能的总线参数（如波特率和时间）的监控不同。这些参数对每种设备类型和每家生产厂来说均各有差别，为达到 Profibus 简单的即插即用配置，这些特性均在电子数据单中具体说明，有时称为设备数据库文件或 GSD 文件。标准化的 GSD 数据将通信扩大到操作人员控制一级，使用基于 GSD 的组态工具可将不同厂商生产的设备集成在一个总线系统中，简单，用户界面友好，如图 4-13 所示。

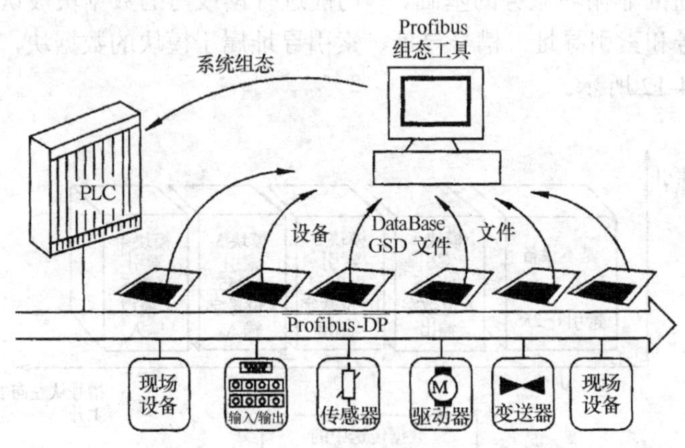

图 4-13　电子设备数据库的开放式组态

对于一种设备类型的特性，GSD 以一种准确定义的格式给出其全面而明确的描述。GSD 文件由生产厂商分别针对每一种设备类型准备并以设备数据库清单的形式提供给用户，此种明确定义的文件格式便于读出任何一种 Profibus-DP 设备的 GSD 文件，并且在组态总线系统时自动使用这些信息。在组态阶段，系统自动地对输入与整个系统有关的数据的输入误差和前后一致性进行检查核对。

GSD 分为三部分：总体说明、DP 主设备的相关规格和从设备的相关规格。

总体说明——包括厂商和设备名称、软硬件版本情况、支持的波特率、可能的监控时间间隔及总线插头的信号分配。

DP 主设备的相关规格——包括所有只适用于 DP 主站设备的参数（如可连接的从设备的最多台数或加载和卸载能力）。从站设备没有这些规定。

从设备的相关规格——包括与从站设备有关的所有规定（如 I/O 通道的数量和类型、诊断测试的规格及 I/O 数据的一致性信息）。

每种类型的 DP 从站设备和每种类型的 1 类 DP 主站设备一定有一个标识号。主站设备用此标识号识别哪种类型设备连接后不产生协议的额外开销。主站设备将所连接的 DP 设备的标识号与在组态数据中用组态工具指定的标识号进行比较，直到具有正确站址的正确的设备类型连接到总线上后，用户数据才开始传送。这可避免组态错误，从而大大提高安全级别。

4．行规

行规对用户数据的含义做了具体说明，并且具体规定了 Profibus-DP 如何用于应用领域。利用行规可使不同厂商所生产的不同零部件互换使用。下列 Profibus-DP 行规是已更新过的，括弧内的数字是文件编号。

（1）NC/RC 行规（3.052）

NC/RC 行规描述如何通过 Profibus-DP 对操作机器人和装配机器人进行控制，根据详细的顺序图解，从高级自动化设施的角度描述机器人的运动和程序控制。

（2）编码器行规（3.062）

编码器行规描述带单转或多转分辨率的旋转编码器、角度编码器和线性编码器与 Profibus-DP 的连接。

这些设备分两种等级定义了基本功能和附加功能，如标定、中断处理和扩展诊断。

（3）变速传动行规（3.071）

传动技术设备的主要生产厂共同制定了变速传动行规。此行规规定了传动设备如何参数化，以及如何传送设定值和实际值。这样，不同厂商的传动设备可以互换。此行规包括对速度控制和定位的必要的规格参数，规定基本的传动功能而又为特殊应用扩展和进一步发展留有余地。

（4）操作员控制和过程监视行规（HMI）

规定了操作员控制和过程监视设备（HMI）如何通过 Profibus-DP 连接到更高级的自动化设备上。此行规使用扩展的 Profibus-DP 功能进行通信。

4.2.3 Profibus-FMS

Profibus-FMS 的设计旨在解决车间一级的通信，在这一级可编程控制器（PLC 和 PC）主要是互相通信。在此应用领域内，高级功能比快速系统反应时间更重要。

1．Profibus-FMS 的应用层

应用层提供用户可用的通信服务，有了这些服务才可能存取变量、传送程序并控制执行，而且可传送事件。Profibus-FMS 应用层包括以下两个部分：现场总线信息规范（FMS）描述通信对象和服务，低层接口（LLI）用于将 FMS 适配到第 2 层。

2．Profibus-FMS 的通信模型

Profibus-FMS 的通信模型可以使分散的应用过程利用通信关系表统一到一个共用的过程中。现场设备中用来通信的那部分应用过程称为虚拟现场设备（VFD）。图 4-14 所示为实际现场设备和虚拟现场设备之间的关系，此例中只有 VFD 中的某几个变量（如单元数、故障率和停机时间）可通过两个关系表读写。

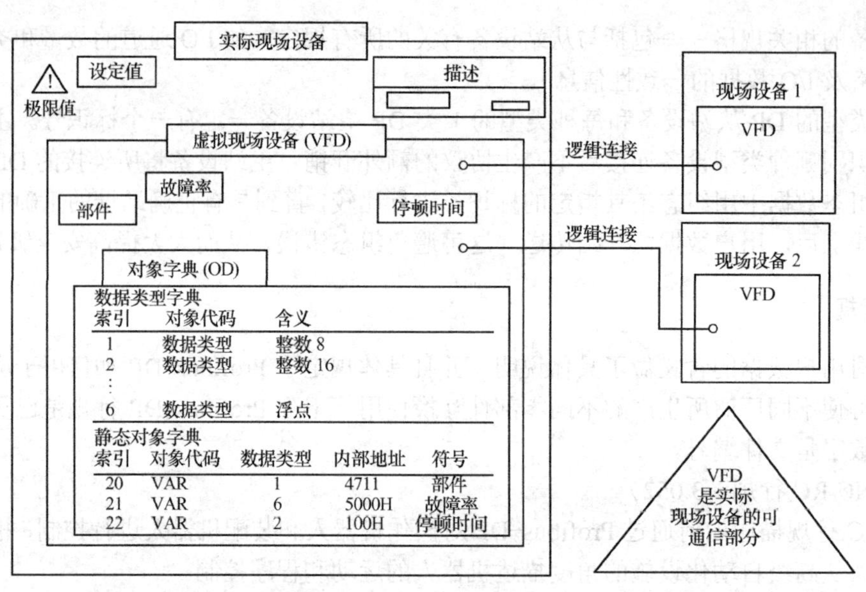

图 4-14　带对象字典的虚拟现场设备

3. 通信对象和对象字典

每个设备的所有通信对象都填入该设备的本地对象字典中。对于简单设备，对象字典可以预先定义。涉及复杂设备时，对象字典可在本地或远程组态和加载。对象字典包括描述、结构和数据类型、通信对象的内部设备地址和它们在总线上的标志（索引/名称）之间的关系。对象字典包括下列元素。

（1）头——包含对象字典结构的有关信息。

（2）静态数据类型表——所支持的静态数据类型列表。

（3）变量列表的动态列表——所有已知变量表列表。

（4）动态程序列表——所有已知程序列表。

对象字典的各部分只有当设备实际支持这些功能时才提供。

静态通信对象填入静态对象字典中，它们可由设备的制造者预定义或在总线系统组态时指定。Profibus-FMS 能识别 5 种通信对象：简单变量、数组（一系列相同类型的简单变量），记录（一系列不同类型的简单变量）、域和事件。

动态通信对象填入对象字典的动态部分，它们可以用 FMS 服务预定义或定义，删除或改变。Profibus-FMS 可识别两种类型的动态通信对象：程序调用和变量列表（一系列简单变量、数组或记录）。

逻辑寻址是 Profibus-FMS 通信对象寻址的优选方法，用一个 16 位无符号短地址（索引）进行存取。每个对象有一个单独的索引。作为选项，对象可以用名称或物理地址寻址。

为避免非授权存取，每个通信对象可选存取保护，只有用一定的口令才能对一个对象进行存取，或对某设备组存取。在对象字典中每个对象可分别指定口令或设备组。此外，可对存取对象的服务进行限制（如只读）。

4. Profibus-FMS 服务

Profibus-FMS 服务是 ISO 9506 制造信息规范（Manufacturing Message Specification，MMS）服务的子集，已在现场总线应用中被优化，而且增加了通信对象管理和网络管理功能。通过总线的 Profibus-FMS 服务的执行用服务序列描述，包括被称为服务原语的几个互操作。服务原语描述请求者和应答者之间的互操作。

5. Profibus-FMS 和 Profibus-DP 的混合操作

Profibus-FMS 和 Profibus-DP 设备在一条总线上的混合操作是 Profibus 的一个主要优点。两种协议可以同时在一个设备上执行，这些设备称为混合设备。能够进行混合操作是因为这两种协议均使用统一的传输技术和总线存取协议，不同的应用功能由第 2 层的不同的服务存取点区分。

6. Profibus-FMS 行规

Profibus-FMS 提供了广泛的功能以满足普遍的应用。Profibus-FMS 行规做了如下定义（括号中的数字为 Profibus 用户组织提供的文件号）。

（1）控制器间通信（3.002）——定义了用于 PLC 控制器之间通信的 Profibus-FMS 服务。根据控制器的等级对每个 PLC 必须支持的服务、参数和数据类型做了规定。

（2）楼宇自动化行规（3.011）——用于提供特定的分类和服务作为楼宇自动化的公共基础。行规描述了使用 Profibus-FMS 的楼宇自动化系统如何进行监控、开环和闭环控制、操作员控制、报警处理和档案管理。

（3）低压开关设备（3.032）——Profibus-FMS 应用行规，规定了通过 Profibus-FMS 通信过程中的低压开关设备的应用行为。

4.3 Profibus 通信协议

4.3.1 Profibus 与 OSI 参考模型

Profibus 现场总线可以将数字自动化设备从低级（传感器/执行器）到中间执行级（单元级）分散开来。通信协议按照应用领域进行了优化，故几乎不需要复杂的接口即可实现。参照 OSI 参考模型，Profibus 只包含第 1 层、第 2 层和第 7 层，如图 4-15 所示。

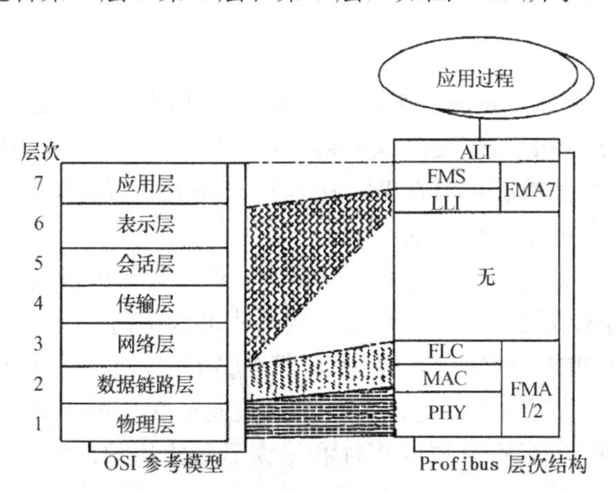

图 4-15 OSI 参考模型与 Profibus 体系结构的对比

1. 第 1 层

第 1 层（PHY）规定了线路媒体、物理连接的类型和电气特性。Profibus 通过采用差分电压输出的 RS485 实现电流连接。在线型拓扑结构下采用双绞线电缆，树型结构还可能用到中继器。

2. 第 2 层

第 2 层的 MAC 子层描述了连接到传输媒体的总线存取方法。

Profibus 采用一种混合访问方法。由于不能使所有设备在同一时刻传输，所以在 Profibus 主站设备（Masters）之间用令牌的方法。为使 Profibus 从站设备（Slave）之间也能传递信息，从站设备由主站设备循环查询。图 4-16 描述了上述两种方法。

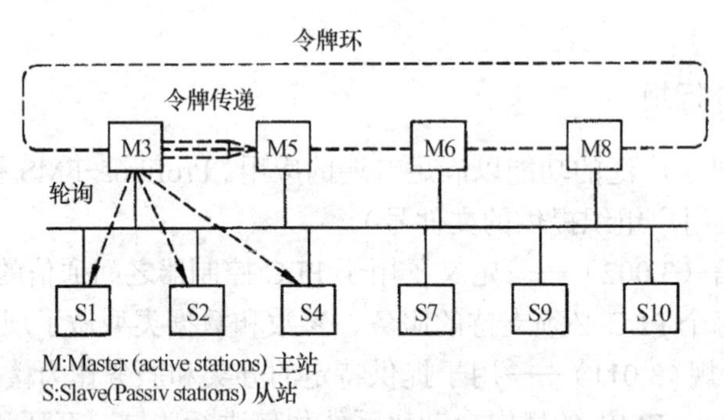

图 4-16　Profibus 总线存取方法

第 2 层的现场总线链路控制（FLC）子层规定了对低层接口（LLI）有效的第 2 层服务，提供服务访问点（SAP）的管理和与 LLI 相关的缓冲器。

第 2 层的现场总线管理（FMA1/2）完成第 2 层（MAC）特定的总线参数的设定和第 1 层（PHY）的设定。FLC 和 LLI 之间的 SAPS 可以通过 FMA1/2 激活或撤销。此外，第 1 层和第 2 层可能出现的错误事件会被传递到更高层（FMA7）。

3. 第 3～6 层

第 3～6 层在 Profibus 中没有具体应用，但是这些层要求的任何重要功能都已经集成在低层接口（LLI）中。例如，包括连接监控和数据传输的监控。

4. 第 7 层

第 7 层的低层接口（LLI）将现场总线信息规范（FMS）的服务映射到第 2 层的 FLC 子层的服务。除了上面已经提到的监控连接或数据传输，LLI 还检查在建立连接期间用于描述一个逻辑连接通道的所有重要参数。可以在 LLI 中选择不同的连接类型，主-主连接或主-从连接。数据交换既可是循环的也可是非循环的。

第 7 层的现场总线信息规范（FMS）子层将用于通信管理的应用服务和用于用户的用户数据（变量、域、程序、事件通告）分组。借助于此，才可能访问一个应用过程的通信对象。FMS 主要用于协议数据单元(PDU)的编码和译码。与第 2 层类似，第 7 层也有现场总线管理(FMA7)。FMA7 保证 FMS 和 LLI 子层的参数化以及总线参数向第 2 层的 FMA1/2 传递。在某些应用过程中，还可以通过 FMA7 把各个子层的事件和错误显示给用户。

5. 应用层接口

位于第 7 层之上的应用层接口（ALI）构成了到应用过程的接口。ALI 的目的是将过程对象转换为通信对象。转换的原因是每个过程对象都是由它在所谓的对象字典中的特性（数据类型、存取保护、物理地址）所描述的。

4.3.2 Profibus 设备配置

两个设备之间交换数据或信息的通信是通过信道进行的，有逻辑信道和物理信道之分，图 4-17 表示了这两种信道。逻辑信道是从用户视角来看的，可以有不同的特性。为了描述这些特性，Profibus 已经定义了参数，提供了这些信道的定量和定性的定义。具体来说包括对下列问题的回答：

- 数据传输是循环的还是非循环的？
- 允许并行服务吗，即可以几个任务同时处理吗？
- 每个信道允许使用哪些服务？
- 每次传输允许传送或接收多少用户数据？
- 与其他站的连接如何监控？
- 与哪个包含该信道（连接终点）的站进行通信？

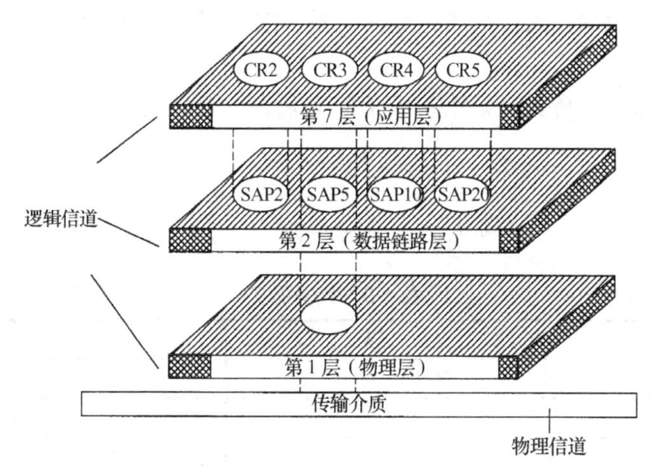

图 4-17　逻辑信道和物理信道

由于每个独立的、局部的信道可以分别定义，用户能够优化远程应用过程之间的通信。一个信道的所有参数列于通信关系表（CRL）中。每个信道在 CRL 中有一个入口，它是通过通信关系（CR）唯一寻址的。图 4-18 为配置原理图。

CRL 静态部分	CRL 动态部分
CR 0　CRL- 标头 (Header)	
CR 1　通信关系 1 描述 第 2 层地址，上下文，监控 ……	管理数据
CR 2　通信关系 2 描述 第 2 层地址，上下文，监控 ……	管理数据
……	
CR N　通信关系 N 描述 第 2 层地址，上下文，监控 ……	管理数据

图 4-18　通信关系表结构

除逻辑信道外，每个 Profibus 设备还有物理信道，具有下列特性。

- 物理地址（设备地址）。
- 传输媒体，包括到传输媒体的接口（MAU，媒体连接单元）。
- 执行数据传输所需要的其他参数（传输速率、时间参数等）。

物理信道终止于第 2 层。对它的描述无疑包含了对连接到传输媒体的存取控制，包括各个参数定义的详细解释将在后面介绍。物理通信所需要的所有参数配置好后，即可以通过传输媒体传输数据。

1．逻辑连接的实现

从用户的角度看，与应用过程之间的通信是通过逻辑信道进行的。这些逻辑信道是设计阶段在通信关系表（CRL）中定义的。CRL 包括两部分：FMS-CRL 和 LLI-CRL，包含了与这些子层有关的所有必要的信息。

一个站最多可以产生 63 个通信关系应用于不同情况，此外可以多点广播或广播式发送或接收。一个信道的所有 CRL 入口是通过通信关系（CR）唯一寻址的。

（1）CRL 结构

第一个入口标号为 1。除此外还有标头 CR0，包含一般性的定义。此处需要指出 CR1 保留作为连接管理用。

（2）FMS 服务

表 4-9 是每个设备的 FMS 必须遵循完成的服务。

表 4-9　义务服务

服　务	从站客户	从站服务器	主站客户	主站服务器
启动（Initiate）	—	M	—	M
断开（Abort）		M	M	M
拒收（Reject）		M	M	M
状态（Status）	—	M	—	M
识别（Identify）	—	M	—	M
Get OD（Short Form）	—	M	—	M

注：M：Mandatory，强制的。

除了这些必需的服务以外，还有一系列可选服务，在前面提到的“支持的特性”参数中指定。

所有的服务参数都包含在 CRL 中，必须正确设置，否则不能建立连接。文本检查期间将所列参数与本地服务比较，比较结果必须是服务器具有相同的参数，或服务器所能提供的资源和服务多于被请求的资源。因此在设计系统时必须认真考虑。参与通信的站之间参数设置要匹配才能避免出错。

另外，并非所有的服务可应用于所有的连接类型。例如，在 MSCY 这种连接类型中只允许读和写服务，甚至在非确定性服务中。

2．CRL 在线下载

正如前面提到的，CRL 是在设计阶段创建的，而且对于简单设备现在可以直接链接到软件上，或者对于有资源的设备可以在线下载。这样做的好处是即使在设计完成后也可以对 CRL 随时做必要的修改，改后再下载，而不必生成新的程序代码。FMA7 在用户接口为下载 CRL

提供服务，必须按照特殊顺序。

除此之外，FMA7 还提供服务用于下载或读取某个设备的参数，或通过远程站（配置站）完成 CRL。

3. 传输媒体

对于 Profibus，屏蔽双绞线用做物理层传输媒体，其特性如下。

- 最小横截面为 0.2 mm。
- 单位长度电容为 60 pF/m。
- 波阻抗为 130 Ω。

总线两端需配置低阻值的终端电阻。

（1）plug-in 连接器

与传输媒体相连的机械连接器采用的是 D 型 plug-in 连接器，三针有效。带内孔的 plug-in 连接器接在总线接口一侧，带凸针的 plug-in 连接器与总线电缆相接。所谓的 T 型连接器，包含三个 9 针 D 型 plug-in 连接器（一个带凸针，两个带内孔），可以用来连接总线电缆段与总线接口。插头的针型如图 4-19 所示。

（2）连线

图 4-20 画出了总线电缆的连接方法。在图中所示连接中，所有接口的数据参考电位 DGND 之间的电位差必须小于±7V。两根信号线不能互换。如果电位差为 7V，则 plug-in 连接器的第 5 脚之间需要连一根补偿地线。

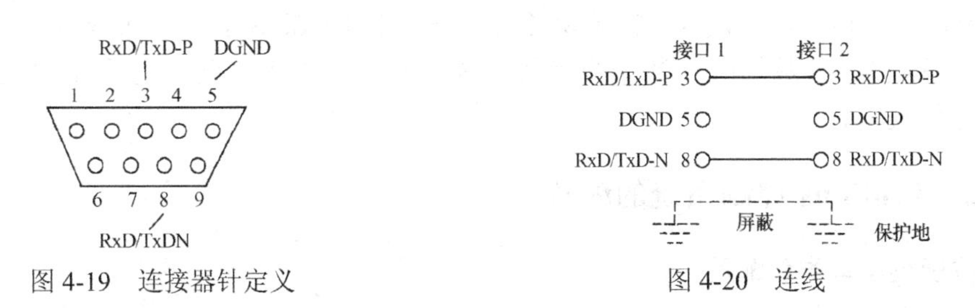

图 4-19 连接器针定义

图 4-20 连线

对于使用双绞线的现场总线解决方案，总线电缆的终端必须接终端电阻。处于总线终端的站必须提供一个正电源电压（如+5V±5%）。

4.3.3 面向连接的数据交换

两个站之间面向连接的通信要经历以下 4 个步骤。

（1）启动。数据传输开始之前，要对设备（第 2 层）接口参数赋值。必须设定站地址和波特率，并且激活 SAP。SAP 需要的参数包含在 CRL 中。

（2）建立连接。当总线上各站做好数据传输准备时，首先要建立逻辑连接。

（3）数据传输。总是由主站启动建立连接。主站的用户调用 FMS 的 INITIATE 服务启动连接。

执行 INITIATE 服务需要的所有参数通过服务原语“INITIATE.req”传给 FMS。依照定义的规则（Abstract Syntax Notax.One，ASN. 1），主站生成 FMS 协议数据单元（FMS PDU）代码，附加在 VFD 参数之后，此协议数据单元包括了关于使用信道的所有规约。FMS 从赋值的通信关系表（CRL）中得到信道使用的信息。

（4）连接释放。完成从从站到主站的数据传输，可以再断开逻辑连接。释放连接既可以由主站也可以由从站启动。

4.4 Profibus 控制系统的集成技术

4.4.1 Profibus 控制系统的组成

Profibus 控制系统主要包括以下内容。

（1）一类主站：指 PC、PLC 或可做一类主站的控制器。一类主站完成总线通信控制与管理。

（2）二类主站：操作员工作站（如 PC+图形监控软件）、编程器、操作员接口等，完成各站点的数据读写、系统配置、故障诊断等。

（3）从站。

① PLC（智能型 I/O）——PLC 自身有程序存储，PLC 的 CPU 部分执行程序并按程序指令驱动 I/O。作为 Profibus 主站的一个从站，在 PLC 存储器中有一段特定区域作为与主站通信的共享数据区，主站可通过通信间接控制从站 PLC 的 I/O。

② 分散式 I/O——通常由电源部分、通信适配器部分、接线端子部分组成。分散式 I/O 不具有程序存储和程序执行的功能，通信适配器接收主站指令，按主站指令驱动 I/O，并将 I/O 输入及故障诊断等信息返回给主站。通常分散式 I/O 由主站统一编址，这样在主站编程时，使用分散式 I/O 与使用主站的 I/O 没有什么区别。

③ 驱动器、传感器、执行机构等现场设备——带 Profibus 接口的现场设备，可由主站在线完成系统配置、参数修改、数据交换等功能。至于哪些参数可进行通信以及参数格式由 Profibus 行规规定。

4.4.2 Profibus 控制系统的配置

1. 按现场设备类型配置

根据现场设备是否具有 Profibus 接口，Profibus 控制系统配置可分为 3 种模式。

（1）总线接口型

现场设备不具有 Profibus 接口，采用分散式 I/O 作为总线接口与现场设备连接。这种模式在现场总线技术应用初期应用较广。如果现场设备能分组，组内设备相对集中，这种模式会更好地发挥现场总线技术的优点。

（2）单一总线型

现场设备都具有 Profibus 接口，这是一种理想情况。可使用现场总线技术，实现完全的分布式结构，可充分获得这一先进技术所带来的利益。

（3）混合型

这将是一种相当普遍的情况。部分现场设备具有 Profibus 接口，这时应采用 Profibus 现场设备加分散式 I/O 混合使用的方法。无论是旧设备改造还是新建项目，希望全部使用具备 Profibus 接口现场设备的场合不多，分散式 I/O 可作为通用的现场总线接口，是一种灵活的集成方案。

2. 按实际应用需要配置

根据实际需要及经费情况，通常有如下几种结构类型。

（1）以 PLC 或控制器作为一类主站，不设监控站，但调试阶段配置一台编程设备。这种结构类型中，PLC 或控制器完成总线通信管理、从站数据读写、从站远程参数化工作。

（2）以 PLC 或控制器作为一类主站，监控站通过串口与 PLC 一对一连接。这种结构类型中，监控站不在 Profibus 网上，不是二类主站，不能直接读取从站数据或完成远程参数化工作。

监控站所需的从站数据只能从 PLC 或控制器中读取。

（3）以 PLC 或其他控制器作为一类主站，监控站作为二类主站连接在 Profibus 总线上。这种结构类型中，监控站完成远程编程、参数化以及在线监控功能。

（4）使用 PC 加 Profibus 网卡作为一类主站，监控站与一类主站一体化。这是一个低成本方案，但 PC 应选用具有高可靠性、能长时间连续运行的工业 PC。这种结构类型中，PC 故障将导致整个系统瘫痪。通信模板厂商通常只提供一个模板的驱动程序，总线控制程序、从站控制程序、监控程序可能需要由用户自己开发，开发的工作量可能会比较大。

（5）坚固式 PC（Compact Computer）＋Profibus 网卡+Soft PLC 的结构形式。如果将上述方案中的 PC 换成一台坚固式 PC，系统可靠性将大大增强。但这是一台监控站与一类主站一体化控制器工作站，要求它的软件完成以下功能。

① 支持编程，包括主站应用程序的开发、编辑、调试。

② 执行应用程序。

③ 通过 Profibus 接口对从站的数据读/写。

④ 从站远程参数化设置。

⑤ 主-从站故障报警与记录。

⑥ 图形监控画面设计、数据库建立等监控程序的开发与调试。

⑦ 设备组态、在线图形监控、数据存储与统计、报表等功能。

Soft PLC 是将通用型 PC 改造成一台由软件（软逻辑）实现的 PLC，这种软件将 PLC 的编程及应用程序运行功能，操作员监控站的图形监控开发、在线监控功能集成到一台坚固式 PC 上，形成一个 PLC 与监控站一体的控制器工作站。这种产品结合现场总线技术将有很好的发展前景。

（6）充分考虑未来扩展需要，如增加几条生产线和扩展出几条 DP 网络，车间要增加几个监控站等，因此采用两级网络结构。

4.4.3 Profibus 系统配置中的设备选型

本节以 Siemens 公司的 Profibus 产品为例，介绍 Profibus 系统配置及设备选型。

1. 选择主站

（1）选择 PLC 作为一类主站

CPU 带内置 Profibus 接口：这种 CPU 通常具有一个 Profibus-DP 和一个 MPI 接口。

Profibus 通信处理器：CPU 不带 Profibus 接口，需要配置 Profibus 通信处理器模块。

① IM308-C 接口模块。

- 用于 SIMATIC S5-115U/H 至 SIMATIC S5-155H，此模块只占一槽。

· 作为主站，IM308-C 接口模块管理 Proflbus-DP 数据通信，可连接多达 122 个从站，如 ET200 系列分散型 I/O 或 S5-95U/DP。

· 可作为从站，与主站交换数据。

· 数据传输速率为 9.6kbps～12Mbps。

② CP5431 FMS/DP 通信处理器。

· CP5431 FMS/DP 通信处理器模块可以将 SIMATIC S5-115U 至 SIMATIC S5-155U 连接到 Profibus 上，该模块作为主站，符合 EN50170，具有 FMS、DP、FDL 通信协议。

· CP5431 FMS/DP 通信处理器模块可插入 SIMATIC S5 系统，占单槽。

· 数据传输速率为 9.6kbps～1.5Mbps。

③ CP342-5 通信处理器。

· CP342-5 通信处理器用于 S7-300 系列，可以将 S7-300 连接到 Profibus-DP 上。

· CP342-5 通信处理器可用作主站或从站，符合 EN 50170 标准。

· PLC 与 PLC 通信支持 SEND/RECEIVE 接口，也支持 S7-Function。

· 作为主站，最多可带 125 个从站。

· 数据传输速率为 9.6kbps～1.5Mbps。

④ CP443-5 通信处理器。

· CP443-5 通信处理器用于 S7-400，将 S7-400 PLC 连接到 Profibus-DP/FMS 上。

· CP443-5 通信处理器可用作主站或从站，符合 EN50170 标准，提供的通信功能包括 FMS、DP、S7、SEND/RECEIVE。

· 数据传输速率为 9.6kbps～12Mbps。

⑤ IF964-DP 接口子模块。

· IF964-DP 接口子模块用于 SIMATIC M7 系列，可以将 M7 系列处理器连接到 Profibus-DP 上。

· 用于 M7-300 插入 EXM378-2/3 扩展模块中，用于 M7-400 插入 CPU、FM456-4、EXM478 扩展模块中。

· 数据传输速率为 9.6kbps（12km）～12Mbps（1km）。

（2）选择 PC 加网卡作为一类主站

PC 加 Profibus 网卡可作为主站，这类网卡具有 Profibus-DP/PA/FMS 接口。选择与网卡配合使用的软件包，软件功能决定 PC 作为一类主站还是只作编程监控的二类主站。

① CP5411、CP5511、CP5611 网卡。

CP5X11 自身不带微处理器；CP5411 是短 ISA 卡，CP5511 是 TYPEⅡ PCMCIA 卡，CP5611 是短 PCI 卡。CP5X11 可运行多种软件包，9 针 D 型插头可成为 Profibus-DP 或 MPI 接口。

② CP5412 通信处理器。

· 用于 PG 或 AT 兼容机，ISA 总线卡，9 针 D 型接口。

· 具有 DOS、Windows 98、Windows NT、UNIX 操作系统下的驱动软件包。

· 支持 FMS、DP、FDL、S7 Function、PG Function。

· 具有 C 语言接口（C 库或 DLL）。

· 数据传输速率为 9.6kbps～12Mbps。

2．选择从站

根据实际需要，选择带 Profibus 接口的分散式 I/O、传感器、驱动器等从站。从站性能指标要首先满足现场设备控制需要，再考虑 Profibus 接口问题。如从站不具备 Profibus 接口可考虑分散式 I/O 方案。

（1）分散式 I/O

① ET200M。

- ET200M 是一种模块式结构的远程 I/O 站。
- ET200M 远程 I/O 站由 IM153 Profibus-DP 接口模块、电源、各种 I/O 模块组成。
- ET200M 远程 I/O 可使用 S7-300 系列所有 I/O 模块，SM321/322/323/331/332/334、EX、FM350-1/351/352/353/354。
- 最多可扩展 8 个 I/O 模块。
- ET200 最多可提供的 I/O 地址为 128B 输入/128B 输出。
- 防护等级 IP20。
- 最大数据传输速率为 12Mbps。
- 具有集中和分散式的诊断数据分析。

② ET200L。

- ET200L 是小型固定式 I/O 站。
- ET200L 由端子模块和电子模块组成。端子模块由电源及接线端子组成，电子模块由通信部分及各种类型的 I/O 部分组成。
- 可选择各种 24VDC 开关量输入、输出及混合输入/输出模块，包括 16DI、16DO、32DI、32DO、16DI/DO。
- ET200L 具有集成的 Profibus-DP 接口。
- 防护等级 IP20。
- 最大数据传输速率为 1.5Mbps。
- 具有集中和分散式的诊断数据分析。
- ET200L-SC 是可扩展的 ET200L，由 TB16SC 扩展端子可扩展 16 个 I/O 通道。这 16 个通道可按 8 组自由组态，即由几个微型 I/O 模块组成，每个微型 I/O 模块可以是 2DI、2DO、1AI、1AO。

③ ET200B。

- ET200B 是小型固定式 I/O 站。
- ET200B 由端子模块和电子模块组成。端子模块由电源、通信口及接线端子组成，电子模块由各种类型的 I/O 部分组成。
- 可选择 24VDC 螺丝端子模块、24VDC 弹簧端子模块、120V/230VAC 螺丝端子模块及用于模拟量的弹簧端子模块。
- 各种 24VDC 开关量输入、输出及混合输入/输出模块，包括 16DI、16DO、32DI、32DO、16DI/DO、24DI/8DO、8DI/8DO、8RO；各种 120V/230VAC 开关量输入、输出及混合输入/输出模块，包括 16DI、16DO、32DI、32DO、16RO、8DI/8RO；各种模拟量输入、输出及混合输入/输出模块，包括 4/8AI、4AI、4AO。
- ET200B 具有集成的 Profibus-DP 接口。
- 防护等级 IP20。
- 最大数据传输速率为 12Mbps。
- 具有集中和分散式的诊断数据分析。

④ ET200C。

- ET200C 是小型固定式 I/O 站。
- 具有高防护等级 IP66167，“UL50，type 4”认证。
- ET200C 具有集成的 Profibus-DP 接口。
- 各种 24VDC 开关量输入、输出及混合 I/O 模块，包括 16DI/DO、8DI、8DO；各种模拟量输入、输出及混合 I/O 模块，包括 4/8AI、4AI、4AO。
- 最大数据传输速率：开关量输入输出时，为 12Mbps；模拟量 I/O 时，为 1.5Mbps。

⑤ ET200X。

- ET200X 是一种坚固型结构的分散式 I/O 站，设计保护等级为 IP65，模块化结构。
- ET200X 由一个基本模块和若干扩展模块组成，最多可带 7 个扩展模块。
- 两种基本模块：8DI/24VDC，4DO/24VDC/2A。
- 扩展模块：4DI/24VDC、8DI/24VDC、4DO/24VDC/2A、4DO/24VDC/0.5A、2AI/±10V、2AI/±20A、2AI/420mA、2AI/RTD/PT100、2AO/±10V、2AO/±20mA、2AO/420mA。
- EM300DS 和 EM300RS 扩展模块，适用于开关和保护任何 AC 负载，主要用于标准电机，最大功率可达 5.5kW/400VAC。EM300DS 用于直接启动器，EM300RS 用于反转启动器，范围从 0.06kW 到 5.5kW。
- Profibus-DP 接口数据传输速率可达 12Mbps，因此 ET200X 可用于对时间要求高的高速机械场合。由于电机启动器模块辅助供电电源是分别提供的，因此很容易实现紧急停止。

⑥ ET200U。

- ET22U 是模块化 I/O 从站。
- ET200U 由 IM318-B/C 通信接口模块和最多可达 32 个 S5-100U 各种 I/O 模块组成。
- IM318-B 具有 Profibus-DP 接口，符合 EN 50170，数据传输速率为 9.6kbps～1.5Mbps，可自动按主站调整速率。
- IM318-C 具有 Profibus-DP/FMS 接口，符合 EN 50170，数据传输速率为 9.6kbps～1.5Mbps，可自动按主站调整速率。

（2）PLC 作为从站——智能型 I/O 从站

① CPU215-2DP。

- CPU215-2DP 是一种带内置 Profibus-DP 接口的 S7-200 系列 PLC，这是一种固定式小型 PLC。
- CPU215-2DP 只作为从站，最大数据传输速率在开关量输入输出时为 12Mbps。
- CPU215-2DP 本机有 14DI/10DO；可扩展 62DI/58DO 或 12AI/4AO。
- 编程软件：STEP 7 Micro。

② CPU315-2DP。

- CPU315-2DP 是一种带内置 Profibus-DP 接口的 S7-300 系列 PLC 处理器，是一种模块式中小型 PLC。
- 具有 Profibus-DP 接口，符合 EN50170，可设置成主站或从站。
- 数据传输速率为 9. 6kbps～12Mbps。
- 最大 I/O 规模：DI/DO，1024；AI/AO，128。
- 编程软件：STEP 7 Basic。

③ S7-300＋CP342-5。

- CP342-5 通信处理器用于 S7-300 系列，可将 S7-300 PLC 连接到 Profibus-DP 上。
- CP342-5 通信处理器符合 EN 50170，可设置成主站或从站。
- PLC 与 PLC 通信支持 SEND/RECEIVE 接口，也支持 S7 Function。
- 数据传输速率为 9.6kbps～1.5Mbps。

（3）DP/PA 耦合器和链接器

如果使用 Profibus-PA，可能会使用 DP 到 PA 扩展的方案，这样，需选用 DP/PA 耦合器和链接器。

① IM157 DP/PA Link。

IM157 DP/PA Link 可连接 5 个 Ex 本质安全 DP/PA Coupler，即可扩展 5 条 Ex 本质安全 PA 总线；或者 2 个非本质安全 DP/PA Coupler，即可扩展 2 条非本质安全 PA 总线。

IM157 DP/PA Link 外形结构与 S7-300 兼容。

② DP/PA Coupler 实现 DP 到 PA 电气性能转换，其外形结构与 S7-300 兼容。

（4）CNC 数控装置

① SINUMERIK 840D。是一种高性能数字系统，用于模具和工具制造、复杂的大批量生产以及加工中心。SINUMERIK 840D 可连接如下部件：MMC 机器控制面板和操作员面板、S7-300 I/O 模块、SIMODRIVE 611 数字变频系统、编程设备、CNC 快速输入/输出、手持式控制单元。

SINUMERIK 840D 装置的 NCU 中有集成的 CPU315-2DP，可与 Profibus-DP 直接连接。

② SINUMERIK 840C/IM382-N/IM392.N。

- SINUMERIK 840C 模块化系统适于车间和自动化制造。
- SINUMERIK 840C 使用 IM382-N、IM392-N Profibus-DP 接口模块与 Profibus 连接。
- IM382-N 模块插入 SINUMERIK 840C 中央处理器，作为 Profibus-DP 从站，最大有 32 字节的 I/O 信息传输，数据传输速率为 1. 5Mbps。
- IM392-N 模块插入 SINUMERIK 840C 中央处理器，作为 Profibus-DP 主站或从站，作为主站最多可连接 32 个从站，每个从站最大有 32 字节的 I/O 信息传输，数据传输速率为 1. 5Mbps。

（5）SIMODRIVER 传感器——具有 Profibus 接口的绝对值编码器

SIMODRIVER 传感器是装有光电旋转编码器的传感器，用于测量机械位移、角度以及速度。

Profibus 绝对值编码器可作为从站通过 Profibus 接口与主站连接，可与 Profibus 上的数字式控制器、PLC、驱动器、定位显示器一起使用。

Profibus 绝对值编码器通过主站完成远程参数配置，如分辨率、零偏置、计算方向等。防护等级可达 IP65，数据传输速率可达 12Mbps。

（6）数字直流驱动器 6RA24/CB24

数字直流驱动器 6RA24/CB24 是三相交流电源供电、数字式小型直流驱动装置，可用于直流电枢或磁场供电，完成直流电机的速度连续调节。

使用 CB24 通信模块可将 6RA24 连接到 Profibus-DP 上，数据传输速率可达 1. 5Mbps。

3. 二类主站——监控站、操作站、OP、HMI

二类主站主要用于完成系统各站的系统配置、编程、参数设定、在线检测、数据采集与存储等功能。

（1）以 PC 为主机的编程终端及监控操作站

① 主机。具有 AT 总线、Micro DOS/Windows 的 PC、笔记本计算机、工业计算机均可配置成 Profibus 的编程、监控、操作工作站。西门子公司为其自动化系统专门设计提供了坚固结构工业级工作站，即 PG。

PG720 是一种坚固型笔记本计算机，有一个集成的 Profibus-DP 接口，数据传输速率为 1.5Mbps。和其他笔记本计算机一样，配合使用 CP5511 TYPE ⅡPCMCIA 卡可连接到 Profibus-DP 上，数据传输速率为 12Mbps，通常配置 STEP 7 编程软件包作为便携式编程设备使用。

PG740 是一种工业级坚固型便携式编程设备，具有 COM1、MPI、COM2、LTP1 接口，并有扩展槽（2 个 PCI/ISA、1 个 PCMCIA/Ⅱ）。PG740 有一个集成的 Profibus-DP 接口，数据传输速率为 1.5Mbps。应用 CP5411（ISA）、CP5511（PCMCIA）、CP5411（PCI）或 CP5412（A2）（ISA）可连接到 Profibus-DP 上。配置 STEP 7 编程软件包可作为编程设备使用。

PG760 是一种功能强大的台式计算机，与通常的 AT/Micro DOS/Windows PC 兼容。PG760 有集成的 MPI 接口，应用 CP5411、CP5611 或 CP5412（A2）网卡可连接到 Profibus-DP 上。配置 STEP 7 编程软件包可作为编程设备使用。使用 PG760 及 AT/Microsoft DOS/Windows PC 通常还要配置 WinCC 等软件包作为监控操作站使用。

② 网卡或编程接口。CP5X11 自身不带微处理器，CP5411 是短 ISA 卡，CP5511 是 TYPE Ⅱ PCMCIA 卡，CP5611 是短 PCI 卡。CP5X11 可运行多种软件包，9 针 D 型插头可成为 Profibus-DP 或 MPI 接口。CP5X11 运行软件包 SOFINET-DP/Windows for Profibus，具有如下功能。

- DP 功能：PG/PC 成为一个 Profibus-DP 一类主站，可连接 DP 分散型 I/O 设备。主站具有 DP 协议诸如初始化、数据库管理、故障诊断、数据传送及控制等功能。
- S7 Function：实现 SIMATIC S7 设备之间的通信。用户可使用 PG/PC 对 SIMATIC S7 编程。
- 支持 SEND/RECEIVE 功能。
- PG Function：使用 STEP 7 PG/PC 支持 MPI 接口。

CP5412 通信处理器：

- 用于 PG 或 AT 兼容机，ISA 总线卡，9 针 D 型接口。
- 具有 DOS、Windows、UNIX 操作系统下的驱动软件包。
- 支持 FMS，DP，FDL，S7 Function 和 PG Function。
- 具有 C 语言接口（C 库或 DLL）。
- 数据传输速率为 9.6kbps～12Mbps。

（2）操作员面板

操作员面板用于操作员控制，如设定修改参数、设备启停等；并可在线监视设备运行状态，如流程图、趋势图、数值、故障报警、诊断信息等。西门子公司生产的操作员面板主要有字符型操作员面板，如 OP5、OP7、OP15、OP17 等；图形操作员面板有 OP25、OP35、OP37 等。

（3）SIMATIC WinCC

在 PC 基础上的操作员监控系统已经得到很大发展，SIMATC WinCC（Windows Control Center，Windows 控制中心）使用最新软件技术，在 Windows 环境中提供各种监控功能，确保安全可靠地控制生产过程。

① WinCC 主要系统特性。

a.以 PC 为基础的标准操作系统。可在所有标准奔腾处理器的 PC 上运行，是基于 Windows 的 32 位软件，可直接使用 PC 上提供的硬件和软件，如 LN 网卡。

b.容量规模可选。运行不同版本软件可有不同的变量数，借助于各种可选软件包、标准软件和帮助文件可方便地完成扩展，可选用单用户系统或客户机—服务器结构的多用户系统。通过相应平台选择可获得不同的性能。

c.开放的系统内核集成了所有 SCADA 系统功能。

- 图形功能：可自由组态画面，可完全通过图形对象（WinCC 图形、Windows OLE）进行操作。图形对象具有动态属性并可对属性进行在线配置。
- 报警信息系统：可记录和存储事件并给予显示，操作简便，符合德国 DIN19235 标准，可自由选择信息分类、显示、报表。
- 数据存储：采集、记录和压缩测量值，并有曲线、图表显示及进一步的编辑功能。
- 用户档案库（可选）：用于存储有关用户数据，如数据管理与配方参数；
- 报表系统：用户可自由选择一定的报表格式，将信息、文档及当前数据组织成报表，按时间顺序或事件触发启动报表输出。
- 处理功能：用 ANSI C 语法原理编辑组态图形对象的操作，该编辑通过系统内部的 C 编译器执行。
- 标准接口：是 WinCC 的一个集成部分，通过 ODBC 和 SQL 访问用于组态和过程控制的数据库。
- 编程接口（API）：可在所有编程模块中使用，并可提供便利的访问函数和数据功能。开放的开发工具允许用户编写可用于扩展 WinCC 基本功能的标准应用程序。

d.各种 PLC 系统的驱动软件。

- SIEMES 产品：SIMATIC S5、S7、505、SIMADYN D、SIPART DR、TELEPERM M。
- 与制造商无关的产品：Profibus-DP、FMS、DDE、OPC。

② 通信。WinCC 与 SIMATIC S5 连接：

- 与编程口的串行连接（AS511 协议）。
- 用 3964R 串行连接（RK512 协议）。
- 以太网的第 4 层（数据块传送）。
- TF 以太网（TF FUNCTION）。
- S5-PMC 以太网（PMC 通信）。
- S5-PMC Profibus（PMC 通信）。
- S5-FDL。

WinCC 与 SIMATIC S7 连接：

- MPI（S7 协议）。
- Profibus（S7 协议）。
- 工业以太网（S7 协议）。
- TCP/IP。
- SLOT/PLC。
- ST-PMC Profibus（PMC 通信）。

4．与 Profibus 有关的软件

使用 Profibus 系统，在系统启动前先要对系统及各站点进行配置和参数化工作。完成此项

工作的支持软件有两种：一是用于 SIMATIC S7，其主要设备的所有 Profibus 通信功能都集成在 STEP 7 编程软件中；另一种用于 SIMATIC S5 和 PC 网卡，它们的参数配置由 COM Profibus 软件完成。使用这两种软件可完成 Profibus 系统及各站点的配置、参数化、文件、编制启动、测试、诊断等功能。

（1）远程 I/O 从站的配置

STEP 7 编程软件和 COM Profibus 参数化软件可完成 Profibus 远程 I/O 从站（包括 PLC 智能型 I/O 从站）的配置，包括以下几种配置。

- Profibus 参数配置：站点、数据传输速率。
- 远程 I/O 从站硬件配置：电源、通信适配器和 I/O 模块。
- 远程 I/O 从站 I/O 模块地址分配。
- 主-从站传输 I/O 字/字节数及通信映像区地址。
- 设定故障模式。

（2）系统诊断

在线检测模式下可找到故障站点，并可进一步读到故障提示信息。

（3）第三方设备集成及 GSD 文件

当 Profibus 系统中需要使用第三方设备时，应该得到设备厂商提供的 GSD 文件。将 GSD 文件复制到 STEP 7 或 COM Profibus 软件指定目录下，使用 STEP 7 或 COM Profibus 软件可在友好的界面指导下完成第三方产品在系统中的配置及参数化工作。

① STEP 7 编程软件。STEP 7 Basic 软件可用于 SIMATIC S7、SIMATIC M7 和 SIMATIC C7 可编程控制器。该软件具有友好的用户界面，可帮助用户很容易地利用上述系统资源。它提供的功能包括系统硬件配置和参数设置、通信配置、编程、测试、启停、维护等。STEP 7 可运行在 PG720/720C、PG740、PG760 及 PG/Windows 98 环境下。

STEP 7 Basic 软件自动化工程开发提供了各种工具，包括以下几种。

- SIMATIC 管理器：集中管理有关 SIMATIC S7、SIMATIC M7 和 SIMATIC C7 的所有工具软件和数据。
- 符号编辑器：用于定义符号名称、数据类型和全局变量的注释。
- 硬件组态：用于系统组态和各种模板的参数设置。
- 通信配置：用于 MPI、Profibus_DP/FMS 网络配置。
- 信息功能：用于快速浏览 CPU 数据以及用户程序在运行中的故障原因。

STEP 7 Basic 软件：标准化编程语言，包括语句表（STL）、梯形图（LAD）和控制系统流程图（CSF）。

② COM Profibus 参数化软件。可完成如下设备 Profibus 系统配置。

a．主站：IM308-C。

- S5-95U/DP 主站。
- 其他 DP 主站模块。

b．从站：分布式 I/O， ET200U、ET200M、ET200B、ET200L、ET200X：

- DP/AS 接口、DP/PA 接口。
- S5-95U/DP 从站。
- 作为从站的 S7-200、S7-300 PLC。
- 其他从站现场设备。

4.5 Profibus 通信接口与从站的实现

目前，Profibus 协议芯片系列较多。原则上，只要微处理器配有内部或外部的异步串行接口(UART)，Profibus 协议在任何微处理器上都可以实现。但是如果协议的传输速度超过 500kbps 或与 IEC 1158-2 传输技术连接时，建议使用 ASIC 协议芯片。

采用何种实现方法主要取决于现场设备的复杂程度、需要的性能和功能。各种方式所需的硬件和软件在市场上可从不同厂家买到。表 4-10 为 Profibus 协议芯片一览表。

表 4-10 Profibus 协议芯片一览表

厂 商	芯 片	类 型	特 色	FMS	DP	PA
IAM	PBS	从	可依赖微处理器的 I/O 芯片，3Mbps，完成第 2 层实现	√	√	×
IAM	PBM	主	可依赖微处理器的 I/O 芯片，3Mbps，完成第 2 层实现	√	√	×
摩托罗拉	68302	主-从	带 Profibus 核心功能的 16 位微控制器，500kbps，第 2 层部分实现	√	√	×
摩托罗拉	68360	主-从	带 Profibus 核心功能的 32 位微控制器，1.5Mbps，第 2 层部分实现	√	√	×
Delta-t	IXI	主-从	单芯片或可依赖微处理器的 I/O 芯片，1.5Mbps，可加载协议	√	√	√
SMAR	PA-ASIC	Modem	Modem 芯片，连接本质安全的传输技术（Profibus-PA）	×	×	√
西门子	SIM1	Modem	Modem 芯片，连接本质安全的 IEC 传输技术	×	×	√
西门子	SPC4	从	可依赖微处理器的 I/O 芯片，12Mbps，第 2 层和 DP 实现	×	√	×
西门子	SPC3	从	可依赖微处理器的 I/O 芯片，12Mbps，第 2 层和 DP 实现	×	√	×
西门子	SPM2	从	单芯片，DP 全实现 64I/O 位直接与芯片连接	√	√	√
西门子	ASPC2	主	可依赖微处理器的 I/O 芯片，12Mbps，第 2 层完全实现	×	√	×
西门子	LSPM2	从	低成本芯片 DP 全实现，I/O 直接与芯片连接			

4.5.1 Profibus 协议专用 ASICS 芯片

主-从：指芯片只作主站或从站或主-从站。调制解调器指可将 RS485 转换成 IEC1158-2 传输技术的驱动芯片。可用于 PA 的接口。

FMS/DP/PA：指芯片可支持的协议。

加微控制器：指芯片是否需要外接微处理器。对于 Motorola 68302/68360、Siemens/SPM2、LSPM2 不需要外接微处理器。

4.5.2 DP 从站单片实现

这是最简单的协议实现方式。单片中包括了协议的全部功能，不需要任何微处理器或软件，只需外加总线接口驱动装置、晶振和电力电子。如西门子的 SPM2 ASIC（图 4-21）或 Delta-t 的 IX1 芯片，使用这些 ASIC 芯片只受 I/O 数据位数多少的限制。

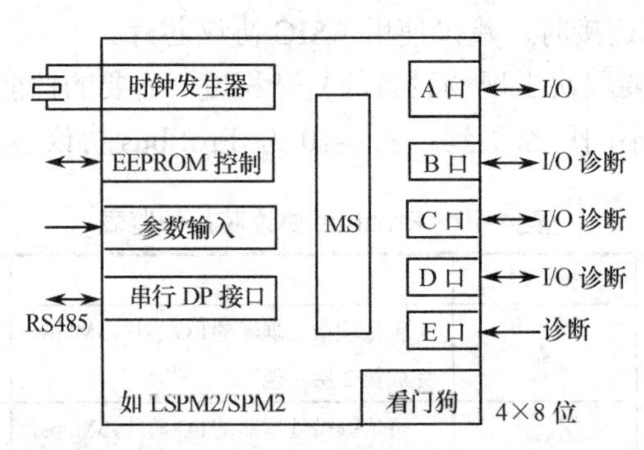

图 4-21 西门子 LSPM2 从站 ASIC 芯片图

4.5.3 智能化 FMS 和 DP 从站的实现

Profibus 协议的关键时间部分由协议芯片实现，其余部分由微控制器的软件完成。智能化从站设备芯片有西门子的 ASIC、SPC4、Delta-I 的 IX1 和 IAM 的 PBS。这些 ASIC 芯片提供的接口是通用性的，它可与一般的 8 位或 16 位微处理器连用，带 Profibus 集成芯片的微处理器是另一种使用的可能，它们由摩托罗拉和其他厂商生产提供。

4.5.4 复杂的 FMS 和 DP 主站的实现

在这个方式中，Profibus 协议的关键时间部分由协议芯片实现，其余部分由微控制器的软件完成。目前，提供这些主站设备的有西门子的 ASIC、ASPC2、Delta-t 的 IX1 和 IAM 公司的 PBM，这些芯片均可与各种通用的微处理器连用。

4.5.5 PA 现场设备的实现

实现 PA 现场设备时，低电源消耗特别重要，电流量仅为 10mA。为此，西门子开发了一种专门的 SIM1 Modem 芯片，它通过 IEC 1158-2 电缆得到全部设备的电源，并向设备其他部件供电。SIM1 与 SPC4 协议芯片连用是一个优化组合，详见图 4-22。

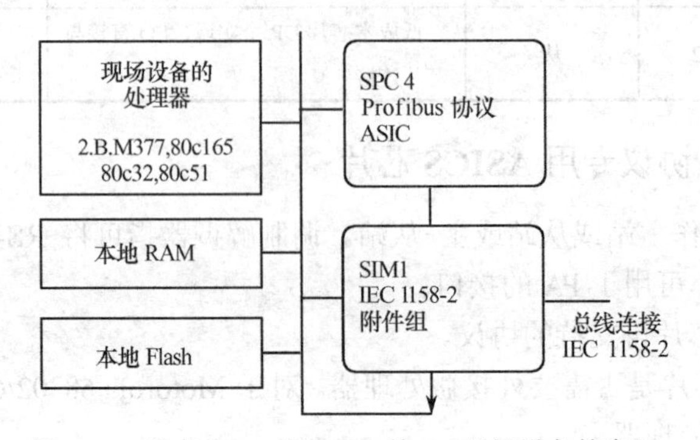

图 4-22 具有 SIM1 和 SPC4 的 PA 现场设备的实现

4.6 Profibus 控制器 ASPC2

西门子提供了多种 ASIC 供用户选用。这些芯片有以下几种。

（1）SPC（Siemens Profibus Controller）：直接制造成为 OSI 模型的第 1 层，需要附加一个微处理器用于实现第 2 层和第 7 层，这样可适用于用户方的所有协议类型。SPC 支持总线系统上的主站和从站，可以滤除所有无关的报文和不正确的用户报文。

（2）SPC2 中已经集成了第 2 层中执行总线协议的部分，附加的微处理器用于执行第 2 层的其余功能（即接口服务和管理）。

（3）SPC3 由于集成了全部 Profibus-DP 协议，有效地减轻了处理器的压力，因此可以用于 12MBaud 总线。

（4）SPC4 支持 DP，FMS 和 PA 协议类型，且可工作于 12MBaud 总线。

这些芯片支持总线系统上的从站，且可以滤除无关的报文和不正确的用户报文。

ASPC2 通信芯片完全处理 Profibus EN50170 的第 1 层和第 2 层，同时 ASPC2 还为 Profibus-DP 和使用段耦合器的 Profibus-PA 提供一个主站。

ASPC2 ASIC 作为一个 DP 主站时需要庞大的软件（约 64KB），软件使用要有许可证。

4.6.1 ASPC2 功能

ASPC2 是用于 Profibus 的 ASIC 系列中的新产品。ASPC2 通信芯片完全处理 Profibus EN 50170 的第 1 层和第 2 层，同时 ASPC2 为 Profibus-DP 和使用段耦合器的 Profibus-PA 提供一个主站。ASPC2 可用于制造业的应用和过程工程中。对于 PLC、PC、电机控制器、过程控制系统、操作员监控系统，ASPC2 有效地减轻了通信任务。Profibus ASIC 可用于从站应用，链接低级设备（如控制器、变换器和分散 I/O 设备等）。

（1）ASPC2 ASIC 特性：

- 单片支持 Profibus-DP、Profibus-FMS 和 Profibus-PA。
- 用户数据吞吐量高。
- 所有令牌管理和任务处理。
- 与所有普及的处理器类型优化连接，无须在微处理器上安置时间帧。

（2）与主机接口：

- 处理器接口，可设置为 8/16 位，可设置为 Intel/Motorola Byte Ordering。
- 用户接口，ASPC2 可外部寻址 1MB 作为共享 RAM。
- 存储器和微处理器可与 ASIC 连接为共享存储器模式或双口存储器模式。
- 在共享存储器模式下，几个 ASIC 共同工作等价于一个微处理器。

（3）支持的服务：

- 标识。
- 请求 FDL 状态。
- 不带确认发送数据（SDN）广播/多点广播。
- 带确认发送数据（SDA）。
- 发送和请求数据带应答（SRD）。
- SRD 带分布式数据库（ISP 扩展）。
- SM 服务（ISP 扩展）。

（4）传输速度：

9.6kbps、19.2kbps、93.75kbps、187.5kbps、500kbps、1.5Mbps、3Mbps、6Mbps 和 12Mbps。

（5）反应时间：

- 短确认（如 SDA）：From lms（11 bit times）。
- 典型值（如 SRD）：From 3ms。

（6）站点数：

- 最大期望值 127 个主站/从站。
- 每站 64 个服务访问点（SAP）及一个默认 SAP。

（7）传输方法依据：

- EN 50170 Profibus 标准，第 1 部分和第 3 部分。
- ISP 范围 3.0（异步串行接口）。

（8）环境温度：

- 工作温度：-40～+85℃。
- 存放温度：-65～+150℃。
- 工作期间芯片温度：-40～+125℃。

（9）物理设计：

P–MQFP 100 封装 14×20mm^2 或 17.2×23mm^2 。

4.6.2 ASPC 2 引脚

ASPC 2 为 100 脚 P–MQFP 封装，引脚配置如表 4-11 所示。

表 4-11 引脚配置

01：XRD	T	26：XREQ	T	51：AB11		76：DIA5	
02：DT/XR		27：XREQRDY		52：AB10		77：V_{SS}	
03：V_{SS2}		28：XENBUF		53：V_{SS}		78：DIA4	
04：V_{DD3}		29：V_{SS2}		54：V_{DD3}		79：DIA3	
05：XBHE/XWRH	TPU	30：XINT/MOT	CPD	55：AB9		80：VSS2	
06：HOLD		31：XTEST0	C	56：AB8		81：DIA2	
07：DB7	TPU	32：XTEST1	C	57：AB7		82：DIA1	
08：DB6	TPU	33：XWRL-MODE	CPU	58：AB6		83：DIA0	
09：V_{DD}		34：XCTS	C	59：V_{DD}		84：X/INT-EV	
10：V_{SS}		35：DIA9		60：V_{SS}		85：X/INT-CI	
11：DB5	TPU	36：XB8/B16	CPU	61：AB5	T	86：RTS	
12：DB4	TPU	37：XWR/XWRL	T	62：AB4	T	87：TXD	
13：DB3	TPU	38：AB19		63：AB3	T	88：DB15	TPU
14：DB2	TPU	39：AB18		64：AB2	T	89：DB14	TPU
15：V_{DD}		40：V_{DD}		65：V_{DD}		90：V_{DD}	
16：V_{SS}		41：V_{SS}		66：V_{SS}		91：V_{SS}	
17：V_{SS3}		42：AB17		67：V_{SS3}		92：V_{SS3}	
18：DB1	TPU	43：AB16		68：AB1	T	93：DB13	TPU
19：DB0	TPU	44：AB15		69：AB0	T	94：DB12	TPU
20：X/HOLDAOUT		45：AB14		70：XCLK2		95：DB11	TPU

续表

21：X/HOLDAIN	T	46：V_{SS}		71：CLK	CS	96：DB10	TPU
22：RESET	CS	47：V_{DD}		72：XHTOK		97：V_{SS}	
23：RXD	C	48：V_{SS2}		73：DIA8		98：V_{DD}	
24：XRDY	T	49：AB13		74：DIA7		99：DB9	TPU
25：XCS	T	50：AB12		75：DIA6		100：DB8	TPU

注：V_{DD}：输出且内部配置；V_{SS3}：输入；CPU：CMOS 输入带上拉；V_{DD3}：输入；T：TTL 电平；CPD：CMOS 输入带下拉；Vss：输出；TPU：TTL 电平带上拉；V_{SS2}：内部配置；C：COMS 输入；CS：CMOS-Schmitt-Trigger 输入。

4.6.3 ASIC 接口

1．地址窗

处理器必须在 I/O 模式下寻址 ASPC2 进行参数赋值和中断事件处理，使用一个 64 字节的地址空间。XCS 信号和相关的偏置地址设置好以后才能选中 ASPC2 寄存器。ASPC2 内部寄存器如表 4-12 所示。

（1）令牌循环定时器（寄存器）：期望的令牌循环时间（T_{TR}）赋值寄存器。

（2）中断控制寄存器：中断处理和赋值寄存器。

表 4-12　ASPC2 内部寄存器

READ		WRTE		OFF-ADR
High(AC=1,XBHE=0 High(AC=0,XBHE=1)	Low(A0=0,XBHE=1) Low(A0=1,XBHE=0)	High(AC=1,XBHE=0) High(AC=0,XBHE=1)	Low(A0=0,XBHE=1) Low(A0=1,XBHE=0)	Intel Motorola
TTHOLD15 …8	TTHOLD7…0	TTR15…8	TTR7…0	00H
TTHOLD15…8	Delay-Timer7…0	INT-MASK-REG15…8	INT-MASK-REG7. .0	02H
INT-REQ-REG15…8	INT-REQ-REG7…0	INT-REQ-REG15…8	INT-REQ-REG7…0	04H
INT-REQ15…8	INT-REQ7…0	INT-REQ15…8	INT-REQ7…0	06H
Status-REG15…8	Status-REG7…0	Mode-REG15…8	Mode-REG7…0	08H
Status-REG31…24	Status-REG23…16	Mode-REG1-Set15…8	Mode-REG1-Set7…0	0AH
	LAS-REG3…0	Mode-REG1-Res15…8	Mode-REG-Res7…0	0CH
		SCB-BASE-LW15…8	SCB-BASE-LW7…0	0EH
		SCB-BASE-HW31…24	SCB-BASE-HW20…16	10H
		TSLOT-REG13…8	TSLOT-REG7…0	12H
		TID1-REG13…8	TID1-REG7…0	14H
		TID2- REG13…8	TID2-REG7…0	16H
		TRDY- REG13…8	TRDY-REG7…0	18H
		BR- REG13…8	BR-REG7…0	1AH
		SAP-MAX7…0	TS-ADR-REG6…0	1CH
		Token-Err-Limit3…0	GUD-REG7…0	1EH
		TOUI-REG7…0	LAY4-Hlen-REG7…0	20H
		Resp-Err-Limit3…0	HSA6…0	22H
		MON-Selektor27…0	MON-Selektor17…0	24H
		Mode-REG25…0	Retry-Retry-Tok3…0 Msg3…0	26H
		WAIT-STATES15…8	WAIT-STATES7…0	28H

（3）Status 寄存器：ASPC2 的当前状态寄存器。

（4）LAS 寄存器：处理器使用此寄存器读取 LAS RAM。每次访问，使内部生产的 LAS RAM 地址增加。

（5）Mode 寄存器：模式寄存器 0、1 和 2 用于对 ASPC2 置参数。

需要做下列硬件设置：

- 通过 INT-EV 或 INT-EV、INT-CI 设置中断输出。
- 设置中断输出低或高有效。
- 设置 X/HOLDA 信号低或高有效。
- 设置是否将一致性信号加到诊断口。
- 设置是否要共享存储器或双口存储器模式。
- 使能或禁止快速存取模式。
- 赋值有效中断时间。
- 为小于 FIFO 大小的数据激活块模式。
- 可以为每个 4×256KB 段设置等待状态或准备激活的个数。

（6）SCB-BASE-HW/LW：系统控制块的 20/32 位基地址寄存器。

（7）Slot timer 寄存器：等待接收时间 T_{SL}。

（8）T_{ID1}timer 寄存器：T_{ID1} 时间寄存器（确认、响应或令牌报文之后有效）。

（9）T_{ID2}timer 寄存器：T_{ID2} 时间寄存器（调未被确认的报文之后有效）。

（10）T_{RDY}timer 寄存器：T_{RDY} 时间寄存器（准备时间、响应报文发送之前有效）。

（11）Band rate 寄存器：波特率换算系数寄存器。

（12）TS 地址寄存器：站地址寄存器。

（13）GUD 寄存器：GAP 刷新时间 T_{GUD} 寄存器。

（14）Token error limit 寄存器：ASPC2 指定监听令牌状态之前，每 256 次令牌循环的令牌报文数极限设置。

（15）SAP MAX 寄存器：SCB 中生成的最大 SAP 列表号设置。

（16）LAY4 Hlen 寄存器：两个不同的第 4 层报头长度设置。

（17）T_{OUI} 寄存器：调制器结束时间 T_{OUI} 设置，也可在此设置 XENBUF 和 XREQRDY 之间的延时。

（18）HSA 寄存器：最高有效地址设置。

（19）Response error limit 寄存器：指定双令牌之后无用的响应报文个数设置。

（20）Monitor selector 寄存器：监控模式下的两个地址选择器寄存器。

（21）Wait states 寄存器：存储器的每个 256KB 段的等待状态设置。

（22）Retry 寄存器：报文和令牌再试次数设置。

2．系统控制块

系统控制块用作 ASPC2 与 FLC 之间的接口。

每个任务被写入一个应用块（REQ-APB），并在适当的位置被插入 SCB 中。虽然 ASPC2 能直接寻址 1MB 存储器空间，但 SCB 块和应用块必须置于任意 64KB 段内，而数据块可分布在 1MB 空间内。

3．中断控制器

ASPC2 中断控制器如图 4-23 所示。控制器中有一个中断请求寄存器（IRR）、一个中断屏蔽寄存器（IMR）、一个中断寄存器和一个中断响应寄存器（IAR）。中断控制器向处理器报告事件的变化。这些事件主要是确认/表示信息和不同的错误事件。中断控制器包括最多 16 个事件，可以连接到一个或两个中断输出。控制器不提供优先级和中断向量。

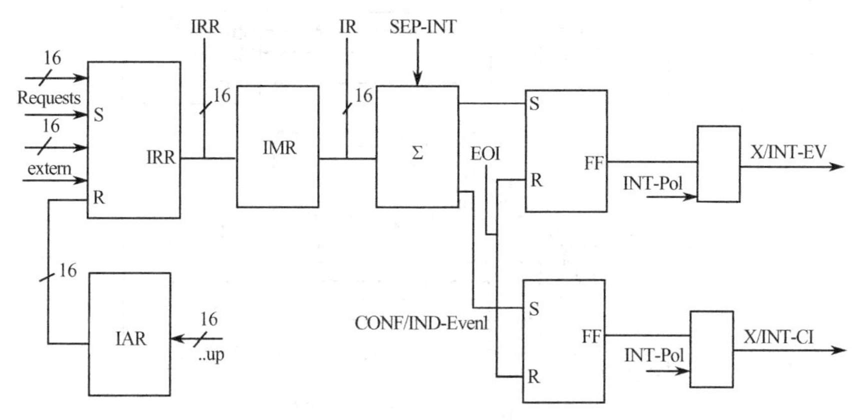

图 4-23　ASPC2 中断控制器

每次中断事件存储在 IRR 中。IMR 可用于禁止各中断。IRR 中的输入与中断屏蔽无关。在 IMR 中未被禁止的中断信号通过一个 S 网络产生 X/INT-EV interrupt。此外，可获得第二个中断输出。利用模式寄存器 0 中的“SEP-INT”参数，CON/IND 既可以被连接到公共的 X/INT-EV 中断（“SEP-INT=0”），也可连到独立的 X/INT-CI interrupt（SEP-INT=1）。

一旦有了 X/INT-EV，处理器必须读 ASPC2 的中断寄存器（IR），以确定是哪个中断请求。中断寄存器是 IMR 的输出。

每个被处理器响应的中断必须通过 IAR（也可以是 CON/IND）清除，只需在响应位上置逻辑 1。如果在前一个已确认的中断正等待时，IRR 中又收到一个新的中断请求，则此中断被保留。接着处理器使能屏蔽，以确保 IRR 不装有以前的输入。出于安全考虑，使能屏蔽之前必须清除 IRR 中的位。

执行中断程序之前，处理器必须在模式寄存器中设置“End of Interrupt-Signal（EOI）= 1”。此跳变使两个中断线失效。如果一个中断仍保存着，则当 EOI 使之失效后，该中断输出将再次激活。这样可以利用沿触发的中断输入再次进入中断程序。

EOI 的无效时间可以设置为 1μs～1ms。中断输出的极性可以设置，硬件复位后输出低有效。

4.6.4　处理器接口

1．总线存取

Intel/Motorola 处理器的连接方式图 4-24 所示。ASPC2 配有一个可调的 8/16 位总线接口。用引脚 XB8/B16 进行设置（即 XB8/B16= 0 时为 8 位总线接口，XB8/B16=1 时为 16 位总线接口）。此输入有内部上拉电阻。不接线时用的是 16 位总线接口。

使用引脚 XINT/MOT，既可以以 Intel 总线形式，也可以以 Motorola 总线形式工作。此输入有内部下拉电阻。不接线时工作于 Intel 总线。在 8 位 Intel 模式下，只连接低位数据总线字节（DB7…0）。高位数据总线字节总是连到输入并且有内部上拉电阻。引脚 XBHE 也置为输入且不必连接，因为也有内部上拉电阻。

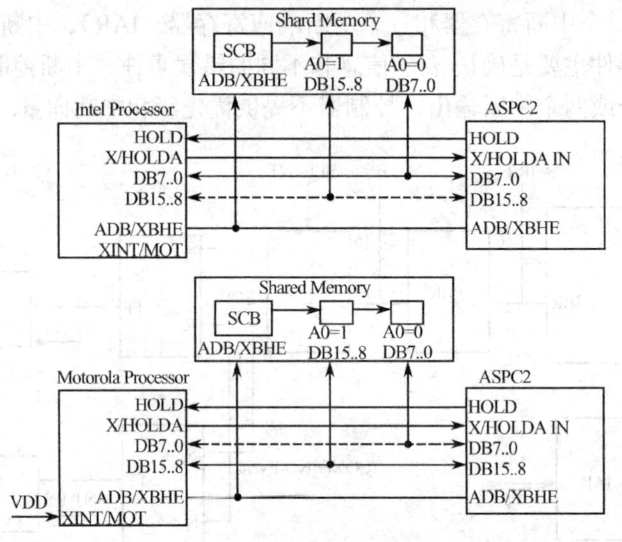

图 4-24　Intel/Motorola 处理器的连接

使用 Motorola 处理器时，必须给 XINT/MOT 加上"V_{DD}"。在 Intel 模式下，ASPC2 必须以 16 位模式连接，XBHE 信号必须从 Motorola 控制信号外部生成。要遵循以下约定：在 8 位 Motorola 模式下，只使用高位数据总线字节（DB15…8），低位数据总线字节总是连到输入，而且具有内部上拉电阻。引脚 XBHE 设为输入且不必接线。

在 Motorola 模式下，处理器访问 ASPC2 时，一个字内的所有字节位置必须反过来，建立 SCB 和应用模块时也同样，但不适用于应用模块中的第 4 层数据和再定位的请求和响应数据模块，这些数据区被 FLC 设置为字节矩阵，访问这些区时（DATACCESS=1），ASPC2 将指定的数据字中高位字节和低位字节反过来。

ASPC2 访问外部存储器都是字访问。8 位模式下，字访问分为两个连续的字访问。

2．信息交换

ASPC2 与处理器之间信息交换可以通过共享存储器（见图 4-25）也可以通过双口存储器（见图 4-26）进行。在共享存储器工作方式，可以几个 ASPC2 芯片级联。双口存储器模式下，几个 ASPC2 芯片不能级联。

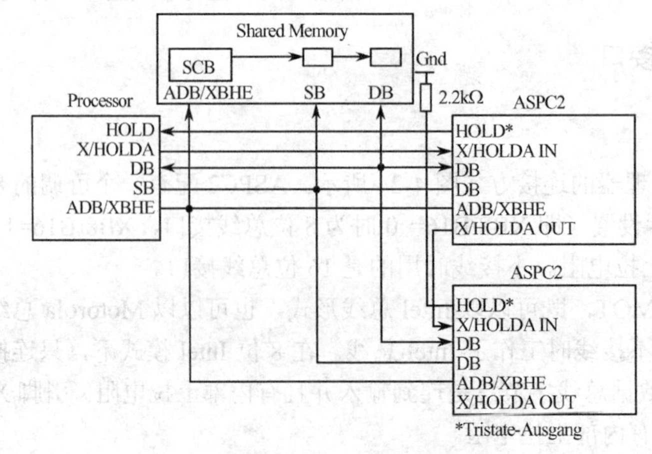

图 4-25　共享存储器

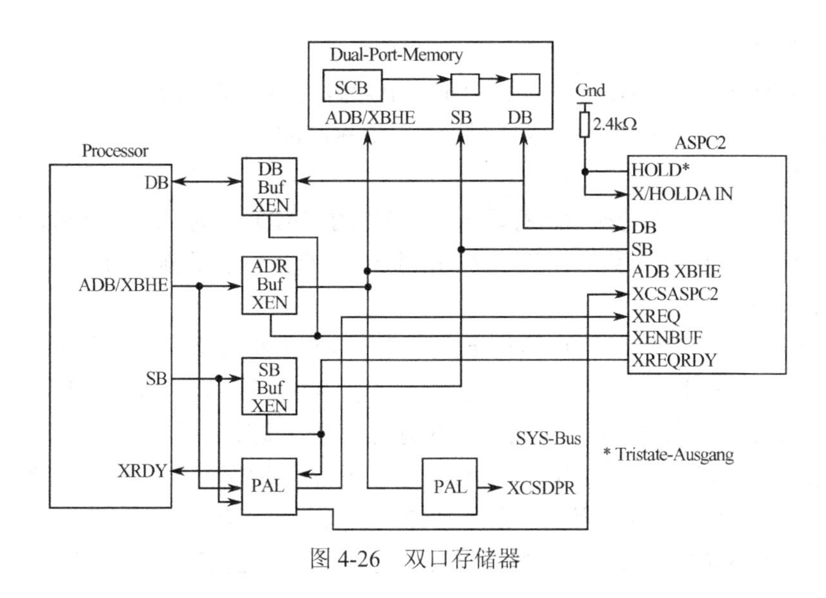

图 4-26　双口存储器

3. I/O 模式

置参数和处理中断事件时，处理器必须以 I/O 模式寻址 ASPC2，如图 4-27 所示。在小于 64 字节地址窗内可以读或写各个内部寄存器，地址详见表 4-12，内部 ASPC2 寄存器可以字或字节访问（Intel/Motorola 格式，通过总线信号 XBHE 和 AB0 控制）。

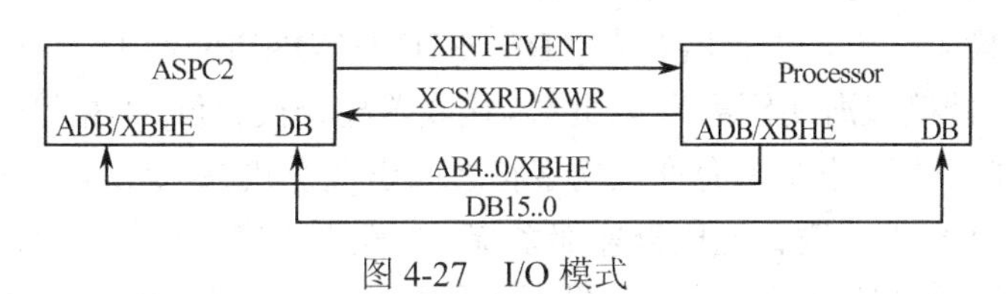

图 4-27　I/O 模式

4. 数据一致性

取决于 FIFO 的大小，ASPC2 支持最多 122 字节的第 2 层数据一致性。发送期间，利用同步时钟在内部 FIFO 中读出用户数据，直到 ASPC2 已经收到对第 2 层数据的访问时发送过程才进行。接收期间，ASIC 保存用户数据直到正确接收了一个完整的报文，然后才利用同步时钟将所有数据传送到外部存储器。若数据包的长度大于规定的长度，则 FIFO 一满即传送用户数据。ASPC2 提供两个“RDCONS/WRCONS”输出，支持外部一致性控制逻辑。

5. 串行总线接口

（1）ASPC2 信号

ASPC2 通过下列信号与电流隔离接口驱动器连接，其功能如表 4-13 所示。

表 4-13　ASPC2 信号名称及其功能

信号名称	输入/输出	功　能
RTS	输出	请求发送
TXD	输出	发送数据
RXD	输入	收接数据

（2）波特率发生器

波特率发生器可产生 9.6kBaud～12MBaud 的信号，它为接收器提供 4 倍的传输时钟脉冲，即 48MHz 的时钟脉冲。波特率为发送器提供单一时钟脉冲。

（3）发送器

发送器将并行数据结构转换为串行数据流。异步的 UART 序列采用一个起始位和一个停止位，中间为 9 个信息位（8 个数据位和 1 个偶校验位）。起始位恒为逻辑 0，停止位和空状态恒为逻辑 1。低位数据先发送。

发送器包含一个发送缓冲器和一个移位寄存器。MS 将报文字符写入发送缓冲器，缓冲器确保无间隙发送。发送器产生发送缓冲器空状态信号，这意味着发送缓冲器和移位寄存器均为空。此信号在 SER 总线上停止位发送完后由发送器产生（即发送已经完成）。

MS 向发送器写入第一个报文字符之前，产生一个请求发送（即 RTS）。XCTS（清除发送）输入可用于连接调制器。RTS 有效后，发送器必须等到 XCTS 有效才发送第一个报文字符。报文传输期间发送器不能扫描 XCTS 信号。当发送完成后（发送器空），MS 撤销 RTS 信号。

（4）接收器

接收器将串行数据流转换成并行数据结构，它以 4 倍的传输速率扫描串行数据流，接收器的同步总是以起始位的下降沿开始。起始位和其他位在位中间（time-wise）被扫描到一次。起始位值必须是逻辑 0，停止位值必须是逻辑 1。若接收器扫描起始位时在位中间监测到非 0 值则终止同步。为逻辑 1 的停止位正确结束同步，若是 0 位，则被译码为 ERR-UART。为了测试可以禁止停止位检查（模式寄存器 0 中“DIS-STOP-CONTROL=1”），正常工作期间不能选择此种设置，因为不能确保海明距离为 4。此外，接收器检查校验位，不相等时给出 ERR-UART。

Profibus 协议的一个要求是不允许报文字符之间出现空状态。ASPC2 发送器保证满足此规定。ASPC2 接收器包含附加逻辑能检查外部系统（如软件方案）是否符合此要求。接收器检查确定起始位同步是否立即跟随停止位。如果不满足此要求，则置 ERR-UART=1。模式寄存器 0 中的 DIS-START-CONTROL=l 将禁止起始位检查。

接收器由 MS（ENAREC）使能。接收器完整接收一个字符后产生一个 RB-FULL，然后 MS 读出该字符，并扫描 ERR-UART，若报文字符错误，MS 禁止接收器拒收整个报文。

（5）FIFO

ASPC2 只有一个 FIFO，由接收控制位设置它的方向（接收或发送方向）。64/128 字节 FIFO 用做报文字符的中介存储以及 SER 总线和 SYS 总线分离的中介存储。FIFO 包含一个带读写指针的双口 RAM 区，它位于 MS 和 KS 之间并可由它们寻址。MS 通过一个 8 位口控制 FIFO，KS 通过一个 16 位口控制 FIFO。任意口向 FIFO 写入第一个字符之前，都要设置 FIFO 为相应方向（即发送/接收），并清除 FIFO 原有内容（即 FIFO 复位）。FIFO 大小可设置为 64 字节或 128 字节。

6. ASPC2 应用

用于 ASPC2 的固态程序可完成所有协议处理和主站应具有的功能要求。用于 Profibus-DP 的固态程序提供给许可证机构内部的设备制造商。

使用 ASPC2 的 Profibus-DP 主站接口框图，如图 4-28 所示。

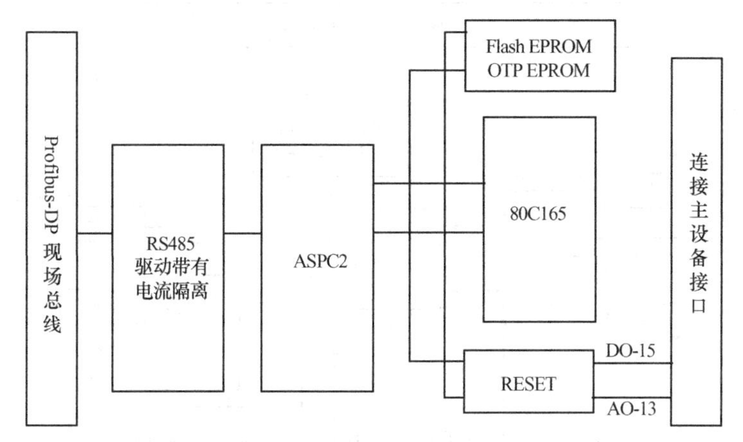

图 4-28 使用 ASPC2 的 Profibus-DP 主站接口框图

4.7 Profibus 总线技术应用

1．芯片 SPM2 和 LSPM2 的应用

芯片 SPM2（Siemens Profibus Multiplexer）和 LSPM2（Lean Siemens Profibus Multiplexer）用于简单从站协议，可用于传感器、执行机构、开关设备、显示设备和热电偶测量。这两种 ASICS 芯片支持 Profibus-DP 协议。LSPM2 采用小尺寸封装，更适合于体积小的应用场合，最大数据传输速率为 12Mbps，其结构如图 4-21 所示。

SPM2 具有 64 位 I/O 接口，采用 120 引脚 PQFP 封装，部分 I/O 可设置为输入或输出，具有 I/O 诊断位。SPM2 可完全独立处理数据而不需要外加微处理器和其他硬件。因此，使用 SPM2 和 LSPM2 可完全独立处理通信协议，只需将其引脚连接到 I/O 信号上及总线电缆上即可。SPM2 和 LSPM2 的操作如同 Profibus-DP 上的一个从站。当它从主站接收到一个无错报文后，可独立向主站发出应答报文。

其主要技术参数如下。

（1）支持 Profibus-DP 协议。

（2）最大数据传输速率为 12Mbps，可自动检测并调整数据传输速率。

（3）SPM2 采用 120 引脚 PQFP 封装，LSPM2 采用 80 引脚 PQFP 封装。

（4）SPM2 具有集成的 64 I/O 位（其中 32 个可诊断输入），16 个诊断位。LSPM2 具有集成的 32 I/O 位（其中 16 个可诊断输入），8 个诊断位。

（5）部分 I/O 可设置为输入或输出。

（6）集成的看门狗（Watchdog Timer）。

（7）外部时钟接口频率为 24MHz 或 48MHz。

（8）5V DC 供电。

应用 LSPM2 的 Profibus-DP 从站接口框图，如图 4-29 所示。

2．SPC3 应用

芯片 SPC3 是一种用于从站的智能通信芯片，支持 Profibus-DP 协议。IM183-1 接口使用的就是 SPC3。

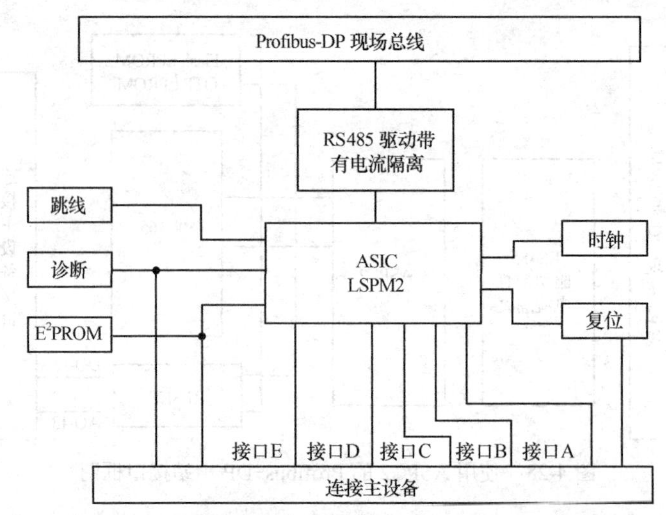

图 4-29　应用 LSPM2 的 Profibus-DP 从站接口框图

SPC3 具有 1.5KB 的信息报文存储器，采用 44 引脚的 PQFP 封装。SPC3 可独立完成全部 Profibus-DP 通信功能。这样可加速通信协议的执行，而且可减少接口模板微处理器中的软件程序。

总线存取由硬件驱动。数据传送来自一个 1.5KB 的 RAM。与应用对象之间通信采用数据接口，因此数据的交换独立于总线周期。在与应用对象之间硬件连接方面，微处理器提供了方便的接口。

SPC3 的主要技术指标如下。

（1）支持 Profibus-DP 协议。

（2）最大数据传输速率为 12Mbps，可自动检测并调整数据传输速率。

（3）与 80C32、80X86、80C166、80C165、80C167 和 HC11、HC16、HC916 系列芯片兼容。

（4）44 引脚的 PQFP 封装。

（5）可独立处理 Profibus-DP 通信协议。

（6）集成的看门狗（Watchdog Timer）。

（7）外部时钟接口频率为 24MHz 或 48MHz。

（8）5V DC 供电。

固态程序（源码方式提供）可实现在 SPC3 内部寄存器与应用接口之间的连接。固态程序的运行基于现场设备中的微处理器，为应用提供了简单集成化的接口。固态程序大约需要 6KB 的 RAM，也可用于 IM182、IM183-1 接口块。使用 SPC3 并不一定要使用固态程序，SPC3 中的寄存器是完全格式化的，使用固态程序可使用户节省自主开发的时间。

应用 SPC3 的 Profibus-DP 从站接口框图如图 4-30 所示。

3．SPC4 应用

芯片 SPC4 是一种用于从站的智能通信芯片，具有低功耗管理系统，因此特别适合用于本质安全场合。Profibus-PA 是用于过程自动化的 Profibus，物理层传输技术符合 IEC 1158-2，而链路层以上与 Profibus-DP 相同。Profibus-PA 可用于本质安全场合。

SPC4 用于 Profibus-DP 从站连接时使用带隔离的 RS485 驱动。SPC4 还提供了连接 SIM1 的同步接口。SIM1 芯片用于 Profibus-PA 单元，数据传输符合 IEC1158-2。SPC4 具有 1.5KB

的信息报文存储器，采用 44 引脚的 PQFP 封装。

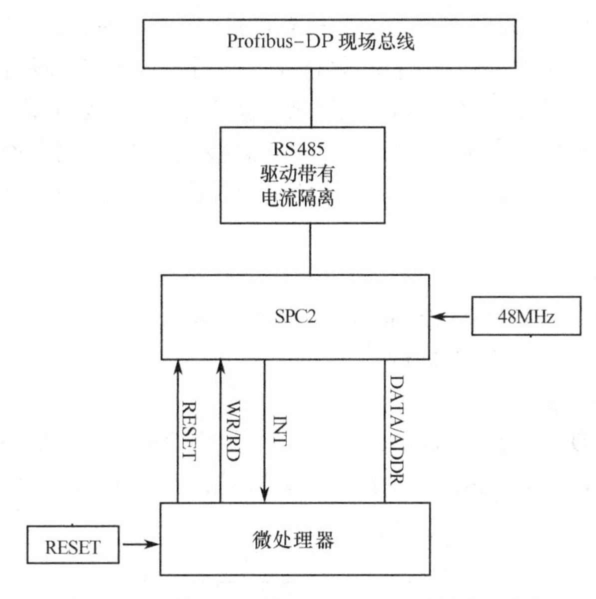

图 4-30　应用 SPC3 的 Profibus-DP 从站接口框图

SPC4 可处理报文、地址码和备份数据序列，可完全按照协议，完成 Profibus-DP 网络上的数据通信，加快协议的处理过程，现场设备和接口模块中微处理器的工作可以减轻。总线存取采用硬件驱动。Profibus-FMS/PA/DP 的参数设置和诊断功能均可由固态程序完成。SPC4 需要与微处理器及其他固态程序一起工作。SPC4 主要技术指标如下。

（1）支持 Profibus-DP、Profibus-FMS 协议。

（2）最大数据传输速率为 12Mbps，使用 IEC 1158-2 技术时数据传输速率为 31.25kbps，可自动检测并调整数据传输速率。

（3）与 80C32、80X86、80C166、80C165、80C167 和 HC11、HC16、HC916 系列芯片兼容。

（4）提供 Profibus-DP 异步接口和 Profibus-PA/IEC 1158-2 的同步接口。

（5）44 引脚的 PQFP 封装。

（6）5V 或 3.3V DC 供电，低功耗。

固态程序（源码方式提供）可实现在 SPC4 内部寄存器与应用接口之间连接。固态程序的运行基于现场设备中的微处理器，为应用提供了简单连接的接口。

应用 SPC4 实现的 Profibus-DP 智能从站设备的框图如图 4-31 所示。

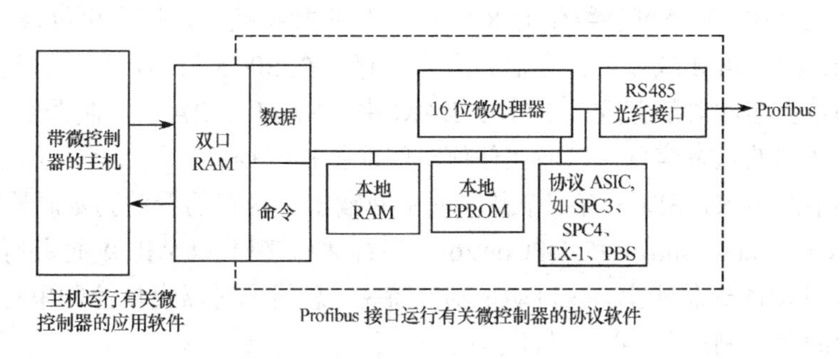

图 4-31　使用 SPC4 实现的 Profibus-DP 智能从站设备

4．SIM1 应用

SIM1（Siemens IEC H1 媒体连接单元）与 IEC H1 即 Profibus-PA 信号兼容。Profibus-PA 是 Profibus-DP 的扩展，专门用于流程自动化行业，可用于本质安全场合。

SIM1 可作为 SPC4 的扩展芯片使用。当需要连接 Profibus-PA 并用于本质安全场合时，才需要这种芯片作扩展。SIM1 采用 44 引脚的 PQFP 封装。SIM1 支持所有发送与接收功能，吸收总线上附加电源电流并具有高阻特性。芯片使用两种稳压电源供电并允许电源具有电隔离。芯片采用曼彻斯特编码技术。

SIM1 主要技术指标如下。

（1）支持 IEC 1158-2，也支持 Profibus-PA 传输技术。

（2）最大数据传输速率为 31.25kbps。

（3）44 引脚的 PQFP 封装。

（4）供电：3.3/5V DC，或 5/6.6V DC。吸收总线电流 440mA，功率损耗为 250mW。

应用 SPC4 和 SIM1 实现的 Profibus-PA 从站设备的框图如图 4-32 所示。

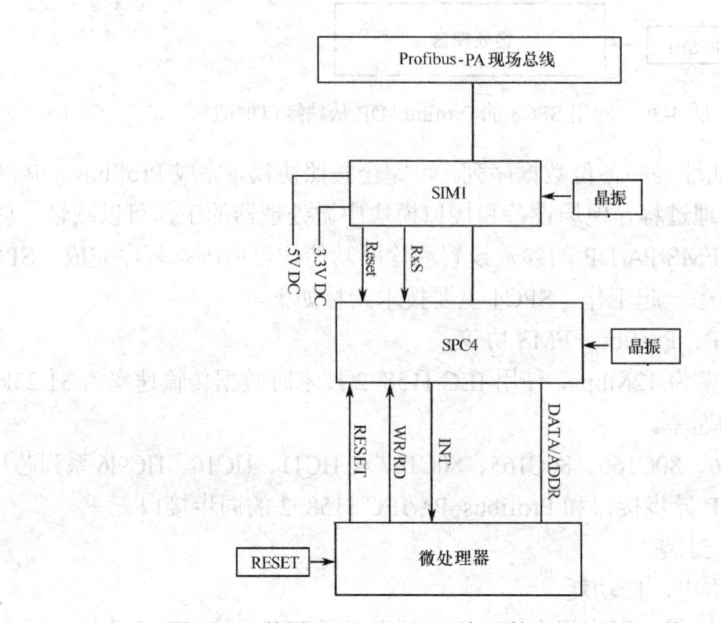

图 4-32　使用 SPC4 和 SIM1 实现的 Profibus-PA 从站设备

5．Profibus 智能化 DP 从站的设计

总线接口单元（BIU）是可参数化的 8 位同步/异步数据接口。用户可以通过 11 位地址总线（AB）存取 1.5KB RAM 或参数锁存器。方式寄存器在 SPC3 启动后，加载过程指定参数。过程指定参数和数据缓冲器都存放在 1.5KB RAM 中，RAM 和 RAM 控制器组成双口 RAM。状态寄存器存放从站的状态信息，以便在任何时间能扫描现场总线的 MAC 子层。中断控制器接收不同事件的中断请求，SPC3 有一个共同的中断输出。内置的看门狗定时器能工作在 3 种状态：BaudSearch、BaudControl 和 DPControl。串行通信接口（UART）把并行数据流转换为串行数据流输出到 RS485 总线上，并自动识别波特率。总线定时器直接控制串行总线电缆上的时序。微程序控制器控制整个 SPC3 的工作过程。

整个硬件系统由 SPC3、8032、扩展接口 8255 和 8279、外部 EPROM 组成，构成一个 Profibus

智能化执行器从站。系统通过 8255 的 PA 接收反馈信号，经过 8032 运行 PID 算法，由 8255 的 PB 口输出驱动；同时 8032 通过 SPC3 使用 RS485 与外界通信，获得数据，调整 PID 参数，使系统实现最优控制。系统连接如图 4-33 所示。根据实际需要，在扩展并口 8255 上连接不同的外围电路（如 A/D、D/A 等），能实现执行器、传感器和变送器等多种 Profibus 智能化从站。

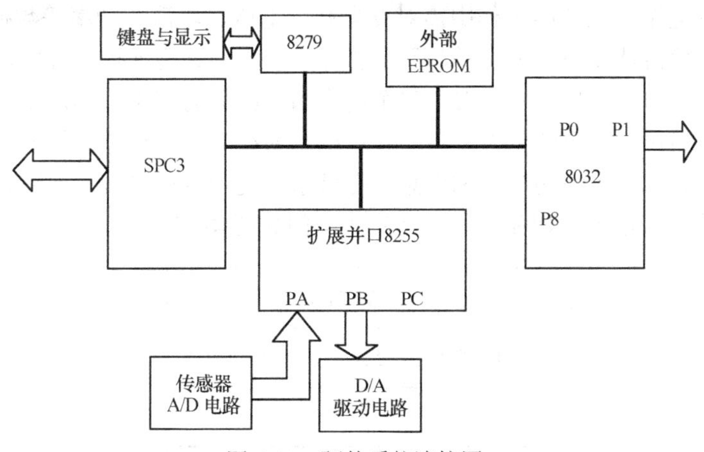

图 4-33　硬件系统连接图

系统软件设计的过程如下。

（1）SPC3 的通信软件设计使用 8032 指令“MOVX @Ri，A”和“MOVX@DPTR，A”直接读写 SPC3 的 RAM，完成 SPC3 从站的初始化，主要包括：通知 SPC3 硬件扩展，定义报告事件的 ID（识别号），定义站地址和可用的缓冲器等程序。SPC3 的 RAM 分布为：000H～015H 是处理器参数锁存器/寄存器，其中 00H～03H 是中断控制寄存器，004H 和 005H 是状态寄存器，006H 和 007H 是方式寄存器 0，008H 和 009H 是方式寄存器 1；016H～039H 为组织参数，存放缓冲器的长度和地址结构信息；040H 以上是 DP 缓冲器，如数据输入/输出缓冲器、诊断缓冲器、辅助缓冲器等。该段内存包含了 SPC3 的服务存取点（SAP55-62），能完成 DP 从站和主站的通信任务。

（2）8032 的智能软件设计系统通常采用智能自整定 PID 算法，实际就是过程参数的自动辨识与常规 PID 算法相结合的控制技术。其中 PID 调节器参数由两个因素决定：从站自身的传感器输入和系统输出决定；主站通过 Profibus 现场总线传输给从站决定的。

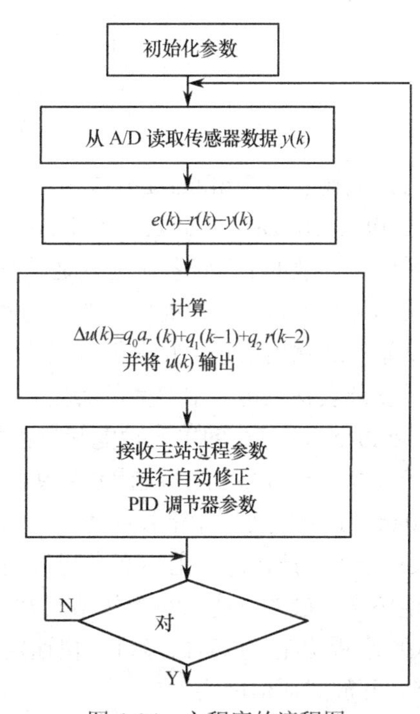

图 4-34　主程序的流程图

图 4-34 是主要程序的流程图，$r(k)$ 为控制设定值，$y(k)$ 为第 k 次采样输入，$e(k)=r(k)-y(k)$ 为偏差值，$u(k)$ 为第 k 次输出。q_0、q_1 和 q_2 是 PID 调节器参数。

6．Profibus 总线在电力监控系统中的应用

电力监控系统担负着监控区域所有变电站内电压、电流、功率等参数及保护装置、检测系统的正常运行，以满足生产及生活用电。

某地区有四个变电站，分布在城市四个不同的地区，变电站分布范围大，线路远，从而导致监控站远离各变电站。在实际工作中需对变电站内电压、电流、功率等数据进行实时监控，这就需要将现场的信息能及时有效地传输到监控站，便于主站迅速监控并给出指令，从而确保工作现场的安全性。那么根据实际需要，整个电力系统应分为三个不同层次，即作业层、监控层和管理层。作业层包括现场的监控设备、自动检测系统、智能继电保护装置等；监控层在网络环境下，收集作业部分采集的数据和信息，提供系统统一监控平台，为最高部分的管理层系统提供数据，支持日常业务管理和决策。其组成框图如图 4-35 所示。

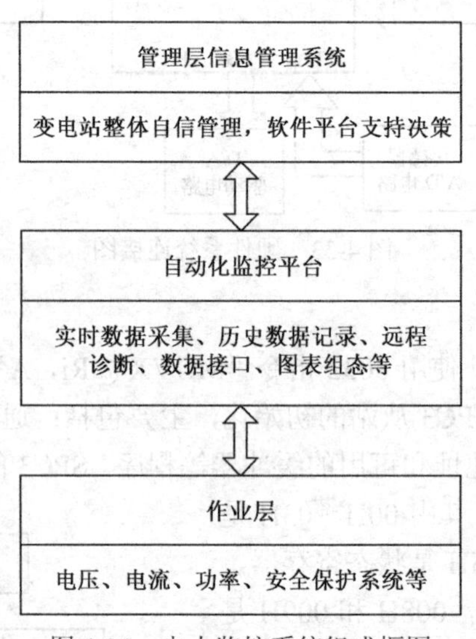

图 4-35　电力监控系统组成框图

（1）现场总线 Profibus-DP 技术

Profibus-DP(Decentralized Periphery)是一种经过优化的高速便宜的通信连接，专为自动化控制系统与分散的 I/O 设备级之间通信使用而设计的总线技术 Profibus-DP 使用物理层、数据链接层和用户接口，用于现场层的高速数据传输。主站周期性地读取从站的输入信息并周期性地向从站发送输出信息，并提供智能化现场设备所需的非周期性通信以进行组态、诊断和报警处理及复杂设备在运行中参数的确定。

Profibus-DP 总线的主要功能和特性如下：

① 远距离高速通信：波特率从 9.6 k-12Mbit/s；最大距离 12Mbps 时为 100m，1.5Mbps 时为 200 m，必要时可用中继器拓展。

② 分布式结构：各主站间令牌传递，主站与从站为主-从传送。每段可达 32 个站，用连接器连接段，最多可达 126 个从站。

③ 诊断功能：可对故障进行快速定位，诊断信息在总线上传输并由主站采集。

④ 开放式通信网络。

每个系统包括 3 种类型的设备：

① 一级 DP 主站，即中央控制器（如 PLC、PC），可与其他站交换信息；

② 二级 DP 主站，指组态设备、编程器、操作面板等，完成各站点的数据读写、系统配置、故障诊断等；

③ DP 从站，指进行输入输出信息采集和发送的外围设备（如 PLC、分散式 I/O、传感器等）。

鉴于电力系统的要求以及现场总线技术的特点，本应用实例所述的电力监控系统，采用 PC+PLC 机建立主站的结构，这种结构是监控站与一类主站一体化控制器工作站，完成如下功能：支持编程，主站应用程序的开发、编辑、调试；执行应用程序；通过 Profibus 接口对从站的数据读、写；从站参数远程化设置；主/从站故障报警及记录；主站图形监控画面设计、监控程序开发；设备状态在线图形监控、数据存储及统计、报表。

（2）监控系统结构及软、硬件配置

根据本工程的实际情况和控制要求，结合 Profibus-DP 的特点，设计电力监控系统的结构，如图 4-36 所示。

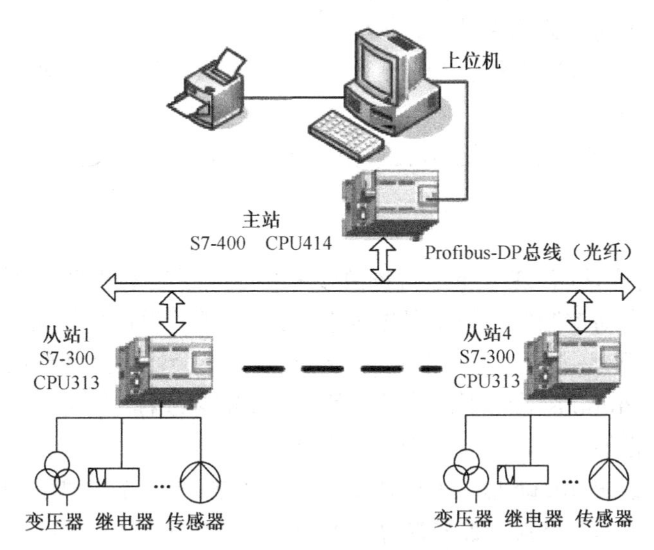

图 4-36 电力监控系统结构

本系统是由一整套以 PLC 为核心，现场总线网络为主体的计算机监控网络组成，共分为三个层次，即管理层（主站）、Profibus-DP 主干网络层，执行层。管理层采用 S7-400，CPU414-DP，并配备开关和模拟量输入输出模块，通过 CP443-5 模块与网络通信。主站 PLC 与上层 PC 机相联组成主控中心，可完成各个从站的组态、运行监控、数据采集等。该层是整个电力监控系统的核心；Profibus-DP 主干网络层采用 Profibus 总线，选用 4 芯光纤，所有从站通过 Profibus 总线连接主站，实现数据的传输，信息的交流。这样，每个变电站的电压、电流、功率等信号就可以传输到主站。

上位机采用西门子的组态监控软件 SIMATIC WinCC，它集控制技术、人机界面技术、图形技术、数据库技术、网络技术于一体，可以根据用户建立的数据信息，把 PLC 信息直接连接到用户应用图形上。操作人员通过操作画面及流程图，监控各变电站的状态和运行数据，发出控制指令，也可进行参数修改、故障处理复位、报警及报表输出等，实现自动化管理。其主要操作画面有：各变电站平面布置图、各变电站主要参数动态图、各变电站自动保护系统图等。各从站采用西门子公司的 STEP7 V5.3，它是用于 SIMATIC S7-400/300、C7 PLC 和基于 PC 控制产品的组态、编程和维护的项目管理工具。通过 STEP7 V5.3，用户可以进行系统配置和程序的编写、调试、在线诊断 PLC 硬件状态、控制 PLC 和 I/O 通道的状态等。

Profibus 现场总线可以将数字自动化设备从底级（传感器/执行器）到中间执行级（单元级）分散开来，其通信协议按照应用领域进行了优化，故几乎不需要复杂的接口即可实现。相比 OSI 七层参考模型，Profibus 通信协议只包含第一层物理层、第二层数据链路层、第七层应用层。WinCC 与 PLC 就是通过 Profibus 通信协议进行数据通信的。

（3）控制系统功能

本系统具有如下主要功能：

① 系统故障自动检测、报警及处理。如某一部分在运行过程中出现问题，系统则能自动检测故障，同时向上位机报警并在控制界面上显示故障状态。

② 对运行过程的监控。该系统能准确、可靠地对通信状况、设备硬件状况、各开关量灯光明暗状态、各母线三相电压、电流、有功功率、无功功率等信息进行实时监控。

③ 照明设备的控制。在遥控运行模式下，可根据实际需要实时开关照明设备；在时控运行模式下，可按设定时间开关照明设备。

④ 通信功能。监控中心与各变电站之间通过光纤连接，可实现远程通信，方便数据及时有效的传输。

⑤ 时间同步功能。通过上位机的设定，可对各从站 PLC 时间进行校准，即实现两者时间同步。

（4）系统特点

① 技术先进，可靠性高。Profibus 现场总线是当前应用最先进的总线技术，S7 系统 PLC 技术代表了长期以来自动控制领域的世界先进水平。本系统的设计使得软、硬件之间分工明确，结合完美。而各从站相对独立， 如一个从站发生故障，不会影响到其他从站的正常工作。

② 系统开放性。Profibus 总线不依赖于设备生产商的总线标准，可广泛应用于制造、交通、电力等自动化领域，性能可靠，数据传输准确安全。

③ 系统扩展性强。Profibus 总线上可挂靠 126 个从站，如果需要增加从站，可以在前期布线时预留从站位置，接入的从站和原系统互不影响。

7．Profibus 现场总线技术在水泥生产线中的应用

水泥工业作为当前国民经济支柱产业之一，在我国国民经济中占据重要地位。新型干法回转窑水泥生产技术以预分解技术为核心，工艺复杂，生产连续性强，只有通过自动化控制系统实时监控设备的运行状况，才能有效地保证回转窑系统的高效运转。考虑到国内水泥工业的现状， 研究新型干法水泥回转窑控制系统在目前是适合的。现阶段，Profibus 现场总线正在迅速覆盖从工厂的现场设备层到控制、管理的各个层次，既可以将一个现场设备的运行参数、状态以及故障信息等送往控制室, 又可将各种控制、维护、组态命令甚至现场设备的工作电源等送往各相关的现场设备，从而加强了生产过程现场控制设备之间及其更高控制管理层之间的联系。

目前在新型干法水泥生产系统中广泛使用的是五级旋风窑外预热分解技术，整个水泥生产的工艺流程可以分为生料制备系统、烧成系统和水泥制备系统三个部分。其主要设备包括：螺旋给料机、各种风机、增湿塔、窑主电机、各种调节阀和变频器，还有众多的智能检测仪器。其中，生料制备系统部分包括原料、燃料破碎，原料、燃料预均化,生料、燃料烘干兼粉磨，生料均化及输送，燃料输送等工序;烧成系统部分包括窑外预热和分解，窑内锻烧，窑头熟料冷却和窑尾废气处理等工序；水泥制备系统主要是熟料的储存，水泥的粉磨,水泥的贮存、包装和发运等工序。

（1）系统方案介绍

根据新型干法水泥生产自动化系统控制要求以及兼顾整个水泥生产线工艺特点后，采用以太网为主干网，以 PLC 为下位机主控制器，通过 Profibus 总线与现场控制设备相连；上位机部分采用 TCP/IP 通信协议，以便实现车间级与厂级及公司级的上层网络即控制管理层连接。如图 1 所示，整个水泥生产线的现场控制部分由原料控制站、生料磨控制站、煤磨控制站、窑尾控制站、窑头控制站所组成。

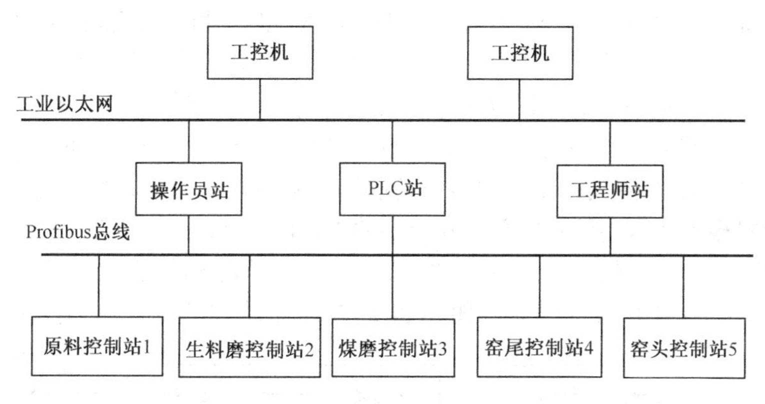

图 4-37　新型干法水泥生产线网络结构图

本实例采用西门子公司的产品来设计新型干法水泥回转窑控制系统。系统设计采用的是 profibus 现场总线网络、工控机和 PLC 控制相结合的分散控制、集中管理的控制系统。由工控机，西门子 SIMATIC S7-300 系列可编程序控制器（PLC），西门子 profibus 现场总线网络等组成。

（2）控制系统硬件设计

在整个控制系统中，操作站完成整个系统的组态、维护和监控，通过界面显示系统的正常状态和异常报警，接收对整个系统进行控制的外部指令，置于主控室内。数据服务器处理整个系统的数据库管理，担当现场总线与以太网之间的路由器，通信处理控制站是主站，负责整个网络的正常通信，也放在主控室内。其他各从站，放在设备现场。从站的 PLC 通过通信模块连接到现场总线上。通信只能在主站—从站或主站—数据服务器之间进行，从站到从站的数据必须通过主站中转。

现场总线级的核心即为分布于设备现场的三个从站，采用带有现场总线接口的 PLC，现场采用原有测量控制设备，与 PLC 通过 4-20mA 模拟量通信，主要用作整个水泥生产过程的数据采集、设备控制和通信。在现场从站的基础上，设置一个通信处理主站和一个数据服务器，用现场总线连接。通信处理主站担当通信中转站，完成从站和数据服务器的通信。数据服务器处理整个系统的数据库管理，同时担当现场总线与以太网之间的路由器。承担总体网络系统服务器功能的数据服务器，主要处理整个系统的数据库管理，并担当现场总线与以太网之间的路由器，即与主站通信获得各从站的信息，将各从站的信息发给操作站，与操作站通信获得操作员下达的控制指令，把有关的控制指令下传给主站，由主站再下传给相应的从站。

为了使操作员能更直观地了解现场设备工作状态，方便其快捷有效地下达控制指令和修改参数，回转窑系统的操作站通过 CRT 来显示整个系统的状态和故障信息。现场每一个设备及其参数都在 CRT 的操作站界面上对应一个图形和图形旁的一个数字。为了对生产进行有效监控，以便优化工艺条件如故障查找，对重要参数用历史趋势曲线进行汇总。如回转窑各段的窑温，五级旋风及窑尾分解炉等处的温度、压力等，以及各控制回路的测量值等。

（3）系统软件设计

该集散控制系统的软件设计分为下位机现场控制站软件设计、数据服务器与主站通信软件设计和上位机组态软件设计。而整个系统过程控制软件包括：过程数据输入输出，连续控制调节，顺序控制，历史数据的存储，过程画面显示和管理，报警信息的管理，生产记录报表的管理和打印，参数列表显示，人机接口控制，实时数据处理功能。

① 下位机现场控制站软件设计。该监控系统的现场控制站主要完成设备的逻辑控制以及各种热工参数的采集。因此现场控制软件由 A/D、D/A、温度和通信模块的初始化程序、系统的逻辑控制程序和回路控制程序组成。逻辑控制部分主要完成设备的启停以及相关的故障处理。生产线上所有设备集中控制运行方式分为连锁控制和单机控制。在正常生产过程中，设备处在集中控制的连锁模式下。系统设计的控制有：生产流程启停及料仓料位控制；水泥配料自动控制；磨尾提升机功率控制；粗粉回料量控制等。其中，水泥配料自动控制采用闭环数字 PID 控制。上位机根据要入磨的喂料总量和原料的工艺比例计算出每种原料给定值。此给定值送入下位机 PLC，由 PLC 转化为对应的 4-20 mA 电流信号输出给变频器控制胶带秤速度，即控制原料的流量。为保证给料精度,采用闭环 PID 控制。简化的控制框图如图 4-38 所示。

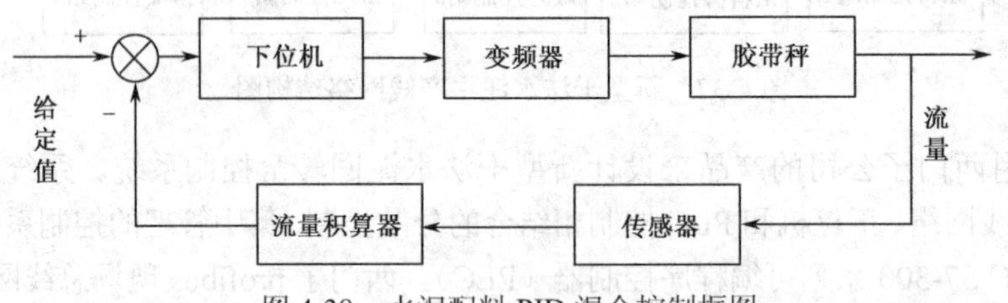

图 4-38　水泥配料 PID 混合控制框图

② 数据服务器与主站通信软件设计。数据服务器作为所有控制站信息的交汇点，拥有整个系统的状态信息。根据分析得出的主站所需完成的任务，采用结构化的思想，按照功能把主站的软件分为：初始化模块、通信模块、故障诊断模块。在通信模块中，主站的主要功能是实现其他控制站之间的信息共享，这种信息共享是通过网络通信实现的。西门子的 profibus 现场总线网络产品具有非常好的可靠性，一般只要连接各个控制站的网络信号线正确,网络通信就能正常工作。而且网络的组态也很简单，只需要配置好相应的参数就可以进入正常的通信。在故障诊断模块中，当系统中的某一个从站与主站不能通信时，不管是由于什么原因引起的，都会在操作站界面上显示出来。每一个从站都控制一定范围内设备的状态，这些设备在操作站界面上都有对应的图像显示其状态。因此，当发现某一个从站不能通信时，其对应的设备的图像以红色闪烁，并同时用声音发出警报。只要连接整个网络的通信线路正常，即使因为某些原因不能与某些从站通信，主站仍然可以保持和其他从站的正常数据交换。

③ 上位机组态软件设计。根据系统集中监视操作层的主要功能及其硬件结构，其上位机软件包括主站组态、操作员站组态以及系统网络组态三部分。主站软件主要负责采集 PLC 数据、发布 PLC 命令、实时数据处理、数据库的维护以及向操作员站发送实时数据和历史记录。操作员站软件包括了所有对生产过程进行操作的功能。通过监控画面、标准的操作显示和报警显示，操作员可以高效的控制所属的区域。

第5章　基金会现场总线技术

基金会现场总线标准由现场总线基金会（Fieldbus Foundation）组织开发。基金会现场总线系统是为适应自动化系统、特别是过程自动化系统在功能、环境与技术上的需要而专门设计的。它可以工作在工厂生产的现场环境下，能适应本质安全防爆的要求，还可通过传输数据的总线为现场设备提供工作电源。基金会现场总线得到了世界上主要自控设备供应商的广泛支持，具有较强的影响力。现场总线基金会的目标是致力于开发出统一标准的现场总线。

5.1　基金会现场总线的核心技术

5.1.1　基金会现场总线的主要技术

基金会现场总线（Foundation Fieldbus，FF）围绕工厂底层网络和全分布自动化系统这两个方面形成了它的技术特色。其主要技术内容有以下几点。

（1）基金会现场总线的通信技术。它包括基金会现场总线的通信模型、通信协议、通信控制器芯片、通信网络与系统管理等内容。它涉及一系列与网络相关的硬、软件，如通信栈软件，仪表用通信接口卡、FF与计算机的接口卡，各种网关、网桥、中继器等。

（2）标准化功能块（Function Block，FB）与功能块应用进程（Function Block Application Process，FBAP）。它提供一个通用结构，把实现控制系统所需的各种功能划分为功能模块，使其公共特征标准化，规定它们各自的输入、输出、算法、事件、参数与块控制图，并把它们组成为可在某个现场设备中执行的应用进程。便于实现不同制造商产品的混合组态与调用。功能块的通用结构是实现开放系统构架和各种网络功能与自动化功能的基础。

（3）设备描述（Device Description，DD）与设备描述语言（Device Description Language，DDL）。为实现现场总线设备的互操作性，支持标准的功能块操作，基金会现场总线采用了设备描述技术。设备描述为控制系统理解来自现场设备的数据意义提供必需的信息，是设备驱动的基础。设备描述语言是一种用以进行设备描述的标准编程语言。采用设备描述编译器，把DDL 编写的设备描述的源程序转化为机器可读的输出文件。控制系统正是凭借这些机器可读的输出文件来理解各制造商的设备的数据意义。

（4）现场总线通信控制器与智能仪表或工业控制计算机之间的接口技术。在现场总线的产品开发中，常采用OEM集成方法构成新产品。已有多家供应商向市场提供FF集成通信控制芯片、通信栈软件、圆卡等。把这些部件与其他供应商开发的或自行开发的、完成测量控制功能的部件集成起来，组成现场智能设备的新产品。要将总线通信圆卡与实现变送、执行功能的部件构成一个有机的整体，要通过FF的PC接口卡将总线上的数据信息与上位机的各种MMI（即人机接口）软件、高级控制算法融为一体，尚有许多智能仪表本身及其与通信软硬件接口的开发工作要做。

（5）系统集成技术。它包括通信系统与控制系统的集成，如网络通信系统组态、网络拓扑、配线、网络系统管理、控制系统组态、人机接口、系统管理维护等。这是一项集控制、通信、计算机、网络等多方面的知识，集软硬件于一体的综合性技术。对系统设计单位、用户、系统集成商更是具有重要作用。

（6）系统测试技术。系统测试技术包括通信系统的一致性与互可操作性测试技术、总线监听分析技术、系统的功能和性能测试技术。一致性与互可操作性测试一般要经授权过的第三方认证机构作专门测试，验证符合统一的技术规范后，将测试结果交基金会登记注册，授予 FF 标志。对 FF 的现场设备所组成的实际系统，还需进一步进行互可操作性测试和功能性能测试，以保证系统的正常运转，并达到所要求的性能指标。总线监听分析用于测试判断总线上通信信号的流通状态，以便于通信系统的调试、诊断与评价。对于由现场总线设备构成的自动化系统，功能、性能测试技术还包括对其实现的各种控制系统功能的能力、指标参数的测试。并可在测试基础上进一步开展对通信系统、自动化系统综合指标的评价。

5.1.2 通信系统的结构及其相互关系

第 3 章中已介绍的基金会现场总线通信参考模型，外加用户层，可以被简化为四层模型，如图 5-1 所示。通信模型在分层模型的基础上，更详细地表明了通信的主要组成部分。

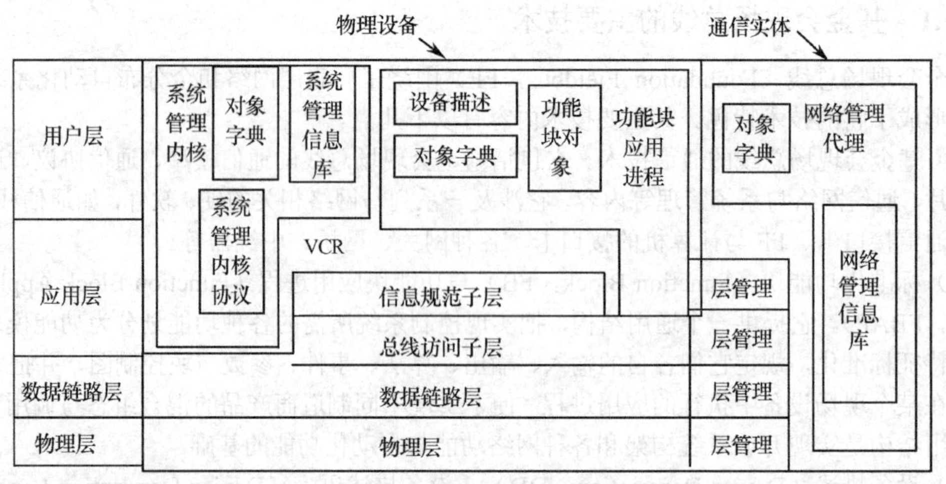

图 5-1　通信模型的结构及其相互关系

从图 5-1 中可以看到，通信参考模型所对应的 4 个分层，即物理层、数据链路层、应用层、用户层，并按各部分在物理设备中要完成的功能，被分为三大部分：通信实体、系统管理内核、功能块应用进程。各部分之间通过虚拟通信关系（Virtual Communication Relationships，VCR）来沟通信息。VCR 表明了两个应用进程之间的关联，或者说，VCR 是各应用之间的逻辑通信通道，它是基金会现场总线访问子层所提供的服务。

通信实体贯穿从物理层到用户层的所有各层。由各层协议与网络管理代理共同组成。通信实体的任务是生成报文与提供报文传送服务，是实现现场总线信号数字通信的核心部分。层协议的基本目标是要构成虚拟通信关系。网络管理代理则是要借助各层及其层管理实体，支持组态管理、运行管理、出错管理的功能。各种组态、运行、故障信息保持在网络管理信息库（Network Management Information Base，NMIB）中，并由对象字典（Object Dictionary，OD）来描述。对象字典为设备的网络可视对象提供定义与描述。为了明确定义、理解对象，把有如数据类型、长度一类的描述信息保留在对象字典中。可以通过网络得到这些保留在 OD 中的网络可视对象的描述信息。

系统管理内核（System Management Kernel，SMK）在模型分层结构中只占有应用层和用户层的位置。系统管理内核主要负责与网络系统相关的管理任务，如确立某设备在网段中的位置，协调与网络上其他设备的动作和功能块执行时间。用来控制系统管理操作的信息被组织成对象，存储在系统管理信息库（System Management Information Base，SMIB）中。系统管理内核包含有现场总线系统的关键结构和可操作参数，它的任务是在设备运行之前将基本的系统信息置入 SMIB，然后根据系统专用名，分配给该设备一个永久（固定）的数据链接地址，并在不影响网络上其他设备运行的前提下，把该设备带入到运行状态。系统管理内核采用系统管理内核协议与远程 SMK 通信。当设备加入到网络之后，可以按需要设置远程设备和功能块。由 SMK 提供对象字典服务。如在网络上对所有设备广播对象名，等待包含这一对象的设备的响应，而后获取网络中有关对象的信息。为协调与网络上其他设备的动作和功能块同步，系统管理还为应用时钟同步提供一个通用的应用时钟参考，使每个设备能共享共同的时间基准，并可通过调度来控制功能块执行时间。

功能块应用进程（Function Block Application Process，FBAP）在模型分层结构中位于应用层和用户层。功能块应用进程主要用于实现用户所需要的各种功能。应用进程 AP 是 ISO7498 中为参考模型所定义的名词，用以描述留驻在设备内的分布式应用。AP 一词在现场总线系统中是指设备内部实现一组相关功能的整体。功能块把为实现某种应用功能或算法、按某种方式反复执行的函数模块化，提供一个通用结构来规定输入、输出、算法和控制参数，把输入参数通过这种模块化的函数，转化为输出参数。每种功能块被单独定义，并可为其他块所调用。由多个功能块及其相互连接，集成为功能块应用。在功能块应用进程这部分，除了功能块对象之外，还包括对象字典 OD 和设备描述 DD。

5.1.3 协议数据的构成与层次

图 5-2 表明了现场总线协议数据的内容和模型中每层应该附加的信息，即反映了现场总线报文信息的形成过程。如某个用户要将数据通过现场总线发往其他设备，首先在用户层形成用户数据，并把它们送往总线报文规范层处理，每帧最多可发送 251 个 8 位字节的用户数据信息；用户数据信息在 FAS、FMS、DLL 各层分别加上各层的协议控制信息，在数据链路层还加上帧校验信息后，送往物理层将数据打包，即加上帧前、帧后定界码，也就是开头码、帧结束码，并在开头码之前再加上用于时钟同步的前导码（或称为同步码）。该图还标明了各层所附的协议信息的字节数。信息帧形成之后，还要通过物理层转换为符合规范的物理信号，在网络系统的管理控制下，发送到现场总线网段上。

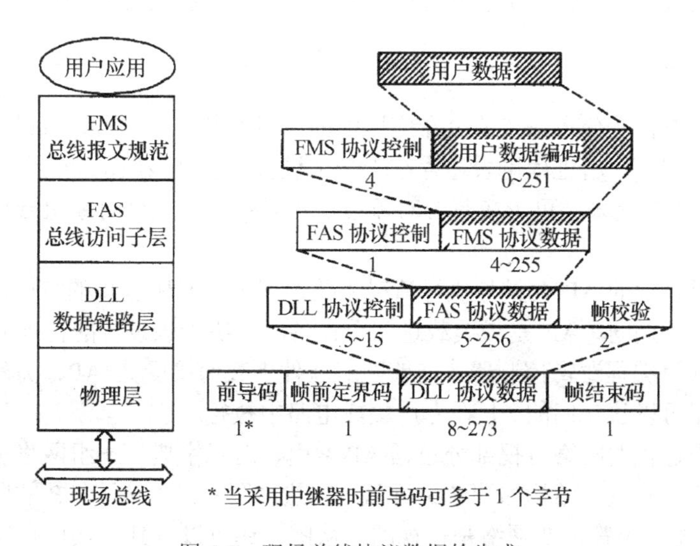

图 5-2 现场总线协议数据的生成

5.1.4 基金会现场总线的网络拓扑结构

基金会现场总线 FF 的网络拓扑结构分为单链路拓扑和桥式拓扑两种结构。其中单链路拓扑是典型的离线组态网络，包含一个组态设备和一个被组态设备。而桥式拓扑是由网桥把不同速率、不同介质的链路连接成多链路。在所有的基金会式网络中，两个设备间只有一个数据链路，所以桥内的路由表要相互协调，组成生成树（Spanning Tree）。生成树表达了桥的组态，这样就保证了只有两个方向的数据流，或者流向树根，或者离开树根，没有任何回路和并行路径。也就是说，由每一条链路到树根有且仅有一个桥。生成树中的每一个桥只有一个根端口，有一个或多个下游端口。每一个桥端口都连接一条链路。每一条链路都要有且只能有一个链路活动调度器（LAS）。LAS 在数据链路层中的作用是作为链路总线仲裁器。LAS 完成以下功能。

（1）识别和添加链路中的新设备。

（2）删除链路中无响应的设备。

（3）分配数据链路时间和链路调度时间。

（4）在受调度传输时，轮询现场总线设备，查看缓冲区中是否有要发送的数据。

（5）在两次受调度传输的中间，为现场总线设备分配令牌。

链路上任何一个具备成为 LAS 的条件的设备都可以成为 LAS。能够成为 LAS 的设备被称为链路主设备，其余的设备被称为基本设备。

当链路首次启动或者现有的 LAS 有故障时，链路主设备开始竞争 LAS。竞争成功的链路主设备立即作为 LAS 开始工作。LAS 将没有成为 LAS 的链路主设备视为基本设备。同时，没有成为 LAS 的链路主设备又都成为 LAS 的后备，一旦现行的 LAS 发生故障，它们就会进入新一轮的 LAS 竞争。

当希望某一特定的链路主设备成为 LAS 时，可以将它设置为主链路主设备。如果主链路主设备不能在竞争中取胜，它就会让获胜的链路主设备把 LAS 权力移交给它。链路的 LAS 一建立起来，链路的工作就会立即开始。

5.1.5 应用进程及其网络可视对象

应用进程（AP）是现场总线系统活动的基本组成部分，或者说，可以把现场总线系统视为协同工作的应用进程的集合。下述几部分的有机结合，即构成完整的应用进程。

1. 应用进程 AP

应用进程可以看作在分布系统或分布应用中的信息及其处理过程，可以对它赋予地址，也可以通过网络访问它。应用进程可表述存在于一个设备内包装成组的功能块。AP 是最基本的对象，把多个 AP 组合起来，可形成复合对象；还可以把几个复合对象组合在一起，形成复合列表对象。

一个设备可以包含的 AP 数量与执行情况相关，规范中对所包含的 AP 数目没有限制。在设备组态或网络运行期间，AP 是否装载进一个设备，取决于该设备的物理能力和 AP 如何被执行。PC、PLC（可编程逻辑控制器）能够随着软件下载而接受其 AP。另外一些设备，如简单变送器、执行器可以让它们的 AP 在专用集成电路中执行。

现场总线应用进程的网络可视部分包括 AP 索引、对象字典、一组网络可视对象和一个应用层通信服务接口。其具体结构如图 5-3 所示。当然，图中只表达了 AP 的网络可视部分，而 AP 的所有物理资源并不都需要网络是可视的。从图中还可以看到，接口是 AP 与通信实体之间的界面。对象字典内是一系列 AP 对象描述的条目，AP 索引内则装有 AP 对象描述的目录排列序号，凭借这些序号，可以在对象字典中找到与该序号对应的对象描述的条目，从而得到相应的对象代码值，再通过接口把它们送往通信实体部分。

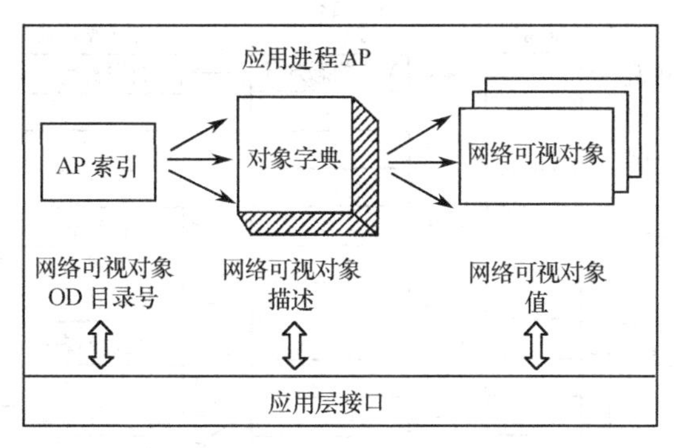

图 5-3　现场总线应用进程结构

2. 应用进程索引

读取对象字典中的对象字典描述条目得到 AP 索引目录号，AP 索引内含有网络可视对象的对象描述在 OD 中的对象描述指针。当 AP 索引的规模大于 100 个 8 位时，采用多个索引对象。这时，多个索引对象在 OD 中按顺序编号。

在 AP 索引中，前 6 个条目（12 个 8 位）为索引标题。当采用多个 AP 索引时，只有第一个索引对象含有索引标题。对所有 AP 来说，其标题具有公共的结构形式。其排列顺序和具体内容如表 5-1 所示。索引版本号表明了 NMA 索引对象的版本水平，它由开发者赋值。

表 5-1　AP 索引标题排列顺序及内容

排列序号	内　容
1	保留
2	索引版本号
3	索引对象
4	索引条目总数
5	第一个复合列表指针的索引条目
6	复合列表指针的数量

索引条目总数是指索引中跟随在标题之后的指针的总数。每个条目由两个无符号 16 位列向量条目组成（4 个 8 位）。条目号为 1 的第一个索引条目紧随在标题之后。网络可视对象分为一般 AP 对象、复合对象、复合列表对象。因而在 AP 索引中，相应地存在 AP 指针、复合对象指针、复合列表指针。AP 指针、复合对象指针都指向对象字典目录。每个复合列表指针由一系列连贯的复合指针组成。图 5-4 表现了 AP 几个部分之间的信息流向关系。

3. 对象字典（Object Dictionary，OD）

基金会现场总线采用对象描述来说明总线上传输的数据格式与意义。把这些对象描述收集在一起，形成对象字典 OD。OD 由一系列的条目组成。每一个条目分别描述一个应用进程对象和它的报文数据。在现场总线报文规范中规定了与这些条目相应的 AP 对象。为了便于网络访问这些条目，还为每个OD条目分配了一个序列号。在总线报文规范子层的OD服务中，就是运用这个序号辨认出与之对应的AP对象。

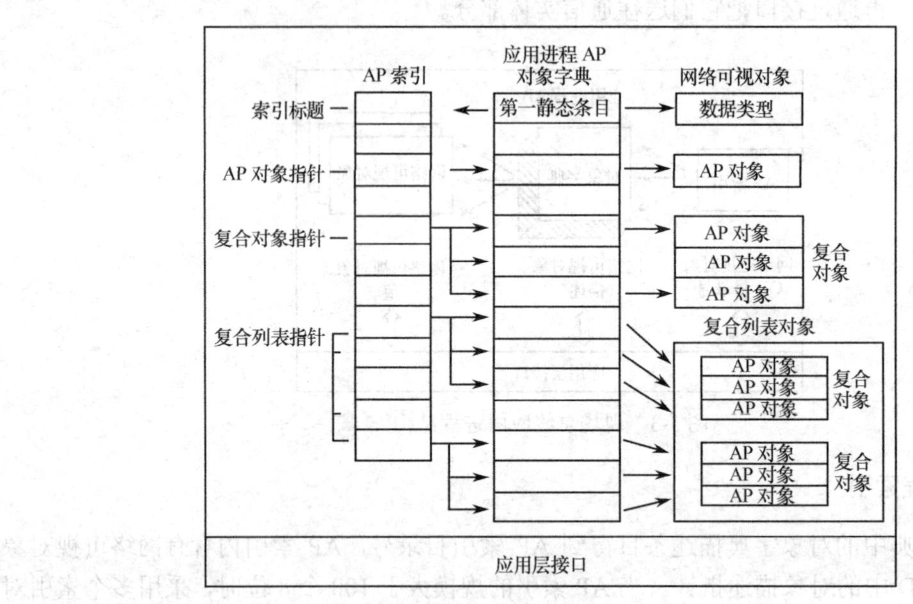

图5-4 应用进程各部分之间的相互关系

对象字典包含有以下通信对象的对象描述：数据类型、数据类型结构描述、域、程序调用、简单变量、矩阵、记录、变量表事件。字典的条目0提供了对字典本身的说明，被称为字典头，并为用户应用的对象描述规定了第一个条目。用户应用的对象描述能够从255以上的任何条目开始。条目255及其以下条目定义了数据类型，如用于构成所有其他对象描述的数据结构、位串、整数、浮点数。

对象字典由以下四部分构成：OD描述、数据类型、静态条目、动态条目。

（1）OD描述。OD描述是对象字典的头一个条目，即条目0，又称字典头。它是对对象字典本身概貌的描述，如各组条目的起始序号，每组内的条目数量等，被称为字典头。

（2）数据类型。对象字典中的下一个条目是AP所采用的数据类型。在条目0的OD描述中包含有数据类型的条目数量。序列号1～63作为标准数据类型定义，数据结构定义从对象字典的序号64开始。条目255及其以下条目都留作数据类型定义。数据类型不可以远程定义。它们在静态类型字典中有固定的配置。数据类型对象不支持任何服务。FF 定义的数据类型如表5-2所示。

表5-2 规定的数据类型表

目 录 号	数 据 类 型	字 节 数	说 明
1	Boolean	1	布尔值（11111111为真，00000000为假）
2	Interger8	1	8位整型数（$-128 \leqslant i < 127$）
3	Interger16	2	16位整型数（$-32768 \leqslant i < 32767$）
4	Interger32	4	32位整型数（$-2^{31} \leqslant i < 2^{31}-1$）
5	Unsigned8	1	8位无符号整数($0 \leqslant i < 255$)
6	Unsigned16	2	16位无符号整数($0 \leqslant i < 65535$)
7	Unsigned32	4	32位无符号整数($0 \leqslant i < 2^{32}-1$)
8	Floating Point	4	浮点数（整数部分到2^8, 小数到2^{23}）

续表

目录号	数据类型	字节数	说明
9	Visible String	1 2 3…	字符串
10	Octet String	1 2 3…	字符串
11	Date	7	（日历）日期值（年，月，日，时，分，毫秒）
12	Time of Day	4 or 6	从 1984.01.01 起的天数（可选）和时间值（ms）
13	Time DIFFERENCE	4 or 6	时间差（结构同 12，但不规定起始时间）
14	Bit String	1 2 3…（位串）	
21	Time Value	8	时间值（64 位无符号整数，精确到 1/32ms）

数据结构是指如块、量程、模式、访问许可、功能块连接、VCR 静态或动态条目、VCR 统计条目等由数据表达的应用。它们也具有各自的序号，如块、量程、模式、访问许可、功能块连接的序号分别为 64、68、69、70、81。

（3）静态条目。对象字典中接下来的一组条目是对静态定义的 AP 对象而设置的对象描述，或称为静态对象字典。它们可以从 255 以上的任何条目开始。静态定义的 AP 对象是指那些在 AP 工作期间不可能被动态建立的对象。OD 描述条目中含有第一个静态条目的序号和随后的静态条目的数量。静态对象字典中包含了简单变量、数组、记录、域、事件等对象的对象描述。对象字典给每一个对象描述分配一个目录号。此外，还可以为下列对象，如域（domain）、程序调用（Program Invocation）、简单变量（simPle variable）、数组（array）、记录（record）、变量表（variable list）、事件（event）等，赋予一个可视字符串名称。名称长度可以为 0～32 个字节。这个名称长度的字节数被输入到对象描述的名称长度区。长度为 0，表示不存在名称。

（4）动态条目。对象字典中的最后一组条目为动态条目。动态条目包括动态变量表列表和动态程序调用表两部分。它是为那些在 AP 运行过程中可动态产生的 AP 对象而设置的对象描述。变量表和程序调用就是两种动态生成的 AP 对象。变量表是可在网络操作中访问的一组数据对象，而程序调用则表达了一组可实现启动、暂停、恢复运行、停止等动作的程序。OD 描述条目中也包含有每组动态条目的序号和每组的条目数量。

动态变量表对象及其对象描述是通过 Define Variable List 定义变量表服务动态建立的，也可以通过 Delete Variable List 服务删除它，还可对它赋予对象访问权。给每个变量表对象描述分配一个目录号，还可以给它分配一个字符串名称。它所包含的基本信息有变量访问对象号、变量访问对象的逻辑地址指针、访问权等。

动态程序调用表包含有程序调用对象的对象描述。通过 Create Program Invocation 服务动态建立的，也可以通过 Delete Program Invocation 服务删除它，还可对它赋予对象访问权。给每个程序调用对象描述分配一个目录号，还可以给它分配一个字符串名称。它所包含的基本信息有："域"对象号及其逻辑地址指针、访问权等。此外它还可以包含一个预定义的程序调用段。

数据类型结构（Data Structure）对象说明记录的结构和大小。它在静态 OD 中有固定的配置。其元素的数据类型必须使用在静态 OD 中已定义的数据类型。FF 定义的数据结构有块、值和状态（浮点、数字、位串）、比例尺、模式、访问允许、报警（浮点、数字、总貌）、事件、警示（模拟、数字、更新）、趋势（浮点、数字、位串）、功能块链接、仿真（浮点、数字、位串）、测试、作用等。

对象字典 OD 的每一个条目分别描述一个应用进程对象和它的报文数据。对一个对象字典唯一地分配统一的一个 OD 对象描述。这个 OD 对象描述包含关于这个对象字典结构的信息。

用一个唯一的目录号来标注这个对象描述。它是一个 16 位无符号数。目录号或者名称在对象与对象描述的服务中起到关键作用。可以在系统组态过程中规定对象描述，但也可在组态完成后的任何时候，在两个站点之间传送。对象字典的条目组成如表 5-3 所示。

表 5-3　对象字典的结构

目录号	对象字典（OD）内容	所包含的对象
0	OD 对象描述；字典头	OD 结构的信息
1～i	数据类型静态表（ST-OD）	数据类型与数据结构
k～n	表态对象字典（S-OD）	简单变量，数组，记录，域，事件的对象描述
p～t	动态变量表列表（DV-OD）	变量表的对象描述
u～x	动态的程序调用表（DP-OD）	程序调用的对象描述

4. 网络可视对象

网络可视是指通过某种方式在网络的总线段上可以进行访问或者操作的部分。网络可视对象是可以通过应用层接口进行访问的对象。它由一个或多个 AP 对象组成。它们是 AP 的实际物理资源的代表。

由多于一个 AP 对象组成的网络可视对象称为复合对象。在复合对象中的第一个 AP 对象经常作为该复合对象的标题，标题包含了这个复合对象的结构与特征信息。复合对象中其余的 AP 对象是复合对象的组成内容。

可以把功能块作为复合对象的一个实例。功能块标题是复合对象中的第一个 AP，它描述了该功能块。跟随标题 AP 对象的是功能块参数。一组功能块，或一组相同类型的复合对象，被称为复合列表对象。复合列表对象是最复杂的对象结构。

5. 应用层接口

应用进程通过应用层接口访问其通信实体。这个接口既可单独访问现场总线报文规范子层 FMS，或现场总线访问子层 FAS，也可同时访问两者。AP 通过一个单独的本地接口，可以访问设备中的网络管理代理和系统管理内核。总线报文规范层为每类 AP 对象提供一组特定的信息服务，总线访问子层则用来发送和接收报文。AP 应用进程规定了这些报文的格式和处理程序。

为了访问 FMS 和 FAS 服务，应用层接口还可对 AP 提供其他附加服务，如编码、解码、确认 AP 报文数据等。由功能块壳体为功能块应用进程提供这些附加功能。

5.1.6　FF 总线网络通信中的虚拟通信关系（VCR）

在基金会现场总线网络中，设备之间传送信息是通过预先组态好了的通信通道进行的。这种在现场总线网络各应用之间的通信通道称为虚拟通信关系。

1. 虚拟通信关系（Virtual Communication Relationships，VCR）的设置

虚拟通信关系可以设置。系统组态完成后，一个现场总线设备与另一个现场总线设备要发起通信，通过虚拟通信编号即可完成。下面将介绍各层协议数据单元内带有的关于虚拟通信关系的各种信息，包括虚拟通信关系的建立、解除、类型、地址等。

基金会现场总线由物理层、数据链路层和应用层共同作用，来支持虚拟通信关系。其中，物理层负责物理信号的产生与传送，数据链路层负责网络通信调度，应用层规定了相关的各种

信息格式，以便交换命令、应答、数据和事件信息。

2. 虚拟通信关系的类型

为满足不同的应用需要，基金会现场总线设置了 3 种类型的虚拟通信关系。

（1）客户/服务器型虚拟通信关系

客户/服务器型虚拟通信关系用于现场总线上两个设备间由用户发起的、一对一的、排队式、非周期通信。排队意味着消息的发送与接收是按优先级所安排的顺序进行。

当一个设备得到传递令牌时，这个设备可以对现场总线上的另一设备发送一个请求信息，这个请求者被称为客户，而接收这个请求者被称为服务器。当服务器收到这个请求，并得到了来自链路活动调度者的传递令牌时，就可以对客户的请求做出响应。采用这种通信关系在一对客户与服务者之间进行的请求／响应式数据交换，是一种按优先权排队的非周期性通信。由于这种非周期性通信是在周期性通信的间隙中进行的，设备与设备之间采用令牌传送机制共享周期通信以外的间隙时间，因而存在传送中断的可能。当这种情况发生时，采用再传送程序来恢复中断了的传送。

客户／服务器型虚拟通信关系常用于设置参数或实现某些操作，如改变给定值，对调节器参数的访问与调整，对报警的确认，设备的上载与下载等。

（2）报告分发型虚拟通信关系

报告分发型虚拟通信关系是一种排队式、由用户发起的、一对多的非周期通信方式。当一个带有事件报告或趋势报告的设备收到来自链路活动调度器的传递令牌时，就通过这种报告分发型虚拟通信关系，把它的报文分发给由它的虚拟通信关系所规定的一组地址，即有一组设备将接收该报文。它区别于客户／服务器型虚拟通信关系的最大特点是它采用一对多通信，一个报告者对应由多个设备组成的一组收听者。

这种报告分发型虚拟通信关系用于广播或多点传送事件与趋势报告。数据持有者向总线设备多点投送其数据，它可以按事先规定好的 VCR 目标地址分发所有报告，也可能按每种报文的传送类型排队而分别发送，按分发次序传送给接收者。由于这种非周期通信是在受调度的周期性通信的间隙进行的，因而要尽量避免由于传送受阻而发生的断裂。按每种报文的传送类型排队而分别发送，则在一定程度上可以缓解这一矛盾。

报告分发型虚拟通信关系最典型的应用场合是将报警状态、趋势数据等通知操作台。

（3）发布／预订接收型虚拟通信关系

发布／预订接收型虚拟通信关系主要用来实现缓冲型一对多通信。当数据发布设备收到令牌时，将对总线上的所有设备发布或广播它的消息。希望接收这一发行消息的设备被称为预订接收者，或称为订阅者。缓冲型意味着只有最近发布的数据保留在网络缓冲器内，新的数据会完全覆盖先前的数据。数据的产生与发布者采用该类 VCR 把数据放入缓冲器中。发布者缓冲器的内容会在一次广播中同时传送到所有数据用户，即预订接收者的缓冲器内。为了减少数据生成和数据传输之间的延迟，要把数据广播者的缓冲器刷新和缓冲器内容的传送协调起来。缓冲型工作方式是这种虚拟通信关系的重要特征。

这种虚拟通信关系中的令牌可以由链路活动调度者按准确的时间周期发出，也可以由数据用户按非周期方式发起，即这种通信可由链路活动调度者发起，也可以由用户发起。VCR 的属性将指明采用的是哪种方法。

现场设备通常采用发布／预订接收型虚拟通信关系，按周期性的调度方式，为用户应用功能块的输入/输出刷新数据，如刷新过程变量、操作输出等。表 5-4 总结比较了这几种虚拟通信关系（VCR）。

表 5-4　虚拟通信关系的类型与应用

VCR 类型	客户/服务器型	报告分发型	发布/预订接收型
通信特点	排队、一对一、非周期	排队、一对多、非周期	缓冲、一对多、受调度/非周期
信息类型	初始设置参数或操作模式	事件通告，趋势报告	刷新功能的输入/输出数据
典型应用	设置给定值，改变模式，调整控制参数，上载/下载。报警管理，访问显示画面。远程诊断	向操作台通告报警状态，报告历史数据趋势	向 PID 控制功能和操作台发送测量值

5.2　FF 总线的物理层及其网络连接

现场总线基金会为低速总线颁布了 H1 标准。传输速率为 1Mbps，2.5Mbps 的被称为 H2 标准。H1 支持点对点连接、总线型、菊花链型、树型拓扑结构；H2 只支持总线型拓扑结构。表 5-5 则为 H1、H2 总线网段的主要特性参数。

表 5-5　H1、H2 总线网段的主要特性参数

	低速现场总线 H1			高速现场总线 H2		
传输速率	31.25kbps	31.25kbps	31.25kbps	1Mbps	1Mbps	2.5Mbps
信号类型	电压	电压	电压	电流	电压	电压
拓扑结构	总线/菊花链/树型	总线/菊花链/树型	总线/菊花链/树型	总线	总线	总线
通信距离	1900m	1900m	1900m	750m	750m	750m
分支长度	120m	120m	120m	0	0	0
供电方式	非总线供电	总线供电	总线供电	总线交流供电	非总线供电	非总线供电
本质安全	不支持	不支持	支持	支持	不支持	支持
设备数/段	2～32	1～12	2～6	2～32	2～32	2～32

5.2.1　物理层的功能

物理层用于实现现场物理设备与总线之间的连接，为现场设备与通信传输媒体的连接提供机械和电气接口，为现场设备对总线的发送或接收提供合乎规范的物理信号。

物理层作为电气接口，一方面接收来自数据链路层的信息，把它转换为物理信号，并传送到现场总线的传输媒体上，起到发送驱动器的作用；另一方面把来自总线传输媒体的物理信号转换为信息送往数据链路层，起到接收器的作用。

当它接收到来自数据链路层的数据信息时，需按基金会现场总线的技术规范，对数据帧加上前导码与定界码，并对其实行数据编码（即曼彻斯特编码），再经过发送驱动器，把所产生的物理信号传送到总线的传输媒体上。另外，它又从总线上接收来自其他设备的物理信号，对其去除前导码、定界码，并进行解码后，把数据信息送往数据链路层。

考虑到现场设备的安全稳定运行，物理层作为电气接口，还应该具备电气隔离、信号滤波等功能，有些还需处理总线向现场设备供电等问题。

现场总线的传输介质一般为两根导线（如双绞线），其机械接口为特定的外部连接器。

5.2.2 物理层的结构

物理层被分为媒体相关子层与媒体无关子层。媒体相关子层负责处理导线、光纤、无线介质等不同传输媒体、不同速率的信号转换问题，也称为媒体访问单元。支持多种媒体访问的媒体访问冗余设备，为每种要与之连接的物理媒体设有一个物理层实体，冗余连接数可多至8个。当出现多个连接时，物理媒体相关子层对所有连接同时传送。在两个子层连接处，物理媒体相关子层选择其中之一，把它的信号送到媒体无关子层，形成所通过的单一数据流。现场总线基金会的规范中没有规定如何进行这种选择。

IEC规定的物理层所包含的内容如图5-5所示。从图中可以看到，对不同种类介质、不同传输速率要求的场合，应分别设置不同的物理层实体。下面将以导线介质、电压模式、31.25kbps传输速率为主进行讨论。图5-6画出了一个导线介质的媒体接口部分的电路框图。媒体接口电路这部分主要完成信号滤波与处理、信号驱动及其控制、电路隔离等功能。为媒体无关子层提供合格的物理信号波形。

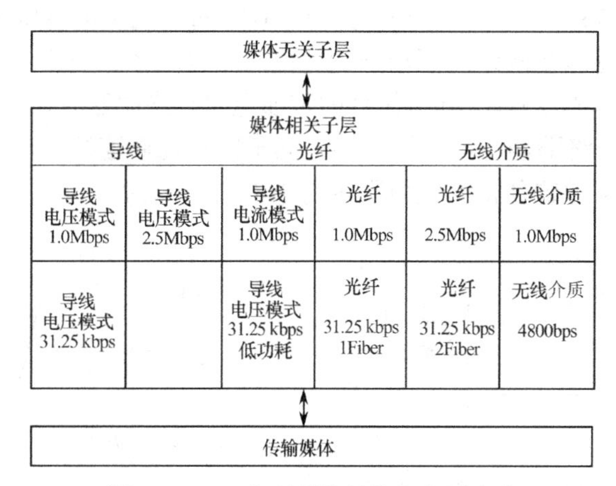

图5-5　IEC物理层的结构与主要内容

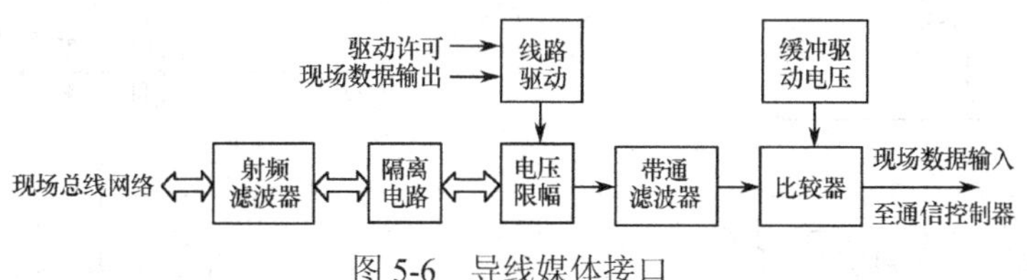

图5-6　导线媒体接口

每个现场总线设备都具有至少一个物理层实体。在网桥设备中，每个接口则至少有一个物理层实体。设备所支持的媒体传输种类可以是IEC1158-2规范中所规定的任意一种或多种。

媒体无关子层是媒体访问单元与数据链路层之间的接口。上述有关信号编码、增加或去除前导码、定界码的工作均在物理层的媒体无关子层完成。设有专用电路来实现编码等功能。

5.2.3 传输介质

基金会现场总线支持多种传输介质：双绞线、电缆、光缆、无线介质。H1标准采用的电缆类型可分为无屏蔽双绞线、屏蔽双绞线、屏蔽多对双绞线、多芯屏蔽电缆几种类型。

在不同传输速率下，信号的幅度、波形与传输介质的种类、导线屏蔽、传输距离等密切相关。由于要使挂接在总线上的所有设备都满足在工作电源、信号幅度、波形等方面的要求，必须对在不同工作环境下作为传输介质的导线横截面、允许的最大传输距离等做出规定。线缆种类、线径粗细不同，对传输信号的影响各异。现场总线基金会对采用不同缆线时规定了最大传输距离。

根据 IEC1158-2 的规范，以导线为媒体的现场设备，不管是否为总线供电，当在总线主干电缆屏蔽层与现场设备之间进行测试时，对低于 63Hz 的低频场合，测量到的绝缘阻抗应该大于 250kΩ。一般通过在设备与地之间增加绝缘，或在主干电缆与设备间采用变压器、光耦合器等隔离部件，以增强设备的电气绝缘性能。

5.2.4 FF 总线的物理信号波形

FF 总线为现场设备提供两种供电方式：总线供电与非总线式单独供电。总线供电设备直接从总线上获取工作能源；非总线式单独供电方式的现场设备，其工作电源直接来自外部电源。对总线供电的场合，总线上既要传送数字信号，又要由总线为现场设备供电。按 31.25kbps 的技术规范，电压模式的现场总线信号波形如图 5-7 所示。携带协议信息的数字信号以 31.25kHz 的频率、峰-峰电压为 0.75～1V 的幅值加载到 9～32V 的直流供电电压上，形成现场总线的信号波形。由于要求在现场总线网络的两端分别连接一个终端器，每个终端器由 100Ω电阻和一个电容串联组成，形成对 31.25kHz 频率信号的带通电路。终端器应设于主干电缆的两端尽头，跨接在两根信号线之间。终端器与电缆屏蔽层之间不应有任何连接，以保证总线与地之间的电气绝缘性能。这样的网络配置使得其等效阻抗为 50Ω。

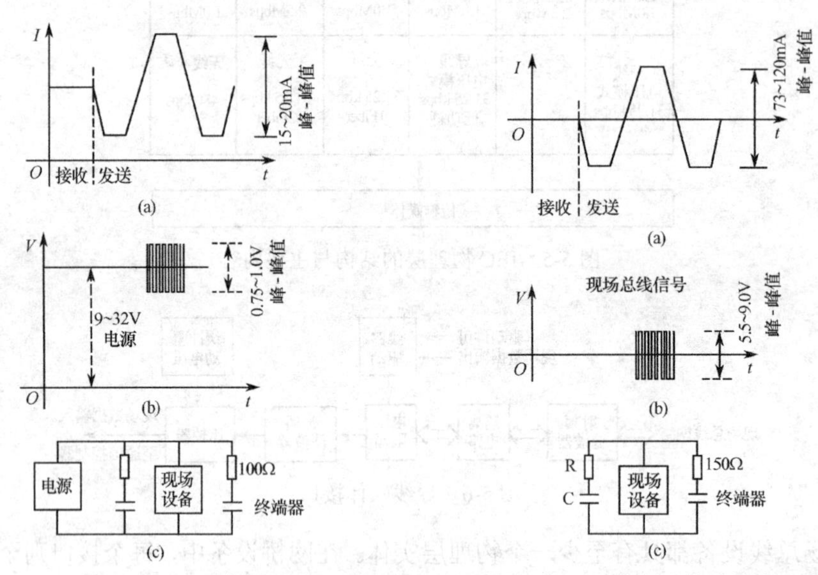

图 5-7　31.25kbps H1 总线电压模式的信号波形　　图 5-8　H2 总线电压模式的信号波形

现场变送设备中 15～20mA 峰-峰的电流变化就可在等效阻抗为 50Ω 的现场总线网络上形成 0.75～1V 的电压信号。

对 1.0Mbps 和 2.5Mbps 的 H2 总线规范来说，其信号波形如图 5-8 所示。网络配置的等效阻抗为 75Ω，现场变送设备在总线上传送±60mA、频率为 1.0Mz 或 2.5Mz 的电流信号，便会在总线上产生电压为峰-峰 9V、频率为 1.0Mz 或 2.5Mz 的电压信号。

1.0Mbps 的 H2 总线规范还支持一种特殊的电流模式，用于本安型总线供电的应用场合。1.0Mbps 的现场总线信号是加载在 16kHz 的交流电源信号上的。

5.2.5 基金会现场总线的信号编码

基金会现场总线的信号通信由以下几种信号编码组成如图 5-9 所示的编码序列，前导码、帧前定界码、帧结束码都是由物理层的硬件电路生成并加载到物理信号上的。作为发送端的发送驱动器，要把前导码、帧前定界码、侦结束码增加到发送序列之中；而接收端的信号接收器则要从所接收的信号序列中把前导码、帧前定界码、帧结束码除掉。

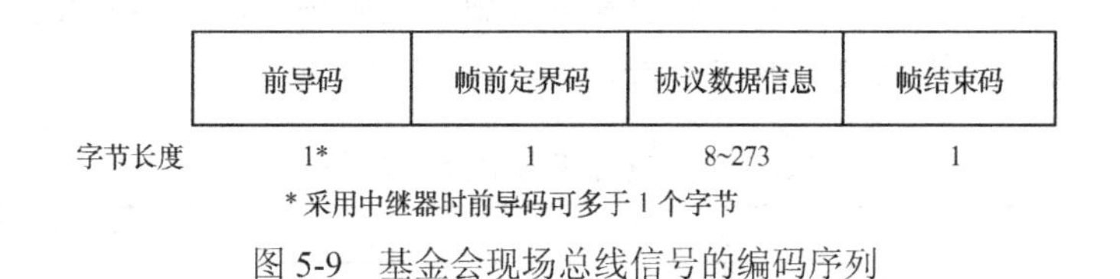

前导码
帧前定界码
协议数据信息
帧结束码
字节长度
1*
1
8~273
1
* 采用中继器时前导码可多于 1 个字节

图 5-9 基金会现场总线信号的编码序列

（1）协议报文编码。指携带了现场总线要传输的数据报文，这些数据报文由一上层的协议数据单元生成。基金会现场总线采用曼彻斯特编码技术将数据编码加载到直流电压或电流上形成物理信号。在曼彻斯特编码过程中，每个时钟周期被分成两半，用前半周期为低电平、后半周期为高电平形成的脉冲正跳变来表示 0；前半周期为高电平、后半周期为低电平的脉冲负跳变表示 1，这种编码的优点是数据编码中隐含了同步时钟信号，不必另外设置同步信号。这种数据编码在每个时钟周期的中间，都必然会存在一次电平的跳变。每帧协议报文的长度为 8～273 个字节。

（2）前导码。这是为置于通信信号最前端而特别规定的 8 位数字信号：10101010，即一个字节。一般情况下，它是 8 位的一个字节长度。如果采用中继器的话，前导码可以多于一个字节。收信端的接收器正是采用这一信号，与正在接收的现场总线信号同步其内部时钟。

（3）帧前定界码。它标明了现场总线信息的起点，其长度为 8 个时钟周期，也就是一个 8 位的字节。帧前定界码由特殊的 N_+码 N_-码和正负跳变脉冲按规定的顺序组成。在 FF 总线的物理信号中 N_+码和 N_-码具有自己的特殊性。它不像数据编码那样在每个时钟周期的中间都必然会存在一次电平的跳变，N_+码在整个时钟周期都保持高电平，N_-码在整个时钟周期都保持低电平，即它们在时钟周期的中间不存在电平的跳变。收信端的接收器利用帧前定界码信号来找到现场总线信息的起点。帧前定界码波形如图 5-10 所示。

（4）帧结束码。帧结束码标志着现场总线信息的终止，其长度也为 8 个时钟周期，或称一个字节。像起始码那样，帧结束码也是由特殊的 N_+码与 N_-码与正负跳变脉冲按规定的顺序组成的，当然，其组合顺序不同于起始码。图 5-10 中也画出了帧结束码的波形。

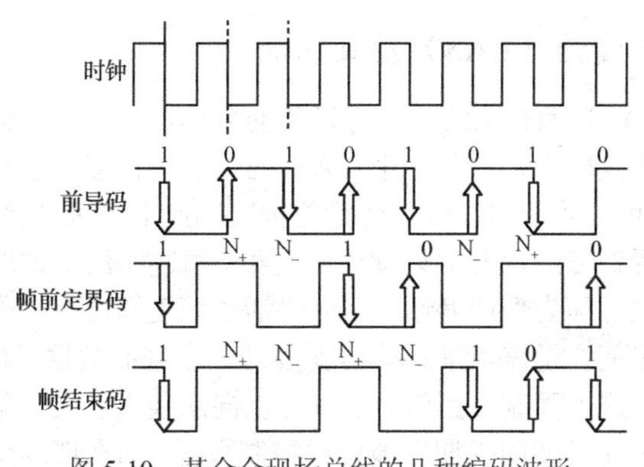

图 5-10 基金会现场总线的几种编码波形

5.2.6 现场设备

基金会现场总线中的现场设备按使用环境被分成几类。符合 H1 规范的现场设备的分类情况如表 5-6 所示。它是按照设备是否为总线供电、是否可用于易燃易爆环境以及功耗类别而区分的。对总线供电类的设备，由于挂接在总线不同位置上的设备从总线所得到的电压会有所不同，任何一个制造商所提供的现场总线设备应该可挂接在总线的任何位置上能正常工作，因而必须对满足设备正常工作的电压、电流范围等参数做出明确规定。表 5-7 为总线供电的本安型标准设备列出了现场总线基金会的推荐参数。

表 5-6 H1 现场设备的分类与编号

	标准信号		低功耗信号	
	总线供电	分开单独供电	总线供电	分开单独供电
本质安全型	111	112	121	122
非本质安全型	113	114	123	124

表 5-7 本安型（111 类）现场设备的推荐参数

参数	设备允许电压	设备允许电流	设备输入电源	设备残余容抗	设备残余感抗
推荐值	最小 24V	最小 250mA	1.2W	＜5nF	＜20μH

按照 IEC1158.2 的规范要求，现场总线基金会对设备电路开路时最大输出电压的推荐值为 35V。使用中应考虑是否满足安全与供电的应用要求。

5.3 数据链路层

数据链路层（DLL）位于物理层与总线访问子层之间，为系统管理内核和总线访问子层访问总线媒体提供服务。在数据链路层上所生成的协议控制信息就是为完成对总线上的各类链路传输活动进行控制而设置的。总线通信中的链路活动调度，数据的接收发送，活动状态的探测、响应，总线上各设备间的链路时间同步，都通过数据链路层实现。每个总线段上有一个媒体访问控制中心，称为链路活动调度器（Link Active Scheduler，LAS）。LAS 具备链路活动调度能力，可形成链路活动调度表，并按照调度表的内容形成各类链路协议数据，链路活动调度是该设备中数据链路层的重要任务。对没有链路活动调度能力的设备来说，其数据链路层要对来自总线的链路数据做出响应，控制本设备对总线的活动。此外在数据链路层还要对所传输的信息实行帧校验。

5.3.1 链路活动调度器（LAS）及其功能

链路活动调度器（LAS）拥有总线上所有设备的清单，由它来掌管总线段上各设备对总线的操作。任何时刻每个总线段上都只有一个 LAS 处于工作状态，总线段上的设备只有得到链路活动调度器 LAS 的许可，才能向总线上传输数据。因此 LAS 是总线的通信活动中心。

基金会现场总线有受调度通信与非调度通信两类。由链路活动调度器按预定调度时间表周期性依次发起的通信活动，称为受调度通信。链路活动调度器内有一个预定调度时间表。一旦到了某个设备要发送的时间，链路活动调度器就发送一个强制数据（Compel Data，CD）给这个设备。基本设备收到了这个强制数据信息，就可以向总线上发送它的信息。现场总线系统中这种受调度通信一般用于在设备间周期性地传送控制数据。如在现场变送器与执行器之间传送测量或控制器输出信号。受调度通信与非调度通信都是由 LAS 掌管。

在预定调度时间表之外的时间，通过得到令牌的机会发送信息的通信方式称为非调度通信。非调度通信在预定调度时间表之外的时间，由 LAS 通过现场总线发出一个传递令牌（Pass Token，PT），得到这个令牌的设备就可以发送信息。所有总线上的设备都有机会通过这一方式发送调度之外的信息。由此可以看到 FF 通信采用的是令牌总线工作方式。

按照基金会现场总线的规范要求，链路活动调度器应具有以下五种基本功能。

（1）向设备发送强制数据 CD。按照链路活动调度器内保留的调度表，向网络上的设备发送 CD。调度表内只保存要发送 CD DLPDU 的请求，其余功能函数都分散在各调度实体之间。

（2）向设备发送传递令牌 PT，使设备得到发送非周期数据的权力，为它们提供发送非周期数据的机会。

（3）为新入网的设备探测未被采用过的地址。将找好的新设备地址加入到活动表中。

（4）定期对总线段发布数据链路时间和调度时间。

（5）监视设备对传递令牌 PT 的响应，当设备既不能随着 PT 顺序进入使用，也不能将令牌返还时，就从活动表中去掉这些设备。

5.3.2 通信设备类型

按设备的通信能力，基金会现场总线将通信设备分为链路主设备、基本设备和网桥。链路主设备是指那些有能力成为链路活动调度器的设备；而不具备这一能力的设备则被称为基本设备。基本设备只能接收令牌并做出响应，这是最基本的通信功能，因而可以说网络上的所有设备，包括链路主设备，都具有基本设备的能力。当网络中几个总线段进行扩展连接时，用于两个总线段之间的连接设备就称为网桥。网桥属于链路主设备。

一个总线段上可以连接多种通信设备，也可以挂接多个链路主设备，但一个总线段上某个时刻只能有一个链路主设备成为链路活动调度器 LAS，没有成为 LAS 的链路主设备起着后备 LAS 的作用。图 5-11 表示了现场总线通信设备的类型。

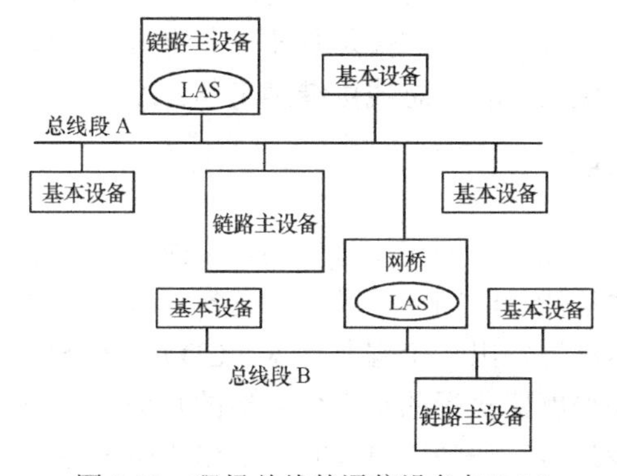

图 5-11　现场总线的通信设备与 LAS

5.3.3 数据链路协议数据单元（DLPDU）

数据链路协议数据单元（DLPDU）提供数据链路的协议控制信息。协议控制信息由三部分组成。第一部分是帧控制信息，为一个 8 位字节，指明该 DLPDU 的种类、地址长度、优先权等；第二部分是数据链路地址，包括目的地址与源地址，如果第一部分那个字节中的第五位为 1，则说明数据链路地址为 4 个 8 位字节的长地址，否则，若第五位为 0，说明数据链路地址为短地址，只有低位的两个 8 位字节为真正的链路地址，高位的两个地址字节写为 00，第三部分则指明了该类 DLPDU 的参数。其协议控制信息的结构如表 5-8 所示。FF 中已经规定了 20 多种 DLPDU。

表 5-8　DLPDU 的结构

<table>
<tr><td rowspan="2">协议信息</td><td rowspan="2">帧控制字节</td><td colspan="3">数据链路地址</td><td rowspan="2">参数</td><td rowspan="2">用户数据</td></tr>
<tr><td>目的地址</td><td>源地址</td><td>第二源地址</td></tr>
<tr><td>字节数</td><td>1</td><td>4</td><td>4</td><td>4</td><td>2</td><td>n</td></tr>
</table>

5.3.4　链路活动调度器的工作

1．链路活动调度权的竞争过程与 LAS 转交

当一个总线段上存在有多个链路主设备时，一般通过一个链路活动调度权的竞争过程，使赢得竞争的链路主设备成为 LAS。在系统启动或现有 LAS 出错失去 LAS 作用时，总线段上的链路主设备通过竞争方式争夺 LAS 权。竞争过程将选择具有最低节点地址的链路主设备成为 LAS。在系统设计时，可以给希望成为 LAS 的链路主设备分配一个低的节点地址。然而由于种种原因，希望成为 LAS 的链路主设备并不一定能赢得竞争而真正成为 LAS。例如，在系统启动时的竞争中，某个设备的初始化可能比另一个链路主设备要慢，因而尽管它具有更低的节点地址而不能赢得竞争而成为 LAS。当具有低节点地址的链路主设备加入到已经处于运行状态的网络时，由于网段上已经有了一个在岗的 LAS，在没有出现新的竞争之前，它也不可能成为 LAS。

如果确实想让某个链路主设备成为 LAS，可以采用数据链路层提供的另一种办法将 LAS 转交给它。不过要在该设备网络管理信息库的组态中置入这一信息，以便能让设备了解到希望把 LAS 转交给它的这种要求。

一条现场总线上的多个链路主设备可以构成链路活动调度器的冗余。如果在岗的链路活动调度器发生故障，总线上的链路主设备中就会通过一个新的竞争过程，使其中赢得竞争的那个链路主设备变成链路活动调度器，以便总线可继续工作。

2．链路活动的调度算法

链路活动调度器的工作按照一个预先安排好的调度时间表来进行。在这个预定调度表内包含了所有要周期性发生的通信活动时间。到了某个设备发布信息的预定时间，链路活动调度器就向该设备中的特定数据缓冲器发出一个强制数据（CD），这个设备马上就向总线上的所有设备发布信息。这是链路活动调度器执行的最高优先级的行为。

链路活动调度器可以发送两种令牌，即强制数据和传递令牌。得到令牌的设备才有权对总线传输数据。一个总线段在一个时刻只能有一个设备拥有令牌。强制数据的协议数据单元 CD DLPDU 用于分配强制数据类令牌。LAS 按照调度表周期性地向现场设备循环发送 CD。LAS 把 CD 发送到数据发布者的缓冲器，得到 CD 后，数据发布者开始传输缓冲器内的内容。

如果在发布下一个 CD 令牌之前还有时间，则可用于发布传递令牌 PT，或发布时间发布信息 TD，或发布节点探测信息。

传递令牌协议数据单元（PT DLPDU）则用于为设备发送非周期性通信的数据。设备收到传递令牌，就得到了在特定时间段传送数据的权力。PT DLPDU 中还规定了传输时间的长短。

图 5-12 表示链路活动的调度方法。

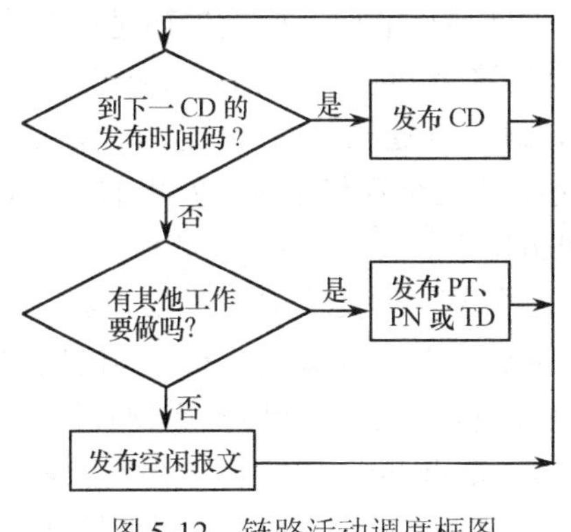

图 5-12　链路活动调度框图

3. 活动表及其维护

有可能对传递令牌做出响应的所有设备均被列入活动表。链路活动调度器周期性地对那些不在活动表内的地址发出节点探测信息（PN），如果这个地址有设备存在，它就会马上返回一个探测响应信息。链路活动调度器就把该设备列入活动表，并且发给这个设备一个节点活动信息，以确认把它增加到了活动表中。

一个设备只要能响应链路活动调度器发出的传递令牌，它就会一直保持在活动表内。如果一个设备既不使用令牌，也不把令牌返还给链路活动调度器，经过三次试验，链路活动调度器就把它从活动表中去掉。

每当一个设备被增加到活动表或从活动表中去掉的时候，链路活动调度器就对活动表中的所有设备广播这一变化。这样每个设备都能够保持一个正确的活动表的复制。

5.3.5　数据传输方式

FF 总线提供三种数据传输方式，一种为无连接数据传输，两种为面向连接的传输方式。

无连接数据传输是指在数据链路服务访问点（Data Link Service Access Point，DLSAP）之间排队传输 DLPDU。这类传输主要用于在总线上发送广播数据。通过组态可以把多个地址编为一组，并使其成为数据传输的目的地址。同时也容许多个数据发布源把数据发送到一组相同的地址上。数据接收者不一定对数据来源进行辨认与定位。

无连接数据传输的特点是在数据传输之前不需要单独为数据传输而发送创建连接的报文，也不需要数据接收者的应答响应信息。即在数据链路层不必为控制其传输而另外设置任何报文信息，因而不需要数据缓冲器。每个传输的优先权也是分别规定的。

面向连接的传输连接方式则要求在数据传输之前发布某种信息来建立连接关系。面向连接的传输又分为两种，一种为通信双方经请求响应交换信息后进行的数据传输，另一种是以数据发送方的 DLDPU 为依据的传输方式。

请求响应交换方式在要求建立连接时，创建带有通信发起者的源地址和目的地址的连接控制帧。响应方需指出它是否接受这个连接请求。一旦数据传输在一个连接上开始，所有 DLPDU 内的数据就以相同的优先权被传输。

在以数据发送方的 DLDPU 为依据的传输中，传输的数据 DLPDU 只含有一个地址，即发布者的地址。接收者知道发布者的这个地址，并根据该地址接收发布者发出的数据，接收者对发布者的辨认情况不必为发布者所知道。

当这个传输是从发布者开始时，它对本地网段的所有接收者广播一个创建连接的数据 EC

DLPDU，且不要求对此 EC DLPDU 做出响应。而当传输是从数据接收者开始时，它对发布者发出一个 EC DLPDU，发布者收到这个 EC 后，再对本地网段广播一个 ECDLPDU。接收者采用它所收到的第一个 EC DLPDU 确认其连接关系。这个 EC DLPDU 或许是它所请求的发布者对它响应的 EC DLPDU，或许是某个发布者首先对它发出的。建立连接后，接收者就开始收听来自发布者的数据，即 DT DLPDU。

受调度通信发送方式只能在本网段内发送数据。当发送者与接收者处于不同网段时，要在发布者与网桥、网桥与接收者之间分别建立相关的连接。本网段内发送者的 ECDLPDU 必须发送到接收者的数据链路连接终点；远程连接时，则要发送到转发者如网桥的数据链路连接终点。网桥内包含有一个数据再发布（Republishing）实体，相继重发它所收到的数据。如果网桥作为远程连接的 LAS，则要包含一个相应的调度实体，周期性地向数据链路连接终点发送一个 CD DLPDU。

如果属于非调度通信，网桥则在发布者和接收者之间转送（Forward）EC/CDTDLPDU，而不是再发布。

5.3.6　数据链路时间的同步

链路活动调度器周期性地广播一个时间发布消息 TD（Time Distribution），以便所有的设备都准确地具有相同的数据链路时间。总线上预定的调度通信和用户应用中的预定功能块执行都根据所得到的时间发布信息开始工作，因此链路时间的同步是非常重要的。正是由数据链路层提供精确的控制时序，发布链路调度的绝对开始时间。所有受调度通信、非调度通信和其他应用进程的执行时间，都以其对链路调度绝对开始时间的偏移量来计算。

基金会现场总线为数据链路层规定了以下几种服务类型。

（1）为数据链路服务访问点（DLSAP）的地址、排队、缓冲器提供管理服务。从队列中或缓冲器中读取数据，把数据写入缓冲器。

（2）面向连接的传输服务。建立点对点、一点对多点的连接，采用排队或缓冲器方式传送数据，终止（断开）所建立的连接。

（3）无连接数据传输服务。在无须事先建立连接的条件下，按排队方式传输数据。

（4）时间同步服务。提供与时间源以及对系统管理之间的时间同步。

（5）为本地或远程的数据发布者发布缓冲器提供强制发布服务。在规定的本地数据连接终点强制发布数据；或在远程数据连接终点，与特定的本地 DLCEP 相配合，强制发布数据。

5.4　现场总线访问子层（FAS）

现场总线访问子层（Fieldbus Access Sublayer，FAS）是基金会现场总线通信参考模型中应用层的一个子层。它与总线报文规范层一起构成应用层。

总线访问子层（FAS）位于总线报文规范层（Fieldbus Message Specification，FMS）与数据链路层之间，把 FMS 与数据链路层（DLL）分隔开来，利用数据链路层的受调度通信与非调度通信作用，为总线报文规范层提供服务，对 FMS 和 AP 提供 VCR 的报文传送服务。

在分布式应用系统中，各应用进程之间要利用通信通道传递信息。在应用层中，把这种模型化了的通信通道称为应用关系。应用关系负责在所要求的时间，按规定的通信特性，在两个或多个应用进程之间传送报文。总线访问子层的主要活动是围绕与应用关系相关的服务进行的。

5.4.1 FF 总线的访问子层 FAS 的协议机制

总线访问子层的协议机制划为三层：FAS 服务协议机制 FSPM；应用关系协议机制 ARPM；数据链路层映射协议机制 DMPM。它们之间的相互关系如图 5-13 所示。

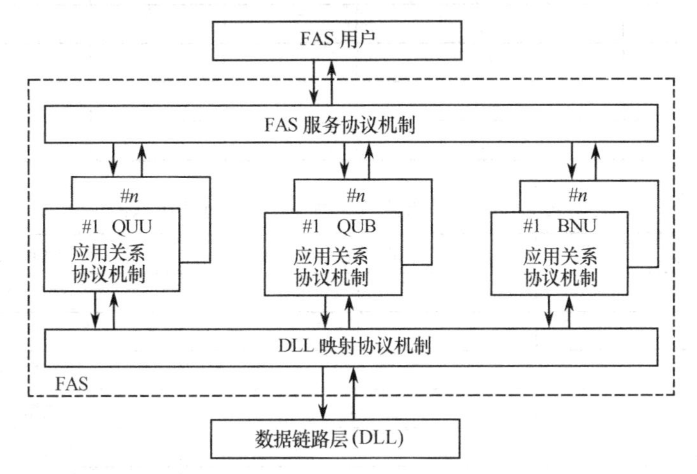

图 5-13 FF 总线访问子层 FAS 的协议分层

总线访问子层的服务协议机制（FAS Service Protocol Machine，FSPM）是 FAS 用户和应用关系端点之间的接口，FAS 用户是指总线报文规范层和功能块应用进程。对所有类型的应用关系端点，其服务协议机制都是公共的，没有任何状态变化。它负责把服务用户发来的信息转换为 FAS 的内部协议格式，并根据应用关系端点参数，为该服务选择一个合适的应用关系协议机制；或者反过来，根据应用关系端点的特征参数，把 FAS 的内部协议格式转换成用户可接受的格式，并传送给 FAS 用户，简而言之，它是对上层的接口。

数据链路层映射协议机制（DLL Mapping Protocol Machine，DMPM）与 FSPM 有点类似，它是对下层即数据链路层的接口。它将来自应用关系协议机制的 FAS 内部协议格式转换成数据链路层 DLL 可接受的服务格式，并送给 DLL；或者将接收到的来自 DLL 的内容，以 FAS 内部协议格式发送给应用关系协议机制 ARPM。

应用关系协议机制（ARPM）是 FAS 层的中心。它描述了应用关系的创建和撤销，以及与远程 ARPM 之间交换协议数据单元 FAS-PDU。它负责接收来自 FSPM 或 DMPM 的内部信息，根据应用关系端点类型和参数生成另外的 FAS 协议信息，并把它发送给 DMPM 或 FSPM。如果是要求建立或撤销应用关系，就试图建立或撤销这个特定的应用关系。

这三层协议机制集成在一起，构成总线访问子层的有机整体。

5.4.2 应用关系端点角色

应用关系端点角色描述了在一个应用进程中，一个端点如何与该应用关系中其他端点相互作用。规定了以下几种应用关系端点角色：客户方、服务器方、平等伙伴、发布方、预订接收方、源方、收存方。将以上各种 AREP 端点角色的服务能力综合于表 5-9。

表 5-10 综述了一个应用关系端点能同时与远程应用关系端点通信的数量。这就意味着，在单一的应用关系中，客户 / 服务器型所允许的通信类型为一对一，即一个客户方对应一个服务器方。发布 / 预订接收型所允许的通信类型为一对多，即一个发布方对零个或多个预订接收方。源方 / 收存方型所允许的通信关系为一对多，即一个源方对零个或多个收存方。

表 5-9　AREP 端点角色的服务能力

AREP 角色	确认的服务请求	确认的确服务响应	非确认服务请求
客户方	发送	接收	无
服务器方	接收	发放	无
发布方	无	无	发送
预订接收方	无	无	接收
源方	无	无	发送
收存方	无	无	接收

表 5-10　应用关系端点与远程端点同时通信的数量

端点角色	同时通信点数	DLL 地址类型
客户方	1	单个数据链路连接端点
服务器方	1	单个数据链路连接端点
平等伙伴	1	单个数据链路连接端点
发布方	≥0	单个数据链路连接端点
预订接收方	1	单个数据链路连接端点
源方	≥0	单个数据链路服务访问端点
收存方	1	单个或成组数据链路服务访问端点

5.4.3　传输路径与策略

经过传输路径（通信通道）把总线访问子层的协议数据单元 FAS-PDU 从一个端点传送到应用关系的另一个端点。它是指在任两个应用关系端点之间发送或者接收 FAS-PDU 的单程通信路径。

如果只发送或只接收 FAS-PDU，称为具有一个传输路径。具有单个传输路径的应用关系称为单向应用关系。

如果发送和接收两者兼有则称为具有两个传输路径。具有两个传输路径的应用关系称为双向应用关系。

（1）触发策略。当 FAS-PDU 由本地数据链路层发送时，规定了两种触发策略，一种为用户触发，另一种为网络调度触发。用户触发的应用关系端点不采用数据链路层调度，当数据链路层收到 FAS-PDU 时，应尽快把它发送出去。这种触发方式不支持后面要谈到的适时性。网络调度触发则不同，它采用了数据链路层的调度作用。通过组态把数据链路层设置为以规定的频率发送 FAS-PDU，而不管其用户何时接收到它们，当本地或远程的 FAS 用户请求本地数据链路层时，就可以把 FAS-PDU 发送到网络上。

（2）传输策略。传输策略是指从发送方到接收方传送 FAS-PDU 的方法。它指明发送 FAS-PDU 的数据链路是按缓冲模式还是排队模式。

如果应用关系端点采用缓冲传输策略，它就用一个新的 FAS-PDU 去更新其缓冲器，替换掉原有内容。这样，如果缓冲器中被替换掉的 FAS-PDU 尚未发送出去，它就被丢失了。如果 FAS 没有修改缓冲器，一个同样的 FAS-PDU 可以被多次读取，也可以被多次发送，而不会毁坏 FAS-PDU 的内容。

如果一个相同的 FAS-PDU 被多次发送，接收者的数据链路层实体就向 FAS 指明，缓冲器被刷新过，但本次刷新是先前数据的复制，与先前的内容相同。FAS 将使它的用户得到这个信息，用户便可判断出所收到的数据的陈旧性。

（3）应用关系端点识别。对源方和收存方应用关系端点来说，本地端点仅通过对远程数据链路服务访问的地址（DLSAP-address）来识别远程 AR 端点。而对客户方、服务器方、平等伙伴及预订接收方端点来说，则是通过远程数据链路连接端点地址（DLCEP-address），识别出远程端点。发布方端点则不知道预订接收方端点。

对“自由”客户和“自由”服务器方 AREP 来说，远程地址是在建立应用关系时动态指定的，而不是组态形成的。“自由”源方和“自由”收存方的 AREP，由 FAS 的协议数据单元提供远程地址。

5.4.4 建立应用关系的方式

连接两个或多个同类 AREP，建立起一个应用关系有下列 3 种方法。

（1）事先设置好。这种方法的特点是当应用过程被连接到网络上时，应用关系端点的内容就建立好了。任何应用关系都可以按这种方法事先设置。

（2）预定义。这种方法的特点是每个端点都知道应用关系的特性，但定义好的内容要求采用 FAS 的相关服务来执行。

（3）动态定义与创建。采用网络管理服务来远程创建应用关系端点，必须为应用关系中所包含的每个 AREP 创建其定义，然后下一步要做的就像预定义要做的一样。

只有客户 / 服务器型应用关系创建会引发总线访问子层协议数据单元 FAS-PDU 的交换。在交换过程中，采用 DLCEP 地址作为客户方 / 服务器方应用关系端点的全局标识，在数据链路服务应用进程的本地节点间传输 FAS-PDU 的内容。

5.4.5 应用关系端点分类

按应用关系端点的综合特性，将 AREP 划分为以下三类端点：

- 排队式、用户触发、单向类 AREP，简称 QUU 类端点；
- 排队式、用户触发、双向类 AREP，简称 QUB 类端点；
- 缓冲式、网络调度、单向类 AREP，简称 BNU 类端点。

（1）QUU 类（Queued User - trissered Unidirectional）端点：这种类型端点所提供的应用关系支持从一个 AP 到零个或多个 AP，按要求排队的非确认服务，源方 / 收存方的相互关系就属于这种。源方端点接收非确认服务请求，将它具体体现在相应的 FAS-PDU 中，并把这个 FAS-PDU 提交给数据链路层。数据链路层按 AREP 的属性定义提供排队的无连接数据传输服务。采用数据链路层提供的同级服务来发送源方端点的所有 FAS-PDU。收存方端点接收从数据链路层来的 FAS-PDU，并按次序递送非确认服务指针，指针按照接收顺次排序。

（2）QUB 类（Queued User - triggered Bidirectional）端点：这种类型端点所提供的应用关系支持两个应用进程之间的确认服务。

客户端点接受确认服务请求，将它具体体现在相应的 FAS-PDU 中，并把这个 FAS-PDU 交给数据链路层。数据链路层按照 AREP 的属性定义，提供排队的、面向连接的数据传输服务。为 AREP 所规定的通信特性决定了如何配置数据链路层。发送所有客户端点的 FAS-PDU 都采用数据链路层提供的相同等级的服务。服务器方端点接收从数据链路层来的 FAS-PDU，并按顺序递送确认的服务指针，指针按照接收的顺次排序。

服务器方端点接受来自用户的确认服务响应，将它具体体现在相应的 FAS-PDU 中，并把 FAS-PDU 交给数据链路层。数据链路层按照端点的属性定义提供有向排队、面向连接的数据传输服务。发送所有服务器方端点的 FAS-PDU 都采用该数据链路层提供的相同等级的服务。

客户方端点接收这个 FAS-PDU 把确认服务传送到与这个端点相关的应用进程，完成这个确认服务。

（3）BNU 类（Buffered Network-scheduled Unidirectional）端点：这种类型端点所提供的应用关系支持对零个或多个应用进程的周期性、缓冲型、非确认的服务，发布方 / 预订接收方间的相互作用就属于这一类。

发布方端点接受非确认的服务请求，把它具体体现在相应的 FAS-PDU 中，并将 FAS-PDU 交给数据链路层。数据链路层按照 AREP 的属性定义，提供缓冲型面向连接的数据传输服务。发送所有来自发布方端点的 FAS-PDU，都采用由数据链路层提供的相同等级的服务。预订接收方端点从数据链路层接收 FAS-PDU，并且按次序递送非确认服务指针，该次序是指与这个端点相关的 AP 的接收次序。

如果含有先前服务请求的 FAS-PDU 被发送之前，发布方端点收到另一个非确认服务请求，先前的 FAS-PDU 将被替代，其结果是先前的 FAS-PDU 将会丢失。与此类似，如果预定接收方的先前一个 FAS-PDU 在它的用户读取之前，收到了另一个 FAS-PDU，新来的 FAS-PDU 将替代先前那个，其结果是先前的 FAS-PDU 就丢失了。

如果发布方在数据链路层发送缓冲区的内容被触发之前，没有收到新的非确认服务，同一个 FAS-PDU 将被再发送。如果预订接收端成功地收到了相同的 FAS-PDU，它会向用户提示，已经收到了重复的 FAS-PDU。

5.4.6 总线访问子层 FAS 的服务及其参数

FAS 为它的更高层协议提供一组服务。这些服务如下。

ASC（Associate）——创建应用关系。

ABT（Abort）——解除应用关系。

DTC（Data Transfer Confirmed）——由用户确认过的数据传输。

DTU（Data Transfer Unconfirmed）——非确认的数据传输。

FCMP（FAS-Compel）——向 DLL 请求发送缓冲区。

GBM（Get-Buffered-Message）——从 DLL 取回一个 FAS 服务数据单元。

FSTS（FAS-status）——向 FAS 用户报告来自 DLL 的事件。

对 FAS 发出服务请求的 FAS 用户被称为请求者。对 FAS 发出服务响应的 FAS 用户被称为响应者。在非确认 FAS 用户服务中，从 FAS 接收服务指针的 FAS 用户被称为接收者。

采用服务原语来表达服务用户与服务提供者之间的相互作用。FAS 服务的相互作用有四种：请求 req、指针 ind、响应 rsp 和确认 cnf。每种服务原语具有自己的参数。

例如，ASC 服务的变量中有三个参数。一个是应用关系端点识别器，它包含有充足的信息局部识别这个应用关系；第二个是数据，这是一个可选参数，它包含有用户数据；第三个是远程 DLCEP 地址，这是一个条件参数。当这个参数出现时，它带有远程 DLCEP 地址。

以下为各种 FAS 服务及其参数。括号内容即为该种服务所具有的参数名称。其中，AREP-Id 指应用关系端点辨识器；Remote-DLCEP-addr 表示远程数据链路连接端点地址；Data 表示数据；Remote-DLSAP-addr 表示远程数据链路服务应用进程地址；FAS-SDU 表示总线访问子层的服务数据单元；Status 为状态；Duplicate-FAS-SDU 表示服务数据单元的复制。

解除应用关系服务，即 ABT 服务有几个与其他服务不同的参数。如 Reason-Code 指明解除应用关系的原因，AdditionalDetail 参数包含了有关解除连接的附加信息，Local-ly-Generated 参数则指明确认服务是在本地端点还在远程端点开始。ID 则表示 FAS 用户的标识码。

5.4.7 总线访问子层 FAS 协议数据单元（FAS-PDU）

总线访问子层协议数据单元（FAS-PDU）由多个 8 位的字节表示。第一个字节为 FAS 头部，主要用于确定 PDU 的类型；后面跟随的是 FAS-PDU 的具体信息内容。头部字节的最高位 b8 为保留位，它在以下几种规定的使用状态下一般被设置为 0，中间的 b3～b7 这五位是协议标识，为 FAS 协议设计的标识只有表 5-11 中的三种，其他数值都是留给其他层协议的。低两位 b1～b2 表明 FAS-PDU 的协议类型名称。

表 5-11 FAS-PDU 头部字节的信息内容

b8 （保留）	b7～b3 协议标识位	b2,b1 类型	FAS-PDU 协议类型名称
0	00000	00	ASC-Req PDU 连接请求
0	00000	01	ASC-Rsp PDU 连接响应
0	00000	10	ASC-Err PDUA 连接出错
0	00000	11	ABT-PDU 解除连接
0	00001	00	DTC-Req PDU 数据传输确认请求
0	00001	01	DTC-Res PDU 数据传输确认响应
0	00001	10	DTU-PDU 非确认数据传输
0	00001	11	保留
0	00010	00-11	保留

位于头部之后的 FAS-PDU 的具体内容：ASC–req PDU 包含有 4 个 8 位字节的全局标识符，它标识出接收或者发送 ASC-Req PDU 的应用关系端点。后面跟 0～n 个 8 位字节的用户数据。

ABT-PDU 包含有 1 个字节的标识符、1 个字节的原因码、0～16 个字节的附加信息。标识符表明了连接解除的开始点，原因码为 FAS 用户提供的解除连接的原因，由每个发出解除服务请求的 FAS 用户来规定这个值。附加信息包含了有关连接解除的细节，它取决于标识符与原因码。用户数据一般为 1～n 个字节，ASC 服务中的用户数据还可为 0 个字节。

5.4.8 数据链路层映射协议机构（DMPM）

上面所讨论的是总线访问子层 FAS 对通信模型上层的协议机构。DMPM 是总线访问子层对模型下层，即数据链路层的协议机构。对所有类型的应用关系端点，DMPM 映射协议机构都是公共的，只是可应用的服务原语不同。

5.5 现场总线报文规范层（FMS）

现场总线报文规范层（Fieldbus Message Specification，FMS）是通信参考模型应用层中的另一个子层。该层描述了用户应用所需要的通信服务、信息格式、行为状态等。它在整个通信模型中的位置及其与其他层的关系如图 5-2 所示。

FMS 提供了一组服务和标准的报文格式。用户应用可采用这种标准格式在总线上相互传递信息，并通过 FMS 服务访问 AP 对象以及它们的对象描述。把对象描述收集在一起，形成对象字典 OD。应用进程中的网络可视对象和相应的 OD 在 FMS 中称为虚拟现场设备 VFD。

FMS 服务在 VCR 端点提供给应用进程。FMS 服务分为确认的和非确认的，确认服务用于操作和控制应用进程对象，如读／写变量值及访问对象字典，它使用客户方／服务器方型VCR；非确认服务用于发布数据或通报事件，发布数据使用发布方／预订接收方 VCR，而通报事件使用报告分发型VCR。

总线报文规范层由以下几个模块组成：虚拟现场设备VFD、对象字典管理、联络关系（上下文）管理、域管理、程序调用管理、变参访问、事件管理。

5.5.1 虚拟现场设备（VFD）

虚拟现场设备VFD（Virtual Field Device）是一个自动化系统的数据和行为的抽象模型。它用于远距离查看对象字典中定义过的本地设备的数据，其基础是VFD对象。VFD对象包含有可由通信用户通过服务使用的所有对象及对象描述。对象描述存放在对象字典中，每个VFD有一个对象描述。因而虚拟现场设备可以看作应用进程的网络可视对象和相应的对象描述的体现。FMS服务没有规定具体的执行接口，它们以一种可用函数的抽象格式出现。

一个典型的虚拟现场设备可有几个VFD，至少应该有两个虚拟现场设备。一个用于网络与系统管理，一个作为功能块应用。它提供对网络管理信息库NMIB和系统管理信息库SMIB的访问。网络管理信息库NMIB包括虚拟通信关系、动态变量、统计。当该设备成为链路主设备时，它还负责链路活动调度器的调度工作。系统管理信息库SMIB的数据包括设备标签、地址信息和对功能块执行的调度。

VFD对象的寻址由虚拟通信关系表（VCRL）中的VCR隐含定义。VFD对象有几个属性，如厂商名、模型名、版本、行规号等，逻辑状态和物理状态属性说明了设备的通信状态及设备总状态；VFD对象列表具体说明它所包含的对象。

VFD支持的服务有三种：Status、Unsolicited Status和Identify。

（1）Status为读取状态服务，后面括号内的服务属性为逻辑状态、物理状态。

（2）Unsolicited Status，设备状态的自发传送服务。

（3）Identify，读VFD识别信息服务，后面括号内的服务属性为厂商名、模型名、版本号。

逻辑状态是指有关该设备的通信能力状态：

0——准备通信状态，所有服务都可正常使用。

2——服务限制数，指某种情况下能支持服务的有限数量。

4——非交互OD装载，如果对象字典处于这种状态，不允许执行Initiate Put OD服务。

5——交互 OD 装载，如果对象字典处于这种状态下，所有的连接服务将被封锁，并将拒绝建立进一步的连接，只有InitiatePutOD服务可以被接收。即可启动对象字典装载。只有在这种连接状态下才允许以下服务：Initiate，Abort，Reject，Status，Identify，PhysRead，Physwrite，Get OD，InitiatePutOD，PutOD，TerminatePutOD。

物理状态则给出了实际设备的大致状态：

0——工作状态。

1——部分工作状态。

2——不工作状态。

3——需要维护状态。

Unsolicited Status是为用户或设备状态的自发传送而采用的服务。它也包括逻辑状态、物理状态及指明本地应用状态的Local Detail。

Identify服务用于读取VFD的识别信息。

FMS的对象描述服务容许用户访问或者改变虚拟现场设备中的对象描述。表5-12中列出了这类服务的服务名称及相应的服务内容。

表 5-12　对象描述服务内容

服务名称	服务内容
GetOD	读取对描述
InitiatePutOD	开始对象描述装载
PutOD	把对象描述装入设备
TerminatePutOD	终止对象描述装载

Innate PutOD • req / md（Conseguence）中的参数表示是否可自由装载 OD（0，自由装载；1，重装载；2，新装载）。可用 PutOD 将对象描述写入 OD，也可用 PutOD 服务删除对象描述。

5.5.2　联络关系管理

联络关系管理包含有关 VCR 的约定。一个 VCR 由静态部分和动态部分组成，静态属性如静态 VCR ID、FMS VFD ID 等；动态属性如动态 VCR ID、FMS State 等。每个 VCR 变化对象，在收到一确认性服务时，创建变化对象，在相应的响应发送后被删除，它由静态 VCR ID 和 Invoke ID 结合起来识别。

联络关系管理服务有：Initiate（开始连接），是一个确认性服务；Abort（解除存在的 VCR），是非确认性服务；Reject（FMS 拒绝不正确的 PDU）。服务可用于开始和取消虚拟通信关系，并可决定虚拟现场设备的状态。其服务名称及相应的服务内容如表 5-13 所示。

在本节所提到的各类 FMS 服务内容表中，除了少数特殊注明者外，其余的大部分 FMS 服务都采用客户 / 服务器型虚拟通信关系。各表中未标明符号者，即为采用客户 / 服务器型虚拟通信关系，其他所采用的标注说明如下。

（1）#：可采用全部三种虚拟通信关系。

（2）*：采用报告分发型虚拟通信关系。

（3）～：采用发布/预定接收型虚拟通信关系。

表 5-13　链路关系管理服务内容

服务名称	服务内容
Initiate	开始通信关系#
Abort	取消通信关系#
Reject	拒绝不可能的服务

5.5.3　变量访问对象及其服务

变量访问对象在静态对象字典（S-OD）中定义，是不可删除的。这些对象有物理访问对象、简单变量、数组、记录、变量表及数据类型对象、数据结构说明对象等。

简单变量是由其数据类型定义的单个变量，它存放于 S-OD 中；数组是一结构性的变量，在 S-OD 中静态地存放；它的所有元素都有相同的数据结构；记录是由不同数据类型的简单变量组成的集合，对应一个数据结构定义。

变量表是上述变量对象的一个集合，其对象说明包含来自 S-OD 的 Simple Variable，Array，Record 的一个索引表。一个变量表可由 DefineVariableList 服务创建，或由 DeleteVariableList

服务删除。

变量及变量表对象支持读、写、信息报告、带类型读/写、带类型信息报告等服务。

变量访问服务采用发布 / 预定接收或报告分发型虚拟通信关系。用于访问或改变与对象描述相关的变量。表 5-14 中列出了这类服务的服务名称及相应的服务内容。

表 5-14　变量访问服务内容

服务名称	服务内容
Read	读取变量
Write	写变量
ReadWithType	读取变量及其类型
WriteWithType	写变量及其类型
PhysRead	读取存储区域
PhysWrite	写存储区域
Information	报告数据*；发布数据～
InformationReportWithType	报告数据及其类型*；发布数据及其类型～
DefineVariableList	定义变量表
DeleteVariableList	删除变量表

5.5.4　事件服务

事件（Event）是为从一设备向另外的设备发送重要报文而定义的。由 FMS 使用者监测导致事件发生的条件，当条件发生时，该应用程序激活事件通知服务，并由使用者确认。

相应的事件服务有事件通知、确认事件通知、事件条件监测、带有事件类型的事件通知。事件服务采用报告分发型虚拟通信关系，用于报告事件与管理事件处理。事件服务内容如表 5-15 所示。

表 5-15　事件服务内容

服 务 名 称	服 务 内 容
EventNotification	报告事件*
EventNotificationWithType	报告事件与事件类型*
AcknowledgeEventNotification	确认事件
AlterEventConditionMonitoring	许可/不许可事件监视

5.5.5　“域”（Domain）上载/下载服务

域即一部分存储区，可包含程序和数据，它是“字节串”类型。域的最大字节数在 OD 中定义。属性有名称、数字标识，口令、访问组、访问权限、本地地址、域状态等。

FMS 服务容许用户应用在一个远程设备中上载或下载“域”。上载指从现场设备中读取数据，下载指向现场设备发送或装入数据。对一些如可编程控制器等的较为复杂的设备来说，往往需要跨越总线远程上载或下载一些数据与程序。表 5-16 中列出了这类服务的服务名称及相应的服务内容。

表 5-16　上载/下载服务内容

服务名称	服务内容
EventNotification	报告事件*
EventNotificationWithType	报告事件与事件类型*
AcknowledgeEventNotification	确认事件
AlterEventConditionMontoring	许可/不许可事件监视
TerminateUploadSequence	停止上载
RequestDomainDownload	要求下载
InitiateDownloadSequence	打开下载；初始化下载
DownloadSegment	传送下载数据块，向设备发送数据
TerminateDownloadSequence	停止下载

5.5.6　程序调用服务

FMS 规范规定，一定种类的对象具有一定的行为规则。一个远程设备能够控制在现场总线上的另一设备中的程序状态。图 5-14 就表达了一些程序调用对象的简单行为，即通过该类对象的服务实现程序调用对象的状态转换。例如，远程设备可以利用 FMS 服务中的创建（Create）程序调用，把非存在状态改变为空闲状态，也可以利用 FMS 中的启动（Start）服务把空闲状态改变为运行状态等。

程序调用 PI（Program Invocation）服务允许远程控制一个设备中的程序状态。设备可以采用下载服务把一个程序下载到另一个设备的某个域，然后通过发布 PI 服务请求远程操纵该程序。它所提供的服务将域连接为一个程序，并启动、停止或删除它。一个程序调用由一个 DP-OD 条目定义。PI 对象可以预定义或在线定义，对象字典刷新装载时，所有 PI 被删除。

除名字、口令、访问组、访问权限等外，还有 Deletable（1—可删除；0—不可删除）、Reusable（1—可重用；0—不可重用），以及域的目录表（第一个域需包含一可执行程序）。

PI 服务有 PI 的创建、删除、启动、停止、恢复、复位、废止。

5.5.7　FMS 协议数据单元及其编码

FMS PDU 由固定部分（一般为 3 个字节）和一个可变长度部分组成。固定部分包括：第一标识信息 First ID Info，用于描述服务类型、确认性请求 PDU、确认性响应 PDU、非确认性 PDU 等，是一个可选项（CHOICE）；一个字节的 Invoke ID 用于激活标识；一个字节的 Second ID Info，为第二标识信息，以进一步识别该 PDU，如确认性请求中的读、写等。

FMS PDU 是通过显式地插入标识信息（ID）或隐式地约定构成，结构如图 5-15 所示。其中 a 表示了在协议数据单元中显式地插入标识信息，b 则表示隐式约定而不加入标识信息的情况。如果从协议数据单元中的位置隐式地了解到用户数据的语义，而且用户数据的长度固定的话，则不加入标识信息。

标识信息 ID Info 由 P/C 标识、标签号及长度组成，如图 5-16（a）所示。其中 ID Info 一般为一个字节，需要时可扩展。ID Info 的最高位 b8 位，即 P / C（Primitive / constructed）标识出数据是简单元素还是结构元素；该位为 0 表示为简单元素，该位为 1 表示为结构元素。

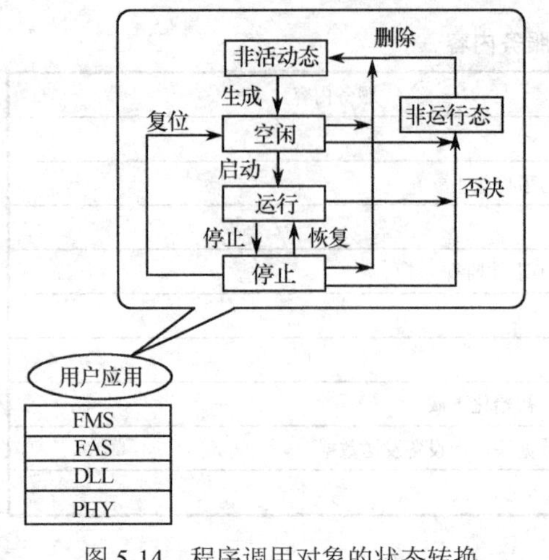

图 5-14　程序调用对象的状态转换

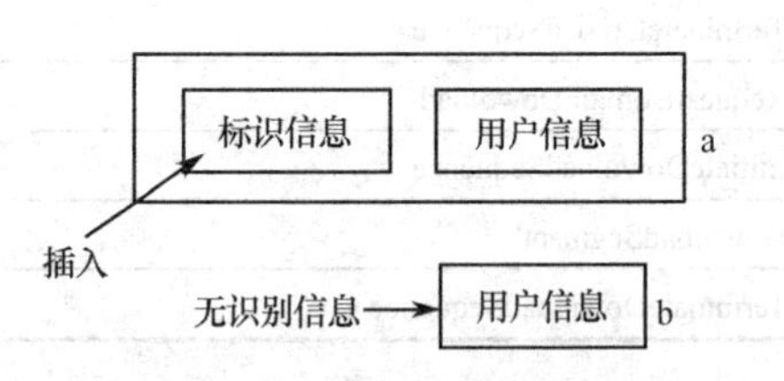

图 5-15　FMS PDU 中的标识信息

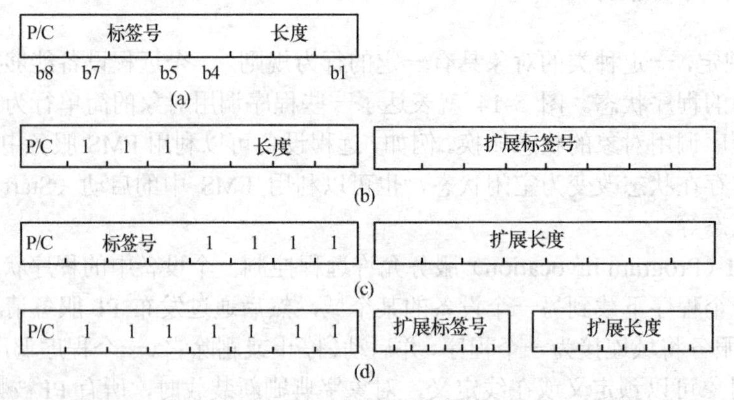

图 5-16　标识信息编码

标签号 tag 说明服务类型，占该字节的 b5～b7 位。它的取值范围为 1～6 时，分别表示为确认请求、确认响应、出错确认、非确认 PDU、拒绝 PDU、初始化 PDU。当它取值为 7 时，表示标签号扩展为一个字节，即可取值 0～255，紧随其后的一个字节即为标签号扩展字节。如图 5-16（b）所示。

Length 表示长度，即简单元素的字节数或结构元素所含的元素（可以是简单元素或结构元素）的个数，取值从 0～14。取值为 15 时，表示可扩展一个字节，即最大为 255。扩展的字节紧随其后，如图 5-16（c）所示。

如果标签号小于 6、长度值为 0～14 时，标识信息由一个字节组成，如图 5-16（a）所示；如果标签号为 7～255、长度值为 0～14 时，标识信息由两个字节组成，如图 5-16（b）所示；如果标签号小于 6、长度值为 15～255 时，标识信息也由两个字节组成，如图 5-16（c）所示。如果标签号为 7～255、长度值为 15～255 时，标识信息可如图 5-16（d）那样扩展为三个字节。

简单元素（布尔值、整型数、时间值等）的编码较简单，如布尔值占一个字节，全 0 表示假，全 1（FF）表示真。结构元素有 SEQUENCE（可看成一个记录），SEQUENCE OF（可看成一个数组）及 CHOICE（一组可选项的一个选项）三种结构。

5.5.8　FMS 的信息格式

FMS 准确的信息格式由一种正式的抽象语法表示语言 ASNI（Abstract Syntax Notation）规

定。ASNI 由国际电报电话咨询委员会 CCITT 早在 20 世纪 80 年代就开发并作为 CCITT 邮件标准化行为的一部分。规范访问与子目录发生在 SEQUENCE 内。规范访问在 CHOICE 内，或者采用目录或者采用名称来访问变量。子目录是 OPTIONAL，使用它只是要选择个别元素或者记录变量。括号 [ ] 中的数字实际上是用于辨认编码信息中地域的一种编号。

5.5.9 FMS 的启动

接通电源或 FMS 复位后，FMS 通过应用层管理实体启动。成功地启动之后，要进行读取操作，还应该满足的条件是：存在 VCR 列表的静态部分；VCR 列表有充足的动态资源可用。满足上述条件之后，FMS 将进入工作状态并可以接受建立连接的请求或数据传输请求。

虚拟的通信关系的动态部分资源由 FMS 修订。

5.6 网络管理

为了在设备的通信模型中把第二层至第七层，即数据链路层至应用层的通信协议集成起来，并监督其运行，现场总线基金会采用网络管理代理（Network Management Agent，NMA），网络管理者（Network Manager，NMgr）工作模式。网络管理者实体在相应的网络管理代理的协同下，完成网络的通信管理。

5.6.1 网络管理者与网络管理代理

网络管理者按系统管理者的规定，负责维护网络运行。网络管理者监视每个设备中通信栈的状态。在系统运行需要或系统管理者指示时，执行某个动作。网络管理者通过处理由网络管理代理生成的报告，来完成其任务。它指挥网络管理代理，通过 FMS，执行它所要求的任务。一个设备内部网络管理与系统管理的相互作用属本地行为，但网络管理者与系统管理者之间的关系涉及系统构成。

网络管理者 NMgr 实体指导网络管理代理 NMA 运行，由 NMgr 向 NMA 发出指示，而 NMA 对它做出响应，NMA 也可在一些重要的事件或状态发生时通知 NMgr。每个现场总线网络至少有一个网络管理者。

每个设备都有一个网络管理代理 NMA，负责管理其通信栈。通过网络管理代理支持组态管理、运行管理、监视判断通信差错。网络管理代理利用组态管理设置通信栈内的参数，选择工作方式与内容，监视判断有无通信差错。在工作期间，它可以观察、分析设备通信的状况，如果判断出有问题，需要改进或者改变设备间的通信，就可以在设备一直工作的同时实现重新组态。是否重新组态则取决于它与其他设备间的通信是否已经中断。组态信息、运行信息、出错信息尽管大部分实际上驻留在通信栈内，但都包含在网络管理信息库（NMIB）中。

网络管理负责以下工作。

（1）下载虚拟通信关系表 VCRL 或表中某个单一条目。

（2）对通信栈组态。

（3）下载链路活动调度表 LAS。

（4）运行性能监视。

（5）差错判断监视。

NMA 是一个设备应用进程，它由一个 FMS VFD 模型表示。在 NMA VFD 中的对象是关于通信栈整体或各层管理实体（LME）的信息。这些网络管理对象集合在网络管理信息库

(NMIB)中，可由NMgr使用一些FMS服务，通过与NMA建立VCR进行访问。NMgr和NMA及被管理对象间的相互作用如图5-17所示。

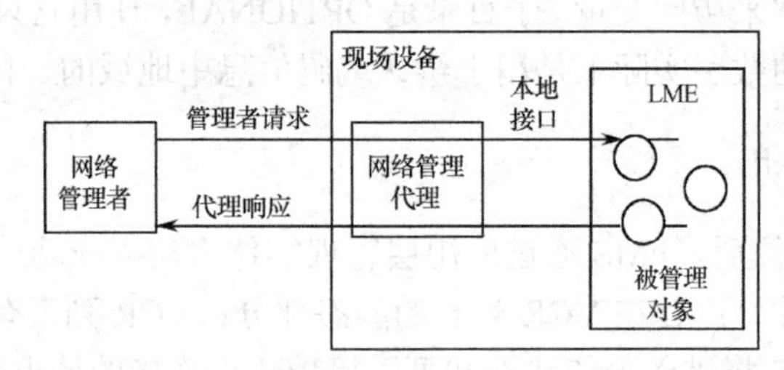

图5-17 网络管理者、被管理对象、网络管理代理之间的相互作用关系

人们为网络管理者与它的网络管理代理之间的通信规定了标准虚拟通信关系。网络管理者与它的网络管理代理之间的虚拟通信关系总是VCR表中的第一个虚拟通信关系。它提供了可用时间、排队式、用户触发、双向的网络访问。网络管理代理VCR，以含有NMA的所有设备都熟知的数据链路连接端点地址的形式，存在于含有NMA的所有设备中，要求所有的NMA都支持这个VCR。通过其他VCR，也可以访问NMA，但只允许通过那些VCR进行监视。

网络管理信息库NMIB（Network Management Information Base）是网络管理的重要组成部分之一，它是被管理变量的集合。包含了设备通信系统中组态、运行、差错管理的相关信息。网络管理信息库NMIB与系统管理信息库SMIB结合在一起，成为设备内部访问管理信息的中心。网络管理信息库的内容是借助虚拟现场设备管理和对象字典来描述的。

5.6.2 网络管理代理的虚拟现场设备

网络管理代理的虚拟现场设备（NMA VFD）是网络上可以看到的网络管理代理，或者说是由FMS看到的网络管理代理。NMA VFD运用FMS服务，使得NMA可以穿越网络进行访问。

NMA VFD的属性有厂商名称、模块名称、版本号、行规号、逻辑状态、物理状态及VFD专有对象表。前三个由制造商规定并输入。NMA VFD的行规号为0X4D47，即网络管理英文字头M的代码。逻辑状态、物理状态属于网络运行的动态数据。VFD专有对象是指NMA索引对象。NMA索引对象是NMIB中对象的逻辑映射，它作为一个FMS数组对象定义。

NMA VFD像其他虚拟现场设备那样，具有它所包含的所有对象的对象描述，并形成对象字典。也像其他对象字典那样，它把对象字典本身作为一个对象进行描述。NMAVFD对象字典的对象描述是NMA VFD对象字典中的条目0。其内容有标识号、存储属性（ROM / RAM）、名称长度、所支持的访问保护，对象字典版本、本地地址、对象字典静态条目长度、第一个索引对象目录号等。

网络管理代理索引对象是包含在NMIB中的一组逻辑对象。每个索引对象包含了要访问的由NMA管理的对象所必需的信息。通信行规、设备行规、制造商都可以规定NMA VFD中所含有的网络可访问对象。这些附加对象收容在对象字典里，并为它们增加索引，通过索引指向这些对象，要确保被增加的对象定义不会受底层的管理互操作的影响，即所规定的对象属性、数据类型不会被改变、替换或删除。

NMA索引对象被规定为FMS数组对象。NMA标准索引总是由第二个S-OD条目描述。当存在N个索引对象时，它们分别由对象字典中前N个连贯的S-OD条目引导。数字N被作为索引对象数组中的一个值。数组内包括的内容有数字标识号、数据类型目录号、元素长度、元素数量、访问组、访问权、密码、本地地址等。

索引对象数组在逻辑上被分为标题（头）和一组指针，指针指向三类对象：FMS 单对象、复合对象、复合列表对象。复合对象是两个或多个具有连贯对象指针的 FMS 单对象组成的复合组，组内对象具有不同的 FMS 对象类型。索引提供的指针指向组内第一个对象，即指向具有最低对象目录号的对象。复合列表对象是一组相关的、连贯的索引条目。每个都指向同类型的复合对象。

5.6.3 NMA 对象与相应的对象服务

NMA 可以表示为多个复合对象，复合对象用类模型定义，所采用的模型类型如表 5-17 所示。

表 5-17 NMA 复合对象模型类型

类（Calss）	说 明	属性（Attribute）举例
StackManagement	栈管理代理实体的共同特性	Fas 类型及角色，DLsap/DLcep 最大地址
Vcrlist	VCR 表类	VCRL 控制变量（控制其下载）
VcrListCharactistics	VCR 表作为一个整体的属性	版本，最大条目数，动态标识
VcrStaticEntry	VCR 的静态部分的管理对象	Fas 角色、AR 类型，FmsVFD 标识
VcrDynamicEntry	VCR 的动态部分的管理对象	Fms 状态，Fas 状态
VcrStatisticsEntry	VCR 的统计管理对象	Dll 发送 PDUs 数，Fas 放弃的最近理由
DlmeBasic	基本的数据链路层管理实体	
DlmeBasicCharactistics	Dlme 基本的特性	版本，DL 运行功能类（Basic/LM/Bridge）
DlmeBasicInfo	Dlme 基本信息	节点地址，链路地址
DlmeBasicStatistics	Dlme 基本的统计信息	发送 DLPDU 数，完好接收的 DLPDU 数
DlmeLinkMaster	Dlme 链路主设备类	LM 功能变量活动表数组，最大令牌时间
DlmeLinkMasterInfo	LM 信息	定义的令牌持有时间，时间分配区间
DimeLinkMasterStatistics	LM 统计信息	LAS 角色代表
LastValue	最后值	帧控制字节，地址子域，OD 目录最后值
DlmeLinkScheduleLlist	链路调度表特性	调度表域（Domain）列表，调试表活动变量
LinkScheduleList Characteristics	调度表列表特性	调度表数，活动调度表版本
DlmeScheduleDescriptor	调度表描述	版本、循环期、时间分辨率
PlmeBasic	物理层和介质的管理	通道状态变量（是否使用，介质状态等）
PlmeBasicCharactistics	Plme 的基本特性	介质及传输率，支持的通道，供电方式
PlmeBasicInfo	Plme 的基本信息	接口方式，优先接收通道，发送通道许可
MmewireStatistics	（线）媒体管理实体统计记录	通道数，送/收报文总数，差错总数

不同的网络管理对象使用各自相应的 FMS 服务：NMA VFD 的属性由 FMS Identify 服务读取，NMA VFD OD 由 GetOD 和 Put OD 访问；而 NM 索引对象及其他具体管理对象支持 FMS Read 和 FMS Write 两种服务访问。

5.6.4 通信实体

现场总线通信实体如图 5-18 所示，通信实体包含物理层、数据链路层、现场总线访问子层和现场总线信息规范层直至用户层，占据了通信模型的大部分地区，是通信模型的重要组成部分。设备的通信实体由各层的协议和网络管理代理共同组成，通信栈是其中的核心。通信实体所包含的内容，可以看作是对本章前述各节内容的总结。

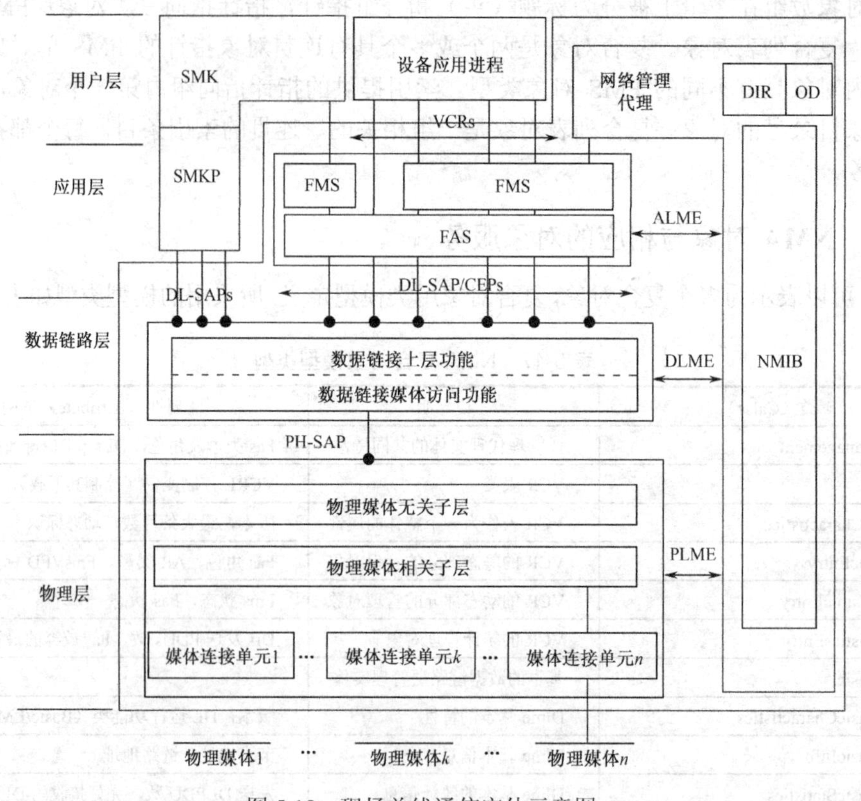

图 5-18　现场总线通信实体示意图

图中的层管理实体 LMEs 提供对一层协议的管理能力。FMS、FAS、DLL、物理层都有自己的层管理实体。层管理实体向网络管理代理提供对协议被管理对象的本地接口。网络层管理实体及其对象的全部访问，都是通过 NMA 进行的。

图中的 PH-SAP 为物理层服务访问点；DL-SAP 为数据链路服务访问点；DL-CEP 为数据链路连接端点。它们是构成层间虚拟通信关系的接口端点。

层协议的基本目标是提供虚拟通信关系。FMS 提供 VCR 应用报文服务，如变量读、写。不过，有些设备可以不用 FMS，而直接访问 FAS。系统管理内核除采用 FMS 服务外，还可在经过系统管理内核协议直接访问数据链路层。

FAS 对 FMS 和应用进程提供 VCR 报文传送服务，把这些服务映射到数据链路层。FAS 提供 VCR 端点对数据链路层的访问，为运用数据链路层提供了一种辅助方式。在 FAS 中还规定了 VCR 端点的数据联络能力。

数据链路层为系统管理内核协议和总线访问子层访问总线媒体提供服务。访问通过链路活动调度器进行，访问可以是周期性的，也可是非周期的。数据链路层的操作被分成两层，一层提供对总线的访问，一层用于控制数据链路用户之间的数据传输。

物理层是传输数据信号的物理媒体与现场设备之间的接口。它为数据链路层提供了独立于物理媒体种类的接收与发送能力。它由媒体连接单元、媒体相关子层、媒体无关子层组成。

由各层协议、各层管理实体和网络管理代理组成的通信实体协同工作，共同承担网络通信任务。

在相应软硬件开发的过程中，往往把除去最下端的物理层和最上端的用户层之后的中间部分作为一个整体，统称为通信栈（Communication Stack）。

5.7 系统管理

5.7.1 系统管理概述

每个设备中都有系统管理实体。该实体由用户应用和系统管理内核（System Management Kernel，SMK）组成。系统管理内核 SMK 可看成一种特殊的应用进程 AP。从它在通信模型中的位置可以看出，系统管理是通过集成多层的协议与功能而完成的。

系统管理用以协调分布式现场总线系统中各设备的运行。基金会现场总线采用管理员 / 代理者模式（SMgr / SMK），每个设备的系统管理内核（SMK）承担代理者角色，对从系统管理者（SMgr）实体收到的指示做出响应。系统管理可以全部包含在一个设备中，也可以分布在多个设备之间。

系统管理内核使该设备具备与网络上其他设备进行互操作的基础。图 5-19 为系统管理内核的框图。在一个设备内部，系统管理内核与网络管理代理和设备应用进程之间的相互作用属于本地作用。

系统管理内核是一个设备管理实体。它负责网络协调和执行功能的同步。SMK 采用两个协议进行通信，即 FMS 和 SMKP。为加强网络各项功能的协调与同步，使用了系统管理员 / 代理者模式。在这一模式中，每个设备的系统管理内核承担了代理者的任务并响应来自系统管理员实体的指示。系统管理内核协议 SMKP（SMK Protocol）就是用以实现管理员和代理者之间的通信的。系统管理操作的信息被组织为对象，存放在系统管理信息库（SMIB）中，从网络的角度来看，SMIB 属于管理虚拟设备（Management Virtual Field Device，MVFD），这使得 SMIB 对象可以通过 FMS 服务进行访问（如读/写），MVFD 与网络管理代理共享。

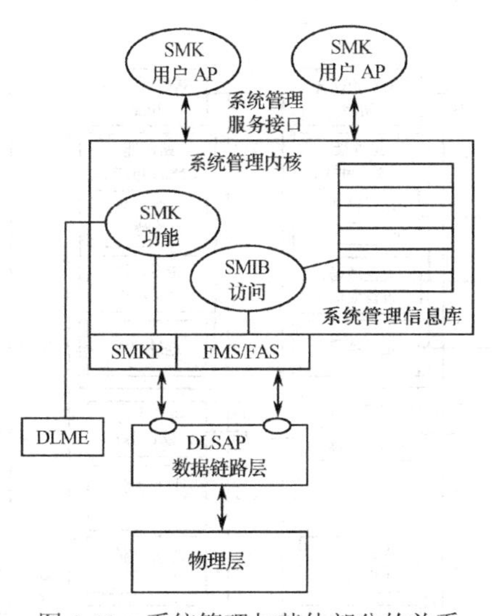

图 5-19 系统管理与其他部分的关系

系统管理内核的作用之一是要把基本系统的组态信息置入到系统管理信息库中。采用专门的系统组态设备，如手持编程器，通过标准的现场总线接口，把系统信息置入到系统管理信息库。组态可以离线进行，也可以在网络上在线进行。

SMK 采用了两种通信协议，即 FMS 与 SMKP（系统管理内核协议），FMS 用于访问 SMIB，

SMKP 用于实现 SMK 的其他功能。为执行其功能，系统管理内核 SMK 必须与通信系统和设备中的应用相联系。

系统管理内核除了使用某些数据链路层服务之外，还运用 FMS 的功能来提供对系统管理信息库 SMIB 的访问。设备中的 SMK 采用与网络管理代理共享的 VFD 模式。采用应用层服务可以访问 SMIB 对象。

在地址分配过程中，系统管理必须与数据链路管理实体（Data Link Manage-Ment Entity，DLME）相联系。系统管理 SM 和 DLME 的界面是本地生成的。

系统管理内核与数据链路层有着密切联系。它直接访问数据链路层，以执行其功能。这些功能由专门的数据链路服务访问点（Data Link Layer Service Access Point，DLSAP）来提供。DLSAP 地址保留在数据链路层。

系统管理内核 SMK 采用系统管理内核协议（SMKP）与远程 SMK 通信。这种通信应用有两种标准数据链路地址。一个是单地址，该地址唯一地对应了一个特殊设备的 SMK；另一个是链路的本地组地址，它表明了在一次链接中要通信的所有设备的 SMK。SMKP 采用无连接方式的数据链接服务和数据链路单元数据（Unit Data，DL）。而 SMK 则采用数据链路时间（DL-time）服务来支持应用时钟同步和功能块调度。

从系统管理内核与用户应用的联系来看，系统管理支持节点地址分配、应用服务调度、应用时钟同步和应用进程位号的地址解析。系统管理内核通过上述服务使用户应用得到这些功能。图 5-20 表明了 SMK 所具备的用于支持这些联系的组成模块与结构关系。它可以作为服务器或响应者工作，也可以作为客户端工作，为设备应用提供服务界面。本地 SMK 和远程 SMK 相互作用时，本地 SMK 可以起到服务器的作用，满足各种服务请求。

从图 5-20 中可以看到，系统管理内核（SMK）为设备的网络操作提供多种服务：访问系统管理信息库；分配设备位号与地址；进行设备辨认；定位远程设备与对象；进行时钟同步、功能块调度等。

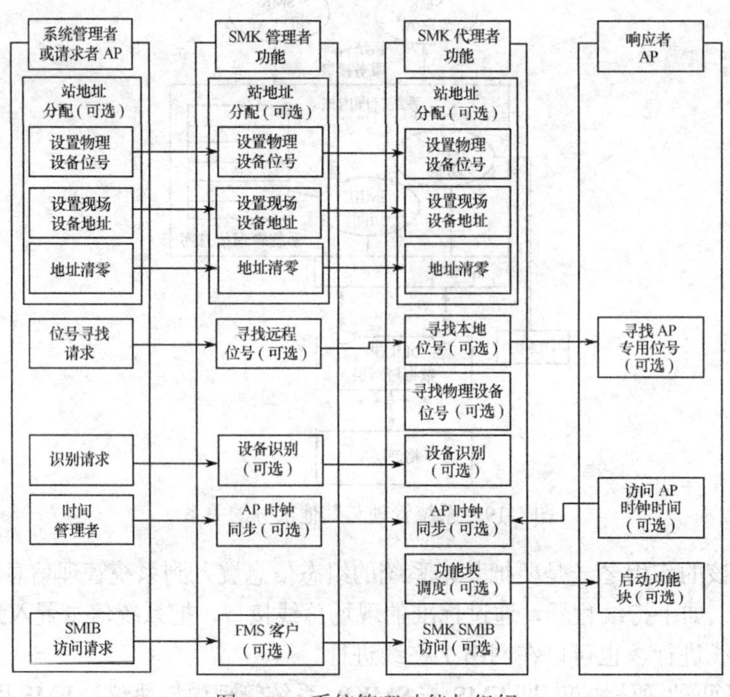

图 5-20　系统管理功能与组织

5.7.2 系统管理的作用

系统管理可完成现场设备的地址分配、寻找应用位号、实现应用时钟的同步、功能块列表、设备识别以及对系统管理信息库 SMIB 的访问等功能。

1．现场设备地址分配

现场设备地址分配应保证现场总线网络上的每个设备只对应唯一的一个节点地址。首先给未初始化设备离线地分配一个物理设备位号，然后使设备进入初始化状态。设备在初始化状态下并没有被分配节点地址，但能附属于网络。一旦处于网络之上，组态设备就会发现该新设备并根据它的物理设备位号给它分配节点地址。

2．寻找应用位号

以位号标识的对象有物理设备（PD）、虚拟现场设备（VFD）、功能块（FB）和功能块参数。现场总线系统管理允许查询由位号标识的对象，包含此对象的设备将返回一个响应值，其中包括有对象字典目录和此对象的虚拟通信关系表。此外，必要时还允许采用位号与其他特定应用对象发生联系。该功能还允许正在请求的用户应用决定，是否复制已存在于现场总线系统中的位号。

3．应用时钟同步

SMK 提供网络应用时钟的同步机制。由时间发布者的 SMK 负责应用时钟时间与存在于数据链路层中的链路调度时间之间的联系，以实现应用时钟同步。基金会现场总线支持存在冗余的时间发布者。为了解决冲突，它利用协议规则来决定哪个时间发布者起作用。

SMK 没有采用应用时钟来支持它的任何功能。每个设备都将应用时钟作为独立于现场总线数据链路时钟而运行的单个时钟，或者说，应用时钟时间可按需要，由数据链路时钟计算而得到。

4．功能块调度

SMK 代理的功能块调度功能，运用存储于 SMIB 中的功能块调度，告知用户应用该执行的功能块，或其他可调度的应用任务。

这种调度按被称为宏周期的功能块重复执行。宏周期起点被指定为链路调度时间。所规定的功能块起始时间是相对于宏周期起点的时间偏移量。通过这条信息和当前的链路调度时间 LS-time，SMK 就能决定何时向用户应用发出执行功能块的命令。

功能块调度必须与链路活动调度器中使用的调度相协调。允许功能块的执行与 I/O 数据的传送同步。

5．设备识别

现场总线网络的设备识别通过物理设备位号和设备 ID 来进行。系统管理还可以通过 FMS 服务访问 SMIB，实现设备的组态与故障诊断。

5.7.3 系统管理信息库（SMIB）及其访问

把控制系统管理操作的信息组织成对象存储起来，形成系统管理信息库。每个系统管理内核中只有一个系统管理信息库。SMIB 包含了现场总线系统的主要组态和操作参数。

（1）设备 ID：该数字唯一地标识了一台设备，它可由制造商设置。

（2）物理设备位号：该位号由用户分配，以标明系统中现场设备的作用。

（3）虚拟现场设备表：该列表为每一个所支持的虚拟现场设备提供注释和名称。

（4）时间对象：该对象包含了现在的应用时钟时间和它的分配参数。

（5）调度对象：该对象包含了设备中各任务（功能块）间协调合作的调度信息。

（6）组态方式 / 状态：它包含了支配系统管理状态和控制标志。

表 5-18 列出了系统管理信息库所包含的对象。

表 5-18　系统管理信息库内的对象

SMIB 对象	说　明	数据类型/结构	FMS 服务
ManagementVFD	管理 VFD	VFD	/
SMIB OD Description	SMIB 对象字典描述	OD 对象说明	/
VFD-REF-ENTRY	VFD 指针表条目	数据结构	/
VFD-START-ENTRY	VFD 功能块启动调度条目	数据结构	/
SMIB Directory Object	SMIB 索引对象	数组	读
SM-SUPPORT	设备 SMK 所支持的特性	BitString	读
T1	SM 单步计时器（以 1/32ms）	Unsigned32	读
T2	SM 设地址序列计时器	Unsigned32	读
T3	设地址等待计时器	Unsigned32	读
CURRENT-TIME	当前应用时钟时间	时间值	读
LOCAL-ATIME-DIFF	计算本地时间与当前时钟差	Intger32	读
AP-Clk-Syn-Interval	时间报文发布间隔（S）	Unsigned8	读/写
TIME-LAST-RCVD	含最近时钟报文的应用时钟	时间值	读/写
Pri-Ap-Time-PUB	本链路主时间发布者节点地址	Unsigned8	读/写
Time-Pubilisher-Addr	发出最近时间报文的设备节点地址	Unsigned32	读/写
Macro Cycle-Duration	宏周期时间（以 1/32ms）	Unsigned32	读
DEV-ID	设备的唯一标识（按 Profile 格式）	VisibleString	读
PD-TAG	物理设备位号	VisibleString	读/写
Operational-Powerup	该值控制 SMK 上电状态	布尔值	读
Version-Of-Schedule	调度表版本号	Unsigned16	读

SMIB 包含系统管理对象。从网络角度来看，SMIB 可看成虚拟现场设备管理 FMS 提供对它的远程应用访问服务，以进行诊断和组态。运用 FMS 应用层服务如读、写等来访问 SMIB 对象。VFD 管理与设备的网络管理代理共享，它也提供对网络管理代理（NMA）对象的访问。SMIB 中包含有网络可视的 SMK 信息。

采用 FMS 服务来访问 SMIB。无论在网络操作之前还是在操作过程中，都允许设备的系统管理访问 SMIB，也允许远程应用从设备中得到管理信息。在虚拟现场设备 VFD 的对象字典 OD 中定义了 SMIB。系统管理规范中指明了哪个信息是可写的，哪个信息是只读的。可利用系统管理内核协议（SMKP）访问这类信息。系统管理内核还可使本地应用进程通过本地接口得到系统管理信息库的信息。

5.7.4 系统管理内核（SMK）状态

现场设备中的 SMK 在网络上可充分运行之前要经过三个主要状态。

1. 未初始化状态（Uninitialized）

在未初始化状态下，设备既没有物理设备位号又没有组态主管分配的节点地址，只能通过系统管理来访问设备，只允许系统管理功能来识别设备以及为设备分配物理设备位号。

2. 初始化状态（Initialized）

在初始化状态下，设备有正确的物理设备位号，但未被分配节点地址。准备采用默认的系统管理节点地址使设备挂接到网络上。在该状态下，除了系统管理服务之外不提供任何别的服务。而所提供的系统管理服务也只有分配节点地址、消除物理设备位号和识别设备。

3. 系统管理工作状态（SM-Operational）

该状态下设备既有物理设备位号又有了已分配给它的节点地址。一旦进入这一状态，设备的网络管理代理便启动应用层协议，允许跨越网络进行通信。为了使设备完全可操作，可能需要更进一步的网络管理组态和应用组态。

如果 SMIB 中 Operational-Powerup 布尔值为真，则 SMK 上电 / 复位时处于系统管理工作状态，若假，则处于未初始化状态。SMK 只在系统管理工作状态下才能执行应用时钟同步功能。也只有在这个状态下才允许 FMS 访问 SMIB。

5.7.5 系统管理服务和作用过程

图 5-21 表示了系统管理内核及其所提供的服务的作用过程。从图中可以看到，它所提供的主要服务有地址分配、设备识别、定位服务、应用时钟同步、功能块调度。

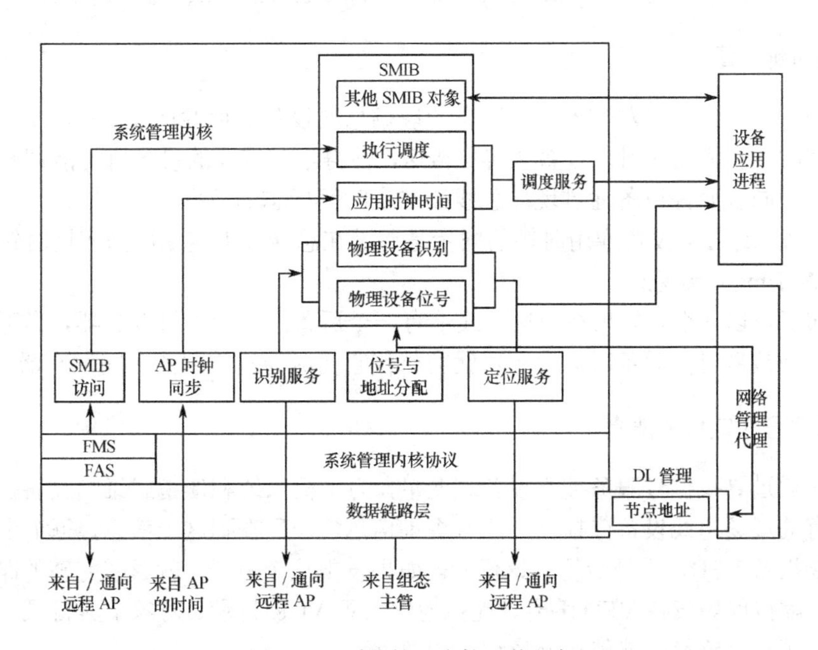

图 5-21 系统管理内核及其服务

1．设备地址分配

每个现场总线设备都必须有一个唯一的网络地址和物理设备位号。通过系统管理自动实现网络地址分配。为一个新设备分配网络地址的步骤如下。

（1）通过组态设备分配给这个新设备一个物理设备位号。这个工作可以“离线”实现，也可以通过特殊的默认网络地址“在线”实现。

（2）系统管理采用默认网络地址询问该设备的物理设备位号，并采用该物理设备位号在组态表内寻找新的网络地址。然后，系统管理给该设备发送一个特殊的地址设置信息，迫使这个设备移至这个新的网络地址。

（3）对进入网络的所有的设备都按默认地址重复上述步骤。

物理位号的设定和清除由组态设备使用SET_PD_TAG服务实现，现场设备接收Set_PD Tag. req（PD_Tag，Addr，Dev_ID，Clear）请求时，若布尔值Clear为真，则清除位号；为假，则设置位号，由Set_PD_Tag. cnf（＋）（）及St_PD_Tag. cnf（－）（Reason Code）确认，理由代码是服务失败原因的编码。

节点地址的设定采用SET_ADDRESS服务：主站组态设备发出Set Address. req（PD_Tag，Addr，AP Clk Syn_Inteval，Pri_AP_Time _PUB）请求；Set_Address，cnf（＋）（）及SetAddress，cnf（－）（Reason Code）对请求做出响应。

地址清除采用CLEAR_ADDRESS服务：ClearAddress_reg（PD_Tag，Addr，Dev_Id）。

2．设备识别

SMK的识别服务容许应用进程从远程SMK得到物理设备位号和设备标示ID。设备ID是一个与系统无关的识别标志，它由生产者提供。在地址分配中，组态主管也采用这个服务去辨认已经具有位号的设备，并为这个设备分配一个更改后的地址。

使用SM_IDENTIFY服务，由SM_Identify. rep（NodeAddress）发出请求：SM_Identify. cnf（＋）（PD_Tag，Dev_Id）或SM_Identify．cnf（－）（Reason Code）做出响应。

3．应用时钟分配

系统管理者有一个时间发布器，向所有的现场总线设备周期性地发布应用时钟同步信号。数据链路调度时间与应用时钟一起被采样、传送，使得正在接收的设备有可能调整它们的本地时间。应用时钟同步允许设备通过现场总线校准带时间标志的数据。

在现场总线网络上，设备应用时钟的同步是通过在总线段上定期广播应用时钟和本地链路调度时间（LS-Time）实现的。

时间发布者可以冗余，如果在现场总线上有一个后备的应用时钟发布器，当正在起作用的时间发布器出现故障时，后备时间发布器就会替代它而成为起作用的时间发布器。

4．寻找位号（定位）服务

系统管理通过寻找位号服务搜索设备或变量，为主机系统和便携式维护设备提供方便。系统管理对所有的现场总线设备广播这一位号查询信息，一旦收到这个信息，每个设备都将搜索它的虚拟现场设备VFD，看是否符合该位号。如果发现这个位号，就返回完整的路径信息，包括网络地址、虚拟现场设备VFD编号、虚拟通信关系VCR目录、对象字典目录。主机或维护设备一旦知道了这个路径，就能访问该位号的数据。

寻找位号服务查找的对象包括物理位号、功能块（参数）及 VFD，使用 FIND.TAG-QUERY 服务发出查找请求。使用 FIND.TAGREPLY 服务做出响应。它们是确认性服务。

5．功能块调度

功能块调度指示用户应用，现在已经是执行某个功能块或其他可执行任务的时间了。SMK 使用 SMIB 中的调度对象和由数据链路层保留的链路调度时间来决定何时向它的用户应用发布命令。

功能块执行是可重复的，每次重复称为一个宏周期（Macrocycle），宏周期通过使用值为零的链路调度时间作为它们起始时间的基准而实现链路时间同步。

每个设备都将在它自己的宏周期期间执行其功能块调度。如数据转换和功能块执行时间通过它们相对各自宏周期起点的时间偏置来进行同步。设备中的功能块执行则在 SMIB FB Start Entry Objects 中定义。该 SMIB 内容就是功能块调度。

采用调度组建工具来生成功能块和链路活动调度器。

5.7.6 关于地址与地址分配

系统管理过程用于使设备进入现场总线网络的可操作状态。它包括通信初始化、通信组态、应用组态和操作这一系列有序的步骤。这一系列过程都与设备的节点地址相关。

（1）物理设备位号：由用户分配的名称，用来标识物理设备。系统管理过程允许在物理设备位号和节点地址之间建立联系。整个现场总线网中物理设备位号必须是单一的。系统管理只提供机制，保证每一条链路上的这种单一性。

（2）虚拟现场设备位号：每个物理设备可以包含一个或多个虚拟现场设备。每个虚拟现场设备有一条信息通道。每个虚拟现场设备位号在一台物理设备中是独一无二的。它的有效范围就是这个物理设备。

（3）功能块位号：是用户分配给虚拟现场设备中一个对象或多个对象的集合的名称。它的值可能会与物理设备和虚拟现场设备的位号相同。整个现场总线网中，功能块位号必须是唯一的。系统管理并不提供这种保障机制。

参与地址分配的设备有现场设备、临时设备和组态主设备。设备启动时经历的状态和执行的动作取决于它的类型和系统管理功能，也取决于网络中使用的系统管理功能。

为了避免与运行设备的冲突，现场设备以被动方式加入到网络。选择一个数据链路层缺省地址，等待链路活动调度器将它送入网络。然后此设备等待一个组态主设备或作为离线态的临时设备给它的 SMK 分配一个数据链路层节点地址。获得分配到的地址后，SMK 通过接口将此地址提供给数据链路层管理实体（Data Link Management Entity，DLME）。DLME 得到的这一地址，也就成为数据链路实体使用的节点地址。

临时设备能用于在已运行的网络上或离线地组态一个现场设备。它首先必须对网络进行监听以确定现行的状况。然后它将选择一个由数据链路层定义的访问地址，并且要么承担网络控制任务，要么等链路活动调度器将它送入网络。当与网络相连的时候，临时设备一直保留在这个访问地址上，并不转移到某个已分配的地址。

组态主设备了解某段线路上所有设备的节点地址。当进入网络的时候，它使用自己的预组态节点地址，并响应为现场设备分配地址的请求。如果有一个以上的组态主设备存在，那么每一个都应该具有相同的网络组态信息。这一条件系统管理不进行检查。

系统管理使用的地址是被数据链路层定义的 DLSAP 地址。它们被数据链路层协议用来确定数据链路层协议数据单元的发送者和接收者。系统管理使用下列地址：访问地址（Visitor Address）、默认地址（Default Address）、分配地址（Assigned Address）、系统管理实体单地址（Individual SM Entity Address）、系统管理实体组地址（Group SM Entity Address）。

查询数据链路层说明可得知这些地址的范围和形式。

访问地址是保留给网络上不经常持续存在的设备使用的节点地址。在基金会网络中，它们由临时设备使用，如手持终端、组态工具或诊断设备。访问地址的范围值由数据链路层说明来定义和保存。

默认地址是保留给正等待节点地址分配的数据链路实体使用的非访问节点地址。它们被处于未初始化或初始化状态的现场设备和那些还没有被组态主设备分配地址的设备使用。默认地址的范围在数据链路层说明中定义和保存。

除了临时设备外，网络中每个设备在它的通信栈变为可操作之前，必须分配给它一个节点地址。该节点地址是数据链路层地址。为了与网络中的设备进行通信，用它来唯一地标识这一设备。

SMK 单地址是分配给含有 SMK 设备的节点地址和 DLSAP 选择器的地址。在数据链路层规范中把 DLSAP 选择器规定为“系统管理应用实体（Systems Management Application Entity，SMAE）的 DLSAP”。该 DLSAP 地址是 SMK 唯一的数据链路层地址，在数据链路层规范中把 SMK 称为系统管理应用实体。

SMK 组地址用来给网络中的一组 SMK 多路发布消息。应用时钟同步协议要求给本地数据链路的所有系统管理实体分配地址。允许本地用户应用采用 SMK 组地址与远程 SMK 相联系，以设置和取消远程设备的物理设备位号。

5.7.7 基金会现场总线通信控制器

基金会现场总线的通信栈中包括有系统管理、网络管理、功能模块、报文规范层、总线访问子层、数据链路层和物理层等部分。在数据链路层以上的部分是通过软件编程来实现的。基金会现场总线的通信在数据链路层及物理层所需要的总线驱动、数据编码、时钟同步和帧检验等许多工作，需要软件和硬件结合来完成。基金会现场总线的通信接口控制器完成的功能是：总线上的信号驱动和信号接收；传输数据的串、并行转换；串行数据的编码和解码；信息帧的打包和解包；帧校验序列的产生和验证。

5.8 基金会现场总线系统的组态与运行

系统的组态要对作为系统组成部分的每个自控设备、网络节点规定其在系统中的作用与角色，设置某些特定参数，然后按一定的程序，使各部分设备进入各自的工作状态，并集成为一个有序工作的系统。它是形成应用系统的重要步骤。

5.8.1 基金会现场总线系统的组态

系统组态就是为其组成成员分配角色、选择希望某个设备所承担的工作，并为它们设置好静态参数、动态初始参数、不易丢失的参数值。

静态值是指那些在系统运行期间不变化的值。动态值是指那些会随系统运行状态的变化而变化，而且在电源掉电后会丢失的值。不易丢失的值是指那些在系统运行中的确会变化，但在电源掉电期间会保持其值的参数。

基金会现场总线按设备参数组态的不同阶段，规定了组态的 4 个层次：制造商定义层组态、网络定义层组态、分布式应用层组态和设备层组态。

1. 制造商定义层组态

本层组态信息由设备制造商在产品开发或出厂前定义，规定一个设备所提供的应用进程的种类和数量，并要能识别出每个设备的网络可视对象。本层组态的内容、所选组态参数如下。

（1）对象字典的定义和结构，每个网络可视 AP 的 AP 索引。

① 可以从行规或规范中选用现有数据类型、数据结构。

② 制造商采用与行规中规定的准则，去定义新的数据类型、数据结构和网络可视对象。

③ 根据行规规定，对新的数据结构和网络可视对象，要求有一个完全按 DDL 语言写好的规范，再加上对象字典 OD 和 AP 索引的定义。规范中必须指明，数值是静态的、动态的还是不易丢失的。用户从这些写好的规范中了解相关的语义和有效值。

首先必须要创造一个定义，然后也必须在对象字典中规定它的应用例程，以便可以通过索引查阅。所有的索引结构也要求全都写成规范。为 AP 所写的规范还必须指出它要使用的是哪一个索引结构。

（2）由于总线报文规范子层 FMS 识别服务的应用需要，必须提供制造商厂名、设备模块名（如压力变送器）、VFD 管理、功能块应用进程（VFD）以及其他类 VFD 的版本号。

（3）对设备和虚拟现场设备的识别信息赋值。VFD 识别信息包含在系统管理信息库（SMIB）、网络管理信息库（NMIB）和功能块应用进程之中。通信行规提供了一个设备识别 SMIB 变量的结构和内容。用这个变量去识别设备的制造者、功能种类和版本号。

资源名称和虚拟现场设备 VFD 尽管按规定也属于可写的组态参数，但一般还是希望设备制造商在出厂前设置好这些参数值。这里的资源名称是指功能块应用进程的名称，在功能块应用进程的规范中规定了资源名称。VFD 指针是对功能块应用进程的数字识别器，它存在于 SMIB 中，在系统管理规范中对它进行了描述。VFD 指针还出现在 VCR 的定义中，以指明哪个应用进程 AP 与该虚拟通信关系（VCR）连接。

2. 网络定义层组态

网络是由多个设备组成的。这个层次的组态要规定网络拓扑。它包括以下内容。

（1）指定通信控制策略。

（2）选定的协议版本号。

（3）识别每个网段和设备。

（4）分配设备位号和数据链路地址。

（5）为每个总线段指定希望成为首选的链路主管。

（6）规定为每个链路活动调度器所采用的链路参数。

（7）指定一个主要的应用时钟发布者，0 个、1 个或多个后备的应用时钟发布者，作为时间发布源。

设计控制策略要适合系统的实际情况。这里要设计指明的是所要求的块以及块与块之间的连接关系，而不是物理设备的数量与地点。每个协议的版本水平由基金会现场总线负责维护。随着规范的变化，协议版本会随之更新。

设备位号是该设备在这个系统中的专用名称，位号被保留在 SMIB 中。一旦某个设备已被赋予了一个位号，它就能够得到一个数据链路层地址，在数据链路层中被称作节点地址。这里分配给设备的节点地址必须与在 VCR 端点定义中包含的远程地址中的节点地址相一致。在下一个组态层次规定 VCR 端点时，就要规定远程 VCR 端点的相应地址。

节点地址还包含在每个 LAS 的调度表中，运用调度表的每个条目来发送 CD DLP-DU，例如把它们送到位于发布方 VCR 端点的数据链路缓冲器中。

每个总线段都可以有一个首选的链路主管。首选链路主管是希望它成为 LAS 的链路管理者。在桥接网络中，网桥必须被组态为首选链路主管。

3．分布式应用层组态。

应用是由分布在网段各处的资源构成的。本层组态规定了分布在资源间的相互作用。它包括以下内容。

（1）规定功能块应用进程（FBAP）的连接对象，并组成 VCR。

（2）规定 VCR 列表，形成数据链路地址。

（3）规定功能块和 LAS 调度表以及宏周期。

（4）规定节点树构成图，包括转发和重发布表。

连接对象用于规定功能块输入和输出参数之间的连接关系、规定报警对象和趋势对象的连接关系。每个连接对象定义了局部参数或对象，也规定了所采用的 FMS 服务、所适用的 VCR 以及远程参数的 OD 索引。在功能块 AP 规范中描述了有关连接对象的细节。

VCR 是 AP 之间的通信通道，VCR 端点是 AP 到 VCR 的连接点。每个端点都已规定出为该 VCR 选定的 FMS，FAS 和 DLL 中的哪个任选项。在网络管理代理规范中说明了有关 VCR 端点的内容。设备制造商可以预先规定 VCR 列表的部分内容。远程数据链路节点的地址，选定的数据链路服务访问点 DLSAP 和数据链路连接端点，都是制造商不可能知道的，因而必须在这个组态层次进行设置。

每个功能块按制造商的规定，在特定时刻执行。这个时刻值可从 FBAP 中读取。功能块调度表规定了存在相互关系的功能块各在什么时候执行。根据总体调度表的有关部分去组态每个设备的 SMIB。设备层调度表则指明本设备每个功能块的执行时间。时间值按偏离该设备宏周期起点的时间长短来描述。

随着功能块的执行，产生出功能块输出参数。当功能块执行完成时，按照连接对象和关于 VCR 的规定，通过网络把这些值送往其目的地址。功能块的发布参数在什么时刻传送，也是由 LAS 调度表安排的。

构成一个系统的链接对象的组合、整体功能块调度表，都是 LAS 调度表的组成部分。LAS 调度表还规定了受调度传输的简单重复过程。在调度的每个执行终点上，LAS 又返回到起点。

位于网桥内的转发表规定了该网桥要转发到哪些节点地址，哪个接口用于转发，还可以指明哪些节点地址要被过滤而不转发。规定每个条目支持一个或多个客户 / 服务型或报告分发型 VCR，这些 VCR 的端点位于不同的总线段上。由于报告分发型 VCR 的源方端点不可能接收数据，因而转发表不支持这类端点。

位于网桥内的重发布表为该网桥缓存和重发布数据规定了数据链路连接端点 DL-CEP 的地址。表中规定每个条目支持一个发布者 VCR 端点，该 VCR 发布者端点有一个位于不同总线段的预订接收方端点。

要对数据实现正确地重发布，必须使重发布表与发往总线段的 LAS 调度表、进入总线段的 LAS 调度表协调一致。重发布表必须与数据链路连接的发布方 VCR 端点特性协调一致。

4．设备层组态

在本层组态中，要对设备内每个 AP 赋值。本层组态包括：①对用户 AP 赋予指定值；②对 NMIB 赋予指定值；③对 SMIB 赋予指定值。

用户 AP 指定值包括位号和附加用户 AP 对象。在用户 AP 中包含有作为系统专有名称的位号。一旦组态完成后，SMK 服务就可以利用 SMK 寻找位号服务来找到其位置。可以通过对附加用户对象的组态，规定应用进程的某些操作内容。例如，功能块与功能块应用进程的操作内容，设置事件发生的界限值等。组态这些参数的目的是设置和调整应用进程的动作。

设置网络管理信息库（NMIB）的参数值。在前述几个组态层次中还没有设置好的 NMIB 参数，可在本层组态中完成。这些组态参数规定了通信栈如何起作用。例如，在本层设置的 NMIB 参数，可使通信栈有能力实现对特定 VCR 或物理层信号收集统计信息，或者对 LAS 指明如何去操作本地通信。

设置系统管理信息库 SMIB 的参数值。与应用时钟有关的 SMIB 参数，在本层通过组态进行设置。这些组态参数指明该设备是主要的时间发布者还是后备的时间发布者，它们还提供与时间发布相配合的计时器值。此外，还可以通过本层组态，把操作状态参数写入到不易丢失的存储器内。当然前提条件是该设备具有这种写入能力。

5.8.2　系统的组态

离线组态：在把设备连接到处于工作状态的网络之前，采用带有系统专门信息的装载设备，对某个现场设备进行的组态，称为离线组态。离线组态主要装载两类信息。一类用于规定该设备在系统中所完成的功能；另一类用于规定该设备与这个系统中其他设备间如何相互作用。一个设备的基本能力是由这个设备软件和硬件的集成组合而实现的。通过把软件装载到设备中就可规定这个设备的基本能力。这里的基本能力包括有该设备内所有应用进程的对象描述和应用进程索引，只要知道了这组基本能力之后，并不必要实地把它们装载到设备中，便可进行离线组态。

对设备的功能组态从分配给它一个物理设备位号开始。它运用了系统管理内核的功能。进行在线地址分配之前，位号分配、功能块对象与参数都按照功能块应用进程规范进行组态。

也能把功能块调度和虚拟现场设备列表装入 SMIB。由于功能块调度是通过 VFD 指针来识别功能块应用进程的，功能块应用进程借助其资源名称来识别它自己，因而需要为每个 FBAP 规定并设置好 VFD 指针和资源名称。

第二类网络参数（即规定该设备与这个系统中其他设备间相互作用的参数），其装载也是在物理设备信号分配之后开始的。它包括每个 FBAP 及其连接对象，还包括把所有的预定义参数装入网络管理信息库，如 VCR 列表和协议的专门信息。

链路主设备可以通过离线组态，把 LAS 调度表和设备加入到网络时所采用的链路组态参数，离线装载到设备内。当然，这些信息也可以在线装载，但需要在它成为 LAS 之前完成装载工作。另外，还应该设置好网络管理信息库中的链路主管参数，以指明这个设备是不是首选链路主管。如果是网桥作为链路主管，转发和重发布表也是离线装载的内容。这些转发和重发布表也可以在线组态，但应在该设备起到网桥作用之前完成。

5.8.3 网段与系统的启动

系统启动时，组成系统的各总线段分别启动。总线段接通电源时，总线段上的链路主设备如果判断出没有 LAS 在工作，就马上进入竞争 LAS 的过程。一般第一个接通电源的链路主设备将赢得竞争而成为 LAS。若某个链路主设备被设计为首选链路主管，当它进入在线状态时，将对现有 LAS 发出请求，让它退出 LAS 而把 LAS 角色转交给这个首选链路主管。

LAS 的链路主管运用负责时间发布的数据链路协议数据单元（TD DLPDU），为它的本地总线段提供数据链路时间。当含有系统时间的主管 LAS 加入到网络时，它也开始发布时间。在根部接口上收到 TD DLPDU 的网桥，对它自己的本地时钟进行必要的调整后，再对它的下游端口重新发布时间。当所有在该网络中的网桥都处于工作状态，并具有了重发布后的时间时，所有总线段上的数据链路时间就不再同步了。

应用时钟主管负责发布应用时钟时间和相应的数据链路时间，如果它所采用的不是经过同步的数据链路时间，或者若应用时钟时间的某些接收者没有得到同步过的数据链路时间则应用时钟时间将不是完全同步的。

5.8.4 装载 LAS 调度表与修改组态

装载 LAS 调度表：把 NMIB 中的一个城规定为 LAS 调度表，NMIB 包含有一个以上的 LAS 表，运用总线报文子层的下载服务，把 LAS 调度表装入 NMIB。

LAS 调度表被表达为一个城，网络管理代理不知道它的内容与结构。但网络管理信息库还含有只读的描述参数，这些参数描述了所装载的 LAS 调度表的内容。因此，网络管理代理与 LAS 的工作必须协调一致，以便当下载 LAS 调度表时，NMIB 能更新它的相应参数。

当设备已经进入到正在工作的网络上时，还可以修改它的组态。修改组态所采用的服务与离线组态时相同。但要注意，若一个设备正在工作，应该终止正在工作的相关的 VCR 后，再修改组态，以防出现矛盾状态。一般来说，改变应用进程对象字典中的静态条目，要终止所有与该应用进程相关的 VCR。不过应用进程有权决定，是接受还是拒绝这个请求。

5.9 设备描述与 FF 的产品开发

5.9.1 设备描述

设备描述（Device Descriptions，DD）是基金会现场总线为实现可互操作性而提供的一个重要工具。DD 为虚拟现场设备中的每个对象提供了扩展描述。DD 内包括参数标签、工程单位、要显示的十进制数、参数关系、量程与诊断菜单。

设备描述（DD）由设备描述语言（DDL）实现。这种为设备提供可互操作性的设备描述由两个部分组成：一部分是由基金会提供的，它包括由 DDL 描述的一组标准块及参数定义；一部分是制造商提供的，它包括由 DDL 描述的设备功能的特殊部分，这两部分结合在一起，完整地描述了设备的特性。

设备描述分层为了使设备构成与系统组态变得更容易，现场总线基金会已经规定了设备参数的分层。分层规定如图 5-22 所示。

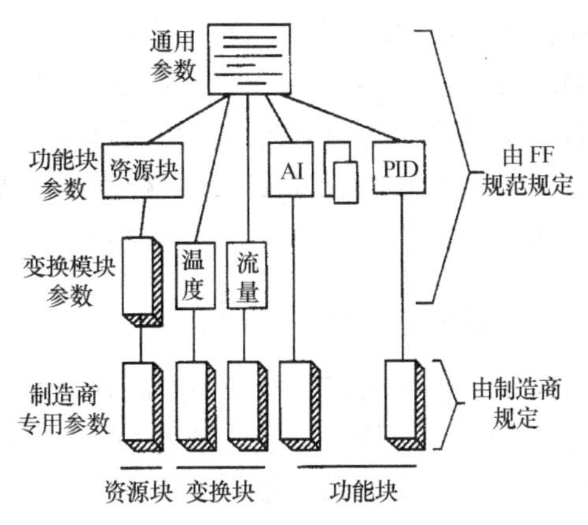

图 5-22　FF 设备参数分层

第一层是通用参数，通用参数指那些公共属性参数，如标签、版本、模式等，所有的块都必须包含通用参数。

第二层是功能块参数。该层为标准功能块规定了参数，也为标准资源块规定了参数。

第三层称为变换模块参数。本层为标准变换模块定义参数，在某些情况下，变换块规范也为可能为标准资源块规定参数。现场总线基金会已经为前三层编写了设备描述，形成了标准的现场总线基金会设备描述。

第四层称为制造商专用参数。在这个层次上，每个制造商都可以自由地为功能块和变换块设置他们自己的参数。这些新设置的参数应该包含在附加 DD 中。

5.9.2　设备描述的开发步骤

（1）设备描述（DD）按一种被称为设备描述语言（DDL）的标准编程语言编写。开发者首先用 DDL 语言描述其设备，写成 DD 源文件。源文件描述标准的、用户组定义的以及设备专用的块及参数的定义。DD 源文件包含了所有设备可访问信息的应用说明。

（2）采用 DD 源文件编译器（DD Tokener），对源文件进行编译，生成 DD 目标文件。编译器也可对源文件进行差错检查，编译生成的二进制格式的目标文件可在网络上传送，为机器可读格式。

一般可通过 PC 或专用装置，采用编译器作为工具，把 DD 的输入源文件转化为 DD 目标输出文件。

现场总线基金会为所有标准的功能块和变换块提供设备描述（DD)。设备生产商一般也要参照标准 DD，准备另一个附加 DD。供应商可以为自己的产品增加特殊作用与特性，如他们自己产品的量程、诊断程序等，并把对这些增加的特色所作的描述，写入到附加 DD 中。

（3）开发配置基金会现场总线设备的 DD 库

开发好 DD 源文件、进行编译后，应提交基金会进行互可操作性实验。通过后，由基金会进行设备注册，颁发 FF 标志，并将该设备的 DD（目标文件）加入到 FF 的 DD 库中，把 DLL 源文件发给用户。

现场总线基金会为标准 DD 制作了 CD-ROM 并向用户提供这些光盘。制造商可以为用户提供他们的附加 DD。如果制造商向现场总线基金会注册过他的附加 DD 的话，现场总线基金会也可以向用户提供那些附加 DD，并把它与标准 DD 一起写入到 CD-ROM 中。

（4）开发或配置设备描述服务（DDS）

在主机一侧，采用称为设备描述服务（DDS）的库函数来读取设备描述。

主机系统把 FF 提供的 DD Services 作为解释工具，对 DD 目标文件信息进行解释，实现设备的可互操作。DD 目标文件一般存在于主机系统中，也可存在于现场设备中。设备描述服务（DDS）提供了一种技术，只需采用一个版本的人机接口程序，便可使来自不同供应商的设备能挂接在同一段总线上协同工作。

5.9.3 基金会现场总线的系列产品与产品开发

采用 OEM 产品集成开发，是目前较为流行的一种产品开发办法。基金会现场总线设备围绕 FF 协议的通信栈软件、通信控制芯片等，形成一系列 OEM 产品、最终用户产品以及相应的配件、附件，方便用户构成完整的现场总线控制系统。

基金会现场总线的产品：

- 通信控制器的 IC 芯片；
- 符合 FF 协议的通信栈软件；
- 构成智能仪表、符合 FF 协议的通信圆卡；
- 符合 FF 规范的智能仪表类，如温度、压力、流量、成分变送控制器、调节器等；
- 总线与计算机的接口，如 FF 规范的 PC 接口卡；
- 网络设备类，如中继器、网关、网桥等；
- 主机运行管理软件、组态软件、人机接口软件；
- 现场总线供电电源；
- 本安防爆栅；
- 附件类，如终端器、电缆、接线端子、电缆连接器等；
- 工具类，如组态对话器、总线分析仪等。

通信栈软件是实现 FF 协议的通信软件。在主机运行管理软件中，功能块壳体为实现访问通信服务提供的功能，为通信栈用户创建高级接口。它可控制任务的处理、功能块的执行、趋势与事件通知，提供读写功能块参数的接口，建立功能块输入与输出间链接的通信路径等。

基金会现场总线协议的设备开发步骤：

（1）通信软件开发者开发符合 FF 协议的通信栈软件；

（2）将通信栈提交给授权测试代理做一致性测试；

（3）将测试报告送交基金会注册登记，取得 FF Stack 认证标志；

（4）设备开发制造商购买已取得认证的通信栈软件、通信控制芯片，开发相应的软硬件，形成 OEM 产品（如圆卡）或最终产品，包括智能现场设备与网络产品；

（5）为开发的现场设备创建设备描述（DD），将设备描述送交基金会注册登记，并由基金会定期颁发 DD 库光盘，发行已注册产品目录；

（6）将设备提交 FF 或其他测试代理做可互操作性测试，取得可互操作性合格证书。

5.9.4 通信行规与设备行规

通信行规与设备行规给出了基金会现场总线设备中互可操作性特征与选项的详细说明。它规定了一个设备能与其他设备进行互操作所应具备的最小要求，因而每个设备都必须满足行规中规定的起码要求。通信行规说明了设备在网络工作方面的能力、详细的通信功能集。设备行规详细地说明了这个设备是干什么的，并说明了设备的应用要求。

5.10 基金会现场总线技术应用实例

5.10.1 基于FF协议智能变送器的设计与开发

FF协议智能变送器是新一代现场总线仪表，是在美国Rosemount 444温度变送器的技术基础之上，采用了先进的微处理器技术及FF协议通信技术，既有高可靠性、高稳定性，又有智能化仪表的通信、自诊断、自校验、非线性修正、远距离调整等功能，仪表精度达0.2%。单台仪表覆盖所有热电偶分度及量程，减少了备品/备件，给生产部门及用户带来很大的方便，达到国际先进技术水平。

1. FF协议在智能变送器中的开发与应用

智能变送器用来测量各种工控过程中的小信号参数，将这些参数转换成标准的FF协议信号进行远距离通信，传送现场数字信号，并可进行自诊断，运行AI、RB、TB等功能模块，提供非测量用管理信息。输入/输出电气的隔离，转换模块软件的编制，小信号放大稳定性指标，远距离通信，FF协议数字信号的发送与接收，仪表卡应用程序与通信程序的连接，广泛地应用于石油化工、电站、冶金、轻工、船运等部门。

该仪表的技术指标：具有FF通信功能；精度为0.2%；测量范围为0～100mV；环境温度范围为-20～70℃；防爆等级为本安型Ex iaII CT5；传输波特率为31.25kbps。

2. 电路原理设计

mV级电信号由端子进入线路板后，经多路开关4066至运放OP277放大25倍，再送至AD7714进行转换，结果经光电耦合器传至CPU80186，经总线通信控制器FB3050进行处理转换为数字信号，传送至FF总线。原理图如图5-23所示。

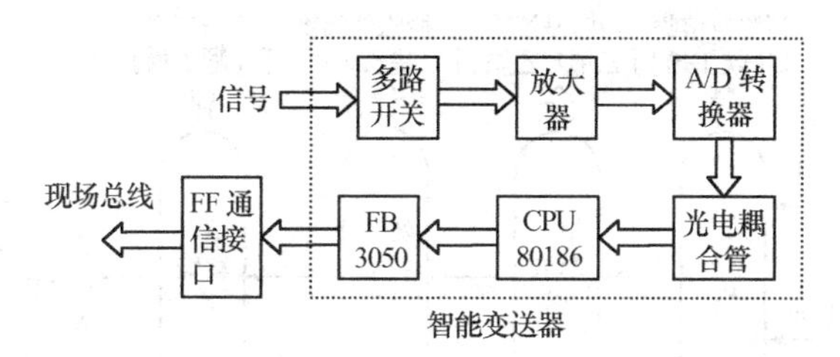

图5-23　FF协议智能变送器原理

将mV信号放大并进行A / D转换，隔离输出数字信号，FF协议通信信号的滤波、放大、整形、接收、输出及电源的DC / DC隔离。

3. 软件功能

软件主要完成A / D采样，数据处理，线性化处理，零点、满度校验，量程变换，自诊断，组态，运行调用AI、RB、TB等模块，FF通信软件编制，提供非测量用管理信息等功能。线性化处理采用一次插分原理，其公式为：

$$T=\frac{V_x-V_n}{V_{n+1}-V_n}(T_{n+1}-T_n)+T_n$$

式中，V_x为当前电压值；T_x为当前温度值；V_{n+1}、V_n分别为n+1点和n点的电压值；T_{n+1}、T_n

分别为 n+1 点和 n 点的温度值。

A / D 转换器件采用 AD7714，它是 24 位串行通信的可编程增益 A / D 转换器件，CPU 与 AD7714 采用主从通信方式，在 A / D 采样功能模块程序中完成 AD7714 的初始化程序及数据采样处理程序。在数据采样处理程序中，AD7714 的滤波常数由下面公式计算：

$$f_{\mathrm{DATA}}=\frac{f_{\mathrm{IN}}\cdot T_{\mathrm{M}}}{128\cdot f_{\mathrm{DT}}}$$

式中，f_{DATA} 为数据传送频率；f_{IN} 为输入晶阵频率；f_{DT} 为数据传送十进制频率；T_{M} 为模式选择系数。

数据传送频率与 A / D 转换有效位、仪表功耗有直接关系，数据传送频率快，A / D 转换有效位减少，仪表功耗略有增加。在保证一个控制周期采样一次，并保证 A / D 转换有效位及仪表功耗低的情况下，计算出最佳数据传送频率。另外，为了防止工频干扰，数据传送频率最好是 50Hz 的倍数。在 AD7714 模式寄存器中，定时选择系统零点校验模式，可以对系统零点定时修正，防止系统零点漂移。

5.10.2 基金会现场总线技术在丁二烯生产控制系统中的应用

1,3-丁二烯是制造橡胶的单体，在石油化工生产中占有重要地位。某石化厂丁二烯生产装置采用的 GPB 工艺如图 5-24 所示，系日本瑞翁公司专利技术，以二甲基甲酰胺（DMF）作溶剂，从裂解碳四（乙）馏分中提取高纯度 1,3-丁二烯。该生产装置 GPB 工艺法采用两段萃取精馏和两段普通精馏的流程。在溶剂 DMF 中与 1,3-丁二烯相比，相对挥发度大于 1 的组分（即比 1,3-丁二烯难溶于 DMF 的组分）在第一萃取精馏部分脱除，而相对挥发度小的组分（即比 1,3-丁二烯易溶于 DMF 的组分）在第二萃取精馏部分中脱除。在原料中只有那些与 1,3-丁二烯的沸点相差较大的杂质，才能在普通精馏部分脱除。新增的 2-丁二烯生产装置部分仪表回路采用了现场总线技术，在实际运行中取得了良好效果。

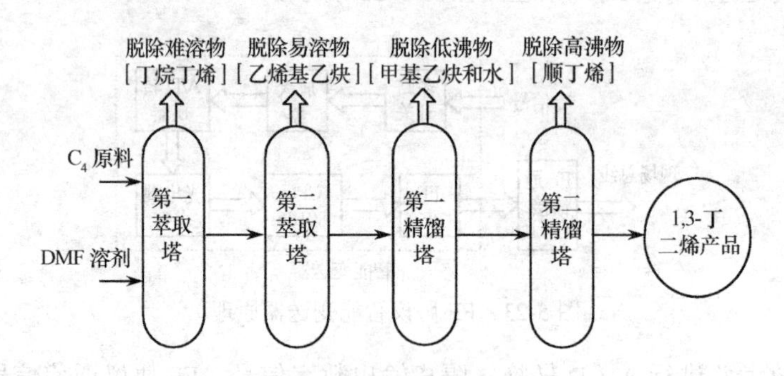

图 5-24 丁二烯生产装量流程图

1. 系统控制方案的选择

在该生产装置中，系统总回路数为 836 个，其中复杂控制回路 28 个，包括模糊逻辑控制、均匀控制、前馈控制、比值控制、分程控制、选择控制、顺控和串级控制等。FF 现场总线部分共有 7 个控制回路和 7 个检测回路。

2. 系统设备和现场智能仪表的选择

系统硬件配置主要由 4 对冗余 M5 控制器、7 台 DELL 公司的 PC[1 台作为工程师站(Plus)，另 6 台作为操作员站（Operator Station）]和 1 台 OPC 应用站等组成。现场智能仪表主要有 Rosemount 公司的 3051f 压力变送器和 FF3244MV 温度变送器及 Fisher 公司的 DVC5010f 阀门定位器，共计 36 台。这些设备通过分支电缆连接在 6 条主干上，再通过 H1 卡与系统连接。每块 H1 卡有 2 个 Port，每个 Port 可接 1 条 H1 现场总线，每条 H1 现场总线最多可带 16 台现场总线设备。H1 总线的传输速率为 31.25kbps。

3．系统开发组态软件的选择

本装置仪表控制系统采用美国 EMERSON 过程管理公司（前称 Fisher-Rosemount 公司）的现场总线控制系统——DeltaV。系统 I / O 点共 1183 个，控制点为 737 个。

DeltaV 是 EMERSON 过程管理公司开发的全数字化的过程控制系统，它是一种规模可变的控制系统，也是唯一结合了智能型现场设备和数字化通信的过程控制系统。系统采用 FF 规定的拓扑结构即工业以太网，工作站和控制器构成控制网络的节点；其控制器、电源 I / O 卡件和通信均可实现冗余配置，而 I / O 子系统支持 FF 现场总线、离散量总线、HART、串行通信及传统 I / O 等多种输入/输出类型，并对传统 I / O 和 MRT 类型的 I / O 提供本安支持。系统能够自动识别卡件类型，自动分配地址，所有卡件均可进行带电热插拔。

建立在 Windows NT 平台上的 DeltaV 系统软件除了安全、可靠性高以外，使用起来也极为灵活方便。例如，系统组态采用 FF 规定的 IEC-61 131 标准，用标准功能块连接的方式完成，不需要再填表格，而在线仿真可以使组态的正确性立即得到验证；通过 Fix 软件的各种功能，能方便地生成流程图，完成各种动态链接，报警设置等；而系统的诊断功能则可以帮助维护人员迅速判断故障所在及类型。

4．系统 FF 现场总线的网络组态

由于现场总线是工厂底层网络，网络组态的范围包括现场总线段，也包括作为人机接口操作界面的 PC 及与其相连接的网段。如图 5-25 所示。

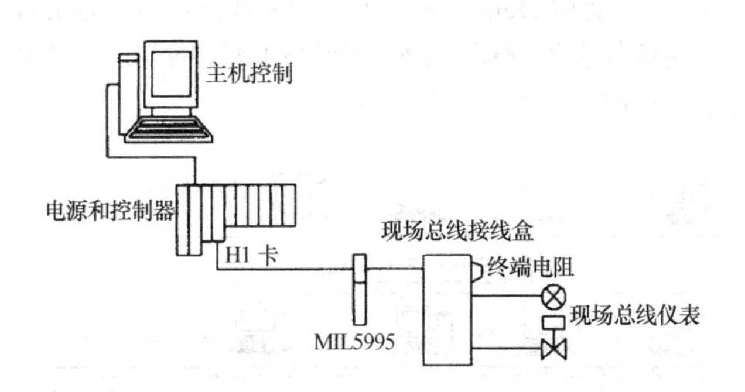

图 5-25　FF 现场总线网络组态图

本装置现场总线的拓扑结构为树型结构，它适用于特定范围内现场总线设备密度较高的情况。在电缆与接线盒和设备已安装就位的情况下，它可便于升级。总线电缆选用专用的屏蔽双绞线。现场总线仪表的 24V 电源由 MTL5995 卡件提供。在现场总线设备已安装就位，主干及分支电缆已连接好后，首先要进行总线的回路测试，测试合格后，可在 DeltaV 系统上快速完成现场总线回路的组态工作。DeltaV 系统能够自动搜寻现场总线设备，进行地址分配和授权，如图 5-26 所示，通过功能块的简单连接完成回路组态。

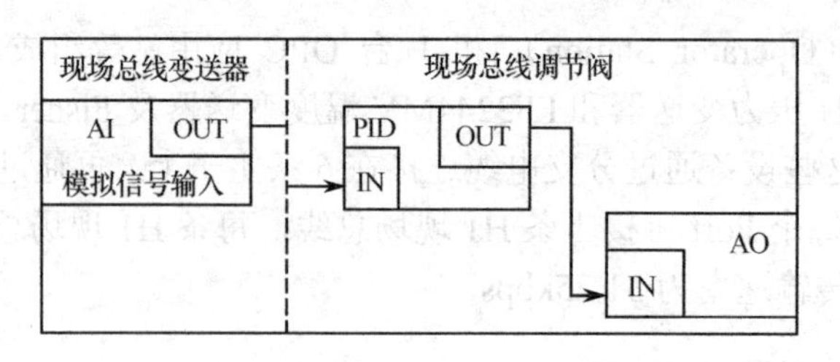

图 5-26　FF 回路功能块组态

在本装置现场总线的控制回路中，智能变送器把测量信号直接送至调节单元，而 PID 功能块的运算是在智能阀门定位器中完成，运算结果在定位器中转化成气压信号输出至阀门。FF 现场总线变送器通常含有多个传感器，在标定时要注意选择合适的 AI 功能块；上、下限的设定和零位校正在 Plus 站上用 DeltaV Explorer 中的 Calibrate 命令实现。FF 阀门定位器的标定由 DeltaV Explorer 中的 Setup Wizad 命令或 Fisher 公司的 ValveLink 软件完成。

5．系统 PlantWeb 工厂管控网的建立

PlantWeb 工厂管控网是改变过程自动化经济效益的基于现场的革命性经济体系，它能够建立优化工厂的解决方案。FF 基金会现场总线实用化的关键在于工厂内的智能现场设备进行局部控制及高速数字通信的能力。FF 基金会现场总线的技术是 PlantWeb 基于现场的体系结构的基石。PlantWeb 基于现场的结构使用户能够通过对智能现场设备、规模可变的平台与增值软件形成网络来实现开放式过程管理方案。由于充分利用了现场智能设备，过程管理已不仅仅意味着过程控制，而且还是设备管理：从各种设备（智能变送器、调节阀、分析仪等）处收集和使用大量的新信息。它包括工厂全部记录数据的组态、标定、监控、性能诊断和维护所有这些操作和生产过程同时进行。

在丁二烯生产装置系统中，使用的 PlantWeb 工厂管控网系统是美国 EMERSON 过程管理公司（前称 Fisher-Rosemount 公司）开发的具有 FF 现场总线技术、OPC 技术、AMS 管理技术的新一代控制和管理系统，主要由 DeltaV 系统和 AMS 软件构成，DeltaV 系统负责过程控制，AMS 设备管理软件负责现场仪表的管理，OPC 负责与 LAN 网相连，将生产过程的数据传输到工厂网，从而形成管控一体化的网络，如图 5-27 所示。

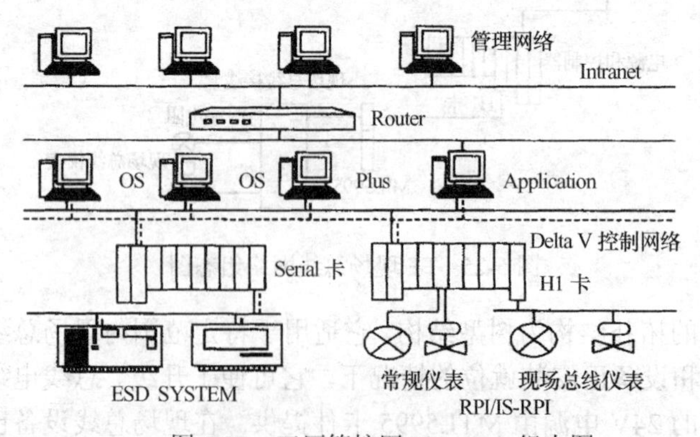

图 5-27　工厂管控网 PlantWeb 组态图

丁二烯生产装置仪表 DCS 改造完成后，将 DeltaV 系统的控制网络通过路由器 / 交换机连接到工厂管理网络（TCP / IP），即 Intranet 网络。在应用站上安装一套基于 OPC 标准的 WebServer 软件，再在局域网上的 PC 上安装 Client 端软件后，经过简单组态，即可在管理网

络上的任一台 PC 上实时监视到整个系统的动态流程图、实时历史趋势、报警信息等。DeltaV 系统的 WebServer 软件不仅仅支持局域网对系统的监视，也支持通过 Intranet 对系统的访问功能。只要能够登录 Intranet，用户即可随时对系统进行远程实时监视（需要权限）。

5.10.3 基金会现场总线技术在油田注水泵中的应用研究

大多数的油田注水泵站监控系统都采用传统的集散型控制系统来实现。这样的系统存在信息量有限、可靠性低、兼容性差、安全可维护性差等缺点。应用基金会现场总线（Foundation Fieldbus，FF）到油田注水泵站监控系统中能够提高系统的可靠性和安全性；用户具有高度的系统集成主动权；布线简单，节省硬件投资、安装与维护费用；开放性好；互可操作性与互用性强；可实现现场设备的智能化与功能自治性；有较强的现场环境适应性。

1．注水泵站的工艺流程和控制要求

注水泵站的工艺流程为：将采油过程中产生的污水经过沉降过滤处理后，用泵打入储水罐，经高压注水泵增压后，通过管线输送到注水井。注水泵站监控系统的要求：对储水罐和污水池的液位实现监控，超过某一定值时进行报警；对注水泵的进出口压力、润滑上油压力、轴承温度、轴承振动、转速等进行监测；对注水泵电动机润滑油上油压力、轴承温度、轴承振动、定子温度、电流、电压等进行监测；实现润滑泵、冷却泵、注水泵、备用冷却泵、备用润滑泵、电磁阀等的顺序启动和在线监测功能。根据要求 FF 总线方案可以很好地实现注水泵站监控系统。

2．注水泵站的监控系统的硬件组成

（1）基本设备选型

根据注水泵站监控要求，振动测量点共 10 点，液位测量点共 4 点，流量测量点共 2 点，压力测量点共 6 点，温度测量点共 9 点。故设备选型如表 5-19 所示。

表 5-19　基本设备选型

名　称	型　号	数　量	功能简介	厂　商
位移变送器	TP302	10	振动测量	Smar 公司
压力变送器	LD302	6	压力测量	Smar 公司
液位变送器	LD302	4	液位测量	Smar 公司
流量变送器	LD302	2	流量测量	Smar 公司
PLC 控制器	LC700	1	主控制器	Smar 公司
现场总线过程控制卡	PCI302	2	仪表与主机通信	Smar 公司
安全栅	SB302	8	维护系统安全	Smar 公司
电源	PS302	4	提供电能供应	Smar 公司
总线终端器	BT302	12	防止信号干扰	Smar 公司

监控系统主要实现注水泵站中各电动机的顺序启动，并在电动机运行后，监测各参数的运行状态，如果达到报警状态将进行相应的处理。

（2）主控制器 LC700 的配置

注水泵站各泵的控制采用 PLC 实现，且选用 Smar 公司的 LC700 可编程序控制器。LC700

的具体配置如表 5-20 所示。

表 5-20　主控制器 LC700 的配置

名称	型号	数量	功能简介
中央控制单元	CPU7002C3	1	管理数据通信
数字输入板	M-001	1	连接紧急停止按钮
现场总线接口卡	FB700	1	LC700 与现场总线设备的通信
继电器输出板	M-120	1	用于设备控制
电源	PS-AC-R	1	LC700 电源供应
插接底板	无	若干	连接系统

（3）硬件组成原理图

本系统采用分支总线网络拓扑结构，采用 B 型电缆 （带屏蔽、多股双绞线），它的最大通信长度达 1200m。由于每个 PCI302 有 4 个现场总线主通道，每个通道可以挂接 16 块 302 系列的现场总线仪表。利用两个通道就可以实现系统的连接。但为了系统的可靠性，系统中采用了冗余结构，即采用两台工控机和两个 PCI302 卡互为备份，它们是通过 PCI 过程控制接口卡连到相同的现场总线来实现。为了使系统具有本质安全特性，可通过总线安全栅 SB302 来实现。现场总线仪表采用了冗余式的电源结构，即用 4 个现场总线电源 PS302 来供电，其中两个为备份电源。按照 FF 总线模式的硬件组成原理图如图 5-28 所示。

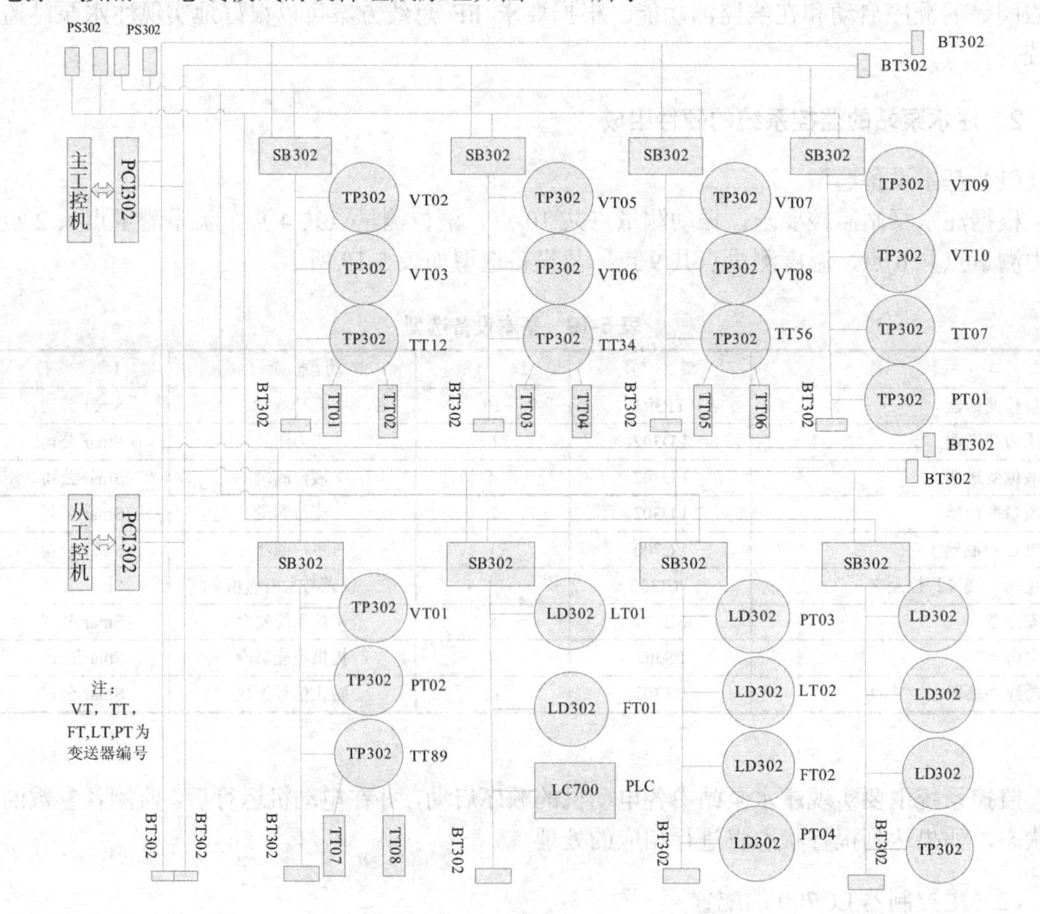

图 5-28　基于 FF 总线模型的硬件组成原理图

3．现场总线组态与人机界面设计

现场仪表的组态采用 Smar 公司的 SYSCON 组态软件来实现，其主要实现任务：①在应用软件的界面上选中所连接的现场总线设备；②对所选设备分配位号；③从设备的功能列表中选择功能块；④实现功能块链接；⑤按应用要求为功能块赋予特征参数；⑥对现场设备下载组态信息。LC700 的组态采用 CONF700 来实现。人机界面设计采用 AIMAX 来实现。AIMAX 运行在 Windows NT 操作系统上，可以在任何画面设置自定义键，以便快速访问相关画面、相关参数和相关曲线。

用基金会现场总线来实现油田注水泵站的监控，将带来很大的经济效益，它节省了大量电缆，提高了控制信号传输的准确性、实时性和快速性，减少了占地面积和系统安装、调试和维护的工作量。

5.10.4 基于基金会现场总线技术的压力测量系统设计

基金会现场总线（FF）系统是把具有通信能力，同时具有控制、测量等功能的现场设备作为节点，通过总线把它们互联为网络。通过各节点仪器仪表间的操作参数与数据调用，实现信息共享和系统的各项自动化功能，形成网络集成自动化系统。FF 总线作为控制现场的最底层通信网络可以通过符合 FF 总线协议的通信接口卡将其与工厂管理层的网络挂接，实现生产现场的运行和控制信息与控制室、办公室的管理指挥信息的沟通和一体化，构成一套完整的工业控制信息网络系统。

1．FF 压力测试系统的总体设计

本例设计的是一套完整的FF压力测量系统。它不仅设计了符合FF协议的智能压力变送器，而且设计了用来实现 FF 总线智能压力变送器与上位机通信的 FF 总线 PC 接口卡，由系统中的总线连接，形成一套完整的 FF 总线压力测量系统。具体的系统框图如图 5-29 所示。

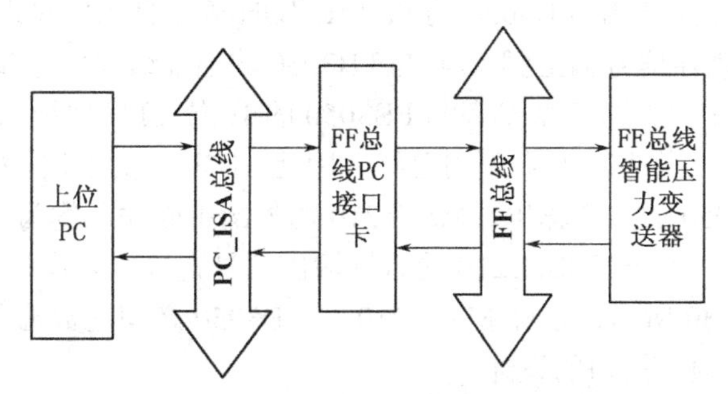

图 5-29　FF 压力测量系统的总体框图

本系统的工作原理如下：FF 总线智能压力变送器将测得的压力信号转化为符合基金会现场总线数字信号传送到 FF 总线上，通过 FF 总线信号转化为符合 PC_ISA 总线的信号，然后通过 PC_ISA 总线传送到上位 PC；相对应，上位 PC 的控制信号则是通过对称的方式送到 FF 智能压力变送器来实现对变送的操作。

2．FF 总线智能压力变送器的设计

FF 总线智能压力变送器主要由传感器与输入电路、通信接口媒体访问单元三部分构成，具体构成及连接方式如图 5-30 所示（其中 MSC1210 为 24 位的 A/D 转换器，FB3050 为基金会现场总线通信控制芯片，MAU 可根据需要自行设计）。

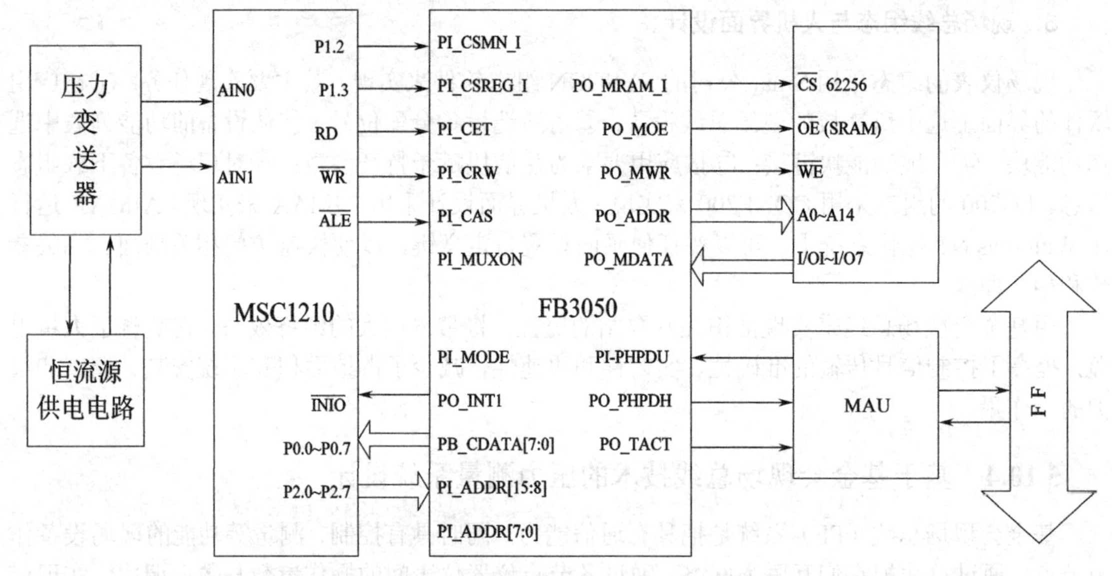

图 5-30　FF 总线智能压力变送器的原理简图

工作原理：首先压力传感器在恒流源的驱动下采集压力信号并将采集到的 mV 信号通过由 MSC1210 模拟输入通道 AIN0 和 NIN1 组成的差分输入通道送给微处理器进行处理，经过 MSC1210 处理之后的信号再通过 FB3050 和 MAU 进行与总线通信。通信接口设计是本部分的重点和难点所在，具体的设计方法如下：由于 FB3050 的接口设计上已经充分考虑了与 Intel 系列 CPU 接口问题，因此 MSC1210 的数据地址总线可以直接与 FB3050 数据地址总线相连接，但必须输出一个高电平信号到 PI_MODE,表示选用的是 Intel 系列 CPU。MSC1210 具有数据/地址复用端口 P0，同时 FB3050 也支持数据/地址复用，所以无须外接地址锁存器电路。具体的连接方法是：MSC1210 的 P0.0～P0.7 与 FB3050 的 8 位 CPU 数据总线 PB_CDATA[0:7]对应相连接，同时输出一个高电平给 FB3050 的 PI_MUXON 表示使用的是地址/数据复合总线，并且将 MSC1210 的地址锁存信号输出脚 ALE 与 FB3050 的地址锁存信号输入脚 PI_CAS 相连接。MSC1210 地址总线的高 8 位输出 P2 端口与 FB3050 的 16 位 CPU 地址总线 PI_ADDR 的 8～15 引脚对应相连。由于使用了地址/数据复用总线，因此 FB3050 的 16 位 CPU 总线的 0～7 引脚需要与地相连接。FB3050 的中断输出、MSC1210 的外部中断输入均为低电平有效，所以直接相连即可完成中断请求的要求。MSC1210 的时钟输出信号直接可以作为 FB3050 的系统时钟输入。具体的连接如图 5-30 所示，这样 MSC1210 与 FB3050 之间的数据和控制信息的通信就得到了解决，也就完成了通信接口的设计。

3．FF 总线 PC 接口卡的设计

上位 PC 与 FF 现场总线无法直接相连而实现它们之间的信息交换，所以必须设计 FF 总线 PC 接口卡来满足它们之间互相通信的要求。图 5-31 为本部分的设计简图，它主要由双口 RAM 芯片 IDT7142、单片机 Intel80188、通信控制芯片 FB3050 和媒体访问子层四个部分构成。

本部分设计采用嵌入式控制中最常见的 Intel80188CPU 作为接口卡上的 CPU，Intel80188 提供 20 条地址总线，存储器寻址空间为 1MB，I/O 最大寻址空间为 64KB（16 位地址线），片内还集成了一套中断控制器、两路 DMA 控制器、三个 16 位定时器、6 条可编程的存储器片选线、7 条可编程的 I/O 接口片选线，对嵌入式控制线路的设计非常方便。在接口卡 CPU 与 PC CPU 通信方面采用的是双口 RAM 方式，因为这种方式可使两边的 CPU 在数据块级同步。

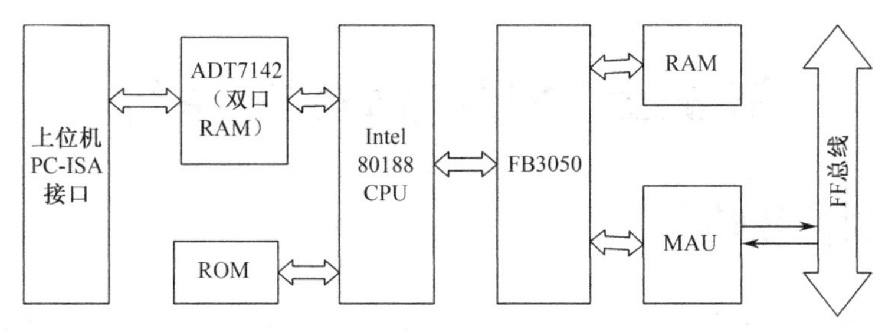

图 5-31　FF 总线 PC 接口卡设计简图

4．系统软件设计

本系统的软件设计主要由相同设计思想的两个部分组成：上位 PC 与基金会现场总线之间通信系统软件设计和 FF 智能压力变送器与基金会现场总线之间通信系统软件设计。在这里我以上位 PC 与基金会现场总线之间通信系统软件设计为例说明此系统的软件设计。本部分设计的主要思路是：当现场总线上有信号时，信号先通过媒体访问单位由 FB3050 接收并传送给 PC 接口卡上的接收缓冲区，然后通过 Intel80188 进行选择后再通过 PC_ISA 总线接口传送给 PC 应用程序处理；反之，上位 PC 需要发送控制信息时则是通过相反方式进行发送。具体的软件设计简图如图 5-32 所示。

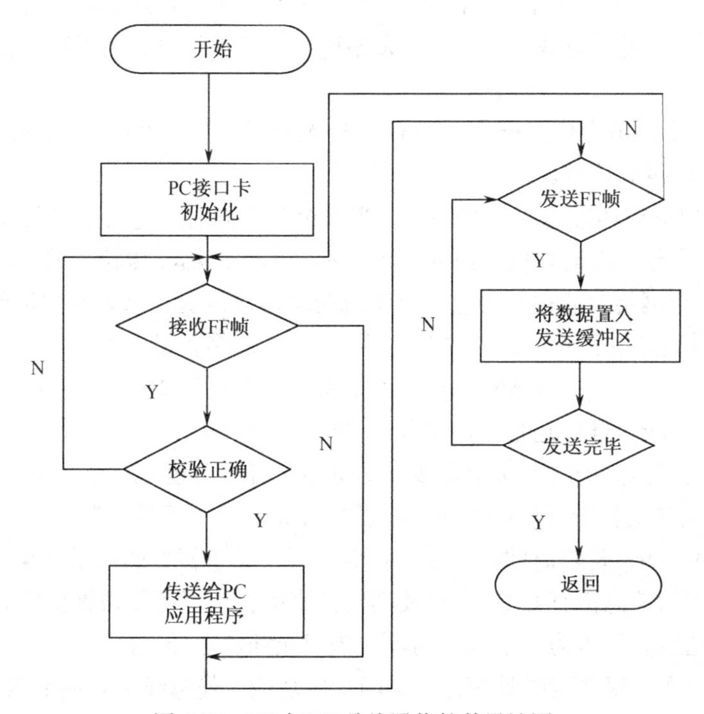

图 5-32　PC 与 FF 总线通信软件设计图

本例将 FF 现场总线协议规范融合到仪器仪表的设计中，实现了总线上的压力变送器与上位控制计算机之间的全数字通信，代替了其他一些总线中模拟信号的存在，降低了受干扰的概率，大大提高了总线上传输的可靠性，让整套压力测量系统适应更加恶劣的测量环境。

第 6 章　控制器局域网总线

6.1　CAN 的性能特点

CAN（Controller Area Network），控制器局域网络，是国际上应用最广泛的国际标准现场总线之一，已有许多大公司采用 CAN 技术，应用范围已不再局限于汽车行业，而向过程工业、机械工业、纺织机械、农用机械、机器人、数控机床、医疗器械及传感器等领域发展。

CAN 属于总线式串行通信网络，采用了许多新技术及独特的设计，CAN 总线的数据通信具有高性能、高可靠性、灵活性的特点。一个由 CAN 总线构成的单一网络中，理论上可以挂接无数个节点。实际应用中，节点数目受网络硬件的电气特性所限制。例如，当使用 Philips P82C250 作为 CAN 收发器时，同一网络中允许挂接 110 个节点。CAN 可提供高达 1Mbps 的数据传输速率，这使实时控制变得非常容易。另外，硬件的错误检定特性也增强了 CAN 的抗电磁干扰能力。

CAN 的主要特点如下。

（1）CAN 为多主方式工作，网络上任一节点均可在任意时刻主动地向网络上其他节点发送信息，而不分主从，通信方式灵活，且无须站地址等节点信息。利用这一特点可方便地构成多机备份系统。

（2）CAN 网络上的节点信息分成不同的优先级，可满足不同的实时要求，高优先级的数据最多可在 134ps 内得到传输。

（3）CAN 采用非破坏性总线仲裁技术，当多个节点同时向总线发送信息时，优先级较低的节点会主动退出发送，而最高优先级的节点可不受影响地继续传输数据，从而大大节省了总线冲突仲裁时间。当网络负载很重时也不会出现网络瘫痪情况（以太网则可能）。

（4）CAN 只需通过报文滤波即可实现点对点、一点对多点及全局广播等几种方式传送接收数据，无须专门的“调度”。CAN 的直接通信距离最远可达 10km（速率 5kbps 以下）；通信速率最高可达 1Mbps（此时通信距离最长为 40m）。

（5）CAN 上的节点数主要取决于总线驱动电路，目前可达 110 个；报文标识符可达 2032 种（CAN2.0A），而扩展标准（CAN2.0B）的报文标识符几乎不受限制。

（6）采用短帧结构，传输时间短，受干扰概率低，具有极好的检错效果。

（7）CAN 的每帧信息都有 CRC 校验及其他检错措施，保证了数据出错率极低。

（8）CAN 的通信介质可为双绞线、同轴电缆或光纤，选择灵活。

（9）CAN 节点在错误严重时具有自动关闭输出功能，使总线上其他节点的操作不受影响。

因此，CAN 具有的特性概括为：低成本；极高的总线利用率；很远的数据传输距离(长达 10km)；高速的数据传输速率（高达 1Mbps）；可根据报文的 ID 决定接收或屏蔽该报文；可靠的错误处理和检错机制；发送的信息遭到破坏后，可自动重发；节点在错误严重的情况下具有自动退出总线的功能；报文不包含源地址或目标地址，仅用标志符来指示功能信息、优先级信息。

6.2 CAN2.0 的技术规范

1983 年德国 BOSCH 开始研究新一代的汽车总线，1986 年第一颗 CAN-bus 芯片交付应用，1991 年由德国 BOSCH 公司发布 CAN2.0 规范，1993 年国际标准 ISO11898 正式出版 1995 年 ISO11898 进行了扩展从而能够支持 29 位 CAN 标识符，2000 年市场销售超过 1 亿个 CAN 器件。CAN2.0 规范分为 CAN2.0A 与 CAN2.0B。CAN2.0A 支持标准的 11 位标识符，CAN2.0B 同时支持标准的 11 位标识符和扩展的 29 位标识符。CAN2.0 规范的目的是为了在任何两个基于 CAN-bus 的仪器之间建立兼容性；规范定义了传输层并定义了 CAN 协议在周围各层当中所发挥的作用。CAN 被细分为以下不同的层次：

CAN 对象层（Object Layer）、CAN 传输层（Transfer Layer）和物理层（Phyical Layer）。

对象层和传输层包括所有由 ISO/OSI 模型定义的数据链路层的服务和功能。对象层的作用范围包括：查找被发送的报文；确定由实际要使用的传输层接收哪一个报文；为应用层相关硬件提供接口。

传输层的作用主要是传送规则，也就是控制帧结构、执行仲裁、错误检测、出错标定、故障界定。总线上什么时候开始发送新报文及什么时候开始接收报文，均在传输层里确定。位定时的一些普通功能也可以看做是传输层的一部分。理所当然，传输层的修改是受到限制的。

物理层的作用是在不同节点之间根据所有的电气属性进行位信息的实际传输。当然同一网络内，物理层对于所有的节点必须是相同的。尽管如此在选择物理层方面还是很自由的。

CAN2.0 规范没有规定媒体的连接单元以及其驻留媒体，也没有规定应用层。因此用户可以直接建立基于 CAN2.0 规范的数据通信；不过这种数据通信的传输内容一般不能灵活修改，适合于固定通信方式。

由于 CAN2.0 规范没有规定信息标识符的分配，因此可以根据不同应用使用不同的方法。所以在设计一个基于 CAN 的通信系统时，确定 CAN 标识符的分配非常重要，标识符的分配和定位也是应用协议、高层协议的其中一个主要研究项目。

6.2.1 CAN 的基本概念

CAN 具有以下的属性：

- 报文的优先权；
- 保证延迟时间；
- 设置灵活；
- 时间同步的多点接收；
- 系统宽数据的连贯性；
- 多主机；
- 错误检测和标定；
- 只要总线一处于空闲，就自动将破坏的报文重新传输；
- 将节点的暂时性错误和永久性错误区分开来，并且可以自动关闭错误的节点。

（1）CAN 节点的层结构（Layered Structure of a CAN node），如图 6-1 所示。

① 物理层定义实际信号的传输方法。本技术规范没有定义物理层，以便允许根据它们的应用，对发送媒体和信号电平进行优化。

② 传输层是 CAN 协议的核心。它把接收到的报文提供给对象层，以及接收来自对象层的

报文。传输层负责位定时及同步、报文分帧、仲裁、应答、错误检测和标定、故障界定。

③ 对象层的功能是报文滤波以及状态和报文的处理。

这一技术规范的目的是为了定义传输层及定义 CAN 协议在周围各层中所发挥的作用（所具有的意义）。

（2）报文（Messages）：总线上的信息以不同的固定报文格式发送，但长度受限。当总线空闲时任何连接的单元都可以开始发送新的报文。

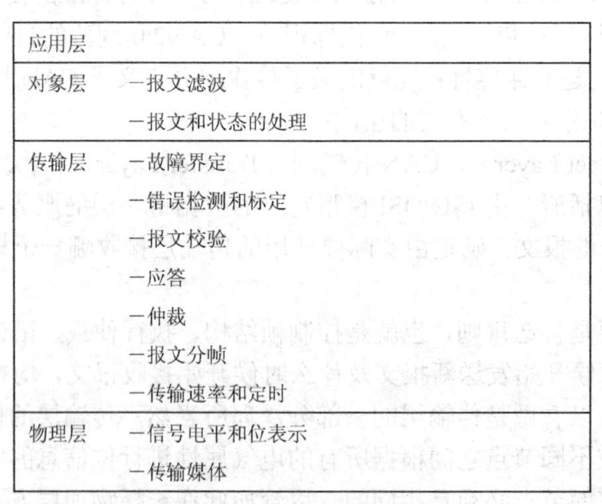

图 6-1　CAN 节点的层结构

（3）信息路由：在 CAN 系统里，节点不使用任何关于系统配置的信息（如站地址）。

（4）系统灵活性：不需要改变任何节点的应用层及相关的软件或硬件，就可以在 CAN 网络中直接添加节点。

（5）报文路由：报文的内容由识别符命名。识别符不指出报文的目的地，但解释数据的含义。因此，网络上所有的节点可以通过报文滤波确定是否应对该数据做出反应。

（6）多播：由于引入了报文滤波的概念，任何数目的节点都可以接收报文，并同时对此报文做出反应。

（7）数据连贯性：在 CAN 网络内，可以确保报文同时被所有的节点接收（或同时不被接收）。因此系统的数据连贯性是通过多播和错误处理的原理实现的。

（8）位速率（Bit Rate）：不同的系统，CAN 的速度不同。可是，在一给定的系统里，位速率是唯一的，并且是固定的。

（9）优先权（Priorities）：在总线访问期间，识别符定义一静态的报文优先权。

（10）远程数据请求（Remote Data Request）：通过发送远程帧，需要数据的节点可以请求另一节点发送相应的数据帧。数据帧和相应的远程帧是由相同的识别符（IDENTIFIER）命名的。

（11）多主机（Multimaster）：总线空闲时，任何单元都可以开始传送报文。具有较高优先权报文的单元可以获得总线访问权。

（12）仲裁（Arbitration）：只要总线空闲，任何单元都可以开始发送报文。如果两个或两个以上的单元同时开始传送报文，那么就会有总线访问冲突。通过使用识别符的位形式仲裁可以解决这个冲突。仲裁的机制确保信息和时间均不会损失。当具有相同识别符的数据帧和远程帧同时初始化时，数据帧优先于远程帧。仲裁期间，每一个发送器都对发送位的电平与被监控的总线电平进行比较。如果电平相同，则这个单元可以继续发送。如果发送的是一“隐性”电平而监控直到一“显性”电平（见总线值），那么该单元就失去了仲裁，必须退出发送状态。

（13）安全性（Safety）：为了获得最安全的数据发送，CAN 的每一个节点均采取了强有力的措施以进行错误检测、错误标定及错误自检。

（14）错误检测（Error Detection）：为了检测错误，必须采取以下措施。

① 监视（发送器对发送位的电平与被监控的总线电平进行比较）。

② 循环冗余检查。

③ 位填充。

④ 报文格式检查。

（15）错误检测的执行（Performance of Error Detection）：错误检测的机制要具有以下的属性。

① 检测到所有的全局错误。

② 检测到发送器所有的局部错误。

③ 可以检测到一报文里多达 5 个任意分布的错误。

④ 检测到一报文里长度低于 15（位）的突发性错误。

⑤ 检测到一报文里任意奇数个的错误。

对于没有被检测到的错误报文，其残余的错误可能性概率低于：报文错误率 4.7×10^{-11}。

（16）错误标定和恢复时间（Error Signalling and Recovery Time）：任何检测到错误的节点会标志出已损坏的报文。此报文会失效并将自动地开始重新传送。如果不再出现新错误的话，从检测到错误到下一报文的传送开始为止，恢复时间最多为 29 个位的时间。

（17）故障界定：CAN 节点能够把永久故障和短暂扰动区分开来。永久故障的节点会被关闭。

（18）连接：CAN 串行通信链路是可以连接许多单元的总线。理论上，可连接无数多的单元。但由于实际上受延迟时间以及/或者总线线路上电气负载的影响，连接单元的数量是有限的。

（19）单通道（Single Channel）：总线是由单一进行双向位信号传送的通道组成的。由此通道可以获得数据的再同步信息。要使此通道实现通信，有许多方法可以采用，如使用单芯线（加上接地）、2 条差分线、光缆等。本技术规范不限制这些实现方法的使用，即未定义物理层。

（20）总线值（Bus value）：总线可以具有两种互补的逻辑值之一：“显性”或“隐性”。“显性”位和“隐性”位同时传送时，总线的结果值为“显性”。例如，在执行总线的“线与”时，逻辑 0 代表“显性”等级，逻辑 1 代表“隐性”等级。本技术规范不给出表示这些逻辑电平的物理状态（如电压、光）。

（21）应答（Acknowledgment）：所有的接收器检查报文的连贯性。对于连贯的报文，接收器应答；对于不连贯的报文，接收器作出标睡眠模式 / 唤醒（Sleep Mode / Wake-up）。

为了减少系统电源的功率消耗，可以将 CAN 器件设为睡眠模式以便停止内部活动及断开与总线驱动器的连接。CAN 器件可由总线激活，或系统内部状态而被唤醒。唤醒时，虽然传输层要等待一段时间使系统振荡器稳定，然后还要等待一段时间直到与总线活动同步（通过检查 11 个连续的“隐性”的位），但在总线驱动器被重新设置为“总线在线”之前，内部运行已重新开始。为了唤醒系统上正处于睡眠模式的其他节点，可以使用一特殊的唤醒报文，此报文具有专门的、最低等级的识别符（rrrrrrdrrrr；r=‘隐性’，d=‘显性’）。

6.2.2 CAN 节点的分层结构

为使设计透明和执行灵活，遵循 ISO / OSI 标准模型，CAN 分为数据链路层（包括逻辑链路控制子层 LLC 和媒体访问控制子层 MAC）和物理层，而在 CAN 技术规范 2.0A 的版本中，数据链路层的 LLC 和 MAC 子层的服务和功能被描述为“目标层”和“传送层”。CAN 的分层结构和功能如图 6-2 所示。

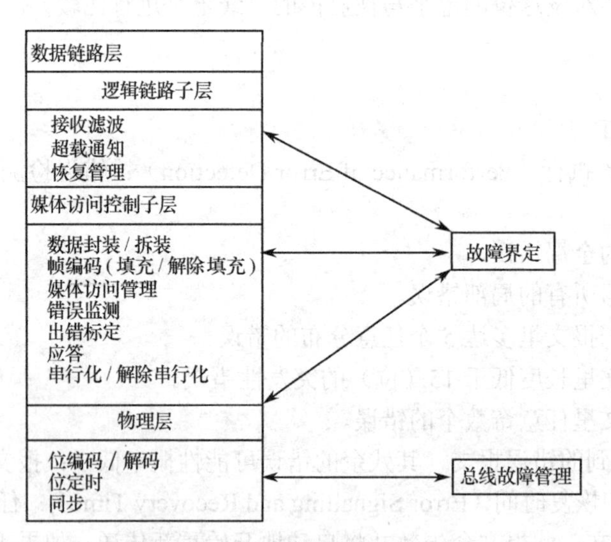

图 6-2　CAN 的分层结构和功能

LLC 子层的主要功能是：为数据传送和远程数据请求提供服务，确认由 LLC 子层接收的报文实际已被接收，并为恢复管理和通知超载提供信息。在定义目标处理时，存在许多灵活性。MAC 子层的功能主要是传送规则，亦即控制帧结构、执行仲裁、错误检测、出错标定和故障界定。MAC 子层也要确定，为开始一次新的发送，总线是否开放或者是否马上开始接收。位定时特性也是 MAC 子层的一部分。MAC 子层特性不存在修改的灵活性。物理层的功能是有关全部电气特性不同在节点间的实际传送。在一个网络内，物理层的所有节点必须是相同的。然而，在选择物理层时存在很大的灵活性。

CAN 技术规范 2.0B 定义了数据链路中的 MAC 子层和 LLC 子层的一部分，并描述与 CAN 有关的外层。物理层定义信号怎样进行发送，因而，涉及位定时、位编码和同步的描述。在这部分技术规范中，未定义物理层中的驱动器 / 接收器特性，以便允许根据具体应用，对发送媒体和信号电平进行优化。MAC 子层是 CAN 协议的核心，它描述由 LLC 子层接收到的报文和对 LLC 子层发送的认可报文。MAC 子层可响应报文帧、仲裁、应答、错误检测和标定。MAC 子层由称为故障界定的一个管理实体监控，它具有识别永久故障或短暂扰动的自检机制。LLC 子层的主要功能是报文滤波、超载通知和恢复管理。

6.2.3 报文传送及其帧结构

在进行数据传送时，发出报文的单元称为该报文的发送器。该单元在总线空闲或丢失仲裁前恒为发送器。如果一个单元不是报文发送器，并且总线不处于空闲状态，则该单元为接收器。

报文传送由以下4种不同类型的帧表示和控制。

（1）数据帧：数据帧携带数据从发送器至接收器。

（2）远程帧：总线单元发出远程帧，请求发送具有同一识别符的数据帧。

（3）错误帧：任何单元检测到一总线错误就发出错误帧。

（4）过载帧：过载帧用以在先行的和后续的数据帧（或远程帧）之间提供一附加的延时。

数据帧（或远程帧）通过帧间空间与前述的各帧分开。

对于报文发送器和接收器，报文的实际有效时刻是不同的。对于发送器而言，如果直到帧结束末尾一直未出错，则对于发送器报文有效。如果报文受损，将允许按照优先权顺序自动重发送。对于接收器而言，如果直到帧结束的最后一位一直未出错，则接收器报文有效。

构成一帧的帧起始、仲裁场、控制场、数据场和 CRC 序列均借助位填充规则进行编码。当发送器在发送的位流中检测到 5 位连续的相同数值时，将自动地在实际发送的位流中插入一个补码位。数据帧和远程帧的其余位场采用固定格式，不进行填充。出错帧和超载帧同样是固定格式，也不进行位填充。

报文中的位流按非归零（NRZ）码方法编码，意味着一个完整位的位电平是显性/隐性。

1. 数据帧

数据帧由 7 个不同的位场组成，即帧起始、仲裁场、控制场、数据场、CRC 场、ACK 场和帧结束。数据场长度可为 0。CAN2.0A 数据帧的组成如图 6-3 所示。

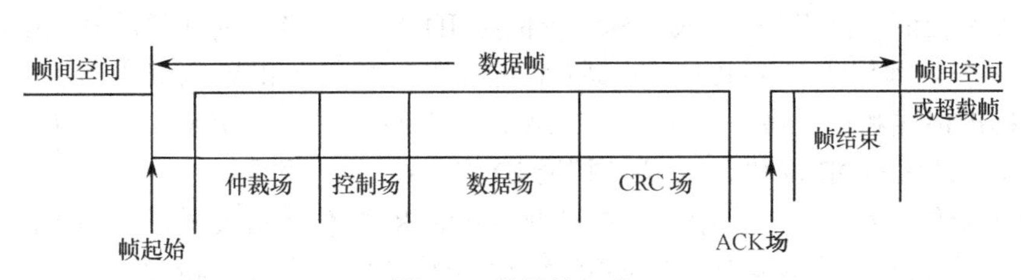

图 6-3　数据帧组成

在 CAN2.0B 中存在标准格式和扩展格式两种帧格式，如图 6-4 所示，其主要区别在于标识符的长度，具有 11 位标识符的帧称为标准帧，而包括 29 位标识符的帧称为扩展帧。

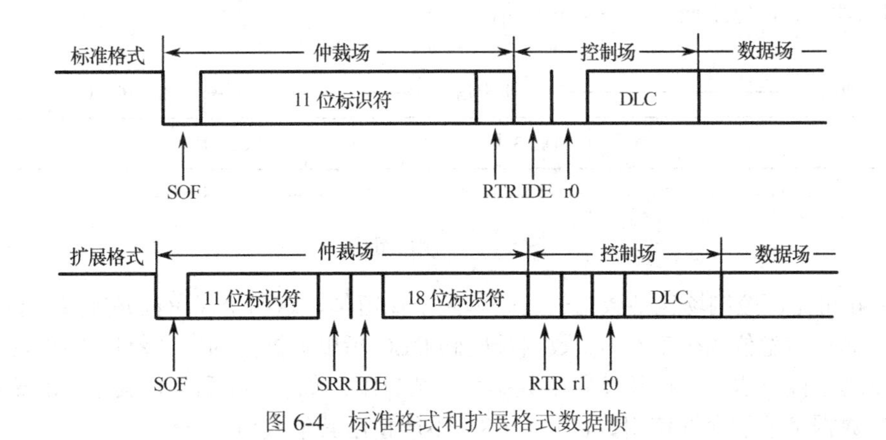

图 6-4　标准格式和扩展格式数据帧

为使控制器设计相对简单，并不要求执行完全的扩展格式（如以扩展格式发送报文或由报文接收数据），但必须不加限制地执行标准格式。如新型控制器至少具有下列特性，则可被认为同 CAN 技术规范兼容：每个控制器均支持标准格式；每个控制器均接受扩展格式报文，即不至于因为它们的格式而破坏扩展帧。

CAN2.0B 对报文滤波特别加以描述，报文滤波以整个标识符为基准。屏蔽寄存器可用于选择一组标识符，以便映像至接收缓存器中，屏蔽寄存器每一位都需是可编程的。它的长度可以是整个标识符，也可以仅是其中一部分。

（1）帧起始（SOF）标志数据帧和远程帧的起始，它仅由一个显位构成。只有在总线处于空闲状态时，才允许站开始发送。所有站都必须同步于首先开始发送的那个站的帧起始前沿。

（2）仲裁场由标识符和远程发送请求位（RTR）组成。仲裁场如图 6-5 所示。对于 CAN2.0A 标准，标识符的长度为 11 位，这些位以从高位到低位的顺序发送，最低位为 ID.0，其中最高 7 位（ID.10～ID.4）不能全为隐位。

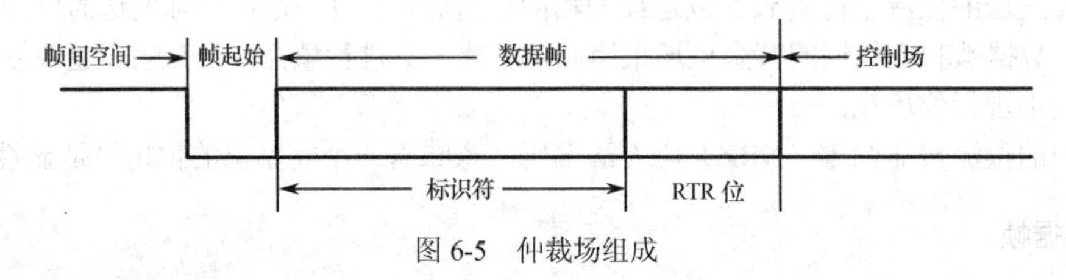

图 6-5　仲裁场组成

RTR 位在数据帧中必须是显位，而在远程帧中必须为隐位。

对于 CAN 2.0B，标准格式和扩展格式的仲裁场格式不同。在标准格式中，仲裁场由 11 位标识符和远程发送请求位 RTR 组成，标识符位为 ID.28～ID.18，而在扩展格式中，仲裁场由 29 位标识符和替代远程请求 SRR 位、标识位和远程发送请求位组成，标识符位为 ID.28～ID.0。

为区别标准格式和扩展格式，将 CAN2.0A 标准中的 r1 改记为 IDE 位。在扩展格式中，先发送基本 ID，其后是 IDE 位和 SRR 位。扩展 ID 在 SRR 位后发送。

SRR 位为隐位，在扩展格式中，它在标准格式的 RTR 位上被发送，并替代标准格式中的 RTR 位。这样，标准格式和扩展格式的冲突由于扩展格式的基本 ID 与标准格式的 ID 相同而告解决。

IDE 位对于扩展格式属于仲裁场，对于标准格式属于控制场。IDE 在标准格式中以显性电平发送，而在扩展格式中为隐性电平。

（3）控制场由 6 位组成，如图 6-6 所示。

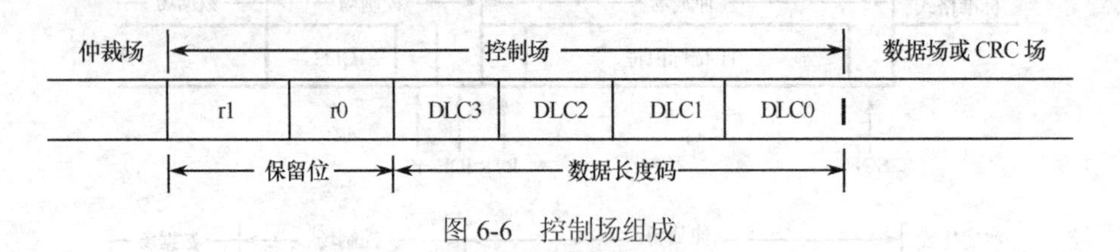

图 6-6　控制场组成

由图 6-6 可见，控制场包括数据长度码和两个保留位，这两个保留位必须发送显性位，但接收器认可显位与隐位的全部组合。数据长度码 DLC 指出数据场的字节数目。数据长度码为 4 位，在控制场中被发送。数据长度码中数据字节数目编码如表 6-1 所示，其中，d 表示显位，r 表示隐位。数据字节的允许使用数目为 0～8，不能使用其他数值。

表 6-1　数据长度码中数据字节数目编码

数据字节数目	数据长度码			
	DLC3	DLC2	DLC1	DLC0
0	d	d	d	d
1	d	d	d	r

续表

数据字节数目	数据长度码			
	DLC3	DLC2	DLC1	DLC0
2	d	d	r	d
3	d	d	r	r
4	d	r	d	d
5	d	r	d	r
6	d	r	r	d
7	d	r	r	r
8	r	d	d	d

（4）数据场由数据帧中被发送的数据组成，它可包括 0～8 个字节，每个字节 8 位。首先发送的是最高有效位。

（5）CRC 场包括 CRC 序列，后随 CRC 界定符。CRC 场结构如图 6-7 所示。

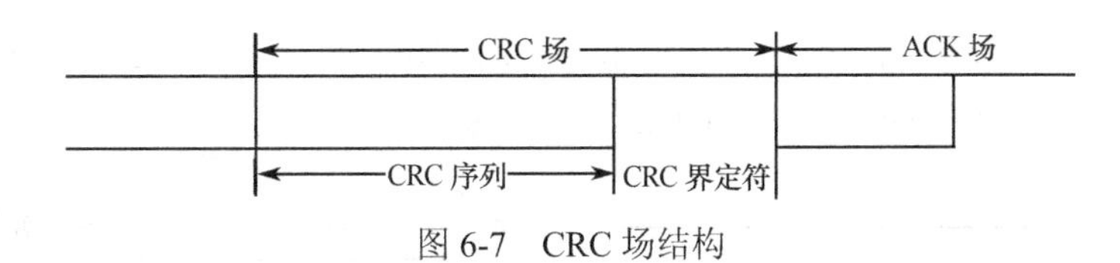

图 6-7　CRC 场结构

CRC 序列由循环冗余码求得的帧检查序列组成，最适用于位数小于 127（BCH 码）的帧。为实现 CRC 计算，被除的多项式系数由包括帧起始、仲裁场、控制场、数据场（若存在的话）在内的无填充的位流给出，其 15 个最低位的系数为 0。此多项式被发生器产生的下列多项式除（系数为模 2 运算）：

$$X^{15}+X^{14}+X^{10}+X^{8}+X^{7}+X^{4}+X^{3}+1$$

该多项式除法的余数即为发向总线的 CRC 序列。为完成此运算，可以使用一个 15 位移位寄存器 CRC-RG（14:0）。若以 NXTBIT 标记该位流的下一位，它由从帧起始直至数据场结束的没有填充位的序列给定。

发送 / 接收数据场的最后一位后，CRC-RG 包含有 CRC 序列。CRC 序列后面是 CRC 界定符，它只包括一个隐位。

（6）应答场（ACK）为两位，包括应答间隙和应答界定符，如图 6-8 所示。

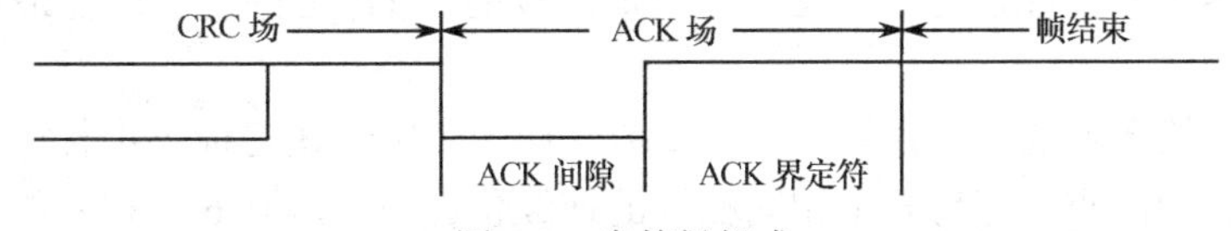

图 6-8　应答场组成

在应答场中，发送器送出两个隐位。一个正确地接收到有效报文的接收器，在应答间隙，将此信息通过发送一个显位报告给发送器。所有接收到匹配 CRC 序列的站，通过在应答间隙内把显位写入发送器的隐位来报告。

应答界定符是应答场的第二位，并且必须是隐位，因此，应答间隙被两个隐位（CRC 界定符和应答界定符）包围。

（7）帧结束：每个数据帧和远程帧均由 7 个隐位组成的标志序列界定。

2．远程帧

激活为数据接收器的站可以借助于传送一个远程帧初始化各自源节点数据的发送。远程帧由 6 个不同分位场组成：帧起始、仲裁场、控制场、CRC 场、ACK 场和侦结束。

同数据帧相反，远程帧的 RTR 位是隐位。远程帧不存在数据场。DLC 的数据值是独立的，它可以是 0～8 中的任何数值，这一数值为对应数据帧的 DLC。远程帧的组成如图 6-9 所示。

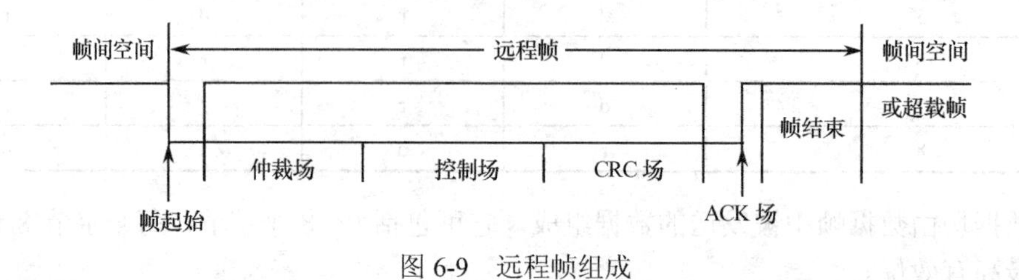

图 6-9　远程帧组成

3．出错帧

出错帧由两个不同场组成，第一个场由来自各站的错误标志叠加得到，后随的第二个场是出错界定符。出错帧的组成如图 6-10 所示。

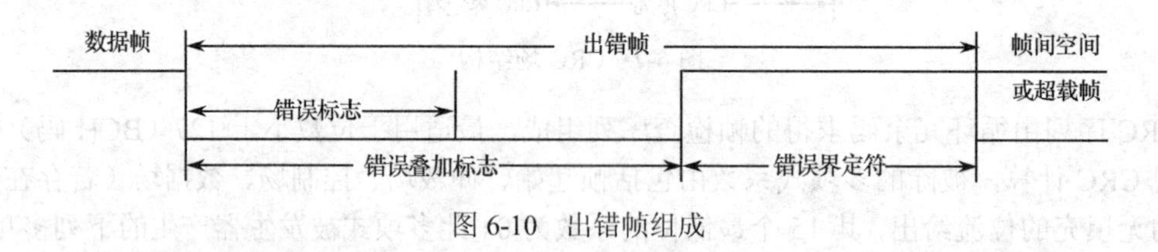

图 6-10　出错帧组成

为了正确地终止出错帧，一种“错误认可”节点可以使总线处于空闲状态至少三位时间（如果错误认可接收器存在本地错误），因而总线不允许被加载至 100%。

错误标志具有两种形式：活动错误标志（Active Error Flag）；认可错误标志（Passive Error Flag）。活动错误标志由 6 个连续的显位组成，认可错误标志由 6 个连续的隐位组成，除非被来自其他节点的显位冲掉重写。

一个检测到出错条件的“错误激活”节点通过发送一个活动错误标志进行标注。这一出错标注形式违背了适用于由帧起始至 CRC 界定符所有场的填充规则，或者破坏了应答场或帧结束场的固定形式。因而，其他站将检测到出错条件并发送出错标志。这样，在总线上被监视到的显位序列是由各个站单独发送的出错标志叠加而成的。该序列的总长度在最小值 6 和最大值 12 位之间变化。

一个检测到出错条件的“错误认可”站试图发送一个错误认可标志进行标注。该错误认可站自认可错误标志为起点，等待 6 个相同极性的连续位。当检测到 6 个相同的连续位后，认可错误标志即告完成。

出错界定符包括 8 个隐位。错误标志发送后，每个站都送出隐位，并监视总线，直到检测到隐位。此后开始发送剩余的 7 个隐位。

4．超载帧

超载帧包括两个位场：超载标志和超载界定符，如图 6-11 所示。

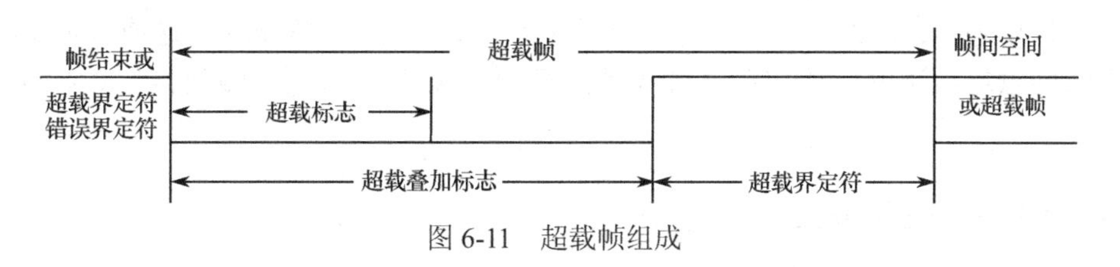

图 6-11　超载帧组成

存在两种导致发送超载标志的超载条件：一个是要求延迟下一个数据帧或远程帧的接收器的内部条件；另一个是在间歇场检测到显位。由前一个超载条件引起的超载帧起点，仅允许在期望间歇场的第一位时间开始，而由后一个超载条件引起的超载帧在检测到显位的后一位开始。在大多数情况下，为延迟下一个数据帧或远程帧，两种超载帧均可产生。

超载标志由 6 个显位组成。全部形式对应于活动错误标志形式。超载标志形式破坏了间歇场的固定格式，因而，所有其他站都将检测到一个超载条件，并且由它们开始发送超载标志（在间歇场第三位期间检测到显位的情况下，节点将不能正确理解超载标志，而将 6 个显位的第一位理解为帧起始）。第 6 个显位违背了引起出错条件的位填充规则。

超载界定符由 8 个隐位组成。超载界定符与错误界定符具有相同的形式。发送超载标志后，站监视总线直到检测到由显位到隐位的发送。在此站点上，总线上的每一个站均完成送出其超载标志，并且所有站一致地开始发送剩余的 7 个隐位。

5. 帧间空间

数据帧和远程帧同前面的帧相同，不管是何种帧（数据帧、远程帧、出错帧或超载帧）均称为帧间空间的位场分开。相反，在超载帧和出错帧前面没有帧间空间，并且多个超载帧前面也不被帧间空间分隔。

帧间空间包括间歇场和总线空闲场，对于前面已经发送报文的“错误认可”站还有暂停发送场。对于非“错误认可”或已经完成前面报文的接收器，其帧间空间如图 6-12（a）所示；对于已经完成前面报文发送的“错误认可”站，其帧间空间如图 6-12（b）所示。

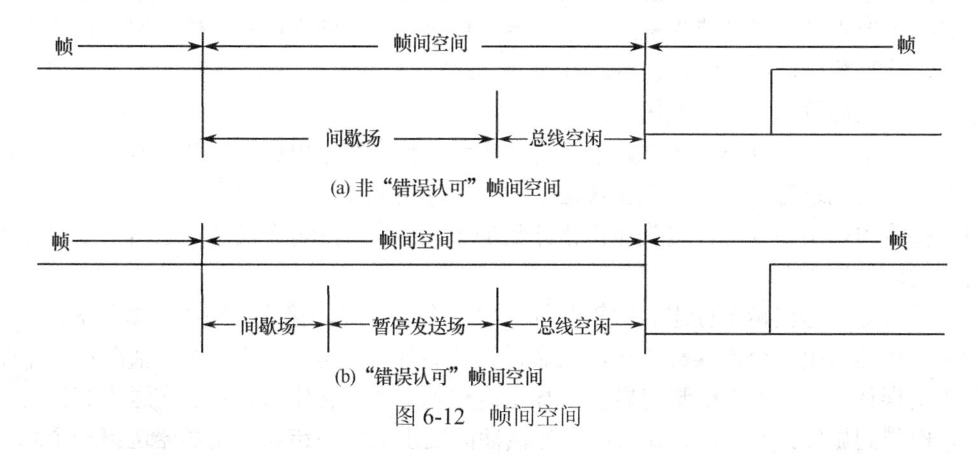

图 6-12　帧间空间

间歇场由 3 个隐位组成。间歇期间，不允许启动发送数据帧或远程帧，它仅起标注超载条件的作用。

总线空闲周期可为任意长度。此时，总线是开放的，因此任何需要发送的站均可访问总线。在其他报文发送期间，暂时被挂起的待发送报文紧随间歇场从第一位开始发送。此时总线上的显位被理解为帧起始。

暂停发送场是指：错误认可站发完一个报文后，在开始下一次报文发送或认可总线空闲之前，它紧随间歇场后送出 8 个隐位。如果其间开始一次发送（由其他站引起），本站将变为报文接收器。

6.2.4 错误类型和界定

在 CAN 总线中存在 5 种错误类型（它们并不互相排斥）。

（1）位错误：向总线送出一位的某个单元同时也在监视总线，当监视到总线位数值与送出的位数值不同时，则在该位时刻检测到一个位错误。例外情况是，在仲裁场的填充位流期间或应答间隙送出隐位而检测到显位时，不视为位错误。送出认可错误标注的发送器，在检测到显位时，也不视为位错误。

（2）填充错误：在应使用位填充方法进行编码的报文中，出现了第 6 个连续相同的位电平时，将检出一个位填充错误。

（3）CRC 错误：CRC 序列是由发送器 CRC 计算的结果组成的。接收器以与发送器相同的方法计算 CRC。如计算结果与接收到的 CRC 序列不相同，则检出一个 CRC 错误。

（4）形式错误：当固定形式的位场中出现一个或多个非法位时，则检出一个形式错误。

（5）应答错误：在应答间隙，发送器未检测到显位时，则由它检出一个应答错误。

检测到出错条件的站通过发送错误标志进行标定。当任何站检出位错误、填充错误、形式错误或应答错误时，由该站在下一位开始发送出错标志。

当检测到 CRC 错误时，出错标志在应答界定符后面那一位开始发送，除非其他出错条件的错误标志已经开始发送。

在 CAN 总线中，任何一个单元可能处于下列三种故障状态之一：错误激活（Error Active）、错误认可（Error Passive）和总线关闭。

检测到出错条件的站通过发送出错标志进行标定。对于错误激活节点，其为活动错误标志；而对于错误认可节点，其为认可错误标志。

错误激活单元可以照常参与总线通信，并且当检测到错误时，送出一个活动错误标志。不允许错误认可节点送出活动错误标志，它可参与总线通信，但当检测到错误时，只能送出认可错误标志，并且发送后仍被错误认可，直到下一次发送初始化。总线关闭状态不允许单元对总线有任何影响（如输出驱动器关闭）。

为了界定故障，在每个总线单元中都设有两种计数：发送出错计数和接收出错计数。这些计数按照下列规则进行（在给定报文传送期间，可应用其中一个以上的规则）。

（1）接收器检出错误时，接收器出错计数加 1，除非所检测错误是发送活动错误标志或超载标志期间的位错误。

（2）接收器在送出错误标志后的第一位检出一个显位时，接收器错误计数加 8。

（3）发送器送出一个错误标志时，发送错误计数加 8。其中有两个例外情况：一个是如果发送器为错误认可，由于未检测到显位应答或检测到一个应答错误，并且在送出其认可错误标志时，未检测到显位。另一个是如果由于仲裁期间发生的填充错误，发送器送出一个隐位错误标志，但发送器送出隐位面检测到显位。在以上两种例外情况下，发送器错误计数不改变。

（4）发送器/接收器送出一个活动错误标志或超载标志时，它检测到位错误，则发送器错误计数加 8。

（5）在送出活动错误标志、认可错误标志或超载标志后，任何节点都允许多至 7 个连续的显位。在检测的第 11 个连续的显位后（在活动错误标志或超载标志情况下），或紧随认可错误标志检测到第 8 个连续的显位后，以及附加的 8 个连续的显位的每个序列后，每个发送器的发送错误计数都加 8，并且每个接收器的接收错误计数也加 8。

（6）报文成功发送后（得到应答，并且直到帧结束未出现错误），则发送错误计数减 1，除非它已经为 0。

（7）报文成功接收后（直到应答间隙无错误接收，并且成功地送出应答位），则接收错误计数减 1，如果它处于 1 和 127 之间。若接收错误计数为 0，则仍保持为 0；而若大于 127，则将其值计为 119 和 127 之间的某个数值。

（8）当发送错误计数器等于或大于 128 或接收错误计数器等于或大于 128 时，节点为错误认可。导致节点变为错误认可的错误条件使节点送出一个活动错误标志。

（9）当发送错误计数大于或等于 256 时，节点为总线关闭状态。

（10）当发送错误计数和接收错误计数两者均小于或等于 127 时，错误认可节点再次变为错误激活节点。

（11）在监测到总线上 11 个连续的隐位发生 128 次后，总线关闭节点将变为两个错误计数器均值为 0 的错误激活节点。

当错误计数数值大于 96 时，说明总线被严重干扰。它提供测试此状态的一种手段。

若系统启动期间仅有一个节点在线，此节点发出报文后，将得不到应答，检出错误并重复该报文。它可以变为错误认可，但不会因此关闭总线。

6.2.5 位定时与同步

（1）正常位速率：为在非重同步情况下，借助理想发送器每秒发生的位数。

（2）正常位时间：即正常位速率的倒数。

正常位时间可分为 4 个互不重叠的时间段：同步段（SYNC-SEG）、传播段（PROP-SEG）、相位缓冲段 1（PHASE-SEG1）和相位缓冲段 2（PHASE-SEG2），如图 6-13 所示。

（3）同步段：用于同步总线上的各个节点，为处于此段内需要有一个跳变沿。

（4）传播段：用于补偿网络内的传输延迟时间，它是信号在总线上传播时间、输入比较器延迟和驱动器延迟之和的两倍。

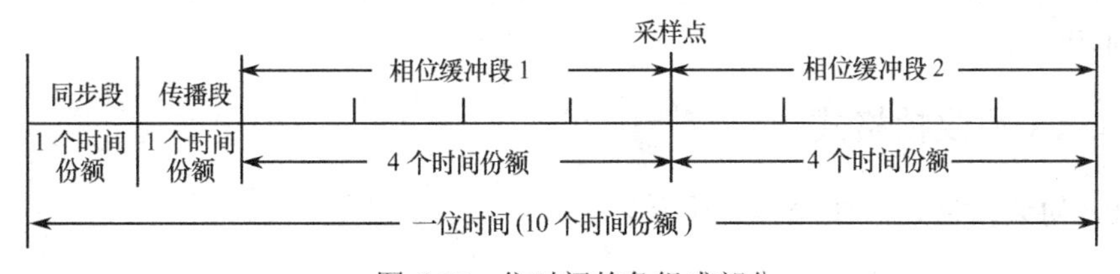

图 6-13　位时间的各组成部分

（5）相位缓冲段 1 和相位缓冲段 2：用于补偿沿的相位误差，通过重同步，这两个时间段可被延长或缩短。

（6）采样点：它是这样一个时点，在此点上，仲裁电平被读，并被理解为各位的数值，位于其相位缓冲段 1 的终点

（7）信息处理时间：由采样点开始，保留用于计算子序列位电平的时间。

（8）时间份额：由振荡器周期派生出的一个固定时间单元。存在一个可编程的分度值整体数值范围为 1～32，以最小时间份额为起点，时间份额可为：

$$时间份额= m\times 最小时间份额$$

式中，m 为分度值。

正常位时间中各时间段长度数值为：SYNC-SEG 为一个时间份额；PROP-SEG 长度可编程为 1～8 个时间份额；PHASE-SEG1 可编程为 1～8 个时间份额；PHASE-SEG2 长度为 PHASE-SEG1 和信息处理时间的最大值；信息处理时间长度小于或等于 2 个时间份额。在位时间中，时间份额的总数必须被编程为至少 8～25。

（9）硬同步：硬同步后，内部位时间从 SYNC-SEG 重新开始，因而硬同步强迫由于硬同步引起的沿处于重新开始的位时间同步段之内。

（10）重同步跳转宽度：由于重同步的结果，PHASE-SEG1 可被延长或 PHASE-SEG2 可被缩短。这两个相位缓冲段的延长或缩短的总和上限由重同步跳转宽度给定。重同步跳转宽度可编程为 1～4（PHASE-SEG1）。时钟信息可由一位数值到另一位数值的跳转获得。由于总线上出现连续相同位的位数的最大值是确定的，这提供了在帧期间重新将总线单元同步于位流的可能性。可被用于重同步的两次跳变之间的最大长度为 29 个位时间。

（11）沿相位误差：沿相位误差由沿相对于 SYNC-SEG 的位置给定，以时间份额度量。相位误差的符号定义如下：

①若沿处于 SYNC-SEG 之内，则 $e=0$；

②若沿处于采样点之前，则 $e>0$；

③若沿处于前一位的采样点之后，则 $e<0$。

（12）重同步：当引起重同步沿的相位误差小于或等于重同步跳转宽度编程值时，重同步的作用与硬同步相同。当相位误差大于重同步跳转宽度且相位误差为正时，则 PHASE-SEG1 延长总数为重同步跳转宽度。当相位误差大于重同步跳转宽度且相位误差为负时，则 PHASE-SEG2 缩短总数为重同步跳转宽度。

（13）同步规则：硬同步和重同步是同步的两种形式。它们遵从下列规则。

① 在一个位时间内仅允许一种同步。

② 只要在先前采样点上监测到的数值与总线数值不同，沿过后立即有一个沿用于同步。

③ 在总线空闲期间，当存在一个隐位至显位的跳变沿时，则执行一次硬同步。

④ 所有履行以上规则 1 和 2 的其他隐位至显位的跳变沿都将被用于重同步。例外情况是，对于具有正相位误差的隐位至显位的跳变沿，只要隐位至显位的跳变沿被用于重同步，发送显位的节点将不执行重同步。

6.2.6　CAN 协议帧格式

CAN 2.0B 协议帧格式，如表 6-2 所示。

表 6-2　CAN2.0B 协议帧格式

	7	6	5	4	3	2	1	0
字节 1	FF	RTR	X	X	DLC（数据长度）			
字节 2	（报文识别）ID.10～ID.3							
字节 3	ID.2～ID.0			X	X	X	X	X
字节 4～11	数据 1～数据 8							

1. CAN2.0B 标准帧

CAN 标准帧信息为 11 个字节，包括信息和数据两部分，前 3 个字节为信息部分。

（1）字节 1 为帧信息。第 7 位（FF）表示帧格式，在标准帧中，FF=0；第 6 位（RTR）表示帧的类型：RTR=0 表示为数据帧；RTR=1 表示为远程帧。DLC 表示在数据帧时实际的数据长度。

（2）字节 2、3 为报文识别码 11 位有效。

（3）字节 4～11 为数据帧的实际数据，远程帧时无效。

2. CAN2.0B 扩展帧

CAN 扩展帧信息为 13 个字节，包括信息和数据两部分，前 5 个字节为信息部分，其格式如表 6-3 所示。

（1）字节 1 为帧信息。第 7 位（FF）表示帧格式，在扩展帧中，FF=1。第 6 位（RTR）表示帧的类型：RTR=0 表示为数据帧；RTR=1 表示为远程帧；DLC 表示在数据帧时实际的数据长。

（2）字节 2、5 为报文识别码，其高 29 位有效。

（3）字节 6～13 为数据帧的实际数据，远程帧时无效。

表 6-3　CAN2.0B 扩展帧格式

	7	6	5	4	3	2	1	0
字节 1	FF	RTR	X	X				
字节 2	（报文识别）　ID.28～ID.21							
字节 3	ID.20～ID.13							
字节 4	ID.12～ID.5							
字节 5	ID.4I～D.0					X	X	X
字节 6～13	数据 1～数据 8							

6.2.7　CAN 高层协议

CAN 高层协议即应用层协议，是一种在现有的 CAN 底层协议物理层和数据链路层之上实现的协议。高层协议是在 CAN 规范的基础上发展起来的应用层。许多系统像汽车工业中可以特别制定一个合适的应用层，但对于许多的行业来说，这种方法是不经济的。一些组织已经研究并开放了应用层。

制定组织	主要高层协议
CiA	CAL 协议
CiA	CANOpen 协议
ODVA	DeviceNet 协议
Honeywell	SDS 协议
Kvaser	CANKingdom 协议

其中 DeviceNet 协议和 CANOpen 协议是真正占领市场的两个应用层协议。它们定位于不同市场。DeviceNet 协议适合于工厂自动化控制，CANOpen 协议适合于所有机械的嵌入式网络。因此，CANOpen 协议占领着欧洲市场的汽车电子领域，而 DeviceNet 协议已成为美洲亚洲地区工业控制领域中的领导者。下面针对这两个协议将详细地进行介绍。

1. DeviceNet 协议

1990 年美国 Allen-Bradley 公司即开始从事基于 CAN-bus 的通信与控制方面的研究。研究的成果之一就是应用层：“DeviceNet 协议”。1994 年 Allen-Bradley 公司将 DeviceNet 协议移交给专职推广的独立供应者组织“Open DeviceNet Vendor Association（ODVA）”协会，由 ODVA 协会管理 DeviceNet 协议并进行市场的推广。

DeviceNet 协议特别为工厂自动控制而定制，因此使其成为类似 Profibus-DP 和 Interbus 协议的有力竞争者。目前 DeviceNet 已经成为美国自动化领域中的领导者，也正在其他适合的领域逐步得到推广、应用。

DeviceNet™ 是一个非常成熟的开放式网络。它根据抽象对象模型来定义。这个模型是指可用的通信服务和一个 DeviceNet 节点的外部可见行为。相应的设备子协议（Device Profile）规定同类设备的行为。DeviceNet 允许多个复杂设备互联，也允许简单设备的互换性。

基于 CAN 技术的 DeviceNet 是一种低成本的通信总线。它将工业设备（如限位开关、光电传感器、阀组马达启动器、过程传感器、变频驱动器、面板显示器和操作员接口等）连接到网络，从而消除了昂贵的硬接线成本，直接互联性改善了设备间的通信，并同时提供了相当重要的设备级诊断功能，这是通过硬接线 I/O 接口很难实现的。同时 DeviceNet 是一种简单的网络解决方案，它在提供多供货商同类部件间的可互换性的同时，减少了配线和安装工业自动化设备的成本和时间。一个典型的 DeviceNet 控制系统如图 6-14 所示。

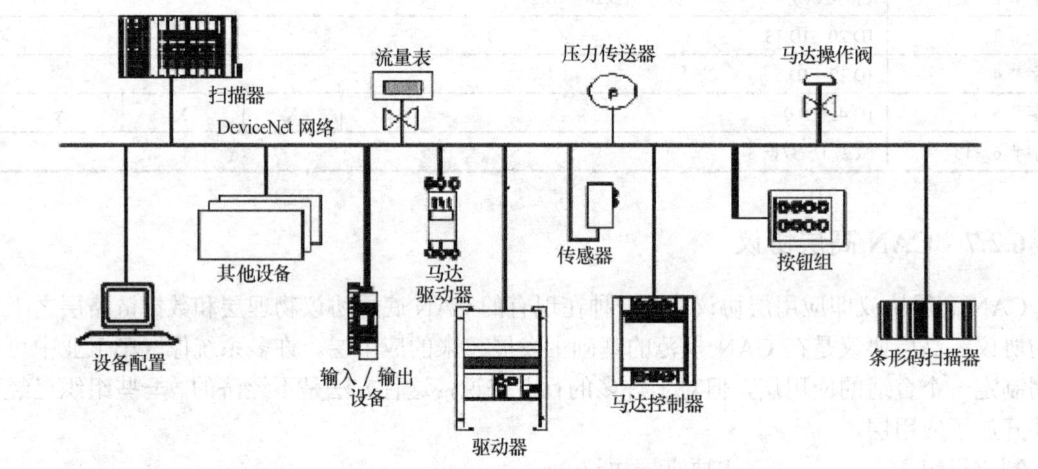

图 6-14　典型的 DeviceNet 控制系统

DeviceNet 不仅仅使设备之间以一根电缆互相连接和通信，更重要的是它给系统所带来的设备级的诊断功能。该功能在传统的 I/O 上是很难实现的。

DeviceNet 是一个开放的网络标准。规范和协议都是开放的：供货商将设备连接到系统时无需为硬件软件或授权付费。任何对 DeviceNet 技术感兴趣的组织或个人都可以从 ODVA 协会获得 DeviceNet 规范，并可以加入 ODVA，参加对 DeviceNet 规范进行增补的技术工作组。

开发基于 DeviceNet 的产品必须遵循 DeviceNet 规范。DeviceNet 规范分 PART Ⅰ、PART Ⅱ 两部分。用户可以从 ODVA 协会寻找关于 DeviceNet 开发源代码的信息。基于 CAN-bus 的硬件则可以从 Philps、Intel 等半导体供货商那里获得。

DeviceNet 在中国的发展速度也是非常惊人的。至 2003 年 7 月 ODVA 协会在中国的会员已经达到 41 个。DeviceNet 也在中国建立了许多各行业的应用，众多大型企业均开始将

DeviceNet 应用到自己的主流产品或生产过程中。据 Rockwell Automation 市场部提供的数据，上海通用汽车有一条 DeviceNet 的生产线，另外生产可口可乐的上海申美饮料公司也部分采用了 DeviceNet 技术。随着 CAN-bus 技术的进一步完善和推广，DeviceNet 有相当可观的应用前景。DeviceNet 的主要技术特点如表 6-4 所示。

表 6-4　DeviceNet 的主要技术特点

网络大小	最多 64 个节点	
网络长度	可选的端对端网络距离随网络传输速度变化	
	波特率	距离
	125kbps	500m（1640ft）
	250kbps	250m（820ft）
	500kbps	100m（328ft）
网络模型	生产者/消费者模型	
数据包	0～8 字节	
总线拓扑结构	线性（干线/支线）；电源和信号在同一网络电缆中	
总线寻址	带多点传送（一对多）的点对点；多主站和主/从； 轮询或状态改变（基于事件）	
系统特性	支持设备的热插拔，无须网络断电	

2. CAL 协议

CAL（CAN Application Layer）发布于 1993 年，是 CiA 的首批的发布条款之一。CAL 为基于 CAN 的分布式系统的实现提供了一个不依赖于应用、面向对象的环境。它为通信、标识符、分布网络和层管理提供了对象和服务。CAL 的主要应用在基于 CAN 的分布式系统，这个系统不要求可配置性以及标准化的设备建模。CAL 的其中一个子集是作为 CANopen 的应用层。因此 CANopen 的设备可以用在指定应用的 CAL 系统。

在欧洲，一些公司在尝试使用 CAL。尽管 CAL 在理论上正确，并在工业上可以投入应用，但每个用户都必须设计一个新的子协议。因为 CAL 是一个真正的应用层。CAL 可以被看成开发一个应用 CAN 方案的必要理论步骤，但在这一领域它不会被推广。

3. CANopen 协议

1993 年由 Bosch 领导的欧洲 CAN-bus 协会开始研究基于 CAN-bus 通信、系统、管理方面的原型，由此发展成为 CANopen 协议。这是一个基于 CAL 的子协议，用于产品部件的内部网络控制。其后 CANopen 协议被移交给 CiA 协会，由 CiA 协会管理维护与发展。1995 年 CiA 协会发布了完整的 CANopen 协议。至 2000 年 CANopen 协议已成为全欧洲最重要的嵌入式网络标准。CANopen 不仅定义了应用层和通信子协议，也为可编程系统、不同器件接口、应用子协议定义了页/帧状态，这也就是工业领域决定使用 CANopen 的一个重要原因。

CANopen 协议中，设备建模是借助于对象目录而基于设备功能性的描述。这种方法广泛地符合于其他现场总线（Interbus-S Profibus 等）使用的设备描述形式。标准设备以“设备子协议 Device Profile”的形式规定。

DeviceCiA CAN in Automation 协会成立于 1992 年，是为促进 CAN 以及 CAN 协议的发展而成立的一个非赢利的商业协会，用于提供 CAN 的技术产品以及市场信息。到 2002 年 2 月时共有约400家公司加入了这个组织，协作开发和支持各类CAN高层协议。经过近十年的发展，该协会已经为全球应用CAN技术的重要权威。

在CiA的努力推广下，CAN技术在汽车电控制系统、电梯控制系统、安全监控系统、医疗仪器、纺织、机械、船舶运输等方面均得到了广泛的应用。

6.2.8 CAN总线媒体装置特性

CAN能够使用多种物理介质，如双绞线、光纤等。最常用的就是双绞线。信号使用差分电压传送，两条信号线被称为“CAN_H”和“CAN_L”，静态时均是2.5V左右，此时状态表示为逻辑“1”，也可以称为“隐性”。用CAN_H比CAN_L高表示逻辑“0”，称为“显性”，此时，通常电压值为CAN_H=3.5V和CAN_L=1.5V。

CAN技术规范2.0B遵循ISO / OSI标准模型，分为逻辑链路层和物理层。其物理层包括位编码 / 解码、位定时及同步等内容，但对总线媒体装置，诸如驱动器 / 接收器特性未作规定，以便在具体应用中进行优化设计。

ISO 11898建议的电气连接如图6-15所示，将连接于总线的每个节点称为电子控制装置（ECU）。总线每个末端均接有以R_L表示的抑制反射的终端负载电阻，而位于ECU内部的R_L应予取消。总线驱动可采用单线上拉、单线下拉或双线驱动，接收采用差分比较器。总线可具有两种逻辑状态：隐性或显性。在隐性状态下，V_{CANH}和V_{CNAL}被固定于平均电压电平，V_{diff}近似为零。显性状态以大于最小阈值的差分电压表示。在显位期间，显性状态改变隐性状态并发送。总线上的位电平如图6-16所示。

若所有ECU的晶体管均被关闭，则总线处于隐性状态。此时总线的平均电压由具有高内阻的每个ECU电压源产生。图6-15列出了确定接收操作基准的电阻网络。

若成对晶体管至少有一个被接通则显性位被送至总线，它产生流过终端电阻的电流，使总线的两条线之间产生电压差。

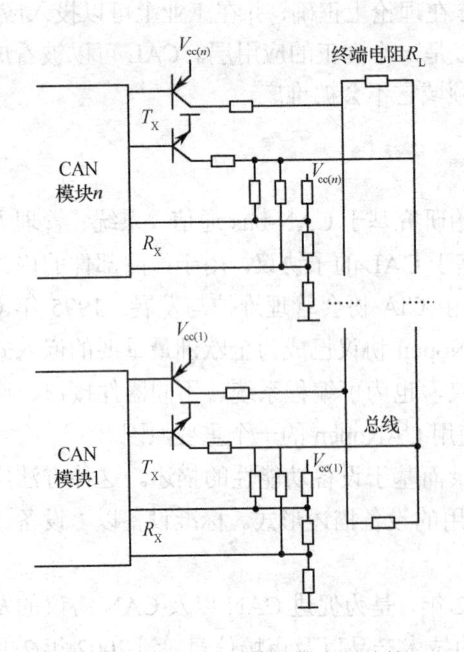

图6-15 ISO 11898建议的电气连接

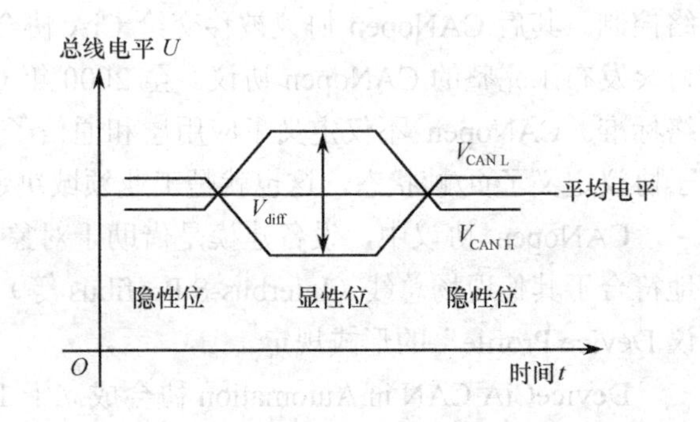

图6-16 总线上的位电平表示

电阻网络检测显性和隐性状态，该网络将总线的不同电压变换，接收电路比较器输入端上对应的显性和隐性电平。

物理媒体附属装置子层的电气规范分别示于表 6-5～表 6-9。表中给出的所有数据均与特定的物理层实现无关。这些表中该给出的参数应被每个 ECU 的工作温度范围所满足。选择这些参数可以多达 30 个 ECU 连接至总线。

总线所采用的电缆及终端电阻如表 6-10 所示。总线的拓扑结构如图 6-17 和表 6-11 所示。

表 6-5　与总线断开的 ECU 隐性状态下的 DC 参数

参 数	符 号	单 位	数 值			条 件
			最小值	典型值	最大值	
总线输出电压	V_{CANH}	V	2.0	2.5	3.0	无负载
	V_{CANL}	V	2.0	2.5	3.0	
总线差分输出电压	V_{diff}	mV	－500	0	50	无负载
内部差分电阻	R_{diff}	kΩ	10	—	100	无负载
内部电阻	R_{in}	kΩ	5	—	50	无负载
差分输入电压	V_{diff}	V	－1.0	—	0.5	

表 6-6　与总线断开的 ECU 显性状态下的 DC 参数

参 数	符 号	单 位	数 值			条 件
			最小值	典型值	最大值	
总线输出电压	V_{CANH}	V	2.75	3.5	4.5	负载 60Ω
	V_{CANL}	V	0.5	0.5	2.25	
差分输出电压	V_{diff}	V	1.5	2.0	3.0	负载 60Ω
差分输入电压	V_{diff}	V	0.9	—	5.0	负载 60Ω

表 6-7　与总线断开的 ECU 的 AC 参数

参 数	符 号	单 位	数 值			条 件
			最小值	典型值	最大值	
位时间	t_B	μs	1	—	4.5	—
内部电容	C_{in}	pF	—	20	3.0	—
内部差分电容	C_{diff}	pF	—	20	5.0	1Mbps

表 6-8　隐性状态下总线参数

参 数	符 号	单 位	数 值			条 件
			最小值	典型值	最大值	
总线共模电压	V_{CANH}	V	—	2.5	7.0	—
	V_{CANL}	V	−2.0	2.5	—	
总线差分电压	V_{diff}	mV	120	0	12	—

表 6-9　显性状态下总线参数

参 数	符 号	单 位	数 值			条 件
			最小值	典型值	最大值	
总线共模电压	V_{CANH}	V	—	3.5	7.0	—
	V_{CANL}	V	−2.0	1.5	—	
总线差分电压	V_{diff}	V	−2.0	2.0	3.0	—

表 6-10 双绞线（屏蔽或不屏蔽）电气参数

参 数	符 号	单 位	数 值			条 件
			最小值	典型值	最大值	
特征阻抗	Z	Ω	108	120	132	—
单位长度电阻	r	mΩ/m	—	70	—	—
传播时延		ns/m	—	5	—	—
终端电阻	R_L	Ω	118	120	130	—

表 6-11 总线拓扑结构参数

参 数	符 号	单 位	数 值			条 件
			最小值	典型值	最大值	
总线长度	L	m	0	—	40	位速率为 1Mbps
节点分支长度	l	m	0	—	0.3	
节点距离	d	m	0	—	40	

根据 ISO 898 建议的总线媒体电气性能，在总线发生某些故障时应不至于使通信中断，并能为故障的定位提供可能。图 6-18 列出了总线可能发生的各种开路和短路故障及其对总线的影响状况。

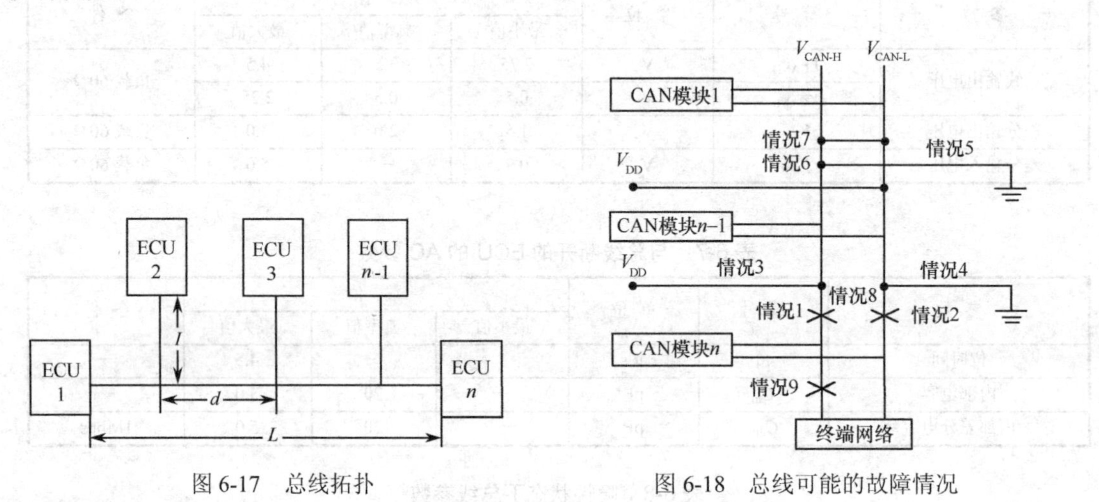

图 6-17 总线拓扑　　图 6-18 总线可能的故障情况

6.3 CAN 总线相关器件介绍

目前，CAN 已不仅是应用于某些领域的标准现场总线，它正在成为微控制器的系统扩展及多机通信接口。表 6-12 列出了一些主要的 CAN 总线产品。

表 6-12 主要 CAN 总经器件产品

类别	型号	备注
CAN 微控制器	P87C591	替代 P87C592
	XA C37	16 位 MCU
CAN 独立控制器	SJA1000	替代 82C200

续表

类别	型号	备注
CAN 收发器	PCA82C250	高速 CAN 收发器
	PCA82C251	高速 CAN 收发器
	PCA82C252	容错 CAN 收发器
	TJA1040	高速 CAN 收发器
	TJA1041	高速 CAN 收发器
	TJA1050	高速 CAN 收发器
	TJA1053	容错 CAN 收发器
	TJA1054	容错 CAN 收发器
LIN 收发器	TJA1020	LIN 收发器

注：① 图 6-18 中的实例排除所有故障容许方式。

② 强制性：若发生响应故障网络必须如表中所描述的状态。

推荐性：发生相应故障，网络状态应如表中所述，制造商选择的特定功能除外。

可选性：若发生相应故障，网络状态可能如表中所述，包括制造商选择的其他功能。

③ 只要使用屏蔽电缆，即应考虑这一故障，这种情况下可导致在两条线上产生共模电压。

④ 标号 1～9 参照图 6-18 中的情况 1～9。

1．CAN-bus 专用芯片

P87C591 集成 PeliCAN 控制器的增强型 8 位单片机。

SJA1000 独立的 CAN 控制器。

PCA82C250/251 通用 CAN 收发器。

TJA1050/1040/1041 高速 CAN 收发器。

TJA1054 容错的 CAN 收发器。

TJA1020 标准 LIN 收发器。

各类 DC/DC 电源模块。

软件源码 SJA1000 BasicCAN 模块&PeliCAN 模块 P87C591 PeliCAN 模块。

应用协议方案 DeviceNET&CANOpen。

2．CAN-bus 快速开发工具

TKS-591S/B HOOKS 仿真器。

DP-51 单片机仿真实验仪。

DP-51H 单片机通信仿真实验仪。

DP-668 单片机仿真实验仪。

3．CAN-bus 接口产品

PCI-5110 单路智能 CAN 接口卡。

PCI-5121 双路智能 CAN 接口卡。

PCI-9810 单路非智能 CAN 接口卡。

PCI-9820 双路非智能 CAN 接口卡。

USBCAN-I 单路智能 CAN 接口卡。

USBCAN-II 双路智能 CAN 接口卡。

CAN232 智能 CAN 接口卡。

CAN485 智能 CAN 转换卡。

CANrep-A 智能全隔离 CAN 中继器。

CANrep-B 隔离 CAN 中继器。

CAN-bus 通用测试软件。

4．CAN-bus 分析工具

CANalyst 分析软件。

CANalyst-I 单路 CAN 分析仪。

CANalyst-II 双路 CAN 分析仪。

6.3.1 CAN 独立通信控制器 SJA1000

1．特性

和 PCA82C200 独立 CAN 控制器引脚、电气兼容。

默认的 BasicCAN 模式即 PCA82C200 模式。

扩展的接收缓冲器 64 字节，先进先出 FIFO。

和 CAN2.0B 协议兼容 PCA82C200 兼容模式中的无源扩展帧。

同时支持 11 位和 29 位识别码。

位速率可达 1Mbps。

PeliCAN 模式扩展功能：可读/写访问的错误计数器；可编程的错误报警限制；最近一次错误代码寄存器；对每一个 CAN 总线错误的中断；具体控制位控制的仲裁丢失中断；单次发送无重发；只听模式无确认无活动的出错标志；支持热插拔软件位速率检测；验收滤波器扩展 4 字节代码 4 字节屏蔽；自身信息接收自接收请求。

24MHz 时钟频率。

对不同微处理器的接口。

可编程的 CAN 输出驱动器配置。

增强的温度适应-40～+125℃。

2．总体说明

SJA1000 是一种独立控制器，用于移动目标和一般工业环境中的区域网络控制 CAN，它是 Philips 半导体 PCA82C200（CAN 控制器 BasicCAN）的替代产品，而且它增加了一种新的工作模式 PeliCAN，这种模式支持具有很多新特性的 CAN2.0B 协议。

3．SJA1000 内部结构

SJA1000 内部结构如图 6-19 所示。

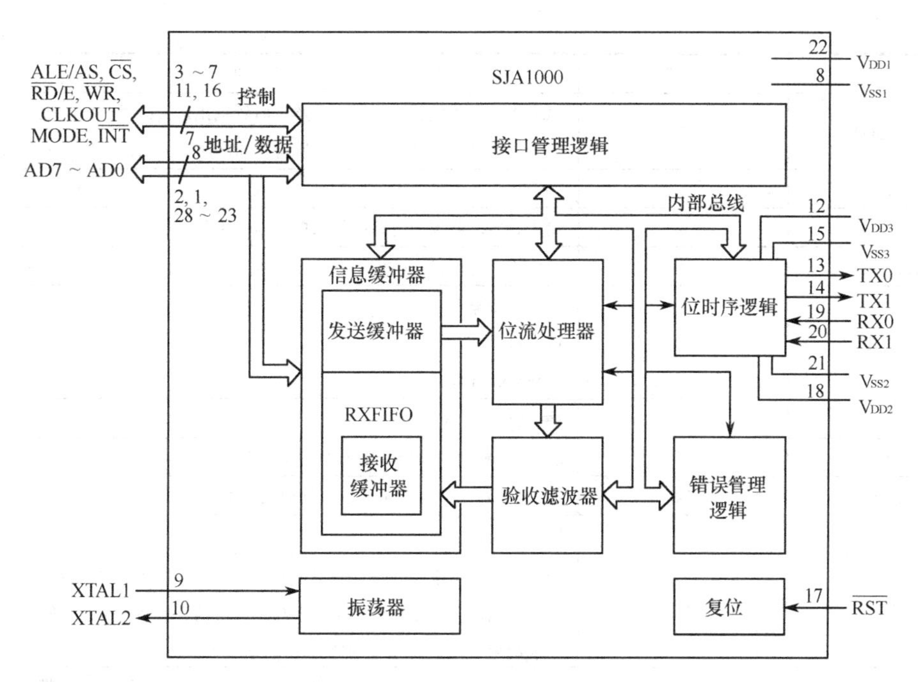

图 6-19　SJA1000 内部结构

4．引脚排列

SJA1000 引脚图如图 6-20 和图 6-21 所示。

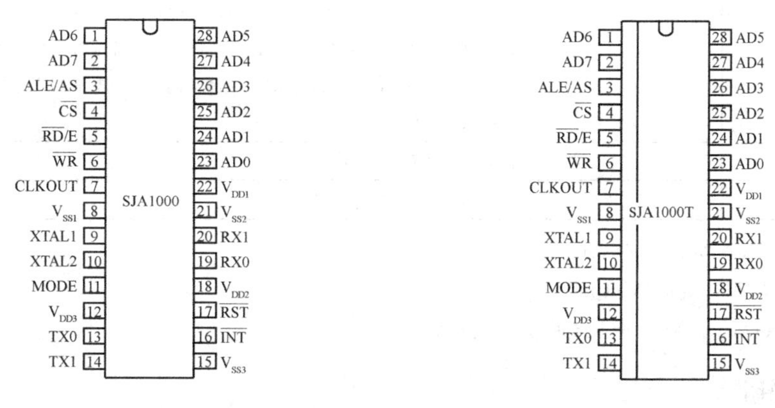

图 6-20　引脚配置 DIP28　　　图 6-21　引脚配置 SO28

SJA1000 的引脚说明如表 6-13 所示。

表 6-13　SJA1000 引脚说明

符　号	引　脚	说　明
AD7～AD0	2，1，28～32	多路地址/数据总线
ALE/AS	3	ALE 输入信号（Intel 模式），AS 输入信号（Motorola 模式）
$\overline{CS}$	4	片选输入，低电平允许访问 SJA1000
$\overline{RD}$/E	5	微控制器的 $\overline{RD}$ 信号（Intel 模式）或 E 使能信号（Motorola 模式）
$\overline{WR}$	6	微控制器的 $\overline{WR}$ 信号（Intel 模式）或 $\overline{RD}$（$\overline{WR}$）信号（Motorola 模式）

续表

符　号	引　脚	说　明
CLKOUT	7	SJA1000 产生的提供给微控制器的时钟输出信号；时钟信号来源于内部振荡器且通过编程驱动；时钟控制寄存器的时钟关闭位可禁止该引脚
V_{SS1}	8	接地
XTAL1	9	输入到振荡器放大电路；外部振荡信号由此输入
XTAL2	10	振荡放大电路输出；使用外部振信号时左开路输出
MODE	11	模式选择输入 1=Intel 模式 0=Motorola 模式
V_{DD3}	12	输出驱动的 5V 电压源
TX0	13	从 CAN 输出驱动器 0 输出到物理线路上
TX1	14	从 CAN 输出驱动器 1 输出到物理线路上
V_{SS3}	15	输出驱动器接地
$\overline{INT}$	16	中断输出，用于中断微控制器；$\overline{INT}$在内部中断寄存器各位都被置位时低电平有效；$\overline{INT}$是开漏输出，且与系统中的其他$\overline{INT}$是线或的；此引脚上的低电平可以把 IC 从睡眠模式中激活
$\overline{RST}$	17	复位输入，用于复位 CAN 接口（低电平有效）；把$\overline{RST}$引脚通过电容连接到 V_{SS}，通过电阻连接到 V_{DD} 可自动上电复位（如 C=1μF;R=50kΩ　）
V_{DD2}	18	输入比较器的 5V 电压源
RX0，RX1	19，20	从物理的 CAN 总线输入到 SJA1000 的输入比较器；支配（控制）电平将会唤醒 SJA1000 的睡眠模式；如果 RX1 比 RX0 的电平高，就读支配（控制）电平，反之读弱势电平；如果时钟分频寄存器的 CBP 位（见表 6-63）被置位，就旁路 CAN 输入比较器以减少内部延时（此时连有外部收发电路）；这种情况下，只有 RX0 是激活的；弱势电平被认为是高而支配电平被认为是低
V_{SS2}	21	输入比较器的接地端
V_{DD1}	22	逻辑电路的 5V 电压源

注：V_{SS2}（21）是输入比较器的接地端

V_{DD1}（22）是逻辑电路的 5V 电压源

XTAL1 和 XTAL2 引脚必须通过 15pF 的电容连到 V_{SS1}。

5．功能说明

（1）CAN 控制模块的说明

① 接口管理逻辑（IML）。接口管理逻辑解释来自 CPU 的命令，控制 CAN 寄存器的寻址，向主控制器提供中断信息和状态信息。

② 发送缓冲器（TXB）。发送缓冲器是 CPU 和 BSP 位流处理器之间的接口，能够存储发送到 CAN 网络上的完整信息。缓冲器长 13 个字节，由 CPU 写入，BSP 读出。

③ 接收缓冲器（RXB RXFIFO）。接收缓冲器是验收滤波器和 CPU 之间的接口，用来储存从 CAN 总线上接收和接收的信息。接收缓冲器（RXB13 个字节）作为接收 FIFO（RXFIFO 长 64 字节）的一个窗口可被 CPU 访问。CPU 在此 FIFO 的支持下可以在处理信息的时候接收其他信息。

④ 验收滤波器（ACF）。验收滤波器把它其中的数据和接收的识别码的内容相比较，以决定是否接收信息。在纯粹的接收测试中所有的信息都保存在 RXFIFO 中。

⑤ 位流处理器（BSP）。位流处理器是一个在发送缓冲器 RXFIFO 和 CAN 总线之间控制数据流的程序装置。它还在 CAN 总线上执行错误检测、仲裁填充和错误处理。

⑥ 位时序逻辑（BTL）。位时序逻辑监视串口的 CAN 总线和处理与总线有关的位时序。它在信息开头“弱势—支配”的总线传输时同步 CAN 总线位流（硬同步），接收信息时再次同步下一次传送（软同步）。BTL 还提供了可编程的时间段来补偿传播延迟时间相位转换（如由于振荡漂移）和定义采样点和一位时间内的采样次数。

⑦ 错误管理逻辑（EML）。EML负责传送层模块的错误管制。它接收BSP的出错报告，通知BSP和IML统计错误。

（2）CAN 控制器的详细说明

SJA1000 在软件和引脚上都是与 PCA82C200 独立控制器兼容，但增加了很多新的功能。为了实现软件兼容 SJA1000 增加修改了两种模式：BasicCAN 模式与 PCA82C200 兼容、PeliCAN 模式扩展特性。

工作模式通过时钟分频寄存器的 CAN 模式位来选择。复位默认模式是 BasicCAN 模式。

① 与 PCA82C200 兼容性。在 Basic CAN 模式中 SJA1000 模仿 PCA82C200 独立控制器所有已知的寄存器。以下内容所描述的特性不同于 PCA82C200，主要是为了软件上的兼容性。

a. 同步模式。在 SJA1000 的控制寄存器中没有 SYNC 位（在 PCA82C200 中是 CR.6 位）。同步只有在 CAN 总线上“弱势-支配（控制）”的转换时才有可能发生。写这一位是没有任何影响的。为了与现有软件兼容，读取这一位时是可以把以前写入的值读出的（对触发电路无影响）。

b. 时钟分频寄存器。时钟分频寄存器用来选择 CAN 工作模式（BasicCAN/PeliCAN）。它使用从 PCA82C200 保留下来的一位。像在 PCA82C200 中一样，写一个 0~7 之间的值，就将进入 Basic CAN 模式。默认状态是 12 分频的 Motorola 模式和 2 分频的 Intel 模式。保留的另一位补充了一些附加的功能。CBP 位置位使内部 RX 输入比较器旁路，这样在使用外部传送电路时可以减少内部延时。

c. 接收缓冲器。PCA82C200 中双接收缓冲器的概念被 PeliCAN 中的接收 FIFO 所代替。这对软件除了会增加数据溢出的可能性之外，不会产生应用上的影响。在数据溢出之前，缓冲器可以接收两条以上信息（最多 64 字节）。

d. CAN2.0B。SJA1000 被设计为全面支持 CAN2.0B 协议，这就意味着在处理扩展帧信息的同时，扩展振荡器的误差被修正了。在 Basic CAN 模式下只可以发送和接收标准帧信息（11 字节长的识别码）。如果此时检测到 CAN 总线上有扩展帧的信息，如果信息正确，也会被允许且给出一个确认信号，但没有接收中断产生。

② BasicCAN 和 PeliCAN 模式的区别。在 PeliCAN 模式下 SJA1000 有一个含很多新功能的重组寄存器。SJA1000 包含了设计在 PCA82C200 中的所有位及一些新功能位。PeliCAN 模式支持 CAN2.0B 协议规定的所有功能 29 字节的识别码。

SJA1000 的主要新功能：

标准帧和扩展帧信息的接收和传送；

接收 FIFO（64 字节）；

在标准和扩展格式中都有单/双验收滤波器（含屏蔽和代码寄存器）；

读/写访问的错误计数器；

可编程的错误限制报警；

最近一次的误码寄存器；

对每一个 CAN 总线错误的错误中断；

仲裁丢失中断以及详细的位位置；

一次性发送（当错误或仲裁丢失时不重发）；

只听模式（CAN 总线监听无应答无错误标志）；

支持热插（无干扰软件驱动位速检测）；

硬件禁止 CLKOUT 输出。

（3）BasicCAN 模式

BasicCAN 地址表：SJA1000 是一种 I/O 设备基于内存编址的微控制器。双设备的独立操作是通过像 RAM 一样的片内寄存器修正来实现的。SJA1000 的地址区包括控制段和信息缓冲区。控制段在初始化载入是可被编程来配置通信参数的（如位时序）。微控制器也是通过这个段来控制 CAN 总线上的通信的。在初始化时 CLKOUT 信号可以被微控制器编程指定一个值。应发送的信息会被写入发送缓冲器。成功接收信息后，微控制器从接收缓冲器中读取接收的信息，然后释放空间以做下一步应用。微控制器和 SJA1000 之间状态、控制和命令信号的交换都是在控制段中完成的。初始载入后寄存器的验收代码、验收屏蔽、总线定时寄存器 0 和 1 以及输出控制就不能改变了。只有控制寄存器的复位位被置高时，才可以访问这些寄存器。在复位模式和工作模式中访问寄存器是不同的。

当硬件复位或控制器掉线（如表 6-14 所示，状态寄存器的总线状态位）时会自动进入复位模式（如表 6-15 所示，控制寄存器的位复位请求）。工作模式是通过置位控制寄存器的复位请求位激活的。

表 6-14 BasicCAN 地址分配表

CAN 地址	段	工作模式		复位模式	
		读	写	读	写
0	控制	控制	控制	控制	控制
1		（FFH）	命令	（FFH）	命令
2		状态	—	状态	—
3		（FFH）	—	中断	—
4		（FFH）	—	验收代码	验收代码
5		（FFH）	—	验收屏蔽	验收屏蔽
6		（FFH）	—	总线定时 0	总线定时 0
7		（FFH）	—	总线定时 1	总线定时 1
8		（FFH）	—	输出控制	输出控制
9		测试	测试	测试	测试
10	发送缓冲器	识别码（10-3）	识别码（10-3）	（FFH）	—
11		识别码（2-0） RTR 和 DLC	识别码（2-0） RTR 和 DLC	（FFH）	—
12		数字字节 1	数字字节 1	（FFH）	—
13		数字字节 2	数字字节 2	（FFH）	-

续表

CAN 地址	段	工作模式		复位模式	
		读	写	读	写
14	段	数字字节 3	数字字节 3	（FFH）	-
15		数字字节 4	数字字节 4	（FFH）	-
16		数字字节 5	数字字节 5	（FFH）	-
17		数字字节 6	数字字节 6	（FFH）	-
18		数字字节 7	数字字节 7	（FFH）	-
19		数字字节 8	数字字节 8	（FFH）	-
20	接收缓冲器	识别码（10-3）	识别码（10-3）	识别码（10-3）	识别码（10-3）
21		识别码（2-0） RTR 和 DLC	识别码（2-0） RTR 和 DLC	识别码（2-0） RTR 和 DLC	识别码（2-0） RTR 和 DLC
22		数字字节 1	数字字节 1	数字字节 1	数字字节 1
23		数字字节 2	数字字节 2	数字字节 2	数字字节 2
24		数字字节 3	数字字节 3	数字字节 3	数字字节 3
25		数字字节 4	数字字节 4	数字字节 4	数字字节 4
26		数字字节 5	数字字节 5	数字字节 5	数字字节 5
27		数字字节 6	数字字节 6	数字字节 6	数字字节 6
28		数字字节 7	数字字节 7	数字字节 7	数字字节 7
29		数字字节 8	数字字节 8	数字字节 8	数字字节 8
30		（FFH）	—	（FFH）	—
31		时钟分频器	时钟分频器	时钟分频器	时钟分频器

注：1．必须注明的是寄存器在高端 CAN 地址区被重复（8 位 CPU 地址的最高位是不参与解码的 CAN 地址 32 是和 CAN 地址 0 连续的）。

2．测试寄存器只用于产品测试。正常操作中使用这个寄存器会导致设备不可预料的结果。

3．许多位在复位模式中是只写的 CAN 模式和 CBP。

表 6-15　复位模式的配置

寄存器	位	符号	名称	值	
				硬件复位	软件或总线关闭复位 CR.0
控制	CR.7	—	保留	0	0
	CR.6	—	保留	X	X
	CR.5	—	保留	1	1
	CR.4	OIE	溢出中断使能	X	X
	CR.3	EIE	错误中断使能	X	X
	CR.2	TIE	发送中断使能	X	X
	CR.1	RIE	接收中断使能	X	X
	CR.0	RR	复位请求	1（复位模式）	1（复位模式）

续表

寄存器	位	符号	名称	值	
				硬件复位	软件或总线关闭复位 CR.0
命令	CMR.7	—	保留	—	—
	CMR.6	—	保留		
	CMR.5	—	保留		
	CMR.4	GTS	睡眠		
	CMR.3	CDO	清除数据溢出		
	CMR.2	RRB	释放接收缓冲器		
	CMR.1	AT	中止传送		
	CMR.0	TR	发送请求		
状态	SR.7	BS	总线状态	0（总线开启）	X
	SR.6	ES	出错状态	0（ok）	X
	SR.5	TS	发送状态	0（空闲）	0（空闲）
	SR.4	RS	接收状态	0（空闲）	0（空闲）
	SR.3	TCS	发送完毕状态	1（完毕	X
	SR.2	TBS	发送缓存器状态	1（释放）	1（释放）
	SR.1	DOS	数据溢出状态	0（无溢出）	0（无溢出）
	SR.0	RBS	接收缓冲器状态	0（空）	0（空）
中断	IR.7	-	保留	1	1
	IR.6	-	保留	1	1
	IR.5	-	保留	1	1
	IR.4	WUI	唤醒中断	0（复位）	0（复位）
	IR.3	DOI	数据溢出中断	0（复位）	0（复位）
	IR.2	EI	错误中断	0（复位）	X;注 4
	IR.1	TI	发送中断	0（复位）	0（复位）
	IR.0	RI	接收中断	0（复位）	0（复位）
验收代码	AC.7-0	AC	验收代码	X	X
验收屏蔽	AM.7-0	AM	验收屏蔽	X	X
总线定时 0	BTR0.7	SJW.1	X 同步跳转宽度 1	X	X
	BTR0.6	SJW.0	同步跳转宽度 0	X	X
	BTR0.5	BRP.5	波特率预设值 5	X	X
	BTR0.4	BRP.4	波特率预设值 4	X	X
	BTR0.3	BRP.3	波特率预设值 3	X	X
	BTR0.2	BRP.2	波特率预设值 2	X	X
	BTR0.1	BRP.1	波特率预设值 1	X	X
	BTR0.0	BRP.0	波特率预设值 0	X	X
总线定时 1	BTR1.7	SAM	采样	X	X
	BTR1.6	TESG2.2	时间段 2.2	X	X
	BTR1.5	TESG2.1	时间段 2.1	X	X
	BTR1.4	TESG2.0	时间段 2.0	X	X

续表

寄存器	位	符号	名称	值	
				硬件复位	软件或总线关闭复位 CR.0
总线定时 1	BTR1.3	TESG1.3	时间段 1.3	X	X
	BTR1.2	TESG1.2	时间段 1.2	X	X
	BTR1.1	TESG1.1	时间段 1.1	X	X
	BTR1.0	TESG1.0	时间段 1.0	X	X
输出控制	OC.7	OCTP1	输出控制晶体管 P1	X	X
	OC.6	OCTN1	输出控制晶体管 N1	X	X
	OC.5	OCPOL1	输出控制极性 1	X	X
	OC.4	OCTP0	输出控制晶体管 P0	X	X
	OC.3	OCTN0	输出控制晶体管 N0	X	X
	OC.2	OCPOL0	输出控制极性 0	X	X
	OC.1	OCMODE1	输出控制模式 1	X	X
	OC.0	OCMODE0	输出控制模式 0	X	X
发送缓冲器	—	TXB	发送缓冲器	X	X
接收缓冲器	—	RXB	接收缓冲器	X	X
时钟分频器	—	CDR	时钟分频寄存器	0000 0000（Intel）；0000 0101（Motorola）	X

注：1. X 表示这些寄存器或位不受影响。

2. 括号中是功能说明。

3. 读命令寄存器的结果总是 11111111。

4. 总线关闭时错误中断位被置位（此中断被允许情况下）。

5. RXFIFO 的内部读/写指针被设置成初始化值。连续的读 RXB 会得到一些未定义的数据（部分旧信息）。发送信息时，信息并行写入接收缓冲器，但不产生接收中断且接收缓冲区是不锁定的。所以即使接收缓冲器是空的，最近一次发送的信息也可从接收缓冲器读出，直到它被下一条发送或接收的信息取代。

硬件复位时 RXFIFO 的指针指到物理地址 0 的 RAM 单元。软件设置 CR.0 或因为总线关闭的缘故 RXFIFO 的指针将被设置到当前有效 FIFO 的开始地址，这个地址不同于物理的 RAM 地址 0，而是第一次释放接收缓冲器命令后的有效起始地址。

复位值：检测到有复位请求后将中止当前接收/发送的信息而进入复位模式。一旦向复位位传送了 1-0 的下降沿 CAN 控制器将返回工作模式。

控制寄存器 CR：控制寄存器的内容是用于改变 CAN 控制器的行为，如表 6-16 所示。这些位可以被微控制器设置或复位，微控制器可以对控制寄存器进行读/写操作。

命令寄存器 CMR：命令位初始化 SJA1000 传输层上的动作。命令寄存器对微控制器来说是只写存储器。

如果去读这个地址，返回值是 11111111。两条命令之间至少有一个内部时钟周期。内部时钟的频率是外部振荡频率的 1/2。命令寄存器各位的功能说明如表 6-17 所示。

表 6-16　控制寄存器 CR

位	符号	名称	值	功能
CR.7	-	-	-	保留
CR.6	-	-	-	保留
CR.5	-	-	-	保留
CR.4	OIE	溢出中断使能	1	使能；如果置位数据溢出位，微控制器接收溢出中断信号（见状态寄存器）
			0	禁能；微控制器不从 SJA1000 接收溢出中断信号
CR.3	EIE	错误中断使能	1	使能；如果如果出错或总线状态改变，微控制器接受错误中断信号（见状态寄存器）
			0	禁能；微控制器不从 SJA1000 接收溢出中断信号
CR.2	TIE	发送中断使能	1	使能；当信号被成功发送或发送缓冲器又被访问时（如，中止发送命令后），微控制器接收 SJA1000 发出的一个发送中断信号
			0	禁能；微控制器不从 SJA1000 接收溢出中断信号
CR.1	RIE	接收中断使能	1	使能；信息被无错接收时，SJA1000 接收发送中断信号
			0	禁能；微控制器不从 SJA1000 接收溢出中断信号
CR.0	RR	复位请求	1	当前；SJA1000 检测到复位请求后，中止当前发送/接收的信息，进入复位模式
			0	空缺；复位请求位接收到一个下降沿后，SJA1000 回到工作模式

注：1. 控制寄存器的任何写访问都将设置该位为逻辑 0（复位）。

2. 在 PCA82C200 中这一位是用来选择同步模式的。因为这种模式不在使用了。所以这一位的设置不会影响微控制器。为了软件上的兼容，这一位是可以被设置的，硬件或软件复位后不改变这一位，它只反映用户软件写入的值。

3. 读此位的值总是逻辑 1

4. 在硬启动或总线状态位设置为 1（总线关闭）时，复位请求位被置为 1（当前）。如果这些位被软件访问，其值将发生变化而且会影响内部时钟的下一个上升沿（内部时钟的频率是外部晶振的 1/2）。在外部复位期间，微控制器不能把复位请求位置为 0（空缺）。如果把复位请求位设为 0，微控制器就必须检查这一位以保证外部复位引脚不保持为低。复位请求位的变化是同内部分频时钟同步的。读复位请求位能够反映出这种同步状态。复位请求位被设为 0 后 SJA1000 将会等待：

（1）一个总线空闲信号（11 个弱势位），如果前一次复位请求是硬件复位或 CPU 初始复位。

（2）128 个总线空闲，如果前一次复位请求是 CAN 控制器在重新进入总线开启模式前初始化总线造成的；必须说明的是，如果复位请求位被置位，一些寄存器的值会被改变的。

表 6-17　命令寄存器各位的功能说明（CAN 地址：1）

位	符号	名称	值	功能
CMR.7	—	—	—	保留
CMR.6	—	—	—	保留
CMR.5	—	—	—	保留
CMR.4	GTS	睡眠	1	睡眠：如果没有 CAN 中断等待和总线活动，SJA1000 进入睡眠模式
			0	唤醒：SJA1000 正常工作模式
CMR.3	CDO	清除数据	1	清除：清除数据溢出状态位
			0	无动作
CMR.2	RRB	释放接收缓冲器	1	释放：接收缓冲器中存放信息的内存空间将被释放
			0	无动作
CMR.1	AT	中止发送	1	当前如果不是在处理过程中，等待处理得发送请求将被取消
			0	空缺：无动作
CMR.0	TR	发送请求	1	当前：信息被发送
			0	空缺：无动作

注：1. 将睡眠模式位置为 1，SJA1000 进入睡眠模式；没有总线活动，没有中断等待。至少破坏这两种情况之一时将会导致 GTS 的唤醒中断。设置成睡眠模式后，CLKOUT 信号持续至少 15 位的时间，以使被这个信号锁定的微控制器在 CLKOUT 信号变低之前进入准备模式。如果前面提到的三种条件之一被破坏，SJA1000 将被唤醒；GTS 位被置为低后，总线转入活动或/INT 有效（低电平）。一旦唤醒，振荡器就将启动而且产生一个唤醒中断。因为总线活动而唤醒的 SJA1000 直到检测到 11 个连续的弱势位（总线空闲序列）才能够接收到这个信息。在复位模式中，GTS 位是不能被置位的。在清除复位请求后，且再一次检测到总线空闲，GTS 位才可以被置位。

2. 这个命令位是用来清除由数据溢出状态位指出的数据溢出情况的。如果数据溢出位被置位，就不会产生数据溢出中断了。在释放接收缓冲器命令的同时是可以发出清除数据溢出命令的。

3. 读接收缓冲器之后，微控制器可以通过设置释放接收缓冲器位为 1 来释放 RXFIFO 中当前信息的内存空间。这可能会导致接收缓冲器中的另一条信息立即有效。这样会再产生一次接收中断（使能条件下）。如果没有其他可用信息，就不会再产生接收中断，接收缓冲器状态位被清除。

4. 中止传送位是在 CPU 要求当前传送暂停时使用的。

5. 如果发送请求在前面的命令中被置位，它就不可以通过直接设置为 0 来取消它了。不过可以通过设置中止发送位为 0 来取消。

状态寄存器 SR：状态寄存器的内容反映了 SJA1000 的状态。状态寄存器对微控制器来说是只读存储器，其功能说明如表 6-18 所示。

表 6-18　状态寄存器各位的功能说明（CAN 地址：2）

位	符号	名称	值	功能
SR.7	BS	总线状态	1	总线关闭：SJA1000 退出总线活动
			0	总线开启：SJA1000 加入总线活动
SR.6	ES	出错状态	1	出错：至少出现一个错误计数器满或超过 CPU 报警限制
			0	OK：两个错误计数器都在报警限制以下
SR.5	TS	发送状态	1	发送：SJA1000 在传送信息
			0	空闲：没有要发送的信息
SR.4	RS	接收状态	1	接收：SJA1000 正在接收信息
			0	空闲：没有止在接收的信息
SR.3	TCS	发送完毕状态	1	完毕：最近一次发送请求被成功处理
			0	未完毕：当前发送请求未处理完毕
SR.2	TBS	发送缓冲器状态	1	释放：CPU 可以向发送缓冲器写信息
			0	锁定：CPU 不能访问发送缓冲器；有信息正在等待发送或正在发送
SR.1	DOS	数据溢出状态	1	溢出：信息丢失，因为 RXFIFO 中没有足够的空间来储存它
			0	空缺：自从最后一次清除数据溢出命令执行，无数据溢出发生
SR.0	RBS	接收缓冲器状态	1	满：RXFIFO 中有可用信息
			0	空：无可用信息

注：1. 当传输错误计数器超过限制（255）（总线状态位置—1 总线关闭），CAN 控制器就会将复位请求位置 1（当前）在错误中断允许的情况下，会产生一个错误中断。这种状态会持续直到 CPU 清除复位请求位。所有这些完成之后，CAN 控制器将会等待协议规定的最小时间（128 个总线空闲信号）。总线状态位被清除后（总线开启）错误状态位被置为 0（OK），错误计数器复位且产生一个错误中断（中断允许）。

2. 根据 CAN2.0B 协议说明，在接收或发送时检测到错误会影响错误计数。当至少有一个错误计数器满或超出 CPU 警告限制（96）时，错误状态位被置位。在允许情况下，会产生错误中断。

3. 如果接收状态位和发送状态位都是 0，则 CAN 总线是空闲的。

4. 无论何时发送请求位被置为 1，发送完毕位都会被置为 0（未完毕）。发送完毕位的 0 会一直保持到信息被成功发送。

5. 如果 CPU 在发送缓冲器状态位是 0（锁定）时试图写发送缓冲器，则写入的字节被拒绝接收且会在无任何提示的情况下丢失。

6. 当要被接收的信息成功的通过验收滤波器后（如仲裁后之初），CAN 控制器需要在 RXFIFO 中用一些空间来存储这条信息的描述符。因此必须有足够的空间来存储接收的每一个数据字节。如果没有足够的空间存储信息，信息将会丢失且只向 CPU 提示数据溢出情况。如果这个接收到的信息除了最后一位之外都无错误，信息有效。

7. 在读 RXFIFO 中的信息且用释放接收缓冲器命令来释放内存空间之后，这一位被清除如果 FIFO 中还有可用信息，此位将在下一位的时限 t_{SCL} 中被重新设置。

中断寄存器 IR：中断寄存器允许中断源的识别。当寄存器的一位或多位被置位时 $\overline{\text{INT}}$（低电平有效）引脚就被激活了。寄存器被微控制器读过之后，所有位复位，这导致了 $\overline{\text{INT}}$ 引脚上的电平漂移。中断寄存器对微控制器来说是只读存储器其各位的功能说明如表 6-19 所示。

表 6-19　中断寄存器各位的功能说明（CAN 地址：3）

位	符号	名称	值	功能
IR.7	—	—	—	保留
IR.6	—	—	—	保留
IR.5	—	—	—	保留
IR.4	WUI	唤醒中断	1	置位；退出睡眠模式时此位被置位
			0	复位；微控制器的任何读访问将清除此位
IR.3	DOL	数据溢出中断	1	设置；当数据溢出中断使能位被置为 1 时向数据溢出状态位“0-1”跳变，此位被置位
			0	复位；微控制器的任何读访问将清除此位
IR.2	EI	错误中断	1	置位；错误中断使能时，错误状态位或总线状态位的变化会置位此位
			0	复位；微控制器的任何读访问将清除此位
IR.1	TI	发送中断	1	置位；发送缓冲器状态从 0 变为 1（释放）和发送中断使能时，置位此位
			0	复位；微控制器的任何读访问将清除此位
IR.0	RI	接收中断	1	置位；当接收 FIFO 不空和接收中断使能时置位此位
			0	复位；微控制器的任何读访问将清除此位

注：1．读这一位的值总是 1。

2．如果当 CAN 控制器参与总线活动或 CAN 中断正在等待时 CPU 试图进入睡眠模式唤醒中断也会产生的。

3．溢出中断位（中断允许情况下）和溢出状态位是同时被置位的。

4．接收中断位（中断允许时）和接收缓冲器状态位是同时置位的。

必须说明的是接收中断位在读的时候被清除，即使 FIFO 中还有其他可用信息。一旦释放接收缓冲器命令执行后，接收缓冲器中还有其他可用信息接收中断中断允许时会在下一个 t_{SCL} 被重置。

发送缓冲区列表：发送缓冲区的全部内容列表如表 6-20 所示。缓冲器是用来存储微控制器要 SJA1000 发送的信息的，它被分为描述符区和数据区，发送缓冲器的读/写只能由微控制器在工作模式下完成。在复位模式下读出的值总是 FFH。

表 6-20　发送缓冲器列表

CAN 地址	区	名称	位							
			7	6	5	4	3	2	1	0
10	描述符	识别码字节 1	ID.10	ID.9	ID.8	ID.7	ID.6	ID.5	ID.4	ID.3
11		识别码字节 2	ID.2	ID.1	ID.0	RTR	DLC.3	DLC.2	DLC.1	DLC.0
12～19	数据	TX 数据 1～8	发送数据字节 1～8							

识别码 ID：识别码有 11 位（ID0～ID10）。ID10 是最高位，在仲裁过程中是最先被发送到总线上的。识别码就像信息的名字。它在接收器的验收滤波器中被用到，也在仲裁过程中决定总线访问的优先级。识别码的值越低，其优先级越高，因为在仲裁时有许多支配/控制位开头的字节。

远程发送请求 RTR：如果此位置 1，总线将以远程帧发送数据。这意味着此段中没有数据字节。尽管如此，也需要同识别码相同的数据帧来识别正确的数据长度。如果 RTR 位没有被置位，数据将以数据长度码规定的长度来传送。

数据长度码 DLC：信息数据区的字节数根据数据长度码编制。在远程帧传送中，因为 RTR 被置位，数据长度码是不被考虑的。这就迫使发送/接收数据字节数为 0。总之数据长度码必须正确设置以避免两个 CAN 控制器用同样的识别机制启动远程帧传送而发生总线错误。数据字节数是 0～8，是按如下方法计算的：

$$数据字节数=8\times DLC.3+4\times DLC.2+2\times DLC.1+DLC.0$$

为了保持兼容性，数据长度码不超过 8。若选择的值超过 8，则按 DLC 规定的 8 字节发送。

数据区：传送的数据字节数由数据长度码决定。发送的第一位是地址 12 单元的数据字节 1 的最高位。

接收缓冲器：接收缓冲器的全部列表和发送缓冲器类似，接收缓冲器是 RXFIFO 中可访问的部分，位于 CAN 地址的 20～29 之间。

识别码、远程发送请求位和数据长度码同发送缓冲器的相同，只是在地址 20～29。RXFIFO 共有 64 字节的信息空间，任何情况下，FIFO 中可以存储的信息数取决于各条信息的长度。若 RXFIFO 中没有足够的空间来存储新的信息，CAN 控制器会产生数据溢出。数据溢出发生时，部分已写入 RXFIF 的当前信息将被删除。此时将通过状态位或数据溢出中断（中断允许时，如果除了最后一位整个数据块被无误接收也使 RX 信息有效反应）到微控制器。

验收滤波器：在验收滤波器的帮助下，CAN 控制器能够允许 RXFIFO 只接收同识别码和验收滤波器中预设值相一致的信息。验收滤波器通过验收代码寄存器（参见 ACR 和验收屏蔽寄存器 AMR）来定义。

验收代码寄存器 ACR：ACR 的位分配如表 6-21 所示。

表 6-21　ACR 的位分配（CAN 地址：4）

BIT7	BIT6	BIT5	BIT4	BIT3	BIT2	BIT1	BIT0
AC.7	AC.6	AC.5	AC.4	AC.3	AC.2	AC.1	AC.0

复位请求位被置高（当前）时，这个寄存器是可以访问（读/写）的。如果一条信息通过了验收滤波器的测试而且接收缓冲器有空间，那么描述符和数据将被分别顺次写入 RXFIFO。当信息被正确地接收完毕，就会将接收状态位置高（满）、接收中断使能位置高（使能）、接收中断置高（产生中断）。

验收代码位（AC.7～AC.0）和信息识别码的高 8 位（ID.10～ID.3）相等，且与验收屏蔽位（AM.7～AM.0）的相应位相或为 1，即如果满足以下方程的描述则被接收。

$$[\ ID.10\text{-}ID.3\ \equiv AC.7\text{-}AC.0\ ]\vee AM.7\text{-}AM.0=11111111$$

验收屏蔽寄存器 AMR：AMR 位配置如表 6-22 所示。

表 6-22　AMR 位配置（CAN 地址：5）

BIT7	BIT6	BIT5	BIT4	BIT3	BIT2	BIT1	BIT0
AM.7	AM.6	AM.5	AM.4	AM.3	AM.2	AM.1	AM.0

如果复位请求位置高（当前），这个寄存器可以被访问（读/写）。验收屏蔽寄存器定义

验收代码寄存器的相应位对验收滤波器是“相关的”或“无影响的”，即可为任意值。

（4）PeliCAN 模式

PeliCAN 地址列表：CAN 控制寄存器的内部寄存器对 CPU 来说是以外部寄存器形式存在而作片内内存使用。因为 CAN 控制器可以工作于不同模式（工作/复位），所以必须区分不同的内部地址定义。从 CAN 地址 32 起所有的内部 RAM(80)字节被映像为 CPU 的接口。PeliCAN 地址分配如表 6-23 所示。

表 6-23　PeliCAN 地址分配

CAN 地址	工作模式				复位模式	
	读		写		读	写
0	模式		模式		模式	模式
1	（00H）		命令		（00H）	命令
2	状态		—		状态	—
3	中断		—		中断	—
4	中断使能		中断使能		中断使能	中断使能
5	保留（00H）		—		保留（00H）	—
6	总线定时 0		—		总线定时 0	总线定时 0
7	总线定时 1		—		总线定时 1	总线定时 1
8	输出控制		—		输出控制	输出控制
9	检测		检测		检测	检测注 2
10	保留（00H）		—		保留（00H）	—
11	仲裁丢失捕捉		—		仲裁丢失捕捉	—
12	错误代码捕捉		—		错误代码捕捉	—
13	错误报警限制		—		错误报警限制	错误报警限制
14	RX 错误计时器		—		RX 错误计时器	RX 错误计时器
15	TX 错误计时器		—		TX 错误计时器	TX 错误计时器
16	RX 帧信息 SFF	RX 帧信息 EFF	TX 帧信息 SFF	TX 帧信息 EFF	验收代码 0	验收代码 0
17	RX 识别码 1	RX 识别码 1	TX 识别码 1	TX 识别码 1	验收代码 1	验收代码 1
18	RX 识别码 2	RX 识别码 2	TX 识别码 2	TX 识别码 2	验收代码 2	验收代码 2
19	RX 数据 1	RX 识别码 3	TX 数据 1	TX 识别码 3	验收代码 3	验收代码 3
20	RX 数据 2	RX 识别码 4	TX 数据 2	TX 识别码 4	验收屏蔽 1	验收屏蔽 1
21	RX 数据 3	RX 数据 1	TX 数据 3	TX 数据 1	验收屏蔽 2	验收屏蔽 2
22	RX 数据 4	RX 数据 2	TX 数据 4	TX 数据 2	验收屏蔽 3	验收屏蔽 3
23	RX 数据 5	RX 数据 3	TX 数据 5	TX 数据 3	保留（00H）	—
24	RX 数据 6	RX 数据 4	TX 数据 6	TX 数据 4	保留（00H）	—
25	RX 数据 7	RX 数据 5	TX 数据 7	TX 数据 5	保留（00H）	—
26	RX 数据 8	RX 数据 6	TX 数据 8	TX 数据 6	保留（00H）	—
27	（FIFORAM）	RX 数据 7	—	TX 数据 7	保留（00H）	—
28	（FIFORAM）	RX 数据 8	—	TX 数据 8	保留（00H）	—

续表

CAN地址	工作模式		复位模式	
	读	写	读	写
29	RX信息计数器	—	RX信息计数器	—
30	RX缓冲器起始地址	—	RX缓冲器起始地址	RX缓冲器起始地址
31	时钟分频器	时钟分频器	时钟分频器	时钟分频器
32	内部RAM地址0（FIFO）	—	内部RAM地址0	内部RAM地址0
33	内部RAM地址1（FIFO）	—	内部RAM地址1	内部RAM地址1
↓	↓	↓	↓	↓
95	内部RAM地址63（FIFO）	—	内部RAM地址63	内部RAM地址63
96	内部RAM地址64(TX缓冲器）	—	内部RAM地址64	内部RAM地址64
↓	↓	↓	↓	↓
108	内部RAM地址64（TX缓冲器）	—	内部RAM地址76	内部RAM地址76
109	内部RAM地址77（空闲）	—	内部RAM地址77	内部RAM地址77
110	内部RAM地址78（空闲）	—	内部RAM地址78	内部RAM地址78
111	内部RAM地址79（空闲）	-	内部RAM地址79	内部RAM地址79
112	（00H）	—	（00H）	—
↓	↓	↓	↓	↓
127	（00H）	—	（00H）	—

注：1．必须说明的是在CAN的高端地址区的寄存器是重复的（CPU地址的高8位是不参与解码的；CAN地址128和地址0是连续的）。

2．测试寄存器只用于产品测试。正常工作时使用这个寄存器会使设备产生不可预料的行为。

3．SFF=标准帧格式。

4．EFF=扩展帧格式。

5．这些地址分配反映当前信息之后的FIFO RAM空间。上电后的内容是随机的且包含了当前接收信息的下一条信息的开头。如果没有信息要接收，这里会出现部分旧的信息。

6．一些位在复位模式中是只写的（CAN模式、CBP、RXINTEN和时钟关闭）。

复位值：检测到复位模式设置位后，中止当前发送/接收信息而进入复位模式。当向复位模式位1-0跳变时，CAN控制器回到模式寄存器所定义的模式。复位模式配置如表6-24所示。

表6-24　复位模式配置

寄存器	位	符号	名称	值	
				硬件复位	软件设置MOD.0或总线关闭时复位
模式	MOD.7-5	—	保留	0（保留）	0（保留）
	MOD.4	SM	睡眠	0（唤醒）	0（唤醒）
	MOD.3	AFM	验收滤波器	0（双向）	X
	MOD.2	STM	自检测模式	0（正常）	X
	MOD.1	LOM	只听模式	0（正常）	X
	MOD.0	RM	复位模式	1（当前）	1（当前）

续表

寄存器	位	符号	名称	值	
				硬件复位	软件设置 MOD.O 或总线关闭时复位
命令	CMR.7-5		保留	0（保留）	0（保留）
	CMR.4	SRR	自接收模式	0（空缺）	0（空缺）
	CMR.3	CDO	清除数据溢出	0（无动作）	0（无动作
	CMR.2	RRB	释放接收缓冲器	0（无动作）	0（无动作）
	CMR.1	AT	中止发送	0（空缺）	0（空缺）
	CMR.0	TR	发送请求	0（空缺）	0（空缺）
状态	SR.7	BS	总线状态	0（总线开启）	X
	SR.6	ES	出错状态	0（ok）	X
	SR.5	TS	发送状态	1（等待空闲）	1（等待空闲）
	SR.4	RS	接收状态	1（等待空闲）	1（等待空闲）
	SR.3	TCS	发送完毕状态	1（完毕）	X
	SR.2	TBS	发送缓冲器状态	1（释放）	1（释放）
	SR.1	DOS	数据溢出状态	0（空缺）	0（空缺）
	SR.0	RBS	接收缓冲器状态	0（复位）	0（复位）
中断	IR.7	BEL	总线出错状态	0（复位）	0（复位）
	IR.6	ALI	仲裁丢失中断	0（复位）	0（复位）
	IR.5	EPI	错误消极中断	0（复位）	0（复位）
	IR.4	WUI	唤醒中断	0（复位）	0（复位）
	IR.3	DOL	数据溢出中断	0（复位）	0（复位）
	IR.2	EL	错误警报中断	0（复位）	X
	IR.1	TI	发送中断	0（复位）	0（复位）
	IR.0	RI	接收中断	0（复位）	0（复位）
中断使能	IER.7	BEIE	总线错误中断使能	X	X
	IER.6	ALIE	仲裁丢失中断使能	X	X
	IER.5	EPIE	错误消极中断使能	X	X
	IER.4	WUIE	唤醒中断使能	X	X
	IER.3	DOIE	错误溢出中断使能	X	X
	IER.2	EIE	错误报警中断使能	X	X
	IER.1	TIE	发送中断使能	X	X
	IER.0	RIE	接收中断使能	X	X
总线定时 0	BTR0.7	SJW.1	同步跳转宽度 1	X	X
	BTR0.6	SJW.0	同步跳转宽度 0	X	X
	BTR0.5	BRT.5	波特率预设值 5	X	X
	BTR0.4	BRT.4	波特率预设值 4	X	X
	BTR0.3	BRT.3	波特率预设值 3	X	X
	BTR0.2	BRT.2	波特率预设值 2	X	X
	BTR0.1	BRT.1	波特率预设值 1	X	X
	BTR0.0	BRT.0	波特率预设值 0	X	X

续表

寄存器	位	符号	名称	值	
				硬件复位	软件设置 MOD.O 或总线关闭时复位
总线定时 1	BTR1.7	SAM	采样	X	X
	BTR1.6	TSEG2.2	时间段 2.2	X	X
	BTR1.5	TSEG2.1	时间段 2.1	X	X
	BTR1.4	TSEG2.0	时间段 2.0	X	X
	BTR1.3	TSEG1.3	时间段 1.3	X	X
	BTR1.2	TSEG1.2	时间段 1.2	X	X
	BTR1.1	TSEG1.1	时间段 1.1	X	X
	BTR1.0	TSEG1.0	时间段 1.0	X	X
输出控制	OCR.7	OCTP1	输出控制晶体管 P1	X	X
	OCR.6	OCTN1	输出控制晶体管 N1	X	X
	OCR.5	OCPOL1	输出控制极性 1	X	X
	OCR.4	OCPRO	输出控制晶体管 P0	X	X
	OCR.3	OCTN0	输出控制晶体管 N0	X	X
	OCR.2	OCPOLO	输出控制模式 0	X	X
	OCR.1	OCMODE1	输出控制模式 1	X	X
	OCR.0	OCMODE0	输出控制模式 0	X	X
仲裁丢失捕捉	—	ALC	仲裁丢失捕捉	0	X
错误代码捕捉	—	ECC	错误代码捕捉	0	X
错误报警限制	—	EWLR	错误报警限制寄存器	96	X
RX 错误计数器	—	RXERR	接收错误计数器	0（复位）	X
TX 错误计数器	—	TXERR	错误计数器	0（复位）	X
TX 缓冲器	—	TXB	发送缓冲器	X	X
RX 缓冲器	—	RXB	接收缓冲器	X	X
ACR0_3	—	ACR0-ACR3	验收代码缓冲器	X	X
AMR0_3	—	AMR0-AMR3	验收屏蔽寄存器	X	X
RX 信息计数器	—	RMC	RX 信息计数器	0	0

续表

寄存器	位	符号	名称	值	
				硬件复位	软件设置 MOD.O 或总线关闭时复位
RX 缓冲器起始地址	—	RBSSA	RX 缓冲器起始地址	0000 0000	X
时钟分频器	—	CDR	时钟分频器地址	0000 0000intel; 0000 0101Motorola	X

注：1．X 表示这些寄存器或位是何值是无任何影响的。

2．括号中是功能意义的解释。

3．在相应的中断允许时，总线关闭则错误报警中断被置位。

4．若是因为总线关闭而进入复位模式，接收错误计数器被清 0。发送错误计数器被初始化到 127 以计数 CAN 定义的包括 128 个 11 位连续隐藏（弱势）位的总线关闭恢复时间。

5．RXFIFO 的内部读/写指针复位到初始化值。连续的读 RXB 口将会得到一些未定义的值（一部分是老的信息）。如果有信息被发送，就被并行写入接收缓冲器。只有这次传送是自接收请求引起的才会产生接收中断。所以即使接收缓冲器是空的，最后一次发送的信息也可以从接收缓冲器中读出，除非它被下一条要发送或接收的信息覆盖。硬件复位时，RXFIFO 的指针指向物理 RAM 地址 0。通过软件设置 CR.0 或总线关闭会使 RXFIFO 的指针指向当前有效 FIFO 的起始地址（RBSA 寄存器），这个地址不同于第一次释放接收缓冲器命令后的 RAM 地址 0。

模式寄存器 MOD：模式寄存器的内容是用来改变 CAN 控制器的行为的，CPU 把控制寄存器作为读/写寄存器，可以设置这些位。保留位读值为逻辑 0，MOD.5～MOD.7 位保留。模式寄存器的各位的功能如表 6-25 所示。

表 6-25 模式寄存器的各位的功能（CAN 地址：0）

位	符号	名称	值	功能
MOD.4	SM	睡眠模式	1	睡眠：无 CAN 中断等待和总线活动时，CAN 控制器进入睡眠模式
			0	唤醒：从睡眠状态唤醒
MOD.3	AFM	验收滤波器模式	1	单：选单个验收滤波器（32 位长度）
			0	双：选两个验收滤波器（每个有 16 位激活）
MOD.2	STM	自检测模式	1	自检测：检测所有节点，没有任何活动的节点使用自接收命令；即使没有应答，CAN 控制器也会成功发送
			0	正常模式：成功发送时必须应答信号
MOD.1	LOM	只听模式	1	只听：即使成功接收信息，CAN 控制器也不会向总线发应答信号；错误计数器停止在当前值
			0	正常模式
MOD.0	RM	复位模式	1	复位：检测到复位模式位被置位，中止当前正在接收/发送的信息，进入复位模式
			0	正常：复位模式位接收到 1-0 跳变后，CAN 控制器回到工作模式

注：1．睡眠模式位设为 1（sleep），SJA1000 将进入睡眠模式；没有总线活动和中断等待至少破坏这两种情况之一时，将会导致 SM 产生唤醒中断。设置为睡眠模式后，CLKOUT 信号持续至少 15 位的时间，以允许主微控制器在 CLKOUT 信号电平变低而被锁住之前进入准备模式。当前面提到的三种条件之一被破坏时，SJA1000 将被唤醒：SM 电平设为低（唤醒）之后，总线进入活动状态或/INT 被激活（变低）。唤醒后，振荡器启动且产生一个唤醒中断。由于总线活动唤醒的直到检测到 11 个连续的隐藏（弱势）位（总线空闲序列）后才能接收这条信息。注意在复位模式中是不能设置 SM 的。清除复位模式后，再一次检测到总线空闲时，SM 的设置才开始有效。

2．如果先进入复位模式，MOD.1～MOD.3 是只写的。

3．这种工作模式使 CAN 控制器进入错误消极状态。信息传送是不可能的。以软件驱动的位速检测和“热插”时可使用只听模式。所有其他功能都能像在正常工作模式中一样使用。

4．在硬件复位或总线状态位为 1（总线关闭）时，复位模式位也被置为 1（当前）。如果通过软件访问这一位，值将发生变化且下一个内部时钟（频率为外部振荡器的 1/2）的上升沿有效。在外部复位期间，微控制器不能将复位模式位设置为 0（空闲）。因此，将复位模式位设为 1 后，微控制器必须检查此位以确保外部复位引脚上不保持高。复位请求位的改变和内部分频时钟同步。读复位请求位能够反映出这种同步状态。复位模式位为 0 后，CAN 控制器会等待：

（1）一个总线空闲信号 11 个隐藏（弱势）位，如果上一次复位是硬件复位或 CPU 初始复位。

（2）128 个总线空闲，如果上一次复位是 CAN 控制器在重新进入总线开启之前初始化复位。

命令寄存器 CMR：命令位初始化 CAN 控制器传输层的一个动作。这个寄存器是只写的，所有位的读出值都是逻辑 0。因处理的需要，两条命令之间至少有一个内部时钟周期。内部时钟周期的频率是外部振荡器的一半。命令寄存器 CMR 中的 CMR.5、CMR.6、CMR.7 保留不用。命令寄存器的各位功能说明，如表 6-26 所示。

表 6-26　命令寄存器（CMR）的各位功能说明（CAN 地址：1）

位	符号	名称	值	功能
CMR.4	SRR	自接收请求	1	当前；信息可被同时发送和接收
			0	—（空缺）
CMR.3	CDO	清除数据溢出	1	清除；数据溢出状态位被清除
			0	—（无动作）
CMR.2	RRB	释放接收缓冲器	1	释放；释放接收缓冲器 FXFIFO 中载有信息的内存空间
			0	—（无动作）
CMR.1	AT	中止发送	1	当前；如果不是正在处理，等待中的发送请求被取消
			0	—（空缺）
CMR.0	TR	发送请求	1	当前；信息被发送
			0	—（空缺）

注：1．如果验收滤波器已设置了相应的识别码，当发送自接收请求信息时同时开始接收。接收和发送中断对自接收是有效的（模式寄存器的自检测模式也有类似情况）。

2．设置命令位 CMR.0 和 CM.1 会立即产生一次信息发送，当发生错误或仲裁丢失时是不会重发的（单次发送）。设置命令位 CMR.4 和 CMR.1 会立即产生一次自接收性质的信息发送。发生错误或仲裁丢失时是不会重发的。设置命令位 CMR.0、CMR.1 和 CMR.4 会立即产生一个信息发送（见 CMR.0 和 CMR.1 的定义）。

一旦状态寄存器的发送状态位被置位，内部发送请求就被自动清除。

同时设置 CMR.0 和 CMR.4 会忽略 CMR.4 位。

3．该位用于清除数据溢出位指出的数据溢出情况。如果数据溢出位被置位就不会再有数据溢出中断产生。

4．读接收缓冲器之后，CPU 可以通过设置释放接收缓冲器位为 1 来释放 RXFIFO 的内存空间。这样就会导致接收缓冲器内的另一条信息立即有效。如果没有其他有用的信息，就复位接收中断。

5．当 CPU 需要当前请求发送等待时，例如先发送一条比较紧急的信息时。但当前正在处理的传送是不停止的。要想知道源信息是否成功发送，可以通过传送完毕状态位来查看。不过，这应在在发送缓冲器状态位置 1 或产生发送中断后。注意，即使因为发送缓冲器状态位变为释放而使信息被中止，也会产生发送中断。

6．如果前一条指令中发送请求被置为 1，应通过中止发送位为 0 取消。

状态寄存器 SR：状态寄存器反映 CAN 控制器的状态。状态寄存器对 CPU 来说是只读内存，其各位功能说明如表 6-27 所示。

表 6-27　状态寄存器的各位功能说明（CAN 地址：2）

位	符号	名称	值	功能
SR.7	BS	总线状态	1	总线关闭：CAN 控制器不参与总线活动
			0	总线开启：CAN 控制器参与总线活动
SR.6	ES	出错状态	1	出错：至少一个错误计数器满或超过了由错误报警限制寄存器（EWLR）定义的 CPU 报警限制
			0	OK:两个错误计数器都在报警限制以下
SR.5	TS	发送状态	1	发送：CAN 控制器正在发送信息
			0	空闲
SR.4	RS	接收状态	1	接收：CAN 控制器正在接收信息
			0	空闲
SR.3	TCS	发送完毕状态	1	完毕：最后一次发送已被成功处理
			0	未完：当前请求的发送未处理完
SR.2	TBS	发送缓冲器状态	1	释放：CPU 可以向发送缓冲器中写信息
			0	锁定：CPU 不能访问发送缓冲器；信息不实在等待发送也不是在发送
SR.1	DOS	数据溢出状态	1	溢出：信息因 RXFIFO 中无足够的存储空间而丢失
			0	空缺：自从上一次执行清除数据溢出命令以来无数据溢出发生
SR.0	RBS	接收缓冲器状态	1	满：RXFIFO 中无可用信息
			0	空：无可用信息

注：1．当发送错误计数器超过限制（255）总线状态位被置为 1（总线关闭），CAN 控制器将设置复位模式位为 1 当前而且产生一个错误报警中断（相应的中断允许时）。发送错误计数器被置为 127，接收错误计数器被清除。这种模式将会保持直到 CPU 将复位模式位清除。完成这些之后，CAN 控制器将通过发送错误计数器的减 1 计数以等待协议规定的最少时间（128 个总线空闲信号）。之后总线状态位被清除（总线开启），错误状态位被置为 0（OK）。错误计数器复位且产生一个错误报警中断（中断允许时）。这期间读 TX 错误计数器给出关于总线关闭修复的状态信息。

2．根据 CAN 2.0B 协议规定，在接收和发送期间检测到错误会影响错误计数器。至少有一个错误计数器满或超过 CPU 报警限制（EWLR）时错误状态位被置位。中断允许时，会产生错误报警中断。EWLR 硬件复位后的默认值是 96。

3．如果接收状态位和发送状态位都是 0（空闲），则 CAN 总线是空闲的。如果这两位都是 1，则控制器正在等待下一次空闲。硬件启动后直到空闲状态到来必须检测到 11 个连续的隐藏（弱势）位。总线关闭后会产生 128 个 11 位的连续隐藏（弱势）位。

4．一旦发送请求位或自接收请求位被置 1，发送成功状态位就会被置 0（不成功）。发送成功状态位会保持为 0 直到发送成功。

5．如果 CPU 试图在发送缓冲器状态位是 0（锁定时）向发送缓冲器写，写入的字节将不被接受且在没有任何提示的情况下丢失。

6．当要接收的信息已经成功通过验收滤波器的时候，CAN 控制器需要在 RXFIFO 中有足够的空间来存储信息描述符和每一个接收的数据字节。如果没有足够的空间来存储信息，信息就会丢失，在信息变为无效时向 CPU 提示数据溢出。如果信息没有被成功接收（如由于错误）就没有数据溢出情况提示。

7．读出 RXFIFO 中的所有信息和用释放接收缓冲器命令释放它们的内存空间之后，此位被清除。

中断寄存器 IR：中断寄存器允许中断源的识别。当这个寄存器的一位或多位被置位时，CAN 中断将反映到 CPU。CPU 读此寄存器的时候，除了接收中断外的所有位都被复位。中断寄存器对 CUP 来说是只读存储器。中断寄存器的各位功能说明如表 6-28 所示。

表 6-28　中断寄存器 IR 的各位功能说明（CAN 地址：3）

位	符号	名称	值	功能
IR.7	BEI	总线错误中断	1	位置：当前 CAN 控制器检测到总线错误且中断使能寄存器中的 BEIE 被置位时此位被置位
			0	复位
IR.6	ALI	仲裁丢失中断	1	位置：当前 CAN 控制器丢失仲裁，变为接收器和中断使能寄存器的 ALIE 为被置位，此位被置位
			0	复位
IR.5	EPI	错误消极中断	1	位置：当 CAN 控制器到达错误消极状态（至少一个错误计数器超过协议规定的值 127）或从错误消极状态又进入错误活动状态以及中断寄存器的 EPIE 位被置位时此位被置 1
			0	复位
IR.4	WUI	唤醒中断	1	位置：当 CAN 控制器在睡眠模式中检测到总线的活动且中断寄存器的 WUIE 位被置 1 时此位被置位
			0	复位
IR.3	DOI	数据溢出中断	1	置位：数据溢出状态位有‘0-1’跳变且中断中断寄存器的 DOIE 位被置位时此位被置 1
			0	复位
IR.2	EI	错误报警中断	1	置位：错误状态位和总线状态位的改变和中断寄存器的 EIE 位被置位时此位被置 1
			0	复位
IR.1	TI	发送中断	1	置位：发送缓冲器状态从‘0-1’（释放）跳变且中断寄存器的 TIE 位被置位时此位被置 1
			0	复位
IR.0	RI	接收中断	1	置位：接收 FIFO 不空且中断寄存器的 RIE 位被置位时此位被置 1
			0	复位：RXFIFO 中无可用信息

注：1. 如果 CPU 在 CAN 控制器参与总线活动或 CAN 中断正在等待时，试图置位睡眠模式位也产生唤醒中断。

2. 除了 RI 取决于相应的中断使能位（RIE）这一点外，此位的行为和接收缓冲器状态位是等效的。所以读中断寄存器时接收中断位不被清除，释放接收缓冲器的命令可以临时清除 RI。如果执行释放命令后 FIFO 中还有可用信息，RI 被重新置位。否则 RI 保持清 0 状态。

中断使能寄存器 IER：这个寄存器能使不同类型的中断源对 CPU 有效。该寄存器对 CPU 来说是可读/写存储器。中断使能寄存器 IER 的各位功能说明如表 6-29 所示。

表 6-29　中断使能寄存器 IER 的各位功能说明（CAN 地址：4）

位	符号	名称	值	功能
IER.7	BEIE	总线错误中断使能	1	使能：如果检测到总线错误，则 CAN 地址控制器请求相应的中断
			0	禁能

续表

位	符号	名称	值	功能
IER.6	ALIE	仲裁丢失中断使能	1	使能：如果 CAN 地址控制器已丢失了仲裁，则请求相应的中断
			0	禁能
IER.5	EPIE	错误消极中断使能	1	使能：若 CAN 控制器的错误状态改变（从消极到活动或反之），则请求相应的中断
			0	禁能
IER.4	WUIE	唤醒中断使能	1	使能：如果睡眠模式中的 CAN 控制器被唤醒，则请求相应的中断
			0	禁能
IER.3	DOIE	数据溢出中断使能	1	使能：如果数据溢出状态被置位（见状态寄存器；表 14），CAN 控制器请求相应的中断
			0	禁能
IER.2	EIE	错误警报中断使能	1	使能：如果错误或总线状态改变（见状态寄存器；表 14），CAN 控制器请求相应的中断
			0	禁能
IER.1	TIE	发送中断使能	1	使能：当信息被成功发送或发送缓冲器又可访问（例如，中止发送命令后）时，CAN 控制器请求相应的中断
			0	禁能
IER.0	RIE	接收中断使能	1	使能：当接收缓冲器是‘满’时，CAN 控制器请求相应的中断
			0	禁能

注：接收中断使能位对接收中断位和外部中断输出 $\overline{INT}$ 有直接的影响。如果 RIE 被清 0 且没有其他中断被挂起，外部 $\overline{INT}$ 引脚电平会立即变高。

仲裁丢失捕捉寄存器 ALC：这个寄存器包括了仲裁丢失的位置的信息。仲裁丢失捕捉寄存器对 CPU 来说是只读存储器，保留位的读值为 0。仲裁丢失捕捉寄存器的各位功能说明如表 6-30 所示。

表 6-30　仲裁丢失捕捉寄存器（ALC）的各位功能说明（CAN 地址：11）

位	符号	名称	值	功能
ALC.7-ALC.5	—	保留	值和功能见表 18	
ALC.4	BITNO4	第四位		
ALC.3	BITNO3	第三位		
ALC.2	BITNO2	第二位		
ALC.1	BITNO1	第一位		
ALC.0	BITNO0	第零位		

仲裁丢失时会产生相应的仲裁丢失中断（中断允许）。同时，位流处理器的当前位位置被捕捉送入仲裁丢失捕捉寄存器。一直到用户通过软件读这个值，寄存器中的内容都不会变。随后，捕捉机制又被激活了。读中断寄存器时，中断寄存器中相应的中断标志位被清除。直到仲裁丢失捕捉寄存器被读一次之后，新的仲裁丢失中断才有效。仲裁丢失捕捉寄存器的 bit4~bit0 的功能，如表 6-31 所示。

表 6-31 仲裁丢失捕捉寄存器的 bit4～bit0 的功能

位					十进制	功能
ALC.4	ALC.3	ALC.2	ALC.1	ALC.0		
0	0	0	0	0	0	仲裁丢失在识别码的 bit1
0	0	0	0	1	1	仲裁丢失在识别码的 bit2
0	0	0	1	0	2	仲裁丢失在识别码的 bit3
0	0	0	1	1	3	仲裁丢失在识别码的 bit4
0	0	1	0	0	4	仲裁丢失在识别码的 bit5
0	0	1	0	1	5	仲裁丢失在识别码的 bit6
0	0	1	1	0	6	仲裁丢失在识别码的 bit7
0	0	1	1	1	7	仲裁丢失在识别码的 bit8
0	1	0	0	0	8	仲裁丢失在识别码的 bit9
0	1	0	0	1	9	仲裁丢失在识别码的 bit10
0	1	0	1	0	10	仲裁丢失在识别码的 bit11
0	1	0	1	1	11	仲裁丢失在 SRTR 位
0	1	1	0	0	12	仲裁丢失在 IDE 位
0	1	1	0	1	13	仲裁丢失在识别码的 bit12
0	1	1	1	0	14	仲裁丢失在识别码的 bit13
0	1	1	1	1	15	仲裁丢失在识别码的 bit14
1	0	0	0	0	16	仲裁丢失在识别码的 bit15
1	0	0	0	1	17	仲裁丢失在识别码的 bit16
1	0	0	1	0	18	仲裁丢失在识别码的 bit17
1	0	0	1	1	19	仲裁丢失在识别码的 bit18
1	0	1	0	0	20	仲裁丢失在识别码的 bit19
1	0	1	0	1	21	仲裁丢失在识别码的 bit20
1	0	1	1	0	22	仲裁丢失在识别码的 bit21
1	0	1	1	1	23	仲裁丢失在识别码的 bit22
1	1	0	0	0	24	仲裁丢失在识别码的 bit23
1	1	0	0	1	25	仲裁丢失在识别码的 bit24
1	1	0	1	0	26	仲裁丢失在识别码的 bit25
1	1	0	1	1	27	仲裁丢失在识别码的 bit26
1	1	1	0	0	28	仲裁丢失在识别码的 bit27
1	1	1	0	1	29	仲裁丢失在识别码的 bit28
1	1	1	1	0	30	仲裁丢失在识别码的 bit29
1	1	1	1	1	31	仲裁丢失在 RTR 位

注：1．仲裁丢失的二进制编码结构位的号码。

2．标准帧信息的 RTR 位。

3．只使用于扩展帧信息。

错误代码捕捉寄存器 ECC：该寄存器包含总线错误的类型和位置。信息错误代码捕捉寄存器对 CPU 来说是只读的，其各位功能说明如表 6-32～表 6-34 所示。

表 6-32　错误代码捕捉寄存器的各位功能说明（CAN 地址：12）

位	符号	名称	值	功能
ECC.7 (1)	ERRC1	错误代码 1	—	—
ECC.6 (1)	ERRC0	错误代码 0	—	—
ECC.5	DIR	方向	1	RX：接收时发生的错误
			0	TX：发送时发生的错误
ECC.4 (2)	SEG4	段 4	—	—
ECC.3 (2)	SEG3	段 3	—	—
ECC.2 (2)	SEG2	段 2	—	—
ECC.1 (2)	SEG1	段 1	—	—
ECC.0 (2)	SEG0	段 0	—	—

注：1．ECC.7 和 ECC.6 的解释如表 6-33 所示。

2．ECC.4-ECC.0 的解释如表 6-34 所示。

表 6-33　错误代码捕捉寄存器 ECC.7 和 ECC.6 的功能说明

位 ECC.7	位 ECC.6	功能
0	0	位错
0	1	格式错
1	0	填充错
1	1	其他错误

表 6-34　错误代码捕捉寄存器 ECC.4～ECC.0 的功能说明

EDC.4	EDC.3	EDC.2	EDC.1	EDC.0	功能
0	0	0	1	1	帧开始
0	0	0	1	0	ID.28-ID.21
0	0	1	1	0	ID.20-ID.18
0	0	1	0	0	SRTR 位
0	0	1	0	1	IDE 位
0	0	1	1	1	ID.17-ID.13
0	1	1	1	1	ID.12-ID.5
0	1	1	1	0	ID.4-ID.0
0	1	1	0	0	RTR 位
0	1	1	0	1	保留位 1
0	1	0	0	1	保留位 0
0	1	0	1	1	数据长度代码
0	1	0	1	0	数据区
0	1	0	0	0	CRC 序列
1	1	0	0	0	CRC 定义符
1	1	0	0	1	应答通道

续表

EDC.4	EDC.3	EDC.2	EDC.1	EDC.0	功能
1	1	0	1	1	应答定义符
1	1	0	1	0	帧结束
1	0	0	1	0	中止
1	0	0	0	1	活动错误标志
1	0	1	1	0	消极错误标志
1	0	0	1	1	支配（控制）位误差
1	0	1	1	1	错误定义符
1	1	1	0	0	溢出标志

注：1．位的设置反映了当前结构段的不同错误事件。

2．总线发生错误时被迫产生相应的错误中断（中断允许时）。同时位流处理器的当前位置被捕捉送入错误代码捕捉寄存器。其内容直到用户通过软件读出时都是不变的。读出后，捕捉机制又被激活了。访问中断寄存器期间，中断寄存器中相应的中断标志位被清除。新的总线中断直到捕捉寄存器被读出一次才可能有效。

错误报警限制寄存器 EMLR：错误报警限制在这个寄存器中被定义。默认值硬件复位时是 96。复位模式中，此寄存器对 CPU 来说是可读/写的。工作模式中是只读的。错误报警寄存器 EWLR 的各位功能说明如表 6-35 所示。

注意：只有之前进入复位模式，EWLR 才有可能被改变。直到复位模式被再次取消后，才有可能发生错误状态的改变（参见状态寄存器）和由新的寄存器内容引起的错误报警中断。

表 6-35 错误报警寄存器 EWLR 的各位功能说明（CAN 地址：13）

BIT 7	BIT 6	BIT 5	BIT 4	BIT 3	BIT 2	BIT 1	BIT 0
EWL.7	EWL.6	EWL.5	EWL.4	EWL.3	EWL.2	EWL.1	EWL.0

RX 错误计数寄存器 RXERR：RX 错误计数寄存器反映了接收错误计数器的当前值。硬件复位后寄存器被初始化为 0。工作模式中，对 CPU 来说是只读的。只有在复位模式中才可以写访问此寄存器。RX 错误计数器寄存器的各位功能说明如表 6-36 所示。

如果发生总线关闭，RX 错误计数器就被初始化为 0。总线关闭期间写这个寄存器无效。

注意：只有之前进入复位模式，才有可能由 CPU 迫使 RX 错误计数器发生改变。直到复位模式被取消后，错误状态的改变（参见状态寄存器）错误报警和由新的寄存器内容引起的错误中断才可能有效。

表 6-36 RX 错误计数寄存器（RXERR）的各位功能说明（CAN 地址：14）

BIT 7	BIT 6	BIT 5	BIT 4	BIT 3	BIT 2	BIT 1	BIT 0
RXERR.7	RXERR.6	RXERR.5	RXERR.4	RXERR.3	RXERR.2	RXERR.1	RXERR.0

TX 错误计数寄存器 TXERR：TX 错误计数寄存器反映了发送错误计数器的当前值。

工作模式中，这个寄存器对CPU是只读内存。复位模式中才可以写访问这个寄存器。硬件复位后，寄存器被初始化为0。如果总线关闭，TX错误计数器被初始化为127来计算总线定义的最小时间（128个总线空闲信号）。这段时间里读TX错误计数器将反映出总线关闭恢复的状态信息。TX错误计数器寄存器的各位功能说明如表6-37所示。

如果总线关闭是激活的，写访问 TXERR 的 0～254 单元会清除总线关闭标志，复位模式被清除后控制器会等待一个 11 位的连续隐藏（弱势）位（总线空闲）。

表 6-37　TX 错误计数寄存器（TXERR）的各位功能说明（CAN 地址：15）

BIT 7	BIT 6	BIT 5	BIT 4	BIT 3	BIT 2	BIT 1	BIT 0
TXERR.7	TXERR.6	TXERR.5	TXERR.4	TXERR.3	TXERR.2	TXERR.1	TXERR.0

向 TXERR 写入 255 会初始化 CPU 驱动的总线关闭事件。只有之前进入复位模式，才有可能发生 CPU 引起的 TX 错误计数器内容的改变。直到复位模式被再次取消，错误或总线状态的改变（参见状态寄存器）、错误报警和由新的寄存器内容引起的错误中断才有可能有效。离开复位模式后，就像总线错误引起的一样，给出新的 TX 计数器内容且总线关闭被同样的执行。这意味着重新进入复位模式，TX 错误计数器被初始化到 127，RX 计数器被清 0，所有的相关状态和中断寄存器位被置位。复位模式的清除将会执行协议规定的总线关闭恢复序列（等待 128 个总线空闲信号）。如果在总线关闭恢复（TXERR>0）之前又进入复位模式，总线关闭保持有效且 TXERR 被锁定。

发送缓冲器：发送缓冲器的全部列表如图 6-22 所示。请务必分清标准帧格式（SFF）和扩展帧格式（EFF）配置。发送缓冲器允许定义长达 8 个数据字节发送信息。

发送缓冲器列表：发送缓冲器被分为描述符区和数据区，描述符区的第一个字节是帧信息字节（帧信息）。它说明了帧格式（SFF 或 EFF）、远程或数据帧和数据长度。SFF 有两个字节的识别码。EFF 有 4 个字节的识别码。数据区最多长 8 个数据字节。发送缓冲器长 13 个字节，在 CAN 地址的 16～28。

注意：使用 CAN 地址的 96～108 可以直接访问发送缓冲器的 RAM。这个 RAM 区是为发送缓冲器保留的。下面三个字节是通用的：CAN 地址 109、110 和 111。

CAN 地址	内　　容
16	TX 帧信息
17	TX 帧误码 1
18	TX 标识码 2
19	TX 数据字节 1
20	TX 数据字节 2
21	TX 数据字节 3
22	TX 数据字节 4
23	TX 数据字节 5
24	TX 数据字节 6
25	TX 数据字节 7
26	TX 数据字节 8
27	未使用
28	未使用

（a）标准帧格式

CAN 地址	内　　容
16	TX 帧信息
17	TX 标识码 1
18	TX 标识码 2
19	TX 标识码 3
20	TX 标识码 4
21	TX 数据字节 1
22	TX 数据字节 2
23	TX 数据字节 3
24	TX 数据字节 4
25	TX 数据字节 5
26	TX 数据字节 6
27	TX 数据字节 7
28	TX 数据字节 8

（b）扩展帧格式

图 6-22　标准帧和扩展帧格式配置在发送缓冲器里的列表

发送缓冲器的描述符区：发送缓冲器位的列表如表 6-30～表 6-40 所示（SFF），表 6-41～6-45（EFF）给出的配置是和接收缓冲器列表相匹配的。

表 6-38　TX 帧信息 SFF（CAN 地址：16）

BIT 7	BIT 6	BIT 5	BIT 4	BIT 3	BIT 2	BIT 1	BIT 0
FF (1)	RTR (2)	X (3)	X (3)	DLC.3 (4)	DLC.2 (4)	DLC.1 (4)	DLC.0 (4)

注：1．帧格式。

2．远程发送请求。

3．不影响推荐在使用自接收设备自测时和接收缓冲器 0 兼容。

4．数据长度代码位。

表 6-39　TX 识别码 1（SFF）（CAN 地址：17）

BIT 7	BIT 6	BIT 5	BIT 4	BIT 3	BIT 2	BIT 1	BIT 0
ID.28	ID.27	ID.26	ID.25	ID.24	ID.23	ID.22	ID.21

注：ID 表示识别码的位。

表 6-40　TX 识别码 2 SFF（CAN 地址：18）

BIT 7	BIT 6	BIT 5	BIT 4	BIT 3	BIT 2	BIT 1	BIT 0
ID.20	ID.19	ID.18	X(2)	X(3)	X(3)	X(3)	X(3)

注：1．ID.X 表示识别码的位。

2．影响推荐在使用自接收设备自测时和接收缓冲器 RTR 兼容。

3．不影响推荐在使用自接收设备自测时和接收缓冲器 0 兼容。

表 6-41　TX 帧信息（EFF）（CAN 地址：16）

BIT 7	BIT 6	BIT 5	BIT 4	BIT 3	BIT 2	BIT 1	BIT 0
FF(1)	RTR(2)	X(3)	X(3)	DLC.3(4)	DLC.2(4)	DLC.1(4)	DLC.0(4)

注：1．帧格式。

2．远程传送请求。

3．不影响推荐在使用自接收设备自测时和接收缓冲器 0 兼容。

4．数据长度代码位。

表 6-42　TX 识别码 1（EFF）（CAN 地址：17）

BIT 7	BIT 6	BIT 5	BIT 4	BIT 3	BIT 2	BIT 1	BIT 0
ID.28	ID.27	ID.26	ID.25	ID.24	ID.23	ID.22	ID.21

注：ID.X 表示识别码的位。

表 6-43　TX 识别码 2（EFF）（CAN 地址：18）

BIT 7	BIT 6	BIT 5	BIT 4	BIT 3	BIT 2	BIT 1	BIT 0
ID.20	ID.19	ID.18	ID.17	ID.16	ID.15	ID.14	ID.13

注：ID.X 表示识别码的位。

表 6-44　TX 识别码 3（EFF）（CAN 地址：19）

BIT 7	BIT 6	BIT 5	BIT 4	BIT 3	BIT 2	BIT 1	BIT 0
ID.12	ID.11	ID.10	ID.9	ID.8	ID.7	ID.6	ID.5

注：ID.X 表示识别码的位。

表 6-45　TX 识别码 4（EFF）（CAN 地址：20）

BIT 7	BIT 6	BIT 5	BIT 4	BIT 3	BIT 2	BIT 1	BIT 0
ID.4	ID.3	ID.2	ID.1	ID.0	X(2)	X(3)	X(3)

注：1．ID.X 表示识别码的位。

2．不影响；推荐在使用自接收设备（自测）时和接收缓冲器（RTR）兼容。

3．不影响；推荐在使用自接收设备（自测）时和接收缓冲器（0）兼容。

帧格式（FF）和远程发送请求（RTR）位，如表 6-46 所示。

表 6-46　帧格式（FF）和远程发送请求（RTR）位

位	值	功　能
FF	1	EFF：CAN 控制器将发送扩展帧格式
	0	SFF：CAN 控制器将发送标准帧格式
RTR	1	远程：CAN 控制器将发送远程帧
	0	数据：CAN 控制器将发送数据帧

数据长度代码（DLC）：数据区的信息字节长度由数据长度代码编制。在远程帧发送开始时由于 RTR 位被置位（远程），数据长度代码是不被考虑的。这使接收/发送的数据字节数目为 0。如果有两个 CAN 控制器使用同一个识别码同时启动远程帧传送，数据长度代码必须正确说明以避免总线错误。数据字节长度范围为 0～8，编码形式如下：

$$数据字节数=8\times DLC.3+4\times DLC.2+2\times DLC.1+DLC.0$$

为了兼容，大于 8 的数据长度代码是不可用的。如果大于 8 将以 8 个字节计算。

识别码（ID）：标准帧格式（SFF）的识别码有11位（ID.28～ID.18）扩展帧格式的识别码有29位（ID.28～ID.0）。ID.28是最高位，在总线仲裁过程中最先发送到总线上。识别码就像信息的名字一样，使用在验收滤波器中，而且在仲裁过程中决定了总线访问的优先权。识别码的二进制值越低，优先权越高。这是由于仲裁时有大量的前导支配位。

数据区：发送的字节数取决于数据长度代码。最先发送的是在 CAN 地址 19（SFF）或 21（EFF）的数据字节 1 的最高位。

接收缓冲器：接收缓冲器的列表与前面一节讲述的发送缓冲器很相似。接收缓冲器是 RXFIFO 的可访问部分，位于 CAN 地址的 16 和 28。每条信息都分为描述符和数据区。

描述符区：接收缓冲器的位列表见表 6-47～表 6-49（SFF）和表 6-50～表 6-54（EFF）所选配置是与接收缓冲器列表相匹配的。

表 6-47　RX 帧信息（SFF）（CAN 地址：16）

BIT 7	BIT 6	BIT 5	BIT 4	BIT 3	BIT 2	BIT 1	BIT 0
FF(1)	RTR(2)	0	0	DLC.3	DLC.2(3)	DLC.1(3)	DLC.0(3)

注：1．帧格式。

2．远程发送请求。

3．数据长度代码位。

表 6-48　RX 识别码 1（SFF）（CAN 地址：17）

BIT 7	BIT 6	BIT 5	BIT 4	BIT 3	BIT 2	BIT 1	BIT 0
ID.28	ID.27	ID.26	ID.25	ID.24	ID.23	ID.22	ID.21

注：ID.X 表示识别码的位。

表 6-49　RX 识别码 2（SFF）（CAN 地址：18）

BIT 7	BIT 6	BIT 5	BIT 4	BIT 3	BIT 2	BIT 1	BIT 0
ID.20	ID.19	ID.18	RTR(2)	0	0	0	0

注：1．ID.X 表示识别码的位。

2．远程发送请求。

表 6-50　RX 帧信息（EFF）（CAN 地址：16）

BIT 7	BIT 6	BIT 5	BIT 4	BIT 3	BIT 2	BIT 1	BIT 0
FF(1)	RTR(2)	0	0	DLC.3(3)	DLC.2(3)	DLC.1(3)	DLC.0(3)

注：1．帧格式。

2．远程发送请求。

3．数据长度代码位。

表 6-51　RX 识别码 1（EFF）（CAN 地址：17）

BIT 7	BIT 6	BIT 5	BIT 4	BIT 3	BIT 2	BIT 1	BIT 0
ID.28	ID.27	ID.26	ID.25	ID.24	ID.23	ID.22	ID.21

注：ID.X 表示识别码的位。

表 6-52　RX 识别码 2（EFF）（CAN 地址：18）

BIT 7	BIT 6	BIT 5	BIT 4	BIT 3	BIT 2	BIT 1	BIT 0
ID.20	ID.19	ID.18	ID.17	ID.16	ID.15	ID.14	ID.13

注：ID.X 表示识别码的位。

表 6-53　RX 识别码 3（EFF）（CAN 地址：19）

BIT 7	BIT 6	BIT 5	BIT 4	BIT 3	BIT 2	BIT 1	BIT 0
ID.12	ID.11	ID.10	ID.9	ID.8	ID.7	ID.6	ID.5

注：ID.X 表示识别码的位。

表 6-54　RX 识别码 4（EFF）（CAN 地址：20）

BIT 7	BIT 6	BIT 5	BIT 4	BIT 3	BIT 2	BIT 1	BIT 0
ID.4	ID.3	ID.2	ID.1	ID.0	RTR(2)	0	0

注：1．ID.X 表示识别码的位。

2．远程发送请求。

注意：在帧信息字节中的接收字节长度代码代表实际发送的数据长度代码，它有可能大于 8（取决于发送器）。但最大接收数据字节数是 8。这一点在读接收缓冲器中的信息时应当考虑。RXFIFO 共有 64 个信息字节的空间。一次可以存储多少条信息取决于数据的长度。如果 RXFIFO 中没有足够的空间来存储新的信息，CAN 控制器会产生数据溢出条件，此时信息有效且接受检测为肯定。发生数据溢出情况时，已部分写入 RXFIFO 的信息将被删除。这种情况可以通过状态寄存器和数据超限中断（中断允许）反应到 CPU。

验收滤波器：在验收滤波器的帮助下，只有当接收信息中的识别位和验收滤波器预定义的值相等时，CAN控制器才允许将已接收信息存入RXFIFO。验收滤波器由验收代码寄存器（ACRn）和验收屏蔽寄存器（AMRn）定义。要接收的信息的位模式在验收代码寄存器中定义。相应的验收屏蔽寄存器允许定义某些位为“不影响”（即可为任意值）。有两种不同的过滤模式可在模式寄存器中选择（MOD.3，AFM）：单滤波器模式（AFM位是1）；双滤波器模式（AFM位是0）。

单滤波器配置：这种滤波器配置定义一个长滤波器（4字节）。滤波器字节和信息字节之间位的对应关系取决于当前接收帧格式。

标准帧：如果接收的是标准帧格式的信息，在验收滤波中只使用前两个数据字节来存放包括 RTR 位的完整的识别码。如果由于置位 RTR 位而导致没有数据字节，或因为设置相应的数据长度代码而没有或只有一个数据字节，信息也会被接收的。对于一个成功接收的信息，所有单个位的比较后都必须发出接收信号。

注意：AMR1和ACR1的低四位是不用的。为了和将来的产品兼容，这些位可通过设置 AMR1.3、AMR1.2、AMR1.4和AMR1.0为1而定为“不影响”。

扩展帧：如果接收的信息是扩展帧格式的，包括 RTR 位的全部识别码将被接受过滤使用。为了成功接收信息每个位的比较后都必须发出接收信号。

注意：AMR3 的最低两位和 ACR3 不用。为了和将来的产品兼容，这些位通过置位 AMR3.1 和 AMR3.0 来定为“不影响”。

双滤波器的配置：这种配置可以定义两个短滤波器。一条接收的信息要和两个滤波器比较来决定是否放入接收缓冲器中。至少有一个滤波器发出接收信号，接收的信息才有效。滤波器字节和信息字节之间位的对应关系取决于当前接收的帧格式。

标准帧：如果接收的是标准帧信息，被定义的两个滤波器是不一样的。第一个滤波器比较包括 RTR 位的整个标准识别码和信息的第一个数据字节。第二个滤波器只比较包括 RTR 位的整个标准识别码。为了成功接收信息，所有单个位的比较时应至少有一个滤波器表示接收。RTR 位置位或数据长度代码是 0 时表示没有数据字节存在。无论怎样，只要从开始到 RTR 位的部分都被表示接收，信息就可以通过滤波器 1。如果没有向滤波器请求数据字节过滤，AMR1 和 AMR3 的低四位必须被置为 1（不影响）。当使用包括 RTR 位的整个标准识别码时，两个滤波器都同样工作。

扩展帧：如果接收到扩展帧信息，定义的两个滤波器是相同的。两个滤波器都只比较扩展识别码的前两个字节。为了成功接收信息，所有单个位的比较时至少有一个滤波器表示接收。

RX信息计数器（RMC）：RMC寄存器（CAN地址29）反映了RXFIFO中可用的信息数目。其值每次接收时加1，每次释放接收缓冲器减1，每次复位后该寄存器清0。RX信息计数器（RMC）

各位的功能说明如表6-55所示。

表 6-55　RX 信息计数器（RMC）各位的功能说明（CAN 地址：29）

BIT 7	BIT 6	BIT 5	BIT 4	BIT 3	BIT 2	BIT 1	BIT 0
(0)(1)	(0)(1)	(0)(1)	RMC.4	RMC.3	RMC.2	RMC.1	RMC.0

注：此位不能被写读这个寄存器时结果总是 0。

RX 缓冲器起始地址寄存器 RBSA：RBSA 寄存器（CAN 地址 30）反映了当前可用来存储位于接收缓冲器窗口中的信息的内部 RAM 地址。这条信息可以帮助说明内部 RAM 的内容。起始于 CAN 地址 32 的内部 RAM 地址区可以被 CPU 读/写访问（复位模式只能写）。如果信息超过 RAM 地址 63，会从地址 0 继续。当 FIFO 中至少有一条可用信息时就会执行释放接收缓冲器命令。RBSA 在下一条信息开始的时候更新。硬件复位时，指针初始化为 00H。软件复位设置为复位模式时指针保持原值，但 FIFO 被清空：这就意味着 RAM 的内容是不变的，但下一条接收的（或传送的）信息将会覆盖当前在接收缓冲器窗口的可视信息。RX 缓冲器起始地址寄存器在工作模式中是只读的，在复位模式中是可读/写的。必须注意写访 RBSA 首次有效是在下一个内部时钟频率的上升沿，内部时钟频率是外部振荡器的 1/2。RX 缓冲器起始地址寄存器（RBSA）各位的功能说明如表 6-56 所示。

表 6-56　RX 缓冲器起始地址寄存器（RBSA）各位的功能说明（CAN 地址：30）

BIT 7	BIT 6	BIT 5	BIT 4	BIT 3	BIT 2	BIT 1	BIT 0
(0)(1)	(0)(1)	RBSA.5	RBSA.4	RBSA.3	RBSA.2	RBSA.1	RBSA.0

注：此位不能写此寄存器的读出值总是 0。

（5）命令寄存器

总线定时寄存器 0（BTR0）：总线定时寄存器 0 定义了波特率预设值（BRP）和同步跳转宽度（SJW）的值。复位模式有效时这个寄存器是可以被访问（读/写）的。如果选择的是 PeliCAN 模式，此寄存器在工作模式中是只读的。在 BasicCAN 模式中总是 FFH。总线定时寄存器 0（BTR0）的各位功能说明如表 6-57 所示。

表 6-57　总线定时寄存器 0（BTR0）的各位功能说明（CAN 地址：6）

BIT 7	BIT 6	BIT 5	BIT 4	BIT 3	BIT 2	BIT 1	BIT 0
SJW.1	SJW.0	BRP.5	BRP.4	BRP.3	BRP.2	BRP.1	BRP.0

波特率预设值 BRP：CAN 系统时钟 t_{SCL} 的周期是可编程的，而且决定了相应的位时序。CAN 系统时钟由如下公式计算：

$$t_{SCL}=2\,t_{CLK}\ (32\times BRP.5+16\times BRP.4+8\times BRP.3+4\times BRP.2+2\times BRP.1+BRP.0+1)$$

这里 t_{CLK} =XTAL 的频率周期=$1/f_{XTAL}$

同步跳转宽度（SJW）：为了补偿在不同总线控制器的时钟振荡器之间的相位偏移，任何总线控制器必须在当前传送的相关信号边沿重新同步。同步跳转宽度定义了每一位周期可以被重新同步缩短或延长的时钟周期的最大数目：

$$t_{SJW}=t_{SCL}\times (2\times SJW.1+SJW.0+1)$$

总线定时寄存器 BTR1：总线定时寄存器 1 定义了每个位周期的长度、采样点的位置和在每个采样点的采样数目。在复位模式中，这个寄存器可以被读/写访问。在 PeliCAN 模式的工作模式中，这个寄存器是只读的。在 BasicCAN 模式中总是 FFH。总线定时寄存器 1（BTR1）的各位功能说明如表 6-58 所示。

表 6-58　总线定时寄存器 1（BTR1）的各位功能说明（CAN 地址：7）

BIT 7	BIT 6	BIT 5	BIT 4	BIT 3	BIT 2	BIT 1	BIT 0
SAM	TSEG2.2	TSEG2.1	TSEG2.0	TSEG1.3	TSEG1.2	TSEG1.1	TSEG1.0

采样 SAM：时间段 1（TSEG1）和时间段 2（TSEG2）的各位功能说明如表 6-59 所示。

TSEG1 和 TSEG2 决定了每一位的时钟数目和采样点的位置，这里：

$t_{SYNCSEG}=1\times t_{SCL}$

$t_{TSEG1}=t_{SCL}\times（8\times TSEG1.3+4\times TSEG1.2+2\times TSEG1.1+TSEG1.0+1）$

$t_{TSEG2}=t_{SCL}\times（4\times TSEG2.2+2\times TSEG2.1+TSEG2.1+1）$

表 6-59　时间段 1 和时间段 2 的各位功能说明

位	值	功　能
SM	1	三倍：总线采样三次；建议在低/中速总线（A 和 B 级）上使用，这对过滤总线上的毛刺波有益
	0	单倍：总线采样一次，建议使用在高速总线上（SAEC 级）

输出控制寄存器 OCR：输出控制寄存器实现了由软件控制不同输出驱动配置的建立。在复位模式中此寄存器可被读/写访问。在 PeliCAN 模式的工作模式中这个寄存器是只读的。在 BasicCAN 模式中总是 FFH。输出控制寄存器（OCR）的各位功能说明如表 6-60 所示。

表 6-60　输出控制寄存器（OCR）的各位功能说明（CAN 地址：8）

BIT 7	BIT 6	BIT 5	BIT 4	BIT 3	BIT 2	BIT 1	BIT 0
OCTP1	OCTN1	OCPOL1	OCTP0	OCTN0	OCPOL0	OCMODE1	OCMODE0

当 SJA1000 在睡眠模式中时，TX0 和 TX1 引脚根据输出控制寄存器的内容输出隐性的电平。在复位状态（复位请求=1）或外部复位引脚 $\overline{RST}$ 被拉低时，输出 TX0 和 TX1 悬空。发送的输出阶段可以有不同的模式。表 6-61 列出了输出控制寄存器的设置。

表 6-61　OCMMODE 位的说明

OCMODE1	OCMODE0	说明
0	0	双相输出模式
0	1	测试输出模式
1	0	正常输出模式
1	1	时钟输出模式

注：检测输出模式中，TXn 会在下一个系统时钟的上升沿映射在 RX 各引脚上。TN1、TN0、TP1 和 TP0 配置同 OCR 相对应。

正常输出模式：正常模式中位序列（TXD）通过 TX0 和 TX1 送出。输出驱动引脚 TX0 和 TX1 的电平取决于被 OCTPx、OCTNx（悬空、上拉、下拉、推挽）编程的驱动器的特性和被 OCPOLx 编程的输出端极性。收发器的输入/输出控制逻辑如图 6-23 所示。

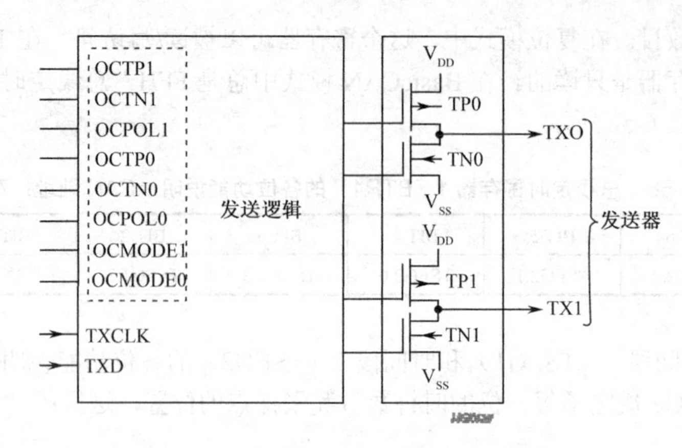

图 6-23　收发器的输入/输出控制逻辑

时钟输出模式：TX0 引脚在这个模式中和正常模式中是相同的。但是 TX1 上的数据流被发送时钟（TXCLK）代替了。发送时钟（不翻转的）上升沿标志着一位的开始。时钟脉冲宽度是 $1\times t_{SCI}$。

双相输出模式：相对于正常输出模式，这里的位代表着时间的变化和触发。如果总线控制器被发送器从总线上通电退耦，则位流不允许含有直流元件。在隐性位无效（悬空）期间，支配位轮流使用 TX0 或 TX1 电平发送。

测试输出模式：在测试输出模式中 RX 上的电平在下一个系统时钟的上升沿映射到 TXn 上，系统时钟 $f_{OSC}/2$ 与输出控制寄存器中定义的极性一致。表 6-62 显示了输出控制寄存器的位和输出引脚 TX0 和 TX1 的关系。

表 6-62　输出引脚配置

驱动	TXD	OCTPX	OCTNX	OCPOLX	TPX[2]	TNX[3]	TXX[4]
悬空	X	0	O	X	关	关	悬空
上拉	0	0	1	0	关	开	低
	1	0	1	0	关	关	悬空
	0	0	1	1	关	关	悬空
	1	0	1	1	关	开	低
下拉	0	1	0	0	关	关	悬空
	1	1	0	0	开	关	高
	0	1	0	1	开	关	高
	1	1	0	1	关	关	悬空
上拉	0	1	1	0	关	开	低
	1	1	1	0	开	关	高
	0	1	1	1	开	关	高
	1	1	1	1	关	开	低

注：1. X=不影响。

2. TPX 是片内输出发送器 X，连接 VDD。

3. TNX 是片内输出发送器 X，连接 VSS。

4. TXX 是在引脚 TX0 或 TX1 上的串行输出电平。当 TXD=0 和 TXD 连续是 1 时 CAN 总线上的输出电平必须是本地的。位序列（TXD）通过 TX0 和 TX1 发送。输出驱动引脚上的电平取决于被 OCTPX、OCTNX（悬空、上拉、下拉、推挽）编程的驱动器的特性和被 OCPOLX 编程的输出端极性。

时钟分频寄存器 CDR：时钟分频寄存器为微控制器控制 CLKOUT 的频率以及屏蔽 CLKOUT 引脚。而且它还控制着 TX1 上的专用接收中断脉冲、接收比较通道和 BasicCAN 模式与 PeliCAN 模式的选择。硬件复位后寄存器的默认状态是 Motorola 模式（00000101，12 分频）和 Intel 模式（00000000，2 分频）。时钟分频寄存器（CDR）的各位功能说明，如表 6-63 所示。

软件复位（复位请求/复位模式）时，此寄存器不受影响。保留位（CDR.4）总是 0。应用软件总是向此位写 0 以与将来可能使用此位的特性兼容。

表 6-63　时钟分频寄存器（CDR）的各位功能说明（CAN 地址：31）

BIT 7	BIT 6	BIT 5	BIT 4	BIT 3	BIT 2	BIT 1	BIT 0
CAN 模式	CBP	RXINTEN	(0)[1]	关闭时钟	CD.2	CD.1	CD.0

注：此位不能被写读值总为 0。

CD.2-CD.0：复位模式和工作模式中一样，CD.2-CD.0 是可以无限制访问的。这些位是用来定义外部 CLKOUT 引脚上的频率的。可选频率一览表如表 6-64 所示。

表 6-64　CLKOUT 频率选择

CD.2	CD.1	CD.0	时钟频率
0	0	0	$f$osc/2
0	0	1	$f$osc/4
0	1	0	$f$osc/6
0	1	1	$f$osc/8
1	0	0	$f$osc/10
1	0	1	$f$osc/12
1	1	0	$f$osc/14
1	1	1	$f$osc

注：f_{OSC}是外部振荡器 XTAL 频率。

时钟关闭：设置这一位可禁能 SJA1000 的外部 CLKOUT 引脚。只有在复位模式中才可以写访问。如果置位此位，CLKOUT 引脚在睡眠模式中是低电平而其他情况下是高电平。

RXINTEN：此位允许 TX1 输出用来做专用接收中断输出。当一条已接收的信息成功地通过验收滤波器，一位时间长度的接收中断脉冲就会在 TX1 引脚输出（帧的最后一位期间）。发送输出阶段应该工作在正常输出模式。极性和输出驱动可以通过输出控制寄存器编程，复位模式中只能写访问。

CBP：复位模式时置位 CDR.6 可以中止 CAN 输入比较器。这主要用于 SJA1000 外接发送接收电路时。此时内部延时被减少，这将会导致总线长度最大可能值的增加。如果 CBP 被置位，只有 RX0 被激活。没有被使用的 RX1 输入应被连接到一个确定的电平（如 V_{SS}）。

CAN 模式：CDR.7 定义了 CAN 模式。如果 CDR.7 是 0，CAN 控制器工作于 BasicCAN 模式；否则 CAN 控制器工作于 PeliCAN 模式。只有在复位模式中是可以写的。

6.3.2 带有 CAN 总线接口的微控制器及 I/O 器件

1. 8 位微控制器 P8XC592

P8XC592 是适用于自动和通用工业领域的高性能 8 位微控制器。它与 8XC552 微控制器的不同之处是：CAN 总线取代了原 I^2C 总线；在片程序存储器扩展至 16KB；增加了 256 字节内部 RAM，并在 CAN 发送 / 接收缓存器与内部 RAM 之间建立了 DMA；为便于访问 CAN 发送 / 接收缓存器，在内部专用寄存器块中增加了 4 个特殊功能寄存器。P8XC592 中 CPU 与 CAN 控制器之间的接口如图 6-24 所示。

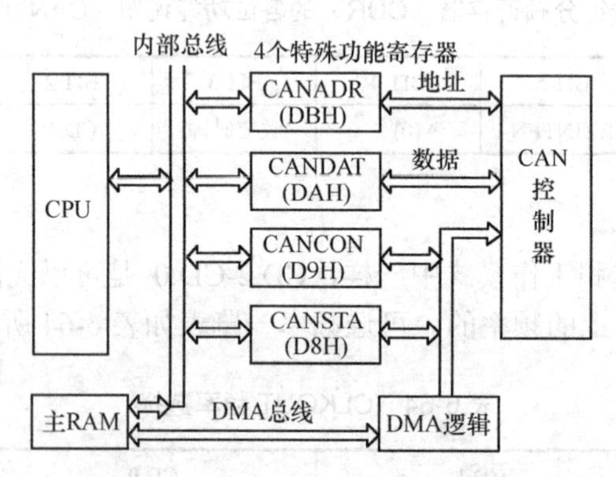

图 6-24 CPU 与 DMA 控制器接口

CPU 通过 4 个特殊功能寄存器 CANADR、CANDAT、CANCON 和 CANSTA 可以访问 CAN 控制器，也可以访问 DMA 逻辑。4 个寄存器的功能列于表 6-65 中。注意，CANCON 和 CANSTA 在读和写访问时对应不同的物理单元。

表 6-65 4 个特殊功能寄存器

SFR	地址	读/写	D7	D6	D5	D4	D3	D2	D1	D0
CANADR	DBH	RW	DMA	—	自动增量	CANA4	CANA3	CANA2	CANA1	CANA0
CANDAT	DAH	RW	CAND7	CAND6	CAND	CAND	CAND3	CAND2	CAND1	CAND0
CANCON	D9H	R	—	—	—	唤醒中断	超载中断	出错中断	发送中断	接收中断
		W	RX0 激活	RX1 激活	唤醒方式	睡眠	清除超载	释放接收缓存器	夭折发送	发送请求
CANSTA	D8H	R	总线状态	错误状态	发送状态	接收状态	发送完成状态	发送缓存访问	数据超载	接收缓存状态
		W	RAMA7	RAMA6	RAMA5	RAMA4	RAMA3	RAMA2	RAMA1	RAMA0

CANADR 的最低 5 位确定通过 CANDAT 被访问的 CAN 控制器的一个内部寄存器地址。CANADR 还通过 CANADR.5 位控制自动地址增量方式及通过 CANADR.7 位（DMA）控制 DMA。CANADR 是作为读 / 写寄存器执行的。

特殊功能寄存器 CANDAT 是作为被 CANADR 选择的对应 CAN 控制器内部寄存器的一个口出现的。读或写 CANDAT 是对被 CANADR 选择的 CAN 控制器内部寄存器的一次有效访问。

CANCON 是作为读 / 写寄存器执行的。当读 CANCON 时，CAN 控制器中的中断寄存器被访问；写 CANCON 则是对命令寄存器的访问。

CANSTA 是作为可位寻址的读 / 写寄存器执行的。读 CANSTA 是对 CAN 控制器的状态寄存器访问；写 CANSTA 是为后续的 DMA 传输设置一个在片主 RAM 的地址。

CANADR 具有自动地址增量功能。借助自动地址增量方式可提供 CAN 控制器内部寄存器的类似快速堆栈的读写操作。若 CANADR.5 位为高，则对 CANDAT 的任何读或写操作后，CANADR 的内容自动加 1。例如，为传送一个报文至发送缓存器，可将 ZAH 写入 CANADR，然后将报文逐个字节地送入 CANDAT。当增量 CANADR 超出 XX111111B 时，将自动复位 CANADR.5 位以停止地址增量。

DMA 逻辑允许用户在最多两个指令周期内，在 CAN 控制器和主 RAM 之间传送一个完整的报文（最多 10 个字节）；在一个指令周期内最多可传送 4 个字节。CPU 功能的极大增强的原因是由于高速传送是在后台完成的。

DMA 传送首先将 RAM 地址（0～FFH）写入 CANSTA，然后，置 TX 缓存器或 RX 缓存器地址入 CANADR，并同时将 CANADR.7（DMA）位置位；RAM 地址指向被传送第一个字节的位置，置位 DMA 位引起数据长度码自动定值，然后进行传送。对于 TX-DMA 传送，数据长度码被期望处于“RAM 地址+1”的位置。

为对 TX-DMA 传送编程，必须将数值 SAH（地址 10）写入 CANADR，然后，由 2 字节描述行和 0～8 字节数据组成完整报文，由“RAM 地址”位置开始被传到 TX 缓存器。

RX-DMA 传送十分灵活，通过将 94H（地址 20）直至 9DH（地址 29）范围内的任一数值写入 CANADR，整个或一部分接收报文由指定地址开始被传送至内部数据存储器。

一次成功的 DMA 传送后 DMA 位被复位。DMA 传送期间，CPU 可以处理下一条指令，但不允许对特殊功能寄存器 CANADR、CANDAT、CANCON 和 CANSTA 的访问。置位 DMA 位后，各个中断均被禁止，直至传送结束。请注意，不适当的编程可能导致中断响应时间最高达 10 个指令周期。在置位 DMA 位后，直接使用两条连续的单周期指令可以使中断响应时间达到最短。复位状态期间（复位请求位为高），不能进行 DMA 传送。

2．16 位微控制器 87C196CA 化 B 及 P51XA-C3

87C196CA/B 是 Intel MCS 96 微控制器系列的一个新成员，它扩展了许多有用的在片外设及存储器，并通过集成支持 CAN 2.0B 规范的高速串行总线而支持联网应用。

87C196CB 具有高的存储器密度：56KB 在片 EPROM，1.5KB 在片寄存器 RAM 和 512 位附加 RAM（代码 RAM），具有 1MB 线性地址空间。它支持高速串行通信协议 CAN2.0B，采用与 82527CAN 控制器相似的面向通信目标的结构，具有 8 字节数据长度的 15 个报文目标；具有可编程 S/H 的 8 通道 10 位 A / D 转换器，转换时间小于 20μs（20MHz 时）；具有双向 16 位波特率产生器的异步 / 同步串行 I/O 口，一个带有全双工主从收发器的同步串行 I/O 口；具有预分频级联与 90 度相移功能的定时 / 计数器；具有捕获和比较（称为 EPA——Event Prooesor Array）的 200μs 分辨率和双缓存输入的 10 个模块化的多路转换高速 I/O 和可执行的几个通道方式，包括单个或成组地由任何存储器位置至其他位置的块传送；具有可编程的外设收发服务（Peripheral Transaction Server，PTS）的高级优先权中断结构。PWM 用于同 EPA 连接的 PWM 翻转方式和 A/D 扫描方式。

87C196CA 是 87C196CB 的一个子集，具有 32KB 在片 EPROM，1KB 在片寄存器 RAM 和 256B 代码 RAM，口线及在片外设也有所精简。87C196CA/CB 的主要性能如下：

- 高性能的 20MHz、16 位 CHMOS CPU；
- 寄存器-寄存器结构；

- 56KB 在片 EPROM；
- 1.5KB 在片寄存器 RAM；
- 512B 附加 RAM（代码 RAM）；
- 具有 1MB 线性地址空间；
- 支持高速串行通信协议 CAN 2.0B；
- 具有 8 字节数据长度的 15 个报文目标；
- 具有可编程 S/H 的 8 通道 10 位 A / D；
- 38 优先级中断；
- 7 个 8 位 I/O 口；
- 具有双向 16 位波特率产生器的异步 / 同步串行 I/O 口；
- 带有全双工主 / 从收发器的同步串行 I/O 口；
- 处理器间进行通信的从口；
- 用于灵活接口的可选择总线定时方式；
- 振荡器故障检测电路；
- 两个灵活的 16 位定时 / 计数器；
- 两个双向 16 位高速比较寄存器；
- 用于捕获和比较的多路转换高速 I/O；
- 可编程的外设收发服务；
- 灵活的可编程 8 / 16 位外部总线；
- 可编程总线（HLD / HLDA）；
- 1.4μs 16×16 位乘及 2.4μs 32 / 16 位除。

P51XA-C3 是 Philps 80C51XA 系列产品中的最新派生产品之一，是一种极适应于汽车及工业应用的 16 位单片微控制器，其指令系统可兼容原 80C51 指令。

XA-C3 符合 CAN2.0B 协议要求，可 1Mbps 数据速率下支持 11 位和 29 位标识符。

XA 增强型结构支持 80C51 应用广泛的位操作功能，同时支持多任务操作系统和 C 高级语言。XA 增强结构的速度为 80C51 的 10～100 倍，可为设计者提供一个有效的真正高性能嵌入控制的简便途径，同时也为特殊需要的适配软件保持最大的灵活性。

XA-C3 的主要功能包括：

- 2.7～5.5V 宽电压范围工作；
- 1024B 在片数据 RAM；
- 32KB 在片 EPROM / ROM 程序存储器；
- 带有增强功能，具有输出端的三个标准计数器 / 定时器；
- CAN 模块支持 CAN2.0B，可达 1MHz 速率；
- 监视跟踪定时器（WDT）；
- 一个 UART；
- 低电压检测；
- 具有 4 种可编程输出配置的三个 8 位 I/O 口；
- EPROM / OTP 版本可在线编程；
- 当电源电压为 4.5～5.5V 时，可工作于 25MHz；2.7～3.6V 时，可工作于 16MHz；
- 40 引脚 DIP，44 引脚 PLCC 和 44 引脚 QFP 封装形式。

3. CAN 总线 I/O 器件 82C150

82C150 是一种具有 CAN 总线接口的模拟和数字 I/O 器件，它为提高微控制器 I/O 能力和降低线路数量和复杂性提供了一种廉价、高效的方法，可广泛应用于机电领域、自动化仪表及通用工业应用中的传感器、执行器接口。82C150 的主要功能包括以下几个方面。

（1）CAN 接口功能

- 符合具有严格的位定时的 CAN 技术规范 2.0A 和 2.0B；
- 全集成内部时钟振荡器（不需要晶振），位速率为 20k～125kbps；
- 具有位速率自动检测和校正功能；
- 有 4 个可编程标识符位，在一个 CAN 总线系统上最多可连接 16 个 82C150；
- 支持总线故障自动恢复；
- 具有通过 CAN 总线唤醒功能的睡眠方式；
- 带有 CAN 总线差分输入比较器和输出驱动器。

（2）I / O 功能

- 16 条可配置的数字及模拟 I/O 口线；
- 每条 I/O 口线均可通过 CAN 总线单独配置，包括 I/O 方向、口模式和输入跳变的检测功能；
- 在用作数字输入时，可设置为由输入端变化而引起 CAN 报文自动发送；
- 两个分辨率为 10 位的准模拟量（分配脉冲调制 PDM）输出；
- 具有 6 路模拟输入通道的 10 位 A/D 转换器；
- 两个通用比较器。

（3）工作特性

- 电源电压为 5V±4%，典型电源电流为 20mA；
- 工作温度范围为-40～+125℃；
- 采用 28 脚小型表面封装。

4. CAN 总线收发接口电路 82C250

82C250 是 CAN 控制器与物理总线之间的接口。器件可以提供对总线的差动发送和接收功能。82C250 的主要特性如下：

- 与 ISO / DIS 11898 标准全兼容；
- 高速性（最高可达 1Mbps）；
- 具有抗汽车环境下的瞬间干扰，保护总线能力；
- 降低射频干扰的斜率控制；
- 热保护；
- 总线与电源及地之间的短路保护；
- 低电流待机方式；
- 掉电自动关闭输出；
- 可支持多达 110 个节点相连接。

82C250 的功能框图如图 6-25 所示，其基本性能参数如表 6-66 所示。

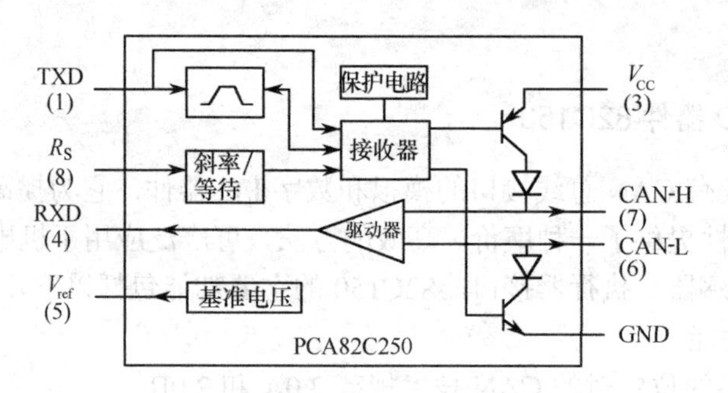

图 6-25　82C250 的功能框图

表 6-66　82C250 基本性能数据

符号	参　数	条 件	最小值	典型值	最大值	单位
V_{cc}	电源电压	NRZ	4．5	−2	55	V
I_{cc}	电源电流		—	—	170	mA
$1/t_{cc}$	发送速率最大值		1	—	—	Mb
V_{CAN}	CANH，CANL 输入 / 输出电压		−8	−2	+18	V
ΔV	差动总线电压		1.5	—	3.0	V
γ_d	传播延迟	高速模式	—	—	50	ns
T_{amb}	工作环境温度		−40	—	+125	℃

82C250 驱动电路内部具有限流电路，可防止发送输出级对电源、地或负载短路。虽然短路出现时功耗增加，但不致使输出级损坏。

若结温超过大约 160℃时，两个发送器输出端极限电流将减小，由于发送器是功耗的主要部分，因而限制了芯片的温升。器件的所有其他部分将继续工作。82C250 采用双线差分驱动，有助于抑制汽车等恶劣电气环境下的瞬变干扰。

引脚 R_S（8）可用于选择三种不同的工作方式：高速、斜率控制和待机，如表 6-67 所示。

表 6-67　R_S 端选择的三种不同的工作方式

R_S 提供条件	工作方式	R_S 上的电压或电流
$V_{Rs}>0.75V$	待机方式	$I_{Rs}<10\mu A$
$10\mu A<I_{Rs}<200\mu A$	斜率控制	$0.4V_{cc}<V_{Rs}<0.6V_{cc}$
$V_{Rs}>0.3V$	高速方式	$R_s<500PA$

在高速工作方式下，发送器输出晶体管以尽可能快的速度启闭，在这种方式下不采取任何措施限制上升和下降频率，此时，建议采用屏蔽电缆以避免射频干扰问题的出现。通过将引脚 8 接地可选择高速工作方式。

对于较低速度或较短总线长度，可用非屏蔽双绞线或平行线作总线。为降低射频干扰，应限制上升和下降斜率。上升和下降斜率可通过由引脚 8 至地连接的电阻进行控制。斜率正比于引脚 8 上的电流输出。

若引脚 8 接高电平，则电路进入低电平待机方式，在这种方式下，发送器被关闭，而接收器转至低电流。若检测到显性位，RXD 将转至低电平，微控制器应通过引脚 8 将收发器变为正常方式对此条件做出反应。由于在待机方式下，接收器是慢速的，因此，第一个报文将被丢失。82C250 真值表如表 6-68 所示。

表 6-68　82C250 真值表

电源	TXD	CANH	CANL	总线状态	RXD
4.5～5.5V	0	高电平	高电平	显性	0
4.5～5.5V	1（或悬浮）	悬浮状态	悬浮状态	隐性	1
＜2V（未加电）	×	悬浮状态	悬浮状态	隐性	×
2V＜V_{cc}＜4.5V	＞0.75V_{cc}	悬浮状态	悬浮状态	隐性	×
2V＜V_{cc}＜4.5V	×	若 V_{Rs}＞0.75V 则悬浮	若 V_{Rs}＞0.75V 则悬浮	隐性	×

对于 CAN 控制器及带有 CAN 总线接口的器件，82C250 并不是必须使用的器件，因为多数 CAN 控制器均具有配置灵活的收发接口，并允许总线故障，只是驱动能力一般只允许 20～30 个节点连接在一条总线上。而 82C250 支持多达 110 个节点，并能以 1Mbps 的速率工作于恶劣电气环境下。

利用 82C250 还可方便地在 CAN 控制器与收发器之间建立光电隔离，以实现总线上各节点间的电气隔离。

除双绞线外，利用光电转换接口器件及星形光纤耦合器，还可以建立光纤介质的 CAN 总线通信系统。此时，光纤中有光表示显位，无光表示隐位。

利用 CAN 控制器（如 82C200）的双相位输出方式，通过设计适当的接口电路，也不难实现人们希望的电源线与 CAN 通信线的复用。另外，CAN 协议中卓越的错误检出及自动重发功能给我们建立高效的基于电力线载波或无线电介质（这类介质往往存在较强的干扰）的 CAN 通信系统提供了方便，且这种多机通信系统只需要一个频点。

6.4　CAN 总线的应用

6.4.1　CAN 总线的主要应用领域

在国外尤其是美国及欧洲，CAN 已经被广泛用于汽车、火车、轮船、机器人、智能楼宇、机械制造、数控机床、纺织机械、医疗器械、农用机械、液压传动、消防管理、传感器、自动化仪表等领域。

1．大型仪器设备

大型仪器设备是一种按照一定步骤对多种信息进行采集、处理、控制、输出等操作的复杂系统。过去，这类仪器设备的电子系统往往在结构和成本方面占据相当大的部分，而且可靠性不高。采用 CAN 总线技术后，在这方面有了明显改观。

CT 断层扫描仪是现代医学上用于疾病诊断的有效工具。在 CT 中有各种复杂的功能单元，如 X 光发生器、X 光接收器、扫描控制单元、旋转控制单元、水平垂直运动控制单元、操作台及显示器以及中央计算机等，这些功能单元之间需要进行大量的数据交换。为保证 CT 可靠工作，对数据通信有如下要求：

- 功能块之间可随意进行数据交换，这要求通信网具有多种性质；
- 通信应能以广播方式进行，以便发布同步命令或故障告警；
- 简单经济的硬件接口，通信线应尽量少，并能通过滑环进行信号传输；

- 抗干扰能力强，因为 X 射线管可在瞬时发出高能量，产生很强的干扰信号；
- 可靠性高，能自动进行故障识别并自动恢复。

以上这些要求在长时间内未能很好解决，直至 CAN 总线技术出现才提供了一个较好的解决方法。例如，Siemens 公司生产的 CT 断层扫描仪，采用 CAN 总线改善了该设备的性能。

2．在传感器技术及数据采集系统中的应用

测控系统中离不开传感器，由于各类传感器的工作原理不同，其最终输出的电量形式也各不相同，为了便于系统连接，通常要将传感器的输出变换成标准电压或电流信号。即便是这样，在与计算机相连时，还必须增加 A/D 环节。如果传感器能以数字量形式输出，就可方便地与计算机直接相连，从而简化了系统结构，提高了精度。将这种传感器与计算机相连的总线可称之为传感器总线。例如，MTS 公司展示了其第一代带有 CAN 总线接口的磁致伸缩长度测量传感器，该传感器已被用于以 CAN 总线为基础的控制系统中。此外，一些厂商还提供了带有 CAN 总线接口的数据采集系统 RD 电子公司提供了一种数据采集系统 CAN-MDE，可以直接通过 CAN 总线与传感器相连，系统可以由汽车内部的电源（6～24V）供电，并有掉电保护功能。MTE 公司推出带有 CAN 总线接口的四通道数据采集系统 CCC4，每通道采样频率为 16MHz，可存储 2MB 数据。A / D 转换为 14 位，通过 CAN 总线可将采样通道扩展到 256 个，并可与带有 CAN 总线接口的 PC 进行数据交换。

3．在工业控制中的应用

CAN 的许多特点，如 CAN 网络上任何一节点均可作为主节点主动地与其他节点交换数据，使其成为诸多工业测控领域中优先选择的现场总线之一。在广泛的工业领域，CAN 总线可作为现场设备级的通信总线，并且与其他的总线相比，具有很高的可靠性和性能价格比。

例如，瑞士某公司开发的轴控制系统 ACS-E 就带有 CAN 接口。该系统可作为工业控制网络中的一个从站，用于控制机床、机器人等。通过 CAN 总线与上位机通信，且可通过 CAN 总线对数字式伺服电机进行控制。通过 CAN 总线最多可连接 6 台数字式伺服电机。

6.4.2 CAN 总线的应用

下面以 CAN 总线系统智能节点设计为例进行介绍。

（1）硬件电路设计

采用 89C51 作为节点的微处理器，并在 CAN 通行接口中采用 Philips 公司的 SJA1000 和 82C250 芯片。SJA1000 是独立 CAN 通信控制器，82C250 为高性能 CAN 总线，如图 6-26 所示为 CAN 总线系统智能节点硬件电路原理图。从图中可以看出电路主要由四部分所构成：微控制器 89C51、独立 CAN 通信控制器 SJA1000、CAN 总线收发器 82C250 和高速光电耦合器 6N137。89C51 负责 SJA1000 的初始化，通过控制 SJA1000 实现数据的接收和发送等通信任务。

SJA1000 的 AD0～AD7 连接到 89C51 的 P0 口，$\overline{\text{CS}}$连接到 89C51 的 P2.0，P2.0 为 0 的 CPU 片外存储器地址可选中 SJA1000，CPU 通过这些地址可对 SJA1000 执行相应的读写操作。SJA1000 的 $\overline{\text{RD}}$ 、$\overline{\text{WR}}$ 、ALE 分别与 89C51 的对应引脚相连，$\overline{\text{INT}}$ 接 89C51 的 $\overline{\text{INT0}}$，89C51 也可通过中断方式访问 SJA1000。

为了增强 CAN 总线节点的抗干扰能力，SJA1000 的 TX0 和 RX0 并不是直接与 82C250 的 TXD 和 RXD 相连，而是通过高速光耦 6N137 后与 82C250 相连，这样就很好地实现了总线上各 CAN 节点间的电气隔离。不过应该特别说明的一点是光耦部分电路所采用的两个电源 V_{CC}

和 V_{DD} 必须完全隔离，否则采用光耦也就失去了意义。电源的完全隔离可采用小功率电源隔离模块或带多 5V 隔离输出的开关电源模块实现。这些部分虽然增加了节点的复杂性，但是却提高了节点的稳定性和安全性。

82C250 与 CAN 总线的接口部分也采用了一定的安全和抗干扰措施。82C250 的 CANH 和 CANL 引脚各自通过一个 5Ω的电阻与 CAN 总线相连，电阻可起到一定的限流作用，保护 82C250 免受过流的冲击。CANH 和 CANL 与地之间并联了两个 30PF 的小电容，可以起到滤除总线上的高频干扰和一定的防电磁辐射的能力。另外在两根 CAN 总线接入端与地之间分别反接了一个保护二极管，当 CAN 总线有较高的负电压时，通过二极管的短路可起到一定的过压保护作用。82C250 的 R_s 脚上接有一个斜率电阻，电阻大小根据总线通信速度适当调整，一般为 16k～140kΩ。

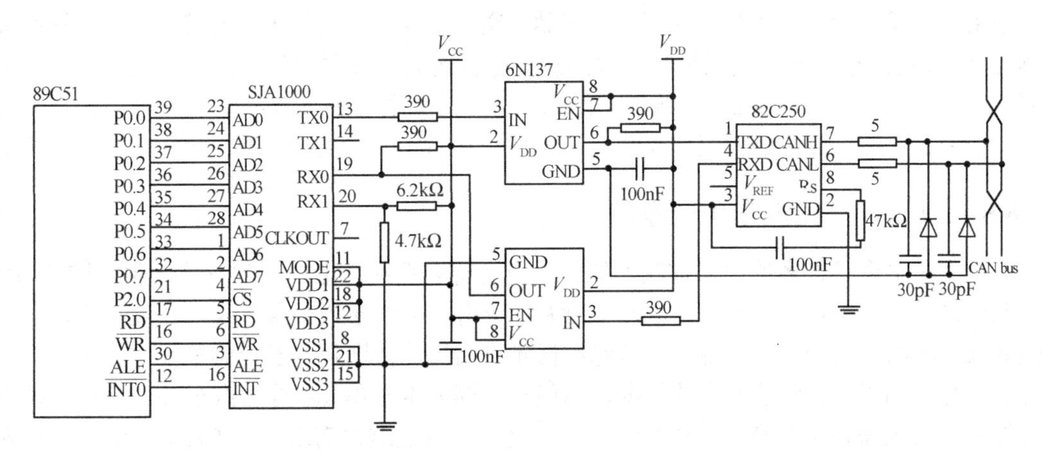

图 6-26　CAN 总线系统智能节点硬件电路

（2）CAN 总线系统智能节点软件设计

CAN 总线节点的软件设计主要包括三大部分：CAN 节点初始化、报文发送和报文接收。熟悉这三部分程序的设计就能编写出利用 CAN 总线进行通信的一般应用程序。当然要将 CAN 总线应用于通信任务比较复杂的系统中，还需详细了解有关 CAN 总线错误处理、总线脱离处理、接收滤波处理、波特率参数设置和自动检测以及 CAN 总线通信距离和节点数的计算等方面的内容。

① 初始化子程序。SJA1000 的初始化只有在复位模式下才可以进行。初始化主要包括工作方式的设置、接收滤波方式的设置、接收屏蔽寄存器（AMR）和接收代码寄存器（ACR）的设置、波特率参数设置和中断允许寄存器（IER）的设置等。在完成 SJA1000 的初始化设置以后，SJA1000 就可以回到工作状态进行正常的通信任务。

② 发送子程序。发送子程序负责节点报文的发送。发送时用户只需将待发送的数据按特定格式组合成一帧报文，送 SJA1000 发送缓存区中，然后启动 SJA1000 发送即可。当然在往 SJA1000 发送缓存区送报文之前，必须先做一些判断（如下文程序所示）。发送程序分发送远程帧和数据帧两种，远程帧无数据场。

③ 查询方式接收子程序。接收子程序负责节点报文的接收以及其他情况处理接收子程序，比发送子程序要复杂一些。因为在处理接收报文的过程中同时要对诸如总线脱离错误报警接收溢出等情况进行处理。SJA1000 报文的接收主要有两种方式：中断接收方式和查询接收方式。如果对通信的实时性要求不是很强建议采用查询接收方式，两种接收方式编程的思路基本相同，下面仅以查询方式接收报文为例对接收子程序做一个说明。

6.5 CAN 总线与汽车电子系统

CAN（Controller Area Network）总线是由德国博世（Bosch）公司在 20 世纪 80 年代初为解决现代汽车中众多的控制单元与测试仪器之间的数据交换而应用开发的一种串行通信协议，是一种特别适用于汽车环境的汽车局域网。现代汽车越来越多地采用电子装置控制，如发动机的定时、注油控制，加速、刹车控制（ASC）及复杂的抗锁定刹车系统（ABS）等。由于这些控制需检测及交换大量数据，采用硬接信号线的方式不但烦琐、昂贵，而且难以解决问题，采用 CAN 总线可以使上述问题得到很好的解决。目前，在汽车设计领域中，CAN 几乎成了一种必须采用的技术手段，尤其是在欧洲，如奔驰、宝马、大众、沃尔沃、雷诺、保时捷等都采用 CAN 总线实现汽车内部控制系统与各检测和执行机构间的数据通信。此外，美国汽车厂也将控制器联网系统逐步由 Class2 过渡到 CAN。CAN 国际标准只定义了物理层和数据链路层，实际应用中，一些厂家和公司又定义了相应的应用层规范，使 CAN 的应用更加广泛和可靠。

6.5.1 CAN 总线汽车电子系统

电动汽车融合了许多的电子控制系统，如电池管理系统、电机控制系统、驱动控制系统、再生制动系统及 ABS 系统等。电子设备的大量应用，必然导致车身布线增长且复杂、运行可靠性降低、线路上的功率损耗加大、故障维修难度增大。特别是电子控制单元的大量引入，为了提高信号的利用率，要求大批的数据信息能在不同的电子单元共享，汽车综合控制系统中大量的控制信号也需要实时交换，传统线束已远远不能满足这种需求。将 CAN 总线技术引入电动汽车可以克服以上缺点，具有广阔的应用前景。CAN 总线技术应用到电动汽车控制系统，并采用通用扩展单元解决电动汽车电控系统的电路设计复杂性的问题，优化组合各电控单元信息以实现充分信息共享，达到提高电动汽车控制系统性能的目的。

为了满足现代汽车有关动力性、经济性、安全性、可靠性、净化性和舒适性等方面的要求，在汽车制造业方面需要有以下的控制子系统作为技术支持：发动机控制、变速控制、巡航控制、制动控制、驱动控制、悬架控制、转向控制、照明控制、雨刷控制、空调控制、安全控制、座椅控制、门窗控制、防盗控制、音响控制、和信息综合管理等。显然，这是一个多学科的大集成，鉴于汽车制造业的特殊性，多以系统工程的概念 ，按功能模块化的零部件专业分工制作，各个厂家生产的产品及其配套的电子控制单元（ECU）部分，均为独立的控制系统，能够完成单个模块的预定控制功能，但是，各个子系统之间没有联系，ECU 之间联动关系几乎没有，信息也不能共享，如“车速 / 发动机转速”这个参数，会涉及许多模块的功能，而在传统的汽车控制系统中，限于传感器的数量，只能给几个主要模块提供该参数，多数控制子系统里只能取常规经验值来标定，由于不能获得汽车行驶时的实际数据，势必会影响到这些子系统功能的发挥，导致整车性能下降. 而采用以 CAN 总线为纽带，有机连接各个 ECU 控制单元，所组成的网络系统将能够有效地改善这种状况，由于实现了资源共享，可以突破常规的方法，对 ECU 单元的控制方程做相应的修改，避免了因控制算法缺少外部变量，导致 ECU 单元达不到最佳控制效果的遗憾，从而可以使整车达到最佳控制状态。例如，“车速/发动机转速”这个参数，哪个 ECU 模块需要，只要发出一个请求报文，即可从总线上获得，使得每个子系统都能工作在最佳状态，从而提升整车性能。因此，完善的系统设计和优秀的应用软件开发是当务之急。

CAN 总线应用于汽车电子具有布线简单、设计简化、节约铜材、降低成本的优点，具体表现如下。

（1）减少各功能模块所需的线束数量和体积。

（2）减少整车质量并降低汽车成本，具有较高的数据传输可靠性和安装便捷性，扩展了汽车功能。

（3）一些数据如车速、电机转速等能够在总线上共享，因此去除了冗余的传感器，使传感器信号线减至最少，控制单元可做到高速数据传输。

（4）可以通过增加节点来扩展功能，如果数据扩展增加新的信息，只需升级软件即可。

（5）实时监测并纠正由电磁干扰引起的传输错误，并在检测到故障后存储故障码。

目前存在的多种汽车网络标准，其侧重的功能有所不同，为方便研究和设计应用，车辆网络委员会（SAE）将汽车数据传输网划分为 A、B、C 三类。

A 类面向传感器/执行器控制的低速网络，数据传输位速率通常只有 1～10kbps。主要应用于电动门窗、座椅调节和灯光照明等控制。

B 类面向独立模块间数据共享的中速网络，位速率一般为 10～100kbps。主要应用于电子车辆信息中心、故障诊断、仪表显示和安全气囊等系统，以减少冗余的传感器和其他电子部件。

C 类面向高速、实时闭环控制的多路传输网，最高位速率可达 1Mbps，主要用于悬架控制、牵引控制、先进发动机控制和 ABS 等系统，以简化分布式控制和进一步减少车身线束。到目前为止，满足 C 类网要求的汽车控制局域网只有 CAN 协议。

现代社会对汽车的要求不断提高，这些要求包括：极高的主动安全性和被动安全性；乘坐的舒适性；驾驶与使用的便捷和人性化；尤其是低排放和低油耗的要求等。

在汽车设计中运用微处理器及其电控技术是满足这些要求的最好方法，而且已经得到了广泛的运用。目前这些系统有 ABS（防抱系统）、EBD（制动力分配系统）、EMS（发动机管理系统）、多功能数字化仪表、主动悬架、导航系统、电子防盗系统、自动空调和自动 CD 机等。

汽车电子技术发展的特点：汽车电子控制技术从单一的控制逐步发展到综合控制，如点火时刻、燃油喷射、怠速控制、排气再循环；电子技术从发动机控制扩展到汽车的各个组成部分，如制动防抱死系统、自动变速系统、信息显示系统等；从汽车本身到融入外部社会环境。

现代汽车电子技术的分类主要包括单独控制系统、集中控制系统和控制器局域网络系统。

（1）单独控制系统：由一个电子控制单元（ECU）控制一个工作装置或系统的电子控制系统，如发动机控制系统、自动变速器等。

（2）集中控制系统：由一个电子控制单元（ECU）同时控制多个工作装置或系统的电子控制系统，如汽车底盘控制系统。

（3）控制器局域网络系统（CAN 总线系统）：由多个电子控制单元（ECU）同时控制多个工作装置或系统，各控制单元（ECU）的共用信息通过总线互相传递。

一个基于 CAN 总线的汽车电器网络结构图如图 6-27 所示。

图 6-27 中标识了目前汽车上的网络的连接方式，主要采用两条 CAN：一条用于驱动系统的高速 CAN，速率达到 500kbps。主要面向实时性要求较高的控制单元，如发动机、电动机等；另一条用于车身系统的低速 CAN，速率是 100kbps。主要是针对车身控制的，如车灯、车门、车窗等信号的采集以及反馈。其特征是信号多但实时性要求低，因此实现成本要求低。

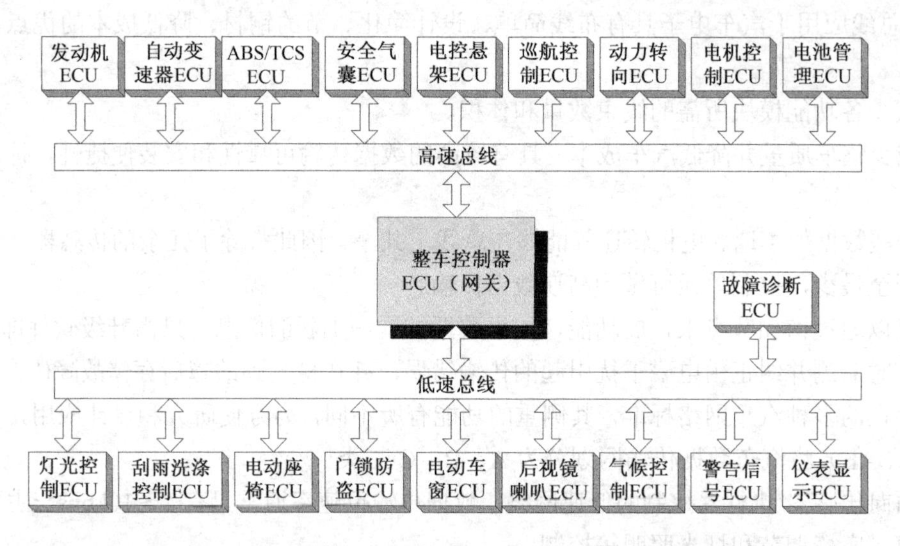

图 6-27　CAN 总线的汽车电器网络结构图

车载电子装置按照通信的数据类型和性能需求被划归为以下四类。

1．信息娱乐系统

音响、图像媒体数据流传输速率一般都在 2Mbps 以上，超出了 CAN 的带宽范围。因此，必须采用专门的多媒体总线。IDB-C 只适用于媒体数据较少、品质要求不高的低端场合。CAN 还要经历一段时期的发展，才能用于高端场合。

2．动力传动系统

对车辆行驶状况进行控制，要求实时性高。可以按照 ISO 11898、J1939 及 J2284 组建高速 CAN，实时采集所有传感器的输出信号。然后，将采集到的数据打包，定期通过 CAN 广播出去，各节点可从中滤取自己所需的信息。这一策略，能最佳地利用总线的带宽资源，使每次通话尽可能多地吞吐数据，以尽量短的广播周期，达到动态实时控制的要求。

3．车身电子系统

车身电子系统所需控制的节点数目多，且布置分散，底层设备又往往是低速电动机和开关型器件，对实时性要求不高。

可以按照 ISO11519-2、J1939 及 J2284 组建低速容错 CAN，这可以增加信息传输的距离，改善系统的抗干扰特性，并降低硬件成本。将车身电子系统和动力传动系统分开，还能进一步提高动力传动系统运行的可靠性。

4．故障诊断系统

目前，车载电子控制系统的故障诊断功能还比较简单，今后的 ECU 在线诊断系统将具备复杂的诊断功能，更加简化的链接回路，同时提高信息传送的品质。

顺应这一发展潮流，传统的诊断系统正在高速 CAN 的物理层上实现。已形成的通信协议有 ISO/DIS 15765 和 J2480 等。经过试用，它们最终也将成为汽车行业的通信标准。

上述四个部分通过 CAN 构成子网，各子网之间以网关互联，网关既是共享信息的中转枢纽，又是网络整体的管理核心，它所引发的技术问题将直接决定汽车内联网的可行性。

因为 CAN 的各种衍生标准，除在物理层有高、低速及相关电气特性之间的差别外，其余协议内容大同小异，所以整车 CAN 涉及的网关技术相对而言要简单一些。

由于车上的仪表板原本就是汇总和显示各种车辆信息的中心，只要增加高、低速 CAN 的驱动转换功能，就可以起到网关的作用，成为车辆的控制中心。

6.5.2 CAN 总线在汽车电子中的应用实例

1. 电动汽车 CAN 总线通信技术设计

在早期，CAN 总线要求与之相连的每个端口都要有独立的通信处理能力，这在汽车电气系统一直很难办到。进入 20 世纪 90 年代，由于集成电路技术和电子器件制造技术的迅速发展，用廉价的单片机实现总线的接口电路，使得采用总线技术布线的价格逐渐降低，CAN 也逐渐进入了实用化阶段。

当前各种针对汽车总线的专用接口芯片不断出现，如飞利浦半导体公司根据 CAN 规范已开发出 P8XC590 系列微控制系统，SGM 托马森公司也开发出一种以 ST9 单片机为基础的传输率为 41.6kbps 的总线系统等。

CAN 总线采用双线串行通信方式，具有优先权和仲裁功能，多个控制模块通过 CAN 接口挂到总线上，其典型的接口如图 6-28 所示。

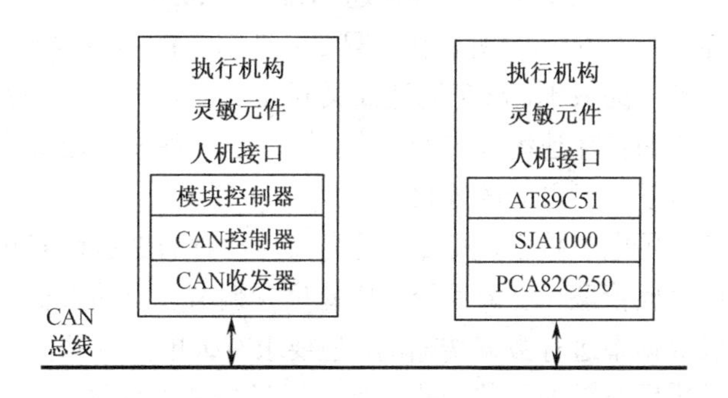

图 6-28　CAN 模块结构图

不同的电子系统各自形成总线段，各总线段之间通过网关进行连接，最终形成汽车的网络，其典型的接口如图 6-29 所示。

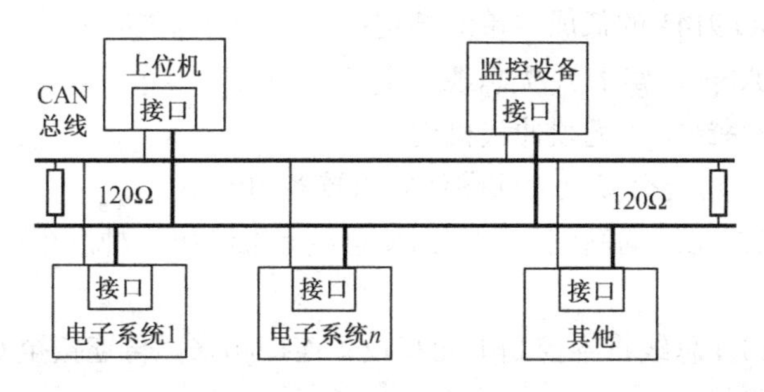

图 6-29　CAN 体系结构图

（1）汽车动力与传动系统的总线结构

汽车的动力和传动系统主要包括 EFI 控制器、ABS/ASR 控制器、SAB 控制器、ATM 控制器、组合仪表板等，所控制的对象是与汽车行驶直接相关的系统，要求与汽车的转速同步，将这些控制器连接到CAN总线上，采用C类高速的CAN总线，传输的速率达到500kbps，易于连续和高速地传输数据，实现高速的实时控制。其结构如图6-30所示。

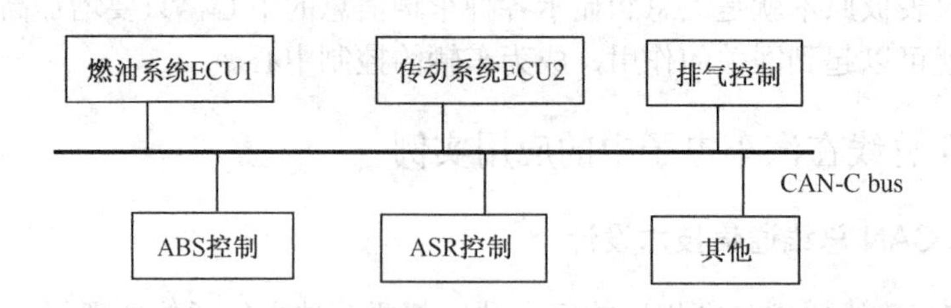

图6-30　采用C类CAN总线的汽车动力与传动系统的总线结构图

（2）汽车车身系统的总线结构

早期的汽车车身电子控制系统采用低速的B类总线，主要用于包括蓄电池、仪表盘的控制，通常用基于J1850标准的总线连接。

CAN总线也可用于车身系统的连接，但采用的是一种容错式总线，即总线内置容错功能，当两条总线中有一条出现短接至搭铁或开路时，网络可以切换至一线方式继续工作。

规范要求从两线切换至一线期间不能丢失数据位，为此其物理层芯片比动力与传动系统更复杂，运行在较低的速率下，通常采用的传输速率为125 kbps。

此类总线目前已逐渐为LIN总线所取代，只是作为各LIN次级总线的连接总线使用。

为了降低汽车总线接口的成本，汽车制造商又开发出了局部互联网络（Local Interconnect Network），即LIN。LIN的传输速率较CAN总线慢，是一种成本较低的串行通信总线，设计用于汽车车身的分布式电子单元之间的连接。

车身电子系统大量采用电子技术，其目的是提高驾驶时的舒适程度并能为驾驶员提供车况信息。这些系统包括仪表板管理、空调系统、座椅位置调节、自动天窗、车门控制装置等。这些应用系统通常是以低数据率进行数据传输的，但要求有大电流驱动模块来驱动相关的电动机和执行机构。这也涉及采用有效的封装形式，使电子设备利于散热。

根据车内设备分布情况组成一个个独立的LIN分总线，作为CAN的次级总线用于汽车中，然后通过与CAN总线的接口接入汽车网络。其接口成本较CAN低，能够作为汽车现有的总线传输协议的补充。这种开放式标准属于A类通信标准。其特点包括：

① 基于改进的ISO 9141的低成本单线结构；

② 传输速率为20kbps，属于A类总线标准；

③ 一主/多从的体系结构，无须仲裁机构；

④ 增加接点时无须对现有接点的软硬件做出较多的改动。

为此，在原有容错式总线的基础上，用LIN总线标准给出一种汽车车身系统的总线网络结构，如图6-31所示。

其特点是先通过LIN总线将各控制单元和设备连接起来，再连接至CAN-B总线上，进一步降低了系统的接口成本。

（3）汽车通信和多媒体总线结构

针对多媒体数字化技术的日益普及，世界范围内的汽车制造商已就光纤数据总线技术在汽车上的应用进行了长期的研究，以满足汽车对多媒体数字化技术应用方面的需求。

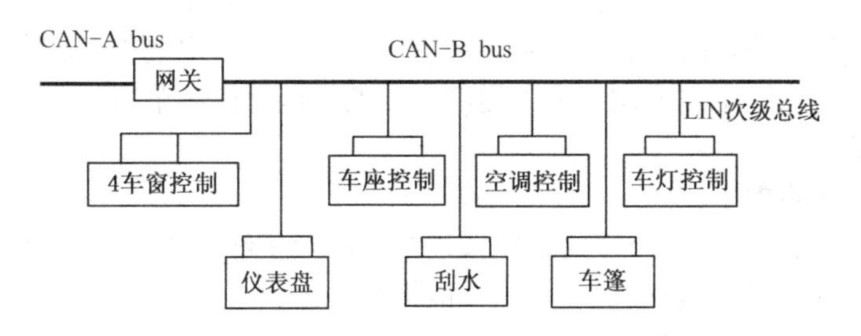

图 6-31　采用 LIN 总线的汽车车身系统连接图

为此，各大欧洲著名汽车制造商制定了称为 MOST（Media Oriented Systems Transport）的数字数据总线标准，采用塑料光纤实现 24Mbps 的传输速率；而美日方面的 1394TA 则致力于开发一种称为 1394b 的汽车多媒体总线标准。德州仪器公司（TI）率先推出了业界第一套车用 1394b 总线解决方案。1394b 以 IEEE 1394-1995 和 1394a 为基础，目的是在新型应用中普及多媒体标准规格，用来支持车内多媒体娱乐的应用，如后座娱乐和其他完整的音视频解决方案。通过一个外部接入的 1394 客户便利端口，乘客可将其最新的便携式电子终端直接插到汽车上，从而享受到娱乐或其他服务；将有助于沟通汽车和消费类电子产品之间的隔阂。

1394b 与 IEEE 1394-1995 相比，在带宽、传输速度、距离、成本和效率等都有了大幅度提高。

1394b 的主要内容如下。

① 传输速率为 800Mbps～1.6Gbps。使用塑料光纤时，其底层速率可能提高到 32 Gbps。

② 采用 CAT-5UTP5（五类非屏蔽双绞线）布线时，可在传输速率保证在 100Mbps 的前提下，将传输距离延长到 100m 以上。使用玻璃光纤时，可在 3.2Gbps 的前提下延长至 50m。

③ 支持 1394b 的 IC 门电路数量也提高到原标准的 2 倍，即 20 000 到 25 000 个。

④ 1394b 共分为 beta 和 bilingual 两种模式。bilingual 模式具有与支持 1394a 及 1394-1995 设备的下行兼容的特点。

⑤ 用户可自由增减设备，不必关机，也不会影响整个总线的通信，即支持热插拔技术。

车用的 IDB-1394 技术可在 10m 塑料光纤（POF）或非屏蔽双绞五类线（UTP5）上以 100Mbps 的速率支持 1394b 协议。IDB-1394 规范定义了汽车级物理层，包括电缆和连接器，供电方式及所有 1394 设备能与嵌入式汽车 IDB-1394 设备互操作所必需的高层协议；是 IEEE 1394-1395、1394a-2000 和 1394b 标准的补充，连接 CD 或 DVD 播放机、游戏机和计算机等，能适应这些设备的高速率要求。IDB-1394 其结构如图 6-32 所示。

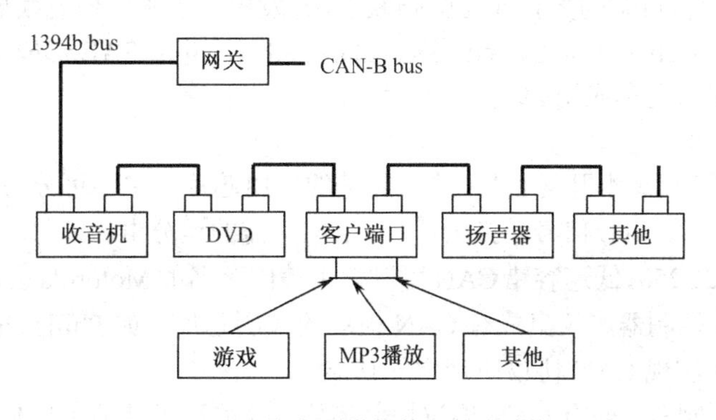

图 6-32　汽车多媒体数据总线结构

（4）车载网络系统的优点

将网络技术应用于现代汽车内部各电子系统间的连接和通信，在汽车内部形成通信网络是近年来汽车界的研发趋势。而针对汽车用各种总线标准的制定也取得了较大的进展，它有利于各种新型电气产品在汽车上的应用，大大提高汽车的性能，提高车用设备的标准化程度，缩短新车型的研发周期。

网络化汽车的优点如下。

① 采用网络式结构，只需一根通信电缆连接，减少了线束连接，减轻车体质量。

② 无须配电柜，部件数量减少，可靠性能提高。

③ 可实现实时诊断、测试和报警，实现集中显示、历史查询和自诊断等功能，使汽车具有准黑匣子功能。

④ 电气信号传递性质发生了变化，由功率型转变为“逻辑”型。

⑤ 系统的扩展性强等。

据有关统计资料介绍，传统的汽车线束长约1610m，导线连接点近300个，线束总质量约为35kg，成本超过1000美元；且走线复杂，占用较大的车内空间，制约了汽车向电子化、智能化方向的发展。改用CAN后，连线可缩短200～1000m，质量减轻9～17 kg，布线简化，可靠性和实时性显著提高。因此，近年来投放市场的CAN控制器中，80%以上都用来组建车内网络系统。

（5）应用现状

早在1992年，Mercedes-Benz公司就将CAN用于客车的发动机管理系统，并用于传递驾驶信息。随着Volvo、Saab、Audi、Volkswagen、 Fiat 、BMW和Renault等汽车制造商纷纷效仿，CAN逐步被欧洲接纳为汽车行业标准，并延伸到工业控制、航空航天、医疗器械、娱乐设备、楼宇自动化等领域。目前，欧洲绝大多数新款客车的动力传动系统和车身电子系统部分别参照ISO 11898和ISO 11519-2来进行设计。

基于CAN的故障诊断系统也在大力推进，其协议草案ISO/DIS　15765有望很快转为正式标准，届时CAN的车用规模将更加可观。在欧洲制造商的带动下，CAN也逐渐得到其他地区的认同。如过去在美国，车载网络标准在Daimler-Chrysler、Ford和GM三大汽车公司中各成体系，协议标准主要是汽车工程师协会（SAE）的J1850和J1922。但这些标准对网络各层协议的规定及工作性能与CAN相差甚远，很难被欧洲接受。因此，美国三大汽车公司已全部转向CAN，SAE也新颁布了J1939、J2411、J2284和J2480等一系列基于CAN的车用通信协议标准。亚洲地区因受美国的影响，日本的NEC、三菱和东芝等公司，已迅速发展成为CAN芯片的主要供应商，Toyota等汽车制造商甚至已开始用CAN替换原有的总线系统。Motorola、A1pine和住友等美国与日本的大企业还强强联手，开发出用于车内信息娱乐设备网的通信协议IDB-C（Intelligent Transportation Systems Data Bus-CAN），并由SAE形成标准J2366，使CAN成为目前唯一能够覆盖全车应用领域的总线系统。

（6）应用节点示例

设计CAN底层节点离不开与CAN协议相关的专用芯片，主要可分为以下几类。

① 收发器。用于将TTL信号转换为驱动CAN所需的差分电压信号，高速CAN一般采用Philips公司的PCA82C250，低速容错CAN可以使用美国著名的Motorola公司生产的MC33388。

② CAN的独立控制器。仅集成有CAN模块的控制芯片，如Philips的SJA 1000，它全部的处理器资源均用于实现CAN协议所规定的功能。

③ CAN的微控制器。嵌有CAN协议控制模块，并能用于其他工控目的的通用微控制器，如ST的ST7/9与美国Motorola的MC68HC908AZ系列等。

一般地，“CAN 微控制器＋收发器”或“通用微控制器＋CAN 独立控制器＋收发器”这样的组合，配上相应的外围电路就构成节点。它们既能承担一定的测控任务，又能收发处理协议信息，经导线连接就形成所谓的“控制器网络”。

一个车门节点完整的例子如图 6-33 所示，其 CAN 微控制器采用的是 ST725 系列的 8 位单片机。

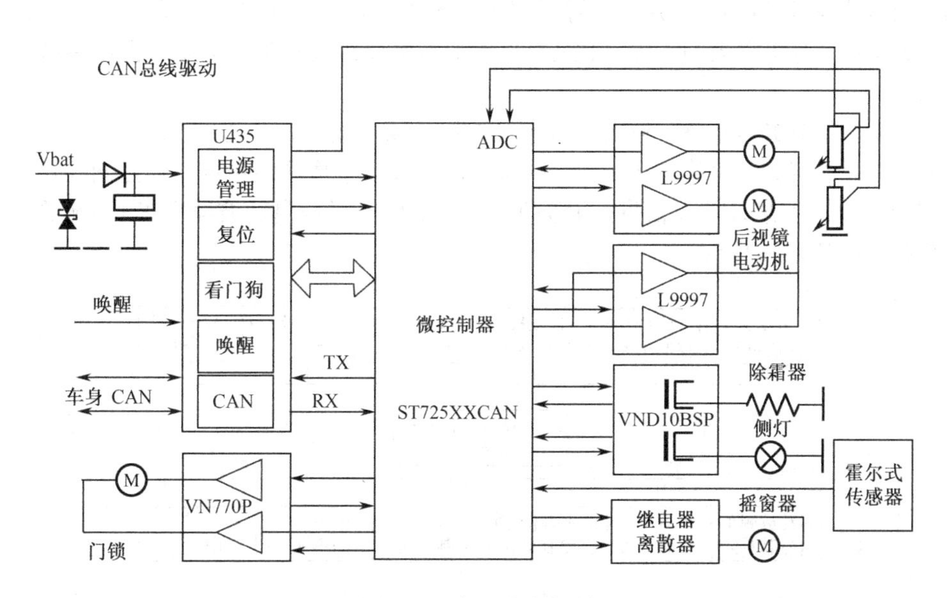

图 6-33　车门节点控制

由于控制器的功能很强，因此在一个节点中集成了多个执行器的驱动电路，用来控制驱动后视镜、车窗玻璃升降器、门锁和除霜器等。

控制车身电子系统的 CAN 大多使用 8 位控制器，动力传动和信息娱乐等高端领域则采用 16 位甚至 32 位的控制器。

网关也是一种节点，只不过同时属于遵循不同协议规范的多个网段。

汽车内联网主要有两种网关，一种是在高、低速 CAN 之间的网关，另一种是 CAN 和 LIN 之间的网关。前者如图 6-34 所示，主要由一片嵌有两个 CAN 模块的微控制器和两类收发器构成。

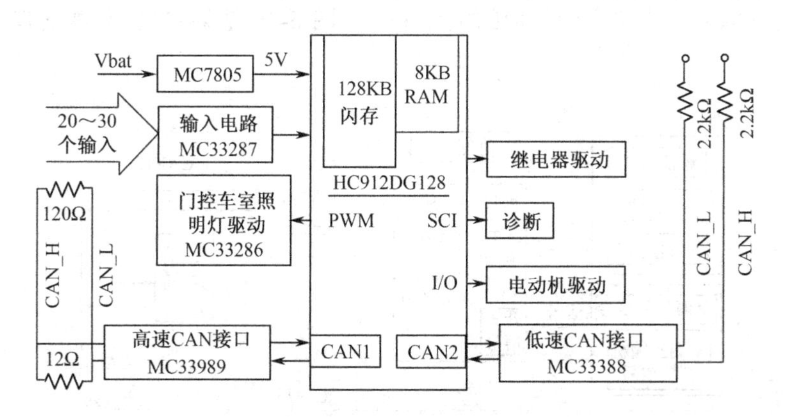

图 6-34　高低速 CAN 之间的网关

该车门控制网关采用的是 Motorola 公司 HC12 系列的单片机中带两个 MSCAN12 模块的微

控制器，从中还可以看出高、低速 CAN 之间在总线形式上的差异。

至于 CAN-LIN 网关，因为 LIN 是用串口和 LIN 收发器进行通信的，所以用一片嵌有 CAN 模块及 SCI 串口的微控制器和两种收发器便能实现，把图 6-35 中的“诊断”模块换成 LIN 的收发器就可以了。

例如，大众车系的车载网络系统即为 CAN 总线系统。该车系具有动力系统 CAN 和舒适系统 CAN 两个局域器控制网络，并且设置了网关，将这两个 CAN 连为一体就形成了车载网络系统。本节以国内保有量很大的波罗（POLO）轿车为例介绍大众车系的车载网络系统及其故障诊断方法。

2002 款波罗（POLO）轿车设有先进的 CAN 总线。该车具有动力系统 CAN 和舒适系统 CAN，并且设置了网关，将这两个 CAN 连为一体形成了车载网络系统。通过网关，可从一个 CAN 读取所接收的信息、翻译信息，并向另一个 CAN 发送信息。波罗轿车 CAN 总线的连接形式，如图 6-35 所示。

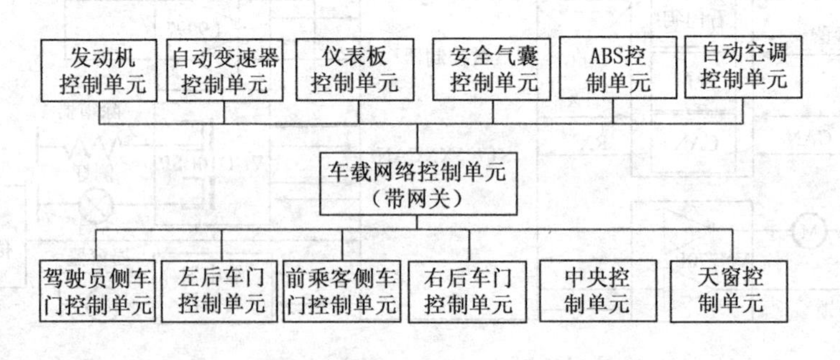

图 6-35 POLO 轿车 CAN 总线的连接形式

2. CAN 总线的汽车仪表设计方案

（1）汽车仪表盘电控单元整体结构设计

汽车仪表显示信息包含车速显示、转速显示、油量显示、水温显示、冷却液温度显示和空调开关状态显示。汽车仪表盘电控单元通过采集车辆在运行过程中的信息，如水温信号、转速信号、车速信号、燃油消耗信号、环境温度信号和空调开关信号，经调理送入微控制器（MCU）处理后，输出控制步进电机信号，并将采集的空调开关信号、环境温度值、蒸发器温度值和燃油消耗信息通过 CAN 总线传递到其他的电控单元。图 6-36 是某 CAN 总线的仪表设计方案整体结构框图。

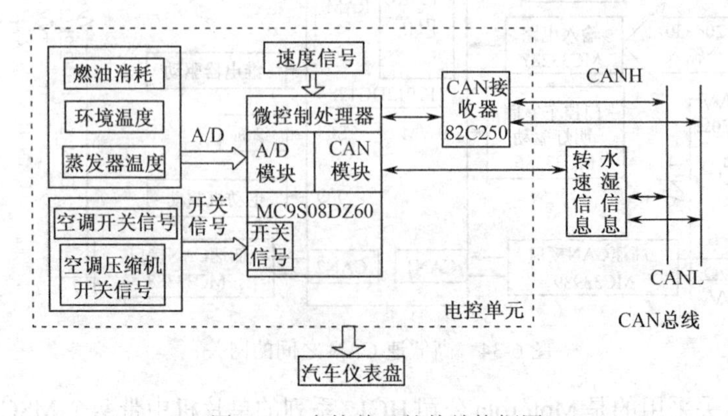

图 6-36 电控单元整体结构框图

（2）汽车仪表盘电控单元硬件电路设计

图 6-36 中由燃油消耗传感器、环境温度传感器和蒸发器温度传感器给出的燃油消耗、环境温度和蒸发器温度 3 个模拟量信号输入到 MCU 引脚上；水温、转速等信息则由车载的其他电控单元采集相应传感器的信号通过 CAN 总线传送过来；两个开关信号由普通的 I/O 口输入到 MCU 中；速度则通过计算速度传感器信号得出。汽车仪表盘电控单元由可靠性高的 Freescale 汽车级芯片 MC9S08DZ60 及外围信号采集、滤波电路模块组成，包括 A /D 信号采集模块、开关信号采集模块、脉冲信号采集模块和 CAN 通信模块。该汽车仪表盘电控单元能快速、精确地接收各种传感器信号，且显示的控制信号准确可靠并抗干扰。各模块功能如下。

① A /D 信号采集模块。燃油消耗传感器、环境温度传感器和蒸发器温度传感器的电流信号经过硬件电路的滤波，输入到 MCU 中。

② 开关信号采集模块。空调开关和空调压缩机开关的开关信号，经光耦隔离后，提高了抗干扰能力，保证了输入信号的准确。

③ 脉冲信号采集模块。速度传感器信号产生的脉冲信号经放大、调理电路后，输入到单片机的 I/O 口。

④ CAN 通信模块。该例以 MC9S08DZ60 中集成的 CAN 控制器 MSCAN08 为核心，以 Philips 公司的 CAN 总线驱动器 82C250 作为 CAN 控制器与物理总线间的接口，构成 CAN 总线通信电路，如图 6-37 所示。其中 MSCAN08 控制器使用两个 DZ60 外部引脚 Rx2CAN 和 TxCAN。PAC82C250 的斜率电阻 R_{43} 选用 0 Ω 的电阻，使其工作在高速模式下。

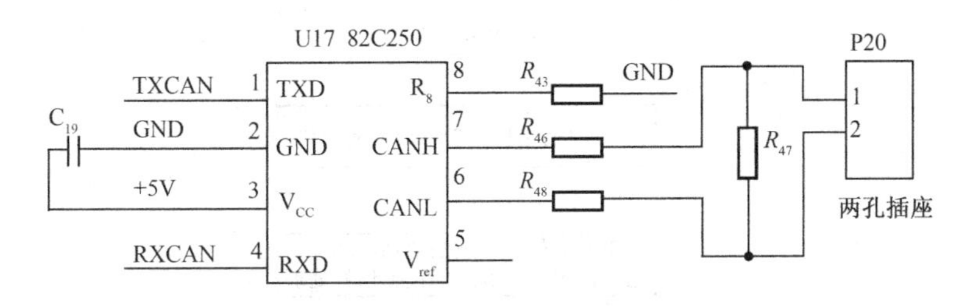

图 6-37 CAN 通信电路

（3）汽车仪表盘电控单元软件设计

汽车仪表盘电控单元作为汽车 CAN 网络系统中的一个节点，需要与汽车上其他的电控单元进行通信和数据交换。图 6-38 的框图表示发动机电控单元将发动机转速信号通过 CAN 总线传递给汽车仪表电控单元；汽车仪表电控单元将空调开关和空调压缩机开关信号通过 CAN 总线传递给空调控制单元。

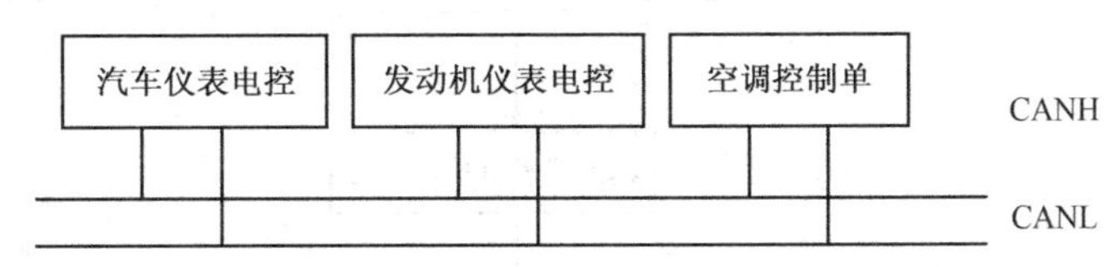

图 6-38 汽车仪表盘电控单元与车上相关电控单元通信框图

CAN 总线采用报文传输，包含数据帧、远程帧、错误帧和过载帧 4 种不同的帧格式。CAN 通信软件由初始化模块、数据发送模块和数据接收模块 3 个部分组成。

① 初始化模块。配置 MSCAN08 控制器模块初始信息，设置 CAN 通信速率、接收和验收模式。MSCAN08 控制器只有在初始化工作模式中才能配置初始信息。

② 数据发送模块。MSCAN08 控制器模块有 3 个发送缓冲区。当发送一个标准帧时，MCU 读 CANTFLG 寄存器找出空发送缓冲区，然后写 CANTBSEL 寄存器来指定使用哪个空缓冲区发送数据。接着将标识符、控制位和数据位等全部保存到指定的发送缓冲区，准备发送。

③ 数据接收模块。MSCAN08 控制器中的 5 个接收缓冲区组成一个先进先出的队列，处于队列尾的接收缓冲区 RxBG 只与 MSCAN08 控制器相关联。当 MSCAN08 控制器从 CAN 总线接收到一个帧数据后，首先将数据保存在 RxBG 缓冲区中，然后验收，最后将 RxBG 中的数据送到队列中。如果 RxBG 缓冲区中的帧数据没有通过验收，则不会送到队列中，直接被下一个帧数据覆盖。

（4）汽车仪表电控单元信号处理软件的设计

信号处理软件由初始化模块、传感器信息采集模块和数据处理模块组成。数据处理软件设计有如下要点: ①车速显示。通过车速传感器监测的汽车行驶速度信号，输入到微控制器进行处理，包括整形、计数和存储等，计算得到汽车时速，发出车速表显示控制信号。②转速显示。将来自 CAN 总线上发动机电控单元的 PWM 信号，输入到微处理器中，检测其触发脉冲的上升沿，获得发动机转速，发出转速表显示控制信号。③油量显示。油箱液位通过燃油消耗传感器经 A /D 转换器输入到微处理器，微处理器进行必要的处理，获得汽车剩余油量，发出油量表显示控制信号。④水温显示。来自 CAN 总线上的水温传感器信号输入到微处理器，发出水温表显示控制信号。⑤空调开关状态显示。电控单元接收开关量信号，显示开关状态。其程序流程如图 6-39 所示。

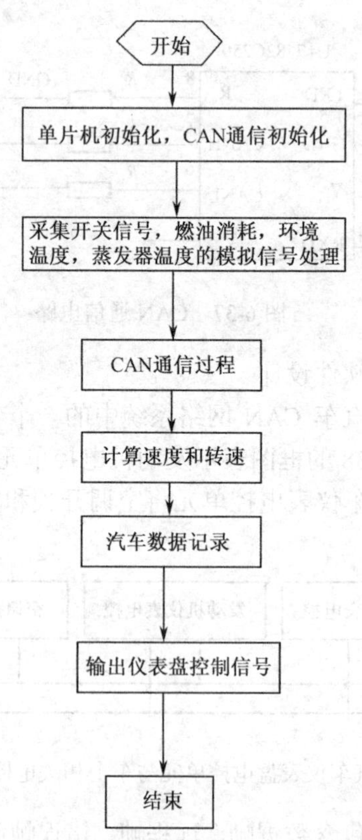

图 6-39　汽车仪表盘电控单元信号处理软件流程图

第 7 章 LonWorks 总线技术

LonWorks 网络（Local Operating Network，局部操作网络），简称 LON 网络，是美国 Echelon 公司于 20 世纪 90 年代初推出的一种现场总线技术，它是用于开发监控网络系统的一个完整的技术平台，并具有现场总线技术的一切特点。LonWorks 网络系统由智能节点组成，每个智能节点可具有多种型式的 I/O 功能，节点之间可通过不同的传输媒介进行通信，并遵守 OSI 的 7 层模型，LonWorks 技术包括监控网络的设计、开发、安装和调试等一整套方法，使用多种专用的硬件设备和软件程序。LonWorks 网络完全满足未来发展对测控网络的要求。LonWorks 主要包括以下几个方面的内容。

（1）神经元（Neuron）专用芯片。

（2）LonTalk 通信协议。

（3）LonBuilder 和 NodeBuilder 开发工具。

（4）其他系列产品：收发器、路由器、串行 LonTalk 适配器、控制模块等。

7.1 LonWorks 技术

7.1.1 LonWorks 的开放性及互操作性

LonWorks 技术具有两大优势：高性能低成本的网络接口产品，内含 3 个 CPU 的超大规模 Neuron 芯片以及固化的 LonTalk 通信协议；利用其 MIP（微处理器接口程序）软件还可以开发出各种低成本的网关。LonWorks 有很强的互连性及互操作性，利用这类性能价格比高的网关使多种网络的互联变得非常容易。利用 LonWorks 技术，工厂的设计者和系统集成者将不再担心它们的网络会变得过时，在性能、可靠性等方面，LonWorks 技术满足并超过了现场总线、设备总线、传感器总线等的要求。

7.1.2 LonWorks 网络特性

作为测控网络的 LON 网络是一个局域网，具有完整的 OSI 7 层协议。LON 与 LAN 间存在许多不同之处。

（1）LAN（Local Area Network，局域网）主要用于局部区域内计算机系统之间的相互通信；LON 主要用于小范围内各种仪器、仪表、设备之间的相互通信。

（2）LAN 需要一套中央处理机和服务器来控制和管理整个局域网络；LON 无须中央处理机和服务器即可实现各节点之间的相互通信。

（3）LAN 传输信息速率高，适宜于大数据量的传输（如文件、图像等数据信息）；LON 传输速率低，适宜于数据量较小的检测信息、状态信息和控制信息传输。

（4）LAN 结构复杂，需要专用网络电缆，成本高；LON 构成简单，可利用电力线或廉价的电缆（如双绞线）传输信息，成本低，适用于各类大中小型自动测控系统组网。

LON 和 LAN 分别适用于不同的领域，两者之间有极好的互补性。LON 具有局域网的功能，所以与异型网的兼容性好。而真正意义的网络应同时包含上层的管理网及前端的控制网，LonWorks 以其独特的技术优势，把计算机技术、网络技术、控制技术结合在一起，实现了工厂测控及组网两大任务的统一。

由于 Neuron 芯片的强大功能和低成本，使各种可直接上网的智能传感器、执行器等大量出现，系统集成者和最终用户可以从数百种现成的 LonWorks 产品中选择所需要的产品。

此外，LonWorks 还能把新老设备方便地纳入它的网络，组成一个新的控制网。LonWorks 把基层设备计算机化，用计算机测控并网接起来。同时还可提供与 LAN 的接口，从而实现了 LAN 与 LonWorks 网的有机结合。

1．通信媒介

LonWorks 不仅可以使用双绞线、同轴电缆，还可以使用光纤、无线电波、电力线以及红外光波（IR）等多种媒介。依据通信媒介的不同，具有 300bps～1.25Mbps 的数据传输率。根据需要选择不同的通信媒介，不仅可以简化网络的安装，降低系统的成本，同时还可选择不同的数据传输率以满足不同的自动化领域中不同的通信速率要求，如图 7-1 所示。

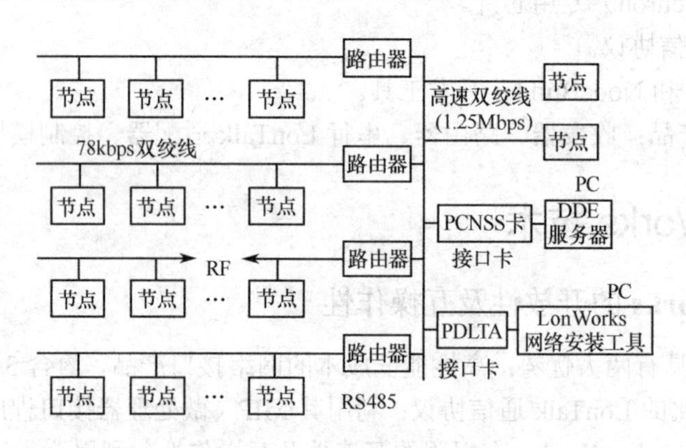

图 7-1　不同媒介、不同传输速率的网络控制系统

2．网络拓扑

LonWorks 可通过多种收发器提供各种典型的拓扑结构系统，如总线型、星型、环型、混合型等，这就为网络的安装提供了极大的方便。

3．可靠性

LonWorks 提供了较好的现场总线的可靠性解决方法，其原因在于：超大规模的 Neuron 芯片使每个节点的应用变得很简单，因而是最可靠的；固化的 LonTalk 规约具有检测应答、自动重发、请求/响应等功能，保证了通信的可靠性；可靠的节点结构分散，使得故障隔离，不影响整个系统的正常运行，易于实现冗余备份，大大提高系统的可靠性。

7.1.3　LonWorks 的本质安全性

工业控制领域的环境是很恶劣的，经常要遇到易燃、易爆的工作条件，所以现场总线的本质安全性很重要。本质安全的关键是解决现场节点的供电问题，即电源与信息共同传输的方法。目前，LonWorks 已有电力线等控制模块可以完成此功能，其用户协会已在本质安全性方面做了大量工作，研究出大量能满足易燃、易爆环境要求的产品。

7.1.4　LonWorks 技术的未来

目前已有许多个国家和地区的公司在使用。LonWorks 网络和 LonWorks 控制技术及其产品被广泛地用于航空/航天、农业控制、建筑物控制、计算机/外围设备、诊断/监控、电子测量设备、能源管理、工厂自动化流体测量、家庭自动化、工业过程控制、测试设备、照明/通信设备、医药卫生、军事/防卫、办公室设备系统、机器人、楼宇控制、安全警卫、保密、运动/游艺、无线电收发器、电话通信、运输设备等领域。LonWorks 技术具有通用性，可以将不同领域的控制系统综合成一个以 LonWorks 为基础的更复杂系统。

LonWorks 是一个开放的系统，用它构建的系统可使不同厂家生产的设备及产品进行互联。同时也易于系统的扩展及重组。为了更好地推广 LonWorks 技术，由世界上十几个国家的 140 多个公司组成了一个独立行业协会，负责定义、发布、确认产品的互操作性标准。并且已有多家公司正在生产 LonWorks 产品或将其产品纳入 LonWorks 网络，如 Honeywell 已将 LonWorks 技术用于其楼宇自控系统，Rosemount 公司也已将它用于环境检测系统，我国已有十几家公司也推出了自己的基于 LonWorks 的产品，分别在酿酒、电力、建筑、工业自动化和化工行业中应用并取得了效果。并且允许将 LonTalk 协议移植到任何的 CPU 上。LonWorks 以其突出的统一性、开放性及互操作性正在受到各行各业的重视。LonWorks 技术必定会以全新的概念，在各个领域发挥出其无可比拟的优越性。

7.1.5　LonWorks 技术的特点

LonWorks 可以解决在控制网络的设计、构成、安装和维护中出现的大量问题。

LonWorks 技术的特点如下。

（1）开放性：网络协议开放，对任何用户平等。

（2）通信媒介：可用任何媒介进行通信，包括双绞线、电力线、光纤、同轴电缆、无线电波、红外等，而且在同一网络中可以有多种通信媒介。

（3）互操作性：LonWorks 通信协议 LonTalk 是符合国际标准化组织（ISO）定义的开放互联（OSI）模型。任何制造商的产品都可以实现互操作。

（4）网络结构：可以是主从式、对等式或客户/服务式结构。

（5）网络拓扑：有星型、总线型、环型以及自由型。

（6）网络通信采用面向对象的设计方法。LonWorks 网络技术称为“网络变量”，它使网络通信的设计简化成为参数设置，增加了通信的可靠性。

（7）通信的每帧有效字节数为 0～228 个字节。

（8）通信速率可达 1.25Mbps，此时有效距离为 130m；78kbps 的双绞线，直线通信距离长达 2700m。

（9）LonWorks 网络控制技术在一个测控网络上的节点数可达 32000 个。

（10）提供强有力的开发工具平台——LonBuilder 与 Nodebuilder。

（11）LonWorks 技术核心元件——Neuron 芯片内部装有 3 个 8 位微处理器（RAM、ROM、E^2PROM）、34 种 I/O 对象和定时器/计数器等，还有 LonTalk 通信协议。Neuron 芯片具备通信和控制功能。

（12）采用可预测 P-坚持 CSMA，在网络负载很重的情况下不会导致网络瘫痪。

7.2 LON 网络控制技术

LON 网络控制技术囊括了设计、调度以及支持智能分布控制系统的所有要素。特别是 LON 网络控制技术还包括各种开发、服务工具和成品组件。

7.2.1 Neuron 芯片

1. Neuron 芯片

Neuron 芯片是 Lon 节点的核心部分，它包括一套完整的通信协议，即 LonTalk 协议，从而确保节点间使用可靠的通信标准进行互操作。因为 Neuron 芯片可直接与它所监视的传感器和控制设备连接，所以一个 Neuron 芯片可以传输传感器或控制设备的状态，执行控制算法，和其他 Neuron 芯片进行数据交换等。使用 Neuron 芯片，开发人员可集中精力设计并开发出更好的应用对象而无须耗费太多的时间去设计通信协议、通信的软件和硬件或系统操作，这样可减少开发的工作量，从而节省大量的开发时间。

Neuron 芯片在大多数 LON 节点中是一个独立的处理器。如果节点需要具备更强的信号处理能力或 I/O 通道，Neuron 芯片还可以与其他处理器进行通信，共同构成所需的节点。

2. LonTalk 协议

LonTalk 协议是遵循 OSI 参考模型的完整的 7 层协议。由于 Neuron 芯片的协议处理与通信媒介无关，因而能支持多种通信媒介，如双绞线、电力线、射频、红外线、同轴电缆和光纤等。

LonTlk 寻址体系由三级构成。最高一级是域（Domain），只有在同一个域中的节点才能相互通信，可以说一个 Domain 即是一个网。第二级是子网（Subnet）。每个域可以有多达 255 个的子网。第三级是节点（Node）。每个子网可有多至 127 个节点。节点还可以编成组，构成组的节点可以是不同子网中的节点。一个域内可指定 256 个组。

表 7-1　节点寻址的五种格式

Domain，Subnet=0	Domain 中所有节点
Domain，Subnet	Subnet 中所有节点
Domain，Subnet，Node	指定某个逻辑节点
Domain，Group	组内所有节点
Domain，Subnet，Neuron ID	指定某个物理节点

Neuron 芯片在制造后即有一个 48 位的比特串，用来唯一地的标识每个芯片，用 Neuron ID 表示。LonTalk 协议还提供四种消息服务类型：应答（ACKD）、请求/响应（REQUEST）、非应答式重发（UNACKD-RPT）、非应答式（UNACKD）。

7.2.2 网络管理

在 LON 总线中，需要一个网络管理工具。当单个节点建成以后，节点之间需要互相通信，这就需要一个网络工具为网络上的节点分配逻辑地址，同时也需要将每个节点的网络变量和显示报文连接起来；一旦网络系统建成正常运行后，还需对其进行维护；对一个网络系统还需要有上位机能够随时了解该网络的所有节点网络变量和显示报文的变化情况。网络管理的主要功能有以下三个方面。

1．网络安装

常规的现场控制网络系统，网络节点的连接通常采用直接互联，或者通过 DIP 开关来设定网络地址，而 LON 总线则通过动态分配网络地址，并通过网络变量和显示报文来进行设备间的通信。网络安装可通过 Service pin 按钮或手动的方式设定设备的地址，然后将网络变量互联起来，并可以设置报文四种方式：发送无响应、重复发送、应答和请求响应。

2．网络维护

网络安装只是在系统开始时进行的，而系统维护则在系统运行的始终。系统维护主要包括维护和修理两方面。维护主要是在系统正常运行的状况下，增加删除设备以及改变网络变量显示报文的内部连接。网络修理是一个错误设备的检测和替换的过程。检测过程能够查出设备出错是由于应用层的问题（如一个执行器由于电机出错而不能开闭）还是通信层的问题（如设备脱离网络）。由于采用动态分配网络地址的方式，使替换出错设备非常容易，只需从数据库中提取旧设备的网络信息下载到新设备即可，而不必修改网络上的其他设备。

3．网络监控

应用设备只能得到本地的网络信息，也即网络传送给它的数据。然而在许多大型的控制设备中，往往有一个设备需要查看网络所有设备的信息。例如，在过程控制中需要一个超级用户，可以统观系统和各个设备的运行情况。因此提供给用户一个系统级的检测和控制服务，用户可以在网上，甚至以远程的方式（如 Internet）监控整个系统。

通过节点、路由器和网络管理这三部分有机的结合就可以构成一个带有多介质、完整的网络系统。图 7-2 是采用 LON 总线构成的一个现场网络。

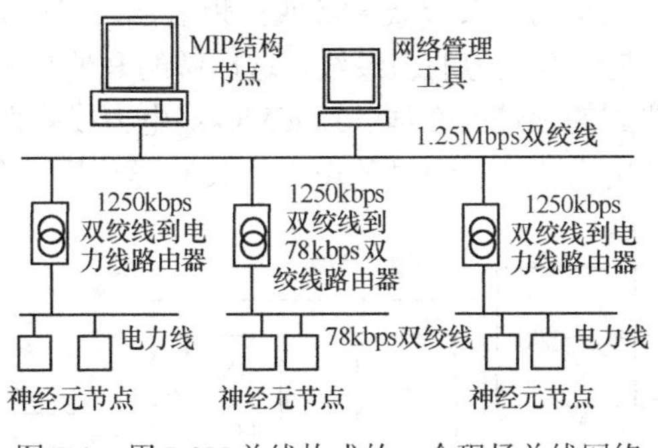

图 7-2　用 LON 总线构成的一个现场总线网络

7.2.3　LonWorks 产品

LonWorks 拥有开发、制作、安装以及维护 LON 网络所需要的所有工具：

- Neuron 芯片（由 Motorola 和 Toshiba 提供）；
- LonWorks 收发器；
- LonWorks 网络接口和网间接口；
- LonWorks 路由器；
- LonManager 网络服务工具；

• 开发工具。

1. LonWorks 收发器

LonWorks 收发器是标准的成品，它简化了 LonWorks 节点的开发，提供了良好的互操作性，减少了项目的开发时间以及开发成本。收发器在 Neuron 芯片和 LON 网络间提供了一个物理量交换的接口。它适用于各种通信媒介和拓扑结构。LonWorks 支持不同类型的通信媒介，如双绞线、同轴电缆、电力线、无线射频、光纤等。不同的通信媒介间用路由器相连。

2. SMX 收发器模块

SMX 插入式模块收发器可使用户在各种 Echelon 的开发工具和 OEM 产品上任意安装和更换不同的双绞线收发器和电力线收发器。SMX 标准是公开的，允许其他收发器提供者制作 SMX 收发器。

3. LonWorks 路由器

路由器是一个特殊的节点，由两个 Neuron 芯片组成，用来连接不同通信媒介的 LON 网络。当然它还能控制网络通信，增加信息通量和网络速度。

4. 电力线通信分析器

电力线通信分析器（PLCA）是一种易于使用的成本-效果分析仪器，用于分析应用设备中电力线通信的可靠性。用 PLCA 测试电力线任意两点间的通信，可以测试电路是否对 Echelon 电力线收发器适用。

5. 电力线收发器

电力线收发器是将通信数据调制成载波信号或扩频信号，然后通过耦合器耦合到 220V 或其他交直流电力线上，甚至是没有电力的双绞线。这样做的好处是利用已有的电力线进行数据通信，大大减少了通信中遇到的烦琐的布线。LonWorks 电力线收发器提供了一种简单、有效的方法将神经元节点加入到电力线中。典型的电力线收发器结构框图如图 7-3 所示。

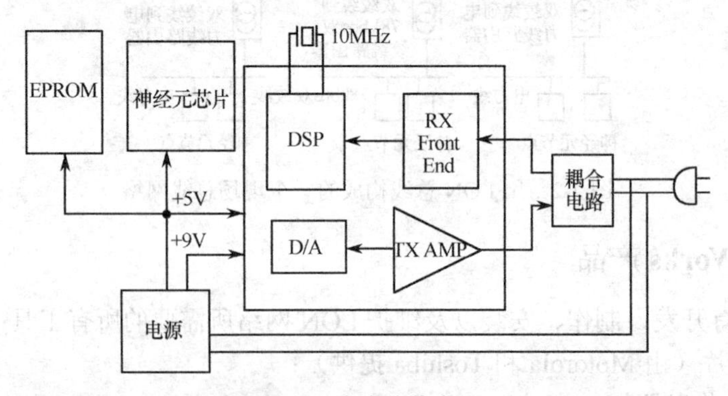

图 7-3　电力线收发器

电力线上通信的关键问题是：电力线间歇性噪声较大——某些电器的启停、运行都会产生较大的噪声；信号衰减很快；线路阻抗也经常波动。这些问题使在电力线上的通信非常困难。Echelon 公司提供的几种电力线收发器，针对电力线通信的问题，进行了几方面的改进。

（1）每一个收发器包括一个数字信号处理器（DSP），完成数据的接收和发送。
（2）短报文头纠错技术，使收发器能根据纠错码恢复错误报文。
（3）动态调整收发器灵敏度算法，根据电力线的噪声动态地改变收发器的灵敏度。
（4）三态电源放大/过滤合成器。
目前常用的电力线收发器包括两类：载波电力线收发器和扩频电力线收发器。

6. 其他类型介质

除上面讨论的收发器外，LON 总线还支持其他一些收发器，如无线收发器、光纤收发器、红外收发器，甚至是用户自定义的收发器等。

（1）无线收发器

LonWorks 技术使无线收发器可以使用很宽的频率范围。对于低成本的无线收发器，典型的频率是 350MHz（Motorola 提供这样的收发器）。使用无线收发器同时还需要一个大功率的发射机。当使用无线收发器时神经元芯片的通信口配置成单端模式，速率是 4800bps。

（2）光纤收发器

目前通常使用的 LonWorks 光纤收发器是美国雷神公司开发的一系列 LonWorks 光纤产品，其中包括光纤和双绞线的路由器。该通信速率是 1.25Mbps，最长通信距离是 3.5km，采用 LonWorks 标准的 SMX 收发器接口，每一个收发器包含两路独立光纤端口，可以方便地实现光纤环网，增加系统的可靠性。

7. LonWorks 控制模块

与收发器相同，LonWorks 控制模块也是标准的成品，在模块中有一个 Neuron 芯片、通信收发器（也可不带）、存储器和时钟振荡器，只需加一个电源、传感器/执行器和写在 Neuron 芯片中的应用程序就可以构成一个完整的节点。

8. LonWorks 网络接口和网间接口

LON 网的网络接口允许 LonWorks 应用程序在非 Neuron 芯片的主机上运行，从而实现任意微控制器、PC、工作站或计算机与 LON 网络的其他节点的通信。此外，网络接口也可以作为与其他控制网络联系的网间接口，把不同的现场总线的网连在一起，并用 LON 网接到异型网络上。

9. LON 网服务工具

LON 网服务工具用于安装、配置、诊断、维护以及监控 LON 网络。LON 节点的寻址、构造、建立的连接可以归纳于安装。这是靠固化在 Neuron 芯片里的网络管理服务的集合来支持的。全部或部分的网络安装可能在生产的最初就开始了，也有可能要在现场进行。无论安装工作是在生产的开始还是在现场，系统都需要修改错误节点或重构网络。

LonManager 工具可解决系统安装和维护的需要。它使用的波形系数可使它既可用于实验室，又可用于现场。

10. LonBuilder 和 NodeBuilder 开发工具

LonBuilder 和 NodeBuilder 用于开发基于 Neuron 芯片的应用。NodeBuilder 开发工具可使设计和测试 LonWorks 控制网络中的单独节点变得简单。其开发环境为 Windows，并提供易于使用的联机帮助给用户。Nodebuilder 包括 LonWorks Wizard 软件和一套只需按几下鼠标就可完成工作的生产用户操作 LonWorks 设备的软件模型。

LonBuilder 开发员工具平台集中了一整套开发 LON 控制网络的工具。这些工具包括以下三个方面。

（1）开发多节点、调试应用程序的环境。

（2）安装、构造节点的网络服务程序。

（3）检查网络交通以确定适当容量和调试改正错误的协议分析器。

7.2.4 Lonpoint（Lonpoint System）

Lonpoint 是基于 LonWorks 技术的监控网络系统新产品。Lonpoint 系统的设计集中了 UNS LonWorks 网络服务系统、LonMark 国际互操作性标准、Neuron 芯片分布处理能力以及 LonTalk 协议等各方面的最大优点，并且是专门为网络集成商设计的，其硬件和软件均有现成产品，只需要根据实际应用进行相应的配置和安装即可直接使用。

Lonpoint 系统是由硬件和软件两部分组成的。硬件包括 Lonpoint I/O 接口模块、路由器和时序调度模块。软件包括 LonMaker for Windows 系统集成工具软件、Lonpoint Plug-in 软件和 Lonpoint 应用程序。

1. Lonpoint 功能模块

Lonpoint 监控系统的硬件由功能模块组成。它们的外形尺寸相同，但各自有不同的功能。Lonpoint I/O 接口模块、路由器和时序调度模块为 LonMaker for Windows 系统提供了 I/O 处理、应用源程序、时序控制和路由选择等功能。I/O 接口模块可以无级地将传感器、执行器和控制器集成到对等的、具有互操作性的网络中去。

硬件设计特点如下。

（1）模块的结构紧凑，体积小，可以装入 4 英寸的墙盒内。

（2）模块设计为两片式，底下一片（称为底板）只有接线端子和接插件，可供施工人员进行固定和接线工作。其主要电路和元器件部分在上面一片（称为功能板上，在安装和接线工作完成之后，将上面一片插上即可。

（3）连接电源、网络和信号的接线端子分别以三种不同颜色加以区分，以防错接。

（4）模块的供电范围宽．可以使用 16~30V 的交流或直流电源，而且与极性无关。因为模块的信号与电源之间是隔离的，所以模块可与传感器和执行器共用同一电源。

（5）电源和网络端子都为内部相连的双端子，便于实现“手拉手”接法。

（6）模块支持带电插拔。

（7）模块前面板有一个网络连接插孔、工作电源开关和圆指示灯。

（8）在每个模块前面板有一张条形码标签，标明该模块的型号、版本等信息。

2. 4 种 I/O 接口模块

（1）DI-10 数字量输入接口模块（Mode 41100）：4 路数字量输入，输入信号可以是于接触或 0~32V 直流电压（门槛值为 2.5V）。在模块前面板还有 4 只 LED 指示灯，分别对应 4 路的输入状态。输入信号与输入电源及网络之间是隔离的，但 4 路输入信号之间并没有隔离。

（2）DO-10 数字量输出接口模块（Mode 41200）：4 路数字量输出，输出电压范围为 0~12V。每路输出端最大可输出 100mA 电流，吸收 100mA 电流。当 4 路输出端合并在一起时，最大可输出 110mA 电流，吸收 400mA 电流。可以用模块前面板上的“手动/关闭/自动”DIP 开关分别设置每路输出信号的状态。模块前面板上的 4 只 LED 指示灯，分别对应 4 路的输出状态。输出信号与输入电源及网络之间是隔离的，但 4 路输出信号之间并没有隔离。

（3）AI-10 模拟量输入接口模块（Mode 41300）：2 路 16 位模拟量输入。每路输入可以通过跳线选择为电流、电压或电阻输入。电流输入可以通过跳线选择为 2 线制 4-20mA 或 4 线制 0~24mA 输入。当量程为 0~24mA 时，精度为 0.37μA。电压输入范围可以由软件设定为 0~156mV、0~625mV，0~10V 或 0~20V。当量程为 0～20V 时，精度为 0.3mV。电阻的测量范围为 100～15kΩ。当 0~24mA 输入时可以使用模块本身的电流源供电，也可以使用模块以外的电源供电。输入量与输入电源及网络之间是隔离的，但 2 路输入量之间没有隔离。

（4）AO-10 模拟量输出接口模块（Mode 414M）：它提供了 2 路 12 位模拟量输出。输出可以通过跳线选择为 0~10V 电压（对于 1kΩ 负载）或 0~20mA 电流。输出量与输入电源及网络之间是隔离的，但 2 路输出量之间并没有隔离。

3．SCH-10 时序调度模块（Mode 43100）

使用带有 56KB 闪存和 10MHz 的 Neuron 3150 芯片，还带有 512KB 的 RAM。为避免因断电而发生数据丢失现象，RAM 由后备电他供电（一般可支持 5 个月，最少 2 星期）。模块提供一个实时时钟和日历以及系统事件时序调度功能。时钟、日历由后备电池供电（寿命长达 10 年）。时钟和日历可以提供年、月、日、时、分、秒和星期。时序调度功能可将网络上其他设备的时间、日期、预设模式和状态信息合并在一起。根据网络监控功能的要求按时间顺序进行调度，也可以串入多个这种模块作为冗余或用来实现更复杂的时序调度任务。

4．LPR 路由器模块（Mode42100~42105）

这种模块使用两片 10MHz 的 Neuron 3150 芯片。在模块的前面板上有 4 只 LED 指示灯，1 只用于指示电源状态，2 只分别用于指示 2 个网络的工作状态，还有 1 只用于指示路由器是否在传送信息。

这种模块是一种双信道 LonWorks 路由器。它可以被用做两种不同的双绞线信道之间的接口。LPR 路由器可以作为中继器、桥接器、配置路由器或自学习路由器使用。这种路由器在逻辑上是透明的。

5．DM-21 设备管理器模块（Mode 43201）

DM-21 设备管理器允许系统集成商在不可能使用 PC 的情况下自动管理和维护监制网络。采用 DM-21 模块可以管理最多含 128 个节点的系统。典型应用包括机械工具、水处理设备、火车和推进系统、变电站、半导体制造设备、智能化高速公路、机器人设备等。

DM-21 模块的功能是很强的，先在 PC 上运行 LonMaker for Windows 工具，采用 Plug-in 软件对各种不同的功能块进行组态，从而生成具有互操作性的、分布式的监控系统。

6．终端器（Mode 44100、44101、44200）

终端器（也称为终端适配器）为双绞线信道提供网络的终端。终端器上引出有 3 条导线，其中 2 条导线用来连接网络，1 条用来接地。在自由拓扑的 TP/FT-10 信道中，只需要一个 Mode 44101 终端器，它可以被安装在段内的任何位置。在总线拓扑的 TP/FP-10 倍道中，在总线的两端各需要一个 Mode 44101 终端器，同样，在总线拓扑的 TP/XF-78 和 TP/XF-1250 信道两端，也需要两个 Mode 44200 终端器。

7．1 型和 2 型接线底板（Mode 40111 和 Mode 40222）、欧式接线盒（Mode 48001）

接线底板是 Lonpoint 模块与网络、电源和 I/O 信号线之间的接口。各种导线用不同颜色的接线端子接入接线底板的背面，可以使用直径为 2~0.5mm 的导线。接好线后，接线底板可以安装在 4 英寸的电器墙盒中（2 英寸深），也可以安装在塑料的欧式接线盒（Mode 48001）中。

8．网络信道设计

采用 FTT-10A 收发器的由 Lonpoint 模块组成的网络称为一个“TP/FP-10 信道”。在一个信道里，最多允许连接 64 个设备（可以是 Lonpoint 模块、路由器，PCLT4-10 和 PCC-10PC 适配器，第三方的 LonMark 设备等）。如果超过 64 个设备或者所需电缆超过了一个收发器所允许的最长距离，那么就需要在两个 TP/FT-10 之间串接一个 LPR-10 型路由器。另外，LPR 路由器也可以提高网络主干线的速度以便更好地管理网络交通。LPR-12 型路由器（由 TP/FP—10 信道转换到 TP/XF-1250 信道）可以用来处理 1.25Mbps 波特率的高速通信。路由器还可以起到隔离信道的作用。

9．Lonpoint 系统的软件

LonMaker for Windows 系统集成工具软件是一个软件包。它用来设计、安装和维护 LonWorks 网络。LonMaker 是基于 LNS 网络服务系统的，它采用 Visio 绘图软件的用户界面，运行于客户机/服务器模式下。LonMaker 可以定义和设置节点、功能块、路由器、信道、网络变量、子系统，并设计它们之间的连接。LNS 网络服务系统为支持 LonWorks 网络的互操作性应用程序提供了一个标准的平台。LNS 允许多个应用程序或用户同时管理、控制同一个网络。多个使用 LonMaker 的安装人员就可以同时工作，将多台设备同时投入网络运行。

Lonpoint 系统包含了 LonWorks 技术的全部核心内容。系统集成商和最终用户使用 Lonpoint 功能模块和系统集成工具软件可以方便、快捷地完成监控网络工程，这必然为 LonWorks 技术的推广应用起到巨大的推动作用。

7.3 LonWorks 应用技术

LonWorks 应用包括智能设备，即控制网络的节点。网上节点之间使用 LonTalk 协议互相通信。每个节点装载有应用代码，用来处理与 LonWorks 环境有关的对象。例如，

（1）网络变量：为 LonWorks 应用中的节点提供相互之间定义明确的接口。

（2）I/O 对象：为应用 I/O 设备与 Neuron 芯片之间提供通用接口。

7.3.1 LON 节点

LON 节点是同物理上与之相连的 I/O 设备交互作用并在网络上使用 LonTalk 协议与其他节点互相通信的一类对象。LON 网络上的每个控制点称为 LON 节点（或 LonWorks 智能设备），它包括一片 Neuron 芯片、传感和控制设备、收发器（用于建立 Neuron 芯片与传输之间的物理连接）和电源。图 7-4 是一种典型的 LON 节点的方框图。

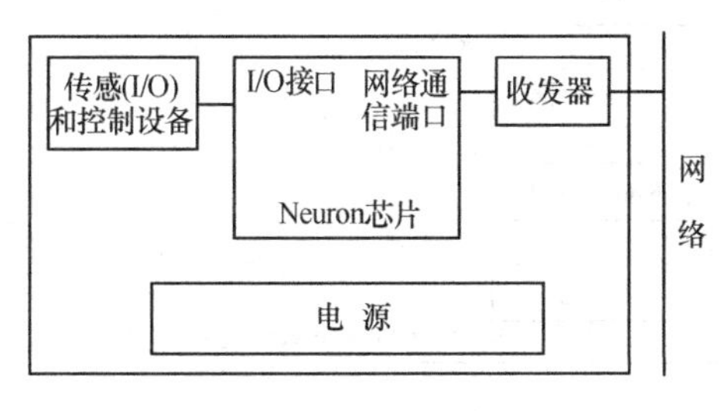

图 7-4　LON 节点方框图

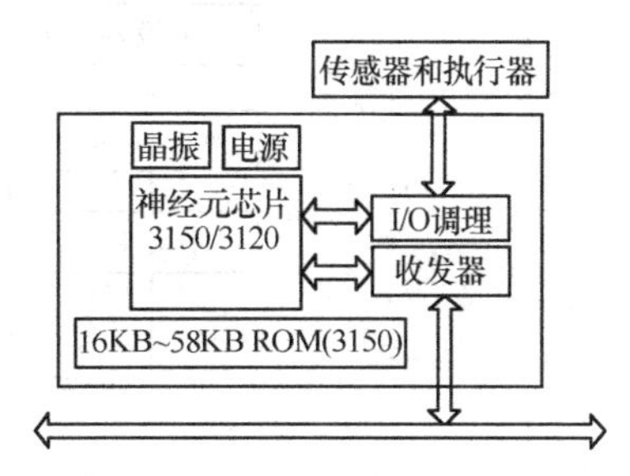

图 7-5　神经元节点的结构框图

LON 节点的两种类型结构如下。不论那种类型的节点都有一片 Neuron 芯片用于通信和控制、一个 I/O 接口用于连接一到多个 I/O 设备，另外还有一个收发器负责将节点连接上网。节点的具体工作由节点中的应用程序以及配置信息来定义。

1．用神经元芯片的控制节点

神经元芯片是一组复杂的 VLSI 器件，通过独具特色的硬件、固件相结合的技术，使一个神经元芯片几乎包含一个现场节点的大部分功能块——应用 CPU、I/O 处理单元、通信处理器。因此一个神经元芯片加上收发器便可构成一个典型的现场控制节点。图 7-5 为一个神经元节点的结构框图。

2．采用 MIP 结构的控制节点

神经元芯片是 8 位总线，目前只支持最高主频是 10MHz，因此它所能完成的功能也十分有限。对于一些复杂的控制，如带有 PID 算法的单回路、多回路的控制就显得力不从心。采用 Host Base 结构是解决这一矛盾的很好方法，将神经元芯片作为通信协处理器，用高级主机的资源来完成复杂的测控功能。图 7-6 为一个典型 Host Base 的结构框图。

LON 两种类型的节点用法如图 7-7 所示。在图 7-7（a）的节点中 Neuron 芯片是唯一的处理器，充当 LON 网络的节点。适合于 I/O 设备较简单，处理任务不复杂的系统。图 7-7（b）的节点 Neuron 芯片只作为通信处理器，充当着 LON 网络的网络接口，节点应用程序由主处理器来执行，这类节点适合于对处理能力、输入/输出能力要求较高的系统，称为基于主机的节点（host-based 主处理器可以是微控制器、PC 等）。

节点的存储器映像由三个主要部分组成：系统映像、应用映像以及网络映像。这些映像是可以在不同的时间由不同的用户定义。如应用映像和系统映像可以由节点开发人员定义，而网络映像可以由网络安装人员来定义。

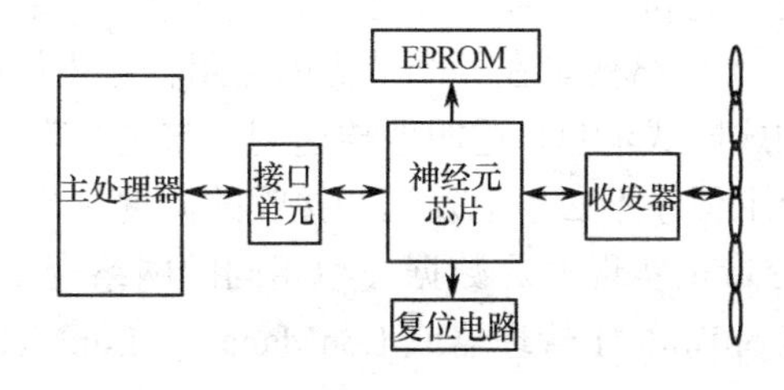

图 7-6　采用 Host Base 的节点

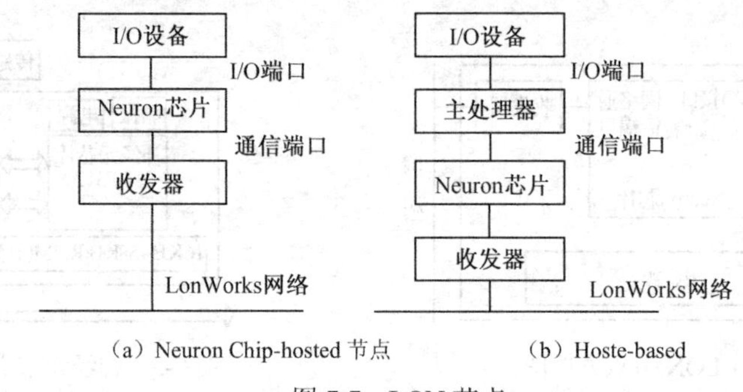

（a）Neuron Chip-hosted 节点　　　　（b）Hoste-based

图 7-7　LON 节点

系统映像包括芯片固件：执行 LonTalk 协议、Neuron C run-time 函数库以及任务调度程序。系统映像可以进一步扩大为定制的系统映像。

应用映像包括节点的应用程序，定义节点将响应的事件以及响应事件后应采取的行动。节点的一部分存储区装载有应用程序代码。

网络映像定义的是网上节点之间的相互关系并为每个节点在网上分配有唯一的一个特定区域。网络映像由一特殊节点即网络管理器使用安装命令来创建。网络管理器通常并不参与 LON 网络的实际操作，它主要用于网络的安装及维护。

通常，使用 LON 节点的产品在节点生产时即装入应用映像。而当产品安装在某一指定的网络上时，网络映像则常常在现场被创建。当然也可以生产出某类节点，允许在现场修改应用映像或在生产时定义网络映像。LonWorks 在组网方面提供绝对的灵活性，提供有多种选择来安装及配置节点。

7.3.2　I/O 设备

一个 Neuron 芯片可以连接一个或多个物理 I/O 设备。最简单的 I/O 设备有温度及位置传感器、阀门、开关以及 LED。Neuron 芯片也可以连接其他的微处理器。Neuron 芯片固件通过执行特定的 I/O 对象来管理这些设备的接口。

7.3.3　网络变量及显式消息

1．网络变量

一个网络变量 NV（Network Variables）是节点的一个对象，LON 网络的节点之间的联系主要是通过网络变量来实现。它可定义为输出也可定义为输入网络变量。每个节点可定义 62 个到 4096 个网络变量。当一个网络变量在一个节点的应用程序中被赋值后，LonTalk 协议将修改了的输出网络变量新值构成隐式消息，透明地传递到可与之共享数据的其他节点，所以网络变量又被称为隐式消息。应用程序不必考虑发送和接收的问题。节点间共享数据，是通过连接输出网络变量到输入网络变量来实现的。数据类型相同的网络变量才能建立输入和输出的连接。在网络安装时,借助于 LonBuilder 管理器或 LonManager LonMaker 安装工具完成网络变量的连接。

网络变量可以是整数、布尔数或字符串等，用户可以完全自由地在应用程序中定义各种类型的网络变量。为增加网络的互操作性，LonTalk 协议中定义了 255 种标准网络变量（SNVT）。

网络变量的使用极大地简化开发和安装分散系统的处理过程，各个节点可以独自定义，然后简单地连接在一起或断开某几个连接，以构成新的 LonWorks 应用。

网络变量提供给节点相互之间明确的网络接口，大大地提高了节点产品的互操作性。节点可以安装到网络中并且只要网络变量数据类型匹配，就可以逻辑地建立与网上的其他节点的连接。为进一步提高互操作性，LonTalk 协议还提供 SNVT 以及 LonMark 对象。

2．显式消息（Explicit Messages）

大多数应用系统采用的网络变量的数据长度一经确定就不能改变，且最多只有 31B，限制了网络变量的使用范围。为此，Neuron C 提供显式消息这一数据类型。

显式消息的数据长度是可变的，且最大长度是 228B。它提供有请求/响应机制。某个节点发出请求消息能调动另一个节点做出相应的响应，从而实现远程过程调用。但与网络变量相比，显式消息是实现节点之间交换信息的更为复杂的方法。编程人员必须在应用程序中生成、发送和接收显式消息。

节点使用消息标签（Message Tags）发送和接收显式消息。消息标签是一个节点的通信 I/O 口，每个节点有一默认的输入消息标签 msg_in。同网络变量一样，必须在网络安装时建立输入和输出消息标签间的连接，消息才能被发送至正确的节点。

7.4 Neuron 芯片

7.4.1 Neuron 芯片家族

Neuron 芯片家族最主要的成员是 MC143120xx 和 MC143150 两大系列芯片。3120xx 芯片中包括 E^2PROM、RAM、ROM 存储器，而 3150 芯片中无内部 ROM，但拥有访问外部存储器的接口，寻址空间可达 64KB，可用于开发更为复杂的应用系统。表 7-2 列出了各种 Neuron 芯片的比较，常用的 Neuron 芯片产品如表 7-3 所示。

表 7-2　Neuron 芯片比较

Neuron 芯片	3120	3120E1	3120E2	3150
CPU	3	3	3	3
E^2PROM（字节）	512	1024	2 048	512
RAM（字节）	1024	1024	2048	2048
ROM（字节）	10240	10240	10240	0
外部存储器接口	无	无	无	有
16 位定时/计数器	2	2	2	2
封装	SOIC	SOIC	SOIC	PQFP
引脚数	32	32	32	64

3150 芯片可用于设计应用更复杂的控制系统。拥有外部存储器接口使得系统开发人员能够使用 64KB 寻址空间的 42KB 空间作为程序存储区。而 3150 芯片不具有内部 ROM，所以通信协议等即固件皆由开发工具携带，与应用程序代码一道写入外部存储器中。

表 7-3　Neuron 芯片产品

制造商	芯片型号	最大时钟频率（MHz）	存储器访问时间（ns）	电源电压（V）	固件版本
MOTOROLA	MC143150BIFU	10	130	4.5～5.5	6
	MC143150FU	10	90	4.5～5.5	6
			105	4.75～5.25	
	MC143150FU1	5	200	4.5～5.5	6
	MC143120BIDW	10	—	4.5～5.5	4
	MC143120E2DW	10	—	4.5～5.5	6
	MC143120DW	10	—	4.5～5.5	3
TOSHIBA	TMPN3150BIF	10	130	4.5～5.5	6
	TMPN3120BIM	10	—	4.5～5.5	3
	TMPN3120E1M	10	—	4.5～5.5	6

Neuron 芯片的主要性能特点如下。

（1）高度集成，所需外部器件较少。

（2）3 个 8 位的 CPU，输入时钟可选择范围为 625k～10MHz。

（3）片上存储器：1KB 静态 RAM（Neuron 3120，3120E1）；2KB 静态 RAM（Neuron 3150，3120E2）；512B E^2PROM（Neuron 3120，3150）；1KB E^2PROM（Neuron 3120E^I）；2KB E^2PROM（Neuron 3120E2）；10KB ROM（Neuron 3120，3120E1，3120E2）。

（4）11 条可编程 I/O 引脚（有 34 种可选的工作方式）：IO0～IO7 有可编程上拉电阻；IO0～IO3 具有高电流吸收能力（20mA，0.8V）。

（5）两个 16 位的定时器/计数器。

（6）15 个软定时器。

（7）休眠工作方式：这种工作方式能在维持操作的情况下降低电流损耗。

（8）网络通信端口：有三种方式可供选择：单端方式、差分方式和专用方式。

发送速率可选范围为 610bps～1.25Mbps。

发送速度为 1.25Mbps 时，峰值吞吐量是 1000 个数据包/秒，可支持的吞吐量为 600 个数据包/秒。对差分方式的双绞线网络有 40mA 的电流输出。差分方式和单端方式 CP4 可作为冲突检测的输入口。

（9）固件包括：LonTalk 协议；I/O 驱动器程序；事件驱动多任务调度程序。

（10）服务引脚：用于远程识别和诊断。

（11）48 位的内部 Neuron ID；用于唯一的识别 Neuron 芯片。

（12）内置低压保护以加强对片内 E^2PROM 的保护。

3120 系列和 3150 系列 Neuron 芯片都有 11 条 I/O 引脚用于直接连接诸如发动机、制阀、显示器、A/D 转换器、压力感应器、温度感应器、开关、中继器、速率表以及其他的微处理器、调制解调器（Modem）等。通过网络通信端口与某一通信子系统相连，实现分布式控制系统中各节点之间信息的相互传送以及自动控制处理。

7.4.2　Neuron 芯片内部总体结构

Neuron 芯片构成方框图如图 7-8 所示。Neuron 芯片有 3 个 CPU，每个 CPU 各自分工不同，如图 7-9 所示。

CPU-l 是介质访问控制处理器，处理 LonTalk 协议的第 1 层和第 2 层，这包括驱动通信子系统硬件和执行 MAC 算法。CPU-1 和 CPU-2 用共享存储区中的网络缓存区进行通信，正确地对网上报文进行编解码。CPU-2 是网络处理器，它实现 LonTalk 协议的第 3 层到第 6 层，这包括处理网络变量、寻址、事务处理、权限证实、背景诊断、软件计时器、网络管理和路由等。同时，它还控制网络通信端口，物理地发送和接收数据包。该处理器用共享存储区中的网络缓存区与 CPU-1 通信，用应用缓存区与 CPU-3 通信。CPU-3 是应用处理器，它执行用户编写的代码以及用户代码调用的操作系统命令。在多数应用中，使用的编程语言是 Neuron C。每个 CPU 都有各自的寄存器设置。每个 CPU 最小周期等于 3 个系统时钟周期；每个系统时钟周期等于 2 个输入时钟周期，3 个 CPU 的最小周期分别间隔 1 个系统时钟周期，这样每个 CPU 在 1 个指令周期内都能访问存储区和 ALU 各 1 次。图 7-9 显示的是每个 CPU 在一个系统钟周期内对每个 CPU 的有效单元。3 个 CPU 可并行工作，不会造成耗时中断和上下文交换。

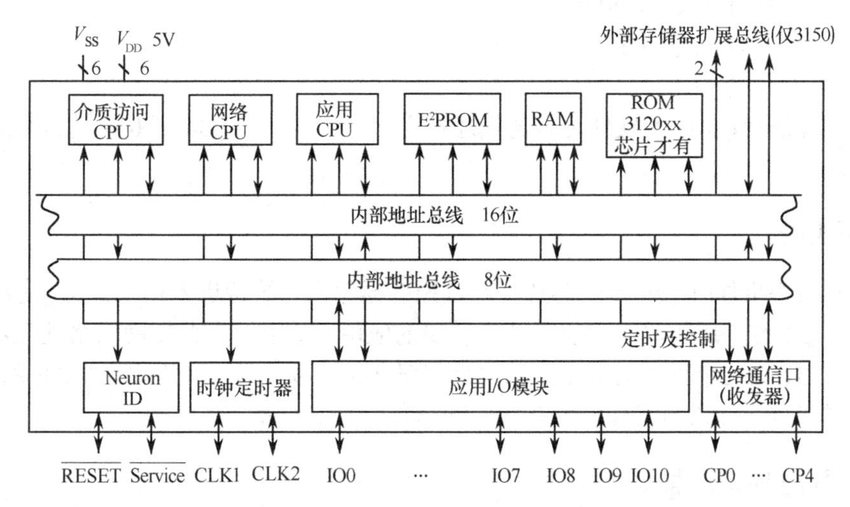

图 7-8 Neuron 芯片内部构成框图

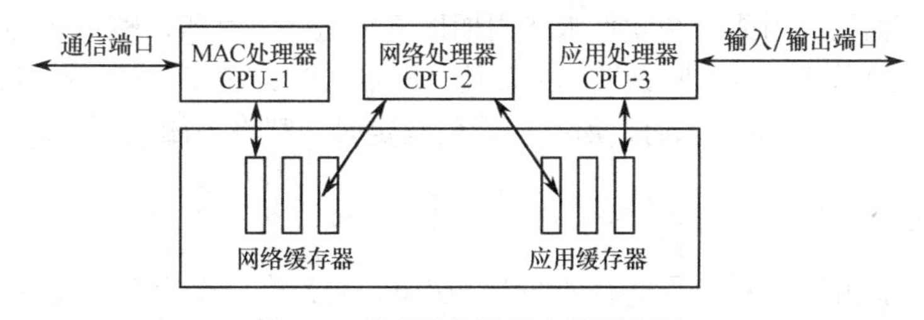

图 7-9 处理器结构及存储区分配

7.4.3 时钟信号产生

Neuron 芯片内的振荡器电路要使用外接晶体或陶瓷共振器来产生输入时钟 CLK1。对低功耗应用，Neuron 芯片输入时钟频率范围为 625k～10MHz，有效输入时钟频率为 10MHz、5MHz、2.5MHz、1.25MHz 和 625kHz。还有一种方法获取输入时钟，用外部产生时钟信号驱动 Neuron 芯片上的 CMOS 输入引脚 CLK1，引脚 CLK2 必须悬空或用来驱动最多一个外部 CMOS 负载。时钟频率的精确度在±1.5%或更精确以确保各节点能比特同步。

Neuron 芯片以 2 的幂实现输入时钟的分频，从而获得芯片的系统时钟。系统时钟再 4 分频，为应用 I/O、网络通信端口以及 CPU 的看门狗定时器提供时钟信号。

7.4.4 休眠/唤醒电路

1. 休眠电路

Neuron 芯片在软件控制下可进入低功耗的休眠状态：振荡器、系统时钟、通信端口以及所有的定时器/计数器都关闭，I/O 引脚及服务引脚将保持进入休眠前的状态，但所有的状态信息包括片上 RAM 的内容仍然保留。当下列任一引脚 I/O 发生跃变时（唤醒事件），可恢复正常的操作。

（1）I/O 引脚 IO4 到 IO7（掩模）：经定时器/计数器 1 的多路复用器选择。

（2）服务引脚（未掩模）。

（3）通信端口（掩模）。

- 差分直接驱动方式：CP0 或 CP1。
- 单端直接驱动方式：CP0。
- 专用工作方式：CP3。

要进一步降低功耗，应用软件可有选择地指定服务引脚以及 IO4 到 IO7 的引脚的可编程上拉电阻非使能。

2. 唤醒电路

当检测到唤醒事件时，Neuron 芯片将允许振荡器起振并等待进入稳定状态，完成内部维护后恢复操作。内部维护所需时间取决于几个重要的应用参数以及在此期间网络处理器是否正在修复应用定时器。这几个重要的应用参数包括忽略通信选项、接收事务数（如果使用忽略通信）以及应用定时器数（如果网络处理器在此期间修复应用定时器）。

7.4.5 看门狗定时器

Neuron 芯片有三个看门狗定时器，每个 CPU 有一个。看门狗定时器的用途是防止存储器故障或软件出错。如果应用或系统软件未能周期地复位这些定时器，整个 Neuron 芯片将自动复位。看门狗的时间周期与输入时钟速率成反比，即输入时钟速率越高，看门狗的时间周期越长。当 Neuron 芯片处在休眠状态时，所有的看门狗定时器都将关闭。

7.4.6 复位

复位引脚是漏极开路、双向且低有效的 I/O 引脚，内部有一个电流源充当上拉电阻。使复位引脚有效的方法有两种：

（1）外部信号驱动产生低电平输入；

（2）内部控制产生低电平输出。

引起复位引脚复位的内部控制有以下几种：

（1）软件（应用程序或网络复位消息）；

（2）看门狗定时器时间溢出；

（3）低压检测。

当复位引脚回到高电平，Neuron 芯片开始初始化，初始化程序的启动地址是 0x0001。在设定初值的过程中，所有输出引脚处在高阻状态，直到初值设定完成才开始处理应用程序。

当复位引脚是输入时，内部上拉电阻是一个 30～300μA（MC143120DW、MC143150FU/FU1）或 60～260μA（MC143120B1DW、MC143120E2DW、MC14315OB1FU）的电流源。当复位引脚为输出时，它能吸收电流 20mA（0.8V）或 10mA（0.4V）。

复位引脚在下列条件下扮演着极其重要的角色：

（1）V_{DD} 加电（确保 Neuron 芯片完成初始化）；

（2）V_{DD} 电源抖动（V_{DD} 电源稳定后，确保 Neuron 芯片完全恢复）；

（3）程序恢复（由于地址或数据出错造成应用程序无法正常进行，就要使用外部复位来恢复程序，也可等待看门狗定时器时间溢出，从而引起软件复位）；

（4）V_{DD} 掉电（确保正常关机）。

注意，当 Neuron 芯片是在 E^2PROM 的写周期内发生复位时，极可能造成存储器出错。

在加电到电源电压稳定的这个过程中，复位引脚应始终维持低电平，避免启动出故障。

在保证 Neuron 芯片可靠工作的条件下，Neuron 芯片最简单的外接复位电路如图 7-10 所示。有些 Neuron 芯片内部带有 LVI 电路，对这类芯片是否仍需要外接 LVI 电路，取决于应用的需要。如果不能确保应用所使用的电源性能良好，最好还是使用外接 LVI 电路。

一种带有外接 LVI 电路的复位电路如图 7-13 所示。图中 C_e 为可选外部复位电容。LVI 电路的作用是在系统电源出现电压抖动或未完全掉电的情况下，检测电源电压 V_{DD} 是否低于规定的工作电压，若是，该电路将下拉复位线至低电平，Neuron 芯片重新初始化。

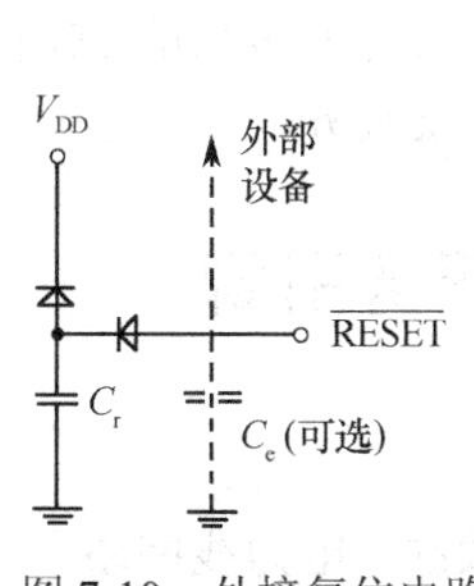

图 7-10　外接复位电路

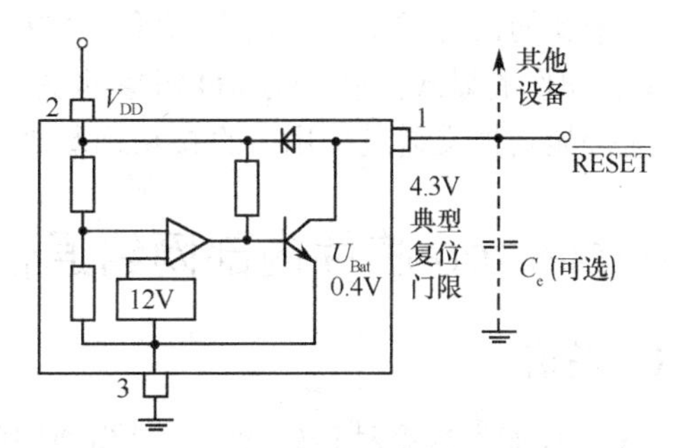

图 7-11　外接 LVI 的复位电路

由于 Neuron 芯片复位引脚是双向的，LVI 电路必须是集电极开路或得极开路输出。如果 LVI 驱动使得复位引脚为高电平，在软件复位期间 Neuron 芯片将不能可靠地判断复位引脚是否为低电平。Neuron 芯片复位引脚的这种不确定性将引起一些有违常规的现象的发生，如节点出现非应用错、Neuron 芯片的复位电路损坏等。在复位引脚会受 ESD 影响的应用中，应增加一恰当的外部保护电路，即串一个 300Ω 左右的电阻。

7.4.7　Neuron 芯片存储器配置

（1）E^2PROM

Neuron 芯片内部的 E^2PROM 存储器，用于存储：①网络配置以及网络寻址信息；②Neuron 芯片的 ID 码（48 位），由制造商写入，用来唯一地标识每个 Neuron 芯片；③用户写入的应用代码和只读数据。需确保 Neuron 芯片工作电压正在规定的范围。

（2）RAM

3120 和 3120E1 芯片中都有 1024 B 的 RAM。3150 芯片和 3120E2 芯片上的 RAM 有 2048B。它的用途是：①作栈分区，以及存储应用和系统的数据；②用作 LonTalk 协议的网络和应用缓存器。即便是在休眠方式（Sleep Mode）下，只要不掉电 RAM 的状态一直保持。当节点复位时，RAM 内容被清除。

（3）ROM

所有的 3120XX 芯片上都有 10240B 的 ROM（只读存储器）。它的用途是：①存储 LonTalk 协议代码；②事务驱动任务调度程序；③应用函数库。

3150 芯片上无 ROM，但是它可寻址的外接存储区空间高达 59392 个字节。它主要用于：①存储应用程序和数据（43008 个字节）；②存储 Neuron 芯片的固件和预留区（16384 个字节）。43008 个字节存储空间也可用作 LonTalk 协议需额外添加的网络缓存器和应用缓存器。外接存储器空间由 RAM、ROM、PROM、EPROM、E^2PROM 或闪存组合占用。

7.4.8 专用开发语言 Neuron C

Neuron C 是一种专门为 Neuron 芯片设计的程序设计语言。它在标准 C 的基础上进行自然扩展，直接支持 Neuron 芯片的固化软件。Neuron C 删除了标准 C 中一些不需要的功能，如某些标准的 C 函数库，并为分布式 LonWorks 环境提供特定的对象集合和访问这些对象的内部函数。Neuron C 提供内部类型的检查，是一个开发 LonWorks 应用的有力工具。

Neuron C 的一些功能如下。

（1）一个新的对象类——网络变量，它简化了节点间的数据共享。

（2）一个新的语句类型——when 语句，它引入事件并定义这些事件的当前时间顺序。

（3）I/O 操作的显式控制，对 I/O 对象的说明，使 Neuron 芯片的多功能 I/O 得以标准化。

（4）支持显式报文通过，用于直接访问基础的 LonTalk 协议服务。

7.5 Neuron 芯片内部网络通信端口及服务引脚

7.5.1 通信

Neuron 芯片能支持多种传输媒介，最为通用的是构成双绞线、电力线网络。其他的还有射频（RF）、红外光波、光纤以及电缆等。

7.5.2 通信端口

Neuron 芯片拥有一个多功能的通信端口，它有 5 条引脚可以配置与多种传输媒介接口（网络收发器）相连接，且可实现较宽范围的传输速率。它有 3 种工作方式，分别是单端、差分以及专用工作方式。表 7-4 是与每种工作方式对应的引脚定义。

表 7-4 引脚定义

引　脚	单端工作方式	差分工作方式	专用工作方式
CP0	数据入	（+）数据入	RX 入
CP1	数据出	（-）数据入	TX 出
CP2	发送使能	（+）数据出	比特钟输出
CP3	休眠输出，低有效	（-）数据出	～休眠出或唤醒输入
CP4	冲突检测输入，低有效	～冲突检测输入	帧时钟输出

对单端、差分工作方式使用差分曼彻斯特编码。差分曼彻斯特编码所提供的数据格式使得

数据可在多种媒介中传送，且对信号的极性不敏感，所以通信链路中的极性变化不会影响数据的接收。

对单端、差分两种工作方式可获得的网络比特速率如表 7-5 所示。由表 7-5 可看出，Neuron 芯片的输入时钟速率不同，网络可传输的比特速率也不同。从中单端、差分工作方式的网络数据速率可以看出，网络的传输速率与 Neuron 芯片的输入时钟的大小有关。收发器制造商，如表 7-6 所示。

表 7-5　收发器类型与数据速率

收 发 器 类 型	数 据 速 率
EIA-232	39kbps
双绞线（自由拓扑/总线拓扑）	78 kbps
带变压器的双绞线	78kbps，1.25 Mbps
电力线	2kbps，5kbps，10kbps
RF（300 MHz）	1200bps
RF（450 MHz）	4 800kbps
RF（900 MHz）	9 600kbps
IR	78kbps
光纤	1.25 Mbps
电缆	1.25Mbps

表 7-6　收发器制造商

Echelon	各类双绞线、电力线收发器
Motorola	RF 收发器
Microsym	光纤收发器
Fasirand	IR 收发器

1. 单端工作方式

单端工作方式最常使用，用于实现收发器与多种传输媒介的连接，例如构成自由拓扑结构的双绞线、射频、红外、光纤以及同轴电缆网络。图 7-12 给出的是单端工作方式时通信端口的配置。数据通信实际发生在 CP0 和 CP1 引脚的单端 I/O 缓存器中。CP3 引脚在 Neuron 芯片进入休眠状态时输出低电平，收发器依此切断有源电路的电源。CP4 是冲突检测输入，当硬件检测到信道上有冲突时，通过该引脚告知 Neuron 芯片，该引脚低电平有效。

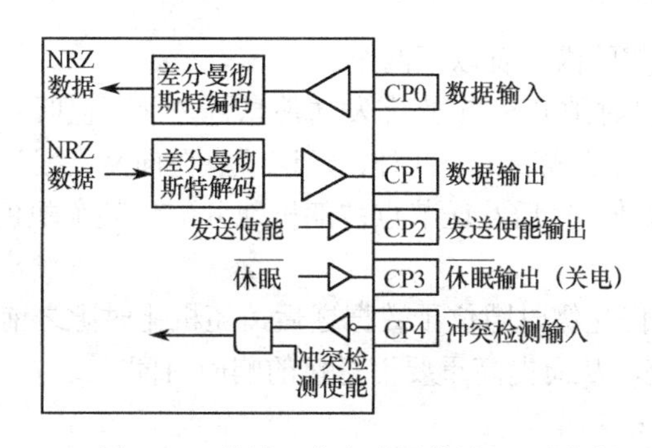

图 7-12　单端工作方式通信端口配置图

在单端工作方式中，通信端口采用差分曼彻斯特编、解码技术来编码发送及接收的数据。图 7-13 是单端工作方式时发送的数据帧结构示意图。

（1）数据帧结构

① 同步头（至少 6 比特）：用于收、发节点同步。同步头包括比特同步和字节同步。比特同步是一串全“1”码，“1”的长度用户可自选。字节同步是一个比特长的“0”码，用于表明同步头的结束、数据包第一字节的开始。

② 传输结束码（至少 2 比特）：用于表明发送包的结束。码字是“1”或是“0”，取决于发送数据的最后一比特的状态。它的作用是使数据输出持续足够长的时间，以便接收器能够识别标示发送结束的无效代码。

（2）冲突检测

Neuron 芯片有可选的冲突检测功能。如果数据发送期间冲突检测使能来自收发器的冲突检测输入为低电平，且低电平持续时间至少有一个系统时钟周期（10MHz 对应的时间即 200μs），Neuron 芯片即被告知数据发送过程中发生冲突，数据应重发。固件在同步头和数据包的结束处检查冲突检测标志。

使用应答服务时，必须设置重发定时器，使节点有足够的时间发送消息并收到应答（如果线路上无路由器，传输速率为 1.25Mbps，一个节点发送及收到应答的时间的典型值是 48～96ms）。如果重发定时器时间溢出，节点将重发消息。

（3）数据包间的休闲期（idle Period）

节点在发送两个数据包之间有一段空闲时间，被称为休闲期。如图 7-14 所示。休闲期包括 Beta 1 时间和 Beta 2 两个时隙。

Beta 1 时间段：当节点发送消息后，该时间在休闲期是一固定的时间段，其值取决于以下各项：

① 网络节点振荡器的振荡频率及其精度；

② 无法确定的媒介访问时间；

③ 最小的质询时间；

④ 接收结束的延时时间。

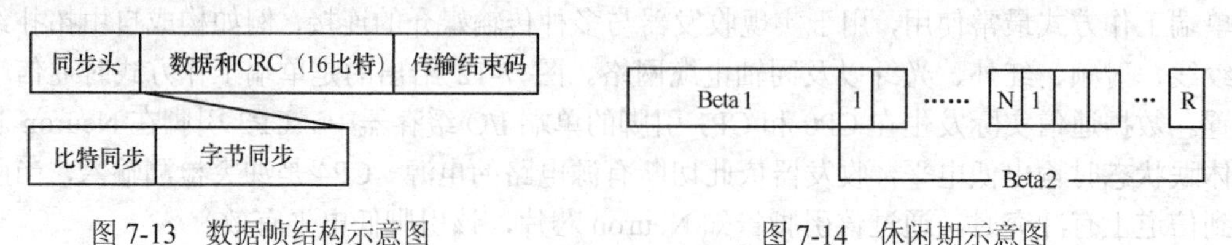

图 7-13 数据帧结构示意图　　图 7-14 休闲期示意图

Beta 2 时隙：Beta 2 时隙的内容有以下两个。

① 非优先级时隙（随机时隙 R）：节点在发送消息包之前要监听网络，这样可以避免两个或多个节点同时发送消息包时造成冲突。此外，发送节点在向网上发送消息包之前，首先要计算可供发送消息的随机时隙数，然后发送节点被随机地分配到某个随机时隙发送消息。随机时隙数 R 是可变的。

② 优先级时隙（N）：优先级时隙位于数据之后，随机化时隙之前。它的主要作用是为重要的消息包提供非竞争通道，从而提高重要消息包的响应时间。

Beta 2 的时间值取决于：

① 网络节点振荡器的振荡频率及其精度；

② 优先级时隙的数目；

③ 节点接收启动延时：它是节点开始发送到正接收的节点检测到发送开始之间的时间，它取决于收发器收发转换时间、传输速率、介质长度等；

④ 对专用工作方式的收发器，Neuron 芯片和收发器间的帧延时。

2. 差分工作方式

差分工作方式中，Neuron 芯片内嵌收发器能够配合外部无源部件有区别地驱动和感知双绞线传输线。差分工作方式在很多方面类似于单端工作方式。其关键的区别是：驱动以及接收电路配置是差分线传输。在发送期间，数据输出引脚 CP2 和 CP3 的状态是反相的（驱动状态），即送出差分信号。当无数据发送时，状态是高阻状态（非驱动状态）。

在接收引脚 CP0 和 CP1 上的接收电路通过 8 个选择电平提供磁滞选择，后面紧跟一个可选的滤波器有四个可选抑制噪声的值。

图 7-15 是差分工作方式的通信端口配置图。它的数据格式同前述的单端工作方式。

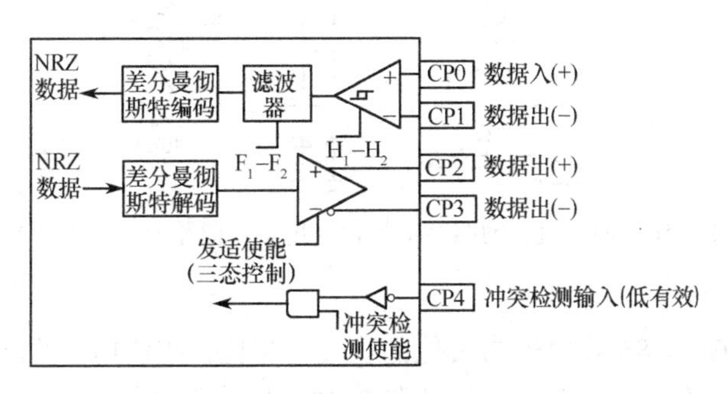

图 7-15　差分工作方式的通信端口配置图

3. 专用工作方式

在某些特殊应用中，需要 Neuron 芯片提供无编码数据，且无同步头。在这样的情况下，由一智能发送器接收未编码数据，然后依一定数据格式组报并插入同步头。智能接收器然后检测并丢弃同步头，将还原的未编码数据送至 Neuron 芯片。

这样的收发器具有自身的 I/O 数据缓存器、智能控制功能以及提供握手信号，保证数据在 Neuron 芯片和收发器之间正确传递。此外专用工作方式的收发器还有如下特点；

（1）能够从 Neuron 芯片配置收发器的各种参数。

（2）能够将收发器的各种参数告知 Neuron 芯片；

① 多种通道工作；

② 多种比特速率工作；

③ 使用 FEC 纠错编码；

④ 使用冲突检测。

当使用专用工作方式时（购买 Neuron 芯片与收发器的用户允许使用专用工作方式），在 Neuron 芯片和收发器间使用一专用协议。该协议的内容是 Neuron 芯片和收发器之间每次以最高可达到 1.25Mbps（此时 Neuron 芯片的输入时钟为 10MHz）的速率连续地交换 16 比特一帧，这 16 比特包括 8 比特状态字。1.25Mbps 比特速率允许时间-临界标志，如载波检测，以最大可达 156kbps 的网络比特速率在接口之间交换。由于有与握手有关的开销，实际可达到的最大比特速率是 156kbps。

7.5.3 收发器

1. 双绞线收发器

双绞线收发器是最通用的收发器类型。在许多设计中，双绞线收发器可以配置获得较高的性能价格比。双绞线与 Neuron 芯片接口有以下三种基本类型。

（1）直接驱动接口

直接驱动接口使用 Neuron 芯片内部收发器外接电阻和二极管以限流和 ESD 保护，如图 7-16 所示。如果网络上最多可达 64 个节点、各节点使用普通电源，电路板支持的数据速率最大可达 1.25Mbps。普通方式的电压范围为 0.9V 到 V_{DD}-1.75V，传输距离最远为 30m，这样的网络配置选择直接驱动接口是最理想的。

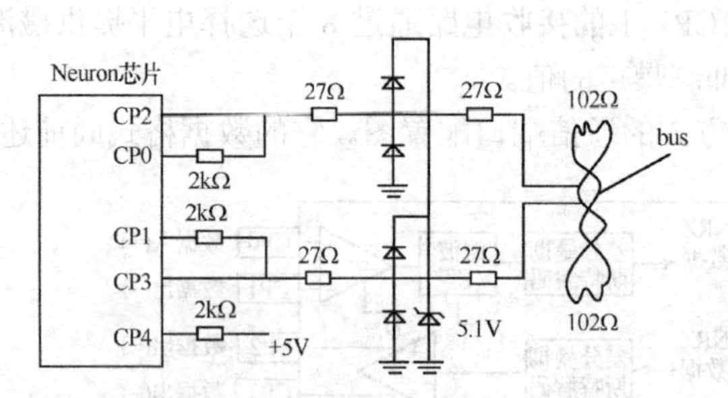

图 7-16 简单直接网络驱动接口（用于直驱差分工作方式）

（2）EIA-485

市场上可购得的 EIA-485 收发器与其他的收发器相比，在费用、性能及体积上都有较多的优势。在外部部件参数不变的情况下，能支持多种数据速率（最高为 1.25Mbps）以及多种类型的传输线。有了 EIA-485 收发器，通用方式的电压范围要好于直接驱动接口所能获得的电压范围，但又低于变压器耦合式收发器。通用方式的电压范围为-7～+12V，当然还可添加光电隔离器来提高其电压范围。

要实现 EIA-485 网络，Neuron 芯片通信端口应采用单端工作方式。为确保网络节点的互操作性，LonMark 建议有 EIA-485 收发器的节点使用 39kbps 的数据速率。图 7-17 给出的是一个典型的电路配置，能支持 32 个节点，节点数据速率为 39kbps、传输距离最远可达 600m。使用普通电源，EIA-485 能很好地工作，个别的节点当通用电压超出-7V、＋12V 时，节点将会损坏。

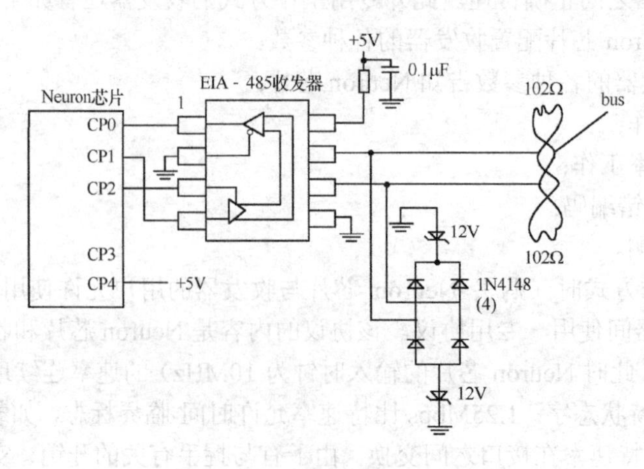

图 7-17 EIA-485 典型电路

EIA-485 的所有收发器都需要有公共的参考地。实现方法有两种：

① 在网络电缆中增加第三根导线作为各收发器的公共地；

② 收发器分别连接到各自节点的公共地上。

（3）变压器耦合接口

需要高性能、高隔离度、高抗干扰能力的应用，最好使用变压器耦合接口。变压器耦合收发器设计数据速率可达到 1.25Mbps。变压器的类型很多，并可以开发自己的变压器耦合电路，如 2 线或 4 线的变压器。Echellon 公司提供有 78kbps 和 1.25Mbps 数据速率的收发器，如表 7-7 所示。Echelbn 的收发器最突出的是灵活的拓扑结构（FTT-10/LPT-10），支持总线型、环型，还支持星型拓扑结构。双绞线拓扑图如图 7-18 所示。变压器对应特定的数据速率应优化设计，如增加无源器件（如电感、电阻和电容），改变数据速率需更改元器件的值。图 7-19 是变压器隔离双绞线接口的方框图（建议使用 U.L.Level IV 线）。

表 7-7　Echelon 公司的收发器产品

产　品	速率/（kbps）	拓　扑	节点数	距离（m）	类型
TPT/XF-78	78	Bus 拓扑	64	1 400	变压器隔离
TPT/XF-1250	1 250	Bus 拓扑	64	130	变压器隔离
FTT-10	78	Bus 拓扑	64	2 700	变压器隔离
FTT-10	78	自由拓扑	128	500	变压器隔离
LPT-10	78	Bus 拓扑	128	2 200	Link power
LPT-10	78	自由拓扑	128	500	Link power

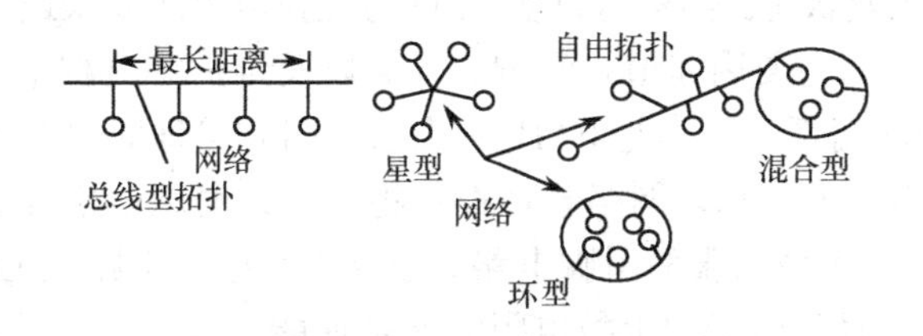

图 7-18　双绞线拓扑图

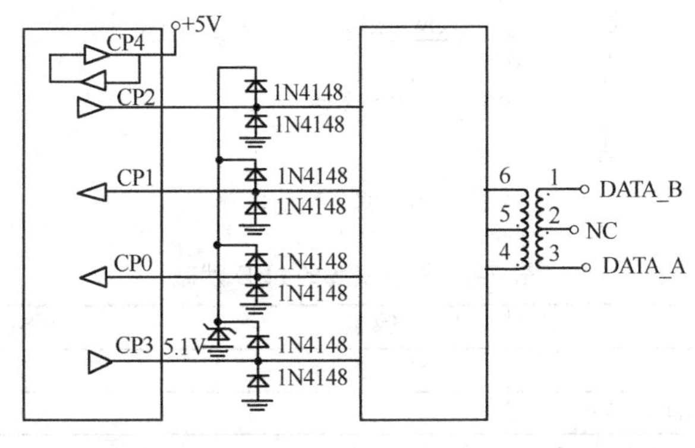

图 7-19　变压器隔离双绞线接口方框图

2. 其他类型收发器

（1）电力线收发器

强噪声环境及对传输媒介的要求限制了电力线收发器的使用。Echelon 提供有一组适用于北美和欧洲市场的收发器，工作性能很好，如表 7-8 所示。当 Neuron 芯片与电力线收发器接口时，其通信端口应工作在单端工作方式，通信速率最高可达 10kbps。

表 7-8　Echelon 电力线收发器

产品	比特速率（kbps）	带宽（kHz）	适用地区
PLT-10A	10	100～450	北美
PLT-10A	8	80～340	日本
PLT-20	5	125～140	欧洲
PLT-20	5	120～135	北美
PLT-30	2	9～90	欧洲

（2）无线收发器

在 LonWorks 技术中使用无线通信技术可达到两个目的：应用范围更广；可选频率范围宽。对低成本和低发射功率应用，可设计一个简单的 350MHz 收发器；对需要大发射功率的应用，Motorola 公司提供有相应的产品，频率范围在 450MHz 内。与无线收发器接口的 Neuron 芯片通信端口应工作在单端工作方式，能达到的数据速率最大是 4800bps。

7.5.4　服务引脚

服务引脚输入和漏极开路输出交替，频率是 76Hz，波形占空比是 50%。当其作为输出时，它能吸收 20mA 电流用于驱动 LED；当其用作输入时，它有一个可选的片内上拉电阻使输入能被拉高为高电平而进入无效状态。当然这只在 LED 与上拉电阻之间来连接时才使用。在 Neuron 芯片的固件控制下，该引脚主要用在节点配置、安装以及维护等过程中。例如，当节点还未配置网络地址信息时，LED 闪烁、频率是 0.5Hz。当服务引脚接地时，节点会在网上发送一含有 Neuron 芯片 ID 值的网络管理消息，网络管理设备将使用该消息中包含的信息来安装及配置该节点。图 7-20 显示的是一典型的服务引脚电路。表 7-9 列出了电路上 LED 的状态。复位时，服务引脚的状态不确定，服务引脚的上拉电阻默认是使能。

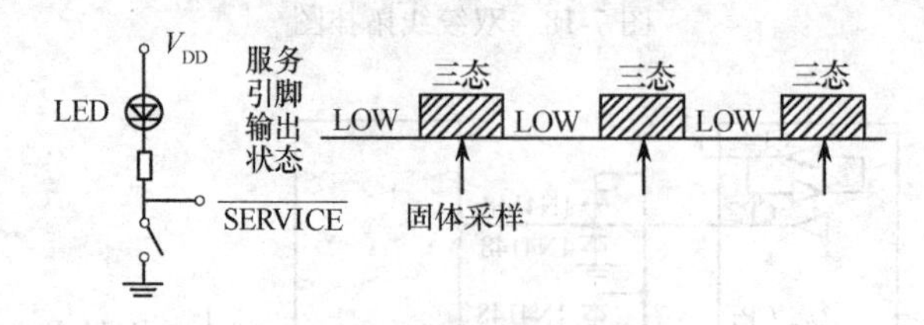

图 7-20　服务引脚电路

表 7-9　服务引脚的 LED 状态

节点状态	状态代码	服务引脚电路 LED
非应用或未配置	3	亮
未配置（有应用）	2	闪烁
已配置，硬件脱机	6	关闭
已配置	4	关闭

7.5.5　定时器/计数器

Neuron 芯片有两个 16 位的定时器/计数器（简称 CTC）：CTC1 又称为多路复用 CTC，因为该 CTC1 的输入引脚可通过一个可编程多路转换器 MUX 在 IO4～IO7 中选择，它的输出连接引脚 IO0。CTC2 称为专用 CTC，它的输入连接引脚 IO4，输出连接引脚 IO1。CTC 与应用指定的外部硬件的连接图如图 7-21 所示。

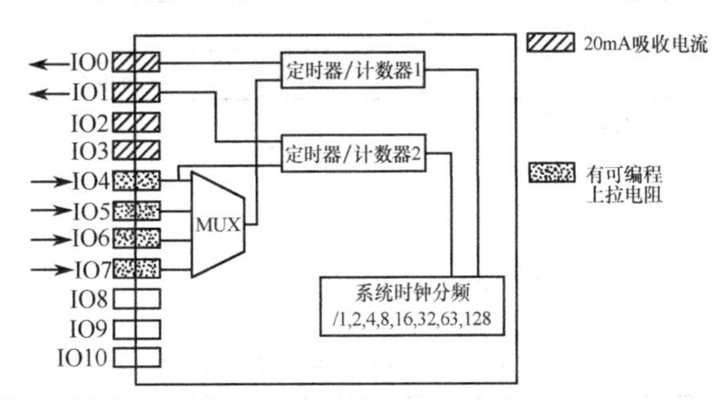

图 7-21　定时器/计数器与应用层硬件设备连接

CPU 可使 CTC 充当一个可写的 16 位的加载寄存器，一个可读的 16 位的锁存器和一个 16 位的计数器。加载寄存器和锁存器一次只能访问一个字节。要说明的一点是 I/O 引脚并非固定分配给 CTC，比方说 CTC1 仅用作输入信号，引脚 IO0 可空出作为它用。CTC 的时钟信号以及使能信号可来自外部 I/O 引脚，也可由系统时钟分频得到。两个 CTC 的钟速率互相独立。外部时钟可选择在输入的上升沿有效或下降沿有效，也可上升沿下降沿都有效。在单个应用中我们可以定义多个 CTC 的输入对象，因为 CTC1 可以是 IO4～IO7。通过调用 io_select()，应用程序可使用 CTC1 来实现 1～4 个输入对象。如果一个 CTC 被定义来实现一个输出对象或一个正交输入对象，它就不能在同一个应用中被定义为其他的 CTC 对象。

7.5.6　Neuron 芯片的电气特性

1．Neuron 芯片的极限数值

Neuron 芯片的极限数值如表 7-10 所示。

表 7-10　Neuron 芯片的极限数值

符 号	参 数	最小值	最大值
V_{DD}	电源电压范围（V）	-0.3	7.0
V_{in}	输入电压范围（V）	-0.3	V_{DD}+0.3
I_{DD}	最大的源极电流（mA）		200
I_{ss}	最大的漏极电流（mA）		300
P_d	连续的功耗（mW）		800
T_a	工作环境温度范围（℃）	-40	+85
T_{STG}	储存温度范围（℃）	-65	+150

2．Neuron 芯片推荐的工作参数

Neuron 芯片推荐的工作参数如表 7-11 所示。

表 7-11　Neuron 芯片推荐的工作参数值

符 号	参 数	最小值	最大值
V_{DD}	电源电压（V）	4.5	5.5
U_{il}	TTL 低电平输入电压（V）	V_{SS}	0.8

续表

符号	参数	最小值	最大值
U_{ih}	TTL 高电平输入电压（V）	2.0	V_{DD}
U_{il}	CMOS 低电平输入电压（V）	V_{ss}	0.8
U_{ih}	CMOS 高电平输入电压（V）	V_{DD}-0.8	V_{DD}
T_a	工作环境温度（℃）	-40	+85

3．Neuron 芯片的电气特性

Neuron 芯片的电气特性如表 7-12 所示。

表 7-12　Neuron 芯片的电气特性

符　号	参　数	条　件	最 小 值	最 大 值	单　位
U_{olatd}	低电平输出电压（标准输出）	I_{ol}=1.4mA		0.4	V
U_{otha}	低电平输出电压（高电流吸收输出）	I_{ol}=10mA I_{ol}=20mA		0.4 0.8	V
U_{othd}	低电平输出电压（强驱动输出）	I_{ol}=15mA I_{ol}=40mA		0.4 1.0	V
U_{ohatd}	高电平输出电压（标准输出）	I_{ol}=-1.4mA	V_{DD}-0.4		V
U_{ohha}	高电平输出电压（高电流吸收输出）	I_{ol}=-1.4mA	V_{DD}-0.4		V
U_{ohhd}	高电平输出电压（强驱动输出）		V_{DD}-0.4 V_{DD}-1.0		V
U_{hys}	磁滞（除~RESET）		175		mV
I_{in}	输入电流（除上拉电阻）	V_{ss}<V_{in}< V_{DD}		±10	A
I_{pu}	上拉源电流	Uou=0V	30	30	A

7.5.7　存储映像

Neuron 芯片中的存储映像（Image），即软件，分为 3 个主要的部分：系统映像、应用映像以及网络映像。

1．系统映像

系统映像包括 LonTalk 协议、Neuron C 库函数以及任务调度程序。在 Neuron 3120xx 芯片中，系统映像软件存储在片内的 10KB 的 ROM 中；在 Neuron 3150 芯片中，系统映像软件存储在片外的 ROM 或闪存中。对于 Neuron 3150 芯片，由于该部分软件不能固化在芯片内，所以它只能作为开发工具 LonBuilder 和 NodeBuilder 随带的软件的一部分，依靠开发工具随带的软件，产生包含系统映像的 Intel 十六进制文件或摩特罗拉 S-record 格式目标文件，编程写入

将作为 Neuron 芯片外存的 E²PROM、ROM 或闪存中。

2．应用映像

（1）组成

应用映像由两部分构成：Neuron C 编译应用程序产生的对象代码、应用程序指定的有关参数。要指出的是，这些参数可以经网络管理工具查询，诸如：

① 网络变量固定且自识别数据；

② 程序 ID；

③ 可选择的自识别（SI）以及自编（SD）数据；

④ 地址表记录数（最多 15 条记录）；

⑤ 域表记录数（最多 2 条记录）；

⑥ 网络缓存器的数目及空间大小；

⑦ 应用缓存器的数目及空间大小；

⑧ 接收事务记录数；

⑨ 目标 Neuron 芯片的输入钟速率；

⑩ 收发器的类型及比特速率。

在 Neuron 3150 芯片中，应用映像通常是编程写入外部的 ROM 中，也可以通过网络下载到外部的 E²PROM 或闪存中。对 Neuron 3120xx 芯片，应用映像软件下载到片内的 E²PROM 中。LonBuilder 或 NodeBuilder 都能创建应用映像。

（2）数据结构

应用映像的数据结构包括以下几种。

① 一个固定只读结构，结构的大小与节点的应用无关。

② 一个网络变量固定表：节点定义的每个网络变量占一条记录。

③ 可选择的自识别以及自编数据：内含节点以及节点网络变量的信息。

3．网络映像

网络映像定义节点与网上其他节点的关系，给定节点在网上的唯一行为。它由 4 部分组成：节点地址分配、网络变量的连接信息和消息标签的连接信息、安装时要设置的网络 LonTalk 协议的参数以及应用程序的配置变量。当节点安装时，通常由网络管理器负责通过网络将网络映像下载到片内的 E²PROM 中。对简单的网络，节点可以修改自己的网络映像。

Neuron 芯片上的应用程序可以通过使用库函数调用来访问网络映像中的内容。在 LonBuilder 以及 NodeBuilder 中，除特别指出外，函数原型及定义都可在 ACCESS.H 以及 ADDRDEFS.H 中找到。

网络映像的数据结构包括以下几种。

（1）一个域表：节点所在的每个域都占一条记录。

（2）一个地址表：节点能访问的每个网络地址都占一条记录。

（3）一个网络变量配置表：节点定义的每个网络变量都占一条记录。

（4）一个通道配置结构；定义节点收发器的接口。

这些数据结构也可以采用网络管理消息来访问。运行在基于 PC 的节点主机上的网络管理器，LonManager 应用编程员接口（API）为基于 PC 的节点的应用程序提供了对这些结构的访问。运行在任何主机上的网络管理器，LonManager NSS-10 网络服务器组件可提供类似的服务。

在设备的存储映像中，应用映像以及网络映像是用户定义部分，LON 网中的许多设备可以有同样的应用映像，如在工厂自动化系统中，传送带电机设备就可以有同样的应用映像，同样的应用程序、硬件、I/O 以及收发器配置信息。而网络映像则允许各个传送带电机设备在网上有不一样的行为。

4．片内 E^2PROM 的分配

对片内 E^2PROM 中的结构，只有在 Neuron C 程序中使用 ACCESS.H 中的访问程序才能访问，或在网上使用 NETMGMT.H 中定义的有关网络管理消息进行访问。对于应用编程人员，若要访问这些结构就只能使用内嵌的访问程序。其理由是：

（1）这些结构的放置位置的变化有赖应用的配置；

（2）若没有固件中访问程序提供的必要的安全保护措施，对这些结构的改写很可能使节点崩溃，并且无法挽回；

（3）新版本的 Neuron 芯片上的 E^2PROM 可能有不同的分配方案，当访问程序时会意识到这种变化。

表 7-13　片内 E^2PROM 的分配

结　构	放　置　位　置	
	3120	3120E1/E2，3150
固定只读结构	0xF000	0xF000
配置数据结构	0xF024	0xF029
引导 ID	N/A	OXF1FE（仅对 3150 芯片）
域表	0xF03D	0xF042
地址表	0XF03D＋15 字节/每个域	0XF042＋15 字节/每个域
网络变量配置表	地址表+5 字节/每个地址	地址表+5 字节/每个地址

由表 7-13 可以看出 E^2PROM 的使用情况。

（1）域表的每条记录是 15 字节，默认是 2 条记录。

（2）每条地址表的记录是 5 字节，默认且最多是 15 条记录。

（3）每个网络变量定义（配置表）要使用 3 字节作为配置信息，3 字节的只读存储区用做固定信息。若使用 SNVT 的 SI（自识别）特性，额外需在每个网络变量增加 4 字节的固定开销，加 2 字节的附加字节。

（4）网络变量的别名表每条记录是 4 字节，默认是 0 记录。

（5）变量定义为 eeprom 以及 config 使用对应数量的 E^2PROM。

（6）when 子句表存放在代码存储区域，每个子句记录是 3～6 字节。与使用 if 语句相比，代码空间要少。当子句包含用户定义事件时，还要增加代码空间。

网络变量固定表、SNVT 描述表以及应用映像的其他部分均由 Neuron C 链接程序负责放置。放置的位置地址有赖于节点的存储器映像。对 Neuron 3150 芯片构成的节点可以指定片外只有 16KB（64 页）的 ROM，从而强制性地将应用映像整个写入片内的 E^2PROM 中。

5．RAM 的分配

由于应用对各种资源的需求不同，Neuron C 链接器根据这种情况确定某一应用对 RAM 的

使用以及节点的存储器映像。节点使用的资源数目通常也被放置在节点的 Neuron 芯片内 E^2PROM 的应用映像中。当节点复位时，固件利用这个数据来分配放置到片内或片外 RAM（如果片外有的话）中的各类结构。如果网络管理器想重新分配节点使用的 RAM，并且节点的外部接口文件（扩展名是.XIF）存在，那么它就能够使用这个文件中的信息来重新分配使用 RAM。如果没有外部接口文件，就无法直接确定可供使用的 RAM 有多少。在这种情况下，安全的做法是查阅节点当前对 RAM 的使用情况，以节点当前使用的 RAM 数量作为上限重新分配使用 RAM。当对 RAM 的使用进行重新分配时，节点应工作在非应用状态。重新分配后节点要复位。RAM 分配如下。

（1）系统用 RAM 空间：用于存储栈以及系统控制变量。其固定分配的存储空间大小取决于所采用的 Neuron 芯片类型：3120 芯片是 454 字节；3150 芯片是 636 字节。其中分派给应用数据及返回栈的部分对于 3120 芯片是 114 字节；对于 3150 芯片是 232 字节。

（2）应用软定时器空间：应用程序中的软定时器，每个定时器需要分配 4 个字节。

（3）接收事务空间：接收事务数×13 字节/每条接收事务记录。

（4）发送事务空间：发送事务数×18 字节/每条发送事务记录。如果使用优先级缓存器，发送事务数是 2，其他的都为 1。

（5）缓存器空间：每类缓存器需要分配的空间由所需各类缓存器的数量乘上每个缓存器的大小得到。缓存器依下列顺序分配：

① 应用输入缓存器；

② 应用输出缓存器；

③ 应用输出优先级缓存器；

④ 网络输入缓存器；

⑤ 网络输出缓存器；

⑥ 网络输出优先级缓存器。

（6）I/O 值更换数组空间：I/O 输入/输出值为变化的事件数×3 字节/事件。

（7）应用数据空间：应用数据从 RAM 空间的下部开始（自下而上）分配。

注意：固件无法知道应用数据驻留在哪里，而是要依靠链接器来正确区分 RAM。如果链接器已链接，要扩充系统 RAM 就必须谨慎行事。为此，节点的外部接口文件将包含可供系统使用的整个 RAM 的数量的信息。表 7-14 给出程序中定义的全局数据以及静态数据（eeprom 以及 config 变量除外）的大小。

表 7-14　各种数据类型在 RAM 中所占的字节数

数据类型	占 RAM 字节数
char	1
int	1
enum	1
long	2
struct	各成员字节数和，不足 8 比特的按一字节计算；对 loat.Type 和 k32-tyPe 结构是 4 字节
Union	最大成员的字节数
Message	0
I/O 对象	0
代码	代码长度（用 ram 关键字定义的函数代码）

系统用的 RAM、应用软定时器、接收事务以及发送事务应分配的空间必须在片内的 RAM 中，如果片内 RAM 不够，且有外接 RAM，那么各类缓存器和 I/O 值更换数组所需分配的空间可以在外部 RAM 中。

7.5.8 Neuron 芯片的数据结构

Neuron 芯片的数据结构包括固定只读数据结构、域表、地址表、网络变量表、标准网络变量（SNVT）结构以及配置结构。所有这些结构都在 ACCESS.H 和 ADDRDESS．H 两文件中定义。下面各数据结构中的位成员在一个字节中的放置顺序是由高位到低位；对于一至多个字节构成的某个结构中的成员，字节的放置顺序也是由高字节到低字节。

1．固定只读数据结构

固定只读数据结构定义节点的识别和应用映像中的某些参数。

2．域表

域表定义节点所在的域，它被存放在片内的 E^2PROM 中，作为网络映像的节点安装时写入。开发期间，该表的内容在节点装载时下载。

3．地址表

发送隐式寻址的显式消息和网络变量消息的节点可在地址表中找到隐式寻址的各网络节点地址。地址表定义了节点所属的节点组地址。地址表存放在片内的 E^2PROM 中，节点安装时，作为网络映像的一部分写入。

应用程序可以使用访问程序 access_address()和 undate_address()对表中的任一条记录进行读/写操作。程序中定义的任一消息标签在地址表中的记录索引由 addr_table_index()确定。表中的每一条记录可以是下列 5 种格式之一：组编值、子网/节点编址、广播编址、自转移编址或无。组编值用于一对多寻址，即某一输出网络变量或消息标签连接的节点数＞2。子网/节点编址用于点对点寻址，即某一输出网络变量或消息标签连接的节点数只有一个（且必须是另一个节点）。广播寻址仅用于显式寻址。自转移编址主要供网络变量实现对同一节点的其他网络变量的连接、地址表中 Neuron ID 格式的目标地址永远不会使用，但可以用作显式寻址消息的目标地址。使用查询地址表或修改地址表的网管消息，可以对表中的记录进行读/写操作。对使用组编值格式的记录可使用修改组地址数据的网管消息来改写记录。地址表记录的第一字节指定的是记录的格式，如表 7-15 所示。

表 7-15　地址表记录格式

0	未使用/自转格式
1	子网/节点格式
2	Neuron-ID 格式
3	广播格式
128～255	组格式

地址表中的记录是由捆绑器来赋值的，最先的地址表记录中的值是本节点与其他节点进行消息标签捆绑时捆绑器赋的值，其顺序与应用程序定义消息标签的顺序相同。后面紧跟着的才是网络变量捆绑时捆绑器赋的值。

4. 网络变量表

与网络变量有关的有3个表：网络变量配置表、网络变量别名表以及网络变量固定表。网络变量配置表定义节点中网络变量的配置属性，作为网络映像中的一部分内容写入 E^2PROM 中，节点安装时可以修改网络变量表。网络变量配置表。网络变量别名表定义节点内别名网络变量的配置属性，是网络变量的一个摘要表，被存放在片内 E^2PROM 中，且紧随网络变量配置表之后。网络变量别名表的记录数使用编译命令＃pragma num_alias_table_entries nn 来控制。网络变量固定表定义节点网络变量的编译及链接属性。它可以存放在只读存储器中并且作为应用映像的部分在应用下载时写入。

用作 LonWorks 网络接口的节点，网络变量固定表和网络变量都存放在主机的存储器中，而网络变量配置表和网络变量别名表可以存放在 Neuron 芯片的处理器中，或存放在主机的存储器中，且每个节点的网络变量以及别名网络变量数将由62个增加到4096个。此时，Neuron 芯片上的 LonTalk 协议固件将不能处理网络变量修改消息，而是将它们传送至主机。

基于 Neuron 芯片的节点的网络变量配置表和固定表，每个表的记录数最多为62，每条记录长为3字节。记录数由应用程序中定义的网络变量数确定。网络变量数组的每个元素都占一条记录。应用程序中网络变量定义的顺序确定了两表中对应的网络变量的索引值。网络变量固定表只有在下载应用映像时才可以进行写操作，而网络变量配置表的记录可以在网上用查询/修改网络变量配置的网管消息进行读/写操作。

网络变量固定表最多可以有62条记录，每条记录长是4字节（对基于 Neuron 芯片节点或基于主机节点）或是6字节（对基于主机节点）。对基于 Neuron 芯片节点实际记录数可使用 Neuron C 编译命令＃Pragma num-alias-table-entries 来修改。

7.6 Neuron 芯片的 I/O 对象

7.6.1 Neuron 芯片 I/O 对象类别

Neuron 芯片通过11条引脚（IO0～IO10）与应用指定的外部硬件相连，称这11条引脚为应用 I/O。应用 I/O 可配置多种工作方式，从而借助于最小的外接电路实现灵活的 I/O 功能。用 Neuron C 语言定义一条或多条引脚作为 I/O 对象。一个 I/O 对象就是一个定义的 I/O 波形，或看成是存放在 ROM 中供用户应用程序访问的已编写的固件例程。用户程序可通过 io_in()和 io_out()系统调用来访问这些 I/O 对象，并在程序执行期间完成 I/O 操作。各种不同的 I/O 对象如表7-16～表7-19所示。

表7-16　直接的 I/O 对象

对　象	用到的引脚	输入/输出值
比特（bit）输入	IO0～IO10	0，1二进值数据
比特（bit）输出	IO0～IO10	0，1二进制数据
字节（B）输入	IO0～IO7	0～25二进制数据
字节（B）输出	IO0～IO7	0～255二进制数据
电平检测（leveuldetect）输入	IO0～IO7	逻辑0电平检测
半字节（nibble）输入	IO0～IO7任意相邻的4个引脚	0～15二进制数据
半字节（nibble）输出	IO0～IO7任意相邻的4个引脚	0～15二进制数据

表 7-17　并行双向 I/O 对象

I/O 对象	应用引脚	输入/输出值
多总线 I/O	IO0～IO10	有多种寻址选择的并行双向 I/O 端口
并行 I/O	IO0～IO10	执行令牌传递/握手协议的并行双向 I/O 端口

表 7-18　串行 I/O 对象

I/O 对象	应用引脚	输入/输出值
移位 I/O	任意相邻的一对引脚（IO7、IO8 除外）	最多 16 比特定时数据
I2C（需特许）	IO8+IO9	最多 255 字节的双向串行数据
磁卡输入	IO8+IO9+IO0～IO7	磁卡阅读机输出的数据流编码标准 ISO7811 track 2
磁迹输入	IO8+IO9+IO0～IO7	磁卡阅读机输出的数据流编码标准 ISO7811 track 1
半双工异步串行输入	IO8	8 比特字符，传输速率可为 600bps、1200bps、2400bps、4800bps
半双工异步串行输出	IO10	8 比特字符，传输速率可为 600bps、1200bps、2400bps、4800bps
Dallas 接触 I/O	IO0～IO7	最多 2048 比特的输入/输出
Wiegand 输入	IO0～IO7 任意相邻的一对引脚	来自 Wiegand 卡阅读器的编码数据流
全双工同步串行输入	IO18+IO9+IO0～IO7	最多 255 比特双向串行数据

表 7-19　定时器/计数器输入/输出对象

I/O 对象	应用引脚	输入/输出值
双斜输入	IO0+IO1+IO4～IO7	双积分 A/D 转换电路的比较器输出
边沿计数输入	IO4	有跳变的输入数据流
红外输入	IO4～IO7	来自红外线解调器的编码数据流
定期输入	IO4～IO7	脉宽 0.2μs～1.678s
周期输入	IO4～IO7	信号周期 0.2μs～1.678s
脉冲计数输入	IO4～IO7	0.839s 期间 0～65535 输入边沿
正交输入	IO4+IO5 IO6+IO7	±16383 二进制格雷码转换
总数输入	IO4～IO7	0～65535 输入边沿
分频输出	IO0，IO1+IO4～IO7	输出频率=输入频率/用户指定的一个数字
频率输出	IO0，IO1	0.3Hz～2.5MHz 的方波
单步输出	IO0，IO1	脉宽 0.2μs～1.678s
脉冲计数输出	IO0，IO1	0～65535 脉冲
脉宽输出	IO0，IO1	0～100%占空比脉冲串
可控硅输出	IO0，IO1+IO4～IO7	相对输入边沿输出脉冲的延时时间
触发计数输出	IO0，IO1+IO4～IO7	计数输入边沿从而触发输出端输出脉冲

IO4、IO5、IO6 和 IO7 均有上拉电流源供选择用作上拉电阻，应用程序中若加 Neuron C 编译器的指令（#pragma enable_ic_pullups），上拉电阻使能。引脚 IO0、IO1、IO2 及 IO3 均有 20mA（0.8V）的电流吸收能力。其他引脚电流入吸收能力为标准值 1.4mA（0.4V）。引脚 IO0～IO7 具有低电平检测锁存器。

7.6.2　I/O 定时问题

影响 Neuron 芯片 I/O 定时的因素：调度程序；I/O 功能块固件；Neuron 芯片硬件。

1．与调度程序有关的 I/O 定时信息

调度程序作为 Neuron 芯片固件的一部分，简化了对用户定义事件的估值过程。由 Neuron C 编程语言提供的 when 子句指定这类事件。调度程序的运行有一个限定的执行时间。某一特定的用户应用代码中的同一个 when 子句，估值调度程序所涉及的事件需耗费的时间很大程度上取决于用户代码的长度、when 子句的总数以及 when 子句中有关事件的状态。调度程序处理 when 子句的方式为循环往复方式。

2．与固件及硬件有关的 I/O 定时信息

Neuron 芯片的 11 条 I/O 引脚的修改（读或写）都是固件调用存储在系统映像（Systemimase）中的函数来实现的。某个给定函数的总执行时间（从开始到结束），分为两部分：硬件 I/O 真正修改之前的处理时间；被调用函数返回应用程序的时间。所有时间的精确度都取决于输入时钟的精确度。

3．同步

对 Neuron 芯片的 11 条引脚而言，当配置为输入引脚时，为确保 Neuron 芯片能捕捉到某只输入引脚的变化，要求输入的变化值维持至少一个系统时钟周期的时间，系统时钟周期一般取 220μs。

7.6.3　I/O 对象

1．直接 I/O 对象（6 种）

（1）比特 I/O 对象

IO0～IO10 可分别配置成单个的比特 I/O 端口。输入信号电平是 TTL 电平，比特输入可从外接的逻辑电路（如触点式表决器等电路）中读取与 TTL 电平兼容的逻辑信号。比特输出是 CMOS 电平，可驱动外接的与 CMOS 电平以及 TTL 兼容的逻辑电路，如开关晶体管等，也可用于驱动较高电流的外部设备，如步进电机和灯。IO0～IO3 具有的高电流吸收能力能直接驱动多个 I/O 设备。在应用程序控制下比特端口的方向可在输入、输出之间动态地改变。

（2）字节 I/O 对象

IO0～IO7 可配置为字节 I/O 端口，I/O 的数据范围是 0～225。字节 I/O 对象可用来连接每次需要输出或接收 8 位数据（ASCII 数据）的设备，IO0 是 I/O 数据的最低位（LS）。

（3）电平检测输入对象

IO0～IO7 可分别配置为电平检测输入端口，用于检测某一输入端输入的逻辑为“0”的电平。它能锁存输入引脚的负跳变，即使该负脉冲的脉宽很窄（10MHz 的 CLK1，能检测到的最短脉宽为 200μs 的负脉冲）。

（4）半字节 I/O 对象

IO0～IO7 每 4 个紧邻的引脚可配置为半字节 I/O 端口，I/O 的数据范围 0～15。半字节的 I/O 对象可用于连接每次需要输出或接收 4 位数据（BCD 数据）的是设备。

2．并行双向 I/O 对象（2 种）

（1）并行 I/O 对象

并行 I/O 对象使用所有 11 个 I/O 引脚，其中 IO0～IO7 是 8 位双向数据线，IO8～IO10 是 3 位控制信号线。借助令牌传递/握手协议，并行 I/O 可用来外接处理器，实现 Neuron 芯片与外接处理器之间的双向数据传输，最高传输速率可达 3.3Mbps。

为提高设计的灵活性，Neuron 芯片的并行接口可有 3 种工作方式：主方式（并行 I/O 的智能方式完全控制着自身与从方式的处理器之间的握手协议）、从 A 方式（Neuron 芯片受主方式工作的 Neuron 芯片、处理器或控制器控制）、从 B 方式（类似于从 A 方式的 Neuron 芯片，但是这种方式的握手处理以及对数据总线的控制使之更适用于微处理器的总线环境）。

（2）多总线（Muxbus）I/O 对象

多总线 I/O 对象是实现 Neuron 芯片与外设，或 Neuron 芯片与外接处理器之间并行传送数据的另一种方法。典型的应用是 Neuron 芯片与 8 位的 D 类锁存器连接。

3．串行 I/O 对象

（1）移位 I/O 对象

从 IO0 开始相邻的两个引脚可配置为串行 I/O 端口。偶数引脚用做内部时钟输出，奇数引脚用做串行数据线。有效时钟边沿可指定为上升沿或下降沿。工作时将暂停应用处理直至操作完成。主要应用场合：该 I/O 对象可用于对外接移位寄存器进行读、写操作。其数据最长为 16 位。

（2）I^2C I/O 对象

I^2C I/O 用于实现 Neuron 芯片与遵循 I^2C 串行总线规约的器件相连。Neuron 芯片总是主控器，IO8 是时钟线（SCL），IO9 是串行数据线（SDA）这些 IO 线的漏极开路以满足 I^2C 规约的特殊需要。实际上，Neuron 芯片与 I^2C 器件的连接，还需在引脚上增加两个上拉电阻。I^2C I/O 一次可最多传送 255 字节数据。

（3）磁卡输入对象

磁卡输入用于实时接收来自 ISO 7811 track 2 磁卡阅读器的同步串行数据。数据信号在引脚 IO9 输入，时钟或数据选通信号在 IO8 输入。引脚 IO9 的数据信号在 IO8 时钟信号的下降沿上或紧跟下降沿被定时，最低有效位先传送。IO0～IO7 的任一个引脚都可用作时间溢出输入引脚，如果输入时万一出现输入比特数据流因不正常中断而死锁，即从时间溢出引脚输入一解锁信号。磁卡输入对象一次可阅读的数据最多 40 个字符。Neuron 芯片将检验奇偶校验和纵向冗余校验（LRC）。

（4）磁迹 1 输入对象

用于读取来自 ISO3554 磁条纹卡阅读器的同步串行数据。串行数据从 IO9 读入，时钟或数据选通信号在 IO8 输入。引脚 IO9 的数据紧跟在 IO8 时钟信号的下降沿被定时。串行数据从 D0 起位读入。

（5）同步串行（SPI 接口）I/O 对象

可实现与某些外部器件的同步全双工串行通信。它可以作为主控收发器（驱动同步时钟输出）或被控收发器（接收同步时钟输入），一次传送的数据最多为 255 位。同步串行 I/O 将挂起应用处理直至操作完成。主要应用场合：实现 Neuron 芯片与串行接口遵循 Motorola 公司 SPI 接口约定的器件/设备之间，如 A/D、D/A、显示驱动器等全双工同步串行通信。

（6）RS232 半双工异步串行 I/O 对象

在串行 I/O 对象中，Neuron 芯片的 IO8 引脚配置为异步串行输入线，IO10 引脚配置为异步串行输出线，在 CLK1 是 10MHz 时，两引脚的输入/输出比特速率可各自独立地指定为 600bps、1200 bps、2400 bps、4800bps，数据速率与 CLK1 的值成比例，使用异步串行数据格式传送数据实现半双工的 EIA-232（RS232）通信。传送数据的格式是：1 位起始比特，8 位数据比特（最低有效位在前），1 位停止比特。主要应用场合：可挂接终端、Modem 以及计算机的串行接口实现 Neuror 类设备、器件之间的半双工异步串行通信（RS232 标准）。

（7）Dallas 接触 I/O 对象

它主要用于 Neuron 芯片与遵循 1 线协议的接触存储器或类似的器件、设备接口。1 线协议是 Dallas 半导体公司开发的，该协议支持由一根信号线和地线构成一对传输线完成双向数据传输。它的要求是 I/O 引脚要外接上拉电阻，需要漏极开路。

（8）wlegand 输入对象

从 IO0 开始，每相邻的两个 I/O 引脚可配置为 wiegand 输入对象。wiegand 输入对象可用于连接 wiegand 标准的卡阅读器从中获取数据。首先读入的是数据的最高位。Neuron 芯片一共可连接 4 个 wiegand 设备。

在所选定的两个输入引脚的任一个对象上接收到的 Wiegand 数据的起始是一个负向跳变脉冲，一个输入呈现的是逻辑“0”，另一个输入是逻辑“1”。两引脚上的比特数据是互相独立的且各自分开至少 150μs。

未占用的 IO0～IO7 引脚，可设计用于时间溢出信号的输入引脚，该引脚出现高电平，ic-in 函数退出并返回。

4．CTC 的输入对象

（1）双斜率输入对象

双斜率输入对象中，CTC 用来控制/测量一个双积分 A/D 转换器的积分周期。CTC 输出控制信号并且接收比较器的输出信号。CTC 输出的控制信号控制外部的模拟开关，该开关在控制信号的控制下，在输入电压和参考电压之间摆动。CTC 的输入引脚由外接的比较器驱动。如果比较器输入出现高电平，则表示转换周期结束（默认）。

（2）边沿记录输入对象

边沿记录输入对象使用两个 CTC 记录一输入脉冲流序列。记录的方法是测量 IO4 输入端输入信号的上升沿或下降沿之间的时间，计数寄存器中的值反映的是该时间对应的采样周期的个数（0～65535）。计数时钟为内部时钟，由系统时钟分频得到。所以可得：

输入信号的测量时间（ns）=计数寄存器中存放的值×采样周期（ns）

其中：采样周期（ns）=2000×2^{clock}/CLK1（MHz）

clock 为分频系数。

测量操作是在上升沿启动还是在下降沿启动，取决于 I/O 定义时是否用 invert，默认是上升沿。当定时器/计数器溢出，该操作过程结束。主要应用场合：用于分析来自诸如 UPC 条形码阅读器或红外线接收机的复杂波形。

（3）红外输入对象

红外输入用于捕捉红外远程控制设备产生的数据流。对象输入的是来自红外接收电路已解调的比特数据流。

（4）定期输入对象

定期输入可用于测量输入端输入逻辑“高”或输入逻辑“低”的持续时间。该时间值为：

持续时间（ns）=计数寄存器中存放的值×采样周期（ns）

式中：采样周期（ns）=2000×2^{clock}/CLK1（MHz）

clock 为分频系数。

主要应用场合：外接电压-时间转换电路，该输入对象可用于实现简单的 A/D 转换。

（5）周期输入对象

定时器/计数器可配置用于测量输入信号上升沿（下降沿）至下一个上升沿（下降沿）之间的时间间隔，即测量周期。测量的周期与计数寄存器中存放的值和采样周期的关系为：

测量的周期值（ns）=计数寄存器中存放的值×采样周期（ns）

式中：采样周期（ns）=2000×2^{clock}/CLK1（MHz）

clock 为分频系数。

主要应用场合：测量输入信号的实时频率；外接电压-频率转换电路，实现 A/D 转换。

（6）脉冲计数输入对象

用一个 CTC 实现在固定的时间内（0.83886088s），对输入的边沿数计数。计数边沿可以是上升沿也可以是下降沿，取决于 I/O 定义中相关的选项。输入有效边沿每出现一次，内部计数器增加 1。每隔 0.839s，计数器的内容被保存，然后计数器清零。主要应用场合：用于测量平均频率。

（7）正交输入对象

用一个定时器/计数器计数相邻两个输入引脚输入的二进制格雷码的跳变。输入端的最大输入频率=$\frac{1}{4}\times$CLK1。如果当第一个输入为“低”（“高”）时，第二个输入为下跳变（上跳变），计数器值递增，反之，递减。ic-in()的调用将返回上次正交计数器读操作的值并对计数器清零。

计数器的值是有符号 16 位二进制数（从-16384 到+16 384）。

主要应用场合：用于读入轴角编码器或位置传感器的输出值。

（8）总数输入对象

用一个定时器/计数器计数输入边沿数。实际计数总数是自上次 b. in()操作以来，输入引脚的跳变总数（0～65535）。输入定时器/计数器 1 或定时器/计数器 2 是在上升沿还是在下降沿启动计数，取决于 I/O 定义中的选项。

5．CTC 的输出对象

（1）分频输出对象

对输入信号频率进行分频，分频系数 n 由应用程序指定（0～65 535），输出信号频率=输入信号频率/n。当 n=0 时，输出信号维持“低”状态，分频器停止工作。

对新的分频系数 n，只有在输出被触发后才能有效。

（2）频率输出对象

使用一个 CTC 即可产生一占空比为 D.5 的连续方波，其周期由应用程序通过一个输出值（output-value）来指定。

输出方波的周期（μs）=output.value×4000×2^{clock}/CLK1（MHz）

输出方波频率更新后的信号只有在上次设定的频率周期输出结束后才能输出。当然也有以下两种例外的情况：一个是如果输出是非使能的，一个新的输出频率在 t 时间后可立即奏效，即输出新的频率波形；另一个是如果新的输出值为“0”，输出立即终止，而不一定要在上次设定的一个周期输出结束后才终止。

（3）单步输出对象

使用一个 CTC 可产生单一脉冲，脉冲的持续时间、维持的状态可通过编程指定。

主要应用场合：用于产生时间延迟，而且在这种情况下不需要介入应用处理器。

（4）脉冲计数输出对象

使用一个 CTC 可产生一串脉冲。输出脉冲数的范围为 0～65 535，输出波形是占空比为 0.5 的方波。i_out()函数的调用将挂起应用处理器，直到生成指定数量的脉冲串后才将应用处理器释放。主要应用场合：外接能计数脉冲的设备，如步进电机。

（5）脉宽输出对象

选用一个 CTC 可产生脉宽被调制的输出波形。对于 8 位的脉宽输出，波形占空比为 0%～100%之间（0/256 到 255/256），间隔是 0.4%（1/256）；对于 16 位的脉宽输出，波形占空比为 0%～100%之间（0/65 536 到 65535/65536），间隔是 1/65536。输出脉宽由应用程序通过设定 output-value 来确定。

（6）可控硅输出对象

对 MC143150FU/FU1，可任选一个 CTC 来控制一个 25μs 宽的输出脉冲信号的延时，当然该延时是相对于输入信号的上升沿或下降沿的延时。对 MC143120DW，输入信号的上升沿或下降沿都有效，此外，上升沿和下降沿也可同时有效。对使用可控硅器件的交流电路，典型的同步输入是来自过零检测器的一个过零信号，输出的选通脉冲是由内部时钟产生的，其周期为常数（25.6μs）。由于输入的触发信号相对内部时钟信号是异步的，因此输出选通脉冲有抖动。

输出的选通脉冲可以是一个脉冲或某个电平值。如果是脉冲，那么选通信号脉宽为 25 μs；如果是电平，输出选通信号必须一直有效，直到下一个过零信号输入。同步输入以及可控硅选通输出的实际有效边沿可以在 I/O 定义中通过相关的选项来选择。

（7）触发计数输出对象

任选一个 CTC 可产生一输出脉冲，该脉冲的持续时间可由程序来控制。主要应用场合：控制步进电机或位置操纵器。

7.7 LonTalk 协议

Neuron 芯片上的所有 3 个 CPU 共同执行一个完整的七层网络协议。该协议遵循 ISO 的 OSI 标准，支持灵活编址，并且单个网络可存在多种类型的通信媒体构成的多种通道。网上任一节点使用该协议可以与同一网上的其他节点互相通信。表 7-20 列出的是对应七层 OSI 参考模型的 LonTalk 协议为每层提供的服务。

表 7-20 LonTalk 协议层

OSI 层	目 的	提供的服务	CPU
7 应用层	应用兼容性	LONMARKS 对象（Objects），配置特性，标准网络变量类型（SNVTs），文件传输	应用 CPU
6 表示层	数据翻译	网络变量，应用消息，外来帧传送，网络接口	网络 CPU
5 会话层	远程振作	请求/响应，鉴别，网络服务	网络 CPU
4 传输层	端对端通信可靠性	应答消息，非应答消息，双重检查，通用排序	网络 CPU

续表

OSI 层	目　的	提供的服务	CPU
3　网络层	寻址	点对点寻址，多点之间广播式寻址，路由信息	网络 CPU
2　链路层	介质访问以及组帧	组帧，数据，编码，CRC 错误检查，可预测 CSMA，冲突避免，优先级，冲突检测	MAC CPU
1　物理层	物理链接	特定传输媒介的接口，调制方案	MAC CPU，XCVR

对编程人员以及安装人员来说，LonTalk 协议就是一个服务集，该服务集内包含的服务编程人员可以根据应用的需要选择使用。要特别指出的是有许多服务在程序编译完成后还可以在安装人员安装节点时进行修改，或在特定的 LonWorks 应用中进行配置时修改。

7.7.1　LonTalk 协议物理层

由于 Neuron 芯片的 LonTalk 协议处理与传输媒介可以说相对独立，所以网络可采用的传输媒介类型很多，如双绞线、电力线、无线电波、红外线、同轴电缆以及光缆等。协议还支持网络分段，并且网络各段可使用不同的传输媒介。LonTalk 协议支持路由器以便构成多种传输媒介的网络。

通道的比特速率有赖于所使用的传输媒介以及收发器的设计。对同一种传输媒介，可设计多种不同比特速率的收发器。通道可达到的比特速率是 4.9kbps、9.8 kbps、19.5 kbps、39.1 kbps、78.1 kbps、156.3 kbps、312.5 kbps、625 kbps 和 1250kbps。开发人员可在权衡网络的通信距离、吞吐量（总处理能力）、节点能量损耗以及成本等诸多要求的情况下进行选择。

对于通道，它所能达到的吞吐量有赖于比特速率、振荡器频率及精度、收发器特性、消息包的平均长度，以及消息是否使用应答服务，是否使用优先级和是否使用鉴别等。消息包的平均包长为 10～16 个字节。包的内容由三部分组成：网络域名对应的字节，采用不同的编址方式对应的地址码字节，以及网络变量或一个显性消息中数据部分的数据字节。最大消息包长度是 255 字节，包括有数据字节、地址字节、协议开销。简单地说，在低的比特速率或长消息包的情况下，包传输时间以及平均介质访问延时决定了包吞吐量的范围。在较高的比特速率和较短的消息包的情况下，Neuron 芯片处理消息包的能力限制了通道的性能。

表 7-21 和表 7-22 是在比特速率一定、包的长度一定的条件下，给出的网络吞吐量的粗略值。

表 7-21　LonTalk 协议通过吞吐量（12 字节包）

比特速率（kbps）	最大包数/（s）	包数/（s）
4.883	25	20
9.766	45	35
19.531	110	85
39.063	225	180
78.125	400	320
156.25	625	500
312.5	700	560
625	700	560
1250.0	700	560

表 7-22　LonTalk 协议通过吞吐量（64 字节包）

比特速率/（kbps）	最大包数/（s）	包数/（s）
4.883	7	5
9.766	13	10
19.531	25	20
39.063	50	40
78.125	100	80
156.25	200	160
312.5	340	270
625.0	500	470
1250.0	700	560

要说明的是，最大通信量只在短时突发的情况下才能达到。

7.7.2　命名、寻址以及路由

对象名字是用来唯一标明某个对象的。当一个对象创建时名字即被赋予，终身不变。例如，Neuron ID 就是 Neuron 芯片的名字，它唯一标识某个芯片，并保持不变。

地址是用来唯一标识一个对象或一组对象的标识符。与名字不同的是，它可以在对象创建之后被赋予而且可以改变。LonTalk 地址可以唯一地标识一个 LonTalk 包源节点以及目标节点（可以是一组目标节点）。这些地址也被路由器用来有选择地在两个通道间传送消息包。Neuron 标识符可以用作地址，但是在 LonTalk 协议中它并不是唯一可以用于寻址的。

为简化路由，LonTalk 协议定义了一种分层编址方式，这种方式使用了域（Domain）地址、子网地址和节点地址，如图 7-22 所示。这种编址方式可实现对整个域、某个子网、某个节点的编址。为了进一步简化多个分散节点的编址，LonTalk 协议还定义了另一级地址，这就是组地址。

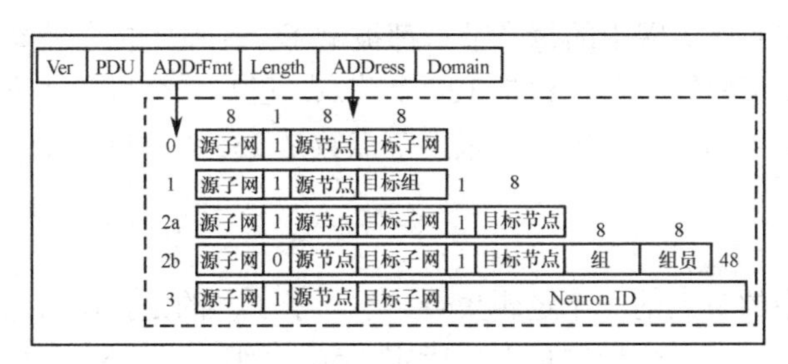

图 7-22　分层编址示意图

分层编址简化了对正运行的网络节点的替换，也就是说将被替换节点的地址赋给替换节点即可。这样，网上的全节点无须修改即可访问新的替换节点。若使用 Neuron ID 作地址，其他节点的修改则不可避免。

1. 域地址

LonTalk 编址的最顶层是域，是一个或多个通道上的节点的一个逻辑集合。只有在同一个域中的节点才能互相通信。在同一通道上的节点完全可以通过赋予不同的域名而执行不同的网络应用，并绝对做到不同的网络应用之间完全独立、互不干扰地运行。

某个节点可同时分属于一个或两个域，作为两个域的节点可用于两个域之间的网关（Gateway）。LonTalk 协议不支持两个域之间的通信，但借助网关的程序设计是可以实现两个域之间数据的传送的。

域的标识使用域标识符（Domain ID），域标识符对应的字节数可在 0、1、3、6 个字节共 4 个值中选择。6 个字节的域标识符可用来确保域标识符的唯一性。例如，使用域中某个 Neuron 芯片的标识符作为域标识符绝对能保证它与其他网不会有相同的域标识符。但是 6 个字节的域标识符就意味着每个包有 6 个字节的开销，所以可使用较短的域标识符来降低这类开销。如果某个系统中的多个网络不可能出现相互干扰的问题，域标识符的长度可以是 0。例如，使用有线通道且一个应用对应一个有线通道，如果系统由一个管理人员负责域标识符的设立以避免域标识符的重复，那么域标识符可以用 1 个字节或 3 个字节。域标识符也可当做系统标识符用来唯一标识某个系统。

2．子网地址

编址的第二层是子网。子网是域中节点的一个逻辑集合。每个子网的节点数最多为 127 个，而每个域最多可有 255 个子网，子网中的所有节点必须是在同一区段上，子网不能跨越智能路由器。智能路由器的作用是决定子网相对智能路由器所处的位置，据此传送消息包。

如果一个节点分用于两个域，那么它必须在同一个子网中。一般情况下，某个域中的所有节点都归属于同一个子网。但也有某些特殊的情况，诸如：

（1）不同区段插入智能路由器：由于子网不能跨越智能路由器，所以节点只能配置在不同的子网中。

（2）同一子网上将配置的节点数超过 127 个：子网限制最多节点数是 127，要提高一个区段上的节点数，完全可以使用多子网配置来达到。例如，一个区段有两个子网，最多节点数是 254；若三个子网，最多节点数可达 381 个。

3．节点地址

编址的第三层是节点。子网中的每个节点都被赋予一个唯一的节点数，该数是 7 位二进制数，这样每个子网最多可配置的节点数是 127 个节点。已知一个域的子网数可达到 255 个，所以由此可计算出一个单独的域中可容纳的最多节点数是 255×127=32 385 个。

4．组地址

一个组是一个域中的节点的一个逻辑集合。不同于子网的是，作为一个组的节点无须考虑它在域中所处的物理位置。一个域中最多可指定 256 个组，而且对采用应答服务或请求/响应服务的组节点数最多为 64 个；对采用非应答服务的组节点数不限制。单独的一个节点可同属于多个组（最多 15 个组）。组编址的好处是降低随同消息发送的地址信息的字节数，同时也使同一组中的多个节点可同时接收网上发出的单个消息。节点的组不仅可跨越同一域中的多个子网，而且可跨越多个通道。

5．Neuron ID（标识符）

Neuron 芯片的标识符 ID 可用做地址，这个 ID 值只在网络安装、配置时用做网络寻址，应用程序可用它作产品的系列号，即域/Neuron ID 编址格式，网络管理工具可以在节点安装的初始配置时，用它给安装的节点配置是属于一个域还是两个域。而应用消息不使用这种编址格式。

6. 编址的格式

节点使用的编址格式有 5 种。不同的编址格式决定了原地址及目标地址将占用的字节数，如表 7-9 所示。

表 7-23　LonTalk 协议编址格式

编址格式	节点寻址	地址长度（B）
域（子网=0）	同一域上的所有节点	3
域，子网	同一子网上的所有节点	3
域，子网，节点	子网中特指的某一逻辑节点	4
域，组	同一组中的所有节点	3
域，子网，Neuron ID	特指的某个物理节点	9

节点的通道并不影响网络对该节点采用的编址方式，一个域可以包括多个通信子网和组。注意在使用 Neuron ID 编址时，域名以及子网名仅用于路由。

7.7.3　网络管理及地址的生成

LON 是否要网络管理器取决实际应用的要求。网络管理器实际上就是一个特别设计的节点，用来完成网络的管理操作，例如：

（1）找到未经配置的节点以及下载网络地址；

（2）访问节点的通信统计表；

（3）配置路由器；

（4）下载新的应用程序；

（5）修改运行网络的拓扑。

在开发环境中，充当网络管理器的是 LonBuilder 网络管理器。LonBuilder 网络管理器包括定义、配置、装载以及控制 LON 的工具，LonBuilder 的协议分析器能够监视、收集并显示网络的通信量、网络性能的统计结果。

对使用 NodeBuilder 开发工具的开发环境或现场安装的情况，网络管理器是 Lonmanager LonMaker 安装工具，同时还要配合使用软件 Lonmanager Profiler。

1. 路由器

路由器是用于连接两通道并在通道之间完成消息包路由的装置。路由器有中继器、网桥、学习路由器、配置路由器等。这里仅介绍学习路由器和配置路由器。

（1）学习路由器

学习路由器可以监视网络的通信量；并且学习域/子网的网络拓扑关系，然后应用它所学的知识在通道间有选择地路由消息包。学习路由器不能学习组编址的拓扑关系，也就是说，它不能路由使用组编址的所有消息包。所谓学习网络拓扑关系，实际上是通过学习建立自己的路由表。学习路由器的建表过程在后面有叙述。

（2）配置路由器

同学习路由器一样，配置路由器能借助内部的路由表在通道间有选择地路由消息包。所不同的是，内部的路由表是由网络管理器建立的。网络管理器可以通过建立子网地址及组地址的路由表来优化网络的通信能力，使网络的通信量达到最佳。

（3）学习路由器以及配置路由器的选择

前面已知智能路由器有两种：学习路由器、配置路由器。实际应用中必然存在一个如何选择路由器的问题。在讨论该问题之前，首先要弄清学习路由器的学习过程。

（4）学习路由器的学习过程。

对学习路由器，首先必须建立路由表以确知子网相对路由器的位置，各子网首先必须发送消息，学习路由器在收到子网发送的消息后才能学习到子网的存在，从而正确地建立路由表。

2．通信服务

网络提供的通信服务要使网络同时实现高的有效性、快的响应时间、好的安全性以及高的可靠性是不可能的，实际网络提供的通信服务只能在这几方面取折衷。

（1）消息服务类型

针对可靠性及有效性，LonTalk 协议提供以下 4 种消息服务类型。

① 应答服务。应答服务（ACKD）又被称为端对端的应答服务，它是最可靠的服务类型。当一消息发送到一个节点或一组节点时，发送节点将等待所有应收到该消息的节点发回应答。如果发送节点在预定的某个时间内未收到所有应收应答，则发送节点时间溢出，并重发该消息。重发消息的次数以及时间溢出值可选择设定。应答由网络处理器产生。

② 请求/响应。同应答服务一样，请求/响应（REQUEST）服务也是最可靠的服务类型。当一请求消息发送到一个节点或一组节点时，发送节点等待所有应收到该消息的节点发回响应。同样，它也有时间溢出值以及重发次数可选择设定。响应可包括数据，所以请求/响应服务类型特别适合于远程过程调用或客户/服务器（Client/Server）应用。

③ 重发服务。重发服务（UNACKD_RPT）又被称为非应答重发服务，其可靠性较应答服务低。某个消息被多次发往一个节点或一组节点，无应答或响应。当对大的节点组广播时，为避免多节点产生过多响应造成网络过载，通常采用重发服务类型。

④ 非应答服务。非应答（UNACKD）服务可靠性最差。某个消息一次性发往一个或一组节点，无应答或响应，当需要极高的传送速率或大量的数据要发送时，通常采用这种服务类型。不过，采用该服务类型应用程序无法知道发出的消息是否丢失，又无重发机制，所以它的可靠性是最低的。

LonTalk 协议能够检测重复发送的同一消息，从而避免某个应用重复接收同一个消息。其方法是 LonTalk 协议采用事务标识符 ID 值来跟踪消息及其应答。也就是说，同一个消息具有同样的事务标识符。网络上每一个节点都有一个接收事务数据库来提供检测信息，接收事务的标识符 ID 即存放在该数据库内。这样即便是发生同一消息的重复发送，如果接收节点已成功地接收过该消息，就不会再发生重复接收该消息的事情。换句话说，接收节点对同一个消息仅接收一次。

同一消息被重复发送的情况主要有如下 3 种：

① 应答或响应未收到并超时；

② 使用重发服务；

③ 当网络使用开放式的传输介质（无线，电力线）时，消息包被干扰。

（2）冲突

① 冲突避免。LonTalk 协议的 MAC 子层协议采用的是可预测 P-坚持 CSMA 算法，是一种独特的冲突避免算法。它使得网络即便在过载的情况下，仍可以达到最大的通信量，而不至于发生因冲突过多致使网络吞吐量急剧下降的现象。

② 冲突检测。如果收发器（双绞线）支持硬件冲突检测，LonTalk 协议就支持冲突检测以及自动重发。一旦收发器检测到冲突，LonTalk 协议便能立刻重发因冲突而损坏的消息包。如果无冲突检测，在采用应答服务或请求/响应服务时，发生冲突后发送节点不能立即知道已发生冲突而确定重发，只有在未收到接收节点返回的应答或响应并且事务定时器（Transaction Timer）超时发生后才能确定发送失败，然后再重发，而这样要花费很长的时间，该事务定时器最小可设置的值是 64ms（网络速率为 78kbps）。如果采用非应答服务，由于不需要应答且无重发机制，在发生冲突时消息包必将丢失。而非应答重发服务尽管能保证以远小于事务定时器的时间间隔将同一消息包多次发送到其他节点，但无约束的重发增加网络的通信量。通信量的增加也将影响响应时间。所以为了设计快速响应且通信可靠的网络必须综合考虑服务类型选择并采用冲突检测电路。冲突检测的采用使节点能在极短的时间反应冲突，立即中断已被破坏的消息包的传送，然后自动重发，从而提高了媒介的利用率，缩短了因冲突而附加到响应时间上的额外值。由于在媒介上传播的信号衰减，为正确检测出冲突信号，要限制电缆的最大长度。Echelon 公司提供有对应它所支持的各种传输媒介的收发器产品，通过对收发器的设计以限制每种传输媒介的最大长度及可支持的最多节点数等。表 7-11 列出的是采用带隔离变压器驱动器的双绞线网络的主要技术指标，供参考（平均包长 12 字节）。

表 7-24　双绞线网络主要技术指标

网络速率	最大长度（m）	峰值吞吐量（帧/s）	最多节点数（个）
78kbps	2000	400	64
1.25Mbps	500	700	64

③ 可检测到冲突的时间。检测到冲突的具体时间取决于通信端口的工作方式。在直接工作方式中（也就是差分工作方式或单端工作方式），最早可检测到冲突的地方在消息包起始至消息包结束的 25%处。冲突的检测通常情况下不中断包的发送，但是包的发送可选在同步头的结束处中断。为能在该处可靠地中断冲突包的发送，要求发生冲突的节点在同步头期间检测冲突。而在专用工作方式中，冲突可在消息包的任一点检测，当收发器告知 Neuron 芯片冲突发生时，消息包总是立即停止发送。如果收发器具有对冲突的分辨能力，就是说它能在同步头期间检测到冲突，并且冲突节点除一个外都停止发送，那么该节点的 Neuron 芯片将能够立刻转向接收已成功发送的消息包。

（3）优先级

LonTalk 协议通过提供优先服务机制以改善对重要消息包的响应时间。协议允许用户在每个通道上指定优先级时降，供赋有优先级的节点使用。通道上的每个优先级时降对每个消息的发出额外附加有一定的时间（最小为 2 比特时间），从而换取一定的带宽供通道上实现无竞争的优先访问。附加的时间值大小与比特速率、振荡器的精度以及收发器的需求有关。

为每个节点分配优先级时隙的网络管理工具可以保证节点在通道上被赋于一个特定的优先级时隙。节点只能在分配给它的优先级时隙发送它的所有赋有优先级的消息包。优先级的使用极大地降低了网络冲突的概率。优先级时隙的数目（M）可以是 0～127，M 的值具体取决于通道类型及通道优先级时隙的配置数量。

当某个节点内产生一优先级消息包 A 时，包 A 将按优先级排队输出，并插在已缓存还未输出的非优先级消息包之前。同样，当包 A 抵达某个路由器时，它会插入到路由器队列的前面（紧跟在其他已排队优先级消息包之后）。如果路由器配置有优先级时隙，包 A 将使用路由器配置的优先级时隙向前传递至更远的通道。

（4）鉴别

LonTalk 协议支持消息的鉴别。它允许消息的接收方确定发送方是否有权发送该消息。其目的通常是为了防止侵权访问节点及其应用程序。网络管理事务也可选择使用鉴别。要使用鉴别功能可在节点安装时将长为 48 比特的鉴别密钥分配给节点。

7.7.4 LonTalk 协议的 MAC 子层

LON 网 MAC 子层协议可预测 P-坚持 CSMA，即是一种有效的解决这个问题的协议。LON 网的某一节点发送消息包的时间图如图 7-23 所示。

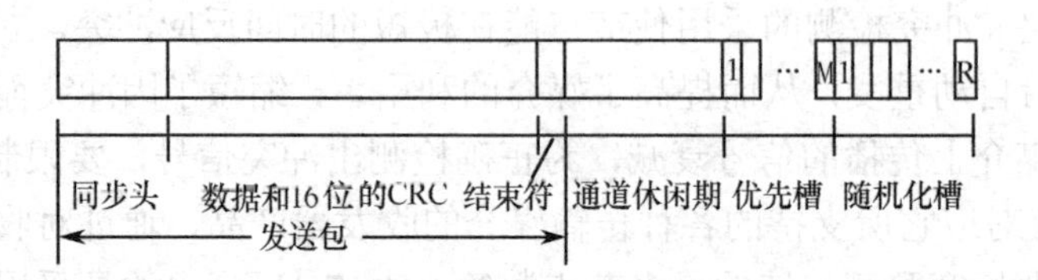

图 7-23　消息包传送时间图

由图 7-23 可见，在数据传送完成，后面有优先级时隙、随机时隙两个重要的时隙划分。

1．随机时隙

随机时隙位于优先时降之后。当网络空闲时，网上所有节点的发送时间均被随机地分配在 16 个随机时隙上。当估计网络的负载增加时，节点会重新计算随机时隙的数目，具体表现是增加发送时隙数，从而降低发生冲突的概率。网络在空闲的时候，网上所有节点均被随机地分配在 16 个随机时隙上发送消息，媒介访问的平均延时为 8 个时隙。这等同于 P 值等于 0.0625（1/16）的 P 坚持 CSMA。当预测到网络负载要增加时，随机时隙数目增加，节点将随机地分配在数目增多了的某个随机时隙上，因时隙数 $R=1/P$，R 增加，P 值降低。

可预测 P-坚持 CSMA 在保留 P-坚持 CSMA 的优点的前提下，通过对网络负载的事先预测，在网络轻载时，给网上节点分配数目较少的随机时隙以减小各节点媒介访问延时；在网络重载时，给网上节点分配数目较多的随机时隙以减少各节点因同时发送消息带来的冲突，保证在网络过载情况下，通道仍能以接近其最大吞吐量工作，而不会因过多的冲突造成阻塞。

由此可见，由于实现了随机时隙数目的动态调整，从而实现了概率 P 值的动态调整。

2．可预测 P-坚持 CSMA 的实现

P 值的动态调整取决于随机时隙数的动态调整，随机时隙数的调整取决于节点对网络负载的预测。因而可以说，P 值的动态调整是归结于节点对网络负载的预测。某一时刻的网络负载就是该时刻网上将发送消息包的数目（用 D 来计算）。随机时隙的数目：

$$R=16\times D$$

式中，D 的取值范围是 1～63。

节点对某一时刻网络负载进行预测的结果反映在 D 的取值上，所以预测某一时刻网络负载可以说就是预测某一时刻 D 的值．这就是说，网上每个节点在启动发送数据之前，先预测 D 的值以调整随机时隙数，然后在某一随机分配的时隙以概率 P=1/（$D\times16$）发送消息包。节点是如何实现对 D 值的预测？某个要发送消息的节点在它发送的消息包中插入将要回送该消息

的应答的接收节点的数目，也就是发送消息包将产生的应答数信息，所有收到该消息包的节点的 D 值通过加上该应答数获得新的 D 值。从而使随机时隙的数目得以更新，若该节点有数据要发送它将以新的概率值 P 在随机分配的时隙发送，每个节点在消息包发送结束，它的 D 值自动减 1。由此实现了每一个节点都能动态地预测在某一时间有多少节点要发送消息包。

由预测 D 值的过程可见，能否预测 D 值取决于消息服务的选择，即必须使用应答服务，才能获得消息发出后会产生的应答数。由于 LonTalk 的大部分报文默认的是应答服务，预测 D 值的能力还是比较高的。预测的精度越高，则重载时网络的冲突概率会越小，系统保证正常工作，轻载时媒介访问延时会很小。即做到网络在轻载时媒介的访问延时会根小；网络重载时网络冲突的概率很低。所以可预测 P-坚持 CSMA 协议能满足特定环境的要求。如 LON 网络能使用多种通信媒介，在交通繁重的情况下能维持网络性能、网络可拥有成千上万节点。

可预测 P-坚持 CSMA 只能降低冲突至最小，并不能消灭冲突。实际应用中也常有许多消息不需要或者不适合采用应答服务。假使所有的消息都不使用应答服务，该协议即无可预测性，等同于 P=1/16=0.0625 的 P-坚持 CSMA。

可预测 P-坚持 CSMA 不能避免冲突，冲突的存在必然影响到响应时间。那么在对响应时间要求比较高的应用中，如何尽量减小因冲突而附加在响应时间上的时间值？LON 网并不排斥使用冲突检测（CD）。开发 LON 网的美国 Echelon 公司生产的双绞线收发器采用差分曼彻斯特编码支持硬件冲突检测。

7.7.5 LonTalk 协议的链路层

LonTalk 协议的链路层提供在子网内，LPDU 帧顺序的无响应传输。它提供错误检测的能力，但不提供错误恢复能力，当一帧数据 CRC 校验错，该帧被丢掉。

LonTalk 协议的编码方案是曼彻斯特编码；在专用模式下根据不同的电气接口采用不同的编码方案。CRC 校验码加在 NPDU 帧的最后，CRC 采用的多项式是

$$X^{16}+X^{12}+X^{5}+1 \qquad \text{（标准 CCITT CRC-16 编码）}$$

7.7.6 LonTalk 协议的网络层

在网络层，LonTalk 协议提供给用户一个简单的通信接口，定义了如何接收、发送、响应等，并有在网络管理上有网络地址分配、出错处理、网络认证、流量控制，路由器的机制。

对于 NPDU 地址格式，根据网络地址分为五种。在每一种地址格式源子网上，“0”意味着节点不知道其子网号。

7.7.7 LonTalk 协议的传输层和会话层

LonTalk 协议的核心部分是传输层和会话层。一个传输控制子层管理着报文执行的顺序、报文的二次检测。传输层是无连接的，它提供一对一节点、一对多节点的可靠传输。信息认证（Authentication）也是在这一层实现的。

会话层主要提供了请求/响应的机制，它通过节点的连接，来进行远程数据服务（Remote Servers），因此使用该机制可以遥控实现远端节点的过程建立。LonTalk 协议的网络功能虽然是在应用层来完成的，但实际上也是由提供会话层的请求/应答机制来完成的。

7.7.8 LonTalk 协议的表示层和应用层

LonTalk 协议的表示层和应用层提供五类服务。

（1）网络变量的服务。当定义为输出的网络变量改变时，能自动地将网络变量的值变成APDU下传并发送，使所有把该变量定义为输入的节点收到该网络变量的改变。当收到信息时，能根据上传的APDU判断是否是网络变量，以及是哪一个输入网络变量并激活相应的处理进程。

（2）显示报文的服务。将报文的目的地址、报文服务方式、数据长度和数据组织成APDU下传并发送，将发送结果上传并激活相应的发送结果处理进程。当收到信息时，能根据上传APDU判断是否显示报文，并能根据报文代码激活相应的处理进程。

（3）网络管理的服务。

（4）网络跟踪的服务。这些信息被网络管理初始化，测试网络上所有的操作，记录错误信息和错误点。

（5）外来帧传输的服务。该服务主要针对网关（Gateway），将LonWorks总线外其他的网络信息转换成符合LonTalk协议的报文传输，或反之。

7.7.9 LonTalk协议的网络管理和网络诊断

LonTalk协议的网络管理和网络跟踪提供了四类服务。

（1）地址分配：分配所有节点的地址单元，包括域号、子网号、节点号以及所属的组名和组员号，值得注意是Neuron ID是不能分配的。

（2）节点查询：查询节点的工作状态以及一些网络的通信的错误统计，包括通信CRC校验错、通信超时等。

（3）节点测试：发送一些测试命令来对节点进行测试。

（4）设置配置路由器的配置表。

7.7.10 LonTalk协议的报文服务

LonTalk协议提供了四种类型的报文服务，即应答方式、请求/响应方式、非应答重发方式、非应答方式。这些报文服务除请求/响应是会话层实现外，其他三种都在传输层实现。

7.7.11 LonTalk协议的网络认证

LonTalk协议支持报文认证，收发双方在网络安装时约定一个6个字节认证字，接收方在接收报文时判断是否经发送方认证的报文，只有经过发送方认证的报文方可接收。

7.7.12 LonTalk协议定时器

为有效地使用LonTalk协议，有5个传输层的定时器需要很好地设置：

（1）事务定时器（Transaction Timer）；

（2）重发定时器（Rpeat Timer）；

（3）组接收定时器（Group Receive Timer）；

（4）非组接收定时器（Non-Group RecelveTlmer），

（5）等待空闲缓存器定时器（Free-buffer Wait Timer）。

这5个定时器的值是由网络管理工具LonBuilder或LonMaker自动计算并配置。

1. 与非应答服务有关的定时器

当使用非应答服务时，唯一与之有关的定时器是等待空闲缓存器定时器。该定时器确定节点发送消息时等待空闲缓存器的最长时间。如果设定该定时器的值为零，那么该定时器无效，这就意味着节点将永远等待。如果定时器的值设定为其他的值，如假定为 n，那么节点等待时间将在 $2n$ 秒到（$2n+1$）秒此之间。例如，如果 $n=2$，那么节点等待空闲缓存器的时间在 4～5s 之间。如果设定的时间内不能获得空闲缓存器，将认为出现严重错误并复位。

2．与应答服务有关的定时器

与应答有关的定时器除了有等待空闲缓存器定时器外，还有以下几个定时器。

（1）事务定时器

该定时器用于确定重发之前允许等待应答的时间。如果节点在定时器溢出之前没有收到应答，它会重发同一个消息包。重发的动作将在重发次数达到设定的最多重发次数或所有的应答都收到的情况下停止。在地址表中重发数可配置范围为 0～15。

消息包可以通过路由器到达最终目标，事务定时器设定的值应足够长，以使消息包能够抵达最远的目标节点，并且来自目标节点的应答能够在事务定时器溢出之前由发送节点接收到。若定时器的值设定太小，可能出现过多的重发事件；若设定值太大，一件事务完成的平均时间将会增加。LonBuilder 或 LonMaker 能参照网络拓扑、传输速率以及 Neuron 芯片的输入时钟，计算确定事务定时器的默认值。

（2）接收定时器

当消息包抵达最终目标节点时，接收节点将检查包的源地址以及事务 ID（标识符）。如果已接收事务中没有与本次接收相同的源地址及事务 ID，那么接收节点将产生一条新的接收事务记录。如果记录接收事务的数据库已满（接收到的有效事务记录），本次接收的消息将丢失。假如接收节点能分配一条记录的空间供存储本次接收的有效事务记录，它将启动一个接收定时器。编址方式决定了启动的接收定时器的类型。如果来自同一源地址且同一个事务 ID 的消息在接收定时器溢出之前被接收，则被认为是前一个消息的重发。反之，则被认为是新的事务。所以这个定时器的值必须大于重发次数与事务定时器值的乘积。计算接收定时器值的公式：

定时器的值=（重发数+2）×事务定时器的值

如果接收定时器的值设定太大，很有可能出现接收事务缓存区不够，接收消息丢失的现象；如果接收定时器的值设定太小，会出现重复接收同一个消息并交由应用进行处理的现象。为此考虑重发数最好不要超过 4 次。

3．与重发服务有关的定时器

确定重发定时器使用重发服务时，重发动作发生的时间。由于消息发送后不需要等待应答，所以这个定时器的值可以小于事务定时器的值。对于采用重发服务的事务，事务 ID 以及重复消息的检测同应答服务一样有效。

4．与请求/响应服务有关的定时器

请求/响应服务基本上同应答服务，但在设定事务定时器以及接收定时器时有一点要考虑：应用程序在产生响应时所花的时间要比产生应答所用的时间多。

7.7.13　网络消息（管理、诊断消息服务）

LonTalk 协议不仅提供应用消息服务，还提供网络管理（NM）、诊断（ND）消息服务，以用于安装节点、配置节点、下载软件以及诊断网络。其消息代码如表 7-25 所示。

表 7-25 LonTalk 协议使用的消息代码（用十六进制表示）

消息类型	消息码
应用消息	0x00～0x3E
外来消息	0x40～0x4E
网络诊断消息	0x50～0x5F
网络管理消息	0x60～0x7D
路由器配置消息	0x74～0x7E
服务引脚消息	0x7F
网络变量消息	0x80～0xFF

表 7-26 LonTalk 协议使用的响应消息代码

响应类型	消息码
应用响应	0x00～0x3E
节点离线响应	0x3F
外来响应	0x40～0x4E
节点离线响应	0x4F
网络诊断成功	0x31～0x3F
网络诊断失败	0xll～0x1F
网络管理成功	0x21～0x3D
网络管理失败	0x01～0xID
路由配置成功	0x34～0x3E
路由配置失败	0x14～0x1E
网络变量轮询响应	0x80～0xFF

上面的响应消息的代码不是唯一的，请求消息必须对之进行解释。此外还有网络管理消息及网络诊断消息代码。

外来消息是非 LonTalk 协议消息包，不过要指出的是，外来消息采用的协议必须是已植入到 LonTalk 协议中的协议。应用程序将分配应用消息、外来消息以及响应消息代码。

网络管理器使用路由器消息配置节点，使之运行特定的路由器系统映像。对使用显式消息语法构成的网络变量消息，应用程序不能接收。实际情况是首先建立一个与之相连的输入网络变量，通过输入网络变量实现对输出网络变量消息的隐式接收。

在网络管理及网络诊断消息中，on-ine（联机）、off-line（脱机）和 wink 消息被传送到应用处理器不会有响应数据。除此之外，其他的消息都可使用请求/响应服务来传递。不产生响应数据的网络管理、诊断消息中还有响应查询、修改域、脱离域、修改密钥、修改地址、修改组编值数据、修改网络变量配置、设置节点方式、写存储区、校验和重新计算、存储区刷新、清除状态。对这类消息除了可以使用请求/响应服务外，还可使用其他类型的消息服务，如，应答、非应答、重发。

应用消息和网络变量修改使用指定的服务类型传递。许多网络管理消息及网络诊断消息可以使用消息鉴别，条件是在配置结构中 nm_auth 比特位被设置。对查询 ID、响应查询、查询状态以及委托命令这类网管消息，决不能使用消息鉴别。

对 Neuron C 程序，网管以及诊断消息结构在文件 NETMGMT.H 中都有定义。要说明的是，下面对网管消息的解释中命名为 NM_xxx_request 的结构由输出消息的各数据成员构成；命名为 NM_xxx_response 的结构由对应的响应消息的各成员构成。网络管理消息的发送与显式消息的发送相同，既可以从主机发送，也可以从 Neuron 芯片上发送。

1. 网络管理消息的使用

网络管理消息主要有 6 个部分，分别是节点识别消息、域表消息、地址表消息、与网络变量有关的消息、与存储器有关的消息和特殊的消息。

（1）节点识别消息

① 查询 ID（只能使用请求/响应服务，不能使用消息鉴别）：向某节点发出请求消息，要求节点响应节点的 Neuron 芯片的 ID（标识符）值和程序 ID。正常情况下，消息在节点安装时广播，目的是为了在域中找到特定的节点。

该消息可用于寻找未配置节点；显式地找寻选定的节点；找寻在特定地址有特定存储内容的节点，即存储器匹配节点。特定地址可以是绝对地址，也可以是相对只读结构（参见 Neuron 芯片的数据结构）的相对地址。在只读结构、SNVT 结构或配置结构中的数据能匹配。

请求消息的第一字节用于指定响应节点。节点可以被选定响应查询消息。在消息中的选择项有地址方式、与目标节点存储器中的某一部分内容相匹配的内容和长度（以字节的计数器 Count）以及匹配的实际内容（以字节数组 data 给出）。考虑其操作性，匹配内容的长度最多为 16 字节。地址方式则指的是匹配存储区地址为 Neuron 芯片的存储器空间中的绝对地址、相对只读结构的相对地址，还是相对配置结构的相对地址。匹配内容可以选择在只读结构中、配置结构中、SNVT 结构中或应用 RAM 的数据变量区。如果不需要存储器匹配，消息中的选项可删除，count 为 0 并不能使存储器内容匹配这个特性无效。

响应消息是 6 字节的 Neuron 芯片的 ID 值以及 8 个字节的程序 ID。

② 响应查询（不能使用消息鉴别）：该消息用来选择某个节点是响应查询 ID 消息还是不响应查询 ID 消息。它可用来确定网络拓扑。节点复位时将清除该选择。

③ 服务引脚消息：当节点的服务引脚接地时，该消息即发出。该消息包含的内容有程序 ID 和 Neuron ID。服务引脚的消息对域广播。

（2）域表消息

① 修改域表记录：该消息改写或添加域表记录并重新计算配置校验和。域表消息既可以为节点指定域、子网以及节点标识符，也可为域设定鉴别密钥。鉴别密钥的发送不受任何阻碍。

请求消息包括域表的记录索引（domian_index），即指出修改的是域表的第一条记录还是第二条记录（值是“0”或“1”）。紧随其后的是域表的翻版，格式同域表结构（domain_struct）。节点 ID 的最低有效位必须设置为 1，以确保正常操作。如果该位未设置，那么这个节点被称为“cloned”节点，意思是节点不能接收使用子网/节点编址格式的消息。不过，域中若有别的节点与之具有同样的子网和节点 ID，那么“cloned”节点能接收它们发出的消息。

② 查询域表（只能用请求/响应服务）：该消息用于读取域表中的记录。即使节点有读写保护，该消息依旧有效。请求消息包括域表索引（0 或 1）。

③ 脱离域：该消息用于删除城表记录并重新计算配置校验和。简言之，将节点卸载。节点在处理完接收到的脱离域消息后，将不用于任何域并处于未配置状态，很显然节点不可能有响应。同样，即使节点有读写保护，该消息依旧有效。请求消息仅包含域表索引。

④ 修改密钥：该消息以递增的形式修改域表记录中的鉴别密钥并重新计算配置校验和。无论节点是否有读写保护，该消息皆有效。消息的发送节点一定要注意避免该消息的多次接收（最多一次），原因是该消息每次都使接收节点域表记录中的鉴别密钥加“1”。

请求消息包括域表索引以及 6 个字节的鉴别密钥。

（3）地址表消息

① 修改地址：该消息改写地址表的记录并重新计算配置校验和。地址表记录使节点能够隐式地寻址另一个节点或者加入到某个节点组中。

请求消息中包括地址表索引（0～14 条记录），紧跟其后的是地址表的翻版，意思是与地址表结构相同。地址的类型 type 若为 0，表示编址是无约束的；若为 1，表示编址是子网/节点；若为 3，表示编址是广播式的。

② 查询地址（只能用请求/响应服务）：该消息用于取地址表中的记录。无论节点是否有读写保护，该消息皆有效。响应包括的信息有地址以及定时器的信息。

③ 修改组地址数据：该消息修改地址表中的某条组记录，修改的内容有组的大小、定时器的值、重发数并重新计算配置校验和。消息被发送到组里的所有节点，同时修改地址表中的对应记录。当节点要加入到某个节点组或离开某个节点组时，可使用这个消息。

请求消息中包含有地址表记录的各项，必须使用组编址传递。组的大小及定时器可以修改，但组里节点数及域表索引不变，组的数目也不变。

（4）与网络变量有关的消息

修改网络变量配置消息、查询网络变量配置消息以及网络变量读取消息。在这 3 个消息中紧跟第一字节的网络变量索引之后有一个 16 比特的成员可选，条件是第一字节的网络变量索引是 0xFF。因而这对基于主机节点有效，即只有当要使用的网络变量索引大于 254 后，这两个可选字节才需要用来构成 16 位的网络变量索引。

① 修改网络变量配置：这个消息用于实现对网络变量配置表以及别名表记录的修改，并重新计算配置校验和。其内容为设置优先级、网络变量的方向、网络变量的 ID、消息服务类型以及安全特性。利用这个消息可以实现对网络变量选择器值的修改，进而影响网络变量与其他节点上具有相同网络变量选择器值的网络变量之间的捆绑连接。如果是基于主机节点并且主机选择（Host Selection）使能，该消息将传递到主机上并且第一字节的网络变量索引值为 0xFF，这样紧随其后的两字节被选定用于组成 16 位的网络变量索引。

网络变量配置表中索引值有效范围:0～0xFFF。允许修改的网络变量表记录数的最大值是 4096 条。

请求消息中第一字节是将修改的网络变量表的某条记录在网络变量表中的索引，后面是将要修改的网络变量配置表记录中的各项内容，构成格式与 ACCESS．H 文件中定义了的网络变量配置表相同。

② 查询网络变量配置（只能用请求/响应服务）：该消息可用于从网络变量配置表或别名表中取记录。响应内容与修改内容相同。对基于主机节点，如果主机选择使能，该消息将传递到主机上并且第一字节的网络变量索引值为 0xFF。这样，紧随其后的两字节被选定用于组成 16 位的网络变量索引。

网络变量配置表中索引值有效范围在 0～0xFFF。允许查询的网络变量表记录数的最大值是 4096 条。如果查询网络变量别名表，实际使用的索引是别名表索引值减去已定义的网络变量数。允许查询的网络变量别名表记录数最多是 4096 条。

请求消息中有要查询的网络变量配置表某条记录在表中的索引。响应消息中包括要读取的网络变量配置表记录中的各项内容。

③ 查询 SNVT（只能用请求/响应服务）：该消息用于从基于主机节点的主机存储器中读取

自编文件以及自确认文件数据。

④ 读网络变量值（只能使用请求/响应服务）：如果给定某一网络变量在网络变量表中的索引，应用该消息可以读取该网络变量的值。该消息常用于轮询网络变量的值，即使节点脱机也能使用。对基于主机节点，该消息将传递到主机上并且第一字节的网络变量索引值为 0xFF，这样紧随其后的两字节被选定用于组成 16 位的网络变量索引。16 位网络变量索引值有效范围为 0～0xFFF，允许读值的网络变量数最多为 4096 个。

（5）与存储器有关的消息

① 读存储器（只能用请求/响应服务）：该消息能对节点上的任意存储器进行读操作，只需给定相对只读结构、配置结构以及统计结构的地址偏移量或绝对地址。如果要读域表、地址表或网络变量配置表，应该使用查询域/查询地址/查询网络变量配置这些对应的网管消息。每次读取的最多字节数取决于读节点以及被读节点两边 Neuron 芯片的网络缓存器的大小。出于互操作考虑，限制为 16 字节长。如果节点有读写保护，则只能读只读结构、SNVT 结构以及配置结构，除此之外其他存储器不能进行读操作。

请求消息中开始一字节设定寻址方式，后两字节设定相对将被寻址的存储器的地址偏移量（首先是地址的高字节，而后是地址的低字节），最后一字节设定将要读取的字节数。响应消息中包含的即是要读取的存储器中的指定内容。

节点接收到的第二层消息的数量：第二层消息是 CRC 正确且能被所有节点接收的消息。

节点接收到的第三层消息的数量：第三层消息是第二层消息中寻址到本节点的消息。

Neuron 芯片第三层发送的消息数量。这些消息包括网络变量修改消息、显式消息、应答、重发消息、服务引脚消息以及其他类型的消息。

② 写存储器：对 E^2PROM 进行写操作，应用校验和以及配置校验和必须重新计算，而且一次写入的字节数可限制在 38 字节，避免看门狗定时器时间溢出，节点复位。如果节点有读写保护，则只能写配置结构。如果要写域表、地址表或网络变量配置表，必须使用修改域表/修改地址/修改网络变量配置这些网管消息才行。

请求消息中第一字节是寻址方式选择，后两字节指定的是相对被寻址存储器的地址偏多量（首先是地址的高字节，而后是地址的低字节），第四字节指定将写入的字节数，第五字节指定在写操作完成时要进一步做的一些工作，最后是写入的实际数据。

该消息可用于向节点下载应用程序，写操作后能重新启动 Neuron 芯片。

③ 校验和的重新计算：该消息需要重新计算 E^2PROM 中网络映像校验和/或网络映像以及应用映像校验和。如果配置校验和无效，节点进入配置状态；如果应用校验和无效，节点进入非应用状态。只要修改域表记录、修改地址和修改网络变量表，这些网管消息就会自动修改配置校验和。

消息中只有一个字节用于指定哪个校验和将重新计算。

④ 存储器的刷新：该消息根据给定的地址偏移量，对 E^2PROM 进行重写操作。无论是片内的 E^2PROM 还是片外的 E^2PROM 都可以被刷新。一次刷新的字节数应限制在 38 字节，以避免在最大输入时钟速率下的看门狗定时器的时间溢出。

（6）特殊的消息

① 设置节点的工作方式：该消息可以使应用处于在线/脱机模式，改变节点的状态或复位节点。最典型的应用是在 E^2PROM 下载期间将应用挂起。节点的这些状态如表 7-27 所示。

表 7-27　节点状态

节点状态	状态代码	服务引脚 LED
非应用状态并且未配置	3	亮
未配上（但是应用已装载）	2	闪烁
已配置但硬件脱机	6	熄灭
已配置状态	4	熄灭

- 非应用状态并且未配置：出现这种状态的原因可能是应用未下载或应用正在下载。如果应用校验和出错或某些特征不一致，这也会使节点进入该状态。在此状态应用不能运行而且服务引脚的灯始终亮。
- 未配置状态：应用程序已装载但是配置数据还未装载或正在装载，或因配置校验和错，这几种情况都会使节点进入该状态。如果调用 go-unconfigured()，节点程序可使节点自身进入该状态。此时，服务引脚的灯以 1s 的间隔闪烁。
- 已配置但硬件脱机：应用程序已装载但未运行。此时配置认为是有效的而且网络管理鉴别比特被设置，服务引脚的灯熄灭。
- 已配置状态：节点正常状态，应用在运行且配置有效，此时服务引脚的灯熄灭。

配置状态有一附加的修饰字：在线/脱机模式。这种模式不能存放在 E^2PROM 中。节点状态以及在线/脱机模式通过不同的机制控制，但在查询状态网络诊断消息中它们将同时存在。配置状态下的脱机模式也就是软脱机，意思是当节点复位时，软脱机将进入在线模式，硬脱机即使复位也不能改变。无论硬脱机或软脱机，调度程序不工作。当软脱机时，轮询网络变量只能返空数据，不过若接收到网络变量修改消息节点仍将正常处理，除非 nv_update_occurs 事件丢失。除了配置状态，在所有其他状态下轮询网络变量将无响应，而且接收的网络变量修改消息也将丢弃。

如果设置节点状态的消息将节点的脱机模式改为在线模式，响应的 Neuron C 任务将执行。模式在线以及模式脱机的消息不能使用请求/响应服务。节点的状态改变要重新计算应用校验和，这要花费一定的时间，所以总是使用查询状态消息来确定状态是否改变。

请求消息中的第一字节指定是否将节点设置为软脱机/在线模式、是否复位节点或改变节点的状态。如果是改变节点的状态，就会有第二字节来指定节点将进入的状态。

② wink 消息：该消息有两种格式。如果发送无数据的 wink 消息，接收节点的应程序中有 when（wink），那么该消息触发接收节点执行。wink 消息不能使用请求/响应服务与服务引脚消息相比，该消息用于识别节点（安装在网络上但未配置的节点）会感到更方便。

当 wink 消息发送时，服务引脚 LED 的状态正常。在这种情况下服务引脚的 LED 是用来显示 wink 消息的接收。一旦节点被识别，Neuron 芯片的 ID 即得到。

wink 消息的第二种格式仅用在基于主机节点上。如果安装附着有多个网络接口的应用节点就必须使用这种格式。原因是若安装一个基于主机节点时，按下一个服务引脚就只能产生单个服务引脚消息，而网络管理器发送的 wink 消息却能访问节点附着的所有网络接口。基于主机节点的格式的第一字节指定的是一个子命令，它既可以是一个 wink 消息也可以是一个请求消息，请求主机发送识别信息。wink 消息的发送不能使用请求/响应服务；send_id_info 则应使用请求/响应服务，而且在该字节后还有一个字节用来指定支持主机（可以有多个网络接口）的网络接口号码。

对基于主机节点，请求消息被传送到主机上，由主机执行 Wink 操作并构成响应，响应中给定网络接口的 Neuron 芯片的 ID 以及程序 ID。如果响应第一字节是“0”，表示网络接口在工作；否则，是“1”。

2. 网络诊断消息

（1）查询状态（只能用请求/响应服务）

用来读取记录网络出错次数的累计器中的值、最近一次复位的原因、节点的状态以及最近的运行错误记录。节点复位不应答，该消息在节点复位后用来证实节点已经复位。

（2）清除状态：用来清除网络记错累加器、错误日志以及最近一次复位的原因等内容。

（3）委托命令（只能使用请求/响应服务）：

该消息请求某个节点将查询 ID、查询状态或查询收发器状态，这些消息发送给另一个节点。如果物理通道的限制，要求避免来自网络管理节点的消息被目标节点直接接收，那么该消息即可使用。该消息的响应也需要经过中间节点的转接才能回到发送请求消息的节点。

第一字节指明将委托传递的消息，紧随其后的是目标地址，格式同 MSG.ADDRA 文件中定义的 msg_out_addr，委托消息在接收节点所在的域上传递，接收委托的代理节点必须配置在要接收该消息的域上，委托消息中的 type 可以是 1（子网/节点）、2（Neuron 芯片的 ID）、3（广播）或者是组编址。如果是组编址，type 的最高有效位设置将反映组的大小。

（4）查询收发器状态

该消息可获取收发器状态寄存器中的状态信息。对专用收发器状态寄存器有一组共 7 个寄存器，响应中包括相关收发器中的所有 7 个状态寄存器的内容。

许多 NM（网络管理）/ND（网络诊断）消息使用请求/响应服务类型，很少几种限制使用应答服务。当节点被配置为网络管理鉴别时，那么许多的 NM/ND 事务必须经鉴别后才能有效。不过如果节点处在未配置状态，网络管理鉴别比特将被忽略。

由于改变 E^2PROM 而带来的漫长的延时，发送节点的发送事务定时器的值必须延长，以便能处理这类情况。当使用 Neuron ID 寻址，接收 NM/ND 消息的节点将自动地延长非组接收事务定时器的值，延长的时间值是 8s。如果节点突然进入未配置状态，而网络管理器还没有丧失与该节点通信的能力，那么对网络管理消息使用 Neuron ID 寻址无疑是最好的。但是有这样的问题，上面说了使用 Neuron ID 寻址将自动地延长非组接收事务定时器的值，延长的定时器的时间溢出有可能导致对重发消息的一系列错误检测。建议 Neuron ID 寻址最好用于与未配置状态节点通信。

3. 网络变量消息

（1）网络变量

在 LonTalk 协议的表示层的数据项被称为网络变量（NV）。网络变量可以是单个的数据项（Neuron C 变量）也可以是数据结构或数组。其最大长度可达 31 字节。最多 31 字节的数组可以嵌入到一个结构里并作为一个网络变量来传播。每个网络变量都有一数据类型，这在应用程序中定义。

对基于 Neuron 芯片节点，网络变量的定义除要有 network 这个关键字，以便网上其他节点能使用该变量外，其他与 C 语言中的局部变量定义相同。当在应用程序中，通过赋值改变某个输出网络变量的值，Neuron 芯片固件会自动地利用 LonTalk 协议的消息服务在网上广播该新值。网络变量的发送是在打包成 LonTalk 协议的消息包后进行的，由 Neuron 芯片的固件自动处理缓存器的管理、消息的初始化、消息的语法分析以及出错处理。

一个运行 Neuron C 应用程序的节点，最多可定义 62 个网络变量，其中包括数组元素。

网络变量可以被赋予鉴别服务，也可以被指定优先级，使用优先时隙来传递它的值，也可以指定网络变量为同步网络变量，这样所有赋给该变量的值都将被传播。

对基于主机节点，主机管理 LonTalk 协议的第 6 层的处理工作并且将网络变量修改转成 LonTalk 消息，或相反，然后存储到应用缓存器中。使用网络接口协议将这些缓存器中的内容传递到网络接口，或相反。

（2）网络变量消息

网络变量消息有两种：网络变量修改消息；网络变量轮询。网络变量消息的消息代码范围为 0x80～0xFF。

一旦应用程序修改了程序中已定义了的非轮询的某个输出网络变量的值，那么网络变量修改消息即发送。网络变量修改消息可以使用应答、非应答或重发等服务类型。

如果被修改的输出网络变量在定义时有修饰字 Polled，那么这样的修改不会导致网络变量修改消息的发送。网络变量修改消息中包含被修改网络变量的选择器值，紧跟网络变量选择器值后的是该网络变量的新值。当网络变量修改消息发送后，如果目标节点有一个输入网络变量，它的选择器的值与消息中的选择器的值相同，这样，在目标节点上对应的输入网络变量修改事件发生，目标节点上的这个输入网络变量的值被修改为消息中的值。

对基于主机节点（Neuron 芯片充当节点）与 LON 连接的网络接口输入网络变量的选择器的值与输出网络变量选择器的值的比较可以在 Neuron 芯片内，也可以在主机上进行。

通常，网络变量修改以及轮询消息都使用隐式寻址传递。所谓隐式寻址，是指使用源节点的地址表中的某条记录作为目标地址。

网络变量消息结构如图 7-24 所示。消息的代码字节的第一位是“1”，表示该消息是网络变量消息。第二位如果是“1”，表示该网络变量为输入网络变量；第二位如果是“0”，表示该网络变量是输出网络变量。后面的 6 位用做网络变量选择器的最高有效位，消息的第一个数据字节是网络变量选择器的低 8 位，再往后就是网络变量的数据。

① 网络变量修改（应答、非应答或重发）。前面已说明了网络变量修改消息通常使用隐式寻址在网上传递。当源节点应用程序修改一个已捆绑的输出网络变量时，Neuron 芯片固件将利用网络变量配置表以及地址表中的信息，自动构成一个输出网络变量修改消息。要特别提醒的是，Neuron 芯片固件所使用的两表信息是在捆绑过程中建立起来的。在某些应用中需要显式地编写网络变量修改消息的目标地址而不是从上述两表中获得目标的地址信息。例如，如果某个节点希望发送网络变量修改消息到 15 个以上的不同的目标地址（节点或节点组），由于每个节点地址表最多有 15 条记录的限制，这种情况就可以使用显式寻址来克服地址表的限制。

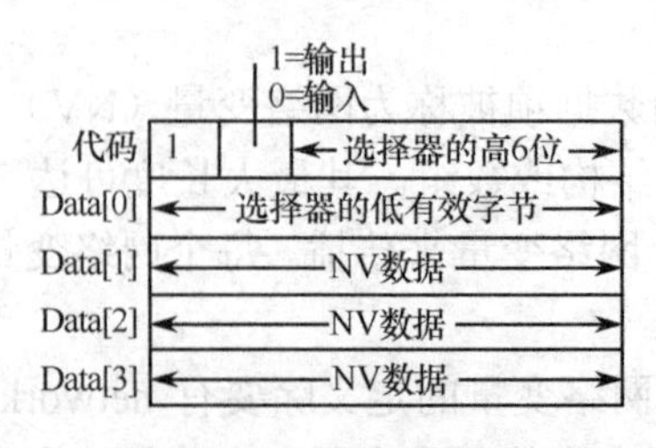

图 7-24　网络变量消息结构

要实现显式寻址，具体的方法是源节点在应用程序中显式地编写同网络变量消息的网络变量修改消息。第一字节的第二位请求，消息中数据的长度应与目标网络变量的长度相匹配。

网络变量修改消息由目标节点的网络处理器负责处理。在通常的应用程序中，使用显式消息构造的网络变量修改消息应用处理器不能接收。如果应用需要从网络变量修改消息中摘取源地址，可以使用 Neuron C 内的 iv-in-addr 变量。对基于主机的节点可选择在主机上接收网络变量修改消息。

② 网络变量轮询。前面已说明了网络变量轮询消息通常也是使用隐式寻址在网上传递。当源节点上的应用程序针对某个已捆绑的输入网络变量调用 Poll()系统函数时，那么 Neuron 芯片固件将利用网络变量配置表以及地址表中的信息自动构成一个网络变量轮询消息发送。在某些应用中需要显式地编写网络变量轮询消息的目标地址而不是从上述两表中隐式地获得目标的地址信息。它可以只使用一个输入网络变量来接收多个任意给定的数据类型的轮询响应，数量不限。

具体地实现方法也是源节点在应用程序中显式地编写类似网络变量消息的网络变量轮询消息（不同之处是轮询消息没有 NV 数据）。轮询消息的响应将由节点的网络处理器负责处理，原因是在通常的应用程序中，使用显式消息构造的网络变量修改消息应用处理器不能接收。如果发送轮询消息的节点有一个输入网络变量与被轮询的网络变量有着相同的选择器的值且大小相同，那么该网络变量将被轮询的响应修改。如果想读取显式编址消息的网络变量的值，还有一个更为方便的方法，这就是使用读网络变量值这个网管消息。如果基于主机节点选择、主机选择，那么就可以由主机来管理显式轮询的响应。

网络变量轮询消息的代码字节第一位设置是“1”，第二位也应设置为“1”表示指定某一输入网络变量调用 Poll()，而被轮询的是输出网络变量。轮询消息的响应消息同网络变量修改消息，即代码字节除第二位清零外，其他各位都和轮询消息一样，然后是一字节的选择器低 8 位，最后是网络变量实际数据。如果节点中没有匹配的网络变量或者节点处在脱机状态，那么这类节点产生的响应就不会有实际数据。

当网络变量轮询消息使用组编址（点对多点）并使用应答服务时，节点组的所有节点都将响应轮询请求消息。节点组中的节点如果输出网络变量的选择器的值与轮询消息中的选择器的值相同，构成的响应将包含该输出网络变量的值，而且这些响应在轮询节点上都会产生 nvundate-occurs 应用事件；如果节点组中的某些节点不存在匹配选择器值的输出网络变量或节点脱机，将产生没有实际数据的响应。如果轮询节点收到所有的响应，就会产生 nv-update succeeds 事件；如果按配置的重发数多次重发轮询消息，仍有一个到多个响应未能收到，就会产生 nv-uPdate-fails 事件。

7.7.14 其他

1. 网络接口

LonTalk 协议内有一网络接口协议可选择用来实现 LonWorks 应用在各类主处理器上的运行。作为主处理器，它可以是任意微控制器、微处理器或计算机。主处理器管理 LonTalk 协议的第 6 层和第 7 层，并且使用 LonWorks 网络接口来管理第 1 层到第 5 层。LonTalk 网络接口协议定义了网络接口与主机之间的包格式交换。如果网络接口不一样，那么网络接口协议定义也不一样。

网络接口可以是交钥匙（turn-key）设备，如 Echelon 的串行 LonTalk 适配器（SLTA），也可以是基于 Lonbuilder 的微处理器接口程序（MIP）的定制设备。MIP 扩充了 Neuron 芯片的固件功能，将 Neuron 芯片变为创建 LonWorks 网络接口的通信处理器。

在主处理器上运行的主应用程序通过网络驱动程序与网络接口通信。网络驱动程序要管理缓存器的分配、缓存器到网络接口以及网络接口到缓存器的传输、协调应用与网络接口链路层协议的差异。LonTalk 网络驱动程序协议在主应用和网络驱动程序之间定义了标准的消息格式。

使用主处理器的节点也就是基于主机的节点（host-based nodes），而整个应用程序都在 Neuron 芯片上运行的节点即是基于 Neuron 芯片的节点。

2. 数据释义

LonTalk 协议使用一数据导向应用协议。应用数据项，诸如温度、压力、状态、文本串以及其他数据项都可以依照标准的工程或其他预先定义的单位在节点之间互相交换。操作命令被封装在接收节点的应用程序中而无须在网上传递。同样的工程值可以发送到多个节点，而每个节点对该数据项可以有不同的应用程序。

对基于 Neuron 芯片节点数据解释由 Neuron 芯片的固件来完成；对基于主机节点则由主机来完成。

（1）显式消息（应用消息）

每个显式消息都有一个消息代码，由应用程序用于对消息的内容进行解释。

对基于 Neuron 芯片节点，显式消息的发送是这样的：定义一个指定的输出对象，将消息代码以及消息内容赋予该对象，由该输出对象完成显式消息的发送。同样，显式消息也是由另一个指定的输入对象来接收的，该输入对象也有着消息代码和消息内容。

对基于主机节点，主机上 LonTalk 协议的第 6 层处理将显式消息复制到应用缓存器中，或从应用缓存器读出，从而实现与网络接口间的数据交换。

（2）外来帧传送

有一部分专门保留的消息代码用于实现对外来帧的传送。外来帧中的数据字节数最多是 239B。对外来帧 LonTalk 协议并未提供专门的处理，而是把它们看成是一个简单的字节数组。应用程序可以按其需要以任何方式来解释数据。

LON 节点使用与显式消息同样的方法来发送或接收外来帧消息，但消息代码不同。

3. 应用兼容性

要实现应用兼容性，使用 SNVT 即可很方便地做到。SNVT 列表中有将近 100 种网络变量类型并且可以覆盖很宽领域的应用。SNVT 的定义包括单位、范围以及分辨率。使用合适的网络管理命令，LON 节点能从其他节点摘取 SNVT 的信息。

4. 协议服务以及参数

LonTalk 协议服务可以由应用程序来选择或由网络管理器来选择。通常，网络管理器可以改写应用程序选择的服务类型。当然，有的例子中不可以。

开发期间，LonBuilder 网络管理器扮演着网络管理器的角色。网络管理器是用于在最终应用中安装节点的。LonMaker 安装工具可改写由 LonBuilder 选用的服务类型。

5. 限制

LonTalk 域 ID 的长度可以是 0、1、3 或 6 字节。同一个域上的所有节点都必须有同样长度的相同的域 ID。在每个 LonTalk 域中，有以下限制。

LonTalk 限制：

（1）最多 255 个子网；
（2）每个子网最多 127 个节点；
（3）最多 256 个节点组；
（4）每个节点组最多 64 个节点（仅指应答服务，若使用非应答服务，其节点数不限制）；
（5）最多 32385 个节点；
（6）每个节点在其所属的每个域都有一个子网地址和一个节点地址；
（7）构成节点组的节点必须是同一个域中的节点；
（8）每个节点最多可定义 4096 个可捆绑网络变量。

LON 节点限制：
（1）Neuron3120 或 3150 芯片的每个节点最多隶属两个域；
（2）每个节点每次可以有单个输出事务；
（3）每个节点每次可以有单个鉴别事务；
（4）Neuron 芯片节点最多可定义 62 个可捆绑网络变量；主机节点则可达到 4096 个；
（5）Neuron 或 3150 芯片的每个节点最多可以是 15 个节点组中的成员；
（6）所有节点必须能接收 60 字节的链路层数据帧；
（7）所有节点必须能发送 32 字节的链路层数据帧。

7.7.15 Neuron 芯片的网络映像

每个 Neuron 芯片的 E^2PROM 中都有以下各项内容。

（1）Neuron ID：6 字节。它是在芯片制造时设定的，不能改变，主要用于节点安装及网络管理。与 Internet 的 IP 地址相同，它也具有全球唯一性。

（2）Mfg 数据：2 字节。它是在芯片制造时设置的，不能改变。

（3）节点类型：8 字节，在应用编译时设定。对未确定的节点，仅包含 Neuron C 的程序名；对已确定节点，将包含制造商 ID、节点类型及子类型等。

（4）节点地址：1～2 个结构。每个结构都包含一个域、一个鉴别密钥、一个节点 ID 以及一个子网 ID。如果节点属于两个域，就会有两个这样的结构。

（5）地址表：节点地址表的大小由应用开发人员配置。地址表默认的是 15 条记录，分别指定 15 个不同的网络地址。地址表用在发送消息时从其中取目标地址，对组编址的情况则用来确定接收的消息是否来自该节点所属的节点组。对每一条地址表记录，第一字节指出后面的地址表记录类型，即组、子网/节点和广播。

（6）位置 ID：2 字节通道号，6 字节位置串。安装时设定对应的是它所处的物理位置，如某房间、某办公室等。

（7）通信数据：通道上的优先级时隙数、节点分配的优先时隙、比特速率和收发器参数。

7.8 LonWorks 开发工具

LonWorks 技术有一套强有力的开发工具平台 Lon-Builder 与 NodeBuilder，它提供了网络开发的基本工具和网络协议分析工具，可以用于分析与检测网络通信上的节点间的通信包、网络变量等的通信状况，包括通信量的分析、数据包的误码率和内容检测等。

7.8.1　基于网络的开发工具 LonBuilder

LonBuilder 开发包包括开发 LON 节点和 LON 网络测试样机所需的所有工具和部件。LonBuilder 开发包包括以下几点。

（1）LonBuilder 开发工具平台：它是 LonBuilder 开发包的核心。LonBuilder 开发工具平台集中了三种工具——多节点开发系统、网络管理器和协议分析器。

（2）LonManager DDE 服务器：使用任何具备动态数据交换（DDE）功能的 Windows 应用软件，为 LonWorks 网络快速建立图形化用户界面。

（3）单通道 PC LonTalk 适配器（PCLTA）：PCLTA 为使用 LonManager DDE 服务器和用户应用程序提供了一个高性能的网络接口。

LonManager DDE 服务器和 PCLTA 可从 LonBuilder 具上分离而安装在 PC 上，这样可使主机应用程序的开发和应用节点的开发同时进行。

LonBuilder 开发工具的主要特点如下。

（1）用 Neuron C 语言编程可减少开发时间，简化控制网络应用程序的开发。

（2）用 LonBuilder 的集成化开发环境编辑和编译应用程序。

（3）用一条指令在开发网络的大量节点上编译、连接和加载应用程序。

（4）用 Neuron C 调试器在多个仿真器上调试应用程序。

（5）用 LonBuilder 硬件测试 I/O 测试样机和通信收发器硬件。

（6）用 LonBuilder 网络管理器将节点集成（即安装）到网络上。

（7）用 LonBuilder 协议分析器监视和分析网络通信，简化应用程序的网络化测试。

（8）用 LonBuilder 多用途 I/O 包在不同的 I/O 设备上测试 Neuron C 应用程序。

（9）用 LonBuilder 应用接口包测试用户 I/O 设备，使硬件开发时间和成本降至最低。

（10）用 LonBuilder 路由器和收发器与外部网络的用户节点通信，提供测试网络操作的真实环境。

（11）开发工具支持增加用户节点的开发。开发者在安装用户节点前就可调试软件和 I/O 硬件，大大降低开发的工作量。

（12）开发工具包括 LonManager DDE 服务器。这使得在 LonWorks 网络上增加基于 Windows 的图形化用户界面变得容易。

（13）开发工具内的单通道 PCLTA PC LonTalk 适配器，提供一个用 DDE 服务器开发用户主机应用程序的高性能网络接口。

7.8.2　LonBuilder 软、硬件

1．LonBuilder 软件

LonBuilder 软件是建立 LonWorks 节点和网络所需软件工具的集成。它包括以下内容。

（1）编辑器、编译器和源码调试器：可用于建立和调试 Neuron 芯片中的应用程序。

（2）安装和构造节点的网络管理器：使网络的建立如同给一个单独的节点编程一样简单。

（3）用于监视开发网络和分析其活动的协议分析器：允许不精通 LonTalk 协议的开发者进行网络调试。这个集成化环境大大减少了学习时间，且大大增大了开发者建立控制网络应用项目的生产效率。

2. LonBuilder 硬件

（1）两个 Neuron 仿真器。
（2）LonBuilder 接口适配器和电缆。
（3）LonBuilder 路由器。
（4）LonWorks 收发器：一个 LonBuilder SMX 适配器和两个 SMX 收发器。
（5）多用途 I/O 包。
（6）应用接口包。
（7）LonManager DDE 服务器。
（8）PCLTA PC LonTalk 适配器。

3. 使用方法

（1）用 Neuron C 在 Neuron 芯片上写入、编译应用程序。
（2）在 LonWorks 网络上的多个节点上建立和加载应用程序。
（3）用 Neuron C 调试器和 LonBuilder Neuron 仿真器调试 Neuron 应用程序。
（4）用 LonBuilder 硬件测试样机和通信收发器。
（5）用 LonBuilder 网络管理器在开发网络上集成和测试 LonWorks 节点。
（6）用路由器在开发过程中建立多通道网络。
（7）用 LonBuilder 协议分析器分析网络行为。
（8）用 LonWorks 网络接口为任意主处理器建立应用程序。
（9）输出目标文件。

7.8.3 基于节点的 NodeBuilder 开发工具

LonWorks NodeBuilder 开发工具包括一套开发 LonWorks 设备的工具，这些工具包括一整套基于 Windows 的设备开发软件，一个 PC 接口卡，一个 LonWorks 节点测试样机和两个 LonWorks 收发器，用它们可以开发、检测 LonWorks 设备。

NedeBuilder 开发工具是生产者制作 LonWorks 设备的最佳选择，对于拥有较多开发人员的 LonWorks 开发单位，它也是 LonBilder 平台极好的配套设备。

1. NodeBuilder 的主要特点

（1）用 Neuron C 中的组网和实时嵌入式扩展语句，简化控制网络开发，缩短开发时间。
（2）自动生成可互操作的 Neuron C 源码模板和设备定义，缩短了开发时间。
（3）在 LonWorks 设备上用一条指令完成 Neuron C 应用程序的编译、连接和加载。
（4）集成化的 Neuron C 调试器，运行时提供 Neuron C 应用程序的源级显示；缩短发现和更正程序错误的时间；用集成化的 Neuron C 网络扩展使网络通信的错误迅速隔离。
（5）集成化的网络变量阅览器，运行时提供 LonWorks 应用程序的网络显示，简化对 LonWorks 设备的测试和其互操作性的验证。
（6）带有可下载的闪存和 RAM 的 LonWorks 节点测试样机，提供开发的硬件平台、测试样机和 LonWorks 设备的最初产品；使用备用硬件，简化了应用程序的程序测试；提供可重复使用和可网络编程的控制模板的硬件测试样机。
（7）LonManager DDE 服务器，支持基于 Windows 的网络监视、控制用户接口程序的快速开发。

（8）联机帮助，提供有周全的帮助和开发生产的联机参考，减少学习时间。

2. NodeBuilder 软、硬件

LonWorks NodeBuilder 开发工具包括以下内容。

（1）NodeBuilder 软件：应用编程软件工具；网络监控软件工具。

（2）PCNSS PC 接口卡。

（3）LTM-10 LonTalk 节点。

（4）LTM-10 LonTalk 模块。

（5）Motorola Gizmo 3：① MC144111，6 位，4 通道数/模转换集成芯片；② MC145053，10 位，6 通道模/数转换集成芯片；③ MC68HC68TI，实时时钟集成芯片；④ MC14489，5 位 LED 数码显示驱动器；⑤数字编码器；⑥压电蜂鸣器；⑦ LM34 温度传感器；⑧ 2 个按钮和 2 个 LED 数码管。

3. NodeBuilder 开发工具建立用户节点的使用方法

（1）使用 Neuron C 在 Neuron 芯片编写应用程序。

（2）定义 LonWorks 设备：定义应用程序名、存储的描述、其他应用设备的配置参数。

（3）构建和下载 LonWorks 网络。

（4）使用 LTM-10 LonTalk 节点测试样机。

（5）使用 LonWorks 网络接口创建各个主处理器的应用程序。

（6）输出目标文件。

NodeBuilder 开发工具不包括网络管理和协议分析能力。系统开发者若需要这些功能，就需用 LonBuilder 开发工具替换 NodeBuildet 开发工具。由于在开发过程中时常会用到网络管理和协议分析，因此下列这些工具可以和 NodeBuilder 开发工具一起使用。

（1）网络管理工具。LonManager LonMaker 安装工具提供供生产使用的整套网络管理工具。LonMaker NSS-10 网络服务模块可嵌入产品中提供网络安装、维护、监视和控制。

（2）LonManager 协议分析器。由 Echelon 公司提供。它从 LonWorks 网络中筛选和收集信息包，允许用户检查收集的信息，维护网络的统计特性。

7.8.4 LonWorks 开发应用

LonWorks 应用可以是单独的一个设备，或是将多个分散设备安装构成的 LON 网络系统。LonWorks 应用的开发过程分以下几步。

（1）定义应用应实现的功能；

（2）标明设备并分配应完成的功能；

（3）为每个设备定义外部接口文件；

（4）为每个设备编写应用程序；

（5）构造、调试并测试各个设备；

（6）安装网络并进行网络测试。

使用开发工具中提供的 LTM-10 节点，完全可以在应用节点设备硬件设计之前完成节点的程序设计以及调试。

基于 Neuron 芯片的节点设备硬件设计步骤如下。

（1）确定应用对存储器的要求，如采用哪种存储器芯片，存储器空间大小。
（2）确定应用所需的 Neuron Chip 类型；
（3）确定所需的收发器类型；
（4）设计时钟电路；
（5）设计复位电路；
（6）设计服务引脚电路；
（7）设计应用的 I/O 硬件电路；
（8）制作硬件电路。

7.8.5 LNS 技术

LNS（LonWorks Network Service）是 LON 总线的开发工具，它提供给用户一个强大的客户/服务器网络构架，是未来 LON 总线的可互操作性基础。使用 LNS 提供的网络服务，可以保证从不同网络服务器上提供的网络管理工具，可以一起执行网络安装、网络维护、网络监测；而众多的客户则可以同时申请这些服务器所提供的网络功能。

LNS 包括三类设备：路由器设备（包括中继器、桥接器、路由器和网关）；应用节点（智能传感器、执行器）；系统级设备（网络管理工具、系统分析、SCADA 站和人机界面）。

采用 LNS 多客户、多服务器技术可以给网络使用者带来很多好处。

（1）大大减少开发时间和费用。采用 LNS 技术容许多个网络安装工具在一个网络系统中同时工作，而不会产生冲突。每一个安装工具实际上是作为远程客户来申请网络服务的，由于使用同一个网络数据库，因此无须担心网络数据库同步的问题。允许多个网络工具同时在网络上运行而不会产生冲突，保障用户可以方便地采用众多其他公司的网络产品，大大节约用户的开发时间。

（2）简单的系统集成。LNS 技术提供一系列编程手段。其中包括在 Windows 2000 和 Windows NT 以及一般微处理器下的开发工具。对于 OEM 用户，特别是在 Windows 平台开发的用户，开发的任务只是处理网络对象服务的属性、事件和方法。

（3）访问数据不受限制。LNS 允许用户同时使用多台人机接口（HMI）、SCADA 站、数据站，同时访问网络上的数据。

1. LNS 编程模式

LNS 提供压缩的、面向对象的编程模式，大大减少了用户开发时间和对系统的要求。它将网络变成一个层次化的对象，通过对象的属性、事件和方法对网络进行访问。为使用户的系统设计简单，LNS 尽可能地提供了自动化的功能。

（1）平台独立的编程模式

LNS 构架和主机是无关的，它支持任何平台的客户，这些平台可以是嵌入式的微处理器，也可以是 PC、UNIX 工作站。主机是通过 LNS 的 API（Application Programm Interface）来操作 LNS 的。LNS 主机 API 是一个代码层，对于微处理器是以 ANSI 标准库来通过，对于 32 位 Windows 用户是以 OCX 控件的方式来提供。

（2）Windows 2000/NT 编程模式

在 Windows2000 和 NT 的平台上，API 以微软的 ActiveX 技术（也称为 OLE）的形式提供给用户，这里 LNS 称为 LNS 组件构架（LonWorks Component Architecture，LCA）。

2．LNS 构架

LNS 构架主要包括 4 个主要的组件：网络服务服务器 NSS（Network Services SerVer）、网络服务器接口 NSI（Network Services Interface）、LCA 对象服务器（LCA ObjectServer）和 LCA 数据服务器（LC Data Server），如图 7-25 所示。

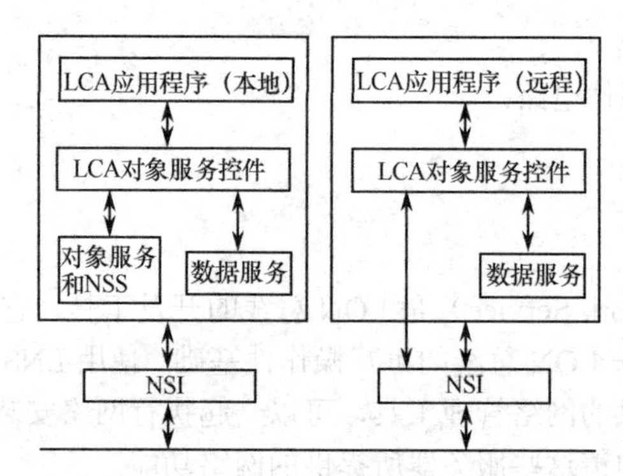

图 7-25　LNS 组件构架 LCA 框图

（1）网络服务服务器（NSS）

NSS 提供网络服务，它维护一个网络数据库，并容许和协调客户节点访问服务器服务和数据。当客户节点进行网络管理时 NSS 必须在网络上，但客户节点在进行检测和控制应用时，只是在第一次操作时需要 NSS，以后就不再需要。

NSS 的使用包括两种方式，第一种方式是 NSS-10 模块。NSS-10 模块包含管理和配置网络设置的资源，由于 NSS-10 模块的资源有限，因此主要适合测控节点数目较少的、适合嵌入式的应用。它的主要性能如下。

- 一个系统带一个 NSS-10 模块。
- 一个主机应用程序。这个应用程序在主处理器下访问 NSS-10 模块，这个应用程序可以包括多个客户，但不支持远程客户。
- 一个域。
- 一个通道。
- 最多 62 个应用节点。
- 最多 62 个网络变量在神经元芯片作为主处理器的应用节点。
- 最多 255 个网络变量在宿主机作为主处理器的应用节点。
- 整个网络最多 767 个网络变量。
- 最多有 383 个网络变量和显示报文的互联。

第二种方式是 Windows 方式的 NSS。

- 每一个域要求一个 NSS 服务器的实例，一个 LCA 对象服务器实例，理论上容许一个域最多 64 个 NSS 服务器的实例，64 个 LCA 对象服务器实例。
- 一个主机应用程序。这个应用程序在主处理器下访问 NSS-10 模块，可以包括多个客户，但不支持远程客户。
- 一个域。
- 最多 1000 个通道。
- 最多 32 385 个应用节点。

- 整个网络最多 12288 个网络变量选择器。
- 最多 62 个网络变量在神经元芯片作为主处理器的应用节点。
- 最多 4096 个网络变量在宿主机作为主处理器的应用节点。

可以看出，在采用 Windows 方式下的 NSS 无论是网络节点个数、网络变量个数都比 NSS-10 多，NSS-10 适合一些小的非 PC 环境下的系统，而 Windows 模式的 NSS 则适合较大的系统，但 Windows 模式对系统的要求相当高。

（2）网络设备接口（NSI）

客户对服务器请求服务是通过网络设备接口 NSI 的硬件组件来完成的。而对于 Windows 下的 NSS，实际上是 Windows 平台的网络数据库和网络数据库管理引擎，NSI 提供网络信息和 NSS 的物理上的连接。

（3）LCA 对象服务（LCA Object server）

LCA 对象服务只有在 Windows 方式下的 NSS 才有。对象服务实际上是在 NSS 上加了一层外壳，其目的是为了方便 Windows 下的用户使用 NSS。它除了提供绝大部分的 NSS 服务，还包含基于 PC 的网络工具和组件应用。

（4）LCA 数据服务（LCA Data Server）

数据服务提供了一个高性能的监控网络数据的引擎，能够直接提供数据服务，访问网络变量和显示报文。

3. LCA 网络服务器服务

LCA 的对象服务和数据服务的目的就是给用户提供一个非常简洁的访问网络服务器服务（NSS）。主要功能有以下 3 个方面：网络安装和配置、网络维护、网络监控。

LCA 所提供的核心服务如下。

- 发现物理连接上的节点。
- 解除网络配置。
- 节点配置委任。
- 接收节点 Service Pin 信息。
- 输入节点的自安装文件和确认信息。
- 输入节点外部接口文件。
- 从一个节点到另一个节点的配置信息的复制。
- 节点的安装、删除、替换。
- 连接网络变量和显示报文。
- 下载节点的映像程序。
- 询问和设置节点属性，如节点位置、节点优先级、自安装文件、网络变量属性。
- 节点复位。
- 节点确认。
- 节点测试。
- 产生网络配置改变事件。
- 路由器的安装、删除、替换。
- 恢复网络数据库。
- 增加子网和通道。

- 上载和下载节点配置信息。
- LonMark 对象的访问。
- 自动检测网络变量。
- 在宿主型节点增加和删除网络变量。
- 改变没有连接的网络变量类型。
- 连接广播类型的网络变量和伪网络变量。
- 在挂接 LCA Field ComPiler 后编译和建立应用程序映像。

（1）网络安装和配置

NSS 提供了 3 种安装方式。

- 自动安装：任何一个应用节点在安装之前处在非配置状态，NSS 能够自动搜寻这样的节点，并对其进行安装和配置。
- 预安装：该安装方式分两步进行：首先是定义阶段，在应用节点离线状态，预定义所有应用节点的逻辑地址和配置信息；然后是运行阶段，在所有节点物理上连接的状态，将所有的预定义信息下载到应用节点。
- Neuron ID 安装：可通过 Service pin 按钮或手动的方式获得应用节点的 Neuron ID，并通过 Neuron ID 定位来设定应用节点的逻辑地址和配置参数。

（2）网络维护

NSS 提供的系统维护主要包括两方面服务：网络维护和网络修理。维护主要是在系统正常运行的状况下增加删除应用节点，以及改变节点的网络变量和显示报文的连接。

网络修理是一个错误设备的检测和替换过程。检测过程提供应用节点的测试结果及设备节点自身运行状态参数，查出设备出错是由于应用层的问题（如一个执行器由于电机出错而不能开/闭）还是通信层的问题（如设备脱离网络）。由于采用动态分配网络地址的方式，使替换出错设备非常容易，只需从数据库中提取旧设备的配置信息下载到新设备即可，而网络上其他应用节点则不必修改。

（3）网络监控

LNS 的数据服务可查看网络所有应用节点的信息的管理。但在数据服务链接初始化时，需要 NSS 关于应用节点的配置信息和网络变量、显示报文等参数，一旦数据链接完成则不再需要 NSS 参与数据通信。

4．LCA 数据库

为完成 NSS、对象服务和数据服务，LNS 提供了一组数据库，并提供相应的数据库管理、访问优化的功能，图 7-26 为 LNS 数据库结构。

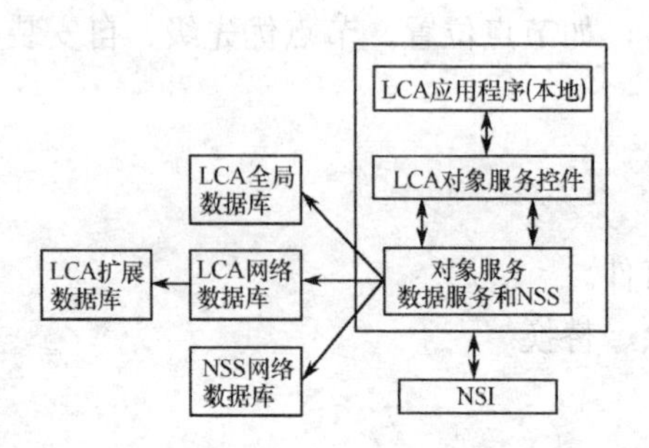

图 7-26　LNS 数据库结构框图

LNS 数据库包含以下三部分。

（1）LCA 全局数据库：每一个 LCA 包含一个全局数据库，它是网络数据库的集合，定义每一个 LCA 网络的名称和网络文件目录。

（2）LCA 网络数据库：是网络所有节点、路由器、域、子网、通道以及网络配置参数的集合。在网络数据库中有一个选项即 LCA 扩展数据库，用于 LCA 在 Windows 下的 Plug-In 技术实现。

（3）NSS 网络数据库（NSS Network Database）：NSS 需要一个数据库用于存储其配置信息，称为 NSS 网络数据库。

在 LNS 网络中，多台 PC 同时运行 LCA 应用程序，其中一台 PC 运行 LCA 对象服务和 NSS，称为 NSS PC，其运行的程序称为本地（Local），而其他的程序称为远程（Remote）。只有在 NSS PC 上，才有 LCA 数据库，而远程程序所有网络服务都是自动地远程访问 NSS PC 上的数据库。

5. LCA 现场编译器

LCA 现场编译器（LCA Field Compiler）是 LCA 提供的一个选件，它包含了一系列的 Neuron C 编译库，通过该编译库，允许 LCA 应用程序对应用节点进行现场编程，生成映像文件，下载到目标节点。

7.9 LonWorks 总线系统应用举例

7.9.1 基于 LonWorks 总线的工业企业网

应用 LonWorks 总线的有关设备和软件工具，来建立一个基于 LonWorks 总线的工业企业网系统。

1. LonWorks 现场总线企业网的总体方案

选择 LonWorks 作为现场总线的解决方案，采用澳大利亚 CITECT 公司的 CITECT 5.0 工控组态软件，设计一个连接到企业内部网上的现场级网络监控系统，建立一个现场总线企业网。整个结构方案如图 7-27 所示。

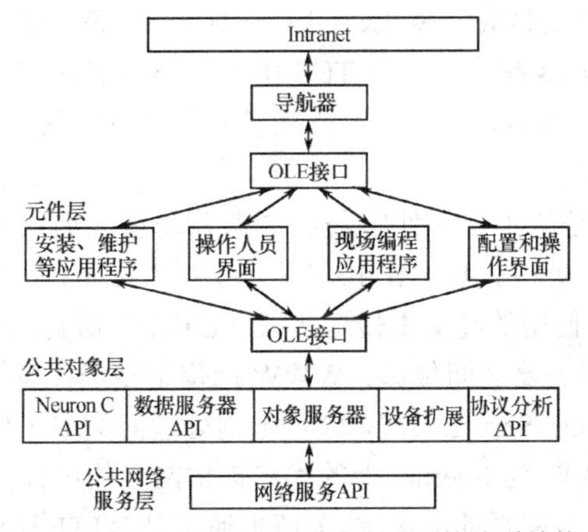

图 7-27 LonWorks 现场总线企业网的体系结构

首先在体系结构中定义一个公共网络服务层，该层可以被基于 LonWorks 的所有网络工具所共享，网络服务层提供基本的网络服务，这些基本网络服务满足任何主机上的网络服务应用程序的需求，网络服务层还用于管理诸如设备和网络变量地址等网络数据。

接着定义一个公共对象层用来管理主机上的网络服务对象，这些对象可以在网络服务元件之间共享，它们主要由网络数据库 API、可选的 Neuron C 编译器、网络协议分析 API、设备扩展等构成。公共对象管理层同时给出了一个公共访问接口，向下与公共网络服务层的网络数据库系统相连接，向上通过一个 OLE（Object Link and Embedded）接口访问各种不同类型的现场总线设备。

同时，将“安装、维护和诊断应用程序”、“操作人员界面应用程序”以及各厂商的现场总线产品集合起来，建立一个现场总线网络元件层，这部分主要是为了实现不同现场设备间可互操作并提供一些现场用户应用程序来协助用户的工作。

最后，利用 Microsoft Active X、CGI 等工具将工业现场被控对象的工作状态和实时数据与 WWW 结合起来，建立 Intranet。用户可以通过 WWW 导航软件远程监控现场的工作和生产状况，迅速地得到第一手信息，并及时调整控制系统。

将现场总线技术与 Intranet 相结合的确可以满足一些对于控制的宏观性要求比较高的客户需求，尤其是对于一些控制节点分布范围较广、控制节点的变动性较大的系统，采用现场总线与 Intranet 技术相结合可以带来很多明显的优点。

2．基于 LonWorks 的工业企业网的具体实现

（1）底层现场总线监控系统的构建

采用 LonWorks 的一家 OEM（Original Equipment Manufacture）公司提供的硬件产品作为底层现场总线的硬件支撑，这家公司利用 Echelon 公司提供的各种控制模块、收发器开发出了各种不同用途的网络智能型节点，能够满足一般的工业控制系统的需要。这些节点除具有一般的 I/O 功能外，内部还有 16KB 的 Flash ROM 存储空间，可供用户放入简单的控制程序代码，以实现现场分散控制的功能。同时，选用以双绞线为通信媒质的节点产品，通信速率为 78kbps。通过一块网络适配卡，这些网络节点可以与主机相连，监控主机一般不直接参与控制，所有的控制功能几乎都由节点来实现，在必要的时候，监控人员也可以通过监控主机直接对现场设备进行设定、检测或重新组态。监控主机即使关闭，整个系统仍然照常运行。

采用的监控软件 CITECT5.0 具有较多的硬件支持（支持上百种目前较流行的硬件），且具有良好的开放性，可以通过 ODBC、SQL、DLL、DDEML 等直接与其他系统进行数据交换，CITECT5.0 对运行于 Windows 平台，支持 TCP/IP 等网络互联协议，可以利用该软件设定监控系统主机间的网络结构，直接通过网络在各监控子网间交换信息。

（2）Intranet 功能的实现

所要完成的主要工作是从工控软件中获取数据并动态地加入到浏览器的 HTML（Hyper Text Markup Language）主页中。TCP/IP 协议负责承担 Internet 上大多数的通信。Web 浏览器和 Web 服务器之间通信所使用的超文本传送协议（HTTP）语言。一个 TCP/IP 消息实际上是通过 TCP/IP 协议在 Web 服务器之间传送，WWW 网位于整个计算机网络的最顶层。

Web 网的工作基于 Client/Server 模式，大量数据处理的集中工作可以在通过网络互联的多个计算机间分配实现，WWW 为 Internet 上的用户提供网页的过程分为如下三步。

① Web 浏览器发出需要网页的请求，这个请求通常是 HTTP 协议中的 GET 或 POST 请求。一个 Web 浏览器可以要求 Web 服务器运行一个程序以动态产生网页服务数据。

② 网页请求通过 TCP/IP 的套接字连接到相应的服务器。

③ Web 浏览器收到文件并且根据文件中的 HTML 代码显示页面（HTML 代码描述在 Web 浏览器中如何显示网页）。

公共网关接口（Conman Gateway Interface），简称 CGI，是把 web 和其他软件、数据库连接起来的关键。有了 CGI，用户可以在一个数据库中查询一个项，执行一个程序或通过一个接口与其他软件交换信息，CGI 为 Web 浏览器请求 WWW 服务器执行程序提供了一种简单机制，CGI 程序可以自由访问系统资源并且把结果以 HTML 格式写回浏览器。

Java 是一种独立于平台的软件技术，应用于网络开发，在 Internet 上的 Java 程序称为 Applet，Applet 是内嵌于 HTML 文件中的 Java 应用程序。

图 7-28 所示为建立的现场总线企业网的总体结构示意图。

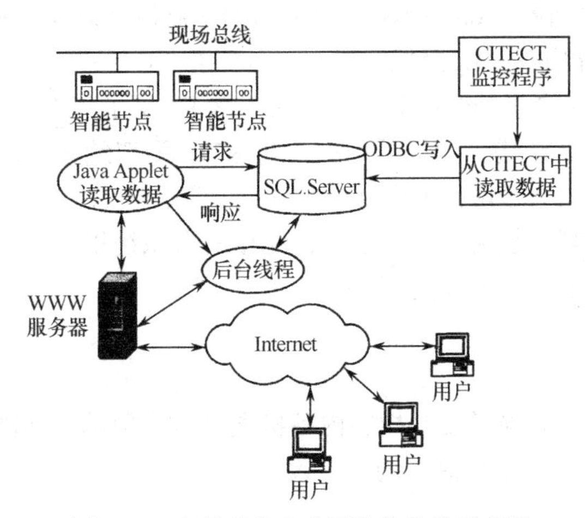

图 7-28　现场总线企业网总体结构示意图

用户访问 WWW Server 时有目录权限的限制问题，如果直接将控制采样数据向网上发布，采样时会涉及较多的系统资源，而且很难将这些资源一一划分，会造成用户无法访问等问题。可以这样解决这一问题：首先建立监控数据的网络数据库，采用 Microsoft 公司的 SQL Server6.5 建立网络数据库系统，构架一个中间桥梁，这部分包括对要查询和备份的数据进行系统分析、定义表和表间关系并建立一个数据库，同时将该数据库挂接到 ODBC（Open Data Base Connectivity）接口上。用 Visual C++编写中间连接程序，定时通过 CITECT 的 C 语言接口 CTAPI 从 CITECT 中读取数据，并通过 ODBC 接口将数据写入数据库中。接着采用 Java 的 JDBC 数据库接口开发应用程序，通过 Java Applet 向数据库发出请求，得到响应后，启动后台线程，将数据传给 WWW 服务器，使用户能够通过 Internet 在 HTML 主页中获得现场的动态数据。

7.9.2　LonWorks 技术在楼宇自动化系统中的应用

1．工程简介及系统总体设计

（1）工程简介

本例工程是某机关办公楼，分主楼和配楼两部分，由办公室、多功能厅、餐厅及接待室等用房组成。主楼建筑面积 26000m^2，地下 1 层，地上 9 层。配楼建筑面积 7600m^2，地下 1 层，地上 5 层。本工程属于旧楼改造项目，改造后的大楼将实现楼宇设备的自动控制，达到对大楼内的水、电、热、空调、通风、电梯、高低压配电、停车场等系统进行监测、控制和管理，以实现舒适、安全、高效、节能的目的，并使设备损耗降低，延长使用寿命。

（2）系统总体设计

本楼宇自动化系统包括冷冻水系统、新风机组、空调机组、给排水系统、变配电系统、电梯系统、照明系统、有害气体检测系统和热交换系统 9 个部分。由于 LonWorks 技术的开放性和全分布式的特点，并且考虑到以后与其他功能子系统的集成，决定采用 LonWorks 技术作为本系统的技术平台。这个平台上集成了来自三个不同厂商的基于 LonWorks 技术的产品，它们分别是：美国 SIEBE 公司的 I/A 系列新风、空调控制器；澳大利亚 AUSLON 公司的 DI-10EI；Echelon 公司的 LonPoint 系列产品（DI-10、DO-10、AI-10、SCH-10 和 LPR-10 路由器模块）。

系统的网络结构充分体现了 LonWorks 控制网络的特点，即全分布式的、对等的、开放性的网络结构。与集中式网络比较，LonWorks 控制网络的节点控制箱放置在被控对象的附近，这样做减少了布线工作量，节省了人力，降低了成本。提高了工作效率，也十分便于调试及维护。当网络中一个设备出现故障不会影响全网其他设备的正常工作，把故障点分散到最小的程度。

整个网络采用自由拓扑结构，网线采用推荐的 8741 型双绞线，连接方式全部采用手拉手连接方式。整个系统分为三个子网，主楼部分分成两个子网：21 台新风机组构成一个子网，其他照明、给排水、变配电等系统为另一个子网；配楼所有系统组成第三个子网。每个子网之间采用路由器（LonPoint 的 LPR-10）相互隔离。

2．系统功能

在系统功能设计过程中，除了要对楼宇内各机电设备实现基本功能的控制以外，要着重考虑系统节能，以便为用户日后带来更大的经济效益。

（1）冷冻水系统

主要是对 3 台冷水机组、3 台冷却塔、3 台冷却水泵、3 台冷冻水泵、集水器、分水器及相关阀门和水流开关等设备进行监视和控制。

自动监测冷水机组、冷却塔、冷却水泵、冷冻水泵的工作状态、故障情况。

由 LonPoint 的 SCH-10 模块控制冷冻机组定时启 l 停。

由实际冷负荷控制冷水机组的开启台数，对相应的阀门和水泵进行联动控制。

根据供回水压差 PID 控制旁通阀的开度，保持供回水压差平衡。

在人机界面上实时观察系统各个设备的运行情况，可强制控制旁通阀的开度。

（2）新风机组

主要对主楼的 21 台新风机组和配楼的 7 台新风机组进行监视和控制。

自动监测新风机组的新风温度、送风温度、送风湿度、新风阀门和风机的运行状态，并累计风机的运行时间和机组的启停次数。

自动监测并报警过滤网阻塞、防冻开关和风机故障信息。当有报警发生时对新风阀门、风机和冷/热水间进行联动控制。

根据送风温度 PID 调节冷/热水阀门的开度，保持送风温度在一定范围内。

在冬季运行模式下，根据送风湿度控制加湿阀的开关，保持送风湿度在一定范围内。

正常运行情况下，由 LonPoint 的 SCH-10 模块控制新风机组定时启/停。

在人机界面上实时观察系统各项运行参数，并可强制启/停新风机组。

（3）空调机组

主要对主楼的 2 台空调机组进行监视和控制。

自动监测空调机组的新风温度、新风湿度、回风温度、回风湿度、新/回风阀门开度和风机的运行状态，并累计风机的运行时间和机组的启停次数。

自动监测并报警过滤网阻塞、防冻开关和风机故障信息。当有报警发生时，对新/回风阀门、风机和冷/热水间进行联动控制。

根据新风恰值和回风恰值 PID 调节冷/热水阀门的开度，保持回风温度在一定范围内。

在冬季运行模式下，根据送风湿度控制加湿阀的开关，保持送风湿度在一定范围内。

正常运行情况下，由 LonPoint 的 SCH-10 模块控制新风机组定时启/停。

在人机界面（HMI）上，可实时地观察到系统各项运行参数，并可强制启/停空调机组、强制新/回风阀门的开度、强制冷/热水阀门的开度、强制启/停风机、强制启/停加湿阀。

（4）照明系统

主要对主楼和配楼的公共照明、应急照明和泛光照明进行监视和控制。

自动监视各路照明的开关状态。

正常运行情况下，由 LonPoint 的 SCH-10 模块控制各路照明的定时开/关。

在人机界面（HMI）上，不仅可观察到各路照明的状态，还可强制开/关各路照明。

（5）变配电系统

主要对变配电系统的 2 路高压进线、4 台变压器、6 个高压断路器、4 个低压断路器、1 个高压母联开关和 2 个低压母联开关进行监测。

自动监测并定期记录高压进线和低压出线的电压、电流、功率因素、有功功率、无功功率和电度等参数。

自动监视断路器和高/低母联开关的工作状态和报警状态。

自动监视 4 台变压器的高温报警和超高温报警状态。

自动监测变电室的室内温度。

在这个楼宇自动化系统中，还包括给排水、电梯、热交换、有害气体检测，这些系统大都是对送/排风等系统相关的设备进行状态监测。

3. 人机界面

该楼宇自动化系统的人机界面由美国 WonderWare 公司的 Intouch 组态软件经二次设计完成。通过 Echelon 公司提供的 PCLTA-10 网络接口卡和 LNS DDE Server 动态数据交换软件，人机界面可以从 LonWorks 网络上采集信息，也可以把控制命令发送给网络上的控制节点，而完成相应的控制任务。它具有以下功能。

（1）操作功能：提供 5 级操作密码；能够强制控制一些设备的启/停；可以调整及修改设定值；可以增加、修改、取消设备运行的时间表；可以修改模拟量的报警限值。

（2）设备管理功能：所有设备的原始信息，例如设备编号、设备型号、设备的物理位置和设备的生产厂商等；设备投入运行时间、故障记录和设备维修报告记录。

（3）数据实时显示功能：所有被测量的模拟量数据与开关量的状态都能在相应的画面上生动、形象地表现出来。

（4）故障报警功能：当设备出现故障时，系统能及时显示出当前报警信息，并有报警音乐提示，同时能记录在故障记录表中。

（5）报表打印功能：能编制各类数据的报表，打印输出给管理人员。

由于采用了开放的LonWorks技术作为这个楼宇自动化系统的技术平台，在选择产品时可以有更多的选择余地，这样有效地控制了系统成本，保护了业主的投资。基于LonWorks技术的网络具有很好的扩充性，可以分期添加一些功能不同但都是基于LonWorks技术的系统到这个网络中。LonWorks 技术符合国际发展潮流，适合我国国情，为智能建筑的系统一体化集成提供了强有力的技术平台。

7.9.3 用LonWorks构筑全分散智能控制网络系统

1. LonWorks全分散智能控制网络基本系统体系结构

LonWorks全分散智能控制网络基本控制系统体系结构，如图7-29所示。

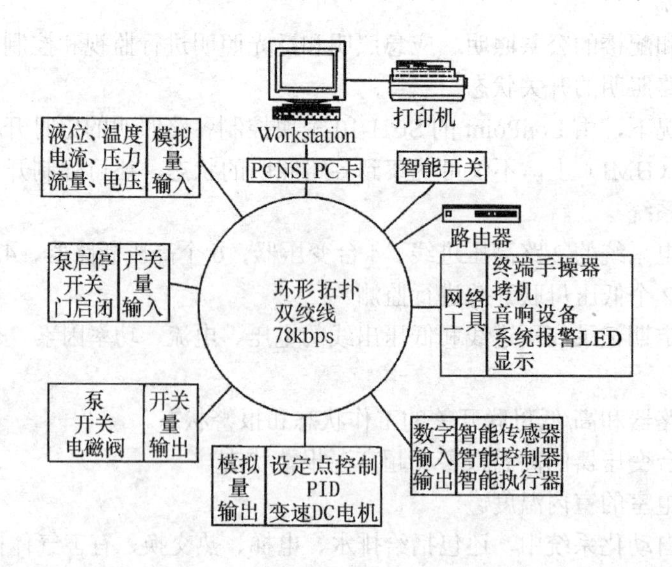

图7-29　基本控制系统体系结构

基本控制系统具有下列主要特性。

（1）采用“四连”技术，即一根双绞线作为信号网络线，一根双绞线作为电源线，从而实现“以硅代铜”。

（2）可靠性高，可轻松实现冗余：如双信道、双主机、双PC NSI卡等。

（3）采用环形拓扑及可自修复智能网络开关，大大消除信道故障带来的影响，并可实现部分故障管理和网络管理。

（4）所有节点均采用自安装方式，用户无须关心网络配置、网络安装、节点编程等工作。

（5）具很好的可扩展性，可扩展成为一个庞大的网络（节点数可达2~8）。

（6）自动监视4台变压器的高温报警和超高温报警状态。

（7）自动监测变电室的室内温度。

在这个楼宇自动化系统中，还包括给排水、电梯、热交换、有害气体检测，这些系统大都是对送/排风等系相关的设备进行状态监测。

基本系统主要适用于控制策略相对简单的应用，如化工冶金慢过程控制、计量管理、能源管理、物流跟踪、楼宇家庭自动化及各类SCADA系统。

2．与其他现场总线的集成

目前流行的现场总线近 40 多种并长期并存。现场总线之间的集成问题，已受到越来越多的关注。LonWorks 全分散智能控制网络系统很好地解决了 LonWorks 与其他现场总线的集成问题，如图 7-30 所示。

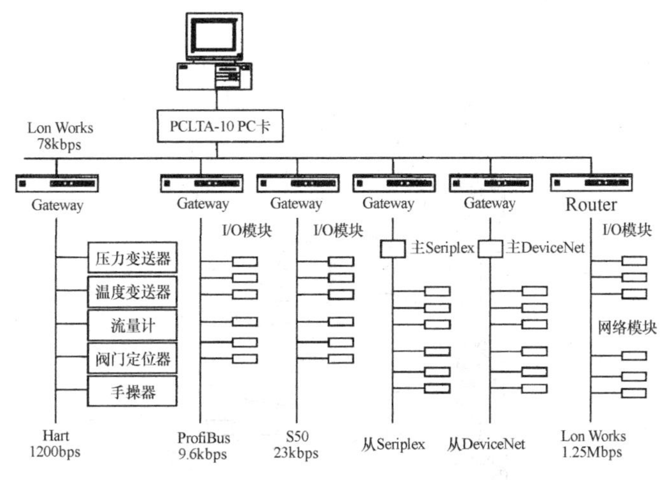

图 7-30　LonWorks 系统与其他现场总线集成示例

3．与传统 DCS、PLC 系统的集成

考虑到企业现有的 DCS、PLC 系统，以及投资的连续性，LonWorks 全分散智能控制网络系统将与 DCS、PLC 系统的互联集成作为自己重要的技术路线，并利用强大的网络功能为“自动化孤岛”问题提供了一个新的解决方案，如图 7-31 所示。

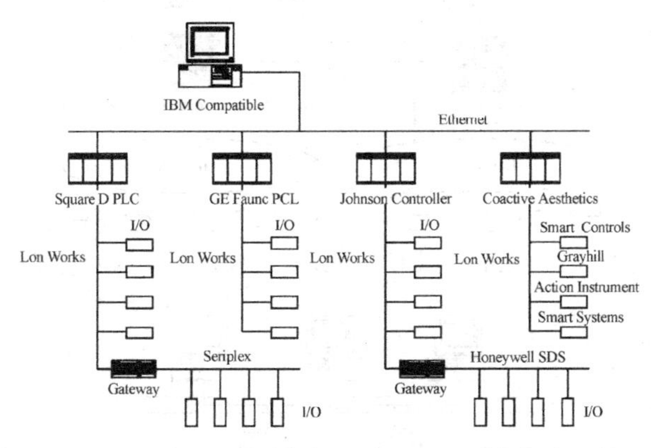

图 7-31　LonWorks 系统与 DCS、PLC 系统集成示例

LonWorks 全分散智能控制网络系统具很强的互联性及互操作性，能通过网关把不同现场总线、异型网络连接起来，这是现有 DCS 和其他现场总线系统无法比拟的。

4．与工厂 MIS 系统的集成

在企业内，计算机之间、计算机辅助制造系统之间及控制系统之间始终在进行数据交换；各个职能部门利用局域网或电话线也在分享信息。故 LonWorks 控制网络系统通过与 Ethernet 的互联，实现与 MIS 系统的集成。

连接 LonWorks 到 Ethernet 有两种不同的方法：

（1）将 Ethernet 作为主干网，连接多个 LonWorks 子网，如图 7-32 所示；

（2）允许企业 Ethernet 上的工作站直接与 LonWorks 设备通信（每个工作站需配一个路由器），如图 7-33 所示。

通常两种方法可混合采用，如图 7-34 所示。

5．远程控制系统

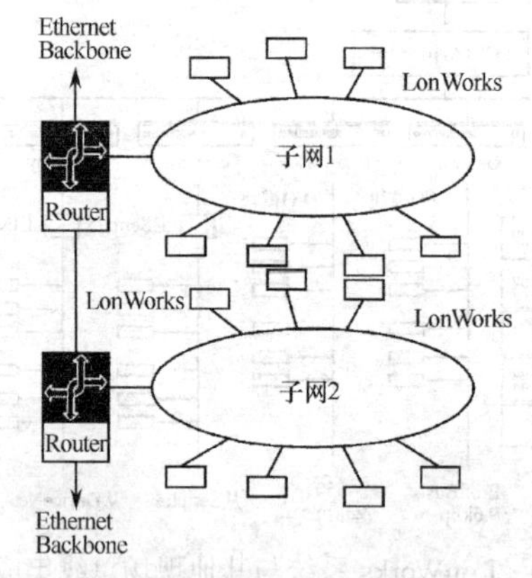

图 7-32　将 Ethernet 作为主干网连接多个 LonWorks 子网

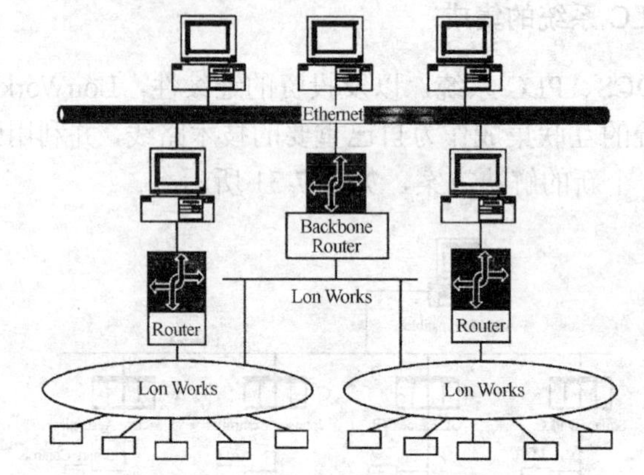

图 7-33　Ethernet 网上的工作站直接与 LonWorks 设备通信

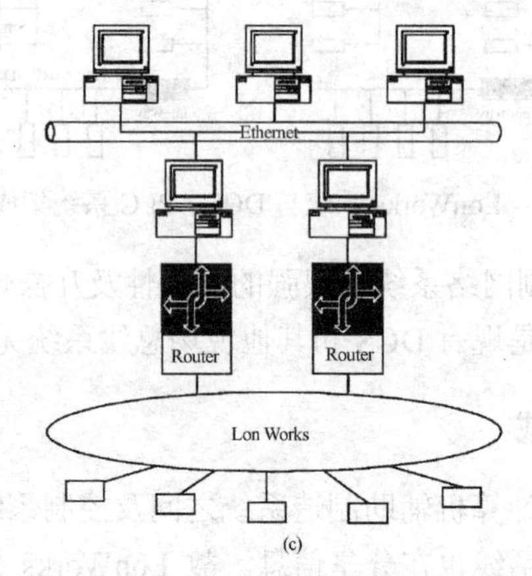

图 7-34　连接 LonWorks 到 Ethernet 的混合方法

在许多场合，控制站点之间距离十分遥远，工程师或许希望对地球另一端的某个节点进行在线编程或网络组态，因此，工业界对远程控制系统存在种种要求，而 Internet 的流行，为远程控制系统的实现带来了新的可能，由于 LonWorks 是按 WAN 设计，LonWorks 全分散智能控制网络系统可轻松实现远程控制。

LonWorks 全分散智能控制网络系统总貌，如图 7-35 所示。

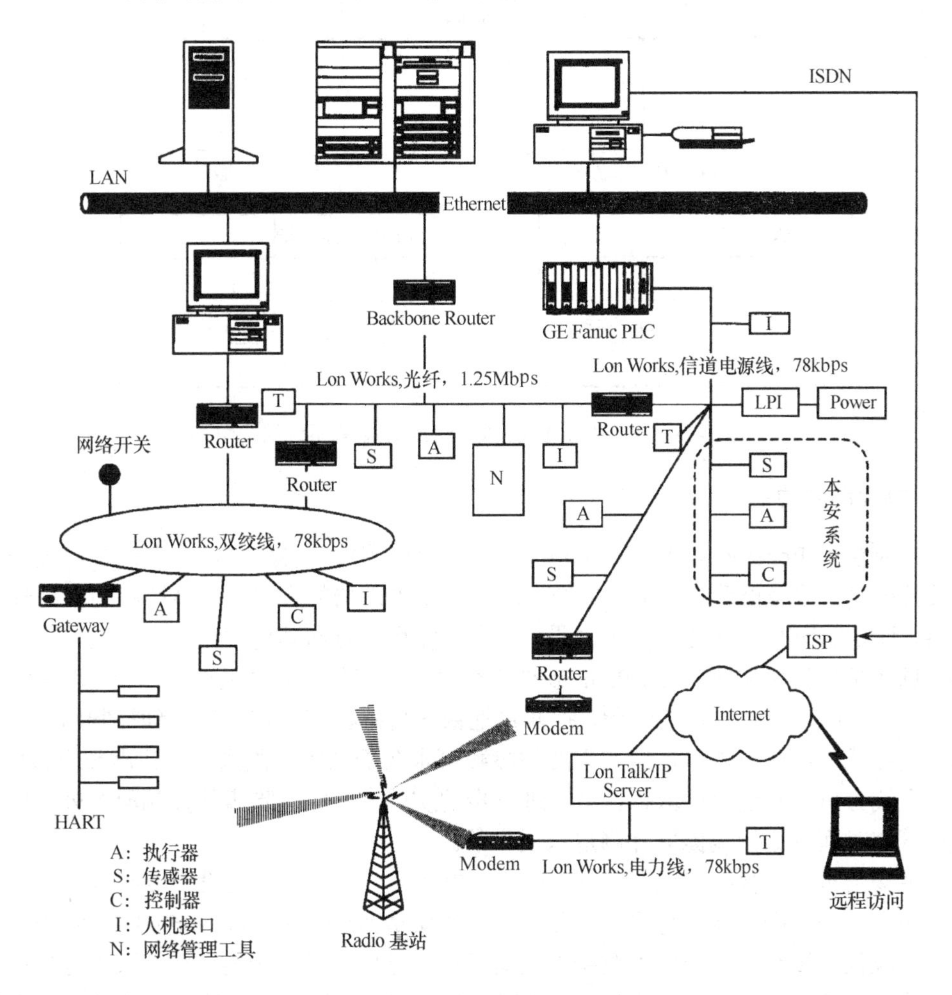

图 7-35　LonWorks 全分散智能控制网络系统总貌

7.9.4　基于 LonWorks 总线的城市水环境实时监测系统

1. 基本系统结构

系统采用三层架构，第一层为现场控制层，执行采样、水质参数测定、监测设备状态数据采集、存储、发送及命令接收等方面的功能，是整个系统水环境监测、图像监视和自动控制的最终实现者。第二层网络传输层，负责将现场各设备配置到 LonWorks 网络中，将各测点的网关连接起来，作为中间接口提供给上层网络，并接收控制命令、反馈控制状态。第三层监测管理层，利用组态软件实现远程监控，通过向监控软件添加通信协议，直接采集现场实时数据和运行状态参数，交换数据、下达指令，系统结构如图 7-36 所示。

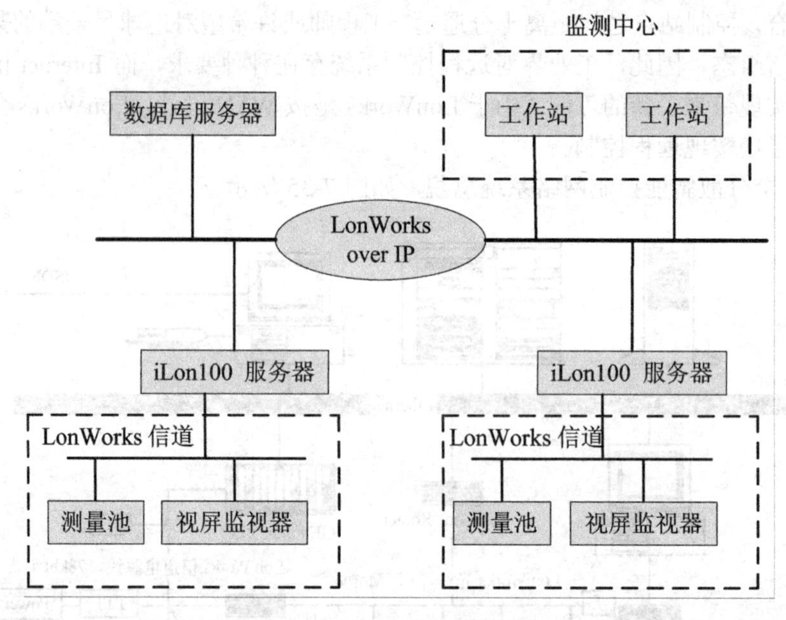

图 7-36　基于 LonWorks 城市水环境监测系统结构图

2．现场控制层功能

现场控制层由 Echelon 和 SmartControl 公司 LON 节点安装集成，负责设备的数据采集与输出、设备控制、故障报警等，采用神经元芯片加主处理器的方式，用高性能的主处理器完成测控功能。通信的所有节点处于对等位置，每个可编程节点向其他网络节点发送信息，并对所接收的信息或事件作出响应。Lon-Point 硬件部分是主控模块，提供模拟量和数字量输入/输出、采集、处理和存储以及开关量的记录，把测量池内各传感器和测定仪连接到控制网络上，由输入接口采集在线水质监测数据，所有重要的参数可永久受到实时监测，当超出预设极限值时，取样器与在线分析仪一起自动取样，用于进一步的实验室分析。除事件控制取样外，样品也可以依据流量和时间成比例地提取并测定水质参数。

由于现场流量计、视频监视器、电机电流、电压监控设备、照明设备彼此有相互关联的关系，若某一设备失灵则不能进行采样和测定，必须集成到统一的 LonWorks 网络中来，并设置网络变量实现仪器校零、校跨度以及某些仪器开机、停机、阀门转换开关、取水等功能。对所有通道进行自动基线扣除和灵敏度校正，判断运行状态，出现故障时通过网络通信向远程支援中心发送故障报修单，请求技术支持，实施进一步测试和诊断，并管理本地设备状态信息。

3．网络传输层设计

（1）iLon100 服务器配置

iLon100 服务器在控制网和基于 IP 数据网之间为数据包选择路由，使每个协议的所有相关参数（数据、寻址、单元、互可操作信息）被传送且明确、适当地在另一个协议上表达。所有的设备添加到网络中之后，通过内置的 Web Server 模块将网络中不同设备的网络变量集中配置连接从而实现动态数据交换。支持三种网络变量数据形式：内部网络变量数据点 NVL、外部网络变量数据点 NVE、持续网络变量数据点 NVC，分别适用于本地网络内部网络变量、外部网络的网络变量和需要持续监控比较的网络变量。变量绑定后，LonMaker 的 Browser 工具显示所有的网络变量及其属性配置，可对变量赋值和所选择的网络变量进行监控，以调试现场所有设备。

iLon100 服务器提供和监控中心相互集成的 SOAP/XML Web Services 接口，现场的监控软件 Web Access 利用添加的 SOAP/XML 通信协议，从各现场服务器中直接采集现场实时数据和运行状态参数，使用标准接口定义来隐藏后端的实现细节，并利用相同原理传送运行参数和命令至其负责监控的各现场服务器，整个系统的报表、日志等数据是经由应用软件传送上来的实时数据，由工程节点中的 ODBC 接口将全部历史数据写入 Oracle 数据库服务器。

（2）数据实时通信方式

采用面向对象的方法使所有网络设备及其特性都作为属性、方法和对象来处理，通过 TCP/IP 提供对控制网的无缝联通性，并提供三种数据上传方式。

① 应答上传：对监测中心发出的数据呼叫请求能及时响应上传。

② 定时上传：能根据设定的间隔时间定时上传现场数据给监测中心。

③ 异常自动上报：污染物超标、治污设施停止运转、现场设备故障等异常情况时能主动上传中心。

4．监测管理层结构与功能

采用 B/S 三层结构，分为表示层、业务逻辑层和数据访问层。表示层为客户端提供对应用程序的访问，业务层实现业务应用程序的逻辑功能，数据访问层为前两者提供数据服务。客户端浏览器根据用户请求资源的 URL 向中心服务器发出请求，中心服务器把数据文件发送给客户，而客户端由 HTML 负责表示逻辑。监控中心采用通用的软、硬件和规范的数据存储格式，使系统具有兼容性强、易扩展的特性，其功能如下。

（1）集中监测功能：监测中心可以通过网络实时监测各站点的实时数据；

（2）集中报警功能：任何现场的异常报警信号能在监控中心集中进行声光、画面报警；

（3）数据储存功能：按规定的数据库格式保存现场原始数据、报警数据和操作记录的数据；

（4）数据发布功能：中心数据库数据能实现数据共享，对其他系统具有开放性。

完成测量值、状态量采集、分类、筛选和综合分析后，计算绘制出各种污染趋势曲线、提供各河道湖泊的水质图、参数表，并与关系数据库建立通信。当水质出现异常时，将报警信息传入监测中心，发出声、光报警或污染预报，并采取相应的应急措施。

7.9.5 LonWorks 总线在电梯监控系统中的应用

电梯监控系统构建于分布式环境，能实现电梯运行状态的动态实时监控管理，可随时掌握电梯的运行状态，及时处理突发故障。LonWorks 总线技术是美国 Echelon 公司于 1990 年初推出的一种现场总线技术，它具有现场总线技术的一切特点，广泛应用于楼宇自动化、工业过程控制、远程抄表、远程监控等领域。将 LonWorks 总线技术应用于电梯的监控系统，可以实现电梯工作现场与控制管理中心之间的全分散、全数字化、双向、多变量、多点、多站、网络化的通信系统，能够有效实现现场通信网络与控制系统的集成。

1．系统组成

该监控系统选用两极计算机系统，通过 LON 总线技术将控制管理中心的上位机系统和数据采集现场的多个智能节点连接成一个有机的整体，系统总体组成如图 7-37 所示。该系统包括由计算机、网络适配器及 I/O 设备组成的控制中心、LonWorks 总线及挂接在总线上的多个智能数据采集节点。控制中心的计算机通过适配器挂接到 LON 网络中，以实现对 LonWorks

总线的网络管理、监视以及对挂接在总线上的现场智能节点进行控制；控制管理中心部分主要运行 LonWorks 网络管理软件、驱动软件和系统监控软件，一方面用于整个系统的集中监控与管理及分析与检测网络通信上的节点的通信包、网络变量等的通信状况，包括通信量的分析、数据包的误码率和内容检测；另一方面用于与现场总线的数据交换、显示、报警、操作、参数设定等。

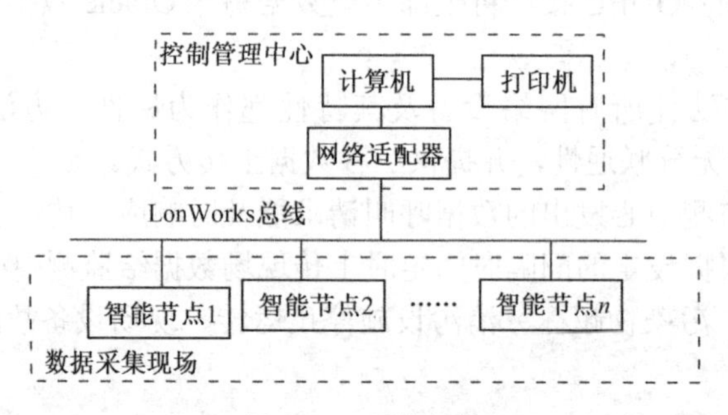

图 7-37 系统结构

分布于现场的智能节点固化了 LonTalk 协议，能保证监控网络的可靠通信，并具备一定的控制功能。智能节点的主要任务是：一方面分散进行现场数据采集与检测，实时采集电梯运行数据及工作状态，并将各时间段的数据传入上位机；另一方面能够实时与上位机进行交互，接收上位机的指令对相关状态进行数码显示、声光报警等。

控制管理中心和数据采集现场的智能节点通过 LonWorks 总线技术互联，本系统选用双绞线信道 TP/FT10，采用单双绞线，布线简单，没有对短接线长度、装置间距离或分线的限制，并能够在任何配置中连接，数据速率可达 78kbps，通过链路供电最多节点数为 128，传输距离可以达到 2km（不加中继器）。

2．智能节点设计

（1）硬件设计

用于数据采集现场的智能节点一般包括神经元芯片（Neuron Chip）、I/O 调理电路单元、收发器和电源，具体如图 7-38 所示。现场数据采集的智能节点的核心部分是神经元芯片，不仅用于现场各类数据的检测，同时实现了 LonWorks 总线协议，完成与 LonWorks 总线的相关通信处理，实时与控制管理中心的上位机交互完成相关数据采集、工作状态显示、声光告警等控制。按上述功能其内部分为 3 个 CPU 分别处理，其中一个 CPU 专门用于处理 LonTalk 协议的第 1 层和第 2 层，包括底层通信端口的硬件驱动和 MAC 层协议算法实现；另一个 CPU 用于实现 LonTalk 协议的第 3 层到第 6 层，该 CPU 通过网络缓存区与第一个 CPU 通信，并通过应用缓存与上层应用 CPU 通信；而应用 CPU 则完成用户所设计的相关应用功能，而编写的应用 Neuron 芯片主要包括 MC143150 和 MC143120 两大系列，MC143150 支持外部存储器，适合较为复杂的应用，而后者不支持外部存储器 本系统采用的是 MC143150，外接 64KB 的 EPROM，该类型存储器在掉电时不丢失存储其中的数据，且每次上电时可通过片上控制器对其实现有限次数的数据写操作。在本系统中使用其中的 42KB 作为应用程序存储区，并通过开发工具将应用程序和通信处理固件（Firmware）烧入 EPROM。

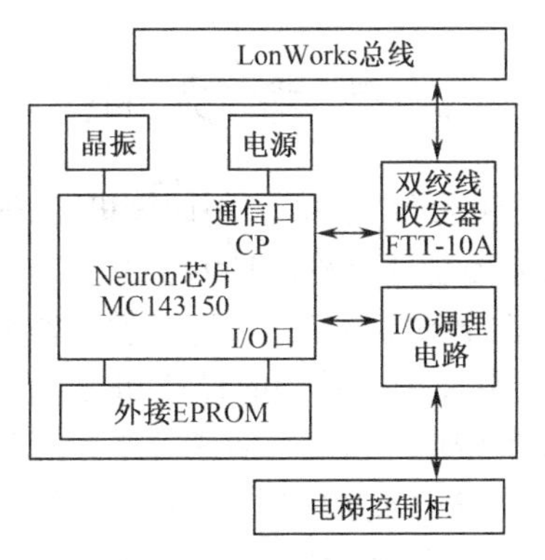

图 7-38　智能节点结构框图

收发器连接到 Neuron 芯片的 CP 通信端口，是 Neuron 芯片与监控网络物理通信接口的组件。在本系统中，采用 FTT-10 收发器，其变压器耦合式能满足系统的监控性能，同时其高共模隔离具有良好的噪声隔离作用，该收发器内部有一个隔离变压器和一个曼彻斯特（Manchester）编码器，并采用厚膜电路集成在一起，能有效抑制信号干扰，提高系统可靠性。I/O 调理电路由 AT98C51 和 RS485 构成，电梯的实时信息串行的方式经由 RS485 传递到单片机 AT98C51， AT98C51 以并行方式将数据传输到 Neuron 芯片的 I/O 端口，同样 Neuron 芯片的控制命令经由调理电路可输出给电梯。

（2）软件设计

智能节点的软件部分由初始化程序、发送程序、接收程序以及数据处理程序几部分构成，主要由 Neuron 芯片和 AT98C51 完成 Neuron 芯片负责与网络节点以及与 AT98C51 的通信，其程序采用 Neuron C 编写，NeuronC 是专门为 Neuron 芯片设计的一种面向对象程序设计语言，加入了通信、事件调度、分布数据对象和 I/O 功能。AT98C51 的程序设计包括：AT98C51 通过串口采集电梯端的原始数据，通过并口与 Neuron 芯片通信和数据处理。

3．上位机监控软件设计

选 LNS DDE Server 进行监控软件的开发。能够 LonWorks 设备与 Windows 应用程序交换网络变量、配置属性及应用和外部帧消息报文等数据。监控软件从功能上可分为系统配置模块、员工管理模块、电梯设备管理模块、电梯状态监控及报警模块、报表打印模块五部分。

系统配置模块是监控系统的总领，决定着系统的监控目标，具体包括监控项目配置、系统的权限分配以及故障报警/预警配置。员工管理模块的功能是根据与员工的登录 ID 对应的权限所集成的管理操作动作，并记录员工档案信息和日常工作，以便管理评价员工的工作。电梯设备管理模块的功能主要包括电梯配件的数据维护、维修保养计划和大中修记录；电梯故障记录分析、电梯维修保养计划和维护评价等。电梯状态监控及报警模块的功能是在管理界面上显示电梯的实时状态信息及故障信息，包括电梯的安全回路、门状态、温度、速度等。

参考文献

[1] 魏庆福.现场总线技术发展的新动向. 工业控制计算机，2000.1

[2] 顾洪军.企业网概念初探.工业控制计算机，1999.2

[3] 喻晓红. 现场总线技术课程教学改革浅析. 教育与教学研究, 2011, 25(12): 86-88

[4] 邹益仁，马增良，蒲维.现场总线控制系统的设计和开发.北京：国防工业出版社，2003

[5] 阳宪惠等. 现场总线技术及其应用. 北京：清华大学出版社，1999

[6] 顾洪军. 工业企业网与现场总线技术及应用. 北京：人民邮电出版社，2002

[7] 郑文波. 控制网络技术.北京：清华大学出版社，2001

[8] 郑文波等. Intranet 为企业信息化开路. 中国计算机报，1998. 8

[9] 吴小洪等. 控制网网络及其应用. 微计算机信息，1998.4

[10] 唐鸿儒等. 企业控制网络技术.工业控制计算机，2001.1

[11] 吴秋峰. 自动化系统计算机网络. 北京：机械工业出版社，2001

[12] 郑文波. 网络技术与控制系统的技术创新.测控技术，2000.6

[13] 郑文波. 控制网络技术的发展. 工业控制计算机，1999.5

[14] 徐志刚. 企业建网路路通.北京：北京航空航天大学出版社，2002

[15] 靳晓桂. 现场总线标准将开辟过程控制新纪元. 化工自动化及仪表，1993

[16] 王锦标. 现场总线控制系统. 微计算机信息，1996，12(6)

[17] Fieldbus Foundation 31. 25kbps Intrinsically Safe System Application Guide.1996

[18] Fisher-Rosemont Asset Management Solution User's Guide. 1997

[19] FB3050 Fieldbus Communication Controller，Datasheets＆Application Notes，Smar Cop.

[20] 付军. 现场总线技术在丁二烯生产装置中的应用. 南京工业大学学报(自然科学版)，2003，Vol.25(002)：90～93

[21] 郝晓弘，徐维涛，马讳. 基于 FF 协议智能变送器的设计与开发. 仪表技术与传感器，2003，5: 6-7

[22] 杨育红. LON 网络控制技术及应用. 西安：西安电子科技大学出版社，1999

[23] Eisele，H. and Johnk，E.: PCA82C250/251 CAN Transceiver, Application Note AN96116，Philips Semiconductors，1996

[24]Data Sheet PCA82C250, Philips Semiconductors，September 1994

[25]Data Sheet PCA82C251, Philips Semiconductors，October 1996

[26] Hank，P. PeliCAN: A New CAN Controller Supporting Diagnosis and System Optimization, 4th International CAN Conference，Berlin，Germany，October 1997

[27] Johnk，E. and Dietmayer，K.Determination of Bit Timing Parameters for the CAN Controller SJA1000，Application Note AN97046，Philips Semiconductors，1997

[28] Data Sheet PCx82C200, Philips Semiconductors，November 1992

[29] CAN Specification Version 2. 0，Parts A and B，Philips Semiconductors，1992

[30] 王宝济. 网络建设实用指南 北京：人民邮电出版社，1999

[31] 郑文波等. 企业内部网的发展、实现与应用.工业控制计算机，1998.5

[32] 牟连佳. 建立新型开放的自动化网络.工业控制计算机，1999

[33] 白焰，吴鸿，杨国田. 分散控制系统与现场总线控制系统—基础、评选、设计和应用

北京：中国电力出版社，2001
[34] 郭向勇，吴光斌，赵怡滨. 千兆位以太网组网技术.北京：电子工业出版社，2002
[35] 罗键，李劲. 计算机网络技术与网络应用. 北京：科学出版社，2001
[36] 段明祥. 工业控制系统中的现场总线技术. 北京：电子产品世界，1999
[37] 李津生，洪佩琳. 下一代 Internet 的网络技术. 北京：人民邮电出版社，2001
[38] 张公忠. 现代网络技术教程. 北京：电子工业出版社，2000
[39] 郑文波等. 现场总线技术综述.机械与电子，1997.9
[40] 郑文波. Intranet 与 Infranet 集成技术. 工业控制计算机，1999. 1
[41] 郑文波.控制网络与信息网络的几种集成技术. 测控技术，1999，18（5）
[42] Kris Jams 等. Internet 编程. 北京：电子工业出版社，1996
[43] John Desborough Intranet Web 开发指南. 北京：清华大学出版社，1997
[44] John Rodley Web 与 Intranet 数据库开发. 北京：机械工业出版社，1997
[45] 郑文波. 谈控制网络与信息网络的集成.计算机世界报，1999 3
[46] 郑文波等. 智能系统的集成技术.中南工业大学学报，1998 5
[47] 周天海. 从 Internet 和 Intranet 到 Infranet.测控技术，1998，17（4）
[48] 邬宽明. CAN 总线原理和应用系统设计. 北京：北京航空航天大学出版社，1996
[49] 甘早斌. 实时系统与管理系统的集成. 微计算机信息，1998.4
[50] 任丰源等. 控制网与信息网的互连. 测控技术，1998，17（4）
[51] 林强等.控制网络与数据网络的结合. 计算机世界报，1999 3
[52] 郑文波等.多线程串行通信程序设计及应用. 工业控制计算机，1999 4
[53] 王克宏. Java 语言，SQL 接口——JDBC 编程技术. 北京：清华大学出版社，1997
[54] 张颖等. 现场总线与工业企业网微计算机信息，1998 4
[55] 王俊杰等. 一种适用于快速系统集成的系列功能模块——Lonpoint System 自动化仪表，2000 年，Vol.21（6）
[56] Fieldbus Foundation Foundation™ Specification: FF-800，FF-801，FF-816，FF-821，FF-822，FF-880，FF-870，FF-875，FF-940.1996
[57] Byormark. 开启楼宇自控世界大门. 中国 LonWorks 用户年会（北京），1999. 2
[58] Fumio Kogima. Enhanced Network Computing. 国际网络集成 LonWorks 技术研讨会，1999.7
[59] 鼓玉瑞. 现场总线智能仪表功能模块. 世界仪表与自动化，2000，5（8）
[60] Fieldbus Foundation. Technical Overview，1996
[61] Fieldbus Foundation. 31. 25kbps Wiring and Installation Guide，1996
[62] Marcelo Luis Dultra. Fieldbus Control System Advances In Instrumentation and Control，Vol. 51，1996
[63] Communication at field level PROFIBUS，Section B. FESTO DIDACTIC
[64] Jonas Berge. Fieldbus Enables Innovative Measurements Advances In Instrumentation and Control，Vol. 51，1996
[65] Claudio Aun Fayad. Interfacing Windows Application with Fieldbus. Advances In Instrumentation and Control，Vol. 51，1996
[66] PROFIBUS Technica1 Description Version. April 1997
[67] 胡道元. 信息网络系统集成技术. 北京：清华大学出版社，1996

[68] 阳宪惠. CIMS 网络系统的组成. 化工自动化及仪表，1998，25（161）
[69] 阳宪惠. 基金会现场总线技术简介.化工自动化及仪表，1998，25（4）
[70] 孟庆余，蒋心晓. Intranet 的体系结构. 国际电子报，1997
[71] 满庆丰. CAN 总线的发展与应用. 电子技术应用，1994，（12）
[72] 唐鸿儒. 现场总线设备管理技术. 自动化仪表，2000，5（2）
[73] IAPX188 High Integration 8-bit Mlcroprocessor，Mlcrosystem Components Handbook Intel CoP.
[74] 张大波等. Fieldbus 与 Novell 网互连技术的研究. 微计算机信息，1998. 3
[75] Fieldbus Foundation. Foundation^{TM} Specification Function Block Application Process Part4: FF-893. 1997
[76] 金家峰.一种崭新的现场测控网络.微计算机信息，1995，（5）
[77] Fieldbus Foundation Foundation^{TM} Specification Function Block Application Process Part2: FF-891. 1997
[78] 吴功宜. 计算机网络基础.天津：南开大学出版社，1996
[79] 阳宪惠，陆丽萍.跨世纪的自控新技术——现场总线.科技日报，1998.6
[80] Fieldbus Foundahon. Technical Overview，1996
[81] 唐济扬. 现场总线（PROFIBUS）技术应用指南. 中国现场总线（PROFIBUS）专业委员会，1998
[82] 郁佳敏等. 现场总线 PROFIBUS 智能化 DP 从站的设计. 自动化与仪表，2001
[83] 张尧学等. 计算机网络与 Internet 教程. 北京：清华大学出版社，2000
[84] 杨廷善，周莉.计算机和测控系统总线手册.北京：人民邮电出版社，1993
[85] 黎洪松，裘晓峰.网络系统集成技术及其应用.北京：科学出版社，1999
[86] 张培仁，王洪波. 独立 CAN 总线控制器 SJA1000. 国外电子元器件，2001（1）
[87] Fieldbus Foundation Foundation^{TM} Specification Function Block Application Process Part3: FF-892. 1996
[88] Fieldbus Foundation Foundation^{TM} Specfication Transducer Block Application Process Paxt1:FF-902. 1997
[89] Fieldus Foudation Foundation^{TM} Specfication Transducer Block Applicstion Process Part2: FF-903. 1997
[90] 冯冬芹等.浅谈以太网应用于工业现场的关键技术.世界仪表与自动化，2002.5（4）
[91] 杨昌昆.正在进入控制领域的工业以太网. 世界仪表与自动化，2002，5（3）
[92] NI Company FCS Tutorial NI Company，1998
[93] SMAR Company Smar Fialdbus 302 series Introction Manual SMAR Company，1999
[94] http://www. zlgmcu. com
[95] 叶允明，郑文波. 用IP隧道实现分布式控制网络的研究. 工业控制计算机，2000. 2[96] 雷霖.微机自动检测与系统设计.北京：电子工业出版社，2003
[97] 雷霖. 基于现场总线 CAN 与 Internet 网的测控技术研究. 仪器仪表学报，2002（4）增刊
[98] Lin Lei et al. CAN Bus Based on Intelligent Built-In Test Technique in Complex Electronic System. Advanced Materials Research (Volumes 204-210): 1876-1879
[99] Lin Lei et al. Improvement and Application of Genetic Algorithms in Reactive Power Optimization of Power Network. Advanced Materials Research (Volumes 354-355),2011: 1058-1063

[100] Lin Lei et al. The Electric vehicle Lithium Battery Monitoring System. Indonesian Journal of Electrical Engineering, 2013,11(4):2247-2252
[101] 马莉. 智能控制与 LON 网络开发技术. 北京：北京航空航天大学出版社，2003
[102] 饶远涛，邹继军，郑勇芸.现场总线 CAN 原理与应用技术.北京：北京航空航天大学出版社，2003
[103] 杨宁，赵玉刚.集散控制系统及现场总线.北京：北京航空航天大学出版社，2003
[104] 白政民, 胡万强. Profibus 总线技术在电力监控系统中的应用研究. 继电器, Aug.16, 2007, Vol.35, No.16: 79-81.
[105] 阳宪惠. 现场总线技术及其应用. 北京: 清华大学出版社, 2002.
[106] 张海生. S7-300PLC 和 VC++.NET 在电力监控应用. 自动化仪表, 2006, 3(8): 50-53.
[107] 潘振华. PROFIBUS 技术在油库监控系统中的应用. 计算机测量与控制[J]. 2006, 14(8): 1036-1038.
[108] 王永华. 现代电气控制及 PLC 应用技术. 北京: 北京航空航天大学出版社, 2003.
[109] 徐淑萍, 苏小会. 基于现场总线技术的水泥生产线控制系统.微计算机信息, 2009 年, 第 25 卷, 第 9-1 期
[110] 罗浚溢,雷霖,陈二阳. 基于 CAN 总线的汽车智能系统研究. 成都大学学报（自然科学版）,2013, 32(1): 47-49
[111] 冯勇, 张强, 杨旭. PROFIBUS 在水泥工业自动控制系统中的应用. 电气开关, 2008. No. 4
[112] 时国平. 基于现场总线的新型干法水泥回转窑控制系统研究与设计.工业控制计算机, 2008 年, 21 卷, 第 10 期.
[113] 代显智, 任诚, 唐海英, 王勇, 肖茜尹. FF 总线技术在油田注水泵中的应用研究. 电气应用, 西南石油大学, 2007.
[114] 唐惠强, 孔照林. 基金会现场总线压力测量系统的设计. 微计算机信息, 2007(16): 194-196.
[115] 王俭, 蔡宇杰, 刘渊. 基于智能分布式 LonWorks 的城市水环境实时监测系统设计. 计算机与现代化, 2009, 7(29).
[116] Nathanson Jerry A. 环境技术基础供水、废物管理与污染控制 (第 4 版).周律, 李涛译. 北京: 清华大学出版社,2007: 104-114, 129-131, 134-143.
[117] 吴国庆, 王格芳, 郭阳宽. 现代测控技术及应用. 北京:电子工业出版社, 2007: 57-67, 210-216.
[118] 吴邦灿, 费龙. 现代环境监测技术. 北京: 中国环境科学出版社, 2005: 355-364.
[119] 石云. 基于 LonWorks 技术的电梯监控系统. 制造业信息化. 机械工程师, 2012(3): 62-63.
[120] 侯叶, 郭宝龙. LonWorks 监控系统的结构研究. 自动化仪表, 2007, 28(3): 43-45.
[121] 杨育红. LON 网络控制技术及应用. 西安: 西安电子科技大学出版社, 1999.
[122] 阳宪惠. 现场总线技术及应用. 北京: 清华大学出版社, 2005.
[123] 陈玉华. 基于 Internet 的 LonWorks 网络控制方案的研究. 电脑学习, 2007(12): 3-4.